2022 | 全国勘察设计注册工程师
执业资格考试用书

U0358356

Zhuce Gongyong Shebei Gongchengshi(Jishui Paishui) Zhiye Zige Kaoshi
Jichu Kaoshi Linian Zhenti Xiangjie

注册公用设备工程师（给水排水）执业资格考试
基础考试历年真题详解
公共基础

注册工程师考试复习用书编委会/编
徐洪斌　曹纬浚/主编

人民交通出版社股份有限公司
北京

内 容 提 要

本书分公共基础、专业基础两册，分别为公共基础 2009~2021 年考试真题，给水排水专业基础 2007~2021 年考试真题。每套试题后均附有解析和参考答案。本书还配有在线电子题库，部分真题有视频解析，可微信扫描封面二维码免费领取，有效期一年。

本书可供参加 2022 年注册公用设备工程师（给水排水）执业资格考试基础考试的考生检验复习效果、准备考试使用。

图书在版编目（CIP）数据

2022 注册公用设备工程师（给水排水）执业资格考试
基础考试历年真题详解/徐洪斌，曹纬浚主编.— 北京：
人民交通出版社股份有限公司，2022.4
2022 全国勘察设计注册工程师执业资格考试用书
ISBN 978-7-114-17778-1

I.①2... II.①徐...②曹... III.①城市公用设施－给水排水系统－
资格考试－题解 IV.①TU991-44

中国版本图书馆 CIP 数据核字（2021）第 029571 号

书　　　名：	2022 注册公用设备工程师（给水排水）执业资格考试基础考试历年真题详解
著　作　者：	徐洪斌　曹纬浚
责任编辑：	刘彩云
责任印制：	刘高彤
出版发行：	人民交通出版社股份有限公司
地　　　址：	（100011）北京市朝阳区安定门外外馆斜街 3 号
网　　　址：	http://www.ccpcl.com.cn
销售电话：	（010）59757973
总 经 销：	人民交通出版社股份有限公司发行部
经　　　销：	各地新华书店
印　　　刷：	北京市密东印刷有限公司
开　　　本：	889×1194　1/16
印　　　张：	53.5
字　　　数：	1088 千
版　　　次：	2022 年 4 月　第 1 版
印　　　次：	2022 年 4 月　第 1 次印刷
书　　　号：	ISBN 978-7-114-17778-1
定　　　价：	168.00 元（含两册）

（有印刷、装订质量问题的图书，由本公司负责调换）

版权声明

目 录

（公共基础）

2009 年度全国勘察设计注册工程师

执业资格考试试卷

基础考试
（上）

二〇〇九年九月

应考人员注意事项

1. 本试卷科目代码为"1"，考生务必将此代码填涂在答题卡"科目代码"相应的栏目内，否则，无法评分。

2. 书写用笔：**黑色或蓝色钢笔、签字笔或圆珠笔**；

   填涂答题卡用笔：**黑色 2B 铅笔**。

3. 必须用书写用笔将工作单位、姓名、准考证号填写在答题卡和试卷相应的栏目内。

4. 本试卷由 120 题组成，每题 1 分，满分 120 分，本试卷全部为单项选择题，每小题的四个备选项中只有一个正确答案，错选、多选、不选均不得分。

5. 考生作答时，必须按**题号在答题卡上**将相应试题所选选项对应的**字母用 2B 铅笔涂黑**。

6. 在答题卡上书写与题意无关的语言，或在答题卡上作标记的，均按违纪试卷处理。

7. 考试结束时，由监考人员当面将试卷、答题卡一并收回。

8. 草稿纸由各地统一配发，考后收回。

单项选择题（共 120 分，每题 1 分。每题的备选项中只有一个最符合题意。）

1. 设 $\vec{\alpha} = -\vec{i} + 3\vec{j} + \vec{k}$，$\vec{\beta} = \vec{i} + \vec{j} + t\vec{k}$，已知 $\vec{\alpha} \times \vec{\beta} = -4\vec{i} - 4\vec{k}$，则 $t =$

   A. -2 B. 0

   C. -1 D. 1

2. 设平面方程为 $x + y + z + 1 = 0$，直线方程为 $1 - x = y + 1 = z$，则直线与平面：

   A. 平行   B. 垂直

   C. 重合   D. 相交但不垂直

3. 设函数 $f(x) = \begin{cases} 1 + x, & x \geq 0 \\ 1 - x^2, & x < 0 \end{cases}$，在 $(-\infty, +\infty)$ 内：

   A. 单调减少   B. 单调增加

   C. 有界   D. 偶函数

4. 若函数 $f(x)$ 在点 x_0 间断，$g(x)$ 在点 x_0 连续，则 $f(x)g(x)$ 在点 x_0：

   A. 间断   B. 连续

   C. 第一类间断   D. 可能间断可能连续

5. 函数 $y = \cos^2 \dfrac{1}{x}$ 在 x 处的导数是：

   A. $\dfrac{1}{x^2} \sin \dfrac{2}{x}$ B. $-\sin \dfrac{2}{x}$

   C. $-\dfrac{2}{x^2} \cos \dfrac{1}{x}$ D. $-\dfrac{1}{x^2} \sin \dfrac{2}{x}$

6. 设 $y = f(x)$ 是 (a, b) 内的可导函数，x，$x + \Delta x$ 是 (a, b) 内的任意两点，则：

   A. $\Delta y = f'(x)\Delta x$

   B. 在 x，$x + \Delta x$ 之间恰好有一点 ξ，使 $\Delta y = f'(\xi)\Delta x$

   C. 在 x，$x + \Delta x$ 之间至少存在一点 ξ，使 $\Delta y = f'(\xi)\Delta x$

   D. 在 x，$x + \Delta x$ 之间的任意一点 ξ，使 $\Delta y = f'(\xi)\Delta x$

7. 设 $z = f(x^2 - y^2)$，则 $\mathrm{d}z =$

   A. $2x - 2y$ B. $2x\mathrm{d}x - 2y\mathrm{d}y$

   C. $f'(x^2 - y^2)\mathrm{d}x$ D. $2f'(x^2 - y^2)(x\mathrm{d}x - y\mathrm{d}y)$

8. 若 $\int f(x)\mathrm{d}x = F(x) + C$，则 $\int \frac{1}{\sqrt{x}} f(\sqrt{x})\mathrm{d}x =$

    A. $\frac{1}{2}F(\sqrt{x}) + C$ B. $2F(\sqrt{x}) + C$

    C. $F(x) + C$ D. $\frac{F(\sqrt{x})}{\sqrt{x}}$

9. $\int \frac{\cos 2x}{\sin^2 x \cos^2 x}\mathrm{d}x =$

    A. $\cot x - \tan x + C$ B. $\cot x + \tan x + C$

    C. $-\cot x - \tan x + C$ D. $-\cot x + \tan x + C$

10. $\frac{\mathrm{d}}{\mathrm{d}x}\int_0^{\cos x}\sqrt{1-t^2}\,\mathrm{d}t$ 等于：

    A. $\sin x$ B. $|\sin x|$

    C. $-\sin^2 x$ D. $-\sin x\,|\sin x|$

11. 下列结论中正确的是：

    A. $\int_{-1}^{1}\frac{1}{x^2}\mathrm{d}x$ 收敛   B. $\frac{\mathrm{d}}{\mathrm{d}x}\int_0^{x^2}f(t)\mathrm{d}t = f(x^2)$

    C. $\int_1^{+\infty}\frac{1}{\sqrt{x}}\mathrm{d}x$ 发散   D. $\int_{-\infty}^{0}e^{-\frac{x^2}{2}}\mathrm{d}x$ 发散

12. 曲面 $x^2 + y^2 + z^2 = 2z$ 之内及曲面 $z = x^2 + y^2$ 之外所围成的立体的体积 $V =$

    A. $\int_0^{2\pi}\mathrm{d}\theta\int_0^{1}r\mathrm{d}r\int_r^{\sqrt{1-r^2}}\mathrm{d}z$ B. $\int_0^{2\pi}\mathrm{d}\theta\int_0^{r}r\mathrm{d}r\int_{r^2}^{1-\sqrt{1-r^2}}\mathrm{d}z$

    C. $\int_0^{2\pi}\mathrm{d}\theta\int_r^{r}r\mathrm{d}r\int_r^{1-r}\mathrm{d}z$ D. $\int_0^{2\pi}\mathrm{d}\theta\int_0^{1}r\mathrm{d}r\int_{1-\sqrt{1-r^2}}^{r^2}\mathrm{d}z$

13. 已知级数 $\sum_{n=1}^{\infty}(u_{2n} - u_{2n+1})$ 是收敛的，则下列结论成立的是：

    A. $\sum_{n=1}^{\infty}u_n$ 必收敛   B. $\sum_{n=1}^{\infty}u_n$ 未必收敛

    C. $\lim_{n\to\infty}u_n = 0$ D. $\sum_{n=1}^{\infty}u_n$ 发散

14. 函数 $\frac{1}{3-x}$ 展开成 $(x-1)$ 的幂级数是：

    A. $\sum_{n=0}^{\infty}\frac{x^n}{2^n}$ B. $\sum_{n=0}^{\infty}\left(\frac{1-x}{2}\right)^n$

    C. $\sum_{n=0}^{\infty}\frac{(x-1)^n}{2^{n+1}}$ D. $\sum_{n=0}^{\infty}(-1)^n\frac{x^n}{4^{n+1}}$

15. 微分方程$(3 + 2y)x\mathrm{d}x + (1 + x^2)\mathrm{d}y = 0$的通解为：

    A. $1 + x^2 = Cy$ B. $(1 + x^2)(3 + 2y) = C$

    C. $(3 + 2y)^2 = \dfrac{C}{1+x^2}$ D. $(1 + x^2)^2(3 + 2y) = C$

16. 微分方程$y'' + ay'^2 = 0$满足条件$y|_{x=0} = 0$，$y'|_{x=0} = -1$的特解是：

    A. $\dfrac{1}{a}\ln|1 - ax|$ B. $\dfrac{1}{a}\ln|ax| + 1$

    C. $ax - 1$ D. $\dfrac{1}{a}x + 1$

17. 设$\alpha_1, \alpha_2, \alpha_3$是$3$维列向量，$|A| = |\alpha_1, \alpha_2, \alpha_3|$，则与$|A|$相等的是：

    A. $|\alpha_2, \alpha_1, \alpha_3|$ B. $|-\alpha_2, -\alpha_3, -\alpha_1|$

    C. $|\alpha_1 + \alpha_2, \alpha_2 + \alpha_3, \alpha_3 + \alpha_1|$ D. $|\alpha_1, \alpha_1 + \alpha_2, \alpha_1 + \alpha_2 + \alpha_3|$

18. 设A是$m \times n$非零矩阵，B是$n \times l$非零矩阵，满足$AB = 0$，以下选项中不一定成立的是：

    A. A的行向量组线性相关   B. A的列向量组线性相关

    C. B的行向量组线性相关   D. $r(A) + r(B) \leqslant n$

19. 设A是3阶实对称矩阵，P是3阶可逆矩阵，$B = P^{-1}AP$，已知α是A的属于特征值λ的特征向量，则B的属于特征值λ的特征向量是：

    A. $P\alpha$ B. $P^{-1}\alpha$ C. $P^{\mathrm{T}}\alpha$ D. $(P^{-1})^{\mathrm{T}}\alpha$

20. 设$A = \begin{bmatrix} 1 & 1 \\ 1 & 2 \end{bmatrix}$，与$A$合同的矩阵是：

    A. $\begin{bmatrix} 1 & -1 \\ -1 & 2 \end{bmatrix}$ B. $\begin{bmatrix} -1 & 1 \\ 1 & -2 \end{bmatrix}$

    C. $\begin{bmatrix} 1 & 1 \\ -1 & 2 \end{bmatrix}$ D. $\begin{bmatrix} 1 & -1 \\ 1 & 2 \end{bmatrix}$

21. 若$P(A) = 0.5$，$P(B) = 0.4$，$P(\bar{A} - B) = 0.3$，则$P(A \cup B) =$

    A. 0.6   B. 0.7   C. 0.8   D. 0.9

22. 设随机变量$X \sim N(0, \sigma^2)$，则对任何实数λ，都有：

    A. $P(X \leqslant \lambda) = P(X \geqslant \lambda)$ B. $P(X \geqslant \lambda) = P(X \leqslant -\lambda)$

    C. $X - \lambda \sim N(\lambda, \sigma^2 - \lambda^2)$ D. $\lambda X \sim N(0, \lambda\sigma^2)$

23. 设随机变量X的概率密度为$f(x) = \begin{cases} \frac{3}{8}x^2, & 0 < x < 2 \\ 0, & \text{其他} \end{cases}$，则$Y = \frac{1}{X}$的数学期望是：

A. $\frac{3}{4}$ 　　　　　　 B. $\frac{1}{2}$ 　　　　　　 C. $\frac{2}{3}$ 　　　　　　 D. $\frac{1}{4}$

24. 设总体X的概率密度为$f(x,\theta) = \begin{cases} e^{-(x-\theta)}, & x \geq \theta \\ 0, & x < \theta \end{cases}$，而$X_1, X_2, \cdots, X_n$是来自该总体的样本，则未知参数$\theta$的最大似然估计是：

A. $\overline{X} - 1$ 　　　　　　　　　　　 B. $n\overline{X}$

C. $\min(X_1, X_2, \cdots, X_n)$ 　　　　　 D. $\max(X_1, X_2, \cdots, X_n)$

25. 1mol 刚性双原子理想气体，当温度为T时，每个分子的平均平动动能为：

A. $\frac{3}{2}RT$ 　　　　 B. $\frac{5}{2}RT$ 　　　　 C. $\frac{3}{2}kT$ 　　　　 D. $\frac{5}{2}kT$

26. 在恒定不变的压强下，气体分子的平均碰撞频率$\overline{Z}$与温度T的关系为：

A. $\overline{Z}$与T无关 　　　　　　　　 B. $\overline{Z}$与$\sqrt{T}$成正比

C. $\overline{Z}$与$\sqrt{T}$成反比 　　　　　　 D. $\overline{Z}$与T成正比

27. 汽缸内有一定量的理想气体，先使气体做等压膨胀，直至体积加倍，然后做绝热膨胀，直至降到初始温度，在整个过程中，气体的内能变化ΔE和对外做功W为：

A. $\Delta E = 0$, $W > 0$ 　　　　　　 B. $\Delta E = 0$, $W < 0$

C. $\Delta E > 0$, $W > 0$ 　　　　　　 D. $\Delta E < 0$, $W < 0$

28. 一个汽缸内储有一定量的单原子分子理想气体，在压缩过程中对外界做功 209J，此过程中气体内能增加 120J，则外界传给气体的热量为：

A. -89J 　　　　　 B. 89J 　　　　　 C. 329J 　　　　　 D. 0

29. 已知平面简谐波的方程为$y = A\cos(Bt - Cx)$，式中A、B、C为正常数，此波的波长和波速分别为：

A. $\frac{B}{C}$, $\frac{2\pi}{C}$ 　　　　　　　　　 B. $\frac{2\pi}{C}$, $\frac{B}{C}$

C. $\frac{\pi}{C}$, $\frac{2B}{C}$ 　　　　　　　　　 D. $\frac{2\pi}{C}$, $\frac{C}{B}$

30. 一平面简谐波在弹性媒质中传播，在某一瞬间，某质元正处于其平衡位置，此时它的：

A. 动能为零，势能最大 　　　　　 B. 动能为零，热能为零

C. 动能最大，势能最大 　　　　　 D. 动能最大，势能为零

31. 通常声波的频率范围是：

A. 20~200Hz

B. 20~2000Hz

C. 20~20000Hz

D. 20~200000Hz

32. 在空气中用波长为λ的单色光进行双缝干涉实验，观测到相邻明条纹的间距为1.33mm，当把实验装置放入水中（水的折射率$n = 1.33$）时，则相邻明条纹的间距变为：

A. 1.33mm

B. 2.66mm

C. 1mm

D. 2mm

33. 波长为λ的单色光垂直照射到置于空气中的玻璃劈尖上，玻璃的折射率为n，则第三级暗条纹处的玻璃厚度为：

A. $\dfrac{3\lambda}{2n}$

B. $\dfrac{\lambda}{2n}$

C. $\dfrac{3\lambda}{2}$

D. $\dfrac{2n}{3\lambda}$

34. 若在迈克尔逊干涉仪的可动反射镜 M 移动 0.620mm 过程中，观察到干涉条纹移动了 2300 条，则所用光波的波长为：

A. 269nm

B. 539nm

C. 2690nm

D. 5390nm

35. 波长分别为$\lambda_1 = 450$nm和$\lambda_2 = 750$nm的单色平行光，垂直入射到光栅上，在光栅光谱中，这两种波长的谱线有重叠现象，重叠处波长为λ_2谱线的级数为：

A. 2,3,4,5,…

B. 5,10,15,20,…

C. 2,4,6,8,…

D. 3,6,9,12,…

36. 一束自然光从空气投射到玻璃板表面上，当折射角为30°时，反射光为完全偏振光，则此玻璃的折射率为：

A. $\dfrac{\sqrt{3}}{2}$

B. $\dfrac{1}{2}$

C. $\dfrac{\sqrt{3}}{3}$

D. $\sqrt{3}$

37. 化学反应低温自发，高温非自发，该反应的：

A. $\Delta H < 0$，$\Delta S < 0$

B. $\Delta H > 0$，$\Delta S < 0$

C. $\Delta H < 0$，$\Delta S > 0$

D. $\Delta H > 0$，$\Delta S > 0$

38. 已知氯电极的标准电势为1.358V，当氯离子浓度为$0.1\text{mol} \cdot \text{L}^{-1}$，氯气分压为$0.1 \times 100$kPa时，该电极的电极电势为：

A. 1.358V

B. 1.328V

C. 1.388V

D. 1.417V

39. 已知下列电对电极电势的大小顺序为：$E(F_2/F) > E(Fe^{3+}/Fe^{2+}) > E(Mg^{2+}/Mg) > E(Na^+/Na)$，则下列离子中最强的还原剂是：

A. F B. Fe^{2+} C. Na^+ D. Mg^{2+}

40. 升高温度，反应速率常数最大的主要原因是：

A. 活化分子百分数增加 B. 混乱度增加

C. 活化能增加 D. 压力增大

41. 下列各波函数不合理的是：

A. $\psi(1,1,0)$ B. $\psi(2,1,0)$

C. $\psi(3,2,0)$ D. $\psi(5,3,0)$

42. 将反应 $MnO_2 + HCl \longrightarrow MnCl_2 + Cl_2 + H_2O$ 配平后，方程式中 $MnCl_2$ 的系数是：

A. 1 B. 2 C. 3 D. 4

43. 某一弱酸 HA 的标准解离常数为 1.0×10^{-5}，则相应弱酸强碱盐 MA 的标准水解常数为：

A. 1.0×10^{-9} B. 1.0×10^{-2}

C. 1.0×10^{-19} D. 1.0×10^{-5}

44. 某化合物的结构式为 ，该有机化合物不能发生的化学反应类型是：

A. 加成反应 B. 还原反应

C. 消除反应 D. 氧化反应

45. 聚丙烯酸酯的结构式为 $\begin{array}{c} +CH_2-CH+_n \\ | \\ CO_2R \end{array}$，它属于：

①无机化合物；②有机化合物；③高分子化合物；④离子化合物；⑤共价化合物。

A. ①③④ B. ①③⑤

C. ②③⑤ D. ②③④

46. 下列物质中不能使酸性高锰酸钾溶液褪色的是：

A. 苯甲醛 B. 乙苯 C. 苯 D. 苯乙烯

47. 设力F在x轴上的投影为F，则该力在与x轴共面的任一轴上的投影：

A. 一定不等于零 B. 不一定等于零

C. 一定等于零 D. 等于F

48. 等边三角形 ABC，边长为 a，沿其边缘作用大小均为 F 的力 F_1、F_2、F_3，方向如图所示，力系向 A 点简化的主矢及主矩的大小分别为：

A. $F_R = 2F$，$M_A = \frac{\sqrt{3}}{2}Fa$

B. $F_R = 0$，$M_A = \frac{\sqrt{3}}{2}Fa$

C. $F_R = 2F$，$M_A = \sqrt{3}Fa$

D. $F_R = 2F$，$M_A = Fa$

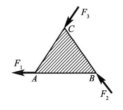

49. 已知杆 AB 和杆 CD 的自重不计，且在 C 处光滑接触，若作用在杆 AB 上力偶矩为 M_1，若欲使系统保持平衡，作用在 CD 杆上力偶矩 M_2 的，转向如图所示，则其矩值为：

A. $M_2 = M_1$

B. $M_2 = \frac{4}{3}M_1$

C. $M_2 = 2M_1$

D. $M_2 = 3M_1$

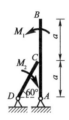

50. 物块重力的大小 $W = 100kN$，置于 $\alpha = 60°$ 的斜面上，与斜面平行力的大小 $F_P = 80kN$（如图所示），若物块与斜面间的静摩擦系数 $f = 0.2$，则物块所受的摩擦力 F 为：

A. $F = 10kN$，方向为沿斜面向上

B. $F = 10kN$，方向为沿斜面向下

C. $F = 6.6kN$，方向为沿斜面向上

D. $F = 6.6kN$，方向为沿斜面向下

51. 若某点按 $s = 8 - 2t^2$（s 以 m 计，t 以 s 计）的规律运动，则 $t = 3s$ 时点经过的路程为：

A. 10m

B. 8m

C. 18m

D. 8m 至 18m 以外的一个数值

52. 杆 $OA = l$，绕固定轴O转动，某瞬时杆端A点的加速度$\boldsymbol{a}$如图所示，则该瞬时杆OA的角速度及角加速度分别为：

A. 0，$\dfrac{a}{l}$

B. $\sqrt{\dfrac{a\cos\alpha}{l}}$，$\dfrac{a\sin\alpha}{l}$

C. $\sqrt{\dfrac{a}{l}}$，0

D. 0，$\sqrt{\dfrac{a}{l}}$

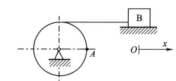

53. 图示绳子的一端绕在滑轮上，另一端与置于水平面上的物块 B 相连，若物块 B 的运动方程为$x = kt^2$，其中k为常数，轮子半径为R。则轮缘上A点的加速度大小为：

A. $2k$

B. $\sqrt{4k^2t^2/R}$

C. $(2k + 4k^2t^2)/R$

D. $\sqrt{4k^2 + 16k^4t^4/R^2}$

54. 质量为m的质点M，受有两个力$\boldsymbol{F}$和$\boldsymbol{R}$的作用，产生水平向左的加速度$\boldsymbol{a}$，如图所示，它在x轴方向的动力学方程为：

A. $ma = R - F$

B. $-ma = F - R$

C. $ma = R + F$

D. $-ma = R - F$

55. 均质圆盘质量为m，半径为R，在铅垂平面内绕O轴转动，图示瞬时角速度为ω，则其对O轴的动量矩和动能大小分别为：

A. $mR\omega$，$\dfrac{1}{4}mR\omega$

B. $\dfrac{1}{2}mR\omega$，$\dfrac{1}{2}mR\omega$

C. $\dfrac{1}{2}mR^2\omega$，$\dfrac{1}{2}mR^2\omega^2$

D. $\dfrac{3}{2}mR^2\omega$，$\dfrac{3}{4}mR^2\omega^2$

56. 质量为m，长为$2l$的均质细杆初始位于水平位置，如图所示。A端脱落后，杆绕轴B转动，当杆转到铅垂位置时，AB杆角加速度的大小为：

A. 0

B. $\dfrac{3g}{4l}$

C. $\dfrac{3g}{2l}$

D. $\dfrac{6g}{l}$

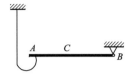

57. 均质细杆AB重力为P，长为$2l$，A端铰支，B端用绳系住，处于水平位置，如图所示。当B端绳突然剪断瞬时，AB杆的角加速度大小为$\dfrac{3g}{4l}$，则A处约束力大小为：

A. $F_{Ax} = 0$，$F_{Ay} = 0$

B. $F_{Ax} = 0$，$F_{Ay} = P/4$

C. $F_{Ax} = P$，$F_{Ay} = P/2$

D. $F_{Ax} = 0$，$F_{Ay} = P$

58. 图示弹簧质量系统，置于光滑的斜面上，斜面的倾角α可以在$0° \sim 90°$间改变，则随α的增大，系统振动的固有频率：

A. 增大

B. 减小

C. 不变

D. 不能确定

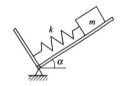

59. 在低碳钢拉伸实验中，冷作硬化现象发生在：

A. 弹性阶段

B. 屈服阶段

C. 强化阶段

D. 局部变形阶段

60. 螺钉受力如图所示，已知螺钉和钢板的材料相同，拉伸许用应力$[\sigma]$是剪切许用应力$[\tau]$的 2 倍，即$[\sigma]=2[\tau]$，钢板厚度t是螺钉头高度h的 1.5 倍，则螺钉直径d的合理值为：

A. $d=2h$

B. $d=0.5h$

C. $d^2=2Dt$

D. $d^2=Dt$

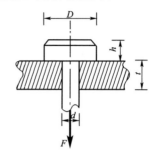

61. 直径为d的实心圆轴受扭，若使扭转角减小一半，圆轴的直径需变为：

A. $\sqrt[4]{2}d$ B. $\sqrt[3]{\sqrt{2}}d$

C. $0.5d$ D. $2d$

62. 图示圆轴抗扭截面模量为W_t，剪切模量为G，扭转变形后，圆轴表面A点处截取的单元体互相垂直的相邻边线改变了γ角，如图所示。圆轴承受的扭矩T为：

A. $T=G\gamma W_t$

B. $T=\dfrac{G\gamma}{W_t}$

C. $T=\dfrac{\gamma}{G}W_t$

D. $T=\dfrac{W_t}{G\gamma}$

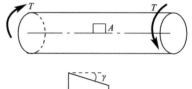

63. 矩形截面挖去一个边长为a的正方形，如图所示，该截面对z轴的惯性矩I_z为：

A. $I_z=\dfrac{bh^3}{12}-\dfrac{a^4}{12}$

B. $I_z=\dfrac{bh^3}{12}-\dfrac{13a^4}{12}$

C. $I_z=\dfrac{bh^3}{12}-\dfrac{a^4}{3}$

D. $I_z=\dfrac{bh^3}{12}-\dfrac{7a^4}{12}$

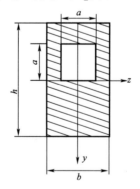

64. 图示外伸梁，A 截面的剪力为：

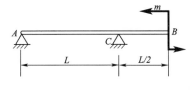

A. 0 　　　　　 B. $\dfrac{3m}{2L}$ 　　　　　 C. $\dfrac{m}{L}$ 　　　　　 D. $-\dfrac{m}{L}$

65. 两根梁长度、截面形状和约束条件完全相同，一根材料为钢，另一根材料为铝。在相同的外力作用下发生弯曲变形，两者不同之处为：

A. 弯曲内力 　　　　　　　　　 B. 弯曲正应力

C. 弯曲切应力 　　　　　　　　 D. 挠曲线

66. 图示四个悬臂梁中挠曲线是圆弧的为：

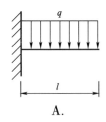 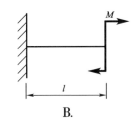 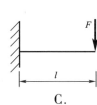 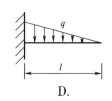

A. 　　　　　　 B. 　　　　　　 C. 　　　　　　 D.

67. 受力体一点处的应力状态如图所示，该点的最大主应力 σ_1 为：

A. 70MPa

B. 10MPa

C. 40MPa

D. 50MPa

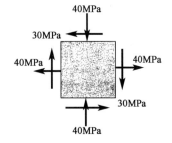

68. 图示 T 形截面杆，一端固定一端自由，自由端的集中力 F 作用在截面的左下角点，并与杆件的轴线平行。该杆发生的变形为：

A. 绕 y 和 z 轴的双向弯曲

B. 轴向拉伸和绕 y、z 轴的双向弯曲

C. 轴向拉伸和绕 z 轴弯曲

D. 轴向拉伸和绕 y 轴弯曲

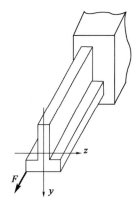

69. 图示圆轴，在自由端圆周边界承受竖直向下的集中力 F，按第三强度理论，危险截面的相当应力 σ_{eq3} 为：

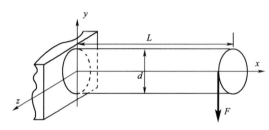

A. $\sigma_{eq3} = \dfrac{16}{\pi d^3}\sqrt{(FL)^2 + 4\left(\dfrac{Fd}{2}\right)^2}$ 　　　　B. $\sigma_{eq3} = \dfrac{16}{\pi d^3}\sqrt{(FL)^2 + \left(\dfrac{Fd}{2}\right)^2}$

C. $\sigma_{eq3} = \dfrac{32}{\pi d^3}\sqrt{(FL)^2 + 4\left(\dfrac{Fd}{2}\right)^2}$ 　　　　D. $\sigma_{eq3} = \dfrac{32}{\pi d^3}\sqrt{(FL)^2 + \left(\dfrac{Fd}{2}\right)^2}$

70. 两根完全相同的细长（大柔度）压杆 AB 和 CD 如图所示，杆的下端为固定铰链约束，上端与刚性水平杆固结。两杆的弯曲刚度均为 EI，其临界荷载 F_a 为：

A. $2.04 \times \dfrac{\pi^2 EI}{L^2}$

B. $4.08 \times \dfrac{\pi^2 EI}{L^2}$

C. $8 \times \dfrac{\pi^2 EI}{L^2}$

D. $2 \times \dfrac{\pi^2 EI}{L^2}$

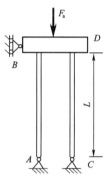

71. 静止的流体中，任一点的压强的大小与下列哪一项无关？

A. 当地重力加速度 　　　　　　B. 受压面的方向

C. 该点的位置 　　　　　　　　D. 流体的种类

72. 静止油面（油面上为大气）下 3m 深度处的绝对压强为下列哪一项？（油的密度为 800kg/m³，当地大气压为 100kPa）

A. 3kPa   B. 23.5kPa

C. 102.4kPa   D. 123.5kPa

73. 根据恒定流的定义，下列说法中正确的是：

A. 各断面流速分布相同

B. 各空间点上所有运动要素均不随时间变化

C. 流线是相互平行的直线

D. 流动随时间按一定规律变化

74. 正常工作条件下的薄壁小孔口与圆柱形外管嘴，直径 d 相等，作用水头 H 相等，则孔口流量 Q_1 和孔口收缩断面流速 v_1 与管嘴流量 Q_2 和管嘴出口流速 v_2 的关系是：

A. $v_1 < v_2$，$Q_1 < Q_2$ B. $v_1 < v_2$，$Q_1 > Q_2$

C. $v_1 > v_2$，$Q_1 < Q_2$ D. $v_1 > v_2$，$Q_1 > Q_2$

75. 明渠均匀流只能发生在：

A. 顺坡棱柱形渠道   B. 平坡棱柱形渠道

C. 逆坡棱柱形渠道   D. 变坡棱柱形渠道

76. 在流量、渠道断面形状和尺寸、壁面粗糙系数一定时，随底坡的增大，正常水深将会：

A. 减小   B. 不变

C. 增大   D. 随机变化

77. 有一个普通完全井，其直径为 1m，含水层厚度 $H = 11m$，土壤渗透系数 $k = 2m/h$。抽水稳定后的井中水深 $h_0 = 8m$，试估算井的出水量：

A. 0.084m³/s   B. 0.017m³/s

C. 0.17m³/s   D. 0.84m³/s

78. 研究船体在水中航行的受力试验，其模型设计应采用：

A. 雷诺准则   B. 弗劳德准则

C. 韦伯准则   D. 马赫准则

79. 在静电场中，有一个带电体在电场力的作用下移动，由此所做的功的能量来源是：

A. 电场能

B. 带电体自身的能量

C. 电场能和带电体自身的能量

D. 电场外部的能量

80. 图示电路中，$u_C = 10V$，$i_1 = 1mA$，则：

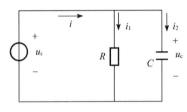

A. 因为 $i_2 = 0$，使电流 $i_1 = 1mA$

B. 因为参数 C 未知，无法求出电流 i

C. 虽然电流 i_2 未知，但是 $i > i_1$ 成立

D. 电容储存的能量为 0

81. 图示电路中，电流 I_1 和电流 I_2 分别为：

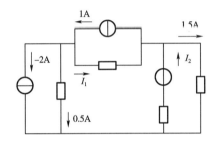

A. 2.5A 和 1.5A

B. 1A 和 0A

C. 2.5A 和 0A

D. 1A 和 1.5A

82. 正弦交流电压的波形图如图所示，该电压的时域解析表达式为：

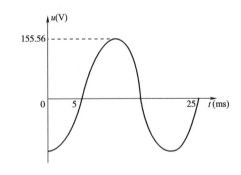

A. $u(t) = 155.56 \sin(\omega t - 5°) V$

B. $u(t) = 110\sqrt{2} \sin(314t - 90°) V$

C. $u(t) = 110\sqrt{2} \sin(50t + 60°) V$

D. $u(t) = 155.56 \sin(314t - 60°) V$

83. 图示电路中，若$u = U_M \sin(\omega t + \psi_u)$，则下列表达式中一定成立的是：

式1：$u = u_R + u_L + u_C$

式2：$u_X = u_L - u_C$

式3：$U_X < U_L$及$U_X < U_C$

式4：$U^2 = U_R^2 + (U_L + U_C)^2$

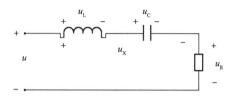

A. 式1 和式3　　　　　　　　　　B. 式2 和式4

C. 式1，式3 和式4　　　　　　　　D. 式2 和式3

84. 图 a）所示电路的激励电压如图 b）所示，那么，从$t = 0$时刻开始，电路出现暂态过程的次数和在换路时刻发生突变的量分别是：

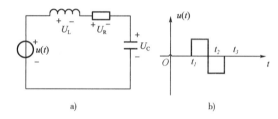

A. 3次，电感电压　　　　　　　　B. 4次，电感电压和电容电流

C. 3次，电容电流　　　　　　　　D. 4次，电阻电压和电感电压

85. 在信号源(u_s, R_s)和电阻R_L之间插入一个理想变压器，如图所示，若电压表和电流表的读数分别为 100V 和 2A，则信号源供出电流的有效值为：

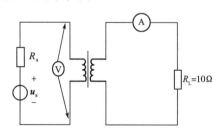

A. 0.4A　　　　　　　　　　　　B. 10A

C. 0.28A　　　　　　　　　　　　D. 7.07A

86. 三相异步电动机的工作效率与功率因数随负载的变化规律是：

    A. 空载时，工作效率为 0，负载越大功率越高

    B. 空载时，功率因数较小，接近满负荷时达到最大值

    C. 功率因数与电动机的结构和参数有关，与负载无关

    D. 负载越大，功率因数越大

87. 在如下关于信号与信息的说法中，正确的是：

    A. 信息含于信号之中   B. 信号含于信息之中

    C. 信息是一种特殊的信号   D. 同一信息只能承载于一种信号之中

88. 数字信号如图所示，如果用其表示数值，那么，该数字信号表示的数量是：

    A. 3 个 0 和 3 个 1

    B. 一万零一十一

    C. 3

    D. 19

89. 用传感器对某管道中流动的液体流量 $x(t)$ 进行测量，测量结果为 $u(t)$，用采样器对 $u(t)$ 采样后得到信号 $u^*(t)$，那么：

    A. $x(t)$ 和 $u(t)$ 均随时间连续变化，因此均是模拟信号

    B. $u^*(t)$ 仅在采样点上有定义，因此是离散时间信号

    C. $u^*(t)$ 仅在采样点上有定义，因此是数字信号

    D. $u^*(t)$ 是 $x(t)$ 的模拟信号

90. 模拟信号 $u(t)$ 的波形图如图所示，它的时间域描述形式是：

    A. $u(t) = 2(1 - e^{-10t}) \cdot 1(t)$

    B. $u(t) = 2(1 - e^{-0.1t}) \cdot 1(t)$

    C. $u(t) = [2(1 - e^{-10t}) - 2] \cdot 1(t)$

    D. $u(t) = 2(1 - e^{-10t}) \cdot 1(t) - 2 \cdot 1(t - 2)$

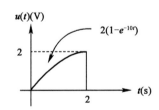

91. 模拟信号放大器是完成对输入模拟量：

A. 幅度的放大   B. 频率的放大

C. 幅度和频率的放大   D. 低频成分的放大

92. 某逻辑问题的真值表如表所示，由此可以得到，该逻辑问题的输入输出之间的关系为：

C	A	B	F
0	0	0	0
0	0	1	0
0	1	0	0
0	1	1	0
1	0	0	1
1	0	1	0
1	1	0	0
1	1	1	1

A. $F = 0 + 1 = 1$

B. $F = \overline{A}\overline{B}C + ABC$

C. $F = A\overline{B}\overline{C} + A\overline{B}C$

D. $F = \overline{A}\overline{B} + AB$

93. 电路如图所示，D 为理想二极管，$u_i = 6\sin\omega t$ (V)，则输出电压的最大值 U_{oM} 为：

A. 6V

B. 3V

C. −3V

D. −6V

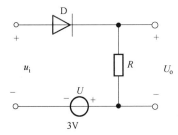

94. 将放大倍数为1、输入电阻为100Ω、输出电阻为50Ω的射极输出器插接在信号源(u_s,R_s)与负载(R_L)之间，形成图b）电路，与图a）电路相比，负载电压的有效值：

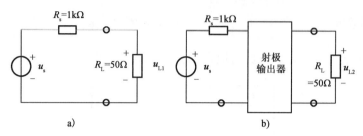

a)   b)

A. $U_{L2} > U_{L1}$

B. $U_{L2} = U_{L1}$

C. $U_{L2} < U_{L1}$

D. 因为u_s未知，不能确定U_{L1}和U_{L2}之间的关系

95. 数字信号B = 1时，图示两种基本门的输出分别为：

A. $F_1 = A$，$F_2 = 1$

B. $F_1 = 1$，$F_2 = A$

C. $F_1 = 1$，$F_2 = 0$

D. $F_1 = 0$，$F_2 = A$

96. JK触发器及其输入信号波形如图所示，该触发器的初值为0，则它的输出Q为：

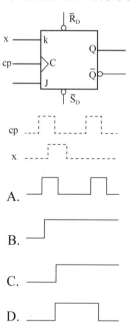

97. 存储器的主要功能是：

A. 自动计算

B. 进行输入/输出

C. 存放程序和数据

D. 进行数值计算

98. 按照应用和虚拟机的观点，软件可分为：

A. 系统软件，多媒体软件，管理软件

B. 操作系统，硬件管理系统和网络系统

C. 网络系统，应用软件和程序设计语言

D. 系统软件，支撑软件和应用软件

99. 信息具有多个特征，下列四条关于信息特征的叙述中，有错误的一条是：

A. 信息的可识别性，信息的可变性，信息的可流动性

B. 信息的可处理性，信息的可存储性，信息的属性

C. 信息的可再生性，信息的有效性和无效性，信息的使用性

D. 信息的可再生性，信息的独立存在性，信息的不可失性

100. 将八进制数 763 转换成相应的二进制数，其正确的结果是：

A. 110101110

B. 110111100

C. 100110101

D. 111110011

101. 计算机的内存储器以及外存储器的容量通常：

A. 以字节即 8 位二进制数为单位来表示

B. 以字即 16 位二进制数为单位来表示

C. 以二进制数为单位来表示

D. 以双字即 32 位二进制数为单位来表示

102. 操作系统是一个庞大的管理控制程序，它由五大管理功能组成，在下面四个选项中，不属于这五大管理功能的是：

A. 作业管理，存储管理

B. 设备管理，文件管理

C. 进程与处理器调度管理，存储管理

D. 中断管理，电源管理

103. 在 Windows 中，对存储器采用分页存储管理技术时，规定一个页的大小为：

A. 4G 字节

B. 4K 字节

C. 128M 字节

D. 16K 字节

104. 为解决主机与外围设备操作速度不匹配的问题，Windows 采用了下列哪项技术来解决这个矛盾：

    A. 缓冲技术   B. 流水线技术

    C. 中断技术   D. 分段、分页技术

105. 计算机网络技术涉及：

    A. 通信技术和半导体工艺技术   B. 网络技术和计算机技术

    C. 通信技术和计算机技术   D. 航天技术和计算机技术

106. 计算机网络是一个复合系统，共同遵守的规则称为网络协议，网络协议主要由：

    A. 语句、语义和同步三个要素构成   B. 语法、语句和同步三个要素构成

    C. 语法、语义和同步三个要素构成   D. 语句、语义和异步三个要素构成

107. 关于现金流量的下列说法中，正确的是：

    A. 同一时间点上现金流入和现金流出之和，称为净现金流量

    B. 现金流量图表示现金流入、现金流出及其与时间的对应关系

    C. 现金流量图的零点表示时间序列的起点，同时也是第一个现金流量的时间点

    D. 垂直线的箭头表示现金流动的方向，箭头向上表示现金流出，即表示费用

108. 项目前期研究阶段的划分，下列正确的是：

    A. 规划，研究机会和项目建议书

    B. 机会研究，项目建议书和可行性研究

    C. 规划，机会研究，项目建议书和可行性研究

    D. 规划，机会研究，项目建议书，可行性研究，后评价

109. 某项目建设期 3 年，共贷款 1000 万元，第一年贷款 200 万元，第二年贷款 500 万元，第三年贷款 300 万元，贷款在各年内均衡发生，贷款年利率为 7%，建设期内不支付利息，建设期利息为：

    A. 98.00 万元   B. 101.22 万元

    C. 138.46 万元   D. 62.33 万元

110. 下列不属于股票融资特点的是：

A. 股票融资所筹备的资金是项目的股本资金，可作为其他方式筹资的基础

B. 股票融资所筹资金没有到期偿还问题

C. 普通股票的股利支付，可视融资主体的经营好坏和经营需要而定

D. 股票融资的资金成本较低

111. 融资前分析和融资后分析的关系，下列说法中正确的是：

A. 融资前分析是考虑债务融资条件下进行的财务分析

B. 融资后分析应广泛应用于各阶段的财务分析

C. 在规划和机会研究阶段，可以只进行融资前分析

D. 一个项目财务分析中融资前分析和融资后分析两者必不可少

112. 经济效益计算的原则是：

A. 增量分析的原则   B. 考虑关联效果的原则

C. 以全国居民作为分析对象的原则   D. 支付意愿原则

113. 某建设项目年设计生产能力为 8 万台，年固定成本为 1200 万元，产品单台售价为 1000 元，单台产品可变成本为 600 元，单台产品销售税金及附加为 150 元，则该项目的盈亏平衡点的产销量为：

A. 48000 台   B. 12000 台

C. 30000 台   D. 21819 台

114. 下列可以提高产品价值的是：

A. 功能不变，提高成本   B. 成本不变，降低功能

C. 成本增加一些，功能有很大提高   D. 功能很大降低，成本降低一些

115. 按照《中华人民共和国建筑法》规定，建设单位申领施工许可证，应该具备的条件之一是：

A. 拆迁工作已经完成   B. 已经确定监理企业

C. 有保证工程质量和安全的具体措施   D. 建设资金全部到位

116. 根据《中华人民共和国招标投标法》的规定，下列包括在招标公告中的是：

A. 招标项目的性质、数量   B. 招标项目的技术要求

C. 对投标人员资格的审查标准   D. 拟签订合同的主要条款

117. 按照《中华人民共和国合同法》的规定，招标人在招标时，招标公告属于合同订立过程中的：

A. 邀约   B. 承诺

C. 要约邀请   D. 以上都不是

118. 根据《中华人民共和国节约能源法》的规定，为了引导用能单位和个人使用先进的节能技术、节能产品，国务院管理节能工作的部门会同国务院有关部门：

A. 发布节能技术政策大纲

B. 公布节能技术、节能产品的推广目录

C. 支持科研单位和企业开展节能技术的应用研究

D. 开展节能共性和关键技术，促进节能技术创新和成果转化

119. 根据《中华人民共和国环境保护法》的规定，有关环境质量标准的下列说法中，正确的是：

A. 对国家污染物排放标准中已经作出规定的项目，不得再制定地方污染物排放标准

B. 地方人民政府对国家环境质量标准中未作出规定的项目，不得制定地方标准

C. 地方污染物排放标准必须经过国务院环境主管部门的审批

D. 向已有地方污染物排放标准的区域排放污染物的，应当执行地方排放标准

120. 根据《建设工程勘察设计管理条例》的规定，编制初步设计文件应当：

A. 满足编制方案设计文件和控制概算的需要

B. 满足编制施工招标文件、主要设备材料订货和编制施工图设计文件的需要

C. 满足非标准设备制作，并注明建筑工程合理使用年限

D. 满足设备材料采购和施工的需要

2009年度全国勘察设计注册工程师执业资格考试基础考试（上）

试题解析及参考答案

1. 解 $\vec{\alpha} \times \vec{\beta} = \begin{vmatrix} \vec{i} & \vec{j} & \vec{k} \\ -1 & 3 & 1 \\ 1 & 1 & t \end{vmatrix} = \vec{i}(-1)^{1+1}\begin{vmatrix} 3 & 1 \\ 1 & t \end{vmatrix} + \vec{j}(-1)^{1+2}\begin{vmatrix} -1 & 1 \\ 1 & t \end{vmatrix} +$

$\vec{k}(-1)^{1+3}\begin{vmatrix} -1 & 3 \\ 1 & 1 \end{vmatrix} = (3t-1)\vec{i} + (t+1)\vec{j} - 4\vec{k}$

已知 $\vec{\alpha} \times \vec{\beta} = -4\vec{i} - 4\vec{k}$

则 $-4 = 3t - 1$，$t = -1$

或 $t + 1 = 0$，$t = -1$

答案：C

2. 解 直线的点向式方程为 $\frac{x-1}{-1} = \frac{y+1}{1} = \frac{z-0}{1}$，$\vec{s} = \{-1, 1, 1\}$。平面 $x + y + z + 1 = 0$，平面法向量 $\vec{n} = \{1, 1, 1\}$。而 $\vec{n} \cdot \vec{s} = \{1, 1, 1\} \cdot \{-1, 1, 1\} = 1 \neq 0$，故 $\vec{n}$ 不垂直于 $\vec{s}$ 且 $\vec{s}$，$\vec{n}$ 坐标不成比例，即 $\frac{-1}{1} \neq \frac{1}{1}$，因此 $\vec{n}$ 不平行于 $\vec{s}$。从而可知直线与平面不平行、不重合且直线也不垂直于平面。

答案：D

3. 解 **方法 1：** 可通过画出函数图形判定（见解图）。

方法 2： 求导数 $f'(x) = \begin{cases} 1 & , x > 0 \\ -2x & , x < 0 \end{cases}$

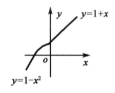

在 $(-\infty, +\infty)$ 内，$f'(x) > 0$。

答案：B

题3解图

4. 解 通过举例来说明。

设点 $x_0 = 0$，$f(x) = \begin{cases} 1, & x \geq 0 \\ 0, & x < 0 \end{cases}$，在 $x_0 = 0$ 间断，$g(x) = 0$，在 $x_0 = 0$ 连续，而 $f(x) \cdot g(x) = 0$，在 $x_0 = 0$ 连续。

设点 $x_0 = 0$，$f(x) = \begin{cases} 1, & x \geq 0 \\ 0, & x < 0 \end{cases}$，在 $x_0 = 0$ 处间断，$g(x) = 1$，在 $x_0 = 0$ 处连续，而 $f(x) \cdot g(x) = \begin{cases} 1, & x \geq 0 \\ 0, & x < 0 \end{cases}$，在 $x_0 = 0$ 处间断。

答案：D

5. 解 利用复合函数求导公式计算，本题由 $y = u^2$，$u = \cos v$，$v = \frac{1}{x}$ 复合而成。所以 $y' = \left(\cos^2 \frac{1}{x}\right)' = 2\cos\frac{1}{x} \cdot \left(-\sin\frac{1}{x}\right) \cdot \left(-\frac{1}{x^2}\right) = \frac{1}{x^2}\sin\frac{2}{x}$。

答案：A

6. 解 利用拉格朗日中值定理计算，$f(x)$ 在 $[x, x + \Delta x]$ 连续，在 $(x, x + \Delta x)$ 可导，则有 $f(x + \Delta x) -$

$f(x) = f'(\xi)\Delta x$。

即 $\Delta y = f'(\xi)\Delta x$（至少存在一点 ξ，$x < \xi < x + \Delta x$）。

答案：C

7. 解　本题为二元复合函数求全微分，计算公式为 $\mathrm{d}z = \frac{\partial z}{\partial x}\mathrm{d}x + \frac{\partial z}{\partial y}\mathrm{d}y$，$\frac{\partial z}{\partial x} = f'(x^2 - y^2) \cdot 2x$，$\frac{\partial z}{\partial y} = f'(x^2 - y^2) \cdot (-2y)$，代入得：

$$\mathrm{d}z = f'(x^2 - y^2) \cdot 2x\mathrm{d}x + f'(x^2 - y^2)(-2y)\mathrm{d}y = 2f'(x^2 - y^2)(x\mathrm{d}x - y\mathrm{d}y)$$

答案：D

8. 解　将积分变形：$\int \frac{1}{\sqrt{x}}f(\sqrt{x})\mathrm{d}x = \int f(\sqrt{x})\mathrm{d}(2\sqrt{x}) = 2\int f(\sqrt{x})\mathrm{d}\sqrt{x}$，利用已知条件 $\int f(x)\mathrm{d}x = F(x) + C$，得出 $\int \frac{1}{\sqrt{x}}f(\sqrt{x})\mathrm{d}x = 2F(\sqrt{x}) + C$。

答案：B

9. 解　利用公式 $\cos2x = \cos^2 x - \sin^2 x$，将被积函数变形：

$$\text{原式} = \int \frac{\cos^2 x - \sin^2 x}{\sin^2 x\cos^2 x}\mathrm{d}x = \int \left(\frac{1}{\sin^2 x} - \frac{1}{\cos^2 x}\right)\mathrm{d}x$$

$$= \int \frac{1}{\sin^2 x}\mathrm{d}x - \int \frac{1}{\cos^2 x}\mathrm{d}x$$

$$= -\cot x - \tan x + C$$

答案：C

10. 解　本题为求复合的积分上限函数的导数，利用下列公式计算。

$$\frac{\mathrm{d}}{\mathrm{d}x}\int_0^{g(x)}\sqrt{1 - t^2}\mathrm{d}t = \sqrt{1 - g^2(x)} \cdot g'(x)$$

所以 $\frac{\mathrm{d}}{\mathrm{d}x}\int_0^{\cos x}\sqrt{1 - t^2}\mathrm{d}t = \sqrt{1 - \cos^2 x} \cdot (-\sin x) = -\sin x\sqrt{\sin^2 x} = -\sin x|\sin x|$

答案：D

11. 解　逐项排除法。

选项 A：$x = 0$ 为被积函数 $f(x) = \frac{1}{x^2}$ 的无穷不连续点，计算方法：

$$\int_{-1}^1 \frac{1}{x^2}\mathrm{d}x = \int_{-1}^0 \frac{1}{x^2}\mathrm{d}x + \int_0^1 \frac{1}{x^2}\mathrm{d}x$$

只要判断其中一个发散，即广义积分发散，计算 $\int_0^1 \frac{1}{x^2}\mathrm{d}x = -\frac{1}{x}\big|_0^1 = -1 + \lim\limits_{x \to 0^+}\frac{1}{x} = +\infty$，所以选项 A 错误。

选项 B：$\frac{\mathrm{d}}{\mathrm{d}x}\int_0^{x^2}f(t)\mathrm{d}t = f(x^2) \cdot 2x$，显然错误。

选项 C：$\int_1^{+\infty}\frac{1}{\sqrt{x}}\mathrm{d}x = 2\sqrt{x}\big|_1^{+\infty} = 2\left(\lim\limits_{x \to \infty}\sqrt{x} - 1\right) = +\infty$ 发散，正确。

选项 D：由 $\frac{1}{\sqrt{2\pi}}e^{-\frac{x^2}{2}}$ 为标准正态分布的概率密度函数，可知 $\int_{-\infty}^0 e^{-\frac{x^2}{2}}\mathrm{d}x$ 收敛。

也可用下面方法判定：

因 $\int_{-\infty}^0 e^{-\frac{x^2}{2}} \mathrm{d}x = \int_{-\infty}^0 e^{-\frac{y^2}{2}} \mathrm{d}y$

$$\int_{-\infty}^0 e^{-\frac{x^2}{2}} \mathrm{d}x \int_{-\infty}^0 e^{-\frac{y^2}{2}} \mathrm{d}y = \int_{-\infty}^0 \int_{-\infty}^0 e^{-\frac{x^2+y^2}{2}} \mathrm{d}x\mathrm{d}y = \int_\pi^{\frac{3}{2}\pi} \mathrm{d}\theta \int_0^{+\infty} re^{-\frac{r^2}{2}} \mathrm{d}r$$

$$= \frac{\pi}{2}\left[-\int_0^{+\infty} e^{-\frac{r^2}{2}} \mathrm{d}\left(-\frac{r^2}{2}\right)\right] = -\frac{\pi}{2} e^{-\frac{r^2}{2}}\Big|_0^{+\infty} = \frac{\pi}{2}$$

因此，$\left(\int_{-\infty}^0 e^{-\frac{x^2}{2}} \mathrm{d}x\right)^2 = \frac{\pi}{2}$，$\int_{-\infty}^0 e^{-\frac{x^2}{2}} \mathrm{d}x = \sqrt{\frac{\pi}{2}}$收敛，选项 D 错误。

答案：C

12. 解　利用柱面坐标计算三重积分（见解图）。

立体体积 $V = \iiint 1\mathrm{d}V$，联立 $\begin{cases} x^2 + y^2 + z^2 = 2z \\ z = x^2 + y^2 \end{cases}$，消 z 得 D_{xy}：

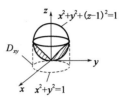

题 12 解图

$x^2 + y^2 \leqslant 1$

由 $x^2 + y^2 + z^2 = 2z$，得到

$x^2 + y^2 + (z-1)^2 = 1$，$(z-1)^2 = 1 - x^2 - y^2$，$z-1 = \pm\sqrt{1-x^2-y^2}$，$z = 1 \pm \sqrt{1-x^2-y^2}$

取 $z = 1 - \sqrt{1-x^2-y^2}$

$1 - \sqrt{1-x^2-y^2} \leqslant z \leqslant x^2 + y^2$，即 $1 - \sqrt{1-r^2} \leqslant z \leqslant r^2$，积分区域 Ω 在柱面坐标下的形式为

$\begin{cases} 1 - \sqrt{1-r^2} \leqslant z \leqslant r^2 \\ 0 \leqslant r \leqslant 1 \\ 0 \leqslant \theta \leqslant 2\pi \end{cases}$，$\mathrm{d}V = r\mathrm{d}r\mathrm{d}\theta\mathrm{d}z$，写成三次积分

先对 z 积分，再对 r 积分，最后对 θ 积分，即得选项 D。

答案：D

13. 解　通过举例说明。

（1）取 $u_n = 1$，级数 $\sum\limits_{n=1}^\infty u_n = \sum\limits_{n=1}^\infty 1$，级数发散，而 $\sum\limits_{n=1}^\infty (u_{2n} - u_{2n+1}) = \sum\limits_{n=1}^\infty (1-1) = \sum\limits_{n=1}^\infty 0$，级数收敛。

（2）取 $u_n = 0$，$\sum\limits_{n=1}^\infty u_n = \sum\limits_{n=1}^\infty 0$，级数收敛，而 $\sum\limits_{n=1}^\infty (u_{2n} - u_{2n+1}) = \sum\limits_{n=1}^\infty 0$，级数收敛。

答案：B

14. 解　将函数 $\dfrac{1}{3-x}$ 变形，利用公式 $\dfrac{1}{1-x} = 1 + x + x^2 + \cdots + x^n + \cdots$ $(-1,1)$，将函数展开成 $x-1$ 幂级数，即

$$\frac{1}{3-x} = \frac{1}{2-(x-1)} = \frac{1}{2\left(1-\dfrac{x-1}{2}\right)} = \frac{1}{2}\cdot\frac{1}{1-\dfrac{x-1}{2}}$$

再利用公式写出最后结果，所以

$$\frac{1}{3-x} = \frac{1}{2}\left[1 + \frac{x-1}{2} + \left(\frac{x-1}{2}\right)^2 + \cdots + \left(\frac{x-1}{2}\right)^n\right] = \frac{1}{2}\sum_{n=0}^\infty \left(\frac{x-1}{2}\right)^n = \sum_{n=0}^\infty \frac{(x-1)^n}{2^{n+1}}$$

答案：C

15. 解 方程的类型为可分离变量方程，将方程分离变量，得

$$-\frac{1}{3+2y}\mathrm{d}y = \frac{x}{1+x^2}\mathrm{d}x$$

两边积分：

$$-\int\frac{1}{3+2y}\mathrm{d}y = \int\frac{x}{1+x^2}\mathrm{d}x$$

$$-\frac{1}{2}\int\frac{1}{3+2y}\mathrm{d}(3+2y) = \frac{1}{2}\int\frac{1}{1+x^2}\mathrm{d}(x^2+1)$$

$$-\frac{1}{2}\ln(3+2y) = \frac{1}{2}\ln(1+x^2)+C$$

$$\frac{1}{2}\ln(1+x^2)+\frac{1}{2}\ln(3+2y) = -C$$

$\ln(1+x^2)+\ln(3+2y)=-2C$，令 $-2C=\ln C_1$，$\ln(1+x^2)+\ln(3+2y)=\ln C_1$，故 $(1+x^2)(3+2y)=C_1$。

答案：B

16. 解 本题为可降阶的高阶微分方程，按不显含变量 x 计算。设 $y'=P$，$y''=P'$，方程化为 $P'+aP^2=0$，$\frac{\mathrm{d}P}{\mathrm{d}x}=-aP^2$，分离变量，$\frac{1}{P^2}\mathrm{d}P=-a\mathrm{d}x$，积分得 $-\frac{1}{P}=-ax+C_1$，代入初始条件 $x=0$，$P=y'=-1$，得 $C_1=1$，即 $-\frac{1}{P}=-ax+1$，$P=\frac{1}{ax-1}$，$\frac{\mathrm{d}y}{\mathrm{d}x}=\frac{1}{ax-1}$，求出通解，代入初始条件，求出特解。

即 $y=\int\frac{1}{ax-1}\mathrm{d}x=\frac{1}{a}\ln|ax-1|+C$，代入初始条件 $x=0$，$y=0$，得 $C=0$。

故特解为 $y=\frac{1}{a}\ln|1-ax|$。

答案：A

17. 解 利用行列式的运算性质变形、化简。

A 项：$|\alpha_2,\alpha_1,\alpha_3|\xrightarrow{c_1\leftrightarrow c_2}-|\alpha_1,\alpha_2,\alpha_3|$，错误。

B 项：$|-\alpha_2,-\alpha_3,-\alpha_1|=(-1)^3|\alpha_2,\alpha_3,\alpha_1|\xrightarrow{c_1\leftrightarrow c_3}(-1)^3(-1)|\alpha_1,\alpha_3,\alpha_2|\xrightarrow{c_2\leftrightarrow c_3}$

$$(-1)^3(-1)(-1)|\alpha_1,\alpha_2,\alpha_3|=-|\alpha_1,\alpha_2,\alpha_3|,\text{ 错误。}$$

C 项：$|\alpha_1+\alpha_2,\alpha_2+\alpha_3,\alpha_3+\alpha_1|=|\alpha_1,\alpha_2+\alpha_3,\alpha_3+\alpha_1|+|\alpha_2,\alpha_2+\alpha_3,\alpha_3+\alpha_1|$

$$=|\alpha_1,\alpha_2+\alpha_3,\alpha_3|+|\alpha_1,\alpha_2+\alpha_3,\alpha_1|+$$

$$|\alpha_2,\alpha_2,\alpha_3+\alpha_1|+|\alpha_2,\alpha_3,\alpha_3+\alpha_1|$$

$$=|\alpha_1,\alpha_2+\alpha_3,\alpha_3|+|\alpha_2,\alpha_3,\alpha_3+\alpha_1|$$

$$=|\alpha_1,\alpha_2,\alpha_3|+|\alpha_2,\alpha_3,\alpha_1|$$

$$=|\alpha_1,\alpha_2,\alpha_3|+|\alpha_1,\alpha_2,\alpha_3|=2|\alpha_1,\alpha_2,\alpha_3|,\text{ 错误。}$$

D 项：$|\alpha_1,\alpha_2,\alpha_3+\alpha_2+\alpha_1|\xrightarrow{(-1)c_1+c_3}|\alpha_1,\alpha_2,\alpha_3+\alpha_2|\xrightarrow{(-1)c_2+c_3}|\alpha_1,\alpha_2,\alpha_3|$，正确。

答案：D

18. 解 $\boldsymbol{A}$、$\boldsymbol{B}$ 为非零矩阵且 $\boldsymbol{AB}=0$，由矩阵秩的性质可知 $r(\boldsymbol{A})+r(\boldsymbol{B})\leqslant n$，而 $\boldsymbol{A}$、$\boldsymbol{B}$ 为非零矩阵，

则 $r(A) \geqslant 1$，$r(B) \geqslant 1$，又因 $r(A) < n$，$r(B) < n$，则由 $1 \leqslant r(A) < n$，知 $A_{m \times n}$ 的列向量相关，$1 \leqslant r(B) < n$，$B_{n \times l}$ 的行向量相关，从而选项 B、C、D 均成立。

答案：A

19. 解　利用矩阵的特征值、特征向量的定义判定，即问满足式子 $Bx = \lambda x$ 中的 x 是什么向量？已知 α 是 A 属于特征值 λ 的特征向量，故

$$A\alpha = \lambda\alpha \qquad\qquad ①$$

将已知式子 $B = P^{-1}AP$ 两边，左乘矩阵 P，右乘矩阵 P^{-1}，得 $PBP^{-1} = PP^{-1}APP^{-1}$，化简为 $PBP^{-1} = A$，即

$$A = PBP^{-1} \qquad\qquad ②$$

将②式代入①式，得

$$PBP^{-1}\alpha = \lambda\alpha \qquad\qquad ③$$

将③式两边左乘 P^{-1}，得 $BP^{-1}\alpha = \lambda P^{-1}\alpha$，即 $B(P^{-1}\alpha) = \lambda(P^{-1}\alpha)$，成立。

答案：B

20. 解　由合同矩阵定义，若存在一个可逆矩阵 C，使 $C^{\mathrm{T}}AC = B$，则称 A 合同于 B。

取 $C = \begin{bmatrix} -1 & 0 \\ 0 & 1 \end{bmatrix}$，$|C| = -1 \neq 0$，$C$ 可逆，可验证 $C^{\mathrm{T}}AC = \begin{bmatrix} 1 & -1 \\ -1 & 2 \end{bmatrix}$。

答案：A

21. 解　$P(\overline{A} - B) = P(\overline{A}\,\overline{B}) = P(\overline{A \cup B}) = 0.3$，$P(A \cup B) = 1 - P(\overline{A \cup B}) = 0.7$

答案：B

22. 解　（1）判断选项 A、B 的对错。

方法 1：利用定积分、广义积分的几何意义

$$P(a < X < b) = \int_a^b f(x)\mathrm{d}x = S$$

S 为 $[a, b]$ 上曲边梯形的面积。

$N(0, \sigma^2)$ 的概率密度为偶函数，图形关于直线 $x = 0$ 对称。

因此选项 B 对，选项 A 错。

方法 2：利用正态分布概率计算公式

$$P(X \leqslant \lambda) = \Phi\left(\frac{\lambda - 0}{\sigma}\right) = \Phi\left(\frac{\lambda}{\sigma}\right)$$

$$P(X \geqslant \lambda) = 1 - P(X < \lambda) = 1 - \Phi\left(\frac{\lambda}{\sigma}\right)$$

$$P(X \leqslant -\lambda) = \Phi\left(\frac{-\lambda}{\sigma}\right) = 1 - \Phi\left(\frac{\lambda}{\sigma}\right)$$

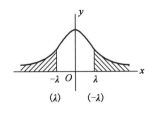

题 22 解图

选项 B 对，选项 A 错。

（2）判断选项 C、D 的对错。

方法 1：验算数学期望与方差

$E(X - \lambda) = \mu - \lambda = 0 - \lambda = -\lambda \neq \lambda（\lambda \neq 0$ 时），选项 C 错；

$D(\lambda X) = \lambda^2 \sigma^2 \neq \lambda \sigma^2（\lambda \neq 0，\lambda \neq 1$ 时），选项 D 错。

方法 2：利用结论

若 $X \sim N(\mu, \sigma^2)$，a、b 为常数且 $a \neq 0$，则 $aX + b \sim N(a\mu + b, a^2\sigma^2)$；

$X - \lambda \sim N(-\lambda, \sigma^2)$，选项 C 错；

$\lambda X \sim N(0, \lambda^2\sigma^2)$，选项 D 错。

答案：B

23. 解　$E(Y) = E\left(\dfrac{1}{X}\right) = \int_0^2 \dfrac{1}{x} \dfrac{3}{8} x^2 \mathrm{d}x = \dfrac{3}{4}$。

答案：A

24. 解　似然函数［将 $f(x)$ 中的 x 改为 x_i 并写在 $\prod\limits_{i=1}^{n}$ 后面］：

$$L(\theta) = \prod_{i=1}^{n} e^{-(x_i - \theta)}, \quad x_1, x_2, \cdots, x_n \geq \theta$$

$$\ln L(\theta) = \sum_{i=1}^{n} \ln e^{-(x_i - \theta)} = \sum_{i=1}^{n}(\theta - x_i) = n\theta - \sum_{i=1}^{n} x_i$$

$$\dfrac{\mathrm{d}\ln L(\theta)}{\mathrm{d}\theta} = n > 0$$

$\ln L(\theta)$ 及 $L(\theta)$ 均为 θ 的单调增函数，θ 取最大值时，$L(\theta)$ 取最大值。

由于 $x_1, x_2 \cdots, x_n \geq \theta$，因此 θ 的最大似然估计值为 $\min(x_1, x_2, \cdots, x_n)$。

答案：C

25. 解　分子平均平动动能 $\overline{w} = \dfrac{3}{2} kT$。

答案：C

26. 解　气体分子的平均碰撞频率 $\overline{Z} = \sqrt{2}\pi d^2 n \overline{v}$，其中 $\overline{v}$ 为分子的平均速率，n 为分子数密度（单位体积内分子数），$\overline{v} = 1.6\sqrt{\dfrac{RT}{M}}$，$p = nkT$，于是 $\overline{Z} = \sqrt{2}\pi d^2 \dfrac{p}{kT} 1.6\sqrt{\dfrac{RT}{M}} = \sqrt{2}\pi d^2 \dfrac{p}{k} 1.6\sqrt{\dfrac{R}{MT}}$，所以 p 不变时，$\overline{Z}$ 与 $\sqrt{T}$ 成反比。

答案：C

27. 解　因为气体内能与温度有关，今降到初始温度，$\Delta T = 0$，则 $\Delta E_\text{内} = 0$；又等压膨胀和绝热膨胀都对外做功，$W > 0$。

答案：A

28. 解　根据热力学第一定律 $Q = \Delta E + W$，注意到"在压缩过程中外界做功 209J"，即系统对外做功$W = -209$J。又$\Delta E = 120$J，故$Q = 120 + (-209) = -89$J，即系统对外放热 89J，也就是说外界传给气体的热量为–89J。

答案：A

29. 解 比较平面谐波的波动方程$y = A\cos 2\pi\left(\dfrac{t}{T} - \dfrac{x}{\lambda}\right)$

$$y = A\cos(Bt - Cx) = A\cos 2\pi\left(\dfrac{Bt}{2\pi} - \dfrac{Cx}{2\pi}\right) = A\cos 2\pi\left(\dfrac{t}{\frac{2\pi}{B}} + \dfrac{x}{\frac{2\pi}{C}}\right)$$

故周期$T = \dfrac{2\pi}{B}$，频率$\nu = \dfrac{B}{2\pi}$，波长$\lambda = \dfrac{2\pi}{C}$，由此波速$u = \lambda\nu = \dfrac{B}{C}$。

答案：B

30. 解 质元经过平衡位置时，速度最大，故动能最大，根据机械波动能量特征，质元动能最大势能也最大。

答案：C

31. 解 声学基础知识。声波的频率范围为20~20000Hz，低于 20Hz 为次声波，高于 20000Hz 为超声波。

答案：C

32. 解 双缝干涉时，条纹间距$\Delta x = \lambda_n\dfrac{D}{d}$，在空气中干涉，有$1.33 \approx \lambda\dfrac{D}{d}$，此光在水中的波长为$\lambda_n = \dfrac{\lambda}{n}$，此时条纹间距$\Delta x(\text{水}) = \dfrac{\lambda D}{nd} = \dfrac{1.33}{n} = 1$mm。

答案：C

33. 解 劈尖暗纹出现的条件为$\delta = 2ne + \dfrac{\lambda}{2} = (2k+1)\dfrac{\lambda}{2}$，$k = 0,1,2,\cdots$。令$k = 3$，有$2ne + \dfrac{\lambda}{2} = \dfrac{7\lambda}{2}$，得出$e = \dfrac{3\lambda}{2n}$。

答案：A

34. 解 对迈克尔逊干涉仪，条纹移动$\Delta x = \Delta n\dfrac{\lambda}{2}$，令$\Delta x = 0.62$，$\Delta n = 2300$，则

$$\lambda = \dfrac{2 \times \Delta x}{\Delta n} = \dfrac{2 \times 0.62}{2300} = 5.39 \times 10^{-4}\text{mm} = 539\text{nm}$$

注：$1\text{nm} = 10^{-9}\text{m} = 10^{-6}\text{mm}$。

答案：B

35. 解 $(a+b)\sin\phi = k\lambda$，$k = 1,2,3,\cdots$，即$k_1\lambda_1 = k_2\lambda_2$，$\dfrac{k_1}{k_2} = \dfrac{\lambda_2}{\lambda_1} = \dfrac{750}{450} = \dfrac{5}{3}$。

故重叠处波长λ_2的级数k_2必须是 3 的整数倍，即3,6,9,12,$\cdots$。

答案：D

36. 解 注意到"当折射角为 30°时，反射光为完全偏振光"，说明此时入射角即起偏角i_0。

根据$i_0 + \gamma_0 = \dfrac{\pi}{2}$，$i_0 = 60°$，再由$\tan i_0 = \dfrac{n_2}{n_1}$，$n_1 \approx 1$，可得$n_2 = \tan 60° = \sqrt{3}$。

答案： D

37. 解 反应自发性判据（最小自由能原理）：$\Delta G < 0$，自发过程，过程能向正方向进行；$\Delta G = 0$，平衡状态；$\Delta G > 0$，非自发过程，过程能向逆方向进行。

由公式 $\Delta G = \Delta H - T \Delta S$ 及自发判据可知，当 ΔH 和 ΔS 均小于零时，ΔG 在低温时小于零，所以低温自发，高温非自发。转换温度 $T = \dfrac{\Delta H}{\Delta S}$。

答案： A

38. 解 根据电极电势的能斯特方程式

$$\varphi_{Cl_2/Cl^-} = \varphi_{Cl_2/Cl^-}^{\Theta} + \frac{0.0592}{n} \lg \frac{\dfrac{p(Cl_2)}{p^{\Theta}}}{\left[\dfrac{c(Cl)}{c^{\Theta}}\right]^2} = 1.358 + \frac{0.0592}{2} \times \lg 10 = 1.388 \text{V}$$

答案： C

39. 解 电对中，斜线右边为氧化态，斜线左边为还原态。电对的电极电势越大，表示电对中氧化态的氧化能力越强，是强氧化剂；电对的电极电势越小，表示电对中还原态的还原能力越强，是强还原剂。所以依据电对电极电势大小顺序，知氧化剂强弱顺序：$F_2 > Fe^{3+} > Mg^{2+} > Na^+$；还原剂强弱顺序：$Na > Mg > Fe^{2+} > F$。

答案： B

40. 解 反应速率常数：表示反应物均为单位浓度时的反应速率。升高温度能使更多分子获得能量而成为活化分子，活化分子百分数可显著增加，发生化学反应的有效碰撞增加，从而增大反应速率常数。

答案： A

41. 解 波函数 $\psi(n, l, m)$ 可表示一个原子轨道的运动状态。n, l, m 的取值范围：主量子数 n 可取的数值为 $1, 2, 3, 4, \cdots$；角量子数 l 可取的数值为 $0, 1, 2, \cdots, (n-1)$；磁量子数 m 可取的数值为 $0, \pm 1, \pm 2, \pm 3, \cdots, \pm l$。选项 A 中 n 取 1 时，l 最大取 $n - 1 = 0$。

答案： A

42. 解 可以用氧化还原配平法。配平后的方程式为 $MnO_2 + 4HCl \rule[0.5ex]{1em}{0.4pt} MnCl_2 + Cl_2 + 2H_2O$。

答案： A

43. 解 弱酸强碱盐的标准水解常数为：

$$K_h = \frac{K_w}{K_a} = \frac{1.0 \times 10^{-14}}{1.0 \times 10^{-5}} = 1.0 \times 10^{-9}$$

答案： A

44. 解 苯环含有双键，可以发生加成反应；醛基既可以发生氧化反应，也可以发生还原反应。

答案： C

45. 解 聚丙烯酸酯不是无机化合物，是有机化合物，是高分子化合物，不是离子化合物；是共价化合物。

答案：C

46. 解 苯甲醛和乙苯可以被高锰酸钾氧化为苯甲酸而使高锰酸钾溶液褪色，苯乙烯的乙烯基可以使高锰酸钾溶液褪色。苯不能使高锰酸钾褪色。

答案：C

47. 解 根据力的投影公式，$F_x = F\cos\alpha$，当 $\alpha = 0$ 时 $F_x = F$，即力 $\boldsymbol{F}$ 与 x 轴平行，故只有当力 $\boldsymbol{F}$ 在与 x 轴垂直的 y 轴（$\alpha = 90°$）上投影为 0 外，在其余与 x 轴共面轴上的投影均不为 0。

答案：B

48. 解 将力系向 A 点简化，F_3 沿作用线移到 A 点，F_2 平移到 A 点附加力偶即主矩 $M_A = M_A(F_2) = \frac{\sqrt{3}}{2}aF$，三个力的主矢 $F_{Ry} = 0$，$F_{Rx} = F_1 + F_2\sin 30° + F_3\sin 30° = 2F$（向左）。

答案：A

49. 解 根据受力分析，A、C、D 处的约束力均为水平方向（见解图），考虑杆 AB 的平衡 $\sum M = 0$，$M_1 - F_{NC} \cdot a = 0$，可得 $F_{NC} = \frac{M_1}{a}$；分析杆 DC，采用力偶的平衡方程 $F'_{NC} \cdot a - M_2 = 0$，$F'_{NC} = F_{NC}$，即得 $M_2 = M_1$。

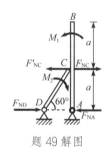

题 49 解图

答案：A

50. 解 根据摩擦定律 $F_{max} = W\cos 60° \times f = 10\text{kN}$，沿斜面的主动力为 $W\sin 60° - F_p = 6.6\text{kN}$，方向向下。由平衡方程得摩擦力的大小应为 6.6kN。

答案：C

51. 解 当 $t = 0\text{s}$ 时，$s = 8\text{m}$，当 $t = 3\text{s}$ 时，$s = -10\text{m}$，点的速度 $v = \frac{ds}{dt} = -4t$，即沿与 s 正方向相反的方向从 8m 处经过坐标原点运动到了 -10m 处，故所经路程为 18m。

答案：C

52. 解 根据定轴转动刚体上一点加速度与转动角速度、角加速度的关系：$a_n = \omega^2 l$，$a_\tau = \alpha l$，而题中 $a_n = a\cos\alpha = \omega^2 l$，$\omega = \sqrt{\frac{a\cos\alpha}{l}}$，$a_\tau = a\sin\alpha = \alpha l$，$\alpha = \frac{a\sin\alpha}{l}$。

答案：B

53.解 物块 B 的速度为：$v_B = \dfrac{dx}{dt} = 2kt$；加速度为：$a_B = \dfrac{d^2x}{dt^2} = 2k$；而轮缘点 A 的速度与物块 B 的速度相同，即 $v_A = v_B = 2kt$；轮缘点 A 的切向加速度与物块 B 的加速度相同，则

$$a_A = \sqrt{a_{An}^2 + a_{A\tau}^2} = \sqrt{\left(\dfrac{v_B^2}{R}\right)^2 + a_B^2} = \sqrt{\dfrac{16k^4t^4}{R^2} + 4k^2}$$

答案：D

54.解 将动力学矢量方程 $m\boldsymbol{a} = \boldsymbol{F} + \boldsymbol{R}$，在 x 方向投影，有 $-ma = F - R$。

答案：B

55.解 根据定轴转动刚体动量矩和动能的公式：$L_O = J_O\omega$，$T = \dfrac{1}{2}J_O\omega^2$，其中：$J_O = \dfrac{1}{2}mR^2 + mR^2 = \dfrac{3}{2}mR^2$，$L_O = \dfrac{3}{2}mR^2\omega$，$T = \dfrac{3}{4}mR^2\omega^2$。

答案：D

56.解 根据定轴转动微分方程 $J_B\alpha = M_B(\boldsymbol{F})$，当杆转动到铅垂位置时，受力如解图所示，杆上所有外力对 B 点的力矩为零，即 $M_B(\boldsymbol{F}) = 0$。

答案：A

57.解 绳剪断瞬时（见解图），杆的 $\omega = 0$，$\alpha = \dfrac{3g}{4l}$；则质心的加速度 $a_{Cx} = 0$，$a_{Cy} = \alpha l = \dfrac{3g}{4}$。根据质心运动定理：$\dfrac{P}{g}a_{Cy} = P - F_{Ay}$，$F_{Ax} = 0$，$F_{Ay} = P - \dfrac{P}{g} \times \dfrac{3}{4}g = \dfrac{P}{4}$。

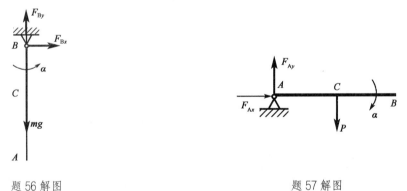

题 56 解图　　　　　　　　　　题 57 解图

答案：B

58.解 质点振动的固有频率与倾角无关。

答案：C

59.解 由低碳钢拉伸实验的应力-应变曲线图可知，卸载时的直线规律和再加载时的冷作硬化现象都发生在强化阶段。

答案：C

60. 解　把螺钉杆拉伸强度条件 $\sigma = \frac{F}{\frac{\pi}{4}d^2} = [\sigma]$ 和螺母的剪切强度条件 $\tau = \frac{F}{\pi dh} = [\tau]$，代入 $[\sigma] = 2[\tau]$，即得 $d = 2h$。

答案：A

61. 解　使 $\varphi_1 = \frac{\varphi}{2}$，即 $\frac{T}{GI_{p1}} = \frac{1}{2}\frac{T}{GI_p}$，所以 $I_{p1} = 2I_p$，$\frac{\pi}{32}d_1^4 = 2\frac{\pi}{32}d^4$，得 $d_1 = \sqrt[4]{2}d$。

答案：A

62. 解　圆轴表面 $\tau = \frac{T}{W_t}$，又 $\tau = G\gamma$，所以 $T = \tau W_t = G\gamma W_t$。

答案：A

63. 解　图中正方形截面 $I_z^{方} = \frac{a^4}{12} + \left(\frac{a}{2}\right)^2 \cdot a^2 = \frac{a^4}{3}$，整个截面 $I_z = I_z^{矩} - I_z^{方} = \frac{bh^3}{12} - \frac{a^4}{3}$

答案：C

64. 解　设 F_A 向上，$\sum M_C = 0$，$m - F_A L = 0$，则 $F_A = \frac{m}{L}$，再用直接法求 A 截面的剪力 $F_s = F_A = \frac{m}{L}$。

答案：C

65. 解　因为钢和铝的弹性模量不同，而 4 个选项之中只有挠曲线与弹性模量有关，所以选挠曲线。

答案：D

66. 解　由集中力偶 M 产生的挠曲线方程 $f = \frac{Mx^2}{2EI}$ 是 x 的二次曲线可知，挠曲线是圆弧的为选项 B。

答案：B

67. 解　$\sigma_1 = \frac{\sigma_x + \sigma_y}{2} + \sqrt{\left(\frac{\sigma_x - \sigma_y}{2}\right)^2 + \tau_x^2} = \frac{40 + (-40)}{2} + \sqrt{\left[\frac{40 - (-40)}{2}\right]^2 + 30^2} = 50\text{MPa}$

答案：D

68. 解　这显然是偏心拉伸，而且对 y、z 轴都有偏心。把力 F 平移到截面形心，要加两个附加力偶矩，该杆将发生轴向拉伸和绕 y、z 轴的双向弯曲。

答案：B

69. 解　把力 F 沿轴线 z 平移至圆轴截面中心，并加一个附加力偶，则使圆轴产生弯曲和扭转组合变形。最大弯矩 $M = FL$，最大扭矩 $T = F\frac{d}{2}$，$\sigma_{\text{eq3}} = \frac{\sqrt{M^2 + T^2}}{W_z} = \frac{32}{\pi d^3}\sqrt{(FL)^2 + \left(\frac{Fd}{2}\right)^2}$。

答案：D

70. 解　当压杆 AB 和 CD 同时达到临界荷载时，结构的临界荷载：

$$F_a = 2F_{\text{cr}} = 2 \times \frac{\pi^2 EI}{(0.7L)^2} = 4.08\frac{\pi^2 EI}{L^2}$$

答案：B

71. 解　静压强特性为流体静压强的大小与受压面的方向无关。

答案：B

72. 解 绝对压强要计及液面大气压强，$p = p_0 + \rho g h$，$p_0 = 100\text{kPa}$，代入题设数据后有：

$$p' = 100\text{kPa} + 0.8 \times 9.8 \times 3\text{kPa} = 123.52\text{kPa}$$

答案：D

73. 解 根据恒定流定义可得，各空间点上所有运动要素均不随时间变化的流动为恒定流。

答案：B

74. 解 孔口流速系数 $\varphi = 0.97$、流量系数 $\mu = 0.62$，管嘴的流速系数 $\varphi = 0.82$、流量系数 $\mu = 0.82$。相同直径、相同水头的孔口流速大于圆柱形外管嘴流速，但流量小于后者。

答案：C

75. 解 根据明渠均匀流发生的条件可得（明渠均匀流只能发生在顺坡渠道中）。

答案：A

76. 解 根据谢才公式 $v = C\sqrt{Ri}$，当底坡 i 增大时，流速增大，在题设条件下，水深应减小。

答案：A

77. 解 先用经验公式 $R = 3000S\sqrt{k}$，求影响半径：

$$R = 3000 \times (11 - 8) \times \sqrt{2/3600} = 212.1\text{m}$$

再应用普通完全井公式 $Q = 1.366\dfrac{k(H^2 - h^2)}{\lg\frac{R}{r_0}}$，计算流量：

$$Q = 1.366 \times \frac{2}{3600} \times \frac{11^2 - 8^2}{\lg\dfrac{212.1}{0.5}} = 0.0164\text{m}^3/\text{s}$$

答案：B

78. 解 船在明渠中航行试验，是属于明渠重力流性质，应选用弗劳德准则。

答案：B

79. 解 带电体是在电场力的作用下做功，其能量来自电场和自身的能量。

答案：C

80. 解 直流电源作用下的直流稳态电路中，电容相当于断路 $i_2 = 0$，电容元件存储的能量与电压的平方成正比。$u_C = u_R = u_s \neq 0$，即电容的存储能量不为 0，$i = i_1 + i_2 = i_1 = 1\text{mA}$。

答案：A

81. 解 根据节电的电流关系 KCL，列写两个节点电流方程即可解出：

$I_1 = 1 - (-2) - 0.5 = 2.5\text{A}$，$I_2 = 1.5 + 1 - I_1 = 0$

答案：C

82. **解**　对正弦交流电路的三要素在函数式和波形图表达式的分析可知：

$U_m = 155.56V$；$\varphi_u = -90°$；$\omega = 2\pi/T = 314rad/s$（$T = 20ms$）

因此，可以写出：$u(t) = 155.56\sin(314t - 90°) = 110\sqrt{2}\sin(314t - 90°)V$

答案：B

83. **解**　在正弦交流电路中，分电压与总电压的大小符合相量关系，电感电压超前电流90°，电容电流落后电流90°。

式2应该为：$u_x = u_L + u_C$

式4应该为：$U^2 = U_R^2 + (U_L - U_C)^2$

答案：A

84. **解**　在有储能原件存在的电路中，电感电流和电容电压不能跃变。本电路的输入电压发生了三次跃变。在图示的RLC串联电路中因为电感电流不跃变，电阻的电流、电压和电容的电流不会发生跃变。

答案：A

85. **解**　理想变压器的内部损耗为零，$P_1 = P_2$；$P_2 = I_2^2 R_L = 2^2 \times 10 = 40W$。

电源供出电流$I_1 = \dfrac{P_1}{U_1} = \dfrac{40}{100} = 0.4A$。

答案：A

86. **解**　三相交流电动机的功率因素和效率均与负载的大小有关，电动机接近空载时，功率因素和效率都较低，只有当电动机接近满载工作时，电动机的功率因素和效率才达到较大的数值。

答案：B

87. **解**　"信息"指的是人们通过感官接收到的关于客观事物的变化情况；"信号"是信息的表示形式，是传递信息的工具，如声、光、电等。信息是存在于信号之中的。

答案：A

88. **解**　图示信号是用电位高低表示的二进制数$(010011)_B$，将其转换为十进制的数值是

$$(010011)_B = 1 \times 2^4 + 1 \times 2^1 + 1 \times 2^0 = 16 + 2 + 1 = 19$$

答案：D

89. **解**　$x(t)$是原始信号，$u(t)$是模拟电压信号，它们都是时间的连续信号；而$u^*(t)$是经过采样器以后的采样信号，是离散信号$u^*(t)$。数字信号是用二进制代码表示的离散时间信号。

答案：B

90. **解**　此题可以用叠加原理分析，将信号分解为一个指数信号和一个阶跃信号的叠加。

答案：D

91. 解 模拟信号放大器的基本要求是不能失真，即要求放大信号的幅度，不可以改变信号的频率。

答案： A

92. 解 此题要求掌握的是如何将真值表转换为逻辑表达式。输出变量 F 为在输入变量 ABC 的控制下数值为 1 的或逻辑。输入变量用与逻辑表示，取值"1"时写原变量，取值"0"时写反变量。

答案： B

93. 解 分析二极管电路的方法：先将二极管视为断路，判断二极管的端部电压。如果二极管处于正向偏置状态，二极管导通，可将二极管视为短路；如果二极管处于反向偏置状态，二极管截止，可将二极管视为断路。简化后含有二极管的电路已经成为线性电路，用线性电路理论分析可得结果。

本题中，$u_i > 3V$ 时，二极管导通，输出电压 U_o 的最大值为：

$$U_{omax} = U_{im} - U = 6 - 3 = 3V$$

答案： B

94. 解 理解放大电路输入电阻和输出电阻的概念，利用其等效电路计算可得结果。

图 a ）：$U_{L1} = \dfrac{R_L}{R_s + R_L} U_s = \dfrac{50}{1000 + 50} U_s = \dfrac{U_s}{21}$

图 b ）：等效电路图

$u_i = u_s \dfrac{r_i}{r_i + R_s} = \dfrac{U_s}{11}$

$u_{os2} = A_u u_i = \dfrac{U_s}{11}$

$U_{L2} = \dfrac{R_L}{R_L + r_o} U_{os2} = \dfrac{U_s}{22}$

所以 $U_{L2} < U_{L1}$。

答案： C

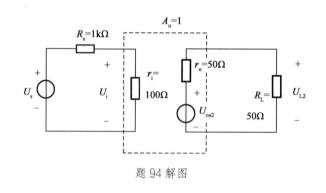

题 94 解图

95. 解 左边电路是或门，$F_1 = A + B$，右边电路是与门，$F_2 = A \cdot B$。根据逻辑电路的基本关系，当 $B = 1$ 时，$F_1 = A + 1 = 1$；$F_2 = A \cdot 1 = A$。

答案： B

96. 解 图示电路是电位触发的 JK 触发器。当 cp 在上升沿时，触发器取输入信号 JK。触发器的状态由 JK 触发器的功能表（略）确定。

答案： B

97. 解 存放正在执行的程序和当前使用的数据，它具有一定的运算能力。

答案： C

98. 解 按照应用和虚拟机的观点，计算机软件可分为系统软件、支撑软件、应用软件三类。

答案： D

99. **解** 信息有以下主要特征：可识别性、可变性、可流动性、可存储性、可处理性、可再生性、有效性和无效性、属性和可使用性。

答案： D

100. **解** 一位八进制对应三位二进制，7 对应 111，6 对应 110，3 对应 011。

答案： D

101. **解** 内存储器容量是指内存存储容量，即内容存储器能够存储信息的字节数。外储器是可将程序和数据永久保存的存储介质，可以说其容量是无限的。字节是信息存储中常用的基本单位。

答案： A

102. **解** 操作系统通常包括几大功能模块：处理器管理、作业管理、存储器管理、设备管理、文件管理、进程管理。

答案： D

103. **解** Windows 中，对存储器的管理采取分段存储、分页存储管理技术。一个存储段可以小至 1 个字节，大至 4G 字节，而一个页的大小规定为 4K 字节。

答案： B

104. **解** Windows 采用了缓冲技术来解决主机与外设的速度不匹配问题，如使用磁盘高速缓冲存储器，以提高磁盘存储速率，改善系统整体功能。

答案： A

105. **解** 计算机网络是计算机技术和通信技术的结合产物。

答案： C

106. **解** 计算机网络协议的三要素：语法、语义、同步。

答案： C

107. **解** 现金流量图表示的是现金流入、现金流出与时间的对应关系。同一时间点上的现金流入和现金流出之差，称为净现金流量。箭头向上表示现金流入，向下表示现金流出。现金流量图的零点表示时间序列的起点，但第一个现金流量不一定发生在零点。

答案： B

108. **解** 投资项目前期研究可分为机会研究（规划）阶段、项目建议书（初步可行性研究）阶段、可行性研究阶段。

答案： B

109. 解 根据题意，贷款在各年内均衡发生，建设期内不支付利息，则

第一年利息：$(200/2) \times 7\% = 7$ 万元

第二年利息：$(200 + 500/2 + 7) \times 7\% = 31.99$ 万元

第三年利息：$(200 + 500 + 300/2 + 7 + 31.99) \times 7\% = 62.23$ 万元

建设期贷款利息：$7 + 31.99 + 62.23 = 101.22$ 万元

答案：B

110. 解 股票融资（权益融资）的资金成本一般要高于债权融资的资金成本。

答案：D

111. 解 融资前分析不考虑融资方案，在规划和机会研究阶段，一般只进行融资前分析。

答案：C

112. 解 经济效益的计算应遵循支付意愿原则和接受补偿原则（受偿意愿原则）。

答案：D

113. 解 按盈亏平衡产量公式计算：

$$盈亏平衡点产销量 = \frac{1200 \times 10^4}{1000 - 600 - 150} = 48000 \text{ 台}$$

答案：A

114. 解 根据价值公式进行判断：价值$(V) = $ 功能$(F)/$ 成本(C)。

答案：C

115. 解 《中华人民共和国建筑法》第八条规定，申请领取施工许可证，应当具备下列条件。

（一）已经办理该建筑工程用地批准手续；

（二）依法应当办理建设工程许可证的，已经取得建设工程规划许可证；

（三）需要拆迁的，其拆迁进度符合施工要求；

（四）已经确定建筑施工企业；

（五）有满足施工需要的资金安排、施工图纸及技术资料；

（六）有保证工程质量和安全的具体措施。

拆迁进度符合施工要求即可，不是拆迁全部完成，所以选项 A 错；并非所有工程都需要监理，所以选项 B 错；建设资金不是全部到位，所以选项 D 错。

答案：C

116. 解 《中华人民共和国招标投标法》第十六条规定，招标人采用公开招标方式的，应当发布招标公告。依法必须进行招标的项目的招标公告，应当通过国家指定的报刊、信息网络或者其他媒介发布。

招标公告应当载明招标人的名称和地址，招标项目的性质、数量、实施地点和时间以及获取招标文件的办法等事项，所以 A 对。其他几项内容应在招标文件中载明，而不是招标公告中。

答案：A

117. 解　参见《中华人民共和国民法典》第四百七十三条。

要约邀请是希望他人向自己发出要约的意思表示。寄送的价目表、拍卖公告、招标公告、招股说明书、商业广告等为要约邀请。

答案：C

118. 解　根据《中华人民共和国节约能源法》第五十八条规定，国务院管理节能工作的部门会同国务院有关部门制定并公布节能技术、节能产品的推广目录，引导用能单位和个人使用先进的节能技术、节能产品。

答案：B

119. 解　《中华人民共和国环境保护法》第十五条规定，国务院环境保护行政主管部门，制定国家环境质量标准。省、自治区、直辖市人民政府对国家环境质量标准中未作规定的项目，可以制定地方环境质量标准；对国家环境质量标准中已作规定的项目，可以制定严于国家环境质量标准。地方环境质量标准必须报国务院环境保护主管部门备案。　凡是向已有地方环境质量标准的区域排放污染物的，应当执行地方环境质量标准。选项 C 错在"审批"两字，是备案不是审批。

答案：D

120. 解　《建设工程勘察设计管理条例》第二十六条规定，编制建设工程勘察文件，应当真实、准确，满足建设工程规划、选址、设计、岩土治理和施工的需要。编制方案设计文件，应当满足编制初步设计文件和控制概算的需要。编制初步设计文件，应当满足编制施工招标文件、主要设备材料订货和编制施工图设计文件的需要。编制施工图设计文件，应当满足设备材料采购、非标准设备制作和施工的需要，并注明建设工程合理使用年限。

答案：B

2010 年度全国勘察设计注册工程师

执业资格考试试卷

基础考试
（上）

二○一○年九月

应考人员注意事项

1. 本试卷科目代码为"1"，考生务必将此代码填涂在答题卡"科目代码"相应的栏目内，否则，无法评分。

2. 书写用笔：**黑色或蓝色钢笔、签字笔或圆珠笔**；

   填涂答题卡用笔：**黑色 2B 铅笔**。

3. 必须用书写用笔将工作单位、姓名、准考证号填写在答题卡和试卷相应的栏目内。

4. 本试卷由 120 题组成，每题 1 分，满分 120 分，本试卷全部为单项选择题，每小题的四个备选项中只有一个正确答案，错选、多选、不选均不得分。

5. 考生作答时，必须按**题号在答题卡上**将相应试题所选选项对应的**字母用 2B 铅笔涂黑**。

6. 在答题卡上书写与题意无关的语言，或在答题卡上作标记的，均按违纪试卷处理。

7. 考试结束时，由监考人员当面将试卷、答题卡一并收回。

8. 草稿纸由各地统一配发，考后收回。

单项选择题（共 120 题，每题 1 分。每题的备选项中只有一个最符合题意。）

1. 设直线方程为 $\begin{cases} x = t+1 \\ y = 2t-2 \\ z = -3t+3 \end{cases}$，则直线：

   A. 过点 $(-1,2,-3)$，方向向量为 $\vec{i} + 2\vec{j} - 3\vec{k}$

   B. 过点 $(-1,2,-3)$，方向向量为 $-\vec{i} - 2\vec{j} + 3\vec{k}$

   C. 过点 $(1,2,-3)$，方向向量为 $\vec{i} - 2\vec{j} + 3\vec{k}$

   D. 过点 $(1,-2,3)$，方向向量为 $-\vec{i} - 2\vec{j} + 3\vec{k}$

2. 设 $\vec{\alpha}$，$\vec{\beta}$，$\vec{\gamma}$ 都是非零向量，若 $\vec{\alpha} \times \vec{\beta} = \vec{\alpha} \times \vec{\gamma}$，则：

   A. $\vec{\beta} = \vec{\gamma}$

   B. $\vec{\alpha} /\!/ \vec{\beta}$ 且 $\vec{\alpha} /\!/ \vec{\gamma}$

   C. $\vec{\alpha} /\!/ (\vec{\beta} - \vec{\gamma})$

   D. $\vec{\alpha} \perp (\vec{\beta} - \vec{\gamma})$

3. 设 $f(x) = \dfrac{e^{3x} - 1}{e^{3x} + 1}$，则：

   A. $f(x)$ 为偶函数，值域为 $(-1,1)$

   B. $f(x)$ 为奇函数，值域为 $(-\infty, 0)$

   C. $f(x)$ 为奇函数，值域为 $(-1,1)$

   D. $f(x)$ 为奇函数，值域为 $(0, +\infty)$

4. 下列命题正确的是：

   A. 分段函数必存在间断点

   B. 单调有界函数无第二类间断点

   C. 在开区间内连续，则在该区间必取得最大值和最小值

   D. 在闭区间上有间断点的函数一定有界

5. 设函数 $f(x) = \begin{cases} \dfrac{2}{x^2 + 1} , & x \le 1 \\ ax + b, & x > 1 \end{cases}$ 可导，则必有：

   A. $a = 1$，$b = 2$

   B. $a = -1$，$b = 2$

   C. $a = 1$，$b = 0$

   D. $a = -1$，$b = 0$

6. 求极限 $\lim\limits_{x \to 0} \dfrac{x^2 \sin \frac{1}{x}}{\sin x}$ 时，下列各种解法中正确的是：

A. 用洛必达法则后，求得极限为 0

B. 因为 $\lim\limits_{x \to 0} \sin \dfrac{1}{x}$ 不存在，所以上述极限不存在

C. 原式 $= \lim\limits_{x \to 0} \dfrac{x}{\sin x} x \sin \dfrac{1}{x} = 0$

D. 因为不能用洛必达法则，故极限不存

7. 下列各点中为二元函数 $z = x^3 - y^3 - 3x^2 + 3y - 9x$ 的极值点的是：

A. $(3, -1)$ B. $(3, 1)$

C. $(1, 1)$ D. $(-1, -1)$

8. 若函数 $f(x)$ 的一个原函数是 e^{-2x}，则 $\int f''(x)\mathrm{d}x$ 等于：

A. $e^{-2x} + C$ B. $-2e^{-2x}$

C. $-2e^{-2x} + C$ D. $4e^{-2x} + C$

9. $\int x e^{-2x} \mathrm{d}x$ 等于：

A. $-\dfrac{1}{4} e^{-2x}(2x + 1) + C$ B. $\dfrac{1}{4} e^{-2x}(2x - 1) + C$

C. $-\dfrac{1}{4} e^{-2x}(2x - 1) + C$ D. $-\dfrac{1}{2} e^{-2x}(x + 1) + C$

10. 下列广义积分中收敛的是：

A. $\int_0^1 \dfrac{1}{x^2} \mathrm{d}x$ B. $\int_0^2 \dfrac{1}{\sqrt{2-x}} \mathrm{d}x$

C. $\int_{-\infty}^0 e^{-x} \mathrm{d}x$ D. $\int_1^{+\infty} \ln x \, \mathrm{d}x$

11. 圆周 $\rho = \cos\theta$，$\rho = 2\cos\theta$ 及射线 $\theta = 0$，$\theta = \dfrac{\pi}{4}$ 所围的图形的面积 $S =$

A. $\dfrac{3}{8}(\pi + 2)$ B. $\dfrac{1}{16}(\pi + 2)$

C. $\dfrac{3}{16}(\pi + 2)$ D. $\dfrac{7}{8}\pi$

12. 计算 $I = \iiint\limits_{\Omega} z \mathrm{d}v$，其中 Ω 为 $z^2 = x^2 + y^2$，$z = 1$ 围成的立体，则正确的解法是：

A. $I = \int_0^{2\pi} \mathrm{d}\theta \int_0^1 r \mathrm{d}r \int_0^1 z \mathrm{d}z$

B. $I = \int_0^{2\pi} \mathrm{d}\theta \int_0^1 r \mathrm{d}r \int_r^1 z \mathrm{d}z$

C. $I = \int_0^{2\pi} \mathrm{d}\theta \int_0^1 \mathrm{d}z \int_r^1 r \mathrm{d}r$

D. $I = \int_0^1 \mathrm{d}z \int_0^{\pi} \mathrm{d}\theta \int_0^z z r \mathrm{d}r$

13. 下列各级数中发散的是：

A. $\sum\limits_{n=1}^{\infty} \frac{1}{\sqrt{n+1}}$

B. $\sum\limits_{n=1}^{\infty} (-1)^{n-1} \frac{1}{\ln(n+1)}$

C. $\sum\limits_{n=1}^{\infty} \frac{n+1}{3^n}$

D. $\sum\limits_{n=1}^{\infty} (-1)^{n-1} \left(\frac{2}{3}\right)^n$

14. 幂级数 $\sum\limits_{n=1}^{\infty} \frac{(x-1)^n}{3^n n}$ 的收敛域是：

A. $[-2, 4)$

B. $(-2, 4)$

C. $(-1, 1)$

D. $\left[-\frac{1}{3}, \frac{4}{3}\right)$

15. 微分方程 $y'' + 2y = 0$ 的通解是：

A. $y = A \sin 2x$

B. $y = A \cos x$

C. $y = \sin \sqrt{2} x + B \cos \sqrt{2} x$

D. $y = A \sin \sqrt{2} x + B \cos \sqrt{2} x$

16. 微分方程 $y\mathrm{d}x + (x - y)\mathrm{d}y = 0$ 的通解是：

A. $\left(x - \frac{y}{2}\right)y = C$

B. $xy = C\left(x - \frac{y}{2}\right)$

C. $xy = C$

D. $y = \frac{C}{\ln\left(x - \frac{y}{2}\right)}$

17. 设 $\boldsymbol{A}$ 是 m 阶矩阵，$\boldsymbol{B}$ 是 n 阶矩阵，行列式 $\begin{vmatrix} 0 & \boldsymbol{A} \\ \boldsymbol{B} & 0 \end{vmatrix} =$

A. $-|\boldsymbol{A}||\boldsymbol{B}|$

B. $|\boldsymbol{A}||\boldsymbol{B}|$

C. $(-1)^{m+n}|\boldsymbol{A}||\boldsymbol{B}|$

D. $(-1)^{mn}|\boldsymbol{A}||\boldsymbol{B}|$

18. 设 $\boldsymbol{A}$ 是 3 阶矩阵，矩阵 $\boldsymbol{A}$ 的第 1 行的 2 倍加到第 2 行，得矩阵 $\boldsymbol{B}$，则下列选项中成立的是：

A. $\boldsymbol{B}$ 的第 1 行的 -2 倍加到第 2 行得 $\boldsymbol{A}$

B. $\boldsymbol{B}$ 的第 1 列的 -2 倍加到第 2 列得 $\boldsymbol{A}$

C. $\boldsymbol{B}$ 的第 2 行的 -2 倍加到第 1 行得 $\boldsymbol{A}$

D. $\boldsymbol{B}$ 的第 2 列的 -2 倍加到第 1 列得 $\boldsymbol{A}$

19. 已知三维列向量 $\boldsymbol{\alpha}$，$\boldsymbol{\beta}$ 满足 $\boldsymbol{\alpha}^{\mathrm{T}}\boldsymbol{\beta}=3$，设 3 阶矩阵 $\boldsymbol{A}=\boldsymbol{\beta}\boldsymbol{\alpha}^{\mathrm{T}}$，则：

    A. $\boldsymbol{\beta}$ 是 $\boldsymbol{A}$ 的属于特征值 0 的特征向量

    B. $\boldsymbol{\alpha}$ 是 $\boldsymbol{A}$ 的属于特征值 0 的特征向量

    C. $\boldsymbol{\beta}$ 是 $\boldsymbol{A}$ 的属于特征值 3 的特征向量

    D. $\boldsymbol{\alpha}$ 是 $\boldsymbol{A}$ 的属于特征值 3 的特征向量

20. 设齐次线性方程组 $\begin{cases} x_1 - kx_2 = 0 \\ kx_1 - 5x_2 + x_3 = 0 \\ x_1 + x_2 + x_3 = 0 \end{cases}$，当方程组有非零解时，$k$ 值为：

    A. -2 或 3   B. 2 或 3

    C. 2 或 -3 D. -2 或 -3

21. 设事件 A，B 相互独立，且 $P(A)=\dfrac{1}{2}$，$P(B)=\dfrac{1}{3}$，则 $P\left(B \mid A \cup \overline{B}\right)$ 等于：

    A. $\dfrac{5}{6}$ B. $\dfrac{1}{6}$

    C. $\dfrac{1}{3}$ D. $\dfrac{1}{5}$

22. 将 3 个球随机地放入 4 个杯子中，则杯中球的最大个数为 2 的概率为：

    A. $\dfrac{1}{16}$ B. $\dfrac{3}{16}$

    C. $\dfrac{9}{16}$ D. $\dfrac{4}{27}$

23. 设随机变量 X 的概率密度为 $f(x)=\begin{cases} \dfrac{1}{x^2}, & x \geqslant 1 \\ 0, & \text{其他} \end{cases}$，则 $P(0 \leqslant X \leqslant 3)=$

    A. $\dfrac{1}{3}$ B. $\dfrac{2}{3}$

    C. $\dfrac{1}{2}$ D. $\dfrac{1}{4}$

24. 设随机变量 (X,Y) 服从二维正态分布，其概率密度为 $f(x,y)=\dfrac{1}{2\pi}e^{-\frac{1}{2}(x^2+y^2)}$，则 $E(X^2+Y^2)=$

    A. 2   B. 1

    C. $\dfrac{1}{2}$ D. $\dfrac{1}{4}$

25. 一定量的刚性双原子分子理想气体储于一容器中，容器的容积为 V，气体压强为 p，则气体的内能为：

    A. $\dfrac{3}{2}pV$ B. $\dfrac{5}{2}pV$

    C. $\dfrac{1}{2}pV$ D. pV

26. 理想气体的压强公式是：

A. $p = \frac{1}{3}nmv^2$

B. $p = \frac{1}{3}nm\overline{v}$

C. $p = \frac{1}{3}nm\overline{v}^2$

D. $p = \frac{1}{3}n\overline{v}^2$

27. "理想气体和单一热源接触做等温膨胀时，吸收的热量全部用来对外做功。"对此说法，有如下几种讨论，正确的是：

A. 不违反热力学第一定律，但违反热力学第二定律

B. 不违反热力学第二定律，但违反热力学第一定律

C. 不违反热力学第一定律，也不违反热力学第二定律

D. 违反热力学第一定律，也违反热力学第二定律

28. 一定量的理想气体，由一平衡态 p_1，V_1，T_1 变化到另一平衡态 p_2，V_2，T_2，若 $V_2 > V_1$，但 $T_2 = T_1$，无论气体经历什么样的过程：

A. 气体对外做的功一定为正值

B. 气体对外做的功一定为负值

C. 气体的内能一定增加

D. 气体的内能保持不变

29. 在波长为 λ 的驻波中，两个相邻的波腹之间的距离为：

A. $\frac{\lambda}{2}$

B. $\frac{\lambda}{4}$

C. $\frac{3\lambda}{4}$

D. λ

30. 一平面简谐波在弹性媒质中传播时，某一时刻在传播方向上一质元恰好处在负的最大位移处，则它的：

A. 动能为零，势能最大

B. 动能为零，势能为零

C. 动能最大，势能最大

D. 动能最大，势能为零

31. 一声波波源相对媒质不动，发出的声波频率是 ν_0。设一观察者的运动速度为波速的 $\frac{1}{2}$，当观察者迎着波源运动时，他接收到的声波频率是：

A. $2\nu_0$

B. $\frac{1}{2}\nu_0$

C. ν_0

D. $\frac{3}{2}\nu_0$

32. 在双缝干涉实验中，光的波长 600nm，双缝间距 2mm，双缝与屏的间距为 300cm，则屏上形成的干涉图样的相邻明条纹间距为：

A. 0.45mm   B. 0.9mm   C. 9mm   D. 4.5mm

33. 在双缝干涉实验中，若在两缝后（靠近屏一侧）各覆盖一块厚度均为 d，但折射率分别为 n_1 和 n_2（$n_2 > n_1$）的透明薄片，从两缝发出的光在原来中央明纹处相遇时，光程差为：

A. $d(n_2 - n_1)$ B. $2d(n_2 - n_1)$

C. $d(n_2 - 1)$ D. $d(n_1 - 1)$

34. 在空气中做牛顿环实验，如图所示，当平凸透镜垂直向上缓慢平移而远离平面玻璃时，可以观察到这些环状干涉条纹：

A. 向右平移   B. 静止不动

C. 向外扩张   D. 向中心收缩

单色光

35. 一束自然光通过两块叠放在一起的偏振片，若两偏振片的偏振化方向间夹角由 α_1 转到 α_2，则转动前后透射光强度之比为：

A. $\dfrac{\cos^2\alpha_2}{\cos^2\alpha_1}$ B. $\dfrac{\cos\alpha_2}{\cos\alpha_1}$ C. $\dfrac{\cos^2\alpha_1}{\cos^2\alpha_2}$ D. $\dfrac{\cos\alpha_1}{\cos\alpha_2}$

36. 若用衍射光栅准确测定一单色可见光的波长，在下列各种光栅常数的光栅中，选用哪一种最好：

A. 1.0×10^{-1}mm   B. 5.0×10^{-1}mm

C. 1.0×10^{-2}mm   D. 1.0×10^{-3}mm

37. $K_{sp}^{\ominus}(Mg(OH)_2) = 5.6 \times 10^{-12}$，则 $Mg(OH)_2$ 在 $0.01\text{mol} \cdot \text{L}^{-1}$ NaOH 溶液中的溶解度为：

A. $5.6 \times 10^{-9}\text{mol} \cdot \text{L}^{-1}$ B. $5.6 \times 10^{-10}\text{mol} \cdot \text{L}^{-1}$

C. $5.6 \times 10^{-8}\text{mol} \cdot \text{L}^{-1}$ D. $5.6 \times 10^{-5}\text{mol} \cdot \text{L}^{-1}$

38. $BeCl_2$ 中 Be 的原子轨道杂化类型为：

A. sp   B. sp^2 C. sp^3 D. 不等性 sp^3

39. 常温下，在 CH_3COOH 与 CH_3COONa 的混合溶液中，若它们的浓度均为 $0.10\text{mol} \cdot \text{L}^{-1}$，测得 pH 是 4.75，现将此溶液与等体积的水混合后，溶液的 pH 值是：

A. 2.38   B. 5.06   C. 4.75   D. 5.25

40. 对一个化学反应来说，下列叙述正确的是：

    A. $\Delta_r G_m^{\ominus}$ 越小，反应速率越快   B. $\Delta_r H_m^{\ominus}$ 越小，反应速率越快

    C. 活化能越小，反应速率越快   D. 活化能越大，反应速率越快

41. 26 号元素原子的价层电子构型为：

    A. $3d^5 4s^2$ B. $3d^6 4s^2$ C. $3d^6$ D. $4s^2$

42. 确定原子轨道函数 ψ 形状的量子数是：

    A. 主量子数   B. 角量子数   C. 磁量子数   D. 自旋量子数

43. 下列反应中 $\Delta_r S_m^{\ominus} > 0$ 的是：

    A. $2H_2(g) + O_2(g) \longrightarrow 2H_2O(g)$

    B. $N_2(g) + 3H_2(g) \longrightarrow 2NH_3(g)$

    C. $NH_4Cl(s) \longrightarrow NH_3(g) + HCl(g)$

    D. $CO_2(g) + 2NaOH(aq) \longrightarrow Na_2CO_3(aq) + H_2O(l)$

44. 下称各化合物的结构式，不正确的是：

    A. 聚乙烯： $\pm CH_2-CH_2 \mp_n$ B. 聚氯乙烯： $\pm CH_2-\underset{\underset{Cl}{|}}{CH} \mp_n$

    C. 聚丙烯： $\pm CH_2-CH_2-CH_2 \mp_n$ D. 聚 1-丁烯： $\pm CH_2CH(C_2H_5) \mp_n$

45. 下列化合物中，没有顺、反异构体的是：

    A. $CHCl=CHCl$ B. $CH_3CH=CHCH_2Cl$

    C. $CH_2=CHCH_2CH_3$ D. $CHF=CClBr$

46. 六氯苯的结构式正确的是：

47. 将大小为 100N 的力 $\boldsymbol{F}$ 沿 x、y 方向分解，如图所示，若 $\boldsymbol{F}$ 在 x 轴上的投影为 50N，而沿 x 方向的分力的大小为 200N，则 $\boldsymbol{F}$ 在 y 轴上的投影为：

A. 0

B. 50N

C. 200N

D. 100N

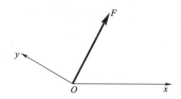

48. 图示等边三角形 ABC，边长 a，沿其边缘作用大小均为 F 的力，方向如图所示。则此力系简化为：

A. $F_R = 0$；$M_A = \frac{\sqrt{3}}{2}Fa$

B. $F_R = 0$；$M_A = Fa$

C. $F_R = 2F$；$M_A = \frac{\sqrt{3}}{2}Fa$

D. $F_R = 2F$；$M_A = \sqrt{3}Fa$

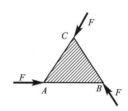

49. 三铰拱上作用有大小相等，转向相反的二力偶，其力偶矩大小为 M，如图所示。略去自重，则支座 A 的约束力大小为：

A. $F_{Ax} = 0$；$F_{Ay} = \frac{M}{2a}$

B. $F_{Ax} = \frac{M}{2a}$；$F_{Ay} = 0$

C. $F_{Ax} = \frac{M}{a}$；$F_{Ay} = 0$

D. $F_{Ax} = \frac{M}{2a}$；$F_{Ay} = M$

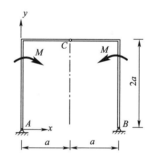

50. 简支梁受分布荷载作用如图所示。支座 A、B 的约束力为：

A. $F_A = 0$，$F_B = 0$

B. $F_A = \frac{1}{2}qa \uparrow$，$F_B = \frac{1}{2}qa \uparrow$

C. $F_A = \frac{1}{2}qa \uparrow$，$F_B = \frac{1}{2}qa \downarrow$

D. $F_A = \frac{1}{2}qa \downarrow$，$F_B = \frac{1}{2}qa \uparrow$

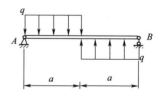

51. 已知质点沿半径为 $40cm$ 的圆周运动，其运动规律为 $s = 20t$（s 以 cm 计，t 以 s 计）。若 $t = 1s$，则点的速度与加速度的大小为：

A. $20cm/s$；$10\sqrt{2}cm/s^2$ B. $20cm/s$；$10cm/s^2$

C. $40cm/s$；$20cm/s^2$ D. $40cm/s$；$10cm/s^2$

52. 已知点的运动方程为 $x = 2t$，$y = t^2 - t$，则其轨迹方程为：

A. $y = t^2 - t$ B. $x = 2t$

C. $x^2 - 2x - 4y = 0$ D. $x^2 + 2x + 4y = 0$

53. 直角刚杆 OAB 在图示瞬间角速度 $\omega = 2rad/s$，角加速度 $\varepsilon = 5rad/s^2$，若 $OA = 40cm$，$AB = 30cm$，则 B 点的速度大小、法向加速度的大小和切向加速度的大小为：

A. $100cm/s$；$200cm/s^2$；$250cm/s^2$

B. $80cm/s^2$；$160cm/s^2$；$200cm/s^2$

C. $60cm/s^2$；$120cm/s^2$；$150cm/s^2$

D. $100cm/s^2$；$200cm/s^2$；$200cm/s^2$

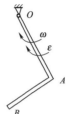

54. 重为 W 的货物由电梯载运下降，当电梯加速下降、匀速下降及减速下降时，货物对地板的压力分别为 R_1、R_2、R_3，它们之间的大小关系为：

A. $R_1 = R_2 = R_3$ B. $R_1 > R_2 > R_3$

C. $R_1 < R_2 < R_3$ D. $R_1 < R_2 > R_3$

55. 如图所示，两重物 M_1 和 M_2 的质量分别为 m_1 和 m_2，两重物系在不计质量的软绳上，绳绕过匀质定滑轮，滑轮半径为 r，质量为 m，则此滑轮系统对转轴 O 之动量矩为：

A. $L_O = \left(m_1 + m_2 - \frac{1}{2}m\right)rv$ ↓

B. $L_O = \left(m_1 - m_2 - \frac{1}{2}m\right)rv$ ↓

C. $L_O = \left(m_1 + m_2 + \frac{1}{2}m\right)rv$ ↓

D. $L_O = \left(m_1 + m_2 + \frac{1}{2}m\right)rv$ ↑

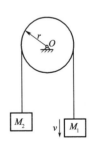

56. 质量为m，长为$2l$的均质杆初始位于水平位置，如图所示。A端脱落后，杆绕轴B转动，当杆转到铅垂位置时，AB杆B处的约束力大小为：

A. $F_{Bx} = 0$，$F_{By} = 0$

B. $F_{Bx} = 0$，$F_{By} = \dfrac{mg}{4}$

C. $F_{Bx} = l$，$F_{By} = mg$

D. $F_{Bx} = 0$，$F_{By} = \dfrac{5mg}{2}$

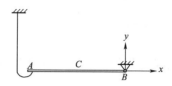

57. 图示均质圆轮，质量为m，半径为r，在铅垂图面内绕通过圆盘中心O的水平轴转动，角速度为ω，角加速度为ε，此时将圆轮的惯性力系向O点简化，其惯性力主矢和惯性力主矩的大小分别为：

A. 0；0

B. $mr\varepsilon$；$\dfrac{1}{2}mr^2\varepsilon$

C. 0；$\dfrac{1}{2}mr^2\varepsilon$

D. 0；$\dfrac{1}{4}mr^2\omega^2$

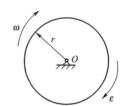

58. 5根弹簧系数均为k的弹簧，串联与并联时的等效弹簧刚度系数分别为：

A. $5k$；$\dfrac{k}{5}$ 　　　　　　　　　　B. $\dfrac{5}{k}$；$5k$

C. $\dfrac{k}{5}$；$5k$ 　　　　　　　　　　D. $\dfrac{1}{5k}$；$5k$

59. 等截面杆，轴向受力如图所示。杆的最大轴力是：

A. 8kN

B. 5kN

C. 3kN

D. 13kN

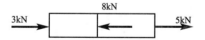

60. 钢板用两个铆钉固定在支座上，铆钉直径为d，在图示荷载下，铆钉的最大切应力是：

A. $\tau_{max} = \dfrac{4F}{\pi d^2}$

B. $\tau_{max} = \dfrac{8F}{\pi d^2}$

C. $\tau_{max} = \dfrac{12F}{\pi d^2}$

D. $\tau_{max} = \dfrac{2F}{\pi d^2}$

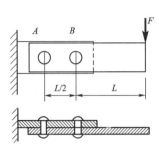

61. 圆轴直径为d，剪切弹性模量为G，在外力作用下发生扭转变形，现测得单位长度扭转角为θ，圆轴的最大切应力是：

A. $\tau = \dfrac{16\theta G}{\pi d^3}$

B. $\tau = \theta G \dfrac{\pi d^3}{16}$

C. $\tau = \theta G d$

D. $\tau = \dfrac{\theta G d}{2}$

62. 直径为d的实心圆轴受扭，为使扭转最大切应力减小一半，圆轴的直径应改为：

A. $2d$

B. $0.5d$

C. $\sqrt{2}d$

D. $\sqrt[3]{2}d$

63. 图示矩形截面对z_1轴的惯性矩I_{z1}为：

A. $I_{z1} = \dfrac{bh^3}{12}$

B. $I_{z1} = \dfrac{bh^3}{3}$

C. $I_{z1} = \dfrac{7bh^3}{6}$

D. $I_{z1} = \dfrac{13bh^3}{12}$

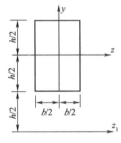

64. 图示外伸梁，在C、D处作用相同的集中力F，截面A的剪力和截面C的弯矩分别是：

A. $F_{SA} = 0$，$M_C = 0$

B. $F_{SA} = F$，$M_C = FL$

C. $F_{SA} = F/2$，$M_C = FL/2$

D. $F_{SA} = 0$，$M_C = 2FL$

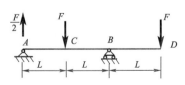

65. 悬臂梁*AB*由两根相同的矩形截面梁胶合而成。若胶合面全部开裂，假设开裂后两杆的弯曲变形相同，接触面之间无摩擦力，则开裂后梁的最大挠度是原来的：

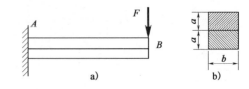

A. 两者相同

B. 2 倍

C. 4 倍

D. 8 倍

66. 图示悬臂梁自由端承受集中力偶*M*。若梁的长度减小一半，梁的最大挠度是原来的：

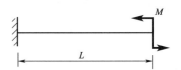

A. 1/2

B. 1/4

C. 1/8

D. 1/16

67. 在图示 4 种应力状态中，切应力值最大的应力状态是：

A. B. C. D.

68. 图示矩形截面杆*AB*，*A*端固定，*B*端自由。*B*端右下角处承受与轴线平行的集中力*F*，杆的最大正应力是：

A. $\sigma = \dfrac{3F}{bh}$

B. $\sigma = \dfrac{4F}{bh}$

C. $\sigma = \dfrac{7F}{bh}$

D. $\sigma = \dfrac{13F}{bh}$

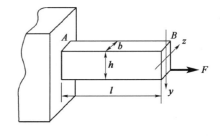

69. 图示圆轴固定端最上缘*A*点的单元体的应力状态是：

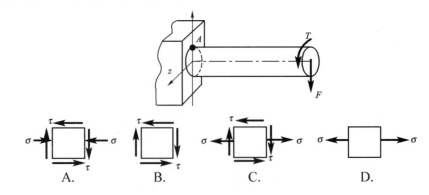

A. B. C. D.

70. 图示三根压杆均为细长（大柔度）压杆，且弯曲刚度均为 EI。三根压杆的临界荷载 F_{cr} 的关系为：

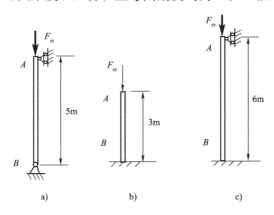

A. $F_{cra} > F_{crb} > F_{crc}$

C. $F_{crc} > F_{cra} > F_{crb}$

B. $F_{crb} > F_{cra} > F_{crc}$

D. $F_{crb} > F_{crc} > F_{cra}$

71. 如图所示，上部为气体下部为水的封闭容器装有 U 形水银测压计，其中 1、2、3 点位于同一平面上，其压强的关系为：

A. $p_1 < p_2 < p_3$

B. $p_1 > p_2 > p_3$

C. $p_2 < p_1 < p_3$

D. $p_2 = p_1 = p_3$

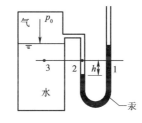

72. 如图所示，下列说法中错误的是：

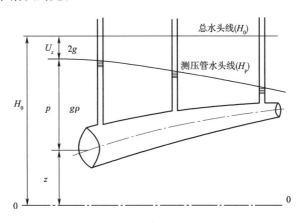

A. 对理想流体，该测压管水头线（H_p 线）应该沿程无变化

B. 该图是理想流体流动的水头线

C. 对理想流体，该总水头线（H_0 线）沿程无变化

D. 该图不适用于描述实际流体的水头线

73. 一管径 $d = 50\text{mm}$ 的水管，在水温 $t = 10°C$ 时，管内要保持层流的最大流速是：（$10°C$ 时水的运动黏滞系数 $\nu = 1.31 \times 10^{-6}\text{m}^2/\text{s}$）

    A. 0.21m/s   B. 0.115m/s

    C. 0.105m/s   D. 0.0524m/s

74. 管道长度不变，管中流动为层流，允许的水头损失不变，当直径变为原来 2 倍时，若不计局部损失，流量将变为原来的：

    A. 2 倍   B. 4 倍

    C. 8 倍   D. 16 倍

75. 圆柱形管嘴的长度为 l，直径为 d，管嘴作用水头为 H_0，则其正常工作条件为：

    A. $l = (3\sim4)d$，$H_0 > 9\text{m}$ B. $l = (3\sim4)d$，$H_0 < 9\text{m}$

    C. $l > (7\sim8)d$，$H_0 > 9\text{m}$ D. $l > (7\sim8)d$，$H_0 < 9\text{m}$

76. 如图所示，当阀门的开度变小时，流量将：

    A. 增大

    B. 减小

    C. 不变

    D. 条件不足，无法确定

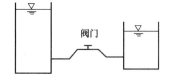

77. 在实验室中，根据达西定律测定某种土壤的渗透系数，将土样装在直径 $d = 30\text{cm}$ 的圆筒中，在 90cm 水头差作用下，8h 的渗透水量为 100L，两测压管的距离为 40cm，该土壤的渗透系数为：

    A. 0.9m/d   B. 1.9m/d

    C. 2.9m/d   D. 3.9m/d

78. 流体的压强 p、速度 v、密度 ρ，正确的无量纲数组合是：

    A. $\dfrac{p}{\rho v^2}$ B. $\dfrac{\rho p}{v^2}$ C. $\dfrac{\rho}{p v^2}$ D. $\dfrac{p}{\rho v}$

79. 在图中，线圈 a 的电阻为 R_a，线圈 b 的电阻为 R_b，两者彼此靠近如图所示，若外加激励 $u = U_M \sin\omega t$，则：

    A. $i_a = \dfrac{u}{R_a}$，$i_b = 0$

    B. $i_a \neq \dfrac{u}{R_a}$，$i_b \neq 0$

    C. $i_a = \dfrac{u}{R_a}$，$i_b \neq 0$

    D. $i_a \neq \dfrac{u}{R_a}$，$i_b = 0$

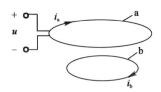

80. 图示电路中，电流源的端电压U等于：

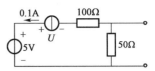

A. 20V

B. 10V

C. 5V

D. 0V

81. 已知电路如图所示，若使用叠加原理求解图中电流源的端电压U，正确的方法是：

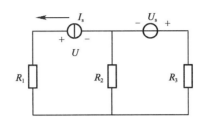

A. $U' = (R_2 \mathbin{/\mkern-5mu/} R_3 + R_1)I_s$, $U'' = 0$, $U = U'$

B. $U' = (R_1 + R_2)I_s$, $U'' = 0$, $U = U'$

C. $U' = (R_2 \mathbin{/\mkern-5mu/} R_3 + R_1)I_s$, $U'' = \dfrac{R_2}{R_2+R_3}U_s$, $U = U' - U''$

D. $U' = (R_2 \mathbin{/\mkern-5mu/} R_3 + R_1)I_s$, $U'' = \dfrac{R_2}{R_2+R_3}U_s$, $U = U' + U''$

82. 图示电路中，A_1、A_2、V_1、V_2均为交流表，用于测量电压或电流的有效值I_1、I_2、U_1、U_2，若$I_1 = 4A$，$I_2 = 2A$，$U_1 = 10V$，则电压表V_2的读数应为：

A. 40V

B. 14.14V

C. 31.62V

D. 20V

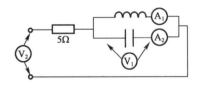

83. 三相五线供电机制下，单相负载 A 的外壳引出线应：

A. 保护接地   B. 保护接中

C. 悬空   D. 保护接 PE 线

84. 某滤波器的幅频特性波特图如图所示，该电路的传递函数为：

A. $\dfrac{j\omega/10}{1+j\omega/10}$

B. $\dfrac{j\omega/20\pi}{1+j\omega/20\pi}$

C. $\dfrac{j\omega/2\pi}{1+j\omega/2\pi}$

D. $\dfrac{1}{1+j\omega/20\pi}$

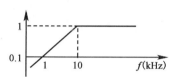

85. 若希望实现三相异步电动机的向上向下平滑调速，则应采用：

A. 串转子电阻调速方案

B. 串定子电阻调速方案

C. 调频调速方案

D. 变磁极对数调速方案

86. 在电动机的继电接触控制电路中，具有短路保护、过载保护、欠压保护和行程保护，其中，需要同时接在主电路和控制电路中的保护电器是：

A. 热继电器和行程开关

B. 熔断器和行程开关

C. 接触器和行程开关

D. 接触器和热继电器

87. 信息可以以编码的方式载入：

A. 数字信号之中

B. 模拟信号之中

C. 离散信号之中

D. 采样保持信号之中

88. 七段显示器的各段符号如图所示，那么，字母"E"的共阴极七段显示器的显示码 abcdefg 应该是：

A. 1001111

B. 0110000

C. 10110111

D. 10001001

89. 某电压信号随时间变化的波形图如图所示，该信号应归类于：

A. 周期信号

B. 数字信号

C. 离散信号

D. 连续时间信号

90. 非周期信号的幅度频谱是：

A. 连续的

B. 离散的，谱线正负对称排列

C. 跳变的

D. 离散的，谱线均匀排列

91. 图a）所示电压信号波形经电路 A 变换成图 b）波形，再经电路 B 变换成图 c）波形，那么，电路 A 和电路 B 应依次选用：

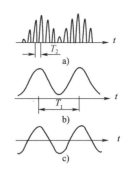

A. 低通滤波器和高通滤波器

B. 高通滤波器和低通滤波器

C. 低通滤波器和带通滤波器

D. 高通滤波器和带通滤波器

92. 由图示数字逻辑信号的波形可知，三者的函数关系是：

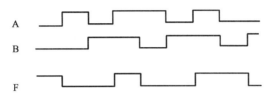

A. $F = \overline{AB}$

B. $F = \overline{A+B}$

C. $F = AB + \overline{AB}$

D. $F = \overline{A}B + A\overline{B}$

93. 某晶体管放大电路的空载放大倍数 $A_k = -80$、输入电阻 $r_i = 1\text{k}\Omega$ 和输出电阻 $r_o = 3\text{k}\Omega$，将信号源（$u_s = 10\sin\omega t\ \text{mV}$，$R_s = 1\text{k}\Omega$）和负载（$R_L = 5\text{k}\Omega$）接于该放大电路之后（见图），负载电压 u_o 将为：

A. $-0.8\sin\omega t\ \text{V}$

B. $-0.5\sin\omega t\ \text{V}$

C. $-0.4\sin\omega t\ \text{V}$

D. $-0.25\sin\omega t\ \text{V}$

94. 将运算放大器直接用于两信号的比较，如图 a）所示，其中，$u_{i1} = -1\text{V}$，u_{i1} 的波形由图 b）给出，则输出电压 u_o 等于：

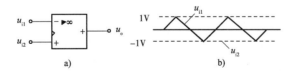

A. u_a

B. $-u_a$

C. 正的饱和值

D. 负的饱和值

95. D 触发器的应用电路如图所示，设输出 Q 的初值为 0，那么，在时钟脉冲 cp 的作用下，输出 Q 为：

A. 1

B. cp

C. 脉冲信号，频率为时钟脉冲频率的 1/2

D. 0

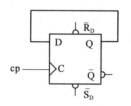

96. 由 JK 触发器组成的应用电器如图所示，设触发器的初值都为 0，经分析可知是一个：

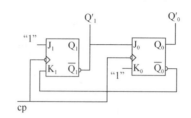

A. 同步二进制加法计数器   B. 同步四进制加法计数器

C. 同步三进制减法计数器   D. 同步三进制加法计数器

97. 总线能为多个部件服务，它可分时地发送与接收各部件的信息。所以，可以把总线看成是：

A. 一组公共信息传输线路

B. 微机系统的控制信息传输线路

C. 操作系统和计算机硬件之间的控制线

D. 输入/输出的控制线

98. 计算机内的数字信息、文字信息、图像信息、视频信息、音频信息等所有信息，都是用：

A. 不同位数的八进制数来表示的

B. 不同位数的十进制数来表示的

C. 不同位数的二进制数来表示的

D. 不同位数的十六进制数来表示的

99. 将二进制小数 0.1010101111 转换成相应的八进制数，其正确结果是：

A. 0.2536   B. 0.5274

C. 0.5236   D. 0.5281

100. 影响计算机图像质量的主要参数有：

    A. 颜色深度、显示器质量、存储器大小

    B. 分辨率、颜色深度、存储空间大小

    C. 分辨率、存储器大小、图像加工处理工艺

    D. 分辨率、颜色深度、图像文件的尺寸

101. 数字签名是最普遍、技术最成熟、可操作性最强的一种电子签名技术，当前已得到实际应用的是在：

    A. 电子商务、电子政务中   B. 票务管理、股票交易中

    C. 股票交易、电子政务中   D. 电子商务、票务管理中

102. 在 Windows 中，对存储器采用分段存储管理时，每一个存储器段可以小至 1 个字节，大至：

    A. 4K 字节   B. 16K 字节

    C. 4G 字节   D. 128M 字节

103. Windows 的设备管理功能部分支持即插即用功能，下面四条后续说明中有错误的一条是：

    A. 这意味着当将某个设备连接到计算机上后即可立刻使用

    B. Windows 自动安装有即插即用设备及其设备驱动程序

    C. 无需在系统中重新配置该设备或安装相应软件

    D. 无需在系统中重新配置该设备但需安装相应软件才可立刻使用

104. 信息化社会是信息革命的产物，它包含多种信息技术的综合应用。构成信息化社会的三个主要技术支柱是：

    A. 计算机技术、信息技术、网络技术

    B. 计算机技术、通信技术、网络技术

    C. 存储器技术、航空航天技术、网络技术

    D. 半导体工艺技术、网络技术、信息加工处理技术

105. 网络软件是实现网络功能不可缺少的软件环境。网络软件主要包括：

    A. 网络协议和网络操作系统   B. 网络互联设备和网络协议

    C. 网络协议和计算机系统   D. 网络操作系统和传输介质

106. 因特网是一个联结了无数个小网而形成的大网，也就是说：

　　A. 因特网是一个城域网　　　　　　　B. 因特网是一个网际网

　　C. 因特网是一个局域网　　　　　　　D. 因特网是一个广域网

107. 某公司拟向银行贷款 100 万元，贷款期为 3 年，甲银行的贷款利率为 6%（按季计息），乙银行的贷款利率为 7%，该公司向哪家银行贷款付出的利息较少：

　　A. 甲银行　　　　　　　　　　　　　B. 乙银行

　　C. 两家银行的利息相等　　　　　　　D. 不能确定

108. 关于总成本费用的计算公式，下列正确的是：

　　A. 总成本费用 = 生产成本 + 期间费用

　　B. 总成本费用 = 外购原材料、燃料和动力费 + 工资及福利费 + 折旧费

　　C. 总成本费用 = 外购原材料、燃料和动力费 + 工资及福利费 + 折旧费 + 摊销费

　　D. 总成本费用 = 外购原材料、燃料和动力费 + 工资及福利费 + 折旧费 + 摊销费 + 修理费

109. 关于准股本资金的下列说法中，正确的是：

　　A. 准股本资金具有资本金性质，不具有债务资金性质

　　B. 准股本资金主要包括优先股股票和可转换债券

　　C. 优先股股票在项目评价中应视为项目债务资金

　　D. 可转换债券在项目评价中应视为项目资本金

110. 某项目建设工期为两年，第一年投资 200 万元，第二年投资 300 万元，投产后每年净现金流量为 150 万元，项目计算期为 10 年，基准收益率 10%，则此项目的财务净现值为：

　　A. 331.97 万元　　　　　　　　　　　B. 188.63 万元

　　C. 171.18 万元　　　　　　　　　　　D. 231.60 万元

111. 可外贸货物的投入或产出的影子价格应根据口岸价格计算，下列公式正确的是：

　　A. 出口产出的影子价格(出厂价) = 离岸价(FOB) × 影子汇率 + 出口费用

　　B. 出口产出的影子价格(出厂价) = 到岸价(CIF) × 影子汇率 − 出口费用

　　C. 进口投入的影子价格(到厂价) = 到岸价(CIF) × 影子汇率 + 进口费用

　　D. 进口投入的影子价格(到厂价) = 离岸价(FOB) × 影子汇率 − 进口费用

112. 关于盈亏平衡点的下列说法中，错误的是：

    A. 盈亏平衡点是项目的盈利与亏损的转折点

    B. 盈亏平衡点上，销售（营业、服务）收入等于总成本费用

    C. 盈亏平衡点越低，表明项目抗风险能力越弱

    D. 盈亏平衡分析只用于财务分析

113. 属于改扩建项目经济评价中使用的五种数据之一的是：

    A. 资产   B. 资源

    C. 效益   D. 增量

114. ABC 分类法中，部件数量占 60%~80%、成本占 5%~10% 的为：

    A. A 类   B. B 类

    C. C 类   D. 以上都不对

115. 根据《中华人民共和国安全生产法》的规定，生产经营单位使用的涉及生命安全、危险性较大的特种设备，以及危险物品的容器、运输工具，必须按照国家有关规定，由专业生产单位生产，并经取得专业资质的检测、检验机构检测、检验合格，取得：

    A. 安全使用证和安全标志，方可投入使用

    B. 安全使用证或安全标志，方可投入使用

    C. 生产许可证和安全使用证，方可投入使用

    D. 生产许可证或安全使用证，方可投入使用

116. 根据《中华人民共和国招标投标法》的规定，招标人和中标人按照招标文件和中标人的投标文件，订立书面合同的时间要求是：

    A. 自中标通知书发出之日起 15 日内

    B. 自中标通知书发出之日起 30 日内

    C. 自中标单位收到中标通知书之日起 15 日内

    D. 自中标单位收到中标通知书之日起 30 日内

117. 根据《中华人民共和国行政许可法》的规定，下列可以不设行政许可事项的是：

A. 有限自然资源开发利用等需要赋予特定权利的事项

B. 提供公众服务等需要确定资质的事项

C. 企业或者其他组织的设立等，需要确定主体资格的事项

D. 行政机关采用事后监督等其他行政管理方式能够解决的事项

118. 根据《中华人民共和国节约能源法》的规定，对固定资产投资项目国家实行：

A. 节能目标责任制和节能考核评价制度

B. 节能审查和监管制度

C. 节能评估和审查制度

D. 能源统计制度

119. 按照《建设工程质量管理条例》规定，施工人员对涉及结构安全的试块、试件以及有关材料进行现场取样时应当：

A. 在设计单位监督现场取样

B. 在监督单位或监理单位监督下现场取样

C. 在施工单位质量管理人员监督下现场取样

D. 在建设单位或监理单位监督下现场取样

120. 按照《建设工程安全生产管理条例》规定，工程监理单位在实施监理过程中，发现存在安全事故隐患的，应当要求施工单位整改；情况严重的，应当要求施工单位暂时停止施工，并及时报告：

A. 施工单位   B. 监理单位

C. 有关主管部门   D. 建设单位

2010年度全国勘察设计注册工程师执业资格考试基础考试（上）
试题解析及参考答案

1.解 把直线的参数方程化成点向式方程，得到 $\frac{x-1}{1}=\frac{y+2}{2}=\frac{z-3}{-3}$；

则直线 L 的方向向量取 $\vec{s}=\{1,2,-3\}$ 或 $\vec{s}=\{-1,-2,3\}$ 均可。另外，由直线的点向式方程，可知直线过 M 点，$M(1,-2,3)$。

答案：D

2.解 已知 $\vec{a}\times\vec{\beta}=\vec{a}\times\vec{\gamma}$，$\vec{a}\times\vec{\beta}-\vec{a}\times\vec{\gamma}=\vec{0}$，得 $\vec{a}\times(\vec{\beta}-\vec{\gamma})=\vec{0}$。由向量积的运算性质可知，$\vec{a}$，$\vec{b}$ 为非零向量，若 $\vec{a}/\!/\vec{b}$，则 $\vec{a}\times\vec{b}=\vec{0}$ 若 $\vec{a}\times\vec{b}=\vec{0}$，则 $\vec{a}/\!/\vec{b}$，可知 $\vec{a}/\!/(\vec{\beta}-\vec{\gamma})$。

答案：C

3.解 用奇偶函数定义判定。有 $f(-x)=-f(x)$ 成立，$f(-x)=\frac{e^{-3x}-1}{e^{-3x}+1}=\frac{1-e^{3x}}{1+e^{3x}}=-\frac{e^{3x}-1}{e^{3x}+1}=-f(x)$ 确定为奇函数。另外，由函数式可知定义域 $(-\infty,+\infty)$，确定值域为 $(-1,1)$。

答案：C

4.解 通过题中给出的命题，较容易判断选项 A、C、D 是错误的。

对于选项 B，给出条件"有界"，函数不含有无穷间断点，给出条件单调函数不会出现振荡间断点，从而可判定函数无第二类间断点。

答案：B

5.解 根据给出的条件可知，函数在 $x=1$ 可导，则在 $x=1$ 必连续。就有 $\lim\limits_{x\to1^+}f(x)=\lim\limits_{x\to1^-}f(x)=f(1)$ 成立，得到 $a+b=1$。

再通过给出条件在 $x=1$ 可导，即有 $f'_+(1)=f'_-(1)$ 成立，利用定义计算 $f(x)$ 在 $x=1$ 处左右导数：

$$f'_-(1)=\lim_{x\to1^-}\frac{f(x)-f(1)}{x-1}=\lim_{x\to1^-}\frac{\frac{2}{x^2+1}-1}{x-1}=\lim_{x\to1^-}\frac{1-x^2}{(x^2+1)(x-1)}=-1$$

$$f'_+(1)=\lim_{x\to1^+}\frac{f(x)-f(1)}{x-1}=\lim_{x\to1^+}\frac{ax+b-1}{x-1}=\lim_{x\to1^+}\frac{ax-a}{x-1}=a$$

则 $a=-1$，$b=2$。

答案：B

6.解 分析题目给出的解法，选项 A、B、D 均不正确。

正确的解法为选项 C，原式 $=\lim\limits_{x\to0}\frac{x}{\sin x}x\sin\frac{1}{x}=1\times0=0$。

因 $\lim\limits_{x\to0}\frac{x}{\sin x}=1$，第一重要极限；而 $\lim\limits_{x\to0}x\sin\frac{1}{x}=0$ 为无穷小量乘有界函数极限。

答案：C

7.解 利用多元函数极值存在的充分条件确定。

（1）由 $\begin{cases}\dfrac{\partial z}{\partial x}=0\\[2mm]\dfrac{\partial z}{\partial y}=0\end{cases}$，即 $\begin{cases}3x^2-6x-9=0\\-3y^2+3=0\end{cases}$，求出驻点 $(3,1)$，$(3,-1)$，$(-1,1)$，$(-1,-1)$。

（2）求出 $\dfrac{\partial^2 z}{\partial x^2}$，$\dfrac{\partial^2 z}{\partial x\partial y}$，$\dfrac{\partial^2 z}{\partial y^2}$ 分别代入每一驻点，得到 A，B，C 的值。

当 $AC-B^2>0$ 取得极点，再由 $A>0$ 取得极小值，$A<0$ 取得极大值。

$$\frac{\partial^2 z}{\partial x^2}=6x-6,\quad \frac{\partial^2 z}{\partial x\partial y}=0,\quad \frac{\partial^2 z}{\partial y^2}=-6y$$

将 $x=3$，$y=-1$ 代入得 $A=12$，$B=0$，$C=6$

$AC-B^2=72>0$，$A>0$

所以在 $(3,-1)$ 点取得极小值，其他点均不取得极值。

答案：A

8. 解 利用原函数的定义求出 $f(x)=-2e^{-2x}$，$f'(x)=4e^{-2x}$，$f''(x)=-8e^{-2x}$，将 $f''(x)$ 代入积分即可。计算如下：

$$\int f''(x)\mathrm{d}x=\int -8e^{-2x}\mathrm{d}x=4\int e^{-2x}\mathrm{d}(-2x)=4e^{-2x}+C$$

答案：D

9. 解 利用分部积分方法计算 $\int u\mathrm{d}v=uv-\int v\mathrm{d}u$，即

$$\begin{aligned}
\int xe^{-2x}\mathrm{d}x&=-\frac{1}{2}\int xe^{-2x}\mathrm{d}(-2x)=-\frac{1}{2}\int x\mathrm{d}e^{-2x}\\
&=-\frac{1}{2}\left(xe^{-2x}-\int e^{-2x}\mathrm{d}x\right)\\
&=-\frac{1}{2}\left[xe^{-2x}+\frac{1}{2}\int e^{-2x}\mathrm{d}(-2x)\right]\\
&=-\frac{1}{2}\left(xe^{-2x}+\frac{1}{2}e^{-2x}\right)+C\\
&=-\frac{1}{4}(2x+1)e^{-2x}+C
\end{aligned}$$

答案：A

10. 解 利用广义积分的方法计算。

对于选项 B，因 $\lim\limits_{x\to 2^-}\dfrac{1}{\sqrt{2-x}}=+\infty$，知 $x=2$ 为无穷不连续点，则有：

$$\begin{aligned}
\int_0^2\frac{1}{\sqrt{2-x}}\mathrm{d}x&=-\int_0^2(2-x)^{-\frac{1}{2}}\mathrm{d}(2-x)=-2(2-x)^{\frac{1}{2}}\Big|_0^2\\
&=-2\left[\lim_{x\to 2^-}(2-x)^{\frac{1}{2}}-\sqrt{2}\right]=2\sqrt{2}
\end{aligned}$$

答案：B

11. 解 由题目给出的条件知，围成的图形（见解图）化为极坐标计算，$S=\iint\limits_{D}1\mathrm{d}x\mathrm{d}y$，面积元素 $\mathrm{d}x\mathrm{d}y=r\mathrm{d}r\mathrm{d}\theta$。具体计算如下：

$D:\begin{cases}0\leqslant\theta\leqslant\dfrac{\pi}{4}\\ \cos\theta\leqslant r\leqslant 2\cos\theta\end{cases}$

$$S = \int_0^{\frac{\pi}{4}} d\theta \int_{\cos\theta}^{2\cos\theta} r dr = \int_0^{\frac{\pi}{4}} \left(\frac{1}{2} r^2\right)\Big|_{\cos\theta}^{2\cos\theta} d\theta$$

$$= \frac{1}{2}\int_0^{\frac{\pi}{4}} (4\cos^2\theta - \cos^2\theta)d\theta$$

$$= \frac{3}{2}\int_0^{\frac{\pi}{4}} \cos^2\theta d\theta = \frac{3}{2}\int_0^{\frac{\pi}{4}} \frac{1+\cos 2\theta}{2}d\theta = \frac{3}{16}(\pi + 2)$$

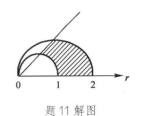

题 11 解图

答案：C

12. 解 通过题目给出的条件画出图形（见解图），利用柱面坐标计算，联立消z：$\begin{cases} z^2 = x^2 + y^2 \\ z = 1 \end{cases}$，

得$x^2 + y^2 = 1$。代入$x = r\cos\theta$，$y = r\sin\theta$，$z^2 = x^2 + y^2$，$z^2 = r^2$，$z = r$，$-z = -r$，取$z = r$（上半锥）。

$$D_{xy}: x^2 + y^2 \leq 1, \quad \Omega: \begin{cases} r \leq z \leq 1 \\ 0 \leq r \leq 1 \\ 0 \leq \theta \leq 2\pi \end{cases}, \quad dV = r dr d\theta dz$$

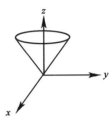

则$V = \iiint\limits_{\Omega} z dV = \iiint\limits_{\Omega} zr dr d\theta dz$，再化为柱面坐标系下的三次积分。先对

z积，再对r积，最后对θ积分，即$V = \int_0^{2\pi} d\theta \int_0^1 r dr \int_r^1 z dz$。

题 12 解图

答案：B

13. 解 利用交错级数收敛法可判定选项 B 的级数收敛，利用正项级数比值法可判定选项 C 的级数收敛，利用等比级数收敛性的结论知选项级数 D 的级数收敛，故发散的是选项 A 的级数。或直接通过正项级数比较法的极限形式判定，$\lim\limits_{n\to\infty}\frac{U_n}{V_n} = \lim\limits_{n\to\infty}\frac{\frac{1}{\sqrt{n+1}}}{\frac{1}{n}} = \lim\limits_{n\to\infty}\frac{n}{\sqrt{n+1}} = \infty$，因级数$\sum\limits_{n=\infty}^{\infty}\frac{1}{n}$发散，故级数$\sum\limits_{n=\infty}^{\infty}\frac{1}{\sqrt{n+1}}$发散。

答案：A

14. 解 设$x - 1 = t$，级数化为$\sum\limits_{n=1}^{\infty}\frac{t^n}{3^n n}$，求级数的收敛半径。

因$\lim\limits_{n\to\infty}\left|\frac{a_{n+1}}{a_n}\right| = \lim\limits_{n\to\infty}\frac{\frac{1}{3^{n+1}(n+1)}}{\frac{1}{3^n \cdot n}} = \lim\limits_{n\to\infty}\frac{n \cdot 3^n}{(n+1)3^{n+1}} = \frac{1}{3}$

则$R = \frac{1}{\rho} = 3$，即$|t| < 3$收敛。

再判定$t = 3$，$t = -3$时的敛散性，即当$t = 3$时发散，$t = -3$时收敛。

计算如下：$t = 3$代入级数，$\sum\limits_{n=1}^{\infty}\frac{1}{n}$为调和级数发散；

$t = -3$代入级数，$\sum\limits_{n=1}^{\infty}(-1)^n\frac{1}{n}$为交错级数，满足莱布尼兹条件收敛。因此$-3 \leq x - 1 < 3$，即$-2 \leq x < 4$。

答案：A

15. 解 写出微分方程对应的特征方程$r^2 + 2 = 0$，得$r = \pm\sqrt{2}i$，即$\alpha = 0$，$\beta = \sqrt{2}$，写出通解$y = A\sin\sqrt{2}x + B\cos\sqrt{2}x$。

答案：D

16. 解 将微分方程化成$\frac{dx}{dy} + \frac{1}{y}x = 1$，方程为一阶线性方程。

其中$P(y) = \dfrac{1}{y}$，$Q(y) = 1$

代入求通解公式$x = e^{-\int P(y)\mathrm{d}y}\left[\int \theta(y)e^{\int P(y)\mathrm{d}y}\mathrm{d}y + C\right]$

计算如下：

$$x = e^{-\int \frac{1}{y}\mathrm{d}y}\left(\int e^{\int \frac{1}{y}\mathrm{d}y}\mathrm{d}y + C\right) = e^{-\ln y}\left(\int e^{\ln y}\mathrm{d}y + C\right) = \frac{1}{y}\left(\int y\mathrm{d}y + C\right) = \frac{1}{y}\left(\frac{1}{2}y^2 + C\right)$$

变形得$xy = \dfrac{1}{2}y^2 + C$，$\left(x - \dfrac{y}{2}\right)y = C$

或将方程化为齐次方程计算：

$$\frac{\mathrm{d}y}{\mathrm{d}x} = -\frac{\dfrac{y}{x}}{1 - \dfrac{y}{x}}$$

答案： A

17. 解

①将分块矩阵变形为$\begin{vmatrix} \boldsymbol{A} & 0 \\ 0 & \boldsymbol{B} \end{vmatrix}$的形式。

②利用分块矩阵计算公式$\begin{vmatrix} \boldsymbol{A} & 0 \\ 0 & \boldsymbol{B} \end{vmatrix} = |\boldsymbol{A}| \cdot |\boldsymbol{B}|$。

将矩阵$\boldsymbol{B}$的第一行与矩阵$\boldsymbol{A}$的行互换，换的方法是从矩阵$\boldsymbol{A}$最下面一行开始换，逐行往上换，换到第一行一共换了m次，行列式更换符号$(-1)^m$。再将矩阵$\boldsymbol{B}$的第二行与矩阵$\boldsymbol{A}$的各行互换，换到第二行，又更换符号为$(-1)^m$，$\cdots$，最后再将矩阵$\boldsymbol{B}$的最后一行与矩阵$\boldsymbol{A}$的各行互换到矩阵的第n行位置，这样原矩阵：

$$\begin{vmatrix} 0 & \boldsymbol{A} \\ \boldsymbol{B} & 0 \end{vmatrix} = \underbrace{(-1)^m \cdot (-1)^m \cdots (-1)^m}_{n\uparrow} \begin{vmatrix} \boldsymbol{B} & 0 \\ 0 & \boldsymbol{A} \end{vmatrix} = (-1)^{m \cdot n} \begin{vmatrix} \boldsymbol{B} & 0 \\ 0 & \boldsymbol{A} \end{vmatrix}$$

$$= (-1)^{mm}|\boldsymbol{B}||\boldsymbol{A}| = (-1)^{mm}|\boldsymbol{A}||\boldsymbol{B}|$$

答案： D

18. 解　由题目给出的运算写出相应矩阵，再验证还原到原矩阵时应用哪一种运算方法。

答案： A

19. 解　通过矩阵的特征值、特征向量的定义判定。只要满足式子$\boldsymbol{Ax} = \lambda \boldsymbol{x}$，非零向量$\boldsymbol{x}$即为矩阵$\boldsymbol{A}$对应特征值$\lambda$的特征向量。

再利用题目给出的条件：

$$\boldsymbol{\alpha}^{\mathrm{T}}\boldsymbol{\beta} = 3 \tag{①}$$

$$\boldsymbol{A} = \boldsymbol{\beta}\boldsymbol{\alpha}^{\mathrm{T}} \tag{②}$$

将等式②两边右乘$\boldsymbol{\beta}$，得$\boldsymbol{A} \cdot \boldsymbol{\beta} = \boldsymbol{\beta}\boldsymbol{\alpha}^{\mathrm{T}} \cdot \boldsymbol{\beta}$，即$\boldsymbol{A\beta} = \boldsymbol{\beta}(\boldsymbol{\alpha}^{\mathrm{T}}\boldsymbol{\beta})$，代入①式得$\boldsymbol{A\beta} = \boldsymbol{\beta} \cdot 3$，故$\boldsymbol{A\beta} = 3 \cdot \boldsymbol{\beta}$成立。

答案： C

20. 解　齐次线性方程组，当变量的个数与方程的个数相同时，方程组有非零解的充要条件是系数行列式为零，即 $\begin{vmatrix} 1 & -k & 0 \\ k & -5 & 1 \\ 1 & 1 & 1 \end{vmatrix} = 0$

则 $\begin{vmatrix} 1 & -k & 0 \\ k & -5 & 1 \\ 1 & 1 & 1 \end{vmatrix} \xlongequal{(-1)r_2+r_3} \begin{vmatrix} 1 & -k & 0 \\ k & -5 & 1 \\ 1-k & 6 & 0 \end{vmatrix} = 1 \cdot (-1)^{2+3} \begin{vmatrix} 1 & -k \\ 1-k & 6 \end{vmatrix}$

$$= -[6-(-k)(1-k)] = -(6+k-k^2)$$

即 $k^2 - k - 6 = 0$，解得 $k_1 = 3$，$k_2 = -2$。

答案：A

21.解 已知

$$P(B|A \cup \bar{B}) = \frac{P(B(A \cup \bar{B}))}{P(A \cup \bar{B})} = \frac{P(AB \cup B\bar{B})}{P(A \cup \bar{B})} = \frac{P(AB)}{P(A)+P(\bar{B})-P(A\bar{B})}$$

因为 A、B 相互独立，所以 A、$\bar{B}$ 也相互独立。

有 $P(AB) = P(A)P(B)$，$P(A\bar{B}) = P(A)P(\bar{B})$，故

$$P(B|A \cup \bar{B}) = \frac{P(A)P(B)}{P(A)+P(\bar{B})-P(A)P(\bar{B})} = \frac{\frac{1}{2} \times \frac{1}{3}}{\frac{1}{2}+\left(1-\frac{1}{3}\right)-\frac{1}{2}\left(1-\frac{1}{3}\right)} = \frac{1}{5}$$

答案：D

22.解 显然为古典概型，$P(A) = m/n$。

一个球一个球地放入杯中，每个球都有 4 种放法，所以所有可能结果数 $n = 4 \times 4 \times 4 = 64$，事件 A "杯中球的最大个数为 2" 即 4 个杯中有一个杯子里有 2 个球，有 1 个杯子有 1 个球，还有两个空杯。第一个球有 4 种放法，从第二个球起有两种情况：①第 2 个球放到已有一个球的杯中（一种放法），第 3 个球可放到 3 个空杯中任一个（3 种放法）；②第 2 个球放到 3 个空杯中任一个（3 种放法），第 3 个球可放到两个有球杯中（2 种放法）。则 $m = 4 \times (1 \times 3 + 3 \times 2) = 36$，因此 $P(A) = 36/64 = 9/16$。或设 $A_i(i=1,2,3)$ 表示 "杯中球的最大个数为 i"，则

$$P(A_2) = 1 - P(A_1) - P(A_3)$$

$$= 1 - \frac{4 \times 3 \times 2}{4 \times 4 \times 4} - \frac{4 \times 1 \times 1}{4 \times 4 \times 4} = \frac{9}{16}$$

答案：C

23.解 $P(0 \leqslant X \leqslant 3) = \int_0^3 f(x)\mathrm{d}x = \int_1^3 \frac{1}{x^2}\mathrm{d}x = \frac{2}{3}$。

答案：B

24.解 因 $f(x,y) = \frac{1}{2\pi}e^{-\frac{x^2+y^2}{2}} = \frac{1}{\sqrt{2\pi}}e^{-\frac{x^2}{2}} \cdot \frac{1}{\sqrt{2\pi}}e^{-\frac{y^2}{2}}$

所以 $X \sim N(0,1)$，$Y \sim N(0,1)$，X，Y 相互独立。

$$E(X^2 + Y^2) = E(X^2) + E(Y^2) = D(X) + [E(X)]^2 + D(Y) + [E(Y)]^2 = 1 + 1 = 2$$

或 $E(X^2 + Y^2) = \int_{-\infty}^{+\infty} \int_{-\infty}^{+\infty} (x^2 + y^2) \frac{1}{2\pi} e^{-\frac{x^2+y^2}{2}} \mathrm{d}x \mathrm{d}y = \int_0^{2\pi} \int_0^{+\infty} r^2 \frac{1}{2\pi} e^{-\frac{r^2}{2}} r \mathrm{d}r \mathrm{d}\theta$

$$= \int_0^{2\pi} \mathrm{d}\theta \int_0^{+\infty} r^2 \frac{1}{4\pi} e^{-\frac{r^2}{2}} \mathrm{d}r^2 \quad (\diamondsuit t = r^2)$$

$$= 2\pi \cdot \frac{1}{4\pi} \int_0^{+\infty} t e^{-\frac{t}{2}} \mathrm{d}t$$

$$= \frac{1}{2} \left(-2t e^{-\frac{t}{2}} \Big|_0^{+\infty} + \int_0^{+\infty} 2 e^{-\frac{t}{2}} \mathrm{d}t \right) = 2$$

答案：A

25. 解 由 $E_{\text{内}} = \frac{m}{M} \frac{i}{2} RT$，又 $pV = \frac{m}{M} RT$，$E_{\text{内}} = \frac{i}{2} pV$，对双原子分子 $i = 5$。

答案：B

26. 解 $p = \frac{2}{3} n \overline{w} = \frac{2}{3} n \left(\frac{1}{2} m \overline{v}^2 \right) = \frac{1}{3} nm \overline{v}^2$。

答案：C

27. 解 单一等温膨胀过程并非循环过程，可以做到从外界吸收的热量全部用来对外做功，既不违反热力学第一定律也不违反热力学第二定律。

答案：C

28. 解 对于给定的理想气体，内能的增量只与系统的起始和终了状态有关，与系统所经历的过程无关。

内能增量 $\Delta E = \frac{M}{\mu} \frac{i}{2} R(T_2 - T_1) = \frac{M}{\mu} \frac{i}{2} R\Delta T$，若 $T_2 = T_1$，则 $\Delta E = 0$，气体内能保持不变。

答案：D

29. 解 波腹的位置由公式 $x_{\text{腹}} = k\frac{\lambda}{2}$（$k$ 为整数）决定。相邻两波腹之间距离，即

$$\Delta x = x_{k+1} - x_k = (k+1)\frac{\lambda}{2} - k\frac{\lambda}{2} = \frac{\lambda}{2}$$

答案：A

30. 解 质元在最大位移处，速度为零，"形变"为零，故质元的动能为零，势能也为零。

答案：B

31. 解 按多普勒效应公式 $\nu = \frac{u + v_0}{u} \nu_0$，今 $v_0 = \frac{u}{2}$，故 $\nu = \frac{u + \frac{u}{2}}{u} \nu_0 = \frac{3}{2} \nu_0$。

答案：D

32. 解 注意，所谓双缝间距指缝宽 d。由 $\Delta x = \frac{D}{d} \lambda$（$\Delta x$ 为相邻两明纹之间距离），代入数据，得

$$\Delta x = \frac{3000}{2} \times 600 \times 10^{-6} \text{mm} = 0.9 \text{mm}$$

注：$1 \text{nm} = 10^{-9} \text{m} = 10^{-6} \text{mm}$。

答案：B

33. 解 如解图所示光程差 $\delta = n_2 d + r_2 - d - (n_1 d + r_1 - d)$，注意到 $r_1 = r_2$，$\delta = (n_2 - n_1)d$。

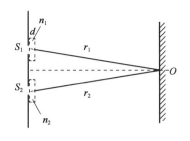

题 33 解图

答案： A

34. 解 牛顿环属超纲题（超出大纲范围），等厚干涉，同一级条纹对应同一个厚度。

答案： D

35. 解 转动前 $I_1 = I_0 \cos^2 \alpha_1$，转动后 $I_2 = I_0 \cos^2 \alpha_2$，$\dfrac{I_1}{I_2} = \dfrac{\cos^2 \alpha_1}{\cos^2 \alpha_2}$。

答案： C

36. 解 光栅常数越小，分辨率越高。$d \cdot \sin \theta = k\lambda$，$R = \dfrac{D}{1.22\lambda}$。

答案： D

37. 解 $Mg(OH)_2$ 的溶解度为 s，则 $K_{sp} = s(0.01 + 2s)^2$，因 s 很小，$0.01 + 2s \approx 0.01$，则 $5.6 \times 10^{-12} = s \times 0.01^2$，$s = 5.6 \times 10^{-8}$。

答案： C

38. 解 利用价电子对互斥理论确定杂化类型及分子空间构型的方法。

对于 AB_n 型分子、离子（A 为中心原子）：

（1）确定 A 的价电子对数（x）

$$x = \frac{1}{2}[A\ 的价电子数 + B\ 提供的价电子数 \pm 离子电荷数(负/正)]$$

原则：A 的价电子数＝主族序数；B 原子为 H 和卤素每个原子各提供一个价电子，为氧与硫不提供价电子；正离子应减去电荷数，负离子应加上电荷数。

（2）确定杂化类型（见解表）

题 38 解表

价电子对数	2	3	4
杂化类型	sp 杂化	sp^2 杂化	sp^3 杂化

（3）确定分子空间构型

原则：根据中心原子杂化类型及成键情况分子空间构型。如果中心原子的价电子对数等于 σ 键电子对数，杂化轨道构型为分子空间构型；如果中心原子的价电子对数大于 σ 键电子对数，分子空间构型发生变化。

价电子对数$(x)=\sigma$键电子对数＋孤对电子数

根据价电子对互斥理论：$BeCl_2$ 的价电子对数$x=\frac{1}{2}$(Be 的价电子数＋2 个 Cl 提供的价电子数)$=$ $\frac{1}{2}\times(2+2)=2$，$BeCl_2$ 分子中，Be 原子形成了两 Be-Clσ 健，价电子对数等于 σ 健数，所以两个 Be-Cl 夹角为 180°，$BeCl_2$ 为直线型分子，Be 为 sp 杂化。

答案：A

39. 解 醋酸和醋酸钠组成缓冲溶液，醋酸和醋酸钠的浓度相等，与等体积水稀释后，醋酸和醋酸钠的浓度仍然相等。缓冲溶液的$pH = pK_a - lg\dfrac{c_{酸}}{c_{盐}}$，溶液稀释 pH 不变。

答案：C

40. 解 由阿仑尼乌斯公式$k = Ze^{\frac{-\varepsilon}{RT}}$，可知：温度一定时，活化能越小，速率常数就越大，反应速率也越大。活化能越小，反应越易正向进行。

答案：C

41. 解 根据原子核外电子排布规律，26 号元素的原子核外电子排布为：$1s^2 2s^2 2p^6 3s^2 3p^6 3d^6 4s^2$，为 d 区副族元素。其价电子构型为$3d^6 4s^2$。

答案：B

42. 解 一组合理的量子数n,l,m取值对应一个合理的波函数$\psi = \psi_{n,l,m}$，即可以确定一个原子轨道。

（1）主量子数

①$n = 1,2,3,4,\cdots$对应于第一、第二、第三、第四、$\cdots$电子层，用K,L,M,N表示。

②表示电子到核的平均距离。

③决定原子轨道能量。

（2）角量子数

①$l = 0,1,2,3$的原子轨道分别为 s, p, d, f 轨道。

②确定原子轨道的形状。s 轨道为球形，p 轨道为双球形，d 轨道为四瓣梅花形。

③对于多电子原子，与n共同确定原子轨道的能量。

（3）磁量子数

①确定原子轨道的取向。

②确定亚层中轨道数目。

答案：B

43. 解 物质的标准熵值大小一般规律：

（1）对于同一种物质，$S_g > S_l > S_s$。

（2）同一物质在相同的聚集状态时，其熵值随温度的升高而增大，$S_{高温} > S_{低温}$。

（3）对于不同种物质，$S_{复杂分子} > S_{简单分子}$。

（4）对于混合物和纯净物，$S_{混合物} > S_{纯物质}$。

（5）对于一个化学反应的熵变，反应前后气体分子数增加的反应熵变大于零，反应前后气体分子数减小的反应熵变小于零。

4个选项化学反应前后气体分子数的变化：

$A = 2 - 2 - 1 = -1$，$B = 2 - 1 - 3 = -2$，$C = 1 + 1 - 0 = 2$，$D = 0 - 1 = -1$

答案：C

44. 解 聚丙烯的结构式为 $\begin{array}{c} \\ \leftarrow CH_2 - CH \rightarrow \\ | \\ CH_3 \end{array}$ 。

答案：C

45. 解 烯烃双键两边C原子均通过δ键与不同基团时，才有顺反异构体。

答案：C

46. 解 苯环上六个氢被氯取代为六氯苯。

答案：C

47. 解 如解图所示，根据力的投影公式，$F_x = F\cos\alpha$，故$\alpha = 60°$。而分力F_x的大小是力F大小的2倍，故力F与y轴垂直。

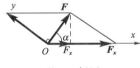

题 47 解图

答案：A

48. 解 将力系向A点简化，作用于C点的力F沿作用线移到A点，作用于B点的力F平移到A点附加的力偶即主矩：$M_A = M_A(F) = \frac{\sqrt{3}}{2}aF$；三个力的主矢：$F_{Ry} = 0$，$F_{Rx} = F - F\sin 30° - F\sin 30° = 0$。

答案：A

49. 解 根据受力分析，A、B、C处的约束力均为水平方向，考虑AC的平衡，利用力偶的平衡方程，即$\sum M = 0$，$F_{Ax} \cdot 2a - M = 0$，得到$F_{Ax} = \frac{M}{2a}$，$F_{Ay} = 0$。

答案：B

50. 解 均布力组成了力偶矩为qa^2的逆时针转向力偶。A、B处的约束力沿铅垂方向组成顺时针转向力偶。

答案：C

51. 解 点的速度、切向加速度和法向加速度分别为：$v = \frac{\mathrm{d}s}{\mathrm{d}t} = 20\text{cm/s}$，$a_\tau = \frac{\mathrm{d}v}{\mathrm{d}t} = 0$，$a_n = \frac{v^2}{R} = \frac{400}{40} = 10\text{cm/s}^2$。

答案：B

52. 解 将运动方程中的参数t消去，即$t = \frac{x}{2}$，$y = \left(\frac{x}{2}\right)^2 - \frac{x}{2}$，整理易得$x^2 - 2x - 4y = 0$。

答案：C

53. 解 根据定轴转动刚体上一点速度、加速度与转动角速度、角加速度的关系，$v_B = OB \cdot \omega = 50 \times 2 = 100 \text{cm/s}$，$a_B^\tau = OB \cdot \varepsilon = 50 \times 5 = 250 \text{cm/s}$，$a_B^n = OB \cdot \omega^2 = 50 \times 2^2 = 200 \text{cm/s}$。

答案：A

54. 解 根据质点运动微分方程$ma = \sum F$，当货物加速下降、匀速下降和减速下降时，加速度分别向下、为零、向上，代入公式有$ma = W - R_1$，$0 = W - R_2$，$-ma = W - R_3$。

答案：C

55. 解 根据动量矩定义和公式：

$$L_O = M_O(m_1 v) + M_O(m_2 v) + J_{O轮}\omega = m_1 rv + m_2 rv + \frac{1}{2}mr^2\omega, \quad \omega = \frac{v}{r}, \quad L_O = \left(m_1 + m_2 + \frac{1}{2}m\right)rv$$

答案：C

56. 解 根据动能定理，当杆从水平转动到铅垂位置时

$$T_1 = 0; \quad T_2 = \frac{1}{2}J_B\omega^2 = \frac{1}{2} \cdot \frac{1}{3}m(2l)^2\omega^2 = \frac{2}{3}ml^2\omega^2$$

将$W_{12} = mgl$代入$T_2 - T_1 = W_{12}$，得$\omega^2 = \frac{3g}{2l}$

再根据定轴转动微分方程：$J_B\alpha = M_B(F) = 0$，$\alpha = 0$

质心运动定理：$a_{C\tau} = l\alpha = 0$，$a_{Cn} = l\omega^2 = \frac{3g}{2}$

受力见解图：$ml\omega^2 = F_{By} - mg$，$F_{By} = \frac{5}{2}mg$，$F_{Bx} = 0$

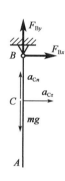

题56解图

答案：D

57. 解 根据定轴转动刚体惯性力系的简化结果，惯性力主矢和主矩的大小分别为 $F_I = ma_C = 0$，$M_{IO} = J_O\varepsilon = \frac{1}{2}mr^2\varepsilon$。

答案：C

58. 解 根据串、并联弹簧等效弹簧刚度的计算公式。

答案：C

59. 解 轴向受力杆左段轴力是-3kN，右段轴力是5kN。

答案：B

60. 解 把F力平移到铆钉群中心O，并附加一个力偶$m = F \cdot \frac{5}{4}L$，在铆钉上将产生剪力Q_1和Q_2，其中$Q_1 = \frac{F}{2}$，而Q_2计算方法如下。

$$\sum M_O = 0, \quad Q_2 \cdot \frac{L}{2} = F \cdot \frac{5}{4}$$

得$Q_2 = \frac{5}{2}F$，所以$Q = Q_1 + Q_2 = 3F$，$\tau_{max} = \frac{Q}{\frac{\pi}{4}d^2} = \frac{12F}{\pi d^2}$

答案：C

61. 解 由 $\theta = \dfrac{T}{GI_p}$，得 $\dfrac{T}{I_p} = \theta G$，故 $\tau_{max} = \dfrac{T}{I_p} \cdot \dfrac{d}{2} = \dfrac{\theta G d}{2}$。

答案：D

62. 解 为使 $\tau_1 = \dfrac{1}{2}\tau$，应使 $\dfrac{T}{\frac{\pi}{16}d_1^3} = \dfrac{1}{2}\dfrac{T}{\frac{\pi}{16}d^3}$，即 $d_1^3 = 2d^3$，故 $d_1 = \sqrt[3]{2}d$。

答案：D

63. 解 $I_{z1} = I_z + a^2 A = \dfrac{bh^3}{12} + h^2 \cdot bh = \dfrac{13}{12}bh^3$

答案：D

64. 解 考虑梁的整体平衡：$\sum M_B = 0$，$F_A = 0$

应用直接法求剪力和弯矩，得 $F_{SA} = 0$，$M_C = 0$

答案：A

65. 解 开裂前，$f = \dfrac{Fl^3}{3EI}$，其中 $I = \dfrac{b(2a)^3}{12} = 8\dfrac{ba^3}{12} = 8I_1$；

开裂后，$f_1 = \dfrac{\frac{F}{2}l^3}{3EI_1} = \dfrac{\frac{1}{2}Fl^3}{3E\frac{I}{8}} = 4 \cdot \dfrac{Fl^3}{3EI} = 4f$。

答案：C

66. 解 原来，$f = \dfrac{Ml^2}{2EI}$；梁长减半后，$f_1 = \dfrac{M\left(\frac{l}{2}\right)^2}{2EI} = \dfrac{1}{4}f$。

答案：B

67. 解 图 c）中 σ_1 和 σ_3 的差值最大。

$$\tau_{max} = \dfrac{\sigma_1 - \sigma_3}{2} = \dfrac{2\sigma - (-2\sigma)}{2} = 2\sigma$$

答案：C

68. 解 图示杆是偏心拉伸，等价于轴向拉伸和两个方向弯曲的组合变形。

$$\sigma_{max}^+ = \dfrac{F_N}{bh} + \dfrac{M_g}{W_g} + \dfrac{M_y}{W_y} = \dfrac{F}{bh} + \dfrac{F\frac{h}{2}}{\frac{bh^2}{6}} + \dfrac{F\frac{b}{2}}{\frac{hb^2}{6}} = 7\dfrac{F}{bh}$$

答案：C

69. 解 力 F 产生的弯矩引起 A 点的拉应力，力偶 T 产生的扭矩引起 A 点的切应力 τ，故 A 点应为既有拉应力 σ 又有 τ 的复杂应力状态。

答案：C

70. 解 图 a）$\mu l = 1 \times 5 = 5m$，图 b）$\mu l = 2 \times 3 = 6m$，图 c）$\mu l = 0.7 \times 6 = 4.2m$。由公式 $F_{cr} = \dfrac{\pi^2 EI}{(\mu l)^2}$，可知图 b）$F_{cr}$ 最小，图 c）F_{cr} 最大。

答案：C

71. 解　静止流体等压面应是一水平面，且应绘出于连通、连续同一种流体中，据此可绘出两个等压面以判断压强 p_1、p_2、p_3 的大小。

答案：A

72. 解　测压管水头线的变化是由于过流断面面积的变化引起流速水头的变化，进而引起压强水头的变化，而与是否理想流体无关，故选项 A 说法是错误的。

答案：A

73. 解　由判别流态的下临界雷诺数 $\mathrm{Re}_k = \dfrac{v_k d}{v}$ 解出下临界流速 v_k 即可，$v_k = \dfrac{\mathrm{Re}_k v}{d}$，而 $\mathrm{Re}_k = 2000$。代入题设数据后有：$v_k = \dfrac{2000 \times 1.31 \times 10^{-6}}{0.05} = 0.0524\mathrm{m/s}$。

答案：D

74. 解　根据沿程损失计算公式 $h_f = \lambda \dfrac{L}{d} \dfrac{v^2}{2g}$ 及层流阻力系数计算公式 $\lambda = \dfrac{64}{\mathrm{Re}}$、$\mathrm{Re} = \dfrac{vd}{v}$ 联立求解可得。代入题设条件后有：$\dfrac{v_1}{d_1^2} = \dfrac{v_2}{d_2^2}$，而 $v_2 = v_1 \left(\dfrac{d_2}{d_1}\right)^2 = v_1 2^2 = 4v_1$

$$\frac{Q_2}{Q_1} = \frac{v_2}{v_1} \left(\frac{d_2}{d_1}\right)^2 = 4 \times 2^2 = 16$$

答案：D

75. 解　圆柱形外管嘴正常工作的条件：$L = (3 - 4)d$，$H_0 < 9\mathrm{m}$。

答案：B

76. 解　根据有压管基本公式 $H = SQ^2$，可解出流量 $Q = \sqrt{\dfrac{H}{S}}$，H 为上、下游液面差，不变。阀门关小，阻抗 S 增加，流量应减小。

答案：B

77. 解　按达西公式 $Q = kAJ$，可解出渗透系数

$$k = \frac{Q}{AJ} = \frac{0.1}{\frac{\pi}{4} \times 0.3^2 \times \frac{90}{40} \times 8 \times 3600} = 2.183 \times 10^{-5}\mathrm{m/s} = 1.886\mathrm{m/d}$$

答案：B

78. 解　无量纲量即量纲为 1 的量，$\dim \dfrac{p}{\rho v^2} = \dfrac{\mathrm{ML}^{-1}\mathrm{T}^{-2}}{\mathrm{ML}^{-3}(\mathrm{LT}^{-1})^2} = 1$。

答案：A

79. 解　根据电磁感应定律，线圈 a 中是变化的电源，将产生变化的电流，线圈 a 中要考虑电磁感应的作用 $i_a \neq \dfrac{u}{R_a}$；变化磁通将与线圈 b 交链，在线圈 b 中产生感应电动势，由此产生感应电流 $i_b \neq 0$。

答案：B

80. 解　电流源的端电压由外电路决定：$U = 5 + 0.1 \times (100 + 50) = 20\mathrm{V}$。

答案：A

81. 解　用叠加原理分析，将电路分解为各个电源单独作用的电路。不作用的电压源短路，不作用的电流源断路。$U = U' + U''$，U' 为电流源单独作用，$U' = I_s(R_1 + R_2 /\!/ R_3)$；$U''$ 为电压源作用，$U' = \dfrac{R_2}{R_2 + R_3} U_s$。

答案：D

82. 解　本题的考点为交流电路中电压、电流的复数运算关系。将原电路表示为复电路图（见解图），$|\dot{I}_R| = |\dot{I}_1 + \dot{I}_2| = 4 - 2 = 2\text{A}$（注：$\dot{I}_1$ 和 $\dot{I}_2$ 相位相反）

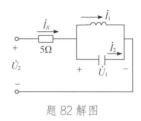

题 82 解图

$$|\dot{U}_R| = |5\dot{I}_R| = 5 \times 2 = 10\text{V}$$

$$|\dot{U}_2| = |\dot{U}_R + \dot{U}_1| = \sqrt{10^2 + 10^2} = 10\sqrt{2}\,\text{V} \quad (\text{注：}\dot{U}_R\text{ 与 }\dot{U}_1\text{ 相位差为 }90°)$$

分析可见选项 B 正确。

答案：B

83. 解　三相五线制供电系统中单相负载的外壳引出线应该与"PE 线"（保护接地线）连接。

答案：D

84. 解　从图形判断这是一个高通滤波器的频率特性图。它反映了电路的输出电压和输入电压对于不同频率信号的响应关系，利用高通滤波器的传递函数分析。

高通滤波器的传递函数为：

$$H(jw) = \frac{jw/W_C}{1 + jw/W_C}$$

其中：W_C 为截止角频率（由电路参数 R、L、C 等决定），

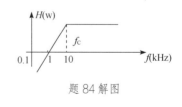

题 84 解图

$W_C = 2\pi f_c$，由题图可知 $f_C = 10\text{kHz}$，$W_C = 20\pi(\text{krad})$。

代入传递函数公式可得：

$$H(jw) = \frac{jw/(20\pi)}{1 + jw/(20\pi)}$$

可知选项 D 公式错，选项 A、选项 C 的 W_C 错，选项 B 正确。

答案：B

85. 解　三相交流异步电动机的转速关系公式为 $n \approx n_0 = \dfrac{60f}{p}$，可以看到电动机的转速 n 取决于电源的频率 f 和电机的极对数 p，改变磁极对数是有极调速，转子串电阻和降压调速只能向下降速，而不能升

速。要想实现向上、向下平滑调速，应该使用改变频率f的方法。

答案：C

86. 解　在电动机的继电接触控制电路中，熔断器对电路实现短路保护，热继电器对电路实现过载保护，交流接触器起欠压保护的作用，需同时接在主电路和控制电路中；行程开关一般只连接在电机的控制回路中。

答案：D

87. 解　信息通常是以编码的方式载入数字信号中的。

答案：A

88. 解　七段显示器的各段符号是用发光二极管制作的，各段符号如图所示。在共阴极七段显示器电路中，高电平"1"字段发光，"0"熄灭。显示字母"E"的共阴极七段显示器显示时 b、c 段熄灭，显示码 abcdefg 应该是 1001111。

答案：A

89. 解　图示电压信号是连续的时间信号，在每个时间点的数值确定；对其他的周期信号、数字信号、离散信号的定义均不符合。

答案：D

90. 解　根据对模拟信号的频谱分析可知：周期信号的频谱是离散的，非周期信号的频谱是连续的。

答案：A

91. 解　该电路是利用滤波技术进行信号处理，从图 a）到图 b）经过了低通滤波，从图 b）到图 c）利用了高通滤波技术（消去了直流分量）。

答案：A

92. 解　此题的分析方法是先根据给定的波形图写输出和输入之间的真值表，然后观察输出与输入的逻辑关系，写出逻辑表达式即可。观察$F = A \cdot B + \overline{A} \cdot \overline{B}$，属同或门关系。

答案：C

93. 解　首先应清楚放大电路中输入电阻和输出电阻的概念，然后将放大电路的输入端等效成一个输入电阻，输出端等效成一个等效电压源（如解图所示），最后用电路理论计算可得结果。

其中：

$$u_i = \frac{r_i}{R_s + r_i} u_s = 5 \sin \omega t \ (\text{mV})$$

$$u_{os} = A_k u_i = -400 \sin \omega t \ (\text{mV})$$

$$u_o = \frac{R_L}{r_o + R_L} u_{os} = -250 \sin \omega t \ (\text{mV}) = -0.25 \sin \omega t \ (\text{V})$$

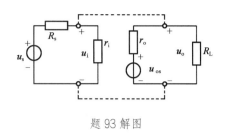

题 93 解图

答案：D

94.解 该电路是电压比较电路，u_{i1}为输入信号，u_{i2}为基准信号。当u_{i1}大于u_{i2}时，输出为负的饱和值；当u_{i1}小于u_{i2}时，输出为正的饱和值。本题始终保持u_{i1}大于u_{i2}，因此输出u_o为负的饱和值。

答案：D

95.解 该电路是 D 触发器，这种连接方法构成保持状态：$Q_{n+1} = D = Q_n$。

答案：D

96.解 本题为两个 JK 触发器构成的时序逻辑电路。时钟 cp 信号同时接在两个触发器上，故为同步触发方式。初始状态$Q_1 = Q_0 = 0$，时序分析见解表。

题 96 解表

cp	Q_1	Q_0	$J_1 = 1$	$K_1 = \overline{Q_0}$	$J_0 = \overline{Q_1}$	$K_0 = 1$	$Q_1' = \overline{Q_1}$	$Q_0' = Q_0$
0	0	0	1	1	1	1	1	0
1	1	1	1	0	0	1	0	1
2	1	0	1	1	0	1	0	0
3	0	0	1	1	1	1	1	0

可见在三个时钟脉冲后完成一次循环。输出端变化顺序为$Q_1'Q_0'$：⑩→①→⑩，即三进制减法计数器。

答案：C

97.解 微型计算机是以总线结构来连接各个功能部件的。

答案：C

98.解 信息可采用某种度量单位进行度量，并进行信息编码。现代计算机使用的是二进制。

答案：C

99.解 三位二进制对应一位八进制，将小数点后每三位二进制分成一组，101 对应 5，010 对应 2，111 对应 7，100 对应 4。

答案：B

100.解 图像的主要参数有分辨率（包括屏幕分辨率、图像分辨率、像素分辨率）、颜色深度、图像文件的大小。

答案：B

101. 解 在网上正式传输的书信或文件常常要根据亲笔签名或印章来证明真实性，数字签名就是用来解决这类问题的，目前在电子商务、电子政务中应用最为普遍。

答案：A

102. 解 一个存储器段可以小至一个字节，可大至 4G 字节。而一个页的大小则规定为 4K 字节。

答案：C

103. 解 Windows 的设备管理功能部分支持即插即用功能，Windows 自动安装有即插即用设备及其设备驱动程序。即插即用就是在加上新的硬件以后不用为此硬件再安装驱动程序了。而选项 D 说需安装相应软件才可立刻使用是错误的。

答案：D

104. 解 构成信息化社会的三个主要技术支柱是计算机技术、通信技术和网络技术。

答案：B

105. 解 网络软件是实现网络功能不可缺少的软件环境，主要包括网络传输协议和网络操作系统。

答案：A

106. 解 因特网是一个国际网，也就是说因特网是一个连接了无数个小网而形成大网。

答案：B

107. 解 比较两家银行的年实际利率，其中较低者利息较少。

甲银行的年实际利率：$i_{甲} = \left(1 + \dfrac{r}{m}\right)^m - 1 = \left(1 + \dfrac{6\%}{4}\right)^4 - 1 = 6.14\%$；乙银行的年实际利率为 7%，故向甲银行贷款付出的利息较少。

答案：A

108. 解 总成本费用有生产成本加期间费用和按生产要素两种估算方法。生产成本加期间费用计算公式为：总成本费用=生产成本+期间费用。

答案：A

109. 解 准股本资金是一种既具有资本金性质又具有债务资金性质的资金，主要包括优先股股票和可转换债券。

答案：B

110. 解 按计算财务净现值的公式计算。

$$FNPV = -200 - 300(P/F, 10\%, 1) + 150(P/A, 10\%, 8)(P/F, 10\%, 2)$$

$$= -200 - 300 \times 0.90909 + 150 \times 5.33493 \times 0.82645 = 188.63 \text{ 万元}$$

答案：B

111. 解 可外贸货物影子价格：

直接进口投入物的影子价格(到厂价) = 到岸价(CIF) × 影子汇率 + 进口费用

答案：C

112. 解 盈亏平衡点越低，说明项目盈利的可能性越大，项目抵抗风险的能力越强。

答案：C

113. 解 改扩建项目盈利能力分析可能涉及的五种数据：①"现状"数据；②"无项目"数据；③"有项目"数据；④新增数据；⑤增量数据。

答案：D

114. 解 在 ABC 分类法中，A 类部件占部件总数的比重较少，但占总成本的比重较大；C 类部件占部件总数的比重较大，占总数的 60%~80%，但占总成本的比重较小，占 5%~10%。

答案：C

115. 解 《中华人民共和国安全生产法》第三十四条规定，生产经营单位使用的危险物品的容器、运输工具，以及涉及人身安全、危险性较大的海洋石油开采特种设备及矿山井下特种设备，必须按照国家有关规定，由专业生产单位生产，并经具有专业资质的检测、检验机构检测、检验合格，取得安全使用证或者安全标志，方可投入使用。检测、检验机构对检测、检验结果负责。

答案：B

116. 解 《中华人民共和国招标投标法》第四十六条规定，招标人和中标人应当自中标通知书发出之日起三十日内，按照招标文件和中标人的投标文件订立书面合同。招标人和中标人不得再行订立背离合同实质性内容的其他协议。

答案：B

117. 解 《中华人民共和国行政许可法》第十三条规定，本法第十二条所列事项，通过下列方式能够予以规范的，可以不设行政许可：

（一）公民、法人或者其他组织能够自主决定的；

（二）市场竞争机制能够有效调节的；

（三）行业组织或者中介机构能够自律管理的；

（四）行政机关采用事后监督等其他行政管理方式能够解决的。

答案：D

118. 解　《中华人民共和国节约能源法》第十五条规定，国家实行固定资产投资项目节能评估和审查制度。不符合强制性节能标准的项目，依法负责项目审批或者核准的机关不得批准或者核准建设；建设单位不得开工建设；已经建成的，不得投入生产、使用。具体办法由国务院管理节能工作的部门会同国务院有关部门制定。

答案：C

119. 解　《建设工程质量管理条例》第三十一条规定，施工人员对涉及结构安全的试块、试件以及有关材料，应当在建设单位或者工程监理单位监督下现场取样，并送具有相应资质等级的质量检测单位进行检测。

答案：D

120. 解　《建设工程安全生产管理条例》第十四条规定，工程监理单位在实施监理过程中，发现存在安全事故隐患的，应当要求施工单位整改；情况严重的，应当要求施工单位暂时停止施工，并及时报告建设单位。施工单位拒不整改或者不停止施工的，工程监理单位应当及时向有关主管部门报告。

答案：D

2011 年度全国勘察设计注册工程师

执业资格考试试卷

基础考试

（上）

二〇一一年九月

应考人员注意事项

1. 本试卷科目代码为"1"，考生务必将此代码填涂在答题卡"科目代码"相应的栏目内，否则，无法评分。

2. 书写用笔：**黑色或蓝色钢笔、签字笔或圆珠笔**；

   填涂答题卡用笔：**黑色 2B 铅笔**。

3. 必须用书写用笔将工作单位、姓名、准考证号填写在答题卡和试卷相应的栏目内。

4. 本试卷由 120 题组成，每题 1 分，满分 120 分，本试卷全部为单项选择题，每小题的四个备选项中只有一个正确答案，错选、多选、不选均不得分。

5. 考生作答时，必须按**题号在答题卡上**将相应试题所选选项对应的**字母用 2B 铅笔涂黑**。

6. 在答题卡上书写与题意无关的语言，或在答题卡上作标记的，均按违纪试卷处理。

7. 考试结束时，由监考人员当面将试卷、答题卡一并收回。

8. 草稿纸由各地统一配发，考后收回。

单项选择题（共120题，每题1分。每题的备选项中只有一个最符合题意。）

1. 设直线方程为 $x = y - 1 = z$，平面方程为 $x - 2y + z = 0$，则直线与平面：

   A. 重合
   B. 平行不重合
   C. 垂直相交
   D. 相交不垂直

2. 在三维空间中，方程 $y^2 - z^2 = 1$ 所代表的图形是：

   A. 母线平行 x 轴的双曲柱面
   B. 母线平行 y 轴的双曲柱面
   C. 母线平行 z 轴的双曲柱面
   D. 双曲线

3. 当 $x \to 0$ 时，$3^x - 1$ 是 x 的：

   A. 高阶无穷小
   B. 低阶无穷小
   C. 等价无穷小
   D. 同阶但非等价无穷小

4. 函数 $f(x) = \dfrac{x - x^2}{\sin \pi x}$ 的可去间断点的个数为：

   A. 1 个
   B. 2 个
   C. 3 个
   D. 无穷多个

5. 如果 $f(x)$ 在 x_0 点可导，$g(x)$ 在 x_0 点不可导，则 $f(x)g(x)$ 在 x_0 点：

   A. 可能可导也可能不可导
   B. 不可导
   C. 可导
   D. 连续

6. 当 $x > 0$ 时，下列不等式中正确的是：

   A. $e^x < 1 + x$
   B. $\ln(1 + x) > x$
   C. $e^x < ex$
   D. $x > \sin x$

7. 若函数 $f(x,y)$ 在闭区域 D 上连续，下列关于极值点的陈述中正确的是：

A. $f(x,y)$ 的极值点一定是 $f(x,y)$ 的驻点

B. 如果 P_0 是 $f(x,y)$ 的极值点，则 P_0 点处 $B^2-AC<0$ $\left(其中，A=\frac{\partial^2 f}{\partial x^2},\ B=\frac{\partial^2 f}{\partial x\partial y},\ C=\frac{\partial^2 f}{\partial y^2}\right)$

C. 如果 P_0 是可微函数 $f(x,y)$ 的极值点，则在 P_0 点处 $\mathrm{d}f=0$

D. $f(x,y)$ 的最大值点一定是 $f(x,y)$ 的极大值点

8. $\int\frac{\mathrm{d}x}{\sqrt{x}(1+x)}=$

  A. $\arctan\sqrt{x}+C$ B. $2\arctan\sqrt{x}+C$

  C. $\tan(1+x)$ D. $\frac{1}{2}\arctan x+C$

9. 设 $f(x)$ 是连续函数，且 $f(x)=x^2+2\int_0^2 f(t)\mathrm{d}t$，则 $f(x)=$

  A. x^2 B. $x^2 2$

  C. $2x$ D. $x^2-\frac{16}{9}$

10. $\int_{-2}^{2}\sqrt{4-x^2}\,\mathrm{d}x=$

  A. π B. 2π

  C. 3π D. $\frac{\pi}{2}$

11. 设 L 为连接 $(0,2)$ 和 $(1,0)$ 的直线段，则对弧长的曲线积分 $\int_L(x^2+y^2)\mathrm{d}S=$

  A. $\frac{\sqrt{5}}{2}$ B. 2

  C. $\frac{3\sqrt{5}}{2}$ D. $\frac{5\sqrt{5}}{3}$

12. 曲线 $y=e^{-x}(x\geq 0)$ 与直线 $x=0$，$y=0$ 所围图形，绕 ox 轴旋转所得旋转体的体积为：

  A. $\frac{\pi}{2}$ B. π

  C. $\frac{\pi}{3}$ D. $\frac{\pi}{4}$

13. 若级数 $\sum\limits_{n=1}^{\infty} u_n$ 收敛，则下列级数中不收敛的是：

A. $\sum\limits_{n=1}^{\infty} k u_n (k \neq 0)$

B. $\sum\limits_{n=1}^{\infty} u_{n+100}$

C. $\sum\limits_{n=1}^{\infty} \left(u_{2n} + \frac{1}{2^n} \right)$

D. $\sum\limits_{n=1}^{\infty} \frac{50}{u_n}$

14. 设 $\sum\limits_{n=0}^{\infty} a_n x^n$ 的收敛半径为 2，则幂级数 $\sum\limits_{n=1}^{\infty} n a_n (x-2)^{n+1}$ 的收敛区间是：

A. $(-2, 2)$

B. $(-2, 4)$

C. $(0, 4)$

D. $(-4, 0)$

15. 微分方程 $xy\mathrm{d}x = \sqrt{2-x^2}\,\mathrm{d}y$ 的通解是：

A. $y = e^{-C\sqrt{2-x^2}}$

B. $y = e^{-\sqrt{2-x^2}} + C$

C. $y = C e^{-\sqrt{2-x^2}}$

D. $y = C - \sqrt{2-x^2}$

16. 微分方程 $\dfrac{\mathrm{d}y}{\mathrm{d}x} - \dfrac{y}{x} = \tan\dfrac{y}{x}$ 的通解是：

A. $\sin\dfrac{y}{x} = Cx$

B. $\cos\dfrac{y}{x} = Cx$

C. $\sin\dfrac{y}{x} = x + C$

D. $Cx\sin\dfrac{y}{x} = 1$

17. 设 $A = \begin{bmatrix} 1 & 0 & 1 \\ 0 & 1 & 2 \\ -2 & 0 & -3 \end{bmatrix}$，则 $A^{-1} =$

A. $\begin{bmatrix} 3 & 0 & 1 \\ 4 & 1 & 2 \\ 2 & 0 & 1 \end{bmatrix}$

B. $\begin{bmatrix} 3 & 0 & 1 \\ 4 & 1 & 2 \\ -2 & 0 & -1 \end{bmatrix}$

C. $\begin{bmatrix} -3 & 0 & -1 \\ 4 & 1 & 2 \\ -2 & 0 & -1 \end{bmatrix}$

D. $\begin{bmatrix} 3 & 0 & 1 \\ -4 & -1 & -2 \\ 2 & 0 & 1 \end{bmatrix}$

18. 设 3 阶矩阵 $A = \begin{bmatrix} 1 & 1 & a \\ 1 & a & 1 \\ a & 1 & 1 \end{bmatrix}$，已知 A 的伴随矩阵的秩为 1，则 $a =$

A. -2

B. -1

C. 1

D. 2

19. 设 A 是 3 阶矩阵，$P = (\alpha_1, \alpha_2, \alpha_3)$ 是 3 阶可逆矩阵，且 $P^{-1}AP = \begin{bmatrix} 1 & 0 & 0 \\ 0 & 2 & 0 \\ 0 & 0 & 0 \end{bmatrix}$。若矩阵 $Q = (\alpha_2, \alpha_1, \alpha_3)$，

则 $Q^{-1}AQ =$

A. $\begin{bmatrix} 1 & 0 & 0 \\ 0 & 2 & 0 \\ 0 & 0 & 0 \end{bmatrix}$ 　　　　B. $\begin{bmatrix} 2 & 0 & 0 \\ 0 & 1 & 0 \\ 0 & 0 & 0 \end{bmatrix}$

C. $\begin{bmatrix} 0 & 1 & 0 \\ 2 & 0 & 0 \\ 0 & 0 & 0 \end{bmatrix}$ 　　　　D. $\begin{bmatrix} 0 & 2 & 0 \\ 1 & 0 & 0 \\ 0 & 0 & 0 \end{bmatrix}$

20. 齐次线性方程组 $\begin{cases} x_1 - x_2 + x_4 = 0 \\ x_1 - x_3 + x_4 = 0 \end{cases}$ 的基础解系为：

A. $\alpha_1 = (1,1,1,0)^{\mathrm{T}}$，$\alpha_2 = (-1,-1,1,0)^{\mathrm{T}}$

B. $\alpha_1 = (2,1,0,1)^{\mathrm{T}}$，$\alpha_2 = (-1,-1,1,0)^{\mathrm{T}}$

C. $\alpha_1 = (1,1,1,0)^{\mathrm{T}}$，$\alpha_2 = (-1,0,0,1)^{\mathrm{T}}$

D. $\alpha_1 = (2,1,0,1)^{\mathrm{T}}$，$\alpha_2 = (-2,-1,0,1)^{\mathrm{T}}$

21. 设 A，B 是两个事件，$P(A) = 0.3$，$P(B) = 0.8$，则当 $P(A \cup B)$ 为最小值时，$P(AB) =$

A. 0.1 　　　　　　　　　　B. 0.2

C. 0.3 　　　　　　　　　　D. 0.4

22. 三个人独立地破译一份密码，每人能独立译出这份密码的概率分别为 $\frac{1}{5}$、$\frac{1}{3}$、$\frac{1}{4}$，则这份密码被译出的概率为：

A. $\frac{1}{3}$ 　　　　　　　　　　B. $\frac{1}{2}$

C. $\frac{2}{5}$ 　　　　　　　　　　D. $\frac{3}{5}$

23. 设随机变量 X 的概率密度为 $f(x) = \begin{cases} 2x, & 0 < x < 1 \\ 0, & \text{其他} \end{cases}$，$Y$ 表示对 X 的 3 次独立重复观察中事件 $\left\{ X \leqslant \frac{1}{2} \right\}$ 出现的次数，则 $P\{Y = 2\}$ 等于：

A. $\frac{3}{64}$ 　　　　　　　　　　B. $\frac{9}{64}$

C. $\frac{3}{16}$ 　　　　　　　　　　D. $\frac{9}{16}$

24. 设随机变量X和Y都服从$N(0,1)$分布，则下列叙述中正确的是：

A. $X + Y \sim$ 正态分布

B. $X^2 + Y^2 \sim \chi^2$分布

C. X^2和Y^2都$\sim \chi^2$分布

D. $\dfrac{X^2}{Y^2} \sim F$分布

25. 一瓶氦气和一瓶氮气，它们每个分子的平均平动动能相同，而且都处于平衡态，则它们：

A. 温度相同，氦分子和氮分子的平均动能相同

B. 温度相同，氦分子和氮分子的平均动能不同

C. 温度不同，氦分子和氮分子的平均动能相同

D. 温度不同，氦分子和氮分子的平均动能不同

26. 最概然速率v_p的物理意义是：

A. v_p是速率分布中的最大速率

B. v_p是大多数分子的速率

C. 在一定的温度下，速率与v_p相近的气体分子所占的百分率最大

D. v_p是所有分子速率的平均值

27. 1mol 理想气体从平衡态 $2p_1$、V_1沿直线变化到另一平衡态p_1、$2V_1$，则此过程中系统的功和内能的变化是：

A. $W > 0$，$\Delta E > 0$

B. $W < 0$，$\Delta E < 0$

C. $W > 0$，$\Delta E = 0$

D. $W < 0$，$\Delta E > 0$

28. 在保持高温热源温度T_1和低温热源温度T_2不变的情况下，使卡诺热机的循环曲线所包围的面积增大，则会：

A. 净功增大，效率提高

B. 净功增大，效率降低

C. 净功和功率都不变

D. 净功增大，效率不变

29. 一平面简谐波的波动方程为 $y = 0.01\cos 10\pi(25t - x)$ (SI)，则在 $t = 0.1\text{s}$时刻，$x = 2\text{m}$处质元的振动位移是：

A. 0.01cm   B. 0.01m

C. −0.01m   D. 0.01mm

30. 对于机械横波而言，下面说法正确的是：

A. 质元处于平衡位置时，其动能最大，势能为零

B. 质元处于平衡位置时，其动能为零，势能最大

C. 质元处于波谷处时，动能为零，势能最大

D. 质元处于波峰处时，动能与势能均为零

31. 在波的传播方向上，有相距为 3m 的两质元，两者的相位差为 $\frac{\pi}{6}$，若波的周期为 4s，则此波的波长和波速分别为：

A. 36m 和6m/s   B. 36m 和9m/s

C. 12m 和6m/s   D. 12m 和9m/s

32. 在双缝干涉实验中，入射光的波长为 λ，用透明玻璃纸遮住双缝中的一条缝（靠近屏一侧），若玻璃纸中光程比相同厚度的空气的光程大 2.5λ，则屏上原来的明纹处：

A. 仍为明条纹   B. 变为暗条纹

C. 既非明纹也非暗纹   D. 无法确定是明纹还是暗纹

33. 在真空中，可见光的波长范围为：

A. 400~760nm   B. 400~760mm

C. 400~760cm   D. 400~760m

34. 有一玻璃劈尖，置于空气中，劈尖角为 θ，用波长为 λ 的单色光垂直照射时，测得相邻明纹间距为 l，若玻璃的折射率为 n，则 θ、λ、l 与 n 之间的关系为：

A. $\theta = \frac{\lambda n}{2l}$ B. $\theta = \frac{l}{2n\lambda}$

C. $\theta = \frac{l\lambda}{2n}$ D. $\theta = \frac{\lambda}{2nl}$

35. 一束自然光垂直穿过两个偏振片，两个偏振片的偏振化方向成 45°角。已知通过此两偏振片后的光强为 I，则入射至第二个偏振片的线偏振光强度为：

A. I B. $2I$ C. $3I$ D. $\frac{I}{2}$

36. 一单缝宽度 $a = 1 \times 10^{-4}$m，透镜焦距 $f = 0.5$m，若用 $\lambda = 400$nm 的单色平行光垂直入射，中央明纹的宽度为：

A. 2×10^{-3}m

B. 2×10^{-4}m

C. 4×10^{-4}m

D. 4×10^{-3}m

37. 29 号元素的核外电子分布式为：

A. $1s^2 2s^2 2p^6 3s^2 3p^6 3d^9 4s^2$

B. $1s^2 2s^2 2p^6 3s^2 3p^6 3d^{10} 4s^1$

C. $1s^2 2s^2 2p^6 3s^2 3p^6 4s^1 3d^{10}$

D. $1s^2 2s^2 2p^6 3s^2 3p^6 4s^2 3d^9$

38. 下列各组元素的原子半径从小到大排序错误的是：

A. $Li < Na < K$　　B. $Al < Mg < Na$　　C. $C < Si < Al$　　D. $P < As < Se$

39. 下列溶液混合，属于缓冲溶液的是：

A. 50mL 0.2mol·L^{-1} CH_3COOH 与 50mL 0.1mol·L^{-1} NaOH

B. 50mL 0.1mol·L^{-1} CH_3COOH 与 50mL 0.1mol·L^{-1} NaOH

C. 50mL 0.1mol·L^{-1} CH_3COOH 与 50mL 0.2mol·L^{-1} NaOH

D. 50mL 0.2mol·L^{-1} HCl 与 50mL 0.1mol·L^{-1} NH_3H_2O

40. 在一容器中，反应 $2NO_2(g) \rightleftharpoons 2NO(g) + O_2(g)$，恒温条件下达到平衡后，加一定量 Ar 气体保持总压力不变，平衡将会：

A. 向正方向移动

B. 向逆方向移动

C. 没有变化

D. 不能判断

41. 某第 4 周期的元素，当该元素原子失去一个电子成为正 1 价离子时，该离子的价层电子排布式为 $3d^{10}$，则该元素的原子序数是：

A. 19　　　　B. 24　　　　C. 29　　　　D. 36

42. 对于一个化学反应，下列各组中关系正确的是：

A. $\Delta_r G_m^\ominus > 0$，$K^\ominus < 1$

B. $\Delta_r G_m^\ominus > 0$，$K^\ominus > 1$

C. $\Delta_r G_m^\ominus < 0$，$K^\ominus = 1$

D. $\Delta_r G_m^\ominus < 0$，$K^\ominus < 1$

43. 价层电子构型为 $4d^{10} 5s^1$ 的元素在周期表中属于：

A. 第四周期 VIIB 族

B. 第五周期 IB 族

C. 第六周期 VIIB 族

D. 镧系元素

44. 下列物质中，属于酚类的是：

    A. C_3H_7OH B. $C_6H_5CH_2OH$

    C. C_6H_5OH D. $CH_2-CH-CH_2$
                                                                   | | |
                                                             OH   OH   OH

45. 有机化合物 $H_3C-CH-CH-CH_2-CH_3$ 的名称是：
                                  | |
                                CH_3 CH_3

    A. 2-甲基-3-乙基丁烷   B. 3,4-二甲基戊烷

    C. 2-乙基-3-甲基丁烷   D. 2,3-二甲基戊烷

46. 下列物质中，两个氢原子的化学性质不同的是：

    A. 乙炔   B. 甲酸   C. 甲醛   D. 乙二酸

47. 两直角刚杆 AC、CB 支承如图所示，在铰 C 处受力 F 作用，则 A、B 两处约束力的作用线与 x 轴正向所成的夹角分别为：

    A. 0°；90°

    B. 90°；0°

    C. 45°；60°

    D. 45°；135°

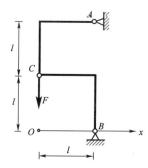

48. 在图示四个力三角形中，表示 $\boldsymbol{F}_R = \boldsymbol{F}_1 + \boldsymbol{F}_2$ 的图是：

       A.   B.   C.   D.

49. 均质杆 AB 长为 l，重为 $\boldsymbol{W}$，受到如图所示的约束，绳索 ED 处于铅垂位置，A、B 两处为光滑接触，杆的倾角为 α，又 $CD = l/4$，则 A、B 两处对杆作用的约束力大小关系为：

    A. $F_{NA} = F_{NB} = 0$

    B. $F_{NA} = F_{NB} \neq 0$

    C. $F_{NA} \leqslant F_{NB}$

    D. $F_{NA} \geqslant F_{NB}$

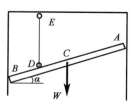

50. 一重力大小为 $W = 60kN$ 的物块，自由放置在倾角为 $\alpha = 30°$ 的斜面上，如图所示，若物块与斜面间的静摩擦系数为 $f = 0.4$，则该物块的状态为：

A. 静止状态

B. 临界平衡状态

C. 滑动状态

D. 条件不足，不能确定

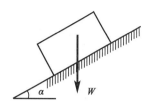

51. 当点运动时，若位置矢大小保持不变，方向可变，则其运动轨迹为：

A. 直线 　　　　　　　　　　B. 圆周

C. 任意曲线 　　　　　　　　D. 不能确定

52. 刚体做平动时，某瞬时体内各点的速度和加速度为：

A. 体内各点速度不相同，加速度相同

B. 体内各点速度相同，加速度不相同

C. 体内各点速度相同，加速度也相同

D. 体内各点速度不相同，加速度也不相同

53. 在图示机构中，杆 $O_1A = O_2B$，$O_1A /\!/ O_2B$，杆 $O_2C = $ 杆 O_3D，$O_2C /\!/ O_3D$，且 $O_1A = 20cm$，$O_2C = 40cm$，若杆 O_1A 以角速度 $\omega = 3rad/s$ 匀速转动，则杆 CD 上任意点 M 速度及加速度的大小分别为：

A. $60cm/s$；$180cm/s^2$

B. $120cm/s$；$360cm/s^2$

C. $90cm/s$；$270cm/s^2$

D. $120cm/s$；$150cm/s^2$

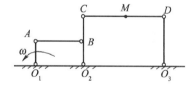

54. 图示均质圆轮，质量为 m，半径为 r，在铅垂图面内绕通过圆轮中心 O 的水平轴以匀角速度 ω 转动。则系统动量、对中心 O 的动量矩、动能的大小分别为：

A. 0；$\frac{1}{2}mr^2\omega$；$\frac{1}{4}mr^2\omega^2$

B. $mr\omega$；$\frac{1}{2}mr^2\omega$；$\frac{1}{4}mr^2\omega^2$

C. 0；$\frac{1}{2}mr^2\omega$；$\frac{1}{2}mr^2\omega^2$

D. 0；$\frac{1}{4}mr^2\omega$；$\frac{1}{4}mr^2\omega^2$

55. 如图所示，两重物M₁和M₂的质量分别为m_1和m_2，两重物系在不计质量的软绳上，绳绕过均质定滑轮，滑轮半径r，质量为m，则此滑轮系统的动量为：

A. $\left(m_1 - m_2 + \frac{1}{2}m\right)v\downarrow$

B. $(m_1 - m_2)v\downarrow$

C. $\left(m_1 + m_2 + \frac{1}{2}m\right)v\uparrow$

D. $(m_1 - m_2)v\uparrow$

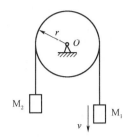

56. 均质细杆AB重力为P、长$2L$，A端铰支，B端用绳系住，处于水平位置，如图所示，当B端绳突然剪断瞬时，AB杆的角加速度大小为：

A. 0

B. $\frac{3g}{4L}$

C. $\frac{3g}{2L}$

D. $\frac{6g}{l}$

57. 质量为m，半径为R的均质圆盘，绕垂直于图面的水平轴O转动，其角速度为ω。在图示瞬间，角加速度为0，盘心C在其最低位置，此时将圆盘的惯性力系向O点简化，其惯性力主矢和惯性力主矩的大小分别为：

A. $m\frac{R}{2}\omega^2$；0

B. $mR\omega^2$；0

C. 0；0

D. 0；$\frac{1}{2}m\frac{R}{2}\omega^2$

58. 图示装置中，已知质量$m = 200\text{kg}$，弹簧刚度$k = 100\text{N/cm}$，则图中各装置的振动周期为：

A. 图a）装置振动周期最大

B. 图b）装置振动周期最大

C. 图c）装置振动周期最大

D. 三种装置振动周期相等

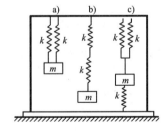

59. 圆截面杆ABC轴向受力如图，已知BC杆的直径$d=100mm$，AB杆的直径为 $2d$。杆的最大的拉应力为：

A. 40MPa

B. 30MPa

C. 80MPa

D. 120MPa

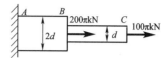

60. 已知铆钉的许可切应力为$[\tau]$，许可挤压应力为$[\sigma_{bs}]$，钢板的厚度为t，则图示铆钉直径d与钢板厚度t的关系是：

A. $d=\dfrac{8t[\sigma_{bs}]}{\pi[\tau]}$

B. $d=\dfrac{4t[\sigma_{bs}]}{\pi[\tau]}$

C. $d=\dfrac{\pi[\tau]}{8t[\sigma_{bs}]}$

D. $d=\dfrac{\pi[\tau]}{4t[\sigma_{bs}]}$

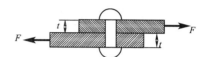

61. 图示受扭空心圆轴横截面上的切应力分布图中，正确的是：

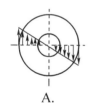　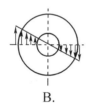　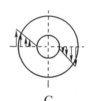　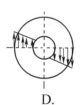

A.　　　　　B.　　　　　C.　　　　　D.

62. 图示截面的抗弯截面模量W_z为：

A. $W_z=\dfrac{\pi d^3}{32}-\dfrac{a^3}{6}$

B. $W_z=\dfrac{\pi d^3}{32}-\dfrac{a^4}{6d}$

C. $W_z=\dfrac{\pi d^3}{32}-\dfrac{a^3}{6d}$

D. $W_z=\dfrac{\pi d^4}{64}-\dfrac{a^4}{12}$

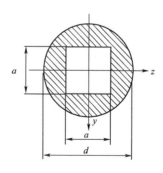

63. 梁的弯矩图如图所示，最大值在B截面。在梁的A、B、C、D四个截面中，剪力为0的截面是：

A. A截面

B. B截面

C. C截面

D. D截面

64. 图示悬臂梁AB，由三根相同的矩形截面直杆胶合而成，材料的许可应力为$[\sigma]$。若胶合面开裂，假设开裂后三根杆的挠曲线相同，接触面之间无摩擦力，则开裂后的梁承载能力是原来的：

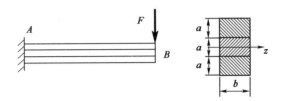

A. 1/9

B. 1/3

C. 两者相同

D. 3倍

65. 梁的横截面是由狭长矩形构成的工字形截面，如图所示，z轴为中性轴，截面上的剪力竖直向下，该截面上的最大切应力在：

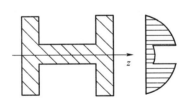

A. 腹板中性轴处

B. 腹板上下缘延长线与两侧翼缘相交处

C. 截面上下缘

D. 腹板上下缘

66. 矩形截面简支梁中点承受集中力F。若$h = 2b$，分别采用图a）、图b）两种方式放置，图a）梁的最大挠度是图b）梁的：

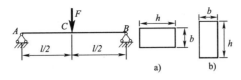

A. 1/2

B. 2 倍

C. 4 倍

D. 8 倍

67. 在图示xy坐标系下，单元体的最大主应力σ_1大致指向：

A. 第一象限，靠近x轴

B. 第一象限，靠近y轴

C. 第二象限，靠近x轴

D. 第二象限，靠近y轴

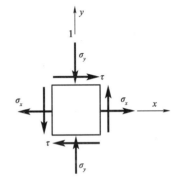

68. 图示变截面短杆，AB段压应力σ_{AB}与BC段压应力σ_{BC}的关系是：

A. σ_{AB}比σ_{BC}大1/4

B. σ_{AB}比σ_{BC}小1/4

C. σ_{AB}是σ_{BC}的2倍

D. σ_{AB}是σ_{BC}的1/2

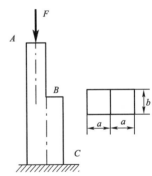

69. 图示圆轴，固定端外圆上$y = 0$点（图中A点）的单元体的应力状态是：

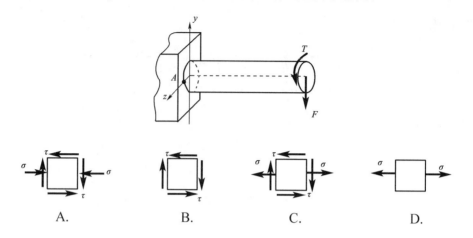

A.　　　　B.　　　　C.　　　　D.

70. 一端固定一端自由的细长（大柔度）压杆，长为L（图a），当杆的长度减小一半时（图b），其临界荷载F_{cr}比原来增加：

A. 4 倍

B. 3 倍

C. 2 倍

D. 1 倍

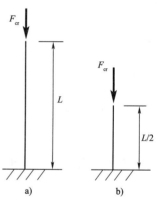

71. 空气的黏滞系数与水的黏滞系数μ分别随温度的降低而：

A. 降低，升高　　　　　　　　　　B. 降低，降低

C. 升高，降低　　　　　　　　　　D. 升高，升高

72. 重力和黏滞力分别属于：

A. 表面力、质量力　　　　　　　　B. 表面力、表面力

C. 质量力、表面力　　　　　　　　D. 质量力、质量力

73. 对某一非恒定流，以下对于流线和迹线的正确说法是：

A. 流线和迹线重合

B. 流线越密集，流速越小

C. 流线曲线上任意一点的速度矢量都与曲线相切

D. 流线可能存在折弯

74. 对某一流段，设其上、下游两断面 1-1、2-2 的断面面积分别为 A_1、A_2，断面流速分别为 v_1、v_2，两断面上任一点相对于选定基准面的高程分别为 Z_1、Z_2，相应断面同一选定点的压强分别为 p_1、p_2，两断面处的流体密度分别为 ρ_1、ρ_2，流体为不可压缩流体，两断面间的水头损失为 $h_{l1\text{-}2}$。下列方程表述一定错误的是：

A. 连续性方程：$v_1 A_1 = v_2 A_2$

B. 连续性方程：$\rho_1 v_1 A_1 = \rho_2 v_2 A_2$

C. 恒定总流能量方程：$\dfrac{p_1}{\rho_1 g} + Z_1 + \dfrac{v_1^2}{2g} = \dfrac{p_2}{\rho_2 g} + Z_2 + \dfrac{v_2^2}{2g}$

D. 恒定总流能量方程：$\dfrac{p_1}{\rho_1 g} + Z_1 + \dfrac{v_1^2}{2g} = \dfrac{p_2}{\rho_2 g} + Z_2 + \dfrac{v_2^2}{2g} + h_{l1\text{-}2}$

75. 水流经过变直径圆管，管中流量不变，已知前段直径 $d_1 = 30\text{mm}$，雷诺数为 5000，后段直径变为 $d_2 = 60\text{mm}$，则后段圆管中的雷诺数为：

A. 5000   B. 4000   C. 2500   D. 1250

76. 两孔口形状、尺寸相同，一个是自由出流，出流流量为 Q_1；另一个是淹没出流，出流流量为 Q_2。若自由出流和淹没出流的作用水头相等，则 Q_1 与 Q_2 的关系是：

A. $Q_1 > Q_2$ B. $Q_1 = Q_2$

C. $Q_1 < Q_2$ D. 不确定

77. 水力最优断面是指当渠道的过流断面面积 A、粗糙系数 n 和渠道底坡 i 一定时，其：

A. 水力半径最小的断面形状   B. 过流能力最大的断面形状

C. 湿周最大的断面形状   D. 造价最低的断面形状

78. 图示溢水堰模型试验，实际流量为 $Q_n = 537\text{m}^3/\text{s}$，若在模型上测得流量 $Q_n = 300\text{L/s}$，则该模型长度比尺为：

A. 4.5   B. 6

C. 10   D. 20

79. 点电荷 $+q$ 和点电荷 $-q$ 相距 30cm，那么，在由它们构成的静电场中：

A. 电场强度处处相等

B. 在两个点电荷连线的中点位置，电场力为 0

C. 电场方向总是从 $+q$ 指向 $-q$

D. 位于两个点电荷连线的中点位置上，带负电的可移动体将向 $-q$ 处移动

80. 设流经图示电感元件的电流 $i = 2\sin 1000t\,\text{A}$，若 $L = 1\text{mH}$，则电感电压：

A. $u_\text{L} = 2\sin 1000t\,\text{V}$

B. $u_\text{L} = -2\cos 1000t\,\text{V}$

C. u_L 的有效值 $U_\text{L} = 2\text{V}$

D. u_L 的有效值 $U_\text{L} = 1.414\text{V}$

81. 图示两电路相互等效，由图 b）可知，流经 10Ω 电阻的电流 $I_\text{R} = 1\text{A}$，由此可求得流经图 a）电路中 10Ω 电阻的电流 I 等于：

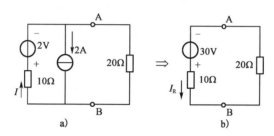

A. 1A   B. −1A   C. −3A   D. 3A

82. RLC串联电路如图所示，在工频电压 $u(t)$ 的激励下，电路的阻抗等于：

A. $R + 314L + 314C$

B. $R + 314L + 1/314C$

C. $\sqrt{R^2 + (314L - 1/314C)^2}$

D. $\sqrt{R^2 + (314L + 1/314C)^2}$

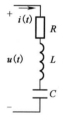

83. 图示电路中，$u = 10\sin(1000t + 30°)\,\text{V}$，如果使用相量法求解图示电路中的电流 i，那么，如下步骤中存在错误的是：

步骤1：$\dot{I}_1 = \dfrac{10}{R + j1000L}$； 步骤2：$\dot{I}_2 = 10 \cdot j1000C$；

步骤3：$\dot{I} = \dot{I}_1 + \dot{I}_2 = I\angle\Psi_\text{i}$； 步骤4：$i = I\sqrt{2}\sin\Psi_\text{i}$

A. 仅步骤1和步骤2错

B. 仅步骤2错

C. 步骤1、步骤2和步骤4错

D. 仅步骤4错

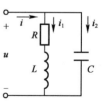

84. 图示电路中，开关 k 在 $t = 0$ 时刻打开，此后，电流 i 的初始值和稳态值分别为：

A. $\dfrac{U_s}{R_2}$ 和 0

B. $\dfrac{U_s}{R_1 + R_2}$ 和 0

C. $\dfrac{U_s}{R_1}$ 和 $\dfrac{U_s}{R_1 + R_2}$

D. $\dfrac{U_s}{R_1 + R_2}$ 和 $\dfrac{U_s}{R_1 + R_2}$

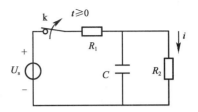

85. 在信号源 (u_s, R_s) 和电阻 R_L 之间接入一个理想变压器，如图所示。若 $u_s = 80 \sin \omega t$ V，$R_L = 10\Omega$，且此时信号源输出功率最大，那么，变压器的输出电压 u_2 等于：

A. $40 \sin \omega t$ V

B. $20 \sin \omega t$ V

C. $80 \sin \omega t$ V

D. 20V

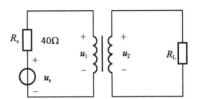

86. 接触器的控制线圈如图 a）所示，动合触点如图 b）所示，动断触点如图 c）所示，当有额定电压接入线圈后：

$$\underset{\text{a)}}{\underset{\text{KM}}{\square}} \qquad \underset{\text{b)}}{\underset{\text{KM1}}{\diagup}} \qquad \underset{\text{c)}}{\underset{\text{KM2}}{\diagdown}}$$

A. 触点 KM1 和 KM2 因未接入电路均处于断开状态

B. KM1 闭合，KM2 不变

C. KM1 闭合，KM2 断开

D. KM1 不变，KM2 断开

87. 某空调器的温度设置为 25℃，当室温超过 25℃后，它便开始制冷，此时红色指示灯亮，并在显示屏上显示"正在制冷"字样，那么：

A. "红色指示灯亮"和"正在制冷"均是信息

B. "红色指示灯亮"和"正在制冷"均是信号

C. "红色指示灯亮"是信号，"正在制冷"是信息

D. "红色指示灯亮"是信息，"正在制冷"是信号

88. 如果一个16进制数和一个8进制数的数字信号相同，那么：

    A. 这个16进制数和8进制数实际反映的数量相等

    B. 这个16进制数2倍于8进制数

    C. 这个16进制数比8进制数少8

    D. 这个16进制数与8进制数的大小关系不定

89. 在以下关于信号的说法中，正确的是：

    A. 代码信号是一串电压信号，故代码信号是一种模拟信号

    B. 采样信号是时间上离散、数值上连续的信号

    C. 采样保持信号是时间上连续、数值上离散的信号

    D. 数字信号是直接反映数值大小的信号

90. 设周期信号 $u(t) = \sqrt{2}U_1\sin(\omega t + \psi_1) + \sqrt{2}U_3\sin(3\omega t + \psi_3) + \cdots$

$$u_1(t) = \sqrt{2}U_1\sin(\omega t + \psi_1) + \sqrt{2}U_3\sin(3\omega t + \psi_3)$$
$$u_2(t) = \sqrt{2}U_1\sin(\omega t + \psi_1) + \sqrt{2}U_5\sin(5\omega t + \psi_5)$$

则：

    A. $u_1(t)$较$u_2(t)$更接近$u(t)$

    B. $u_2(t)$较$u_1(t)$更接近$u(t)$

    C. $u_1(t)$与$u_2(t)$接近$u(t)$的程度相同

    D. 无法做出三个电压之间的比较

91. 某模拟信号放大器输入与输出之间的关系如图所示，那么，能够经该放大器得到5倍放大的输入信号$u_i(t)$最大值一定：

    A. 小于2V

    B. 小于10V 或大于–10V

    C. 等于2V 或等于–2V

    D. 小于等于2V 且大于等于–2V

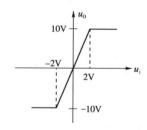

92. 逻辑函数 $F = \overline{\overline{AB} + \overline{BC}}$的化简结果是：

    A. $F = AB + BC$ B. $F = \overline{A} + \overline{B} + \overline{C}$

    C. $F = A + B + C$ D. $F = ABC$

93. 图示电路中，$u_i = 10\sin\omega t$，二极管 D_2 因损坏而断开，这时输出电压的波形和输出电压的平均值为：

A. $U_o = 0.45V$

B. $U_o = -0.45V$

C.  $U_o = -3.18V$

D. $U_o = 3.18V$

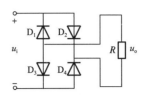

94. 图 a）所示运算放大器的输出与输入之间的关系如图 b）所示，若 $u_i = 2\sin\omega t\,\text{mV}$，则 u_o 为：

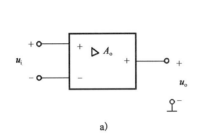
a)

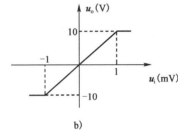
b)

A.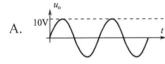

B.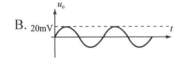

C.

D.

95. 基本门如图 a）所示，其中，数字信号 A 由图 b）给出，那么，输出 F 为：

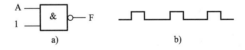

A. 1

B. 0

C.

D.

96. JK 触发器及其输入信号波形如图所示,那么,在 $t = t_0$ 和 $t = t_1$ 时刻,输出 Q 分别为:

A. $Q(t_0) = 1$,$Q(t_1) = 0$

B. $Q(t_0) = 0$,$Q(t_1) = 1$

C. $Q(t_0) = 0$,$Q(t_1) = 0$

D. $Q(t_0) = 1$,$Q(t_1) = 1$

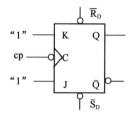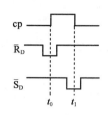

97. 计算机存储器中的每一个存储单元都配置一个唯一的编号,这个编号就是:

A. 一种寄存标志   B. 寄存器地址

C. 存储器的地址   D. 输入/输出地址

98. 操作系统作为一种系统软件,存在着与其他软件明显不同的三个特征是:

A. 可操作性、可视性、公用性

B. 并发性、共享性、随机性

C. 随机性、公用性、不可预测性

D. 并发性、可操作性、脆弱性

99. 将二进制数 11001 转换成相应的十进制数,其正确结果是:

A. 25   B. 32

C. 24   D. 22

100. 图像中的像素实际上就是图像中的一个个光点,这光点:

A. 只能是彩色的,不能是黑白的

B. 只能是黑白的,不能是彩色的

C. 既不能是彩色的,也不能是黑白的

D. 可以是黑白的,也可以是彩色的

101. 计算机病毒以多种手段入侵和攻击计算机信息系统,下面有一种不被使用的手段是:

A. 分布式攻击、恶意代码攻击

B. 恶意代码攻击、消息收集攻击

C. 删除操作系统文件、关闭计算机系统

D. 代码漏洞攻击、欺骗和会话劫持攻击

102. 计算机系统中，存储器系统包括：

A. 寄存器组、外存储器和主存储器

B. 寄存器组、高速缓冲存储器（Cache）和外存储器

C. 主存储器、高速缓冲存储器（Cache）和外存储器

D. 主存储器、寄存器组和光盘存储器

103. 在计算机系统中，设备管理是指对：

A. 除 CPU 和内存储器以外的所有输入/输出设备的管理

B. 包括 CPU 和内存储器及所有输入/输出设备的管理

C. 除 CPU 外，包括内存储器及所有输入/输出设备的管理

D. 除内存储器外，包括 CPU 及所有输入/输出设备的管理

104. Windows 提供了两种十分有效的文件管理工具，它们是：

A. 集合和记录   B. 批处理文件和目标文件

C. 我的电脑和资源管理器   D. 我的文档、文件夹

105. 一个典型的计算机网络主要由两大部分组成，即：

A. 网络硬件系统和网络软件系统

B. 资源子网和网络硬件系统

C. 网络协议和网络软件系统

D. 网络硬件系统和通信子网

106. 局域网是指将各种计算机网络设备互联在一起的通信网络，但其覆盖的地理范围有限，通常在：

A. 几十米之内   B. 几百公里之内

C. 几公里之内   D. 几十公里之内

107. 某企业年初投资 5000 万元，拟 10 年内等额回收本利，若基准收益率为 8%，则每年年末应回收的资金是：

A. 540.00 万元   B. 1079.46 万元

C. 745.15 万元   D. 345.15 万元

108. 建设项目评价中的总投资包括：

　　A. 建设投资和流动资金

　　B. 建设投资和建设期利息

　　C. 建设投资、建设期利息和流动资金

　　D. 固定资产投资和流动资产投资

109. 新设法人融资方式，建设项目所需资金来源于：

　　A. 资本金和权益资金

　　B. 资本金和注册资本

　　C. 资本金和债务资金

　　D. 建设资金和债务资金

110. 财务生存能力分析中，财务生存的必要条件是：

　　A. 拥有足够的经营净现金流量

　　B. 各年累计盈余资金不出现负值

　　C. 适度的资产负债率

　　D. 项目资本金净利润率高于同行业的净利润率参考值

111. 交通运输部门拟修建一条公路，预计建设期为一年，建设期初投资为 100 万元，建成后即投入使用，预计使用寿命为 10 年，每年将产生的效益为 20 万元，每年需投入保养费 8000 元。若社会折现率为 10%，则该项目的效益费用比为：

　　A. 1.07

　　B. 1.17

　　C. 1.85

　　D. 1.92

112. 建设项目经济评价有一整套指标体系，敏感性分析可选定其中一个或几个主要指标进行分析，最基本的分析指标是：

　　A. 财务净现值

　　B. 内部收益率

　　C. 投资回收期

　　D. 偿债备付率

113. 在项目无资金约束、寿命不同、产出不同的条件下，方案经济比选只能采用：

　　A. 净现值比较法

　　B. 差额投资内部收益率法

　　C. 净年值法

　　D. 费用年值法

114. 在对象选择中，通过对每个部件与其他各部件的功能重要程度进行逐一对比打分，相对重要的得 1 分，不重要的得 0 分，此方法称为：

A. 经验分析法

B. 百分比法

C. ABC 分析法

D. 强制确定法

115. 按照《中华人民共和国建筑法》的规定，下列叙述中正确的是：

A. 设计文件选用的建筑材料、建筑构配件和设备，不得注明其规格、型号

B. 设计文件选用的建筑材料、建筑构配件和设备，不得指定生产厂、供应商

C. 设计单位应按照建设单位提出的质量要求进行设计

D. 设计单位对施工过程中发现的质量问题应当按照监理单位的要求进行改正

116. 根据《中华人民共和国招标投标法》的规定，招标人对已发出的招标文件进行必要的澄清或修改的，应该以书面形式通知所有招标文件收受人，通知的时间应当在招标文件要求提交投标文件截止时间至少：

A. 20 日前

B. 15 日前

C. 7 日前

D. 5 日前

117. 按照《中华人民共和国合同法》的规定，下列情形中，要约不失效的是：

A. 拒绝要约的通知到达要约人

B. 要约人依法撤销要约

C. 承诺期限届满，受要约人未作出承诺

D. 受要约人对要约的内容作出非实质性变更

118. 根据《中华人民共和国节约能源法》的规定，国家实施的能源发展战略是：

A. 限制发展高耗能、高污染行业，发展节能环保型产业

B. 节约与开发并举，把节约放在首位

C. 合理调整产业结构、企业结构、产品结构和能源消费结构

D. 开发和利用新能源、可再生能源

119. 根据《中华人民共和国环境保护法》的规定，下列关于企业事业单位排放污染物的规定中，正确的是：

（注：《中华人民共和国环境保护法》2014年进行了修订，此题已过时）

A. 排放污染物的企业事业单位，必须申报登记

B. 排放污染物超过标准的企业事业单位，或者缴纳超标准排污费，或者负责治理

C. 征收的超标准排污费必须用于该单位污染的治理，不得挪作他用

D. 对造成环境严重污染的企业事业单位，限期关闭

120. 根据《建设工程勘察设计管理条例》的规定，建设工程勘察、设计方案的评标一般不考虑：

A. 投标人资质

B. 勘察、设计方案的优劣

C. 设计人员的能力

D. 投标人的业绩

2011年度全国勘察设计注册工程师执业资格考试基础考试（上）

试题解析及参考答案

1.解 直线方向向量$\vec{s}=\{1,1,1\}$，平面法线向量$\vec{n}=\{1,-2,1\}$，计算$\vec{s}\cdot\vec{n}=0$，即$1\times1+1\times(-2)+1\times1=0$，$\vec{s}\perp\vec{n}$，从而知直线//平面，或直线与平面重合；再在直线上取一点$(0,1,0)$，代入平面方程得$0-2\times1+0=-2\neq0$，不满足方程，所以该点不在平面上。

答案：B

2.解 方程$F(x,y,z)=0$中缺少一个字母，空间解析几何中这样的曲面方程表示为柱面。本题方程中缺少字母x，方程$y^2-z^2=1$表示以平面yoz曲线$y^2-z^2=1$为准线，母线平行于x轴的双曲柱面。

答案：A

3.解 可通过求$\lim\limits_{x\to0}\frac{3^x-1}{x}$的极限判断。$\lim\limits_{x\to0}\frac{3^x-1}{x}\overset{\frac{0}{0}}{=}\lim\limits_{x\to0}\frac{3^x\ln3}{1}=\ln3\neq0$。

答案：D

4.解 使分母为0的点为间断点，令$\sin\pi x=0$，得$x=0,\pm1,\pm2,\cdots$为间断点，再利用可去间断点定义，找出可去间断点。

当$x=0$时，$\lim\limits_{x\to0}\frac{x-x^2}{\sin\pi x}\overset{\frac{0}{0}}{=}\lim\limits_{x\to0}\frac{1-2x}{\pi\cos\pi x}=\frac{1}{\pi}$，极限存在，可知$x=0$为函数的一个可去间断点。

同样，可计算当$x=1$时，$\lim\limits_{x\to1}\frac{x-x^2}{\sin\pi x}=\lim\limits_{x\to1}\frac{1-2x}{\pi\cos\pi x}=\frac{1}{\pi}$，极限存在，因而$x=1$也是一个可去间断点。其余点求极限都不存在，均不满足可去间断点定义。

答案：B

5.解 举例说明。

如$f(x)=x$在$x=0$可导，$g(x)=|x|=\begin{cases}x & ,\ x\geqslant0\\-x & ,\ x<0\end{cases}$在$x=0$处不可导，$f(x)g(x)=x|x|=$

$\begin{cases}x^2 & ,\ x\geqslant0\\-x^2 & ,\ x<0\end{cases}$，通过计算$f'_+(0)=f'_-(0)=0$，知$f(x)g(x)$在$x=0$处可导。

如$f(x)=2$在$x=0$处可导，$g(x)=|x|$在$x=0$处不可导，$f(x)g(x)=2|x|=\begin{cases}2x & ,\ x\geqslant0\\-2x & ,\ x<0\end{cases}$，通过计算函数$f(x)g(x)$在$x=0$处的右导为2，左导为$-2$，可知$f(x)g(x)$在$x=0$处不可导。

答案：A

6.解 利用逐项排除判定。当$x>0$，幂函数比对数函数趋向无穷大的速度快，指数函数又比幂函数趋向无穷大的速度快，故选项A、B、C均不成立，从而可知选项D成立。

还可利用函数的单调性证明。设$f(x)=x-\sin x$，$x\subset(0,+\infty)$，得$f'(x)=1-\cos x\geqslant0$，所以$f(x)$单增，当$x=0$时，$f(0)=0$，从而当$x>0$时，$f(x)>0$，即$x-\sin x>0$。

答案： D

7. 解　在题目中只给出 $f(x,y)$ 在闭区域 D 上连续这一条件，并未讲函数 $f(x,y)$ 在 P_0 点是否具有一阶、二阶连续偏导，而选项 A、B 判定中均利用了这个未给的条件，因而选项 A、B 不成立。选项 D 中，$f(x,y)$ 的最大值点可以在 D 的边界曲线上取得，因而不一定是 $f(x,y)$ 的极大值点，故选项 D 不成立。

在选项 C 中，给出 P_0 是可微函数的极值点这个条件，因而 $f(x,y)$ 在 P_0 偏导存在，且 $\left.\dfrac{\partial f}{\partial x}\right|_{P_0}=0$，$\left.\dfrac{\partial f}{\partial y}\right|_{P_0}=0$。

故 $\mathrm{d}f=\left.\dfrac{\partial f}{\partial x}\right|_{P_0}\mathrm{d}x+\left.\dfrac{\partial f}{\partial y}\right|_{P_0}\mathrm{d}y=0$

答案： C

8. 解

方法 1： 凑微分再利用积分公式计算。

原式 $=2\displaystyle\int\dfrac{1}{1+x}\mathrm{d}\sqrt{x}=2\int\dfrac{1}{1+\left(\sqrt{x}\right)^2}\mathrm{d}\sqrt{x}=2\arctan\sqrt{x}+C$。

换元，设 $\sqrt{x}=t$，$x=t^2$，$\mathrm{d}x=2t\mathrm{d}t$。

方法 2： 原式 $=\displaystyle\int\dfrac{2t}{t(1+t^2)}\mathrm{d}t=2\int\dfrac{1}{1+t^2}\mathrm{d}t=2\arctan t+C$，回代 $t=\sqrt{x}$。

答案： B

9. 解　$f(x)$ 是连续函数，$\displaystyle\int_0^2 f(t)\mathrm{d}t$ 的结果为一常数，设为 A，那么已知表达式化为 $f(x)=x^2+2A$，两边作定积分，$\displaystyle\int_0^2 f(x)\mathrm{d}x=\int_0^2(x^2+2A)\mathrm{d}x$，化为 $A=\displaystyle\int_0^2 x^2\mathrm{d}x+2A\int_0^2\mathrm{d}x$，通过计算得到 $A=-\dfrac{8}{9}$。

计算如下：$A=\dfrac{1}{3}x^3\Big|_0^2+2Ax\Big|_0^2=\dfrac{8}{3}+4A$，得 $A=-\dfrac{8}{9}$，所以 $f(x)=x^2+2\times\left(-\dfrac{8}{9}\right)=x^2-\dfrac{16}{9}$。

答案： D

10. 解　利用偶函数在对称区间的积分公式得原式 $=2\displaystyle\int_0^2\sqrt{4-x^2}\mathrm{d}x$，而积分 $\displaystyle\int_0^2\sqrt{4-x^2}\mathrm{d}x$ 为圆 $x^2+y^2=4$ 面积的 $\dfrac{1}{4}$，即为 $\dfrac{1}{4}\cdot\pi\cdot2^2=\pi$，从而原式 $=2\pi$。

另一方法：可设 $x=2\sin t$，$\mathrm{d}x=2\cos t\mathrm{d}t$，则 $\displaystyle\int_0^2\sqrt{4-x^2}\mathrm{d}x=\int_0^{\frac{\pi}{2}}4\cos^2 t\mathrm{d}t=4\cdot\dfrac{1}{2}\int_0^{\frac{\pi}{2}}(1+\cos 2t)\mathrm{d}t=2\left(t+\dfrac{1}{2}\sin 2t\right)\Big|_0^{\frac{\pi}{2}}=2\cdot\dfrac{\pi}{2}=\pi$，从而原式 $=2\displaystyle\int_0^2\sqrt{4-x^2}\mathrm{d}x=2\pi$。

答案： B

11. 解　利用已知两点求出直线方程 L：$y=-2x+2$（见图解）

L 的参数方程 $\begin{cases}y=-2x+2\\x=x\end{cases}$（$0\leqslant x\leqslant1$）

$\mathrm{d}S=\sqrt{1^2+(-2)^2}\mathrm{d}x=\sqrt{5}\mathrm{d}x$

$S=\displaystyle\int_0^1[x^2+(-2x+2)^2]\sqrt{5}\mathrm{d}x$

$=\sqrt{5}\displaystyle\int_0^1(5x^2-8x+4)\mathrm{d}x$

$=\sqrt{5}\left(\dfrac{5}{3}x^3-4x^2+4x\right)\Big|_0^1=\dfrac{5}{3}\sqrt{5}$

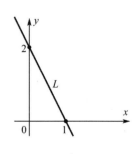

题 11 解图

答案： D

12. 解 $y = e^{-x}$，即 $y = \left(\frac{1}{e}\right)^x$，画出平面图形（见解图）。根据 $V = \int_0^{+\infty} \pi(e^{-x})^2 \mathrm{d}x$，可计算结果。

$$V = \int_0^{+\infty} \pi e^{-2x} \mathrm{d}x = -\frac{\pi}{2} \int_0^{+\infty} e^{-2x} \mathrm{d}(-2x) = -\frac{\pi}{2} e^{-2x} \Big|_0^{\infty} = \frac{\pi}{2}$$

答案：A

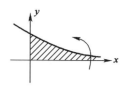

题 12 解图

13. 解 利用级数性质易判定选项 A、B、C 均收敛。对于选项 D，因 $\sum\limits_{n=1}^{\infty} u_n$ 收敛，则有 $\lim\limits_{x \to \infty} u_n = 0$，而级数 $\sum\limits_{n=1}^{\infty} \frac{50}{u_n}$ 的一般项为 $\frac{50}{u_n}$，计算 $\lim\limits_{x \to \infty} \frac{50}{u_n} \to \infty$，故级数 D 发散。

答案：D

14. 解 由已知条件可知 $\lim\limits_{n \to \infty} \left| \frac{a_{n+1}}{a_n} \right| = \frac{1}{2}$，设 $x - 2 = t$，幂级数 $\sum\limits_{n=1}^{\infty} na_n(x-2)^{n+1}$ 化为 $\sum\limits_{n=1}^{\infty} na_n t^{n+1}$，求系数比的极限确定收敛半径，$\lim\limits_{n \to \infty} \left| \frac{(n+1)a_{n+1}}{na_n} \right| = \lim\limits_{n \to \infty} \left| \frac{n+1}{n} \cdot \frac{a_{n+1}}{a_n} \right| = \frac{1}{2}$，$R = 2$，即 $|t| < 2$ 收敛，$-2 < x - 2 < 2$，即 $0 < x < 4$ 收敛。

答案：C

15. 解 分离变量，化为可分离变量方程 $\frac{x}{\sqrt{2-x^2}} \mathrm{d}x = \frac{1}{y} \mathrm{d}y$，两边进行不定积分，得到最后结果。

注意左边式子的积分 $\int \frac{x}{\sqrt{2-x^2}} \mathrm{d}x = -\frac{1}{2} \int \frac{\mathrm{d}(2-x^2)}{\sqrt{2-x^2}} = -\sqrt{2-x^2}$，右边式子积分 $\int \frac{1}{y} \mathrm{d}y = \ln y + C_1$，所以 $-\sqrt{2-x^2} = \ln y + C_1$，$\ln y = -\sqrt{2-x^2} - C_1$，$y = e^{-C_1 - \sqrt{2-x^2}} = Ce^{-\sqrt{2-x^2}}$，其中 $C = e^{-C_1}$。

答案：C

16. 解 微分方程为一阶齐次方程，设 $u = \frac{y}{x}$，$y = xu$，$\frac{\mathrm{d}y}{\mathrm{d}x} = u + x\frac{\mathrm{d}u}{\mathrm{d}x}$，代入化简得 $\cot u \, \mathrm{d}u = \frac{1}{x} \mathrm{d}x$ 两边积分 $\int \cot u \, \mathrm{d}u = \int \frac{1}{x} \mathrm{d}x$，$\ln \sin u = \ln x + C_1$，$\sin u = e^{C_1 + \ln x} = e^{C_1} \cdot e^{\ln x}$，$\sin u = Cx$（其中 $C = e^{C_1}$）

代入 $u = \frac{y}{x}$，得 $\sin\frac{y}{x} = Cx$。

答案：A

17. 解 方法1：用公式 $\boldsymbol{A}^{-1} = \frac{1}{|\boldsymbol{A}|} \boldsymbol{A}^*$ 计算，但较麻烦。

方法2：简便方法，试探一下给出的哪一个矩阵满足 $\boldsymbol{AB} = \boldsymbol{E}$

如：$\begin{bmatrix} 1 & 0 & 1 \\ 0 & 1 & 2 \\ -2 & 0 & -3 \end{bmatrix} \begin{bmatrix} 3 & 0 & 1 \\ 4 & 1 & 2 \\ -2 & 0 & -1 \end{bmatrix} = \begin{bmatrix} 1 & 0 & 0 \\ 0 & 1 & 0 \\ 0 & 0 & 1 \end{bmatrix}$

方法3：用矩阵初等变换，求逆阵。

$(\boldsymbol{A}|\boldsymbol{E}) = \begin{bmatrix} 1 & 0 & 1 & 1 & 0 & 0 \\ 0 & 1 & 2 & 0 & 1 & 0 \\ -2 & 0 & -3 & 0 & 0 & 1 \end{bmatrix} \xrightarrow{2r_1+r_3} \begin{bmatrix} 1 & 0 & 1 & 1 & 0 & 0 \\ 0 & 1 & 2 & 0 & 1 & 0 \\ 0 & 0 & -1 & 2 & 0 & 1 \end{bmatrix} \xrightarrow[2r_3+r_2+(-1)r_1]{r_3+r_1}$

$\begin{bmatrix} 1 & 0 & 0 & 3 & 0 & 1 \\ 0 & 1 & 0 & 4 & 1 & 2 \\ 0 & 0 & 1 & -2 & 0 & -1 \end{bmatrix}$

选项 B 正确。

答案：B

18.解 利用结论：设 A 为 n 阶方阵，A^* 为 A 的伴随矩阵，则：

（1）$R(A)=n$ 的充要条件是 $R(A^*)=n$

（2）$R(A)=n-1$ 的充要条件是 $R(A^*)=1$

（3）$R(A)\leqslant n-2$ 的充要条件是 $R(A^*)=0$，即 $A^*=0$

$n=3$，$R(A^*)=1$，$R(A)=2$

$$A=\begin{bmatrix}1&1&a\\1&a&1\\a&1&1\end{bmatrix}\xrightarrow[-ar_1+r_3]{-r_1+r_2}\begin{bmatrix}1&1&a\\0&a-1&1-a\\0&1-a&1-a^2\end{bmatrix}\xrightarrow{r_2+r_3}\begin{bmatrix}1&1&a\\0&a-1&1-a\\0&0&2-a-a^2\end{bmatrix}$$

代入 $a=-2$，得

$$A=\begin{bmatrix}1&1&-2\\0&-3&3\\0&0&0\end{bmatrix},\ R(A)=2$$

选项 A 对。

答案：A

19.解 当 $P^{-1}AP=\Lambda$ 时，$P=(\alpha_1,\alpha_2,\alpha_3)$ 中 α_1、α_2、α_3 的排列满足对应关系，α_1 对应 λ_1，α_2 对应 λ_2，α_3 对应 λ_3，可知 α_1 对应特征值 $\lambda_1=1$，α_2 对应特征值 $\lambda_2=2$，α_3 对应特征值 $\lambda_3=0$，由此可知当 $Q=(\alpha_2,\alpha_1,\alpha_3)$ 时，对应 $\Lambda=\begin{bmatrix}2&0&0\\0&1&0\\0&0&0\end{bmatrix}$。

答案：B

20.解 **方法 1：** 对方程组的系数矩阵进行初等行变换：

$$\begin{bmatrix}1&-1&0&1\\1&0&-1&1\end{bmatrix}\rightarrow\begin{bmatrix}1&-1&0&1\\0&1&-1&0\end{bmatrix}$$

即 $\begin{cases}x_1-x_2+x_4=0\\x_2-x_3=0\end{cases}$，得到方程组的同解方程组 $\begin{cases}x_1=x_2-x_4\\x_3=x_2+0x_4\end{cases}$

当 $x_2=1$，$x_4=0$ 时，得 $x_1=1$，$x_3=1$；当 $x_2=0$，$x_4=1$ 时，得 $x_1=-1$，$x_3=0$，写出基础解系 ξ_1，ξ_2，即 $\xi_1=\begin{bmatrix}1\\1\\1\\0\end{bmatrix}$，$\xi_2=\begin{bmatrix}-1\\0\\0\\1\end{bmatrix}$。

方法 2： 把选项中列向量代入核对，即：

$$\begin{bmatrix}1&-1&0&1\\1&0&-1&1\end{bmatrix}\begin{bmatrix}1\\1\\1\\0\end{bmatrix}=\begin{bmatrix}0\\0\end{bmatrix}，选项 A 错。$$

$$\begin{bmatrix}1&-1&0&1\\1&0&-1&1\end{bmatrix}\begin{bmatrix}-1\\-1\\1\\0\end{bmatrix}=\begin{bmatrix}0\\-2\end{bmatrix}，选项 B 错。$$

$$\begin{bmatrix} 1 & -1 & 0 & 1 \\ 1 & 0 & -1 & 1 \end{bmatrix} \begin{bmatrix} -1 \\ 0 \\ 0 \\ 1 \end{bmatrix} = \begin{bmatrix} 0 \\ 0 \end{bmatrix}$$，选项 C 正确。

答案：C

21. 解 $P(A\cup B)=P(A)+P(B)-P(AB)$，$P(A\cup B)+P(AB)=P(A)+P(B)=1.1$，$P(A\cup B)$取最小值时，$P(AB)$取最大值，因$P(A)<P(B)$，所以$P(AB)$的最大值等于$P(A)=0.3$。或用图示法（面积表示概率），见解图。

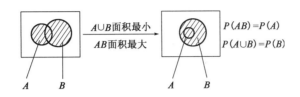

题 21 解图

答案：C

22. 解 设甲、乙、丙单人译出密码分别记为A、B、C，则这份密码被破译出可记为$A\cup B\cup C$，因为A、B、C相互独立，所以
$$\begin{aligned} P(A\cup B\cup C) &= P(A)+P(B)+P(C)-P(AB)-P(AC)-P(BC)+P(ABC)\\ &= P(A)+P(B)+P(C)-P(A)P(B)-P(A)P(C)-P(B)P(C)+\\ &\quad P(A)P(B)P(C)=\frac{3}{5} \end{aligned}$$

或由$\overline{A}$、$\overline{B}$、$\overline{C}$也相互独立，
$$\begin{aligned} P(A\cup B\cup C) &= 1-P(\overline{A\cup B\cup C})=1-P(\overline{A}\,\overline{B}\,\overline{C})=1-P(\overline{A})P(\overline{B})P(\overline{C})\\ &= 1-[1-P(A)][1-P(B)][1-P(C)]=\frac{3}{5} \end{aligned}$$

答案：D

23. 解 由题意可知$Y\sim B(3,p)$，其中$p=P\left\{X\leqslant \frac{1}{2}\right\}=\int_0^{\frac{1}{2}} 2x\mathrm{d}x=\frac{1}{4}$
$$P(Y=2)=C_3^2\left(\frac{1}{4}\right)^2\frac{3}{4}=\frac{9}{64}$$

答案：B

24. 解 由χ^2分布定义，$X^2\sim\chi^2(1)$，$Y^2\sim\chi^2(1)$，因不能确定X与Y是否相互独立，所以选项 A、B、D 都不对。当$X\sim N(0,1)$，$Y=-X$时，$Y\sim N(0,1)$，但$X+Y=0$不是随机变量。

答案：C

25. 解 ①分子的平均平动动能$\overline{w}=\frac{3}{2}kT$，分子的平均动能$\overline{\varepsilon}=\frac{i}{2}k$。

分子的平均平动动能相同，即温度相等。

②分子的平均动能 = 平均(平动动能 + 转动动能) = $\frac{i}{2}kT$。i为分子自由度，$i(\mathrm{He})=3$，$i(\mathrm{N}_2)=5$，

故氦分子和氮分子的平均动能不同。

答案：B

26. 解 v_p 为 $f(v)$ 最大值所对应的速率，由最概然速率定义得正确选项C。

答案：C

27. 解 理想气体从平衡态A($2p_1,V_1$)变化到平衡态B($p_1,2V_1$)，体积膨胀，做功$W > 0$。

判断内能变化情况：

方法1，画p-V图，注意到平衡态A($2p_1,V_1$)和平衡态B($p_1,2V_1$)都在同一等温线上，$\Delta T = 0$，故$\Delta E = 0$。

方法2，气体处于平衡态 A 时，其温度为$T_A = \frac{2p_1 \times V_1}{R}$；处于平衡态 B 时，温度$T_B = \frac{2p_1 \times V_1}{R}$，显然$T_A = T_B$，温度不变，内能不变，$\Delta E = 0$。

答案：C

28. 解 循环过程的净功数值上等于闭合循环曲线所围的面积。若循环曲线所包围的面积增大，则净功增大。而卡诺循环的循环效率由下式决定：$\eta_{卡诺} = 1 - \frac{T_2}{T_1}$。若$T_1$、$T_2$不变，则循环效率不变。

答案：D

29. 解 按题意，$y = 0.01\cos10\pi(25 \times 0.1 - 2) = 0.01\cos5\pi = -0.01\text{m}$。

答案：C

30. 解 质元在机械波动中，动能和势能是同相位的，同时达到最大值，又同时达到最小值，质元在最大位移处（波峰或波谷），速度为零，"形变"为零，此时质元的动能为零，势能为零。

答案：D

31. 解 由$\Delta\phi = \frac{2\pi\nu\Delta x}{u}$，今$\nu = \frac{1}{T} = \frac{1}{4} = 0.25$，$\Delta x = 3\text{m}$，$\Delta\phi = \frac{\pi}{6}$，故$u = 9\text{m/s}$，$\lambda = \frac{u}{\nu} = 36\text{m}$。

答案：B

32. 解 如解图所示，考虑O处的明纹怎样变化。

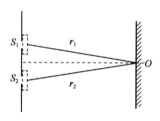

题 32 解图

①玻璃纸未遮住时：光程差$\delta = r_1 - r_2 = 0$，O处为零级明纹。

②玻璃纸遮住后：光程差$\delta' = \frac{5}{2}\lambda$，根据干涉条件知$\delta' = \frac{5}{2}\lambda = (2 \times 2 + 1)\frac{\lambda}{2}$，满足暗纹条件。

答案：B

33. 解 光学常识，可见光的波长范围 400~760nm，注意 $1nm = 10^{-9}m$。

答案：A

34. 解 玻璃劈尖的干涉条件为 $\delta = 2nd + \frac{\lambda}{2} = k\lambda (k = 1,2,\cdots)$（明纹），相邻两明（暗）纹对应的

空气层厚度差为 $d_{k+1} - d_k = \frac{\lambda}{2n}$（见解图）。若劈尖的夹角为 θ，

则相邻两明（暗）纹的间距 l 应满足关系式：

$$l\sin\theta = d_{k+1} - d_k = \frac{\lambda}{2n} \text{ 或 } l\sin\theta = \frac{\lambda}{2n}$$

$$l = \frac{\lambda}{2n\sin\theta} \approx \frac{\lambda}{2n\theta}，\text{ 故 } \theta = \frac{\lambda}{2nl}$$

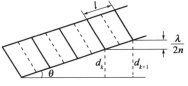

题 34 解图

答案：D

35. 解 自然光垂直通过第一偏振后，变为线偏振光，光强设为 I'，此即入射至第二个偏振片的线偏振光强度。今 $\alpha = 45°$，已知自然光通过两个偏振片后光强为 I'，根据马吕斯定律，$I = I'\cos^2 45° = \frac{I'}{2}$，所以 $I' = 2I$。

答案：B

36. 解 单缝衍射中央明纹宽度为

$$\Delta x = \frac{2\lambda f}{a} = \frac{2 \times 400 \times 10^{-9} \times 0.5}{10^{-4}} = 4 \times 10^{-3}m$$

答案：D

37. 解 原子核外电子排布服从三个原则：泡利不相容原理、能量最低原理、洪特规则。

（1）泡利不相容原理：在同一个原子中，不允许两个电子的四个量子数完全相同，即，同一个原子轨道最多只能容纳自旋相反的两个电子。

（2）能量最低原理：电子总是尽量占据能量最低的轨道。多电子原子轨道的能级取决于主量子数 n 和角量子数 l，主量子数 n 相同时，l 越大，能量越高；当主量子数 n 和角量子数 l 都不相同时，可以发生能级交错现象。轨道能级顺序：1s；2s，2p；3s，3p；4s，3d，4p；5s，4d，5p；6s，4f，5d，6p；7s，5f，6d，…。

（3）洪特规则：电子在 n, l 相同的数个等价轨道上分布时，每个电子尽可能占据磁量子数不同的轨道且自旋方向相同。

原子核外电子分布式书写规则：根据三大原则和近似能级顺序将电子一次填入相应轨道，再按电子层顺序整理，相同电子层的轨道排在一起。

答案：B

38. 解 元素周期表中，同一主族元素从上往下随着原子序数增加，原子半径增大；同一周期主族元素随着原子序数增加，原子半径减小。选项 D，As 和 Se 是同一周期主族元素，Se 的原子半径小于 As。

答案： D

39. 解　缓冲溶液的组成：弱酸、共轭碱或弱碱及其共轭酸所组成的溶液。选项 A 的 CH_3COOH 过量，与 NaOH 反应生成 CH_3COONa，形成 CH_3COOH/CH_3COONa 缓冲溶液。

答案： A

40. 解　压力对固相或液相的平衡没有影响；对反应前后气体计量系数不变的反应的平衡也没有影响。反应前后气体计量系数不同的反应：增大压力，平衡向气体分子数减少的方向；减少压力，平衡向气体分子数增加的方向移动。

　　总压力不变，加入惰性气体 Ar，相当于减少压力，反应方程式中各气体的分压减小，平衡向气体分子数增加的方向移动。

答案： A

41. 解　原子得失电子原则：当原子失去电子变成正离子时，一般是能量较高的最外层电子先失去，而且往往引起电子层数的减少；当原子得到电子变成负离子时，所得的电子总是分布在它的最外电子层。

　　本题中原子失去的为 4s 上的一个电子，该原子的价电子构型为 $3d^{10}4s^1$，为 29 号 Cu 原子的电子构型。

答案： C

42. 解　根据吉布斯等温方程 $\Delta_r G_m^{\Theta} = -RT\ln K^{\Theta}$ 推断，$K^{\Theta} < 1$，$\Delta_r G_m^{\Theta} > 0$。

答案： A

43. 解　元素的周期数为价电子构型中的最大主量子数，最大主量子数为 5，元素为第五周期；元素价电子构型特点为 $(n-1)d^{10}ns^1$，为 IB 族元素特征价电子构型。

答案： B

44. 解　酚类化合物为苯环直接和羟基相连。A 为丙醇，B 为苯甲醇，C 为苯酚，D 为丙三醇。

答案： C

45. 解　系统命名法：

（1）链烃及其衍生物的命名

①选择主链：选择最长碳链或含有官能团的最长碳链为主链；

②主链编号：从距取代基或官能团最近的一端开始对碳原子进行编号；

③写出全称：将取代基的位置编号、数目和名称写在前面，将母体化合物的名称写在后面。

（2）芳香烃及其衍生物的命名

①选择母体：选择苯环上所连官能团或带官能团最长的碳链为母体，把苯环视为取代基；

②编号：将母体中碳原子依次编号，使官能团或取代基位次具有最小值。

答案：D

46. 解 甲酸结构式为 $H-\overset{\overset{\textstyle O}{\|}}{C}-O-H$ ，两个氢处于不同化学环境。

答案：B

47. 解 AC 与 BC 均为二力杆件，分析铰链 C 的受力即可。

答案：D

48. 解 根据力多边形法则，分力首尾相连，合力为力三角形的封闭边。

答案：B

49. 解 A、B 处为光滑约束，其约束力均为水平并组成一力偶，与力 W 和 DE 杆约束力组成的力偶平衡。

答案：B

50. 解 根据摩擦定律 $F_{\max} = W\cos 30° \times f = 20.8\text{kN}$，沿斜面向下的主动力为 $W\sin 30° = 30\text{kN} > F_{\max}$。

答案：C

51. 解 点的运动轨迹为位置矢端曲线。

答案：B

52. 解 可根据平行移动刚体的定义判断。

答案：C

53. 解 杆 AB 和 CD 均为平行移动刚体，所以 $v_M = v_C = 2v_B = 2v_A = 2\omega \cdot O_1A = 120\text{cm/s}$，$a_M = a_C = 2a_B = 2a_A = 2\omega^2 \cdot O_1A = 360\text{cm/s}$。

答案：B

54. 解 根据动量、动量矩、动能的定义，刚体做定轴转动时：

$$\boldsymbol{p} = mv_C, \quad L_O = J_O\omega, \quad T = \frac{1}{2}J_O\omega^2$$

此题中，$v_C = 0$，$J_O = \frac{1}{2}mr^2$。

答案：A

55. 解 根据动量的定义 $\boldsymbol{p} = \sum m_i v_i$，所以，$p = (m_1 - m_2)v$（向下）。

答案：B

56. 解 用定轴转动微分方程 $J_A\alpha = M_A(F)$，见解图，$\frac{1}{3}\frac{P}{g}(2L)^2\alpha = PL$，所以角加速度 $\alpha = \frac{3g}{4L}$。

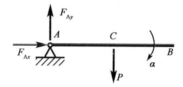

题 56 解图

答案：B

57. 解 根据定轴转动刚体惯性力系向 O 点简化的结果，其主矩大小为 $M_{IO} = J_O\alpha = 0$，主矢大小为 $F_I = ma_C = m \cdot \frac{R}{2}\omega^2$。

答案：A

58. 解 装置 a）、b）、c）的自由振动频率分别为 $\omega_{0a} = \sqrt{\frac{2k}{m}}$；$\omega_{0b} = \sqrt{\frac{k}{2m}}$；$\omega_{0c} = \sqrt{\frac{3k}{m}}$，且周期为 $T = \frac{2\pi}{\omega_0}$。

答案：B

59. 解

$$\sigma_{AB} = \frac{F_{NAB}}{A_{AB}} = \frac{300\pi \times 10^3 \text{N}}{\frac{\pi}{4} \times 200^2 \text{mm}^2} = 30\text{MPa}$$

$$\sigma_{BC} = \frac{F_{NBC}}{A_{BC}} = \frac{100\pi \times 10^3 \text{N}}{\frac{\pi}{4} \times 100^2 \text{mm}^2} = 40\text{MPa} = \sigma_{max}$$

答案：A

60. 解

$$\tau = \frac{Q}{A_Q} = \frac{F}{\frac{\pi}{4}d^2} = \frac{4F}{\pi d^2} = [\tau] \qquad ①$$

$$\sigma_{bs} = \frac{P_{bs}}{A_{bs}} = \frac{F}{dt} = [\sigma_{bs}] \qquad ②$$

再用②式除①式，可得 $\frac{\pi d}{4t} = \frac{[\sigma_{bs}]}{[\tau]}$。

答案：B

61. 解 受扭空心圆轴横截面上的切应力分布与半径成正比，而且在空心圆内径中无应力，只有选项 B 图是正确的。

答案：B

62. 解

$$W_z = \frac{I_z}{y_{\max}} = \frac{\frac{\pi}{64}d^4 - \frac{a^4}{12}}{\frac{d}{2}} = \frac{\pi d^3}{32} - \frac{a^4}{6d}$$

答案：B

63. 解 根据 $\frac{\mathrm{d}M}{\mathrm{d}x} = Q$ 可知，剪力为零的截面弯矩的导数为零，也即是弯矩有极值。

答案：B

64. 解 开裂前

$$\sigma_{\max} = \frac{M}{W_z} = \frac{M}{\frac{b}{6}(3a)^2} = \frac{2M}{3ba^2}$$

开裂后

$$\sigma_{1\max} = \frac{\frac{M}{3}}{W_{z1}} = \frac{\frac{M}{3}}{\frac{ba^2}{6}} = \frac{2M}{ba^2}$$

开裂后最大正应力是原来的 3 倍，故梁承载能力是原来的 1/3。

答案：B

65. 解 由矩形和工字形截面的切应力计算公式可知 $\tau = \frac{QS_z}{bI_z}$，切应力沿截面高度呈抛物线分布。由于腹板上截面宽度 b 突然加大，故 z 轴附近切应力突然减小。

答案：B

66. 解 承受集中力的简支梁的最大挠度 $f_c = \frac{Fl^3}{48EI}$，与惯性矩 I 成反比。$I_a = \frac{hb^3}{12} = \frac{b^4}{6}$，而 $I_b = \frac{bh^3}{12} = \frac{4}{6}b^4$，因图 a）梁 I_a 是图 b）梁 I_b 的 $\frac{1}{4}$，故图 a）梁的最大挠度是图 b）梁的 4 倍。

答案：C

67. 解 图示单元体的最大主应力 σ_1 的方向，可以看作是 σ_x 的方向（沿 x 轴）和纯剪切单元体的最大拉应力的主方向（在第一象限沿 45°向上）的，叠加后的合应力的指向。

答案：A

68. 解 AB 段是轴向受压，$\sigma_{AB} = \frac{F}{ab}$

BC 段是偏心受压，$\sigma_{BC} = \frac{F}{2ab} + \frac{F \cdot \frac{a}{2}}{\frac{b}{6}(2a)^2} = \frac{5F}{4ab}$

答案：B

69. 解 图示圆轴是弯扭组合变形，在固定端处既有弯曲正应力，又有扭转切应力。但是图中 A 点位于中性轴上，故没有弯曲正应力，只有切应力，属于纯剪切应力状态。

答案：B

70. 解 由压杆临界荷载公式 $F_{cr} = \frac{\pi^2 EI}{(\mu l)^2}$ 可知，F_{cr} 与杆长 l^2 成反比，故杆长度为 $\frac{l}{2}$ 时，F_{cr} 是原来的 4 倍。

答案： B

71. 解 空气的黏滞系数，随温度降低而降低；而水的黏滞系数相反，随温度降低而升高。

答案： A

72. 解 质量力是作用在每个流体质点上，大小与质量成正比的力；表面力是作用在所设流体的外表，大小与面积成正比的力。重力是质量力，黏滞力是表面力。

答案： C

73. 解 根据流线定义及性质以及非恒定流定义可得。

答案： C

74. 解 题中已给出两断面间有水头损失h_{l1-2}，而选项 C 中未计及h_{l1-2}，所以是错误的。

答案： C

75. 解 根据雷诺数公式$\text{Re} = \dfrac{vd}{\nu}$及连续方程$v_1 A_1 = v_2 A_2$联立求解可得。

$$v_2 = v_1 \left(\frac{d_1}{d_2}\right)^2 = \left(\frac{30}{60}\right)^2 v_1 = \frac{v_1}{4}$$

$$\text{Re}_2 = \frac{v_2 d_2}{\nu} = \frac{\frac{v_1}{4} \times 2d_1}{\nu} = \frac{1}{2}\text{Re}_1 = \frac{1}{2} \times 5000 = 2500$$

答案： C

76. 解 当自由出流孔口与淹没出流孔口的形状、尺寸相同，且作用水头相等时，则出流量应相等。

答案： B

77. 解 水力最优断面是过流能力最大的断面形状。

答案： B

78. 解 依据弗劳德准则，流量比尺$\lambda_Q = \lambda_L^{2.5}$，所以长度比尺$\lambda_L = \lambda_Q^{1/2.5}$，代入题设数据后有：

$$\lambda_L = \left(\frac{537}{0.3}\right)^{1/2.5} = (1790)^{0.4} = 20$$

答案： D

79. 解 此题选项 A、C、D 明显不符合静电荷物理特征。关于选项 B 可以用电场强度的叠加定理分析，两个异性电荷连线的中心位置电场强度也不为零，因此，本题的四个选项均不正确。

答案： 无

80. 解 电感电压与电流之间的关系是微分关系，即

$$u = L\frac{\mathrm{d}i}{\mathrm{d}t} = 2\omega L \sin(1000t + 90°) = 2\sin(1000t + 90°)$$

或用相量法分析：$\dot{U}_L = j\omega L\dot{I} = \sqrt{2}\angle 90°\text{V}$；$I = \sqrt{2}\text{A}$，$j\omega L = j1\Omega(\omega = 1000\text{rad})$，$u_L$的有效值为

$\sqrt{2}$V。

答案：D

81. 解 根据线性电路的戴维南定理，图 a）和图 b）电路等效指的是对外电路电压和电流相同，即电路中 20Ω 电阻中的电流均为 1A，方向自下向上；然后利用节电电流关系可知，流过图 a）电路 10Ω 电阻中的电流为 $2-1=1$A。

答案：A

82. 解 RLC 串联的交流电路中，阻抗的计算公式是 $Z=R+jX_L-jX_C=R+j\omega L-j\dfrac{1}{\omega c}$，阻抗的模 $|Z|=\sqrt{R^2+\left(\omega L-\dfrac{1}{\omega c}\right)^2}$；$\omega=314$rad/s。

答案：C

83. 解 该电路是 RLC 混联的正弦交流电路，根据给定电压，将其写成复数为 $\dot{U}=U\angle 30°=\dfrac{10}{\sqrt{2}}\angle 30°$ V；$\dot{I_1}=\dfrac{\dot{U}}{R+j\omega L}$；电流 $\dot{I}=\dot{I_1}+\dot{I_2}=\dfrac{U\angle 30°}{R+j\omega L}+\dfrac{U\angle 30°}{-j\left(\frac{1}{\omega C}\right)}$；$i=I\sqrt{2}\sin(1000t+\Psi_i)$A。

答案：C

84. 解 在暂态电路中电容电压符合换路定则 $U_C(t_{0+})=U_C(t_{0-})$，开关打开以前 $U_C(t_{0-})=\dfrac{R_2}{R_1+R_2}U_s$，$I(0_+)=U_C(0_+)/R_2$；电路达到稳定以后电容能量放光，电路中稳态电流 $I(\infty)=0$。

答案：B

85. 解 信号源输出最大功率的条件是电源内阻与负载电阻相等，电路中的实际负载电阻折合到变压器的原边数值为 $R'_L=\left(\dfrac{U_1}{U_2}\right)^2 R_L=R_S=40\Omega$；$K=\dfrac{u_1}{u_2}=2$，$u_1=u_s\dfrac{R'_L}{R_S+R'_L}=40\sin\omega t$；$u_2=\dfrac{u_1}{K}=20\sin\omega t$。

答案：B

86. 解 在继电接触控制电路中，电器符号均表示电器没有动作的状态，当接触器线圈 KM 通电以后常开触点 KM1 闭合，常闭触点 KM2 断开。

答案：C

87. 解 信息是通过感官接收的关于客观事物的存在形式或变化情况。信号是消息的表现形式，是可以直接观测到的物理现象（如电、光、声、电磁波等）。通常认为"信号是信息的表现形式"。红灯亮的信号传达了开始制冷的信息。

答案：C

88. 解 八进制和十六进制都是数字电路中采用的数制，本质上都是二进制，在应用中是根据数字信号的不同要求所选取的不同的书写格式。

答案：A

89. 解 模拟信号是幅值和时间均连续的信号，采样信号是时间离散、数值连续的信号，离散信号是指在某些不连续时间定义函数值的信号，数字信号是将幅值量化后并以二进制代码表示的离散信号。

答案：B

90. 解 题中给出非正弦周期信号的傅里叶级数展开式。周期信号中各次谐波的幅值随着频率的增加而减少。$u_1(t)$中包含基波和三次谐波，而$u_2(t)$包含的谐波次数是基波和五次谐波，$u_1(t)$包含的信息较$u_2(t)$更加完整。

答案：A

91. 解 由图可以分析，当信号$|u_i(t)| \leqslant 2V$时，放大电路工作在线性工作区，$u_o(t) = 5u_i(t)$；当信号$|u_i(t)| \geqslant 2V$时，放大电路工作在非线性工作区，$u_o(t) = \pm 10V$。

答案：D

92. 解 由逻辑电路的基本关系可得结果，变换中用到了逻辑电路的摩根定理。

$$F = \overline{\overline{AB} + \overline{BC}} = AB \cdot BC = ABC$$

答案：D

93. 解 该电路为二极管的桥式整流电路，当D_2二极管断开时，电路变为半波整流电路，输入电压的交流有效值和输出直流电压的关系为$U_o = 0.45U_i$，同时根据二极管的导通电流方向可得$U_o = -3.18V$。

答案：C

94. 解 由图可以分析，当信号$|u_i(t)| \leqslant 1V$时，放大电路工作在线性工作区，$u_o(t) = 10^4 u_i(t)$；当信号$|u_i(t)| \geqslant 1mV$时，放大电路工作在非线性工作区，$u_o(t) = \pm 10V$；输入信号$u_i(t)$最大值为2mV，则有一部分工作区进入非线性区。对应的输出波形与选项C一致。

答案：C

95. 解 图a）示电路是与非门逻辑电路，$F = \overline{1 \cdot A} = \overline{A}$。

答案：D

96. 解 图示电路是下降沿触发的JK触发器，$\overline{R}_D$是触发器的清零端，$\overline{S}_D$是置"1"端，画解图并由触发器的逻辑功能分析，即可得答案。

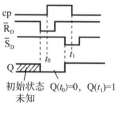

题96解图

2011年度全国勘察设计注册工程师执业资格考试基础考试（上）——试题解析及参考答案

答案：B

97. 解 计算机存储单元是按一定顺序编号，这个编号被称为存储地址。

答案：C

98. 解 操作系统的特征有并发性、共享性和随机性。

答案：B

99. 解 二进制最后一位是1，转换后则一定是十进制数的奇数。

答案：A

100. 解 像素实际上就是图像中的一个个光点，光点可以是黑白的，也可以是彩色的。

答案：D

101. 解 删除操作系统文件，计算机将无法正常运行。

答案：C

102. 解 存储器系统包括主存储器、高速缓冲存储器和外存储器。

答案：C

103. 解 设备管理是对除CPU和内存储器之外的所有输入/输出设备的管理。

答案：A

104. 解 两种十分有效的文件管理工具是"我的电脑"和"资源管理器"。

答案：C

105. 解 计算机网络主要由网络硬件系统和网络软件系统两大部分组成。

答案：A

106. 解 局域网覆盖的地理范围通常在几公里之内。

答案：C

107. 解 按等额支付资金回收公式计算（已知P求A）。

$$A = P(A/P, i, n) = 5000 \times (A/P, 8\%, 10) = 5000 \times 0.14903 = 745.15万元$$

答案：C

108. 解 建设项目经济评价中的总投资，由建设投资、建设期利息和流动资金组成。

答案：C

109. 解 新设法人项目融资的资金来源于项目资本金和债务资金，权益融资形成项目的资本金，债务融资形成项目的债务资金。

答案：C

110. 解 在财务生存能力分析中，各年累计盈余资金不出现负值是财务生存的必要条件。

答案：B

111. 解 分别计算效益流量的现值和费用流量的现值，二者的比值即为该项目的效益费用比。建设期 1 年，使用寿命 10 年，计算期共 11 年。注意：第 1 年为建设期，投资发生在第 0 年（即第 1 年的年初），第 2 年开始使用，效益和费用从第 2 年末开始发生。该项目的现金流量图如解图所示。

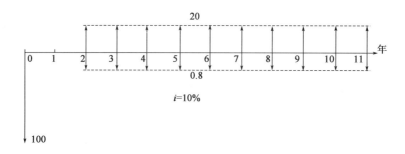

题 111 解图

效益流量的现值：$B = 20 \times (P/A, 10\%, 10) \times (P/F, 10\%, 1)$
$$= 20 \times 6.144 \times 0.9091 = 111.72 \ 万元$$

费用流量的现值：$C = 0.8 \times (P/A, 10\%, 10) \times (P/F, 10\%, 1)$
$$= 0.8 \times 6.1446 \times 0.9091 + 100 = 104.47 \ 万元$$

该项目的效益费用比为：$R_{BC} = B/C = 111.72/104.47 = 1.07$

答案：A

112. 解 投资项目敏感性分析最基本的分析指标是内部收益率。

答案：B

113. 解 净年值法既可用于寿命期相同，也可用于寿命期不同的方案比选。

答案：C

114. 解 强制确定法是以功能重要程度作为选择价值工程对象的一种分析方法，包括 01 评分法、04 评分法等。其中，01 评分法通过对每个部件与其他各部件的功能重要程度进行逐一对比打分，相对重要的得 1 分，不重要的得 0 分，最后计算各部件的功能重要性系数。

答案：D

115. 解 《中华人民共和国建筑法》第五十七条规定，建筑设计单位对设计文件选用的建筑材料、建筑构配件和设备，不得指定生产厂家和供应商。

答案：B

116. 解 《中华人民共和国招标投标法》第二十三条规定，招标人对已发出的招标文件进行必要的澄清或者修改的，应当在招标文件要求提交投标文件截止时间至少十五日前，以书面形式通知所有招标文件收受人。该澄清或者修改的内容为招标文件的组成部分。

答案：B

117. 解 《中华人民共和国民法典》第四百七十八条规定，有下列情形之一的，要约失效：

（一）拒绝要约的通知到达要约人；

（二）要约人依法撤销要约；

（三）承诺期限届满，受要约人未作出承诺；

（四）受要约人对要约的内容作出实质性变更。

答案：D

118. 解 《中华人民共和国节约能源法》第四条规定，节约资源是我国的基本国策。国家实施节约与开发并举，把节约放在首位的能源发展战略。

答案：B

119. 解 《中华人民共和国环境保护法》2014年进行了修订，新法第四十五条规定，国家依照法律规定实行排污许可管理制度。此题已过时，未作解答。

120. 解 《建设工程勘察设计管理条例》第十四条规定，建设工程勘察、设计方案评标，应当以投标人的业绩、信誉和勘察、设计人员的能力以及勘察、设计方案的优劣为依据，进行综合评定。资质问题在资格预审时已解决，不是评标的条件。

答案：A

2012 年度全国勘察设计注册工程师

执业资格考试试卷

基础考试
（上）

二〇一二年九月

应考人员注意事项

1. 本试卷科目代码为"1"，考生务必将此代码填涂在答题卡"科目代码"相应的栏目内，否则，无法评分。

2. 书写用笔：**黑色或蓝色钢笔、签字笔或圆珠笔**；

   填涂答题卡用笔：**黑色 2B 铅笔**。

3. 必须用书写用笔将工作单位、姓名、准考证号填写在答题卡和试卷相应的栏目内。

4. 本试卷由 120 题组成，每题 1 分，满分 120 分，本试卷全部为单项选择题，每小题的四个备选项中只有一个正确答案，错选、多选、不选均不得分。

5. 考生作答时，必须按**题号在答题卡上**将相应试题所选选项对应的**字母用 2B 铅笔涂黑**。

6. 在答题卡上书写与题意无关的语言，或在答题卡上作标记的，均按违纪试卷处理。

7. 考试结束时，由监考人员当面将试卷、答题卡一并收回。

8. 草稿纸由各地统一配发，考后收回。

单项选择题（共 120 题，每题 1 分。每题的备选项中只有一个最符合题意。）

1. 设 $f(x) = \begin{cases} \cos x + x\sin\frac{1}{x}, & x < 0 \\ x^2 + 1, & x \geqslant 0 \end{cases}$，则 $x = 0$ 是 $f(x)$ 的下面哪一种情况：

   A. 跳跃间断点   B. 可去间断点

   C. 第二类间断点   D. 连续点

2. 设 $\alpha(x) = 1 - \cos x$，$\beta(x) = 2x^2$，则当 $x \to 0$ 时，下列结论中正确的是：

   A. $\alpha(x)$ 与 $\beta(x)$ 是等价无穷小

   B. $\alpha(x)$ 是 $\beta(x)$ 的高阶无穷小

   C. $\alpha(x)$ 是 $\beta(x)$ 的低阶无穷小

   D. $\alpha(x)$ 与 $\beta(x)$ 是同阶无穷小但不是等价无穷小

3. 设 $y = \ln(\cos x)$，则微分 $\mathrm{d}y$ 等于：

   A. $\frac{1}{\cos x}\mathrm{d}x$

   B. $\cot x\,\mathrm{d}x$

   C. $-\tan x\,\mathrm{d}x$

   D. $-\frac{1}{\cos x\sin x}\mathrm{d}x$

4. $f(x)$ 的一个原函数为 e^{-x^2}，则 $f'(x) =$

   A. $2(-1 + 2x^2)e^{-x^2}$

   B. $-2xe^{-x^2}$

   C. $2(1 + 2x^2)e^{-x^2}$

   D. $(1 - 2x)e^{-x^2}$

5. $f'(x)$ 连续，则 $\int f'(2x+1)\mathrm{d}x$ 等于：

   A. $f(2x+1) + C$

   B. $\frac{1}{2}f(2x+1) + C$

   C. $2f(2x+1) + C$

   D. $f(x) + C$

   （C 为任意常数）

6. 定积分 $\int_0^{\frac{1}{2}} \frac{1+x}{\sqrt{1-x^2}} dx =$

A. $\frac{\pi}{3} + \frac{\sqrt{3}}{2}$

B. $\frac{\pi}{6} - \frac{\sqrt{3}}{2}$

C. $\frac{\pi}{6} - \frac{\sqrt{3}}{2} + 1$

D. $\frac{\pi}{6} + \frac{\sqrt{3}}{2} + 1$

7. 若 D 是由 $y = x$，$x = 1$，$y = 0$ 所围成的三角形区域，则二重积分 $\iint\limits_{D} f(x,y) dxdy$ 在极坐标系下的二次积分是：

A. $\int_0^{\frac{\pi}{4}} d\theta \int_0^{\cos\theta} f(r\cos\theta, r\sin\theta) rdr$

B. $\int_0^{\frac{\pi}{4}} d\theta \int_0^{\frac{1}{\cos\theta}} f(r\cos\theta, r\sin\theta) rdr$

C. $\int_0^{\frac{\pi}{4}} d\theta \int_0^{\frac{1}{\cos\theta}} rdr$

D. $\int_0^{\frac{\pi}{4}} d\theta \int_0^{\frac{1}{\cos\theta}} f(x,y) dr$

8. 当 $a < x < b$ 时，有 $f'(x) > 0$，$f''(x) < 0$，则在区间 (a,b) 内，函数 $y = f(x)$ 图形沿 x 轴正向是：

A. 单调减且凸的

B. 单调减且凹的

C. 单调增且凸的

D. 单调增且凹的

9. 函数在给定区间上不满足拉格朗日定理条件的是：

A. $f(x) = \frac{x}{1+x^2}$，$[-1,2]$

B. $f(x) = x^{\frac{2}{3}}$，$[-1,1]$

C. $f(x) = e^{\frac{1}{x}}$，$[1,2]$

D. $f(x) = \frac{x+1}{x}$，$[1,2]$

10. 下列级数中，条件收敛的是：

A. $\sum\limits_{n=1}^{\infty} \dfrac{(-1)^n}{n}$

B. $\sum\limits_{n=1}^{\infty} \dfrac{(-1)^n}{n^3}$

C. $\sum\limits_{n=1}^{\infty} \dfrac{(-1)^n}{n(n+1)}$

D. $\sum\limits_{n=1}^{\infty} (-1)^n \dfrac{n+1}{n+2}$

11. 当 $|x| < \dfrac{1}{2}$ 时，函数 $f(x) = \dfrac{1}{1+2x}$ 的麦克劳林展开式正确的是：

A. $\sum\limits_{n=0}^{\infty} (-1)^{n+1}(2x)^n$

B. $\sum\limits_{n=0}^{\infty} (-2)^n x^n$

C. $\sum\limits_{n=1}^{\infty} (-1)^n 2^n x^n$

D. $\sum\limits_{n=1}^{\infty} 2^n x^n$

12. 已知微分方程 $y' + p(x)y = q(x)[q(x) \neq 0]$ 有两个不同的特解 $y_1(x)$，$y_2(x)$，C 为任意常数，则该微分方程的通解是：

A. $y = C(y_1 - y_2)$

B. $y = C(y_1 + y_2)$

C. $y = y_1 + C(y_1 + y_2)$

D. $y = y_1 + C(y_1 - y_2)$

13. 以 $y_1 = e^x$，$y_2 = e^{-3x}$ 为特解的二阶线性常系数齐次微分方程是：

A. $y'' - 2y' - 3y = 0$

B. $y'' + 2y' - 3y = 0$

C. $y'' - 3y' + 2y = 0$

D. $y'' + 3y' + 2y = 0$

14. 微分方程$\frac{dy}{dx} + \frac{x}{y} = 0$的通解是：

A. $x^2 + y^2 = C(C \in R)$

B. $x^2 - y^2 = C(C \in R)$

C. $x^2 + y^2 = C^2(C \in R)$

D. $x^2 - y^2 = C^2(C \in R)$

15. 曲线$y = (\sin x)^{\frac{3}{2}}(0 \leqslant x \leqslant \pi)$与$x$轴围成的平面图形绕$x$轴旋转一周而成的旋转体体积等于：

A. $\frac{4}{3}$

B. $\frac{4}{3}\pi$

C. $\frac{2}{3}\pi$

D. $\frac{2}{3}\pi^2$

16. 曲线$x^2 + 4y^2 + z^2 = 4$与平面$x + z = a$的交线在yOz平面上的投影方程是：

A. $\begin{cases} (a-z)^2 + 4y^2 + z^2 = 4 \\ x = 0 \end{cases}$

B. $\begin{cases} x^2 + 4y^2 + (a-x)^2 = 4 \\ z = 0 \end{cases}$

C. $\begin{cases} x^2 + 4y^2 + (a-x)^2 = 4 \\ x = 0 \end{cases}$

D. $(a-z)^2 + 4y^2 + z^2 = 4$

17. 方程$x^2 - \frac{y^2}{4} + z^2 = 1$，表示：

A. 旋转双曲面

B. 双叶双曲面

C. 双曲柱面

D. 锥面

18. 设直线L为$\begin{cases} x + 3y + 2z + 1 = 0 \\ 2x - y - 10z + 3 = 0 \end{cases}$，平面$\pi$为$4x - 2y + z - 2 = 0$，则直线和平面的关系是：

A. L平行于π

B. L在π上

C. L垂直于π

D. L与π斜交

19. 已知n阶可逆矩阵A的特征值为λ_0，则矩阵$(2A)^{-1}$的特征值是：

A. $\dfrac{2}{\lambda_0}$

B. $\dfrac{\lambda_0}{2}$

C. $\dfrac{1}{2\lambda_0}$

D. $2\lambda_0$

20. 设$\vec{\alpha_1}$，$\vec{\alpha_2}$，$\vec{\alpha_3}$，$\vec{\beta}$为n维向量组，已知$\vec{\alpha_1}$，$\vec{\alpha_2}$，$\vec{\beta}$线性相关，$\vec{\alpha_2}$，$\vec{\alpha_3}$，$\vec{\beta}$线性无关，则下列结论中正确的是：

A. $\vec{\beta}$必可用$\vec{\alpha_1}$，$\vec{\alpha_2}$线性表示

B. $\vec{\alpha_1}$必可用$\vec{\alpha_2}$，$\vec{\alpha_3}$，$\vec{\beta}$线性表示

C. $\vec{\alpha_1}$，$\vec{\alpha_2}$，$\vec{\alpha_3}$必线性无关

D. $\vec{\alpha_1}$，$\vec{\alpha_2}$，$\vec{\alpha_3}$必线性相关

21. 要使得二次型$f(x_1, x_2, x_3) = x_1^2 + 2tx_1x_2 + x_2^2 - 2x_1x_3 + 2x_2x_3 + 2x_3^2$为正定的，则$t$的取值条件是：

A. $-1 < t < 1$

B. $-1 < t < 0$

C. $t > 0$

D. $t < -1$

22. 若事件A、B互不相容，且$P(A) = p$，$P(B) = q$，则$P(\overline{A}\,\overline{B})$等于：

A. $1 - p$

B. $1 - q$

C. $1 - (p + q)$

D. $1 + p + q$

23. 若随机变量X与Y相互独立，且X在区间$[0,2]$上服从均匀分布，Y服从参数为 3 的指数分布，则数学期望$E(XY) =$

A. $\dfrac{4}{3}$

B. 1

C. $\dfrac{2}{3}$

D. $\dfrac{1}{3}$

24. 设$X_1, X_2, \cdots, X_n$是来自总体$N(\mu, \sigma^2)$的样本，μ、σ^2未知，$\overline{X} = \dfrac{1}{n}\sum\limits_{i=1}^{n} X_i$，$Q^2 = \sum\limits_{i=1}^{n}\left(X_i - \overline{X}\right)^2$，$Q > 0$。

则检验假设H_0：$\mu = 0$时应选取的统计量是：

A. $\sqrt{n(n-1)}\,\dfrac{\overline{X}}{Q}$

B. $\sqrt{n}\,\dfrac{\overline{X}}{Q}$

C. $\sqrt{n-1}\,\dfrac{\overline{X}}{Q}$

D. $\sqrt{n}\,\dfrac{\overline{X}}{Q^2}$

25. 两种摩尔质量不同的理想气体，它们压强相同、温度相同、体积不同。则它们的：

A. 单位体积内的分子数不同

B. 单位体积内气体的质量相同

C. 单位体积内气体分子的总平均平动动能相同

D. 单位体积内气体的内能相同

26. 某种理想气体的总分子数为N，分子速率分布函数为$f(v)$，则速率在$v_1 \to v_2$区间内的分子数是：

A. $\int_{v_1}^{v_2} f(v)\mathrm{d}v$

B. $N\int_{v_1}^{v_2} f(v)\mathrm{d}v$

C. $\int_{0}^{\infty} f(v)\mathrm{d}v$

D. $N\int_{0}^{\infty} f(v)\mathrm{d}v$

27. 一定量的理想气体由a状态经过一过程到达b状态，吸热为335J，系统对外做功126J；若系统经过另一过程由a状态到达b状态，系统对外做功42J，则过程中传入系统的热量为：

A. 530J

B. 167J

C. 251J

D. 335J

28. 一定量的理想气体，经过等体过程，温度增量ΔT，内能变化ΔE_1，吸收热量Q_1；若经过等压过程，温度增量也为ΔT，内能变化ΔE_2，吸收热量Q_2，则一定是：

A. $\Delta E_2 = \Delta E_1$，$Q_2 > Q_1$

B. $\Delta E_2 = \Delta E_1$，$Q_2 < Q_1$

C. $\Delta E_2 > \Delta E_1$，$Q_2 > Q_1$

D. $\Delta E_2 < \Delta E_1$，$Q_2 < Q_1$

29. 一平面简谐波的波动方程为$y = 2 \times 10^{-2} \cos 2\pi\left(10t - \frac{x}{5}\right)$(SI)。$t = 0.25$s时，处于平衡位置，且与坐标原点$x = 0$最近的质元的位置是：

A. ± 5m

B. 5m

C. ± 1.25m

D. 1.25m

30. 一平面简谐波沿x轴正方向传播，振幅$A = 0.02$m，周期$T = 0.5$s，波长$\lambda = 100$m，原点处质元的初相位$\phi = 0$，则波动方程的表达式为：

A. $y = 0.02 \cos 2\pi\left(\frac{t}{2} - 0.01x\right)$(SI)

B. $y = 0.02 \cos 2\pi(2t - 0.01x)$(SI)

C. $y = 0.02 \cos 2\pi\left(\frac{t}{2} - 100x\right)$(SI)

D. $y = 0.02 \cos 2\pi(2t - 100x)$(SI)

31. 两人轻声谈话的声强级为40dB，热闹市场上噪声的声强级为80dB。市场上噪声的声强与轻声谈话的声强之比为：

A. 2

B. 20

C. 10^2

D. 10^4

32. P_1 和 P_2 为偏振化方向相互垂直的两个平行放置的偏振片，光强为 I_0 的自然光垂直入射在第一个偏振片 P_1 上，则透过 P_1 和 P_2 的光强分别为：

A. $\frac{I_0}{2}$ 和 0

B. 0 和 $\frac{I_0}{2}$

C. I_0 和 I_0

D. $\frac{I_0}{2}$ 和 $\frac{I_0}{2}$

33. 一束自然光自空气射向一块平板玻璃，设入射角等于布儒斯特角，则反射光为：

A. 自然光   B. 部分偏振光

C. 完全偏振光   D. 圆偏振光

34. 波长 $\lambda = 550nm(1nm = 10^{-9}m)$ 的单色光垂直入射于光栅常数为 $2 \times 10^{-4}cm$ 的平面衍射光栅上，可能观察到光谱线的最大级次为：

A. 2   B. 3

C. 4   D. 5

35. 在单缝夫琅禾费衍射实验中，波长为 λ 的单色光垂直入射到单缝上，对应于衍射角为 30° 的方向上，若单缝处波阵面可分成 3 个半波带。则缝宽 a 为：

A. λ B. 1.5λ

C. 2λ D. 3λ

36. 以双缝干涉实验中，波长为 λ 的单色平行光垂直入射到缝间距为 a 的双缝上，屏到双缝的距离为 D，则某一条明纹与其相邻的一条暗纹的间距为：

A. $\frac{D\lambda}{a}$

B. $\frac{D\lambda}{2a}$

C. $\frac{2D\lambda}{a}$

D. $\frac{D\lambda}{4a}$

37. 钴的价层电子构型是3d^{7}4s^2，钴原子外层轨道中未成对电子数为：

A. 1   B. 2

C. 3   D. 4

38. 在 HF、HCl、HBr、HI 中，按熔、沸点由高到低顺序排列正确的是：

A. HF、HCl、HBr、HI

B. HI、HBr、HCl、HF

C. HCl、HBr、HI、HF

D. HF、HI、HBr、HCl

39. 对于 HCl 气体溶解于水的过程，下列说法正确的是：

A. 这仅是一个物理变化过程

B. 这仅是一个化学变化过程

C. 此过程既有物理变化又有化学变化

D. 此过程中溶质的性质发生了变化，而溶剂的性质未变

40. 体系与环境之间只有能量交换而没有物质交换，这种体系在热力学上称为：

A. 绝热体系   B. 循环体系

C. 孤立体系   D. 封闭体系

41. 反应$PCl_3(g) + Cl_2(g) \rightleftharpoons PCl_5(g)$，298K 时$K^{\ominus} = 0.767$，此温度下平衡时，如$p(PCl_5) = p(PCl_3)$，则$p(Cl_2) =$

A. 130.38kPa

B. 0.767kPa

C. 7607kPa

D. 7.67×10^{-3}kPa

42. 在铜锌原电池中，将铜电极的$C(H^+)$由1mol/L增加到2mol/L，则铜电极的电极电势：

A. 变大   B. 变小

C. 无变化   D. 无法确定

43. 元素的标准电极电势图如下：

$$Cu^{2+} \xrightarrow{0.159} Cu^+ \xrightarrow{0.52} Cu$$

$$Au^{3+} \xrightarrow{1.36} Au^+ \xrightarrow{1.83} Au$$

$$Fe^{3+} \xrightarrow{0.771} Fe^{2+} \xrightarrow{-0.44} Fe$$

$$MnO_4^- \xrightarrow{1.51} Mn^{2+} \xrightarrow{-1.18} Mn$$

在空气存在的条件下，下列离子在水溶液中最稳定的是：

A. Cu^{2+}

B. Au^+

C. Fe^{2+}

D. Mn^{2+}

44. 按系统命名法，下列有机化合物命名正确的是：

A. 2-乙基丁烷

B. 2，2-二甲基丁烷

C. 3，3-二甲基丁烷

D. 2，3，3-三甲基丁烷

45. 下列物质使溴水褪色的是：

A. 乙醇

B. 硬脂酸甘油酯

C. 溴乙烷

D. 乙烯

46. 昆虫能分泌信息素。下列是一种信息素的结构简式：

$$CH_3(CH_2)_5CH = CH(CH_2)_9CHO$$

下列说法正确的是：

A. 这种信息素不可以与溴发生加成反应

B. 它可以发生银镜反应

C. 它只能与 $1mol\ H_2$ 发生加成反应

D. 它是乙烯的同系物

47. 图示刚架中，若将作用于 B 处的水平力 P 沿其作用线移至 C 处，则 A、D 处的约束力：

A. 都不变

B. 都改变

C. 只有 A 处改变

D. 只有 D 处改变

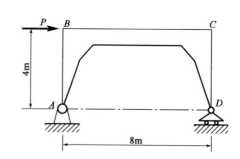

48. 图示绞盘有三个等长为 l 的柄，三个柄均在水平面内，其间夹角都是 120°。如在水平面内，每个柄端分别作用一垂直于柄的力 F_1、F_2、F_3，且有 $F_1 = F_2 = F_3 = F$，该力系向 O 点简化后的主矢及主矩应为：

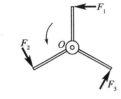

A. $F_R = 0$，$M_O = 3Fl(\frown)$

B. $F_R = 0$，$M_O = 3Fl(\frown)$

C. $F_R = 2F(水平向右)$，$M_O = 3Fl(\frown)$

D. $F_R = 2F(水平向左)$，$M_O = 3Fl(\frown)$

49. 图示起重机的平面构架，自重不计，且不计滑轮质量，已知：$F = 100kN$，$L = 70cm$，B、D、E 为铰链连接。则支座 A 的约束力为：

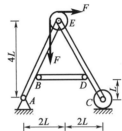

A. $F_{Ax} = 100kN(\leftarrow)$，$F_{Ay} = 150kN(\downarrow)$

B. $F_{Ax} = 100kN(\rightarrow)$，$F_{Ay} = 50kN(\uparrow)$

C. $F_{Ax} = 100kN(\leftarrow)$，$F_{Ay} = 50kN(\downarrow)$

D. $F_{Ax} = 100kN(\leftarrow)$，$F_{Ay} = 100kN(\downarrow)$

50. 平面结构如图所示，自重不计。已知：$F = 100kN$。判断图示 BCH 桁架结构中，内力为零的杆数是：

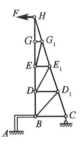

A. 3 根杆

B. 4 根杆

C. 5 根杆

D. 6 根杆

51. 动点以常加速度 $2m/s^2$ 作直线运动。当速度由 $5m/s$ 增加到 $8m/s$ 时，则点运动的路程为：

A. 7.5m

B. 12m

C. 2.25m

D. 9.75m

52. 物体作定轴转动的运动方程为 $\varphi = 4t - 3t^2$（φ 以 rad 计，t 以 s 计）。此物体内，转动半径 $r = 0.5m$ 的一点，在 $t_0 = 0$ 时的速度和法向加速度的大小分别为：

A. $2m/s$，$8m/s^2$

B. $3m/s$，$3m/s^2$

C. $2m/s$，$8.54m/s^2$

D. 0，$8m/s^2$

53. 一木板放在两个半径$r = 0.25$m的传输鼓轮上面。在图示瞬时,木板具有不变的加速度$a = 0.5$m/s^2,方向向右;同时,鼓动边缘上的点具有一大小为3m/s^{2}的全加速度。如果木板在鼓轮上无滑动,则此木板的速度为:

A. 0.86m/s

B. 3m/s

C. 0.5m/s

D. 1.67m/s

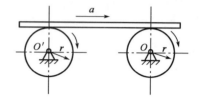

54. 重为W的人乘电梯铅垂上升,当电梯加速上升、匀速上升及减速上升时,人对地板的压力分别为p_1、p_2、p_3,它们之间的关系为:

A. $p_1 = p_2 = p_3$ B. $p_1 > p_2 > p_3$

C. $p_1 < p_2 < p_3$ D. $p_1 < p_2 > p_3$

55. 均质细杆AB重力为W,A端置于光滑水平面上,B端用绳悬挂,如图所示。当绳断后,杆在倒地的过程中,质心C的运动轨迹为:

A. 圆弧线

B. 曲线

C. 铅垂直线

D. 抛物线

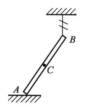

56. 杆OA与均质圆轮的质心用光滑铰链A连接,如图所示,初始时它们静止于铅垂面内,现将其释放,则圆轮A所作的运动为:

A. 平面运动

B. 绕轴O的定轴转动

C. 平行移动

D. 无法判断

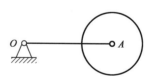

57. 图示质量为m、长为l的均质杆OA绕O轴在铅垂平面内作定轴转动。已知某瞬时杆的角速度为ω,角加速度为α,则杆惯性力系合力的大小为:

A. $\frac{l}{2}m\sqrt{\alpha^2 + \omega^2}$

B. $\frac{l}{2}m\sqrt{\alpha^2 + \omega^4}$

C. $\frac{l}{2}m\alpha$

D. $\frac{l}{2}m\omega^2$

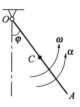

58. 已知单自由度系统的振动固有频率$\omega_n = 2\text{rad/s}$,若在其上分别作用幅值相同而频率为$\omega_1 = 1\text{rad/s}$，$\omega_2 = 2\text{rad/s}$，$\omega_3 = 3\text{rad/s}$的简谐干扰力，则此系统强迫振动的振幅为：

A. $\omega_1 = 1\text{rad/s}$时振幅最大

B. $\omega_2 = 2\text{rad/s}$时振幅最大

C. $\omega_3 = 3\text{rad/s}$时振幅最大

D. 不能确定

59. 截面面积为A的等截面直杆，受轴向拉力作用。杆件的原始材料为低碳钢，若将材料改为木材，其他条件不变，下列结论中正确的是：

A. 正应力增大，轴向变形增大

B. 正应力减小，轴向变形减小

C. 正应力不变，轴向变形增大

D. 正应力减小，轴向变形不变

60. 图示等截面直杆，材料的拉压刚度为EA，杆中距离A端$1.5L$处横截面的轴向位移是：

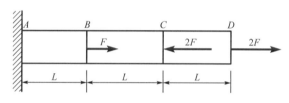

A. $\frac{4FL}{EA}$

B. $\frac{3FL}{EA}$

C. $\frac{2FL}{EA}$

D. $\frac{FL}{EA}$

61. 图示冲床的冲压力$F = 300\pi\text{kN}$，钢板的厚度$t = 10\text{mm}$，钢板的剪切强度极限$\tau_b = 300\text{MPa}$。冲床在钢板上可冲圆孔的最大直径d是：

A. $d = 200\text{mm}$

B. $d = 100\text{mm}$

C. $d = 4000\text{mm}$

D. $d = 1000\text{mm}$

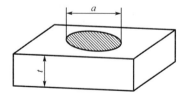

62. 图示两根木杆连接结构，已知木材的许用切应力为$[\tau]$，许用挤压应力为$[\sigma_{bs}]$，则a与h的合理比值是：

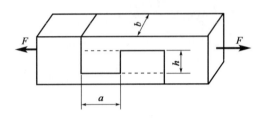

A. $\dfrac{h}{a} = \dfrac{[\tau]}{[\sigma_{bs}]}$

B. $\dfrac{h}{a} = \dfrac{[\sigma_{bs}]}{[\tau]}$

C. $\dfrac{h}{a} = \dfrac{[\tau]a}{[\sigma_{bs}]}$

D. $\dfrac{h}{a} = \dfrac{[\sigma_{bs}]a}{[\tau]}$

63. 圆轴受力如图所示，下面4个扭矩图中正确的是：

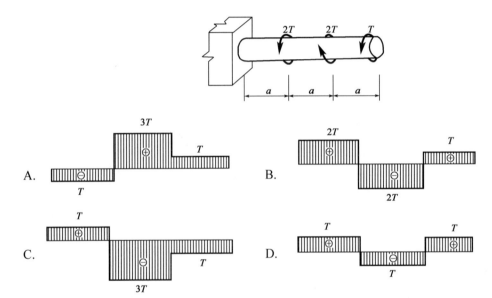

64. 直径为d的实心圆轴受扭，若使扭转角减小一半，圆轴的直径需变为：

A. $\sqrt[4]{2}d$

B. $\sqrt[3]{2}d$

C. $0.5d$

D. $\dfrac{8}{3}d$

65. 梁 *ABC* 的弯矩如图所示，根据梁的弯矩图，可以断定该梁 *B* 点处：

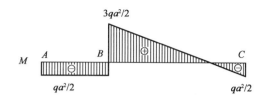

A. 无外荷载

B. 只有集中力偶

C. 只有集中力

D. 有集中力和集中力偶

66. 图示空心截面对 *z* 轴的惯性矩 I_z 为：

A. $I_z = \dfrac{\pi d^4}{32} - \dfrac{a^4}{12}$

B. $I_z = \dfrac{\pi d^4}{64} - \dfrac{a^4}{12}$

C. $I_z = \dfrac{\pi d^4}{32} + \dfrac{a^4}{12}$

D. $I_z = \dfrac{\pi d^4}{64} + \dfrac{a^4}{12}$

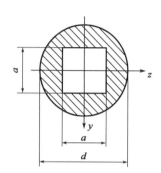

67. 两根矩形截面悬臂梁，弹性模量均为 *E*，横截面尺寸如图所示，两梁的载荷均为作用在自由端的集中力偶。已知两梁的最大挠度相同，则集中力偶 M_{e2} 是 M_{e1} 的：（悬臂梁受自由端集中力偶 *M* 作用，自由端挠度为 $\dfrac{ML^2}{2EI}$）

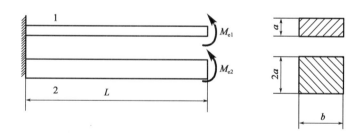

A. 8 倍

B. 4 倍

C. 2 倍

D. 1 倍

68. 图示等边角钢制成的悬臂梁AB，c点为截面形心，x'为该梁轴线，y'、z'为形心主轴。集中力F竖直向下，作用线过角钢两个狭长矩形边中线的交点，梁将发生以下变形：

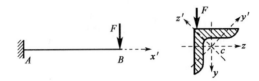

A. $x'z'$平面内的平面弯曲

B. 扭转和$x'z'$平面内的平面弯曲

C. $x'y'$平面和$x'z'$平面内的双向弯曲

D. 扭转和$x'y'$平面、$x'z'$平面内的双向弯曲

69. 图示单元体，法线与x轴夹角$\alpha = 45°$的斜截面上切应力τ_α是：

A. $\tau_\alpha = 10\sqrt{2}$MPa

B. $\tau_\alpha = 50$MPa

C. $\tau_\alpha = 60$MPa

D. $\tau_\alpha = 0$

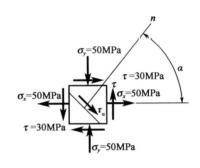

70. 图示矩形截面细长（大柔度）压杆，弹性模量为E。该压杆的临界荷载F_{cr}为：

A. $F_{cr} = \dfrac{\pi^2 E}{L^2}\left(\dfrac{bh^3}{12}\right)$

B. $F_{cr} = \dfrac{\pi^2 E}{L^2}\left(\dfrac{hb^3}{12}\right)$

C. $F_{cr} = \dfrac{\pi^2 E}{(2L)^2}\left(\dfrac{bh^3}{12}\right)$

D. $F_{cr} = \dfrac{\pi^2 E}{(2L)^2}\left(\dfrac{hb^3}{12}\right)$

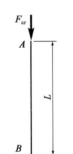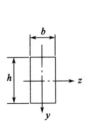

71. 按连续介质概念，流体质点是：

A. 几何的点

B. 流体的分子

C. 流体内的固体颗粒

D. 几何尺寸在宏观上同流动特征尺度相比是微小量，又含有大量分子的微元体

72. 设 A、B 两处液体的密度分别为 ρ_A 与 ρ_B，由 U 形管连接，如图所示，已知水银密度为 ρ_m，1、2 面的高度差为 Δh，它们与 A、B 中心点的高度差分别是 h_1 与 h_2，则 AB 两中心点的压强差 $P_A - P_B$ 为：

A. $(-h_1\rho_A + h_2\rho_B + \Delta h\rho_m)g$

B. $(h_1\rho_A - h_2\rho_B - \Delta h\rho_m)g$

C. $[-h_1\rho_A + h_2\rho_B + \Delta h(\rho_m - \rho_A)]g$

D. $[h_1\rho_A - h_2\rho_B - \Delta h(\rho_m - \rho_A)]g$

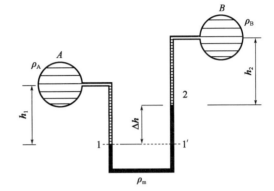

73. 汇流水管如图所示，已知三部分水管的横截面积分别为 $A_1 = 0.01\text{m}^2$，$A_2 = 0.005\text{m}^2$，$A_3 = 0.01\text{m}^2$ 入流速度 $v_1 = 4\text{m/s}$，$v_2 = 6\text{m/s}$，求出流的流速 v_3 为：

A. 8m/s

B. 6m/s

C. 7m/s

D. 5m/s

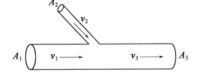

74. 尼古拉斯实验的曲线图中，在以下哪个区域里，不同相对粗糙度的试验点，分别落在一些与横轴平行的直线上，阻力系数 λ 与雷诺数无关：

A. 层流区

B. 临界过渡区

C. 紊流光滑区

D. 紊流粗糙区

75. 正常工作条件下，若薄壁小孔口直径为d，圆柱形管嘴的直径为d_2，作用水头H相等，要使得孔口与管嘴的流量相等，则直径d_1与d_2的关系是：

A. $d_1 > d_2$
B. $d_1 < d_2$
C. $d_1 = d_2$
D. 条件不足无法确定

76. 下面对明渠均匀流的描述哪项是正确的：

A. 明渠均匀流必须是非恒定流
B. 明渠均匀流的粗糙系数可以沿程变化
C. 明渠均匀流可以有支流汇入或流出
D. 明渠均匀流必须是顺坡

77. 有一完全井，半径$r_0 = 0.3$m，含水层厚度$H = 15$m，土壤渗透系数$k = 0.0005$m/s，抽水稳定后，井水深$h = 10$m，影响半径$R = 375$m，则由达西定律得出的井的抽水量Q为：（其中计算系数为1.366）

A. $0.0276\mathrm{m^3/s}$
B. $0.0138\mathrm{m^3/s}$
C. $0.0414\mathrm{m^3/s}$
D. $0.0207\mathrm{m^3/s}$

78. 量纲和谐原理是指：

A. 量纲相同的量才可以乘除
B. 基本量纲不能与导出量纲相运算
C. 物理方程式中各项的量纲必须相同
D. 量纲不同的量才可以加减

79. 关于电场和磁场，下述说法中正确的是：

A. 静止的电荷周围有电场，运动的电荷周围有磁场
B. 静止的电荷周围有磁场，运动的电荷周围有电场
C. 静止的电荷和运动的电荷周围都只有电场
D. 静止的电荷和运动的电荷周围都只有磁场

80. 如图所示，两长直导线的电流$I_1 = I_2$，L是包围I_1、I_2的闭合曲线，以下说法中正确的是：

A. L上各点的磁场强度H的量值相等，不等于0
B. L上各点的H等于0
C. L上任一点的H等于I_1、I_2在该点的磁场强度的叠加
D. L上各点的H无法确定

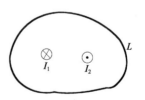

81. 电路如图所示，U_s为独立电压源，若外电路不变，仅电阻R变化时，将会引起下述哪种变化？

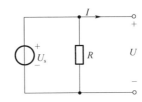

A. 端电压U的变化

B. 输出电流I的变化

C. 电阻R支路电流的变化

D. 上述三者同时变化

82. 在图a）电路中有电流I时，可将图a）等效为图b），其中等效电压源电压U_s和等效电源内阻R_0分别为：

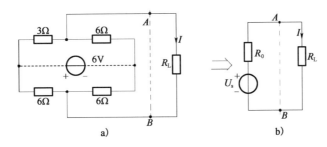

A. –1V，5.143Ω   B. 1V，5Ω   C. –1V，5Ω   D. 1V，5.143Ω

83. 某三相电路中，三个线电流分别为：

$$i_A = 18\sin(314t + 23°) \, (A)$$
$$i_B = 18\sin(314t - 97°) \, (A)$$
$$i_C = 18\sin(314t + 143°) \, (A)$$

当$t = 10s$时，三个电流之和为：

A. 18A   B. 0A   C. $18\sqrt{2}$A   D. $18\sqrt{3}$A

84. 电路如图所示，电容初始电压为零，开关在$t = 0$时闭合，则$t \geqslant 0$时，$u(t)$为：

A. $(1 - e^{-0.5t})V$

B. $(1 + e^{-0.5t})V$

C. $(1 - e^{-2t})V$

D. $(1 + e^{-2t})V$

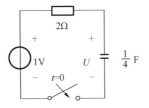

85. 有一容量为10kV·A的单相变压器，电压为3300/220V，变压器在额定状态下运行。在理想的情况下副边可接40W、220V、功率因数$\cos\phi = 0.44$的日光灯多少盏？

A. 110   B. 200   C. 250   D. 125

86. 整流滤波电路如图所示，已知 $U_1 = 30V$，$U_o = 12V$，$R = 2k\Omega$，$R_L = 4k\Omega$（稳压管的稳定电流 $I_{Zmin} = 5mA$ 与 $I_{Zmax} = 18mA$）。通过稳压管的电流和通过二极管的平均电流分别是：

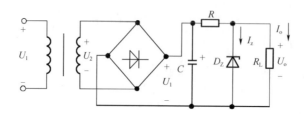

A. 5mA，2.5mA

B. 8mA，8mA

C. 6mA，2.5mA

D. 6mA，4.5mA

87. 晶体管非门电路如图所示，已知 $U_{CC} = 15V$，$U_B = -9V$，$R_C = 3k\Omega$，$R_B = 20k\Omega$，$\beta = 40$，当输入电压 $U_1 = 5V$时，要使晶体管饱和导通，R_X的值不得大于：（设 $U_{BE} = 0.7V$，集电极和发射极之间的饱和电压 $U_{CES} = 0.3V$）

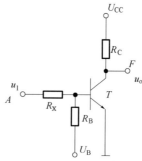

A. 7.1kΩ

B. 35kΩ

C. 3.55kΩ

D. 17.5kΩ

88. 图示为共发射极单管电压放大电路，估算静态点 I_B、I_C、V_{CE}分别为：

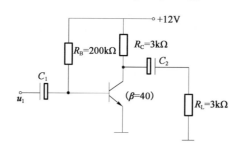

A. 57μA，2.28mA，5.16V

B. 57μA，2.28mA，8V

C. 57μA，4mA，0V

D. 30μA，2.8mA，3.5V

89. 图为三个二极管和电阻 R 组成的一个基本逻辑门电路，输入二极管的高电平和低电平分别是 3V 和 0V，电路的逻辑关系式是：

A. Y=ABC

B. Y=A+B+C

C. Y=AB+C

D. Y=(A+B)C

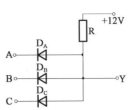

90. 由两个主从型 JK 触发器组成的逻辑电路如图 a）所示，设 Q_1、Q_2 的初始态是 0、0，已知输入信号 A 和脉冲信号 cp 的波形，如图 b）所示，当第二个 cp 脉冲作用后，Q_1、Q_2 将变为：

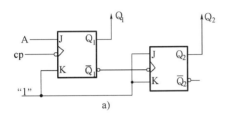
a)

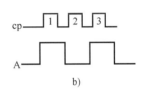
b)

A. 1、1

B. 1、0

C. 0、1

D. 保持 0、0 不变

91. 图示为电报信号、温度信号、触发脉冲信号和高频脉冲信号的波形，其中是连续信号的是：

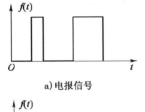
a) 电报信号

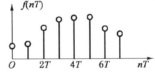
b) 温度信号

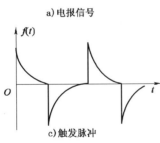
c) 触发脉冲

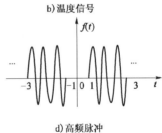
d) 高频脉冲

A. a）、c）、d）

B. b）、c）、d）

C. a）、b）、c）

D. a）、b）、d）

92. 连续时间信号与通常所说的模拟信号的关系是:

　　A. 完全不同　　　　　　　　　　B. 是同一个概念

　　C. 不完全相同　　　　　　　　　D. 无法回答

93. 单位冲激信号$\delta(t)$是:

　　A. 奇函数　　　　　　　　　　　B. 偶函数

　　C. 非奇非偶函数　　　　　　　　D. 奇异函数，无奇偶性

94. 单位阶跃信号$\varepsilon(t)$是物理量单位跃变现象，而单位冲激信号$\delta(t)$是物理量产生单位跃变什么的现象:

　　A. 速度　　　　　　　　　　　　B. 幅度

　　C. 加速度　　　　　　　　　　　D. 高度

95. 如图所示的周期为T的三角波信号，在用傅氏级数分析周期信号时，系数a_0、a_n和b_n判断正确的是:

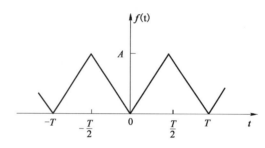

　　A. 该信号是奇函数且在一个周期的平均值为零，所以傅立叶系数a_0和b_n是零

　　B. 该信号是偶函数且在一个周期的平均值不为零，所以傅立叶系数a_0和a_n不是零

　　C. 该信号是奇函数且在一个周期的平均值不为零，所以傅立叶系数a_0和b_n不是零

　　D. 该信号是偶函数且在一个周期的平均值为零，所以傅立叶系数a_0和b_n是零

96. 将$(11010010.01010100)_B$表示成十六进制数是:

　　A. $(D2.54)_H$　　　　　　　　B. D2.54

　　C. $(D2.A8)_H$　　　　　　　　D. $(D2.54)_B$

97. 计算机系统内的系统总线是:

　　A. 计算机硬件系统的一个组成部分

　　B. 计算机软件系统的一个组成部分

　　C. 计算机应用软件系统的一个组成部分

　　D. 计算机系统软件的一个组成部分

98. 目前，人们常用的文字处理软件有：

A. Microsoft Word 和国产字处理软件 WPS

B. Microsoft Excel 和 Auto CAD

C. Microsoft Access 和 Visual Foxpro

D. Visual BASIC 和 Visual C++

99. 下面所列各种软件中，最靠近硬件一层的是：

A. 高级语言程序

B. 操作系统

C. 用户低级语言程序

D. 服务性程序

100. 操作系统中采用虚拟存储技术，实际上是为实现：

A. 在一个较小内存储空间上，运行一个较小的程序

B. 在一个较小内存储空间上，运行一个较大的程序

C. 在一个较大内存储空间上，运行一个较小的程序

D. 在一个较大内存储空间上，运行一个较大的程序

101. 用二进制数表示的计算机语言称为：

A. 高级语言   B. 汇编语言

C. 机器语言   D. 程序语言

102. 下面四个二进制数中，与十六进制数 AE 等值的一个是：

A. 10100111   B. 10101110

C. 10010111   D. 11101010

103. 常用的信息加密技术有多种，下面所述四条不正确的一条是：

A. 传统加密技术、数字签名技术

B. 对称加密技术

C. 密钥加密技术

D. 专用 ASCII 码加密技术

104. 广域网，又称为远程网，它所覆盖的地理范围一般：

    A. 从几十米到几百米

    B. 从几百米到几公里

    C. 从几公里到几百公里

    D. 从几十公里到几千公里

105. 我国专家把计算机网络定义为：

    A. 通过计算机将一个用户的信息传送给另一个用户的系统

    B. 由多台计算机、数据传输设备以及若干终端连接起来的多计算机系统

    C. 将经过计算机储存、再生，加工处理的信息传输和发送的系统

    D. 利用各种通信手段，把地理上分散的计算机连在一起，达到相互通信、共享软/硬件和数据等资源的系统

106. 在计算机网络中，常将实现通信功能的设备和软件称为：

    A. 资源子网　　　　　　　　　　　　B. 通信子网

    C. 广域网　　　　　　　　　　　　　D. 局域网

107. 某项目拟发行 1 年期债券。在年名义利率相同的情况下，使年实际利率较高的复利计息期是：

    A. 1 年　　　　　　　　　　　　　　B. 半年

    C. 1 季度　　　　　　　　　　　　　D. 1 个月

108. 某建设工程建设期为 2 年。其中第一年向银行贷款总额为 1000 万元，第二年无贷款，贷款年利率为 6%，则该项目建设期利息为：

    A. 30 万元　　　　　　　　　　　　B. 60 万元

    C. 61.8 万元　　　　　　　　　　　D. 91.8 万元

109. 某公司向银行借款 5000 万元，期限为 5 年，年利率为 10%，每年年末付息一次，到期一次还本，企业所得税率为 25%。若不考虑筹资费用，该项借款的资金成本率是：

    A. 7.5%　　　　　　　　　　　　　B. 10%

    C. 12.5%　　　　　　　　　　　　D. 37.5%

110. 对于某常规项目（IRR唯一），当设定折现率为12%时，求得的净现值为130万元；当设定折现率为14%时，求得的净现值为-50万元，则该项目的内部收益率应是：

A. 11.56%

B. 12.77%

C. 13%

D. 13.44%

111. 下列财务评价指标中，反映项目偿债能力的指标是：

A. 投资回收期

B. 利息备付率

C. 财务净现值

D. 总投资收益率

112. 某企业生产一种产品，年固定成本为1000万元，单位产品的可变成本为300元、售价为500元，则其盈亏平衡点的销售收入为：

A. 5万元

B. 600万元

C. 1500万元

D. 2500万元

113. 下列项目方案类型中，适于采用净现值法直接进行方案选优的是：

A. 寿命期相同的独立方案

B. 寿命期不同的独立方案

C. 寿命期相同的互斥方案

D. 寿命期不同的互斥方案

114. 某项目由A、B、C、D四个部分组成，当采用强制确定法进行价值工程对象选择时，它们的价值指数分别如下所示。其中不应作为价值工程分析对象的是：

A. 0.7559

B. 1.0000

C. 1.2245

D. 1.5071

115. 建筑工程开工前，建设单位应当按照国家有关规定申请领取施工许可证，颁发施工许可证的单位应该是：

A. 县级以上人民政府建设行政主管部门

B. 工程所在地县级以上人民政府建设工程监督部门

C. 工程所在地省级以上人民政府建设行政主管部门

D. 工程所在地县级以上人民政府建设行政主管部门

116. 根据《中华人民共和国安全生产法》的规定,生产经营单位主要负责人对本单位的安全生产负总责,某生产经营单位的主要负责人对本单位安全生产工作的职责是:

A. 建立、健全本单位安全生产责任制

B. 保证本单位安全生产投入的有效使用

C. 及时报告生产安全事故

D. 组织落实本单位安全生产规章制度和操作规程

117. 根据《中华人民共和国招标投标法》的规定,某建设工程依法必须进行招标,招标人委托了招标代理机构办理招标事宜,招标代理机构的行为合法的是:

A. 编制投标文件和组织评标

B. 在招标人委托的范围内办理招标事宜

C. 遵守《中华人民共和国招标投标法》关于投标人的规定

D. 可以作为评标委员会成员参与评标

118.《中华人民共和国合同法》规定的合同形式中不包括:

A. 书面形式   B. 口头形式

C. 特定形式   D. 其他形式

119. 根据《中华人民共和国行政许可法》规定,下列可以设定行政许可的事项是:

A. 企业或者其他组织的设立等,需要确定主体资格的事项

B. 市场竞争机制能够有效调节的事项

C. 行业组织或者中介机构能够自律管理的事项

D. 公民、法人或者其他组织能够自主决定的事项

120. 根据《建设工程质量管理条例》的规定,施工图必须经过审查批准,否则不得使用,某建设单位投资的大型工程项目施工图设计已经完成,该施工图应该报审的管理部门是:

A. 县级以上人民政府建设行政主管部门

B. 县级以上人民政府工程设计主管部门

C. 县级以上政府规划部门

D. 工程监理单位

2012年度全国勘察设计注册工程师执业资格考试基础考试（上）

试题解析及参考答案

1. 解 $\lim\limits_{x \to 0^+}(x^2+1) = 1$，$\lim\limits_{x \to 0^-}\left(\cos x + x\sin\frac{1}{x}\right) = 1 + 0 = 1$

$f(0) = (x^2+1)|_{x=0} = 1$，所以 $\lim\limits_{x \to 0^+}f(x) = \lim\limits_{x \to 0^-}f(x) = f(0)$

答案：D

2. 解 $\lim\limits_{x \to 0}\dfrac{1-\cos x}{2x^2} = \lim\limits_{x \to 0}\dfrac{\frac{1}{2}x^2}{2x^2} = \dfrac{1}{4} \neq 1$，当 $x \to 0$，$1 - \cos x \sim \dfrac{1}{2}x^2$。

答案：D

3. 解 $y = \ln\cos x$，$y' = \dfrac{-\sin x}{\cos x} = -\tan x$，$\mathrm{d}y = -\tan x\,\mathrm{d}x$

答案：C

4. 解 $f(x) = \left(e^{-x^2}\right)' = -2xe^{-x^2}$

$f'(x) = -2\left[e^{-x^2} + xe^{-x^2}(-2x)\right] = 2e^{-x^2}(2x^2 - 1)$

答案：A

5. 解 $\int f'(2x+1)\mathrm{d}x = \dfrac{1}{2}\int f'(2x+1)\mathrm{d}(2x+1) = \dfrac{1}{2}f(2x+1) + C$

答案：B

6. 解

$$\int_0^{\frac{1}{2}}\frac{1+x}{\sqrt{1-x^2}}\mathrm{d}x = \int_0^{\frac{1}{2}}\frac{1}{\sqrt{1-x^2}}\mathrm{d}x + \int_0^{\frac{1}{2}}\frac{x}{\sqrt{1-x^2}}\mathrm{d}x$$

$$= \arcsin x\Big|_0^{\frac{1}{2}} + \int_0^{\frac{1}{2}}\frac{1}{\sqrt{1-x^2}}\mathrm{d}\left(\frac{1}{2}x^2\right)$$

$$= \arcsin\frac{1}{2} + \left(-\frac{1}{2}\right)\times\int_0^{\frac{1}{2}}\frac{1}{\sqrt{1-x^2}}\mathrm{d}\left(1-x^2\right)$$

$$= \frac{\pi}{6} + \left(-\frac{1}{2}\right)\times 2(1-x^2)^{\frac{1}{2}}\Big|_0^{\frac{1}{2}}$$

$$= \frac{\pi}{6} - \left(\frac{\sqrt{3}}{2} - 1\right) = \frac{\pi}{6} + 1 - \frac{\sqrt{3}}{2}$$

答案：C

7. 解 见解图，D：$\begin{cases} 0 \leqslant \theta < \dfrac{\pi}{4} \\ 0 \leqslant r \leqslant \dfrac{1}{\cos\theta} \end{cases}$，因为 $x = 1$，$r\cos\theta = 1\left(\text{即}\ r = \dfrac{1}{\cos\theta}\right)$

等式 $= \int_0^{\frac{\pi}{4}}\mathrm{d}\theta\int_0^{\frac{1}{\cos\theta}}(r\cos\theta, r\sin\theta)r\mathrm{d}r$

题 7 解图

答案：B

8. 解 已知 $a < x < b$，$f'(x) > 0$，单增；$f''(x) < 0$，凸。所以函数在区间 (a,b) 内图形沿 x 轴正向

是单增且凸的。

答案：C

9.解 $f(x)=x^{\frac{2}{3}}$ 在 $[-1,1]$ 连续。$F'(x)=\frac{2}{3}x^{-\frac{1}{3}}=\frac{2}{3}\cdot\frac{1}{\sqrt[3]{x}}$ 在 $(-1,1)$ 不可导[因为 $f'(x)$ 在 $x=0$ 导数不存在]，所以不满足拉格郎日定理的条件。

答案：B

10.解 $\sum\limits_{n=1}^{\infty}\left|\frac{(-1)^n}{n}\right|=\sum\limits_{n=1}^{\infty}\frac{1}{n}$，发散；

而 $\sum\limits_{n=1}^{\infty}\frac{(-1)^n}{n}$ 满足：①$u_n\geqslant u_{n+1}$，②$\lim\limits_{n\to\infty}u_n=0$，该级数收敛。

所以级数条件收敛。

答案：A

11.解 $|x|<\frac{1}{2}$，即 $-\frac{1}{2}<x<\frac{1}{2}$，$f(x)=\frac{1}{1+2x}$

已知：$\frac{1}{1+x}=1-x+x^2-x^3+\cdots+(-1)^nx^n+\cdots=\sum\limits_{n=0}^{\infty}(-1)^nx^n\,(-1<x<1)$

则 $f(x)=\frac{1}{1+2x}=1-(2x)+(2x)^2-(2x)^3+\cdots+(-1)^n(2x)^n+\cdots$

$$=\sum_{n=0}^{\infty}(-1)^n(2x)^n=\sum_{n=0}^{\infty}(-2)^nx^n\qquad\left(-1<2x<1,\ \text{即}-\frac{1}{2}<x<\frac{1}{2}\right)$$

答案：B

12.解 已知 $y_1(x)$，$y_2(x)$ 是微分方程 $y'+p(x)y=q(x)$ 两个不同的特解，所以 $y_1(x)-y_2(x)$ 为对应齐次方程 $y'+p(x)y=0$ 的一个解。

微分方程 $y'+p(x)y=q(x)$ 的通解为 $y=y_1+C(y_1-y_2)$。

答案：D

13.解 $y''+2y'-3y=0$，特征方程为 $r^2+2r-3=0$，得 $r_1=-3$，$r_2=1$。所以 $y_1=e^x$，$y_2=e^{-3x}$ 为选项 B 的特解，满足条件。

答案：B

14.解 $\frac{\mathrm{d}y}{\mathrm{d}x}=-\frac{x}{y}$，$y\mathrm{d}y=-x\mathrm{d}x$

两边积分：$\frac{1}{2}y^2=-\frac{1}{2}x^2+C$，$y^2=-x^2+2C$，$y^2+x^2=C_1$，这里常数 $C_1=2C$，必须满足 $C_1\geqslant0$。

故方程的通解为 $x^2+y^2=C^2\,(C\in R)$。

答案：C

15.解 旋转体体积 $V=\int_0^{\pi}\pi\left[(\sin x)^{\frac{3}{2}}\right]^2\mathrm{d}x=\pi\int_0^{\pi}\sin^3x\mathrm{d}x=\pi\int_0^{\pi}\sin^2x\mathrm{d}(-\cos x)$

$$=-\pi\int_0^{\pi}(1-\cos^2x)\mathrm{d}\cos x=-\pi\left(\cos x-\frac{1}{3}\cos^3x\right)\Big|_0^{\pi}=\frac{4}{3}\pi$$

答案：B

16.解　方程组 $\begin{cases} x^2 + 4y^2 + z^2 = 4 & ① \\ x + z = a & ② \end{cases}$

消去字母 x，由②式得：

$$x = a - z \qquad\qquad ③$$

③式代入①式得：$(a - z)^2 + 4y^2 + z^2 = 4$

则曲线在 yOz 平面上投影方程为 $\begin{cases} (a - z)^2 + 4y^2 + z^2 = 4 \\ x = 0 \end{cases}$

答案：A

17.解　方程 $x^2 - \dfrac{y^2}{4} + z^2 = 1$，即 $x^2 + z^2 - \dfrac{y^2}{4} = 1$，可由 xOy 平面上双曲线 $\begin{cases} x^2 - \dfrac{y^2}{4} = 1 \\ z = 0 \end{cases}$ 绕 y 轴旋转

得到，也可由 yOz 平面上双曲线 $\begin{cases} z^2 - \dfrac{y^2}{4} = 1 \\ x = 0 \end{cases}$ 绕 y 轴旋转得到。

所以 $x^2 + z^2 - \dfrac{y^2}{4} = 1$ 为旋转双曲面。

答案：A

18.解　直线 L 的方向向量 $\vec{s} = \begin{vmatrix} \vec{i} & \vec{j} & \vec{k} \\ 1 & 3 & 2 \\ 2 & -1 & -10 \end{vmatrix} = -28\vec{i} + 14\vec{j} - 7\vec{k}$，即 $\vec{s} = \{-28, 14, -7\}$

平面 π：$4x - 2y + z - 2 = 0$，法线向量：$\vec{n} = \{4, -2, 1\}$

$\vec{s}$，$\vec{n}$ 坐标成比例，$\dfrac{-28}{4} = \dfrac{14}{-2} = \dfrac{-7}{1}$，则 $\vec{s} \parallel \vec{n}$，直线 L 垂直于平面 π。

答案：C

19.解　A 的特征值为 λ_0，$2A$ 的特征值为 $2\lambda_0$，$(2A)^{-1}$ 的特征值为 $\dfrac{1}{2\lambda_0}$。

答案：C

20.解　已知 $\vec{\alpha_1}$，$\vec{\alpha_2}$，$\vec{\beta}$ 线性相关，$\vec{\alpha_2}$，$\vec{\alpha_3}$，$\vec{\beta}$ 线性无关。由性质可知：$\vec{\alpha_1}$，$\vec{\alpha_2}$，$\vec{\alpha_3}$，$\vec{\beta}$ 线性相关（部分相关，全体相关），$\vec{\alpha_2}$，$\vec{\alpha_3}$，$\vec{\beta}$ 线性无关。

故 $\vec{\alpha_1}$ 可用 $\vec{\alpha_2}$，$\vec{\alpha_3}$，$\vec{\beta}$ 线性表示。

答案：B

21.解　已知 $A = \begin{bmatrix} 1 & t & -1 \\ t & 1 & 1 \\ -1 & 1 & 2 \end{bmatrix}$

由矩阵 A 正定的充分必要条件可知：$1 > 0$，$\begin{vmatrix} 1 & t \\ t & 1 \end{vmatrix} = 1 - t^2 > 0$

$$\begin{vmatrix} 1 & t & -1 \\ t & 1 & 1 \\ -1 & 1 & 2 \end{vmatrix} \xlongequal[\substack{2c_1+c_3}]{c_1+c_2} \begin{vmatrix} 1 & t+1 & 1 \\ t & t+1 & 1+2t \\ -1 & 0 & 0 \end{vmatrix} = (-1)[(t+1)(1+2t) - (t+1)]$$

$$= -2t(t+1) > 0$$

求解 $t^2 < 1$，得 $-1 < t < 1$；再求解 $-2t(t+1) > 0$，得 $t(t+1) < 0$，即 $-1 < t < 0$，则公共解 $-1 < t < 0$。

答案：B

22. 解 A、B互不相容时，$P(AB) = 0$。$\overline{A}\,\overline{B} = \overline{A \cup B}$

$P(\overline{A}\,\overline{B}) = P(\overline{A \cup B}) = 1 - P(A \cup B)$

$\qquad\qquad = 1 - [P(A) + P(B) - P(AB)] = 1 - (p + q)$

或使用图示法（面积表示概率），见解图。

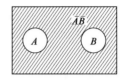

题 22 解图

答案：C

23. 解 X与Y独立时，$E(XY) = E(X)E(Y)$，X在$[a,b]$上服从均匀分布时，$E(X) = \dfrac{a+b}{2} = 1$，$Y$服从参数为$\lambda$的指数分布时，$E(Y) = \dfrac{1}{\lambda} = \dfrac{1}{3}$，$E(XY) = \dfrac{1}{3}$。

答案：D

24. 解 当σ^2未知时检验假设H_0：$\mu = \mu_0$，应选取统计量$T = \dfrac{\overline{X} - \mu_0}{S}\sqrt{n}$，$S^2 = \dfrac{1}{n-1}\sum\limits_{i=1}^{n}\left(X_i - \overline{X}\right)^2 = \dfrac{1}{n-1}Q^2$，$S = \dfrac{Q}{\sqrt{n-1}}$。

当$\mu_0 = 0$时，$T = \sqrt{n(n-1)}\dfrac{\overline{X}}{Q}$。

答案：A

25. 解 ①由$p = nkT$，知选项 A 不正确；

②由$pV = \dfrac{m}{M}RT$，知选项 B 不正确；

③由$\overline{\omega} = \dfrac{3}{2}kT$，温度、压强相等，单位体积分子数相同，知选项 C 正确；

④由$E_{内} = \dfrac{i}{2}\dfrac{m}{M}RT = \dfrac{i}{2}pV$，知选项 D 不正确。

答案：C

26. 解 $N\int_{v_1}^{v_2} f(v)\mathrm{d}v$表示速率在$v_1 \to v_2$区间内的分子数。

答案：B

27. 解 注意内能的增量ΔE只与系统的起始和终了状态有关，与系统所经历的过程无关。

$Q_{ab} = 335 = \Delta E_{ab} + 126$，$\Delta E_{ab} = 209\mathrm{J}$，$Q'_{ab} = \Delta E_{ab} + 42 = 251\mathrm{J}$

答案：C

28. 解 等体过程： $\qquad\qquad Q_1 = Q_v = \Delta E_1 = \dfrac{m}{M}\dfrac{i}{2}R\Delta T$ $\qquad\qquad$ ①

等压过程： $\qquad\qquad Q_2 = Q_p = \Delta E_2 + A = \dfrac{m}{M}\dfrac{i}{2}R\Delta T + A$ $\qquad\qquad$ ②

对于给定的理想气体，内能的增量只与系统的起始和终了状态有关，与系统所经历的过程无关，$\Delta E_1 = \Delta E_2$。

比较①式和②式，注意到$A > 0$，显然$Q_2 > Q_1$。

答案：A

29. 解 在$t = 0.25\mathrm{s}$时刻，处于平衡位置，$y = 0$

由简谐波的波动方程 $y = 2 \times 10^{-2} \cos 2\pi \left(10 \times 0.25 - \dfrac{x}{5}\right) = 0$，可知

$$\cos 2\pi \left(10 \times 0.25 - \dfrac{x}{5}\right) = 0$$

则 $2\pi \left(10 \times 0.25 - \dfrac{x}{5}\right) = (2k+1)\dfrac{\pi}{2}$，$k = 0, \pm 1, \pm 2, \cdots$

由此可得 $2\dfrac{x}{5} = \dfrac{9}{2} - k$

当 $x = 0$ 时，$k = 4.5$

所以 $k = 4$，$x = 1.25$ 或 $k = 5$，$x = -1.25$ 时，与坐标原点 $x = 0$ 最近

答案：C

30. 解 当初相位 $\phi = 0$ 时，波动方程的表达式为 $y = A \cos \omega \left(t - \dfrac{x}{u}\right)$，利用 $\omega = 2\pi\nu$，$\nu = \dfrac{1}{T}$，$u = \lambda\nu$，表达式 $y = A\cos\left[2\pi\nu\left(t - \dfrac{x}{\lambda\nu}\right)\right] = A\cos 2\pi\left(\nu t - \dfrac{\nu x}{\lambda\nu}\right) = A\cos 2\pi\left(\dfrac{t}{T} - \dfrac{x}{\lambda}\right)$，令 $A = 0.02\text{m}$，$T = 0.5\text{s}$，$\lambda = 100\text{m}$，则 $y = 0.02\cos\left(\dfrac{t}{\frac{1}{2}} - \dfrac{x}{100}\right) = 0.02\cos 2\pi(2t - 0.01x)$。

答案：B

31. 解 声强级 $L = 10\lg\dfrac{I}{I_0}\text{dB}$，由题意得 $40 = 10\lg\dfrac{I}{I_0}$，即 $\dfrac{I}{I_0} = 10^4$；同理 $\dfrac{I'}{I_0} = 10^8$，$\dfrac{I'}{I} = 10^4$。

答案：D

32. 解 自然光 I_0 通过 P_1 偏振片后光强减半为 $\dfrac{I_0}{2}$，通过 P_2 偏振后光强为 $I = \dfrac{I_0}{2}\cos^2 90° = 0$。

答案：A

33. 解 布儒斯特定律，以布儒斯特角入射，反射光为完全偏振光。

答案：C

34. 解 $(a+b)\sin\phi = \pm k\lambda$ $(k = 0, 1, 2, \cdots)$

令 $\phi = 90°$，$k = \dfrac{2000}{550} = 3.63$，$k$ 取小于此数的最大正整数，故 k 取 3。

答案：B

35. 解 $a\sin\phi = (2k+1)\dfrac{\lambda}{2}$，即 $a\sin 30° = 3 \times \dfrac{\lambda}{2}$，则 $a = 3\lambda$。

答案：D

36. 解 $x_{明} = \pm k\dfrac{D\lambda}{a}$，$x_{暗} = (2k+1)\dfrac{D\lambda}{2a}$，间距 $= x_{暗} - x_{明} = \dfrac{D\lambda}{2a}$。

答案：B

37. 解 除 3d 轨道上的 7 个电子，其他轨道上的电子都已成对。3d 轨道上的 7 个电子填充到 5 个简并的 d 轨道中，按照洪特规则有 3 个未成对电子。

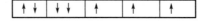

答案：C

38. 解 分子间力包括色散力、诱导力、取向力。分子间力以色散力为主。对同类型分子，色散力正比于分子量，所以分子间力正比于分子量。分子间力主要影响物质的熔点、沸点和硬度。对同类型分子，分子量越大，色散力越大，分子间力越大，物质的熔、沸点越高，硬度越大。

分子间氢键使物质熔、沸点升高，分子内氢键使物质熔、沸点减低。

HF 有分子间氢键，沸点最大。其他三个没有分子间氢键，HCl、HBr、HI 分子量逐渐增大，分子间力逐渐增大，沸点逐渐增大。

答案：D

39. 解 HCl 溶于水既有物理变化也有化学变化。HCl 的微粒向水中扩散的过程是物理变化，HCl 的微粒解离生成氢离子和氯离子的过程是化学变化。

答案：C

40. 解 系统与环境间只有能量交换，没有物质交换是封闭系统；既有物质交换，又有能量交换是敞开系统；没有物质交换，也没有能量交换是孤立系统。

答案：D

41. 解 $K^{\Theta} = \dfrac{\frac{p_{PCl_5}}{p^{\Theta}}}{\frac{p_{PCl_3}}{p^{\Theta}} \cdot \frac{p_{Cl_2}}{p^{\Theta}}} = \dfrac{p_{PCl_5}}{p_{PCl_3} \cdot p_{Cl_2}} p^{\Theta} = \dfrac{p^{\Theta}}{p_{Cl_2}}$，$p_{Cl_2} = \dfrac{p^{\Theta}}{K^{\Theta}} = \dfrac{100kPa}{0.767} = 130.38kPa$

答案：A

42. 解 铜电极的电极反应为：$Cu^{2+} + 2e^- = Cu$，氢离子没有参与反应，所以铜电极的电极电势不受氢离子影响。

答案：C

43. 解 元素电势图的应用。

（1）判断歧化反应：对于元素电势图 $A \overset{E^{\Theta}_{左}}{——} B \overset{E^{\Theta}_{右}}{——} C$，若 $E^{\Theta}_{右}$ 大于 $E^{\Theta}_{左}$，B 即是电极电势大的电对的氧化型，可作氧化剂，又是电极电势小的电对的还原型，也可作还原剂，B 的歧化反应能够发生；若 $E^{\Theta}_{右}$ 小于 $E^{\Theta}_{左}$，B 的歧化反应不能发生。

（2）计算标准电极电势：根据元素电势图，可以从已知某些电对的标准电极电势计算出另一电对的标准电极电势。

从元素电势图可知，Au^+ 可以发生歧化反应。由于 Cu^{2+} 达到最高氧化数，最不易失去电子，最稳定。

答案：A

44. 解 系统命名法。

（1）链烃的命名

①选择主链：选择最长碳链或含有官能团的最长碳链为主链；

②主链编号：从距取代基或官能团最近的一端开始对碳原子进行编号；

③写出全称：将取代基的位置编号、数目和名称写在前面，将母体化合物的名称写在后面。

（2）衍生物的命名

①选择母体：选择苯环上所连官能团或带官能团最长的碳链为母体，把苯环视为取代基；

②编号：将母体中碳原子依次编号，使官能团或取代基位次具有最小值。

答案：B

45. 解 含有不饱和键的有机物、含有醛基的有机物可使溴水褪色。

答案：D

46. 解 信息素分子为含有 C=C 不饱和键的醛，C=C 不饱和键和醛基可以与溴发生加成反应；醛基可以发生银镜反应；一个分子含有两个不饱和键（C=C 双键和醛基），1mol 分子可以和 2mol H_2 发生加成反应；它是醛，不是乙烯同系物。

答案：B

47. 解 根据力的可传性，作用于刚体上的力可沿其作用线滑移至刚体内任意点而不改变力对刚体的作用效应，同样也不会改变 A、D 处的约束力。

答案：A

48. 解 主矢 $\boldsymbol{F}_R = \boldsymbol{F}_1 + \boldsymbol{F}_2 + \boldsymbol{F}_3$ 为三力的矢量和，且此三力可构成首尾相连自行封闭的力三角形，故主矢为零；对 O 点的主矩为各力向 O 点平移后附加各力偶（$\boldsymbol{F}_1$、$\boldsymbol{F}_2$、$\boldsymbol{F}_3$ 对 O 点之矩）的代数和，即 $M_O = 3Fa$（逆时针）。

答案：B

49. 解 画出体系整体的受力图，列平衡方程：

$\Sigma F_x = 0$，$F_{Ax} + F = 0$，得到 $F_{Ax} = -F = -100\text{kN}$

$\Sigma M_C(F) = 0$，$F(2L + r) - F(4L + r) - F_{Ay}4L = 0$

得到 $F_{Ay} = -\dfrac{F}{2} = -\dfrac{100}{2} = -50\text{kN}$

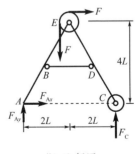

题 49 解图

答案：C

50. 解 根据零杆判别的方法，分析节点 G 的平衡，可知杆 GG_1 为零杆；分析节点 G_1 的平衡，由于 GG_1 为零杆，故节点实际只连接了三根杆，由此可知杆 G_1E 为零杆。依次类推，逐一分析节点 E、E_1、D、D_1，可分别得出 EE_1、E_1D、DD_1、D_1B 为零杆。

答案：D

51. 解 因为点做匀加速直线运动，所以可根据公式：$2as = v_t^2 - v_0^2$，得到点运动的路程应为：

$$s = \frac{v_t^2 - v_0^2}{2a} = \frac{8^2 - 5^2}{2 \times 2} = 9.75\text{m}$$

答案：D

52. 解 根据转动刚体内一点的速度和法向加速度公式：$v = r\omega$；$a_n = r\omega^2$，且 $\omega = \dot{\varphi} = 4 - 6t$，因此，转动刚体内转动半径 $r = 0.5\text{m}$ 的点，在 $t_0 = 0$ 时的速度和法向加速度的大小为：$v = r\omega = 0.5 \times 4 = 2\text{m/s}$，$a_n = r\omega^2 = 0.5 \times 4^2 = 8\text{m/s}^2$。

答案：A

53. 解 木板的加速度与轮缘一点的切向加速度相等，即 $a_t = a = 0.5\text{m/s}^2$，若木板的速度为 v，则轮缘一点的法向加速度 $a_n = r\omega^2 = \frac{v^2}{r} = \sqrt{a_A^2 - a_t^2}$，所以有：

$$v = \sqrt{r\sqrt{a_A^2 - a_t^2}} = \sqrt{0.25\sqrt{3^2 - 0.5^2}} = 0.86\text{m/s}$$

答案：A

54. 解 根据质点运动微分方程 $ma = \sum F$，当电梯加速上升、匀速上升及减速上升时，加速度分别向上、零、向下，代入质点运动微分方程，分别有：

$$ma = P_1 - W, \ 0 = W - P_2, \ ma = W - P_3$$

所以：$P_1 = W + ma$，$P_2 = W$，$P_3 = W - ma$

答案：B

55. 解 杆在绳断后的运动过程中，只受重力和地面的铅垂方向约束力，水平方向外力为零，根据质心运动定理，水平方向有：$ma_{Cx} = 0$。由于初始静止，故 $v_{Cx} = 0$，说明质心在水平方向无运动，只沿铅垂方向运动。

答案：C

56. 解 分析圆轮 A，外力对轮心的力矩为零，即 $\sum M_A(F) = 0$，应用相对质心的动量矩定理，有 $J_A \alpha = \sum M_A(F) = 0$，则 $\alpha = 0$，由于初始静止，故 $\omega = 0$，圆轮无转动，所以其运动形式为平行移动。

答案：C

57. 解 惯性力系合力的大小为 $F_I = ma_C$，而杆质心的切向和法向加速度分别为 $a_t = \frac{l}{2}\alpha$，$a_n = \frac{l}{2}\omega^2$，其全加速度为 $a_C = \sqrt{a_t^2 + a_n^2} = \frac{l}{2}\sqrt{\alpha^2 + \omega^4}$，因此 $F_I = \frac{l}{2}m\sqrt{\alpha^2 + \omega^4}$。

答案：B

58. 解 因为干扰力的频率与系统固有频率相等时将发生共振，所以 $\omega_2 = 2\text{rad/s} = \omega_n$ 时发生共振，故有最大振幅。

答案：B

59. 解 若将材料由低碳钢改为木材,则改变的只是弹性模量E,而正应力计算公式$\sigma = \frac{F_N}{A}$中没有E,故正应力不变。但是轴向变形计算公式$\Delta l = \frac{F_N l}{EA}$中,$\Delta l$与$E$成反比,当木材的弹性模量减小时,轴向变形$\Delta l$增大。

答案:C

60. 解 由杆的受力分析可知A截面受到一个约束反力为F,方向向左,杆的轴力图如图所示:由于BC段杆轴力为零,没有变形,故杆中距离A端1.5L处横截面的轴向位移就等于AB段杆的伸长,$\Delta l = \frac{FL}{EA}$。

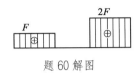

题 60 解图

答案:D

61. 解 圆孔钢板冲断时的剪切面是一个圆柱面,其面积为πdt,冲断条件是$\tau_{max} = \frac{F}{\pi dt} = \tau_b$,故

$$d = \frac{F}{\pi t \tau_b} = \frac{300\pi \times 10^3 \text{N}}{\pi \times 10\text{mm} \times 300\text{MPa}} = 100\text{mm}$$

答案:B

62. 解 图示结构剪切面面积是ab,挤压面面积是hb。

剪切强度条件: $\tau = \frac{F}{ab} = [\tau]$ ①

挤压强度条件: $\sigma_{bs} = \frac{F}{hb} = [\sigma_{bs}]$ ②

$$\frac{①}{②} = \frac{h}{a} = \frac{[\tau]}{[\sigma_{bs}]}$$

答案:A

63. 解 由外力平衡可知左端的反力偶为T,方向是由外向内转。再由各段扭矩计算可知:左段扭矩为$+T$,中段扭矩为$-T$,右段扭矩为$+T$。

答案:D

64. 解 由$\phi_1 = \frac{\phi}{2}$,即$\frac{T}{GI_{p1}} = \frac{1}{2}\frac{T}{GI_p}$,得$I_{p1} = 2I_p$,所以$\frac{\pi d_1^4}{32} = 2\frac{\pi}{32}d^4$,故$d_1 = \sqrt[4]{2}d$。

答案:A

65. 解 此题未说明梁的类型,有两种可能(见解图),简支梁时答案为B,悬臂梁时答案为D。

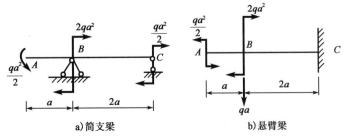

a)简支梁   b)悬臂梁

题 65 解图

答案：B 或 D

66.解 $I_z = \frac{\pi}{64}d^4 - \frac{a^4}{12}$

答案：B

67.解 因为 $I_2 = \frac{b(2a)^3}{12} = 8\frac{ba^3}{12} = 8I_1$，又 $f_1 = f_2$，即 $\frac{M_1L^2}{2EI_1} = \frac{M_2L^2}{2EI_2}$，故 $\frac{M_2}{M_1} = \frac{I_2}{I_1} = 8$。

答案：A

68.解 图示截面的弯曲中心是两个狭长矩形边的中线交点，形心主轴是y'和z'，故无扭转，而有沿两个形心主轴y'、z'方向的双向弯曲。

答案：C

69.解 图示单元体$\sigma_x = 50\text{MPa}$，$\sigma_y = -50\text{MPa}$，$\tau_x = -30\text{MPa}$，$\alpha = 45°$。故

$$\tau_\alpha = \frac{\sigma_x - \sigma_y}{2}\sin 2\alpha + \tau_x\cos 2\alpha = \frac{50-(-50)}{2}\sin 90° - 30 \times \cos 90° = 50\text{MPa}$$

答案：B

70.解 图示细长压杆，$\mu = 2$，$I_{\min} = I_y = \frac{hb^3}{12}$，$F_{cr} = \frac{\pi^2 EI_{\min}}{(\mu L)^2} = \frac{\pi^2 E}{(2L)^2}\left(\frac{hb^3}{12}\right)$。

答案：D

71.解 由连续介质假设可知。

答案：D

72.解 仅受重力作用的静止流体的等压面是水平面。点 1 与 1′ 的压强相等。

$$P_A + \rho_A gh_1 = P_B + \rho_B gh_2 + \rho_m g\Delta h$$

$$P_A - P_B = (-\rho_A h_1 + \rho_B h_2 + \rho_m \Delta h)g$$

答案：A

73.解 用连续方程求解。

$$v_3 = \frac{v_1 A_1 + v_2 A_2}{A_3} = \frac{4 \times 0.01 + 6 \times 0.005}{0.01} = 7\text{m/s}$$

答案：C

74.解 由尼古拉兹阻力曲线图可知，在紊流粗糙区。

答案：D

75.解 薄壁小孔口与圆柱形外管嘴流量公式均可用，流量 $Q = \mu \cdot A\sqrt{2gH_0}$，根据面积 $A = \frac{\pi d^2}{4}$ 和题设两者的H_0及Q均相等，则有$\mu_1 d_1^2 = \mu_2 d_2^2$，而$\mu_2 > \mu_1(0.82 > 0.62)$，所以$d_1 > d_2$。

答案：A

76.解 明渠均匀流必须发生在顺坡渠道上。

答案： D

77.解 完全普通井流量公式：

$$Q = 1.366 \frac{k(H^2 - h^2)}{\lg \frac{R}{r_0}} = 1.366 \times \frac{0.0005 \times (15^2 - 10^2)}{\lg \frac{375}{0.3}} = 0.0276 \, \text{m}^3/\text{s}$$

答案： A

78.解 一个正确反映客观规律的物理方程中，各项的量纲是和谐的、相同的。

答案： C

79.解 静止的电荷产生静电场，运动电荷周围不仅存在电场，也存在磁场。

答案： A

80.解 用安培环路定律 $\oint H dL = \sum I$，这里电流是代数和，注意它们的方向。

答案： C

81.解 注意理想电压源和实际电压源的区别，该题是理想电压源 $U_s = U$，即输出电压恒定，电阻 R 的变化只能引起该支路的电流变化。

答案： C

82.解 利用等效电压源定理判断。在求等效电压源电动势时，将 A、B 两点开路后，电压源的两上方电阻和两下方电阻均为串联连接方式。求内阻时，将 6V 电压源短路。

$$U_s = 6\left(\frac{6}{3+6} - \frac{6}{6+6}\right) = 1\text{V}$$

$$R_0 = 6 // 6 + 3 // 6 = 5\Omega$$

答案： B

83.解 对称三相交流电路中，任何时刻三相电流之和均为零。

答案： B

84.解 该电路为线性一阶电路，暂态过程依据公式 $f(t) = f(\infty) + [f(t_0+) - f(\infty)]e^{-t/\tau}$ 分析。$f(t)$ 表示电路中任意电压和电流，其中 $f(\infty)$ 是电量的稳态值，$f(t_{0+})$ 表示初始值，τ 表示电路的时间常数。在阻容耦合电路中 $\tau = RC$。

答案： C

85.解 变压器的额定功率用视在功率表示，它等于变压器初级绕阻或次级绕阻中电压额定值与电流额定值的乘积，$S_N = U_{1N}I_{1N} = U_{2N}I_{2N}$。接负载后，消耗的有功功率 $P_N = S_N \cos \varphi_N$。值得注意的是，次级绕阻电压是变压器空载时的电压，$U_{2N} = U_{20}$。可以认为变压器初级端的功率因数与次级端的功率因数相同。

$$P_{\mathrm{N}} = S_{\mathrm{N}} \cos\varphi = 10^4 \times 0.44 = 4400\mathrm{W}$$

故可以接入 40W 日光灯 110 盏。

答案： A

86. 解 该电路为直流稳压电源电路。对于输出的直流信号，电容在电路中可视为断路。桥式整流电路中的二极管通过的电流平均值是电阻 R 中通过电流的一半。

答案： D

87. 解 根据晶体三极管工作状态的判断条件，当晶体管处于饱和状态时，基极电流与集电极电流的关系是：

$$I_{\mathrm{B}} > I_{\mathrm{BS}} = \frac{1}{\beta} I_{\mathrm{CS}} = \frac{1}{\beta}\left(\frac{U_{\mathrm{CC}} - U_{\mathrm{CES}}}{R_{\mathrm{C}}}\right)$$

从输入回路分析：

$$I_{\mathrm{B}} = I_{\mathrm{Rx}} - I_{\mathrm{RB}} = \frac{U_{\mathrm{i}} - U_{\mathrm{BE}}}{R_{\mathrm{x}}} - \frac{U_{\mathrm{BE}} - U_{\mathrm{B}}}{R_{\mathrm{B}}}$$

答案： A

88. 解 根据等效的直流通道计算，在直流等效电路中电容断路。

设 $U_{\mathrm{BE}} = 0.6\mathrm{V}$

$$I_{\mathrm{B}} = \frac{V_{\mathrm{CC}} - U_{\mathrm{BE}}}{R_{\mathrm{B}}} = \frac{12 - 0.6}{200} = 0.057\mathrm{mA}$$

$$I_{\mathrm{C}} = \beta I_{\mathrm{B}} = 40 \times 0.057 = 2.28\mathrm{mA}$$

$$U_{\mathrm{CE}} = V_{\mathrm{CC}} - I_{\mathrm{C}}R_{\mathrm{C}} = 12 - 2.28 \times 3 = 5.16\mathrm{V}$$

答案： A

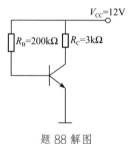

题 88 解图

89. 解 首先确定在不同输入电压下三个二极管的工作状态，依此确定输出端的电位 U_{Y}；然后判断各电位之间的逻辑关系，当点电位高于 2.4V 时视为逻辑状态"1"，电位低于 0.4V 时视为逻辑状态"0"。

答案： A

90. 解 该触发器为负边沿触发方式，即当时钟信号由高电平下降为低电平时刻输出端的状态可能发生改变。波形分析见解图。

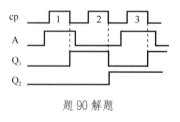

题 90 解题

答案： C

91. 解 连续信号指的是在时间范围都有定义（允许有有限个间断点）的信号。

 2012 年度全国勘察设计注册工程师执业资格考试基础考试（上）——试题解析及参考答案

答案：A

92. 解 连续信号指的是时间连续的信号，模拟信号是指在时间和数值上均连续的信号。

答案：C

93. 解 $\delta(t)$只在$t = 0$时刻存在，$\delta(t) = \delta(-t)$，所以是偶函数。

答案：B

94. 解 常用模拟信号中，单位冲激信号$\delta(t)$与单位阶跃函数信号$\varepsilon(t)$有微分关系，反应信号变化速度。

答案：A

95. 解 周期信号的傅氏级数公式为：

$$f(t) = a_0 + \sum_{k=1}^{\infty} (a_n \cos k\omega_1 t + b_n \sin k\omega_1 t)$$

式中，a_0表示直流分量，a_n表示余弦分量的幅值，b_n表示正弦分量的幅值。

答案：B

96. 解 根据二进制与十六进制的关系转换，即：$(1101\,0010.0101\,0100)_B = (D2.54)_H$

答案：A

97. 解 系统总线又称内总线。因为该总线是用来连接微机各功能部件而构成一个完整微机系统的，所以称之为系统总线。计算机系统内的系统总线是计算机硬件系统的一个组成部分。

答案：A

98. 解 Microsoft Word 和国产字处理软件 WPS 都是目前广泛使用的文字处理软件。

答案：A

99. 解 操作系统是用户与硬件交互的第一层系统软件，一切其他软件都要运行于操作系统之上（包括选项 A、C、D）。

答案：B

100. 解 由于程序在运行的过程中，都会出现时间的局部性和空间的局部性，这样就完全可以在一个较小的物理内存储器空间上来运行一个较大的用户程序。

答案：B

101. 解 二进制数是计算机所能识别的，由 0 和 1 两个数码组成，称为机器语言。

答案：C

102. 解 四位二进制对应一位十六进制，A 表示 10，对应的二进制为 1010，E 表示 14，对应的二进制为 1110。

答案：B

103. 解 传统加密技术、数字签名技术、对称加密技术和密钥加密技术都是常用的信息加密技术，而专用 ASCII 码加密技术是不常用的信息加密技术。

答案：D

104. 解 广域网又称为远程网，它一般是在不同城市之间的 LAN（局域网）或者 MAN（城域网）网络互联，它所覆盖的地理范围一般从几十公里到几千公里。

答案：D

105. 解 我国专家把计算机网络定义为：利用各种通信手段，把地理上分散的计算机连在一起，达到相互通信、共享软/硬件和数据等资源的系统。

答案：D

106. 解 人们把计算机网络中实现网络通信功能的设备及其软件的集合称为网络的通信子网，而把网络中实现资源共享功能的设备及其软件的集合称为资源。

答案：B

107. 解 年名义利率相同的情况下，一年内计息次数较多的，年实际利率较高。

答案：D

108. 解 按建设期利息公式 $Q = \sum \left(P_{t-1} + \frac{A_t}{2} \cdot i \right)$ 计算。

第一年贷款总额 1000 万元，计算利息时按贷款在年内均衡发生考虑。

$$Q_1 = (1000/2) \times 6\% = 30 \text{ 万元}$$

$$Q_2 = (1000 + 30) \times 6\% = 61.8 \text{ 万元}$$

$$Q = Q_1 + Q_2 = 30 + 61.8 = 91.8 \text{ 万元}$$

答案：D

109. 解 按不考虑筹资费用的银行借款资金成本公式 $K_e = R_e(1 - T)$ 计算。

$$K_e = R_e(1 - T) = 10\% \times (1 - 25\%) = 7.5\%$$

答案：A

110. 解 利用计算 IRR 的插值公式计算。

$$IRR = 12\% + (14\% - 12\%) \times (130)/(130 + |-50|) = 13.44\%$$

答案：D

111. 解 利息备付率属于反映项目偿债能力的指标。

答案：B

112. 解 可先求出盈亏平衡产量，然后乘以单位产品售价，即为盈亏平衡点销售收入。

$$盈亏平衡点销售收入 = 500 \times \left(\frac{10 \times 10^4}{500 - 300} \right) = 2500 \text{ 万元}$$

答案：D

113. 解 寿命期相同的互斥方案可直接采用净现值法选优。

答案：C

114. 解 价值指数等于1说明该部分的功能与其成本相适应。

答案：B

115. 解 《中华人民共和国建筑法》第七条规定，建筑工程开工前，建设单位应当按照国家有关规定向工程所在地县级以上人民政府建设行政主管部门申请领取施工许可证；但是，国务院建设行政主管部门确定的限额以下的小型工程除外。

答案：D

116. 解 依据《中华人民共和国安全生产法》第二十一条第（一）款，选项B、C、D均与法律条文有出入。

答案：A

117. 解 依据《中华人民共和国招标投标法》第十五条，招标代理机构应当在招标人委托的范围内办理招标事宜。

答案：B

118. 解 依据《中华人民共和国民法典》第四百六十九条规定，当事人订立合同有书面形式、口头形式和其他形式。

答案：C

119. 解 见《中华人民共和国行政许可法》第十二条第五款规定。选项A属于可以设定行政许可的内容，选项B、C、D均属于第十三条规定的可以不设行政许可的内容。

答案：A

120. 解 原《建设工程质量管理条例》第十一条确实写的是"施工图设计文件报县级以上人民政府建设行政主管部门审查"，所以原来答案应选A，但是2017年此条文改为"施工图设计文件审查的具体办法，由国务院建设行政主管部门、国务院其他有关部门制定"。

答案：无

2013 年度全国勘察设计注册工程师

执业资格考试试卷

基础考试
（上）

二〇一三年九月

应考人员注意事项

1. 本试卷科目代码为"1",考生务必将此代码填涂在答题卡"科目代码"相应的栏目内,否则,无法评分。

2. 书写用笔:**黑色或蓝色钢笔、签字笔或圆珠笔**;

   填涂答题卡用笔:**黑色 2B 铅笔**。

3. 必须用书写用笔将工作单位、姓名、准考证号填写在答题卡和试卷相应的栏目内。

4. 本试卷由 120 题组成,每题 1 分,满分 120 分,本试卷全部为单项选择题,每小题的四个备选项中只有一个正确答案,错选、多选、不选均不得分。

5. 考生作答时,必须按**题号在答题卡上**将相应试题所选选项对应的**字母用 2B 铅笔涂黑**。

6. 在答题卡上书写与题意无关的语言,或在答题卡上作标记的,均按违纪试卷处理。

7. 考试结束时,由监考人员当面将试卷、答题卡一并收回。

8. 草稿纸由各地统一配发,考后收回。

单项选择题（共 120 题，每题 1 分。每题的备选项中只有一个最符合题意。）

1. 已知向量 $\boldsymbol{\alpha} = (-3, -2, 1)$，$\boldsymbol{\beta} = (1, -4, -5)$，则 $|\boldsymbol{\alpha} \times \boldsymbol{\beta}|$ 等于：

   A. 0

   B. 6

   C. $14\sqrt{3}$

   D. $14\boldsymbol{i} + 16\boldsymbol{j} - 10\boldsymbol{k}$

2. 若 $\lim\limits_{x \to 1} \dfrac{2x^2 + ax + b}{x^2 + x - 2} = 1$，则必有：

   A. $a = -1$，$b = 2$

   B. $a = -1$，$b = -2$

   C. $a = -1$，$b = -1$

   D. $a = 1$，$b = 1$

3. 若 $\begin{cases} x = \sin t \\ y = \cos t \end{cases}$，则 $\dfrac{\mathrm{d}y}{\mathrm{d}x}$ 等于：

   A. $-\tan t$

   B. $\tan t$

   C. $-\sin t$

   D. $\cot t$

4. 设 $f(x)$ 有连续导数，则下列关系式中正确的是：

   A. $\int f(x)\mathrm{d}x = f(x)$

   B. $\left[\int f(x)\mathrm{d}x\right]' = f(x)$

   C. $\int f'(x)\mathrm{d}x = f(x)\mathrm{d}x$

   D. $\left[\int f(x)\mathrm{d}x\right]' = f(x) + C$

5. 已知 $f(x)$ 为连续的偶函数，则 $f(x)$ 的原函数中：

   A. 有奇函数

   B. 都是奇函数

   C. 都是偶函数

   D. 没有奇函数也没有偶函数

6. 设 $f(x) = \begin{cases} 3x^2, & x \leqslant 1 \\ 4x - 1, & x > 1 \end{cases}$，则 $f(x)$ 在点 $x = 1$ 处：

   A. 不连续

   B. 连续但左、右导数不存在

   C. 连续但不可导

   D. 可导

7. 函数 $y = (5 - x)x^{\frac{2}{3}}$ 的极值可疑点的个数是：

   A. 0

   B. 1

   C. 2

   D. 3

8. 下列广义积分中发散的是：

　　A. $\int_0^{+\infty} e^{-x}\mathrm{d}x$ 　　　　　　　　　B. $\int_0^{+\infty} \frac{1}{1+x^2}\mathrm{d}x$

　　C. $\int_0^{+\infty} \frac{\ln x}{x}\mathrm{d}x$ 　　　　　　　　D. $\int_0^1 \frac{1}{\sqrt{1-x^2}}\mathrm{d}x$

9. 二次积分 $\int_0^1 \mathrm{d}x \int_{x^2}^x f(x,y)\mathrm{d}y$ 交换积分次序后的二次积分是：

　　A. $\int_{x^2}^x \mathrm{d}y \int_0^1 f(x,y)\mathrm{d}x$ 　　　　　B. $\int_0^1 \mathrm{d}y \int_{y^2}^y f(x,y)\mathrm{d}x$

　　C. $\int_y^{\sqrt{y}} \mathrm{d}y \int_0^1 f(x,y)\mathrm{d}x$ 　　　　D. $\int_0^1 \mathrm{d}y \int_y^{\sqrt{y}} f(x,y)\mathrm{d}x$

10. 微分方程 $xy' - y\ln y = 0$ 满足 $y(1) = e$ 的特解是：

　　A. $y = ex$ 　　　　　　　　　B. $y = e^x$

　　C. $y = e^{2x}$ 　　　　　　　　D. $y = \ln x$

11. 设 $z = z(x,y)$ 是由方程 $xz - xy + \ln(xyz) = 0$ 所确定的可微函数，则 $\frac{\partial z}{\partial y} =$

　　A. $\frac{-xz}{xz+1}$ 　　　　　　　　B. $-x + \frac{1}{2}$

　　C. $\frac{z(-xz+y)}{x(xz+1)}$ 　　　　　　D. $\frac{z(xy-1)}{y(xz+1)}$

12. 正项级数 $\sum\limits_{n=1}^{\infty} a_n$ 的部分和数列 $\{S_n\}\left(S_n = \sum\limits_{i=1}^{n} a_i\right)$ 有上界是该级数收敛的：

　　A. 充分必要条件

　　B. 充分条件而非必要条件

　　C. 必要条件而非充分条件

　　D. 既非充分又非必要条件

13. 若 $f(-x) = -f(x)(-\infty < x < +\infty)$，且在 $(-\infty,0)$ 内 $f'(x) > 0$，$f''(x) < 0$，则 $f(x)$ 在 $(0,+\infty)$ 内是：

　　A. $f'(x) > 0$，$f''(x) < 0$ 　　　　B. $f'(x) < 0$，$f''(x) > 0$

　　C. $f'(x) > 0$，$f''(x) > 0$ 　　　　D. $f'(x) < 0$，$f''(x) < 0$

14. 微分方程 $y'' - 3y' + 2y = xe^x$ 的待定特解的形式是：

　　A. $y = (Ax^2 + Bx)e^x$ 　　　　　B. $y = (Ax + B)e^x$

　　C. $y = Ax^2 e^x$ 　　　　　　　D. $y = Axe^x$

15. 已知直线L：$\dfrac{x}{3} = \dfrac{y+1}{-1} = \dfrac{z-3}{2}$，平面$\pi$：$-2x + 2y + z - 1 = 0$，则：

    A. L与π垂直相交   B. L平行于π，但L不在π上

    C. L与π非垂直相交   D. L在π上

16. 设L是连接点$A(1,0)$及点$B(0,-1)$的直线段，则对弧长的曲线积分$\int_L (y-x)\mathrm{d}s =$

    A. -1 B. 1

    C. $\sqrt{2}$ D. $-\sqrt{2}$

17. 下列幂级数中，收敛半径$R = 3$的幂级数是：

    A. $\displaystyle\sum_{n=0}^{\infty} 3x^n$ B. $\displaystyle\sum_{n=0}^{\infty} 3^n x^n$

    C. $\displaystyle\sum_{n=0}^{\infty} \dfrac{1}{3^{\frac{n}{2}}} x^n$ D. $\displaystyle\sum_{n=0}^{\infty} \dfrac{1}{3^{n+1}} x^n$

18. 若$z = f(x,y)$和$y = \varphi(x)$均可微，则$\dfrac{\mathrm{d}z}{\mathrm{d}x}$等于：

    A. $\dfrac{\partial f}{\partial x} + \dfrac{\partial f}{\partial y}$ B. $\dfrac{\partial f}{\partial x} + \dfrac{\partial f}{\partial y}\dfrac{\mathrm{d}\varphi}{\mathrm{d}x}$

    C. $\dfrac{\partial f}{\partial y}\dfrac{\mathrm{d}\varphi}{\mathrm{d}x}$ D. $\dfrac{\partial f}{\partial x} - \dfrac{\partial f}{\partial y}\dfrac{\mathrm{d}\varphi}{\mathrm{d}x}$

19. 已知向量组$\boldsymbol{\alpha}_1 = (3,2,-5)^{\mathrm{T}}$，$\boldsymbol{\alpha}_2 = (3,-1,3)^{\mathrm{T}}$，$\boldsymbol{\alpha}_3 = \left(1,-\dfrac{1}{3},1\right)^{\mathrm{T}}$，$\boldsymbol{\alpha}_4 = (6,-2,6)^{\mathrm{T}}$，则该向量组的一个极大线性无关组是：

    A. $\boldsymbol{\alpha}_2$，$\boldsymbol{\alpha}_4$ B. $\boldsymbol{\alpha}_3$，$\boldsymbol{\alpha}_4$

    C. $\boldsymbol{\alpha}_1$，$\boldsymbol{\alpha}_2$ D. $\boldsymbol{\alpha}_2$，$\boldsymbol{\alpha}_3$

20. 若非齐次线性方程组$\boldsymbol{Ax} = \boldsymbol{b}$中，方程的个数少于未知量的个数，则下列结论中正确的是：

    A. $\boldsymbol{Ax} = \boldsymbol{0}$仅有零解   B. $\boldsymbol{Ax} = \boldsymbol{0}$必有非零解

    C. $\boldsymbol{Ax} = \boldsymbol{0}$一定无解   D. $\boldsymbol{Ax} = \boldsymbol{b}$必有无穷多解

21. 已知矩阵$\boldsymbol{A} = \begin{bmatrix} 1 & -1 & 1 \\ 2 & 4 & -2 \\ -3 & -3 & 5 \end{bmatrix}$与$\boldsymbol{B} = \begin{bmatrix} \lambda & 0 & 0 \\ 0 & 2 & 0 \\ 0 & 0 & 2 \end{bmatrix}$相似，则$\lambda$等于：

    A. 6 B. 5

    C. 4 D. 14

22. 设 A 和 B 为两个相互独立的事件，且 $P(A) = 0.4$，$P(B) = 0.5$，则 $P(A \cup B)$ 等于：

A. 0.9

B. 0.8

C. 0.7

D. 0.6

23. 下列函数中，可以作为连续型随机变量的分布函数的是：

A. $\Phi(x) = \begin{cases} 0, & x < 0 \\ 1 - e^x, & x \geqslant 0 \end{cases}$

B. $F(x) = \begin{cases} e^x, & x < 0 \\ 1, & x \geqslant 0 \end{cases}$

C. $G(x) = \begin{cases} e^{-x}, & x < 0 \\ 1, & x \geqslant 0 \end{cases}$

D. $H(x) = \begin{cases} 0, & x < 0 \\ 1 + e^{-x}, & x \geqslant 0 \end{cases}$

24. 设总体 $X \sim N(0, \sigma^2)$，$X_1, X_2, \cdots, X_n$ 是来自总体的样本，则 σ^2 的矩估计是：

A. $\dfrac{1}{n} \sum\limits_{i=1}^{n} X_i$

B. $n \sum\limits_{i=1}^{n} X_i$

C. $\dfrac{1}{n^2} \sum\limits_{i=1}^{n} X_i^2$

D. $\dfrac{1}{n} \sum\limits_{i=1}^{n} X_i^2$

25. 一瓶氦气和一瓶氮气，它们每个分子的平均平动动能相同，而且都处于平衡态。则它们：

A. 温度相同，氦分子和氮分子的平均动能相同

B. 温度相同，氦分子和氮分子的平均动能不同

C. 温度不同，氦分子和氮分子的平均动能相同

D. 温度不同，氦分子和氮分子的平均动能不同

26. 最概然速率 v_p 的物理意义是：

A. v_p 是速率分布中的最大速率

B. v_p 是大多数分子的速率

C. 在一定的温度下，速率与 v_p 相近的气体分子所占的百分率最大

D. v_p 是所有分子速率的平均值

27. 气体做等压膨胀，则：

A. 温度升高，气体对外做正功

B. 温度升高，气体对外做负功

C. 温度降低，气体对外做正功

D. 温度降低，气体对外做负功

28. 一定量理想气体由初态(p_1, V_1, T_1)经等温膨胀到达终态(p_2, V_2, T_1)，则气体吸收的热量Q为：

A. $Q = p_1 V_1 \ln\dfrac{V_2}{V_1}$

B. $Q = p_1 V_2 \ln\dfrac{V_2}{V_1}$

C. $Q = p_1 V_1 \ln\dfrac{V_1}{V_2}$

D. $Q = p_2 V_1 \ln\dfrac{p_2}{p_1}$

29. 一横波沿一根弦线传播，其方程为$y = -0.02\cos\pi(4x - 50t)$ (SI)，该波的振幅与波长分别为：

A. 0.02cm, 0.5cm

B. -0.02m, -0.5m

C. -0.02m, 0.5m

D. 0.02m, 0.5m

30. 一列机械横波在t时刻的波形曲线如图所示，则该时刻能量处于最大值的媒质质元的位置是：

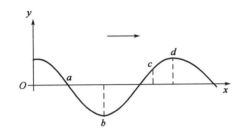

A. a

B. b

C. c

D. d

31. 在波长为λ的驻波中，两个相邻波腹之间的距离为：

A. $\lambda/2$

B. $\lambda/4$

C. $3\lambda/4$

D. λ

32. 两偏振片叠放在一起，欲使一束垂直入射的线偏振光经过两个偏振片后振动方向转过 90°，且使出射光强尽可能大，则入射光的振动方向与前后两偏振片的偏振化方向夹角分别为：

A. 45°和 90°

B. 0°和 90°

C. 30°和 90°

D. 60°和 90°

33. 光的干涉和衍射现象反映了光的：

A. 偏振性质

B. 波动性质

C. 横波性质

D. 纵波性质

34. 若在迈克耳逊干涉仪的可动反射镜M移动了0.620mm的过程中，观察到干涉条纹移动了2300条，则所用光波的波长为：

A. 269nm

B. 539nm

C. 2690nm

D. 5390nm

35. 在单缝夫琅禾费衍射实验中，屏上第三级暗纹对应的单缝处波面可分成的半波带的数目为：

A. 3

B. 4

C. 5

D. 6

36. 波长为λ的单色光垂直照射在折射率为n的劈尖薄膜上，在由反射光形成的干涉条纹中，第五级明条纹与第三级明条纹所对应的薄膜厚度差为：

A. $\dfrac{\lambda}{2n}$

B. $\dfrac{\lambda}{n}$

C. $\dfrac{\lambda}{5n}$

D. $\dfrac{\lambda}{3n}$

37. 量子数$n=4$，$l=2$，$m=0$的原子轨道数目是：

A. 1

B. 2

C. 3

D. 4

38. PCl_3分子空间几何构型及中心原子杂化类型分别为：

A. 正四面体，sp^3杂化

B. 三角锥型，不等性sp^3杂化

C. 正方形，dsp^2杂化

D. 正三角形，sp^2杂化

39. 已知$Fe^{3+}\underline{\ 0.771\ }Fe^{2+}\underline{\ -0.44\ }Fe$，则$E^{\Theta}(Fe^{3+}/Fe)$等于：

A. 0.331V

B. 1.211V

C. −0.036V

D. 0.110V

40. 在$BaSO_4$饱和溶液中，加入$BaCl_2$，利用同离子效应使$BaSO_4$的溶解度降低，体系中$c(SO_4^{2-})$的变化是：

A. 增大

B. 减小

C. 不变

D. 不能确定

41. 催化剂可加快反应速率的原因。下列叙述正确的是：

A. 降低了反应的$\Delta_r H_m^{\Theta}$

B. 降低了反应的$\Delta_r G_m^{\Theta}$

C. 降低了反应的活化能

D. 使反应的平衡常数K^{Θ}减小

42. 已知反应$C_2H_2(g) + 2H_2(g) \rightleftharpoons C_2H_6(g)$的$\Delta_r H_m < 0$，当反应达平衡后，欲使反应向右进行，可采取的方法是：

    A. 升温，升压   B. 升温，减压

    C. 降温，升压   D. 降温，减压

43. 向原电池$(-)Ag, AgCl \mid Cl^- \parallel Ag^+ \mid Ag(+)$的负极中加入$NaCl$，则原电池电动势的变化是：

    A. 变大   B. 变小

    C. 不变   D. 不能确定

44. 下列各组物质在一定条件下反应，可以制得比较纯净的1,2-二氯乙烷的是：

    A. 乙烯通入浓盐酸中

    B. 乙烷与氯气混合

    C. 乙烯与氯气混合

    D. 乙烯与卤化氢气体混合

45. 下列物质中，不属于醇类的是：

    A. C_4H_9OH B. 甘油

    C. $C_6H_5CH_2OH$ D. C_6H_5OH

46. 人造象牙的主要成分是$\text{\textbardbl}CH_2-O\text{\textbardbl}_n$，它是经加聚反应制得的。合成此高聚物的单体是：

    A. $(CH_3)_2O$ B. CH_3CHO

    C. $HCHO$ D. $HCOOH$

47. 图示构架由AC、BD、CE三杆组成，A、B、C、D处为铰接，E处光滑接触。已知：$F_P = 2kN$，$\theta = 45°$，杆及轮重均不计，则E处约束力的方向与x轴正向所成的夹角为：

    A. 0°

    B. 45°

    C. 90°

    D. 225°

48. 图示结构直杆BC，受荷载F，q作用，$BC = L$，$F = qL$，其中q为荷载集度，单位为N/m，集中力以N计，长度以m计。则该主动力系数对O点的合力矩为：

A. $M_O = 0$

B. $M_O = \frac{qL^2}{2}\text{N} \cdot \text{m}(\curvearrowleft)$

C. $M_O = \frac{3qL^2}{2}\text{N} \cdot \text{m}(\curvearrowleft)$

D. $M_O = qL^2\text{kN} \cdot \text{m}(\curvearrowright)$

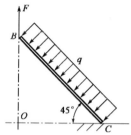

49. 图示平面构架，不计各杆自重。已知：物块 M 重F_p，悬挂如图示，不计小滑轮 D 的尺寸与质量，A、E、C 均为光滑铰链，$L_1 = 1.5\text{m}$，$L_2 = 2\text{m}$。则支座 B 的约束力为：

A. $F_B = 3F_p/4(\rightarrow)$

B. $F_B = 3F_p/4(\leftarrow)$

C. $F_B = F_p(\leftarrow)$

D. $F_B = 0$

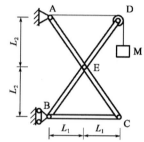

50. 物体重为W，置于倾角为α的斜面上，如图所示。已知摩擦角$\varphi_m > \alpha$，则物块处于的状态为：

A. 静止状态

B. 临界平衡状态

C. 滑动状态

D. 条件不足，不能确定

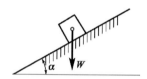

51. 已知动点的运动方程为$x = t$，$y = 2t^2$。则其轨迹方程为：

A. $x = t^2 - t$

B. $y = 2t$

C. $y - 2x^2 = 0$

D. $y + 2x^2 = 0$

52. 一炮弹以初速度和仰角 α 射出。对于图所示直角坐标的运动方程为 $x = v_0 \cos \alpha t$，$y = v_0 \sin \alpha t - \frac{1}{2}gt^2$，则当 $t = 0$ 时，炮弹的速度和加速度的大小分别为：

A. $v = v_0 \cos \alpha$，$a = g$

B. $v = v_0$，$a = g$

C. $v = v_0 \sin \alpha$，$a = -g$

D. $v = v_0$，$a = -g$

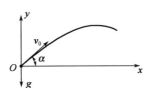

53. 两摩擦轮如图所示。则两轮的角速度与半径关系的表达式为：

A. $\dfrac{\omega_1}{\omega_2} = \dfrac{R_1}{R_2}$

B. $\dfrac{\omega_1}{\omega_2} = \dfrac{R_2}{R_1^2}$

C. $\dfrac{\omega_1}{\omega_2} = \dfrac{R_1}{R_2^2}$

D. $\dfrac{\omega_1}{\omega_2} = \dfrac{R_2}{R_1}$

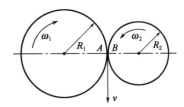

54. 质量为 m 的物块 A，置于与水平面成 θ 角的斜面 B 上，如图所示。A 与 B 间的摩擦系数为 f，为保持 A 与 B 一起以加速度 a 水平向右运动，则所需的加速度 a 至少是：

A. $a = \dfrac{g(f \cos \theta + \sin \theta)}{\cos \theta + f \sin \theta}$

B. $a = \dfrac{gf \cos \theta}{\cos \theta + f \sin \theta}$

C. $a = \dfrac{g(f \cos \theta - \sin \theta)}{\cos \theta + f \sin \theta}$

D. $a = \dfrac{gf \sin \theta}{\cos \theta + f \sin \theta}$

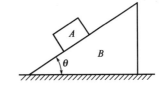

55. *A*块与*B*块叠放如图所示，各接触面处均考虑摩擦。当*B*块受力*F*作用沿水平面运动时，*A*块仍静止于*B*块上，于是：

A. 各接触面处的摩擦力都做负功

B. 各接触面处的摩擦力都做正功

C. *A*块上的摩擦力做正功

D. *B*块上的摩擦力做正功

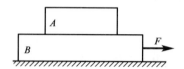

56. 质量为*m*，长为2*l*的均质杆初始位于水平位置，如图所示。*A*端脱落后，杆绕轴*B*转动，当杆转到铅垂位置时，*AB*杆*B*处的约束力大小为：

A. $F_{Bx} = 0$，$F_{By} = 0$

B. $F_{Bx} = 0$，$F_{By} = \dfrac{mg}{4}$

C. $F_{Bx} = l$，$F_{By} = mg$

D. $F_{Bx} = 0$，$F_{By} = \dfrac{5mg}{2}$

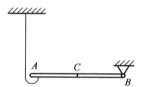

57. 质量为*m*，半径为*R*的均质圆轮，绕垂直于图面的水平轴*O*转动，其角速度为*ω*。在图示瞬时，角加速度为0，轮心*C*在其最低位置，此时将圆轮的惯性力系向*O*点简化，其惯性力主矢和惯性力主矩的大小分别为：

A. $m\dfrac{R}{2}\omega^2$，0

B. $mR\omega^2$，0

C. 0，0

D. 0，$\dfrac{1}{2}mR^2\omega^2$

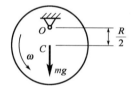

58. 质量为 110kg 的机器固定在刚度为2×10^6N/m的弹性基础上，当系统发生共振时，机器的工作频率为：

A. 66.7rad/s

B. 95.3rad/s

C. 42.6rad/s

D. 134.8rad/s

59. 图示结构的两杆面积和材料相同，在铅直力*F*作用下，拉伸正应力最先达到许用应力的杆是：

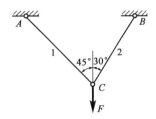

A. 杆 1

B. 杆 2

C. 同时达到

D. 不能确定

60. 图示结构的两杆许用应力均为$[\sigma]$，杆 1 的面积为*A*，杆 2 的面积为2*A*，则该结构的许用荷载是：

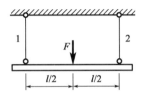

A. $[F] = A[\sigma]$

B. $[F] = 2A[\sigma]$

C. $[F] = 3A[\sigma]$

D. $[F] = 4A[\sigma]$

61. 钢板用两个铆钉固定在支座上，铆钉直径为*d*，在图示荷载作用下，铆钉的最大切应力是：

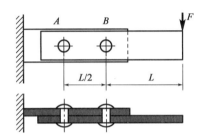

A. $\tau_{\max} = \dfrac{4F}{\pi d^2}$

B. $\tau_{\max} = \dfrac{8F}{\pi d^2}$

C. $\tau_{\max} = \dfrac{12F}{\pi d^2}$

D. $\tau_{\max} = \dfrac{2F}{\pi d^2}$

62. 螺钉承受轴向拉力*F*，螺钉头与钢板之间的挤压应力是：

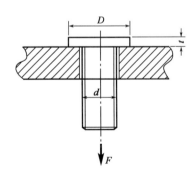

A. $\sigma_{\mathrm{bs}} = \dfrac{4F}{\pi(D^2-d^2)}$

B. $\sigma_{\mathrm{bs}} = \dfrac{F}{\pi dt}$

C. $\sigma_{\mathrm{bs}} = \dfrac{4F}{\pi d^2}$

D. $\sigma_{\mathrm{bs}} = \dfrac{4F}{\pi D^2}$

63. 圆轴直径为d，切变模量为G，在外力作用下发生扭转变形，现测得单位长度扭转角为θ，圆轴的最大切应力是：

A. $\tau_{\max} = \dfrac{16\theta G}{\pi d^3}$

B. $\tau_{\max} = \theta G \dfrac{\pi d^3}{16}$

C. $\tau_{\max} = \theta G d$

D. $\tau_{\max} = \dfrac{\theta G d}{2}$

64. 图示两根圆轴，横截面面积相同，但分别为实心圆和空心圆。在相同的扭矩T作用下，两轴最大切应力的关系是：

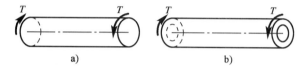

A. $\tau_a < \tau_b$

B. $\tau_a = \tau_b$

C. $\tau_a > \tau_b$

D. 不能确定

65. 简支梁AC的A、C截面为铰支端。已知的弯矩图如图所示，其中AB段为斜直线，BC段为抛物线。以下关于梁上荷载的正确判断是：

A. AB段$q = 0$，BC段$q \neq 0$，B截面处有集中力

B. AB段$q \neq 0$，BC段$q = 0$，B截面处有集中力

C. AB段$q = 0$，BC段$q \neq 0$，B截面处有集中力偶

D. AB段$q \neq 0$，BC段$q = 0$，B截面处有集中力偶

（q为分布荷载集度）

66. 悬臂梁的弯矩如图所示，根据梁的弯矩图，梁上的荷载 F、m 的值应是：

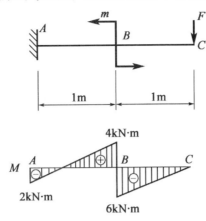

A. $F = 6\text{kN}$，$m = 10\text{kN} \cdot \text{m}$

B. $F = 6\text{kN}$，$m = 6\text{kN} \cdot \text{m}$

C. $F = 4\text{kN}$，$m = 4\text{kN} \cdot \text{m}$

D. $F = 4\text{kN}$，$m = 6\text{kN} \cdot \text{m}$

67. 承受均布荷载的简支梁如图 a）所示，现将两端的支座同时向梁中间移动 $l/8$，如图 b）所示，两根梁的中点 $\left(\dfrac{l}{2}\text{处}\right)$ 弯矩之比 $\dfrac{M_a}{M_b}$ 为：

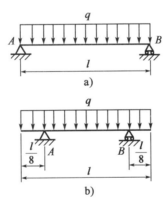

A. 16

B. 4

C. 2

D. 1

68. 按照第三强度理论，图示两种应力状态的危险程度是：

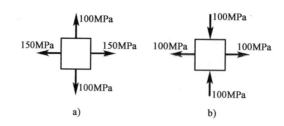

A. a）更危险

B. b）更危险

C. 两者相同

D. 无法判断

69. 两根杆粘合在一起，截面尺寸如图所示。杆1的弹性模量为E_1，杆2的弹性模量为E_2，且$E_1 = 2E_2$。若轴向力F作用在截面形心，则杆件发生的变形是：

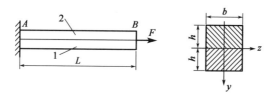

A. 拉伸和向上弯曲变形

B. 拉伸和向下弯曲变形

C. 弯曲变形

D. 拉伸变形

70. 图示细长压杆AB的A端自由，B端固定在简支梁上。该压杆的长度系数μ是：

A. $\mu > 2$

B. $2 > \mu > 1$

C. $1 > \mu > 0.7$

D. $0.7 > \mu > 0.5$

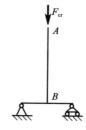

71. 半径为R的圆管中，横截面上流速分布为$u = 2\left(1 - \dfrac{r^2}{R^2}\right)$，其中$r$表示到圆管轴线的距离，则在$r_1 = 0.2R$处的黏性切应力与$r_2 = R$处的黏性切应力大小之比为：

A. 5

B. 25

C. 1/5

D. 1/25

72. 图示一水平放置的恒定变直径圆管流，不计水头损失，取两个截面标记为1和2，当$d_1 > d_2$时，则两截面形心压强关系是：

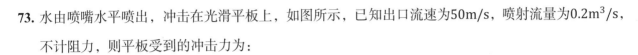

A. $p_1 < p_2$

B. $p_1 > p_2$

C. $p_1 = p_2$

D. 不能确定

73. 水由喷嘴水平喷出，冲击在光滑平板上，如图所示，已知出口流速为50m/s，喷射流量为0.2m³/s，不计阻力，则平板受到的冲击力为：

A. 5kN

B. 10kN

C. 20kN

D. 40kN

74. 沿程水头损失h_f：

A. 与流程长度成正比，与壁面切应力和水力半径成反比

B. 与流程长度和壁面切应力成正比，与水力半径成反比

C. 与水力半径成正比，与流程长度和壁面切应力成反比

D. 与壁面切应力成正比，与流程长度和水力半径成反比

75. 并联压力管的流动特征是：

A. 各分管流量相等

B. 总流量等于各分管的流量和，且各分管水头损失相等

C. 总流量等于各分管的流量和，且各分管水头损失不等

D. 各分管测压管水头差不等于各分管的总能头差

76. 矩形水力最优断面的底宽是水深的：

A. $\frac{1}{2}$

B. 1倍

C. 1.5倍

D. 2倍

77. 渗流流速 v 与水力坡度 J 的关系是：

 A. v 正比于 J

 B. v 反比于 J

 C. v 正比于 J 的平方

 D. v 反比于 J 的平方

78. 烟气在加热炉回热装置中流动，拟用空气介质进行实验。已知空气黏度 $\nu_{空气} = 15 \times 10^{-6} \text{m}^2/\text{s}$，烟气运动黏度 $\nu_{烟气} = 60 \times 10^{-6} \text{m}^2/\text{s}$，烟气流速 $v_{烟气} = 3\text{m/s}$，如若实际长度与模型长度的比尺 $\lambda_L = 5$，则模型空气的流速应为：

 A. 3.75m/s   B. 0.15m/s

 C. 2.4m/s   D. 60m/s

79. 在一个孤立静止的点电荷周围：

 A. 存在磁场，它围绕电荷呈球面状分布

 B. 存在磁场，它分布在从电荷所在处到无穷远处的整个空间中

 C. 存在电场，它围绕电荷呈球面状分布

 D. 存在电场，它分布在从电荷所在处到无穷远处的整个空间中

80. 图示电路消耗电功率2W，则下列表达式中正确的是：

 A. $(8+R)I^2 = 2$, $(8+R)I = 10$

 B. $(8+R)I^2 = 2$, $-(8+R)I = 10$

 C. $-(8+R)I^2 = 2$, $-(8+R)I = 10$

 D. $-(8+R)I = 10$, $(8+R)I = 10$

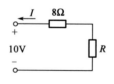

81. 图示电路中，$a\text{-}b$ 端的开路电压 U_{abk} 为：

 A. 0

 B. $\dfrac{R_1}{R_1+R_2}U_S$

 C. $\dfrac{R_2}{R_1+R_2}U_S$

 D. $\dfrac{R_2 /\!/ R_L}{R_1+R_2 /\!/ R_L}U_S$

 （注：$R_2 /\!/ R_L = \dfrac{R_2 \cdot R_L}{R_2+R_L}$）

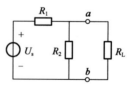

82. 在直流稳态电路中，电阻、电感、电容元件上的电压与电流大小的比值分别为：

A. R, 0, 0

B. 0, 0, ∞

C. R, ∞, 0

D. R, 0, ∞

83. 图示电路中，若 $u(t) = \sqrt{2}\, U \sin(\omega t + \psi_u)$ 时，电阻元件上的电压为 0，则：

A. 电感元件断开了

B. 一定有 $I_L = I_C$

C. 一定有 $i_L = i_C$

D. 电感元件被短路了

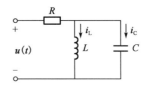

84. 已知图示三相电路中三相电源对称，$Z_1 = z_1 \angle \varphi_1$，$Z_2 = z_2 \angle \varphi_2$，$Z_3 = z_3 \angle \varphi_3$，若 $U_{NN'} = 0$，则 $z_1 = z_2 = z_3$，且：

A. $\varphi_1 = \varphi_2 = \varphi_3$

B. $\varphi_1 - \varphi_2 = \varphi_2 - \varphi_3 = \varphi_3 - \varphi_1 = 120°$

C. $\varphi_1 - \varphi_2 = \varphi_2 - \varphi_3 = \varphi_3 - \varphi_1 = -120°$

D. N' 必须被接地

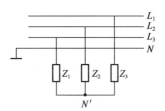

85. 图示电路中，设变压器为理想器件，若 $u = 10\sqrt{2} \sin \omega t\, \text{V}$，则：

A. $U_1 = \frac{1}{2}U$，$U_2 = \frac{1}{4}U$

B. $I_1 = 0.01U$，$I_1 = 0$

C. $I_1 = 0.002U$，$I_2 = 0.004U$

D. $U_1 = 0$，$U_2 = 0$

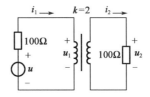

86. 对于三相异步电动机而言，在满载起动情况下的最佳启动方案是：

A. Y-△启动方案，起动后，电动机以 Y 接方式运行

B. Y-△启动方案，起动后，电动机以△接方式运行

C. 自耦调压器降压启动

D. 绕线式电动机串转子电阻启动

87. 关于信号与信息，以下几种说法中正确的是：

A. 电路处理并传输电信号

B. 信号和信息是同一概念的两种表述形式

C. 用"1"和"0"组成的信息代码"101"只能表示数量"5"

D. 信息是看得到的，信号是看不到的

88. 图示非周期信号$u(t)$的时域描述形式是：〔注：$u(t)$是单位阶跃函数〕

A. $u(t) = \begin{cases} 1V, & t \leq 2 \\ -1V, & t > 2 \end{cases}$

B. $u(t) = -1(t-1) + 2 \cdot 1(t-2) - 1(t-3)V$

C. $u(t) = 1(t-1) - 1(t-2)V$

D. $u(t) = -1(t+1) + 1(t+2) - 1(t+3)V$

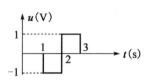

89. 某放大器的输入信号$u_1(t)$和输出信号$u_2(t)$如图所示，则：

A. 该放大器是线性放大器

B. 该放大器放大倍数为2

C. 该放大器出现了非线性失真

D. 该放大器出现了频率失真

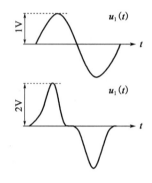

90. 对逻辑表达式$ABC + A\overline{BC} + B$的化简结果是：

A. AB

B. A+B

C. ABC

D. $A\overline{BC}$

91. 已知数字信号X和数字信号Y的波形如图所示，

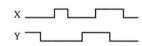

则数字信号$F = \overline{XY}$的波形为：

A.

B.

C.

D.

92. 十进制数字 32 的 BCD 码为：

A. 00110010   B. 00100000

C. 100000   D. 00100011

93. 二级管应用电路如图所示，设二极管 D 为理想器件，$u_i = 10\sin\omega t$ V，则输出电压 u_o 的波形为：

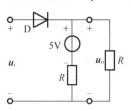

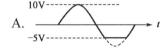

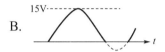

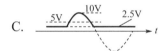

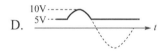

94. 晶体三极管放大电路如图所示，在进入电容 C_E 之后：

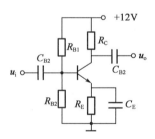

A. 放大倍数变小

B. 输入电阻变大

C. 输入电阻变小，放大倍数变大

D. 输入电阻变大，输出电阻变小，放大倍数变大

95. 图 a）所示电路中，复位信号 $\overline{R}_D$，信号 A 及时钟脉冲信号 cp 如图 b）所示，经分析可知，在第一个和第二个时钟脉冲的下降沿时刻，输出 Q 分别等于：

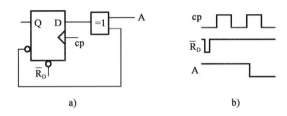

a)   b)

A. 0　0

B. 0　1

C. 1　0

D. 1　1

附：触发器的逻辑状态表为

D	Q_{n+1}
0	0
1	1

96. 图 a）所示电路中，复位信号、数据输入及时钟脉冲信号如图 b）所示，经分析可知，在第一个和第二个时钟脉冲的下降沿过后，输出 Q 分别等于：

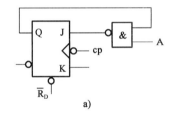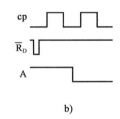

a)   b)

A. 0　0

B. 0　1

C. 1　0

D. 1　1

附：触发器的逻辑状态表为

J	K	Q_{n+1}
0	0	Q_D
0	1	0
1	0	1
1	1	$\overline{Q}_D$

97. 现在全国都在开发三网合一的系统工程，即：

A. 将电信网、计算机网、通信网合为一体

B. 将电信网、计算机网、无线电视网合为一体

C. 将电信网、计算机网、有线电视网合为一体

D. 将电信网、计算机网、电话网合为一体

98. 在计算机的运算器上可以：

A. 直接解微分方程　　　　　　　B. 直接进行微分运算

C. 直接进行积分运算　　　　　　D. 进行算数运算和逻辑运算

99. 总线中的控制总线传输的是：

A. 程序和数据　　　　　　　　　B. 主存储器的地址码

C. 控制信息　　　　　　　　　　D. 用户输入的数据

100. 目前常用的计算机辅助设计软件是：

A. Microsoft Word　　　　　　　B. AutoCAD

C. Visual BASIC　　　　　　　　D. Microsoft Access

101. 计算机中度量数据的最小单位是：

A. 数 0　　　　　　　　　　　　B. 位

C. 字节　　　　　　　　　　　　D. 字

102. 在下面列出的四种码中，不能用于表示机器数的一种是：

A. 原码　　　　　　　　　　　　B. ASCII 码

C. 反码　　　　　　　　　　　　D. 补码

103. 一幅图像的分辨率为 640×480 像素，这表示该图像中：

A. 至少由 480 个像素组成　　　　B. 总共由 480 个像素组成

C. 每行由 640×480 个像素组成　　D. 每列由 480 个像素组成

104. 在下面四条有关进程特征的叙述中，其中正确的一条是：

A. 静态性、并发性、共享性、同步性

B. 动态性、并发性、共享性、异步性

C. 静态性、并发性、独立性、同步性

D. 动态性、并发性、独立性、异步性

105. 操作系统的设备管理功能是对系统中的外围设备：

　　A. 提供相应的设备驱动程序，初始化程序和设备控制程序等

　　B. 直接进行操作

　　C. 通过人和计算机的操作系统对外围设备直接进行操作

　　D. 既可以由用户干预，也可以直接执行操作

106. 联网中的每台计算机：

　　A. 在联网之前有自己独立的操作系统，联网以后是网络中的某一个结点联网以后是网络中的某一个结点

　　B. 在联网之前有自己独立的操作系统，联网以后它自己的操作系统屏蔽

　　C. 在联网之前没有自己独立的操作系统，联网以后使用网络操作系统

　　D. 联网中的每台计算机有可以同时使用的多套操作系统

107. 某企业向银行借款，按季度计息，年名义利率为 8%，则年实际利率为：

　　A. 8%　　　　　　　　　　　　　　B. 8.16%

　　C. 8.24%　　　　　　　　　　　　D. 8.3%

108. 在下列选项中，应列入项目投资现金流量分析中的经营成本的是：

　　A. 外购原材料、燃料和动力费　　　B. 设备折旧

　　C. 流动资金投资　　　　　　　　　D. 利息支出

109. 某项目第 6 年累计净现金流量开始出现正值，第五年末累计净现金流量为 -60 万元，第 6 年当年净现金流量为 240 万元，则该项目的静态投资回收期为：

　　A. 4.25 年　　　　　　　　　　　　B. 4.75 年

　　C. 5.25 年　　　　　　　　　　　　D. 6.25 年

110. 某项目初期（第 0 年年初）投资额为 5000 万元，此后从第二年年末开始每年有相同的净收益，收益期为 10 年。寿命期结束时的净残值为零，若基准收益率为 15%，则要使该投资方案的净现值为零，其年净收益应为：

　　[已知：$(P/A, 15\%, 10) = 5.0188$，$(P/F, 15\%, 1) = 0.8696$]

　　A. 574.98 万元　　　　　　　　　　B. 866.31 万元

　　C. 996.25 万元　　　　　　　　　　D. 1145.65 万元

111. 以下关于项目经济费用效益分析的说法中正确的是：

    A. 经济费用效益分析应考虑沉没成本

    B. 经济费用和效益的识别不适用"有无对比"原则

    C. 识别经济费用效益时应剔出项目的转移支付

    D. 为了反映投入物和产出物真实经济价值，经济费用效益分析不能使用市场价格

112. 已知甲、乙为两个寿命期相同的互斥项目，其中乙项目投资大于甲项目。通过测算得出甲、乙两项目的内部收益率分别为17%和14%，增量内部收益$\Delta IRR_{(乙-甲)}=13\%$，基准收益率为14%，以下说法中正确的是：

    A. 应选择甲项目   B. 应选择乙项目

    C. 应同时选择甲、乙两个项目   D. 甲、乙两项目均不应选择

113. 以下关于改扩建项目财务分析的说法中正确的是：

    A. 应以财务生存能力分析为主

    B. 应以项目清偿能力分析为主

    C. 应以企业层次为主进行财务分析

    D. 应遵循"有无对比"原则

114. 下面关于价值工程的论述中正确的是：

    A. 价值工程中的价值是指成本与功能的比值

    B. 价值工程中的价值是指产品消耗的必要劳动时间

    C. 价值工程中的成本是指寿命周期成本，包括产品在寿命期内发生的全部费用

    D. 价值工程中的成本就是产品的生产成本，它随着产品功能的增加而提高

115. 根据《中华人民共和国建筑法》规定，某建设单位领取了施工许可证，下列情节中，可能不导致施工许可证废止的是：

    A. 领取施工许可证之日起三个月内因故不能按期开工，也未申请延期

    B. 领取施工许可证之日起按期开工后又中止施工

    C. 向发证机关申请延期开工一次，延期之日起三个月内，因故仍不能按期开工，也未申请延期

    D. 向发证机关申请延期开工两次，超过6个月因故不能按期开工，继续申请延期

116. 某施工单位一个有职工 185 人的三级施工资质的企业，根据《中华人民共和国安全生产法》规定，该企业下列行为中合法的是：

A. 只配备兼职的安全生产管理人员

B. 委托具有国家规定相关专业技术资格的工程技术人员提供安全生产管理服务，由其负责承担保证安全生产的责任

C. 安全生产管理人员经企业考核后即任职

D. 设置安全生产管理机构

117. 下列属于《中华人民共和国招标投标法》规定的招标方式是：

A. 公开招标和直接招标

B. 公开招标和邀请招标

C. 公开招标和协议招标

D. 公开招标和非公开招标

118. 根据《中华人民共和国合同法》规定，下列行为不属于要约邀请的是：

A. 某建设单位发布招标公告

B. 某招标单位发出中标通知书

C. 某上市公司发出招标说明书

D. 某商场寄送的价目表

119. 根据《中华人民共和国行政许可法》的规定，除可以当场作出行政许可决定的外，行政机关应当自受理行政可之日起作出行政许可决定的时限是：

A. 5 日之内

B. 7 日之内

C. 15 日之内

D. 20 日之内

120. 某建设项目甲建设单位与乙施工单位签订施工总承包合同后，乙施工单位经甲建设单位认可，将打桩工程分包给丙专业承包单位，丙专业承包单位又将劳务作业分包给丁劳务单位，由于丙专业承包单位从业人员责任心不强，导致该打桩工程部分出现了质量缺陷，对于该质量缺陷的责任承担，以下说明正确的是：

A. 乙单位和丙单位承担连带责任

B. 丙单位和丁单位承担连带责任

C. 丙单位向甲单位承担全部责任

D. 乙、丙、丁三单位共同承担责任

2013 年度全国勘察设计注册工程师执业资格考试基础考试（上）

试题解析及参考答案

1. 解 $\alpha \times \beta = \begin{vmatrix} i & j & k \\ -3 & -2 & 1 \\ 1 & -4 & -5 \end{vmatrix} = 14i - 14j + 14k$

$|\alpha \times \beta| = \sqrt{14^2 + 14^2 + 14^2} = \sqrt{3 \times 14^2} = 14\sqrt{3}$

答案：C

2. 解 因为 $\lim\limits_{x \to 1}(x^2 + x - 2) = 0$

故 $\lim\limits_{x \to 1}(2x^2 + ax + b) = 0$，即 $2 + a + b = 0$，得 $b = -2 - a$，代入原式：

$$\lim\limits_{x \to 1}\frac{2x^2 + ax - 2 - a}{x^2 + x - 2} = \lim\limits_{x \to 1}\frac{2(x+1)(x-1) + a(x-1)}{(x+2)(x-1)} = \lim\limits_{x \to 1}\frac{2 \times 2 + a}{3} = 1$$

故 $4 + a = 3$，得 $a = -1$，$b = -1$

答案：C

3. 解 $\dfrac{dy}{dx} = \dfrac{\frac{dy}{dt}}{\frac{dx}{dt}} = \dfrac{-\sin t}{\cos t} = -\tan t$

答案：A

4. 解 $\left[\int f(x)dx\right]' = f(x)$

答案：B

5. 解 举例 $f(x) = x^2$，$\int x^2 dx = \frac{1}{3}x^3 + C$

当 $C = 0$ 时，$\int x^2 dx = \frac{1}{3}x^3$ 为奇函数；

当 $C = 1$ 时，$\int x^2 dx = \frac{1}{3}x^3 + 1$ 为非奇非偶函数。

答案：A

6. 解 $\lim\limits_{x \to 1^-}f(x) = \lim\limits_{x \to 1^-}3x^2 = 3$，$\lim\limits_{x \to 1^+}(4x - 1) = 3$，$f(1) = 3$，函数 $f(x)$ 在 $x = 1$ 处连续。

$f'_+(1) = \lim\limits_{x \to 1^+}\frac{4x - 1 - 3 \times 1}{x - 1} = \lim\limits_{x \to 1^+}\frac{4(x-1)}{x-1} = 4$

$f'_-(1) = \lim\limits_{x \to 1^-}\frac{3x^2 - 3}{x - 1} = \lim\limits_{x \to 1^-}\frac{3(x+1)(x-1)}{x-1} = 6$

$f'_+(1) \neq f'_-(1)$，在 $x = 1$ 处不可导；

故 $f(x)$ 在 $x = 1$ 处连续不可导。

答案：C

7. 解

$$y' = -1 \cdot x^{\frac{2}{3}} + (5-x)\frac{2}{3}x^{-\frac{1}{3}} = -x^{\frac{2}{3}} + \frac{2}{3} \cdot \frac{5-x}{x^{\frac{1}{3}}} = \frac{-3x + 2(5-x)}{3x^{\frac{1}{3}}}$$

$$= \frac{-3x + 10 - 2x}{3 \cdot x^{\frac{1}{3}}} = \frac{5(2-x)}{3x^{\frac{1}{3}}}$$

可知 $x = 0$，$x = 2$ 为极值可疑点，所以极值可疑点的个数为 2。

答案： C

8. 解 选项 A：$\int_0^{+\infty} e^{-x}dx = -\int_0^{+\infty} e^{-x}d(-x) = -e^{-x}\Big|_0^{+\infty} = -\left(\lim_{x \to +\infty} e^{-x} - 1\right) = 1$

选项 B：$\int_0^{+\infty} \frac{1}{1+x^2}dx = \arctan x\Big|_0^{+\infty} = \frac{\pi}{2}$

选项 C：因为 $\lim_{x \to 0^+} \frac{\ln x}{x} = \lim_{x \to 0^+} \frac{1}{x}\ln x \to \infty$，所以函数在 $x \to 0^+$ 无界。

$$\int_0^{+\infty} \frac{\ln x}{x}dx = \int_0^1 \frac{\ln x}{x}dx + \int_1^{+\infty} \frac{\ln x}{x}dx = \int_0^1 \ln x d\ln x + \int_1^{+\infty} \ln x d\ln x$$

而 $\int_0^1 \ln x d\ln x = \frac{1}{2}(\ln x)^2\Big|_0^1 = -\infty$，故广义积分发散。

（注：$\lim_{x \to 0^+} \frac{\ln x}{x} = \infty$，$x = 0$ 为无穷间断点）

选项 D：$\int_0^1 \frac{1}{\sqrt{1-x^2}}dx = \arcsin x\Big|_0^1 = \frac{\pi}{2}$

注：$\lim_{x \to 1^-} \frac{1}{\sqrt{1-x^2}} = +\infty$，$x = 1$ 为无穷间断点。

答案： C

9. 解 见解图，D：$0 \leqslant y \leqslant 1$，$y \leqslant x \leqslant \sqrt{y}$；

$y = x$，即 $x = y$；$y = x^2$，得 $x = \sqrt{y}$；

所以二次积分交换积分顺序后为 $\int_0^1 dy \int_y^{\sqrt{y}} f(x,y)dx$。

答案： D

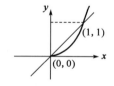

题 9 解图

10. 解 $x\frac{dy}{dx} = y\ln y$，$\frac{1}{y\ln y}dy = \frac{1}{x}dx$，$\ln\ln y = \ln x + \ln C$

$\ln y = Cx$，$y = e^{Cx}$，代入 $x = 1$，$y = e$，有 $e = e^{1C}$，得 $C = 1$

所以 $y = e^x$

答案： B

11. 解 $F(x,y,z) = xz - xy + \ln(xyz)$

$$F_x = z - y + \frac{yz}{xyz} = z - y + \frac{1}{x}, \quad F_y = -x + \frac{xz}{xyz} = -x + \frac{1}{y}, \quad F_z = x + \frac{xy}{xyz} = x + \frac{1}{z}$$

$$\frac{\partial z}{\partial y} = -\frac{F_y}{F_z} = -\frac{\dfrac{-xy+1}{y}}{\dfrac{xz+1}{z}} = -\frac{(1-xy)z}{y(xz+1)} = \frac{z(xy-1)}{y(xz+1)}$$

答案： D

12. 解 正项级数 $\sum\limits_{n=1}^{\infty} u_n$ 收敛的充分必要条件是，它的部分和数列 $\{S_n\}$ 有界。

答案：A

13. 解 已知 $f(-x) = -f(x)$，函数在 $(-\infty, +\infty)$ 为奇函数。

可配合图形说明在 $(-\infty, 0)$，$f'(x) > 0$，$f''(x) < 0$，凸增。

故在 $(0, +\infty)$ 为凹增，即在 $(0, +\infty)$，$f'(x) > 0$，$f''(x) > 0$。

答案：C

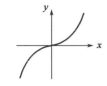

题 13 解图

14. 解 特征方程：$r^2 - 3r + 2 = 0$，$r_1 = 1$，$r_2 = 2$，$f(x) = xe^x$，$r = 1$ 为对应齐次方程的特征方程的单根，故特解形式 $y^* = x(Ax + B) \cdot e^x$。

答案：A

15. 解 $\vec{s} = \{3, -1, 2\}$，$\vec{n} = \{-2, 2, 1\}$，$\vec{s} \cdot \vec{n} \neq 0$，$\vec{s}$ 与 $\vec{n}$ 不垂直。

故直线 L 不平行于平面 π，从而选项 B、D 不成立；又因为 $\vec{s}$ 不平行于 $\vec{n}$，所以 L 不垂直于平面 π，选项 A 不成立；即直线 L 与平面 π 非垂直相交。

答案：C

16. 解 见解图，L：$y = x - 1$，所以 L 的参数方程 $\begin{cases} x = x \\ y = x - 1 \end{cases}$，

$0 \leqslant x \leqslant 1$

$$ds = \sqrt{1^2 + 1^2}\,dx = \sqrt{2}\,dx$$

故 $\int_L (y - x)\,ds = \int_0^1 (x - 1 - x)\sqrt{2}\,dx = -\sqrt{2} \cdot 1 = -\sqrt{2}$

答案：D

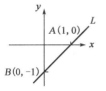

题 16 解图

17. 解 $R = 3$，则 $\rho = \dfrac{1}{3}$

选项 A：$\sum\limits_{n=0}^{\infty} 3x^n$，$\lim\limits_{n \to \infty} \left| \dfrac{a_{n+1}}{a_n} \right| = 1$

选项 B：$\sum\limits_{n=1}^{\infty} 3^n x^n$，$\lim\limits_{n \to x} \left| \dfrac{3^{n+1}}{3^n} \right| = 3$

选项 C：$\sum\limits_{n=0}^{\infty} \dfrac{1}{3^{\frac{n}{2}}} x^n$，$\lim\limits_{n \to \infty} \left| \dfrac{\frac{1}{3^{\frac{n+1}{2}}}}{\frac{1}{3^{\frac{n}{2}}}} \right| = \lim\limits_{n \to \infty} \dfrac{1}{3^{\frac{n+1}{2}}} \cdot 3^{\frac{n}{2}} = \lim\limits_{n \to \infty} 3^{\frac{n}{2} - \frac{n+1}{2}} = 3^{-\frac{1}{2}}$

选项 D：$\sum\limits_{n=0}^{\infty} \dfrac{1}{3^{n+1}} x^n$，$\lim\limits_{n \to \infty} \left| \dfrac{\frac{1}{3^{n+2}}}{\frac{1}{3^{n+1}}} \right| = \lim\limits_{n \to \infty} \dfrac{3^{n+1}}{3^{n+2}} = \dfrac{1}{3}$，$\rho = \dfrac{1}{3}$，$R = \dfrac{1}{\rho} = 3$

答案：D

18. 解 $z = f(x, y)$，$\begin{cases} x = x \\ y = \varphi(x) \end{cases}$，则 $\dfrac{dz}{dx} = \dfrac{\partial f}{\partial x} \cdot 1 + \dfrac{\partial f}{\partial y} \cdot \dfrac{d\varphi}{dx}$

答案：B

19. 解 以 $\boldsymbol{\alpha}_1$、$\boldsymbol{\alpha}_2$、$\boldsymbol{\alpha}_3$、$\boldsymbol{\alpha}_4$ 为列向量作矩阵 $\boldsymbol{A}$

$$A = \begin{bmatrix} 3 & 3 & 1 & 6 \\ 2 & -1 & -\frac{1}{3} & -2 \\ -5 & 3 & 1 & 6 \end{bmatrix} \xrightarrow{-r_1+r_3} \begin{bmatrix} 3 & 3 & 1 & 6 \\ 2 & -1 & -\frac{1}{3} & -2 \\ -8 & 0 & 0 & 0 \end{bmatrix} \xrightarrow{-\frac{1}{8}r_3} \begin{bmatrix} 3 & 3 & 1 & 6 \\ 2 & -1 & -\frac{1}{3} & -2 \\ 1 & 0 & 0 & 0 \end{bmatrix} \xrightarrow[(-2)r_3+r_2]{(-3)r_3+r_1}$$

$$\begin{bmatrix} 0 & 3 & 1 & 6 \\ 0 & -1 & -\frac{1}{3} & -2 \\ 1 & 0 & 0 & 0 \end{bmatrix} \xrightarrow{3r_2+r_1} \begin{bmatrix} 0 & 0 & 0 & 0 \\ 0 & -1 & -\frac{1}{3} & -2 \\ 1 & 0 & 0 & 0 \end{bmatrix} \xrightarrow{r_1 \longleftrightarrow r_3} \begin{bmatrix} 1 & 0 & 0 & 0 \\ 0 & -1 & -\frac{1}{3} & -2 \\ 0 & 0 & 0 & 0 \end{bmatrix}$$

极大无关组为 $\boldsymbol{\alpha}_1$、$\boldsymbol{\alpha}_2$。

（说明：因为行阶梯形矩阵的第二行中第 3 列、第 4 列的数也不为 0，所以 $\boldsymbol{\alpha}_1$、$\boldsymbol{\alpha}_3$ 或 $\boldsymbol{\alpha}_1$、$\boldsymbol{\alpha}_4$ 也是向量组的最大线性无关组。）

答案：C

20. 解　设 $\boldsymbol{A}$ 为 $m \times n$ 矩阵，$m < n$，则 $R(\boldsymbol{A}) = r \leqslant \min\{m, n\} = m < n$，$\boldsymbol{A}x = \boldsymbol{0}$ 必有非零解。

选项 D 错误，因为增广矩阵的秩不一定等于系数矩阵的秩。

答案：B

21. 解　矩阵相似有相同的特征多项式，有相同的特征值。

方法 1：

$$|\lambda \boldsymbol{E} - \boldsymbol{A}| = \begin{vmatrix} \lambda - 1 & 1 & -1 \\ -2 & \lambda - 4 & 2 \\ 3 & 3 & \lambda - 5 \end{vmatrix} \xrightarrow{(-3)r_1+r_3} \begin{vmatrix} \lambda - 1 & 1 & -1 \\ -2 & \lambda - 4 & 2 \\ -3\lambda + 6 & 0 & \lambda - 2 \end{vmatrix} \xrightarrow{-(\lambda-4)r_1+r_2}$$

$$\begin{vmatrix} \lambda - 1 & 1 & -1 \\ -\lambda^2 + 5\lambda - 6 & 0 & \lambda - 2 \\ -3\lambda + 6 & 0 & \lambda - 2 \end{vmatrix} = (-1)^{1+2} \begin{vmatrix} -(\lambda - 2)(\lambda - 3) & \lambda - 2 \\ -3(\lambda - 2) & \lambda - 2 \end{vmatrix}$$

$$= (\lambda - 2)(\lambda - 2) \begin{vmatrix} +(\lambda - 3) & 1 \\ 3 & 1 \end{vmatrix} = (\lambda - 2)(\lambda - 2)[+(\lambda - 3) - 3]$$

$$= (\lambda - 2)(\lambda - 2)(\lambda - 6)$$

特征值为 2，2，6；矩阵 $\boldsymbol{B}$ 中 $\lambda = 6$。

方法 2：因为 $\boldsymbol{A} \sim \boldsymbol{B}$，所以 $\boldsymbol{A}$ 与 $\boldsymbol{B}$ 的主对角线元素和相等，$\sum\limits_{i=1}^{3} a_{ii} = \sum\limits_{i=1}^{3} b_{ii}$，即 $1 + 4 + 5 = \lambda + 2 + 2$，得 $\lambda = 6$。

答案：A

22. 解　A、B 相互独立，则 $P(AB) = P(A)P(B)$，$P(A \cup B) = P(A) + P(B) - P(AB) = P(A) + P(B) - P(A)P(B) = 0.7$ 或 $P(A \cup B) = 1 - P(\overline{A \cup B}) = 1 - P(\overline{A}\ \overline{B}) = 1 - P(\overline{A})P(\overline{B}) = 0.7$。

答案：C

23. 解　分布函数 [记为 $Q(x)$] 性质为：①$0 \leqslant Q(x) \leqslant 1$，$Q(-\infty) = 0$，$Q(+\infty) = 1$；②$Q(x)$ 是非减函数；③$Q(x)$ 是右连续的。

$\Phi(+\infty) = -\infty$；$F(x)$ 满足分布函数的性质①、②、③；

$G(-\infty) = +\infty$；$x \geqslant 0$时，$H(x) > 1$。

答案：B

24. 解 注意$E(X) = 0$，$\sigma^2 = D(X) = E(X^2) - [E(X)]^2 = E(X^2)$，$\sigma^2$也是$X$的二阶原点矩，$\sigma^2$的矩估计量是样本的二阶原点矩$\frac{1}{n}\sum\limits_{i=1}^{n}X_i^2$。

说明：统计推断时要充分利用已知信息。当$E(X) = \mu$已知时，估计$D(X) = \sigma^2$，用$\frac{1}{n}\sum\limits_{i=1}^{n}(X_i - \mu)^2$比用$\frac{1}{n}\sum\limits_{i=1}^{n}(X_i - \overline{X})^2$效果好。

答案：D

25. 解 ①分子的平均动能$= \frac{3}{2}kT$，若分子的平均平动动能相同，则温度相同。

②分子的平均动能=平均(平动动能+转动动能)$= \frac{i}{2}kT$。其中，i为分子自由度，而$i(He) = 3$，$i(N_2) = 5$，则氦分子和氮分子的平均动能不同。

答案：B

26. 解 此题需要正确理解最概然速率的物理意义，v_p为$f(v)$最大值所对应的速率。

答案：C

注：25、26题2011年均考过。

27. 解 画等压膨胀p-V图，由图知$V_2 > V_1$，故气体对外做正功。
由等温线知$T_2 > T_1$，温度升高。

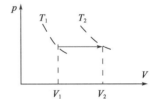

答案：A

28. 解 $Q_T = \frac{m}{M}RT\ln\frac{V_2}{V_1} = p_1V_1\ln\frac{V_2}{V_1}$

题 27 解图

答案：A

29. 解 ①波动方程标准式：$y = A\cos\left[\omega\left(t - \frac{x - x_0}{u}\right) + \varphi_0\right]$

②本题方程：$y = -0.02\cos\pi(4x - 50t) = 0.02\cos[\pi(4x - 50t) + \pi]$

$$= 0.02\cos[\pi(50t - 4x) + \pi] = 0.02\cos\left[50\pi\left(t - \frac{4x}{50}\right) + \pi\right]$$

$$= 0.02\cos\left[50\pi\left(t - \frac{x}{\frac{50}{4}}\right) + \pi\right]$$

故$\omega = 50\pi = 2\pi\nu$，$\nu = 25\text{Hz}$，$u = \frac{50}{4}$

波长$\lambda = \frac{u}{\nu} = 0.5\text{m}$，振幅$A = 0.02\text{m}$

答案：D

30. 解 a、b、c、d处质元都垂直于x轴上下振动。由图知，t时刻a处质元位于振动的平衡位置，此时速率最大，动能最大，势能也最大。

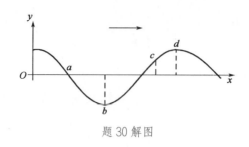

题 30 解图

答案： A

31. 解 $x_{\text{腹}} = \pm k\frac{\lambda}{2}$，$k = 0,1,2,\cdots$。相邻两波腹之间的距离为：$x_{k+1} - x_k = (k+1)\frac{\lambda}{2} - k\frac{\lambda}{2} = \frac{\lambda}{2}$。

答案： A

32. 解 设线偏振光的光强为 I，线偏振光与第一个偏振片的夹角为 φ。因为最终线偏振光的振动方向要转过 $90°$，所以第一个偏振片与第二个偏振片的夹角为 $\frac{\pi}{2} - \varphi$。

根据马吕斯定律：

线偏振光通过第一块偏振片后的光强 $I_1 = I\cos^2\varphi$

线偏振光通过第二块偏振片后的光强 $I_2 = I_1\cos^2\left(\frac{\pi}{2} - \varphi\right) = \frac{I}{4}\sin^2 2\varphi$

要使透射光强达到最强，令 $\sin 2\varphi = 1$，得 $\varphi = \frac{\pi}{4}$，透射光强的最大值为 $\frac{I}{4}$。

入射光的振动方向与前后两偏振片的偏振化方向夹角分别为 $45°$ 和 $90°$。

答案： A

33. 解 光的干涉和衍射现象反映了光的波动性质，光的偏振现象反映了光的横波性质。

答案： B

34. 解 注意到 $1\text{nm} = 10^{-9}\text{m} = 10^{-6}\text{mm}$。

由 $\Delta x = \Delta n\frac{\lambda}{2}$，有 $0.62 = 2300\frac{\lambda}{2}$，$\lambda = 5.39 \times 10^{-4}\text{mm} = 539\text{nm}$。

答案： B

35. 解 对暗纹 $a\sin\varphi = k\lambda = 2k\frac{\lambda}{2}$，令 $k = 3$，故半波带数目为 6。

答案： D

36. 解 劈尖干涉明纹公式：$2nd + \frac{\lambda}{2} = k\lambda$，$k = 1,2,\cdots$

对应的薄膜厚度差 $2nd_5 - 2nd_3 = 2\lambda$，故 $d_5 - d_3 = \frac{\lambda}{n}$。

答案： B

37. 解 一组允许的量子数 n、l、m 取值对应一个合理的波函数，即可以确定一个原子轨道。量子数 $n = 4$，$l = 2$，$m = 0$ 为一组合理的量子数，确定一个原子轨道。

答案： A

38. 解 根据价电子对互斥理论：

PCl_3 的价电子对数 $x = \frac{1}{2}$(P 的价电子数 + 三个 Cl 提供的价电子数) $= \frac{1}{2}(5+3) = 4$

PCl_3 分子中，P 原子形成三个 P-Cl σ 键，价电子对数减去 σ 键数等于 1，所以 P 原子除形成三个 P-Cl 键外，还有一个孤电子对，PCl_3 的空间构型为三角锥形，P 为不等性 sp^3 杂化。

答案：B

39. 解　由已知条件可知

$$Fe^{3+} \xrightarrow[z_1=1]{0.771} Fe^{2+} \xrightarrow[z_2=2]{-0.44} Fe$$

$$z=3$$

即 $\quad Fe^{3+} + z_1 e = Fe^{2+}$

$+)\ Fe^{2+} + z_2 e = Fe$

_____

$\quad Fe^{3+} + ze\ = Fe$

$$E^{\Theta}(Fe^{3+}/Fe) = \frac{z_1 E^{\Theta}(Fe^{3+}/Fe^{2+}) + z_2 E^{\Theta}(Fe^{2+}/Fe)}{z} = \frac{0.771 + 2 \times (-0.44)}{3} \approx -0.036V$$

答案：C

40. 解　在 $BaSO_4$ 饱和溶液中，存在 $BaSO_4 = Ba^{2+} + SO_4^{2-}$ 平衡，加入 $BaCl_2$，溶液中 Ba^{2+} 增加，平衡向左移动，SO_4^{2-} 的浓度减小。

答案：B

41. 解　催化剂之所以加快反应的速率，是因为它改变了反应的历程，降低了反应的活化能，增加了活化分子百分数。

答案：C

42. 解　此反应为气体分子数减小的反应，升压，反应向右进行；反应的 $\Delta_r H_m < 0$，为放热反应，降温，反应向右进行。

答案：C

43. 解　负极　氧化反应：$Ag + Cl^- = AgCl + e$

正极　还原反应：$Ag^+ + e = Ag$

电池反应：$Ag^+ + Cl^- = AgCl$

原电池负极能斯特方程式为：$\varphi_{AgCl/Ag} = \varphi^{\Theta}_{AgCl/Ag} + 0.059 \lg \frac{1}{c(Cl^-)}$。

由于负极中加入 NaCl，Cl^- 浓度增加，则负极电极电势减小，正极电极电势不变，因此电池的电动势增大。

答案：A

44. 解　乙烯与氯气混合，可以发生加成反应：$C_2H_4 + Cl_2 = CH_2Cl - CH_2Cl$。

答案：C

45. 解　羟基与烷基直接相连为醇，通式为 R—OH（R 为烷基）；羟基与芳香基直接相连为酚，通式为 Ar—OH（Ar 为芳香基）。

答案：D

46. 解　由低分子化合物（单体）通过加成反应，相互结合成高聚物的反应称为加聚反应。加聚反应没有产生副产物，高聚物成分与单体相同，单体含有不饱和键。HCHO 为甲醛，加聚反应为：nH_2C ═ $O \longrightarrow \text{╂}CH_2—O\text{╂}_n$。

答案：C

47. 解　E 处为光滑接触面约束，根据约束的性质，约束力应垂直于支撑面，指向被约束物体。

答案：B

48. 解　F 力和均布力 q 的合力作用线均通过 O 点，故合力矩为零。

答案：A

49. 解　取构架整体为研究对象，列平衡方程：
$$\sum M_A(F) = 0, \quad F_B \cdot 2L_2 - F_p \cdot 2L_1 = 0$$

答案：A

50. 解　根据斜面的自锁条件，斜面倾角小于摩擦角时，物体静止。

答案：A

51. 解　将 $t = x$ 代入 y 的表达式。

答案：C

52. 解　分别对运动方程 x 和 y 求时间 t 的一阶、二阶导数，再令 $t = 0$，且有 $v = \sqrt{\dot{x}^2 + \dot{y}^2}$，$a = \sqrt{\ddot{x}^2 + \ddot{y}^2}$。

答案：B

53. 解　两轮啮合点 A、B 的速度相同，且 $v_A = R_1\omega_1$，$v_B = R_2\omega_2$。

答案：D

54. 解　可在 A 上加一水平向左的惯性力，根据达朗贝尔原理，物块 A 上作用的重力 mg、法向约束力 F_N、摩擦力 F 以及大小为 ma 的惯性力组成平衡力系，沿斜面列平衡方程，当摩擦力 $F = ma\cos\theta + mg\sin\theta \leq F_N f (F_N = mg\cos\theta - ma\sin\theta)$ 时可保证 A 与 B 一起以加速度 a 水平向右运动。

答案：C

55. 解　物块 A 上的摩擦力水平向右，使其向右运动，故做正功。

答案：C

56.解　杆位于铅垂位置时有 $J_B\alpha = M_B = 0$；故角加速度 $\alpha = 0$；而角速度可由动能定理：$\frac{1}{2}J_B\omega^2 = mgl$，得 $\omega^2 = \frac{3g}{2l}$。则质心的加速度为：$a_{Cx} = 0$，$a_{Cy} = l\omega^2$。根据质心运动定理，有 $ma_{Cx} = F_{Bx}$，$ma_{Cy} = F_{By} - mg$，便可得最后结果。

答案：D

57.解　根据定义，惯性力系主矢的大小为：$ma_C = m\frac{R}{2}\omega^2$；主矩的大小为：$J_O\alpha = 0$。

答案：A

58.解　发生共振时，系统的工作频率与其固有频率相等。

$$\omega_0 = \sqrt{\frac{k}{m}} = \sqrt{\frac{2 \times 10^6}{110}} = 134.8\text{rad/s}$$

答案：D

59.解　取节点 C，画 C 点的受力图，如图所示。

$$\sum F_x = 0，\quad F_1\sin 45° = F_2\sin 30°$$
$$\sum F_y = 0，\quad F_1\cos 45° + F_2\cos 30° = F$$

可得 $F_1 = \frac{\sqrt{2}}{1+\sqrt{3}}F$，$F_2 = \frac{2}{1+\sqrt{3}}F$

故 $F_2 > F_1$，而 $\sigma_2 = \frac{F_2}{A} > \sigma_1 = \frac{F_1}{A}$

所以杆 2 最先达到许用应力。

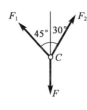

题 59 解图

答案：B

60.解　此题受力是对称的，故 $F_1 = F_2 = \frac{F}{2}$

由杆 1，得 $\sigma_1 = \frac{F_1}{A_1} = \frac{\frac{F}{2}}{A} = \frac{F}{2A} \leqslant [\sigma]$，故 $F \leqslant 2A[\sigma]$

由杆 2，得 $\sigma_2 = \frac{F_2}{A_2} = \frac{\frac{F}{2}}{2A} = \frac{F}{4A} \leqslant [\sigma]$，故 $F \leqslant 4A[\sigma]$

从两者取最小的，所以 $[F] = 2A[\sigma]$。

答案：B

61.解　把 F 力平移到铆钉群中心 O，并附加一个力偶 $m = F \cdot \frac{5}{4}L$，在铆钉上将产生剪力 Q_1 和 Q_2，其中 $Q_1 = \frac{F}{2}$，而 Q_2 计算方法如下。

$$\sum M_O = 0，\quad Q_2 \cdot \frac{L}{2} = F \cdot \frac{5}{4}L，\quad Q_2 = \frac{5}{2}F$$

则

$$Q = Q_1 + Q_2 = 3F，\quad \tau_{\max} = \frac{Q}{\frac{\pi}{4}d^2} = \frac{12F}{\pi d^2}$$

答案：C

62. 解 螺钉头与钢板之间的接触面是一个圆环面，故挤压面$A_{bs} = \frac{\pi}{4}(D^2 - d^2)$。

$$\sigma_{bs} = \frac{F_{bs}}{A_{bs}} = \frac{F}{\frac{\pi}{4}(D^2 - d^2)}$$

答案：A

63. 解 圆轴的最大切应力$\tau_{max} = \frac{T}{I_p} \cdot \frac{d}{2}$，圆轴的单位长度扭转角$\theta = \frac{T}{GI_p}$

故$\frac{T}{I_p} = \theta G$，代入得$\tau_{max} = \theta G \frac{d}{2}$

答案：D

64. 解 设实心圆直径为d，空心圆外径为D，空心圆内外径之比为α，因两者横截面积相同，故有$\frac{\pi}{4}d^2 = \frac{\pi}{4}D^2(1 - \alpha^2)$，即$d = D(1 - \alpha^2)^{\frac{1}{2}}$。

$$\frac{\tau_a}{\tau_b} = \frac{\frac{T}{\frac{\pi}{16}d^3}}{\frac{T}{\frac{\pi}{16}D^3(1 - \alpha^4)}} = \frac{D^3(1 - \alpha^4)}{d^3} = \frac{D^3(1 - \alpha^2)(1 + \alpha^2)}{D^3(1 - \alpha^2)(1 - \alpha^2)^{\frac{1}{2}}} = \frac{1 + \alpha^2}{\sqrt{1 - \alpha^2}} > 1$$

答案：C

65. 解 根据"零、平、斜""平、斜、抛"的规律，AB段的斜直线，对应AB段$q = 0$；BC段的抛物线，对应BC段$q \neq 0$，即应有q。而B截面处有一个转折点，应对应于一个集中力。

答案：A

66. 解 弯矩图中B截面的突变值为$10kN \cdot m$，故$m = 10kN \cdot m$。

答案：A

67. 解 $M_a = \frac{1}{8}ql^2$，M_b的计算可用叠加法，如解图所示，则$\frac{M_a}{M_b} = \frac{\frac{ql^2}{8}}{\frac{ql^2}{16}} = 2$。

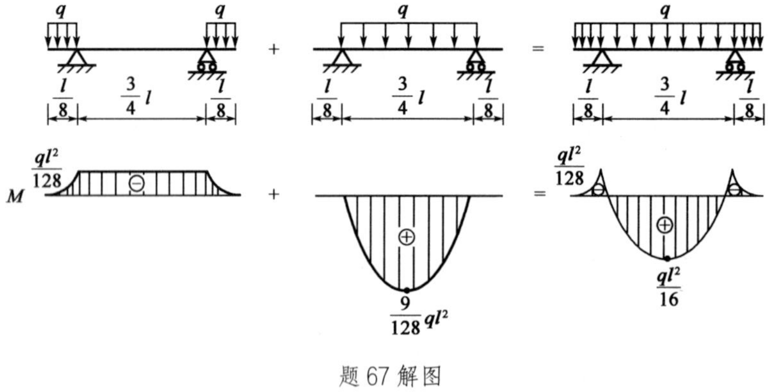

题67解图

答案：C

68. 解 图a）中$\sigma_{r3} = \sigma_1 - \sigma_3 = 150 - 0 = 150MPa$；

图b）中$\sigma_{r3} = \sigma_1 - \sigma_3 = 100 - (-100) = 200MPa$；

显然图 b) σ_{r3} 更大，更危险。

答案：B

69. 解 设杆 1 受力为 F_1，杆 2 受力为 F_2，可见：

$$F_1 + F_2 = F \qquad \qquad \text{①}$$

$\Delta l_1 = \Delta l_2$，即 $\dfrac{F_1 l}{E_1 A} = \dfrac{F_2 l}{E_2 A}$

故 $$\frac{F_1}{F_2} = \frac{E_1}{E_2} = 2 \qquad \qquad \text{②}$$

联立①、②两式，得到 $F_1 = \dfrac{2}{3} F$，$F_2 = \dfrac{1}{3} F$。

这结果相当于偏心受拉，如解图所示，$M = \dfrac{F}{3} \cdot \dfrac{h}{2} = \dfrac{Fh}{6}$。

题 69 解图

答案：B

70. 解 杆端约束越弱，μ 越大，在两端固定 ($\mu = 0.5$)，一端固定、一端铰支 ($\mu = 0.7$)，两端铰支 ($\mu = 1$) 和一端固定、一端自由 ($\mu = 2$) 这四种杆端约束中，一端固定、一端自由的约束最弱，μ 最大。而图示细长压杆 AB 一端自由、一端固定在简支梁上，其杆端约束比一端固定、一端自由 ($\mu = 2$) 时更弱，故 μ 比 2 更大。

答案：A

71. 解 切应力 $\tau = \mu \dfrac{\mathrm{d}u}{\mathrm{d}y}$，而 $y = R - r$，$\mathrm{d}y = -\mathrm{d}r$，故 $\dfrac{\mathrm{d}u}{\mathrm{d}y} = -\dfrac{\mathrm{d}u}{\mathrm{d}r}$

题设流速 $u = 2\left(1 - \dfrac{r^2}{R^2}\right)$，故 $\dfrac{\mathrm{d}u}{\mathrm{d}y} = -\dfrac{\mathrm{d}u}{\mathrm{d}r} = \dfrac{2 \times 2r}{R^2} = \dfrac{4r}{R^2}$

题设 $r_1 = 0.2R$，故切应力 $\tau_1 = \mu\left(\dfrac{4 \times 0.2R}{R^2}\right) = \mu\left(\dfrac{0.8}{R}\right)$

题设 $r_2 = R$，则切应力 $\tau_2 = \mu\left(\dfrac{4R}{R^2}\right) = \mu\left(\dfrac{4}{R}\right)$

切应力大小之比 $\dfrac{\tau_1}{\tau_2} = \dfrac{\mu\left(\frac{0.8}{R}\right)}{\mu\left(\frac{4}{R}\right)} = \dfrac{0.8}{4} = \dfrac{1}{5}$

答案：C

72. 解 对断面 1-1 及 2-2 中点写能量方程：$Z_1 + \dfrac{p_1}{\rho g} + \dfrac{\alpha_1 v_1^2}{2g} = Z_2 + \dfrac{p_2}{\rho g} + \dfrac{\alpha_2 v_2^2}{2g}$

题设管道水平，故 $Z_1 = Z_2$；又因 $d_1 > d_2$，由连续方程知 $v_1 < v_2$。

代入上式后知：$p_1 > p_2$。

答案：B

73. 解 由动量方程可得：$\sum F_x = \rho Q v = 1000\,\mathrm{kg/m^3} \times 0.2\,\mathrm{m^3/s} \times 50\,\mathrm{m/s} = 10\,\mathrm{kN}$。

答案：B

74. 解 由均匀流基本方程 $\tau = \rho g R J$，$J = \dfrac{h_f}{L}$，知沿程损失 $h_f = \dfrac{\tau L}{\rho g R}$。

答案：B

75. 解 由并联长管水头损失相等知：$h_{f1} = h_{f2} = h_{f3} = \cdots = h_f$，总流量 $Q = \sum\limits_{i=1}^{n} Q_i$。

答案：B

76. 解 矩形断面水力最佳宽深比 $\beta = 2$，即 $b = 2h$。

答案：D

77. 解 由渗流达西公式知 $v = kJ$。

答案：A

78. 解 按雷诺模型，$\dfrac{\lambda_v \lambda_L}{\lambda_\nu} = 1$，流速比尺 $\lambda_v = \dfrac{\lambda_\nu}{\lambda_L}$

按题设 $\lambda_\nu = \dfrac{60 \times 10^{-6}}{15 \times 10^{-6}} = 4$，长度比尺 $\lambda_L = 5$，因此流速比尺 $\lambda_v = \dfrac{4}{5} = 0.8$

$\lambda_v = \dfrac{v_{烟气}}{v_{空气}}$，$v_{空气} = \dfrac{v_{烟气}}{\lambda_v} = \dfrac{3\text{m/s}}{0.8} = 3.75\text{m/s}$

答案：A

79. 解 静止的电荷产生电场，不会产生磁场，并且电场是有源场，其方向从正电荷指向负电荷。

答案：D

80. 解 电路的功率关系 $P = UI = I^2 R$ 以及欧姆定律 $U = RI$，是在电路的电压电流的正方向一致时成立；当方向不一致时，前面增加"–"号。

答案：B

81. 解 考查电路的基本概念：开路与短路，电阻串联分压关系。当电路中 a-b 开路时，电阻 R_1、R_2 相当于串联。$U_{abk} = \dfrac{R_2}{R_1 + R_2} \cdot U_s$。

答案：C

82. 解 在直流电源作用下电感等效于短路，$U_L = 0$；电容等效于开路，$I_C = 0$。

$$\frac{U_R}{I_R} = R; \quad \frac{U_L}{I_L} = 0; \quad \frac{U_C}{I_C} = \infty$$

答案：D

83. 解 根据已知条件（电阻元件的电压为 0），即电阻电流为 0，电路处于谐振状态，电感支路与电容支路的电流大小相等，方向相反，可以写成 $I_L = I_C$，或 $i_L = -i_C$。

答案：B

84. 解　三相电路中，电源中性点与负载中点等电位，说明电路中负载也是对称负载，三相电路负载的阻抗相等条件为：$Z_1 = Z_2 = Z_3$，即 $\begin{cases} Z_1 = Z_2 = Z_3 \\ \varphi_1 = \varphi_2 = \varphi_3 \end{cases}$。

答案：A

85. 解　本题考查理想变压器的三个变比关系，在变压器的初级回路中电源内阻与变压器的折合阻抗 R'_L 串联。

$$R'_L = K^2 R_L \quad (R_L = 100\Omega)$$

答案：C

86. 解　绕线式的三相异步电动机转子串电阻的方法适应于不同接法的电动机，并且可以起到限制启动电流、增加启动转矩以及调速的作用。Y-△启动方法只用于正常△接运行，并轻载启动的电动机。

答案：D

87. 解　信号和信息不是同一概念。信号是表示信息的物理量，如电信号可以通过幅度、频率、相位的变化来表示不同的信息；信息是对接收者有意义、有实际价值的抽象的概念。由此可见，信号是可以看得到的，信息是看不到的。数码是常用的信息代码，并不是只能表示数量大小，通过定义可以表示不同事物的状态。由 0 和 1 组成的信息代码 101 并不能仅仅表示数量"5"，因此选项 B、C、D 错误。

处理并传输电信号是电路的重要功能，选项 A 正确。

答案：A

88. 解　信号可以用函数来描述，$u(t)$ 信号波形是由多个伴有延时阶跃信号的叠加构成的。

答案：B

89. 解　输出信号的失真属于非线性失真，其原因是由于三极管输入特性死区电压的影响。放大器的放大倍数只能对不失真信号定义，选项 A、B 错误。

答案：C

90. 解　根据逻辑函数的相关公式计算 $ABC + A\overline{BC} + B = A(BC + \overline{BC}) + B = A + B$。

答案：B

91. 解　根据给定的 X、Y 波形，其与非门 $\overline{XY}$ 的图形可利用有"0"则"1"的原则确定为选项 D。

答案：D

92. 解　BCD 码是用二进制数表示的十进制数，属于无权码，此题的 BCD 码是用四位二进制数表示的：$(0011\ 0010)_B = (3\ 2)_{BCD}$

答案：A

93. 解　此题为二极管限幅电路，分析二极管电路首先要将电路模型线性化，即将二极管断开后分析极性（对于理想二极管，如果是正向偏置将二极管短路，否则将二极管断路），最后按照线性电路理论确定输入和输出信号关系。

即：该二极管截止后，求$u_{阳} = u_i$，$u_{阴} = 2.5V$，则$u_i > 2.5V$时，二极管导通，$u_o = u_i$；$u_i < 2.5V$时，二极管截止，$u_o = 2.5V$。

答案：C

94.解　根据三极管的微变等效电路分析可见，增加电容C_E以后，在动态信号作用下，发射极电阻被电容短路。放大倍数提高，输入电阻减小。

答案：C

95.解　此电路是组合逻辑电路（异或门）与时序逻辑电路（D触发器）的组合应用，电路的初始状态由复位信号$\overline{R_D}$确定，输出状态在时钟脉冲信号cp的上升沿触发，$D = A \oplus \overline{Q}$。

答案：A

96.解　此题与上题类似，是组合逻辑电路（与非门）与时序逻辑电路（JK触发器）的组合应用，输出状态在时钟脉冲信号cp的下降沿触发。$J = \overline{Q \cdot A}$，K端悬空时，可以认为$K = 1$。

答案：C

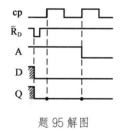

题95解图

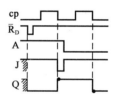

题96解图

97.解　"三网合一"是指在未来的数字信息时代，当前的数据通信网（俗称数据网、计算机网）将与电视网（含有线电视网）以及电信网合三为一，并且合并的方向是传输、接收和处理全部实现数字化。

答案：C

98.解　计算机运算器的功能是完成算术运算和逻辑运算，算数运算是完成加、减、乘、除的运算，逻辑运算主要包括与、或、非、异或等，从而完成低电平与高电平之间的切换，送出控制信号，协调计算机工作。

答案：D

99.解　计算机的总线可以划分为数据总线、地址总线和控制总线，数据总线用来传输数据、地址总线用来传输数据地址、控制总线用来传输控制信息。

答案：C

100.解　Microsoft Word是文字处理软件。Visual BASIC简称VB，是Microsoft公司推出的一种

Windows 应用程序开发工具。Microsoft Access 是小型数据库管理软件。AutoCAD 是专业绘图软件，主要用于工业设计中，被广泛用于民用、军事等各个领域。CAD 是 Computer Aided Design 的缩写，意思为计算机辅助设计。加上 Auto，指它可以应用于几乎所有跟绘图有关的行业，比如建筑、机械、电子、天文、物理、化工等。

答案：B

101. 解 位也称为比特，记为 bit，是计算机最小的存储单位，是用 0 或 1 来表示的一个二进制位数。字节是数据存储中常用的基本单位，8 位二进制构成一个字节。字是由若干字节组成一个存储单元，一个存储单元中存放一条指令或一个数据。

答案：B

102. 解 原码是机器数的一种简单的表示法。其符号位用 0 表示正号，用 1 表示负号，数值一般用二进制形式表示。机器数的反码可由原码得到。如果机器数是正数，则该机器数的反码与原码一样；如果机器数是负数，则该机器数的反码是对它的原码（符号位除外）各位取反而得到的。机器数的补码可由原码得到。如果机器数是正数，则该机器数的补码与原码一样；如果机器数是负数，则该机器数的补码是对它的原码（除符号位外）各位取反，并在末位加 1 而得到的。ASCII 码是将人在键盘上敲入的字符（数字、字母、特殊符号等）转换成机器能够识别的二进制数，并且每个字符唯一确定一个 ASCII 码，形象地说，它就是人与计算机交流时使用的键盘语言通过"翻译"转换成的计算机能够识别的语言。

答案：B

103. 解 点阵中行数和列数的乘积称为图像的分辨率，若一个图像的点阵总共有 480 行，每行 640 个点，则该图像的分辨率为 640×480=307200 个像素。每一条水平线上包含 640 个像素点，共有 480 条线，即扫描列数为 640 列，行数为 480 行。

答案：D

104. 解 进程与程序的的概念是不同的，进程有以下 4 个特征。

动态性：进程是动态的，它由系统创建而产生，并由调度而执行。

并发性：用户程序和操作系统的管理程序等，在它们的运行过程中，产生的进程在时间上是重叠的，它们同存在于内存储器中，并共同在系统中运行。

独立性：进程是一个能独立运行的基本单位，同时也是系统中独立获得资源和独立调度的基本单位，进程根据其获得的资源情况可独立地执行或暂停。

异步性：由于进程之间的相互制约，使进程具有执行的间断性。各进程按各自独立的、不可预知的速度向前推进。

答案：D

105. 解 操作系统的设备管理功能是负责分配、回收外部设备，并控制设备的运行，是人与外部设备之间的接口。

答案：C

106. 解 联网中的计算机都具有"独立功能"，即网络中的每台主机在没联网之前就有自己独立的操作系统，并且能够独立运行。联网以后，它本身是网络中的一个结点，可以平等地访问其他网络中的主机。

答案：A

107. 解 利用由年名义利率求年实际利率的公式计算：

$$i = \left(1 + \frac{r}{m}\right)^m - 1 = \left(1 + \frac{8\%}{4}\right)^4 - 1 = 8.24\%$$

答案：C

108. 解 经营成本包括外购原材料、燃料和动力费、工资及福利费、修理费等，不包括折旧、摊销费和财务费用。流动资金投资不属于经营成本。

答案：A

109. 解 根据静态投资回收期的计算公式：$P_t = 6 - 1 + \dfrac{|-60|}{240} = 5.25$ 年。

答案：C

110. 解 该项目的现金流量图如解图所示。根据题意，有

$$\text{NPV} = -5000 + A(P/A, 15\%, 10)(P/F, 15\%, 1) = 0$$

解得 $A = 5000 \div (5.0188 \times 0.8696) = 1145.65$ 万元

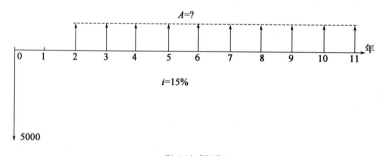

题 110 解图

答案：D

111. 解 项目经济效益和费用的识别应遵循剔除转移支付原则。

答案：C

112. 解 两个寿命期相同的互斥项目的选优应采用增量内部收益率指标，$\Delta\text{IRR}_{(乙-甲)}$ 为 13%，小于基准收益率 14%，应选择投资较小的方案。

答案： A

113. 解 "有无对比"是财务分析应遵循的基本原则。

答案： D

114. 解 根据价值工程中价值公式中成本的概念。

答案： C

115. 解 《中华人民共和国建筑法》第九条规定，建设单位应当自领取施工许可证之日起三个月内开工。因故不能按期开工的，应当向发证机关申请延期；延期以两次为限，每次不超过三个月。既不开工又不申请延期或者超过延期时限的，施工许可证自行废止。

答案： B

116. 解 《中华人民共和国安全生产法》第二十四条规定，矿山、金属冶炼、建筑施工、运输单位和危险物品的生产、经营、储存、装卸单位，应当设置安全生产管理机构或者配备专职安全生产管理人员。

前款规定以外的其他生产经营单位，从业人员超过一百人的，应当设置安全生产管理机构或者配备专职安全生产管理人员；从业人员在一百人以下的，应当配备专职或者兼职的安全生产管理人员。

答案： D

117. 解 《中华人民共和国招标投标法》第十条规定，招标分为公开招标和邀请招标。

答案： B

118. 解 《中华人民共和国民法典》第四百七十三条规定，要约邀请是希望他人向自己发出要约的意思表示。寄送的价目表、拍卖公告、招标公告、招股说明书、商业广告等为要约邀请。商业广告的内容符合要约规定的，视为要约。

答案： B

119. 解 《中华人民共和国行政许可法》第四十二条规定，除可以当场作出行政许可决定的外，行政机关应当自受理行政许可申请之日起二十日内做出行政许可决定。二十日内不能做出决定的，经本行政机关负责人批准，可以延长十日，并应当将延长期限的理由告知申请人。但是，法律、法规另有规定的，依照其规定。

答案： D

120. 解 《中华人民共和国建筑法》第二十九条规定，建筑工程总承包单位按照总承包合同的约定对建设单位负责；分包单位按照分包合同的约定对总承包单位负责。总承包单位和分包单位就分包工程对建设单位承担连带责任。

答案： A

2014 年度全国勘察设计注册工程师

执业资格考试试卷

二〇一四年九月

基础考试

（上）

二〇一四年九月

应考人员注意事项

1. 本试卷科目代码为"1"，考生务必将此代码填涂在答题卡"科目代码"相应的栏目内，否则，无法评分。

2. 书写用笔：**黑色或蓝色钢笔、签字笔或圆珠笔**；

   填涂答题卡用笔：**黑色 2B 铅笔**。

3. 必须用书写用笔将工作单位、姓名、准考证号填写在答题卡和试卷相应的栏目内。

4. 本试卷由 120 题组成，每题 1 分，满分 120 分，本试卷全部为单项选择题，每小题的四个备选项中只有一个正确答案，错选、多选、不选均不得分。

5. 考生作答时，必须按**题号在答题卡上**将相应试题所选选项对应的**字母用 2B 铅笔涂黑**。

6. 在答题卡上书写与题意无关的语言，或在答题卡上作标记的，均按违纪试卷处理。

7. 考试结束时，由监考人员当面将试卷、答题卡一并收回。

8. 草稿纸由各地统一配发，考后收回。

单项选择题（共 120 题，每题 1 分。每题的备选项中只有一个最符合题意。）

1. 若 $\lim_{x \to 0}(1-x)^{\frac{k}{x}} = 2$，则常数 k 等于：

   A. $-\ln 2$ B. $\ln 2$

   C. 1   D. 2

2. 在空间直角坐标系中，方程 $x^2 + y^2 - z = 0$ 所表示的图形是：

   A. 圆锥面   B. 圆柱面

   C. 球面   D. 旋转抛物面

3. 点 $x = 0$ 是 $y = \arctan\dfrac{1}{x}$ 的：

   A. 可去间断点   B. 跳跃间断点

   C. 连续点   D. 第二类间断点

4. $\dfrac{\mathrm{d}}{\mathrm{d}x}\displaystyle\int_{2x}^{0} e^{-t^2}\mathrm{d}t$ 等于：

   A. e^{-4x^2} B. $2e^{-4x^2}$

   C. $-2e^{-4x^2}$ D. e^{-x^2}

5. $\dfrac{\mathrm{d}(\ln x)}{\mathrm{d}\sqrt{x}}$ 等于：

   A. $\dfrac{1}{2x^{3/2}}$ B. $\dfrac{2}{\sqrt{x}}$

   C. $\dfrac{1}{\sqrt{x}}$ D. $\dfrac{2}{x}$

6. 不定积分 $\displaystyle\int \dfrac{x^2}{\sqrt[3]{1+x^3}}\mathrm{d}x$ 等于：

   A. $\dfrac{1}{4}(1+x^3)^{\frac{4}{3}}+C$ B. $(1+x^3)^{\frac{1}{3}}+C$

   C. $\dfrac{3}{2}(1+x^3)^{\frac{2}{3}}+C$ D. $\dfrac{1}{2}(1+x^3)^{\frac{2}{3}}+C$

7. 设 $a_n = \left(1+\dfrac{1}{n}\right)^n$，则数列 $\{a_n\}$ 是：

   A. 单调增而无上界   B. 单调增而有上界

   C. 单调减而无下界   D. 单调减而有上界

8. 下列说法中正确的是：

A. 若$f'(x_0) = 0$，则$f(x_0)$必是$f(x)$的极值

B. 若$f(x_0)$是$f(x)$的极值，则$f(x)$在x_0处可导，且$f'(x_0) = 0$

C. 若$f(x)$在x_0处可导，则$f'(x_0) = 0$是$f(x)$在x_0取得极值的必要条件

D. 若$f(x)$在x_0处可导，则$f'(x_0) = 0$是$f(x)$在x_0取得极值的充分条件

9. 设有直线L_1：$\frac{x-1}{1} = \frac{y-3}{-2} = \frac{z+5}{1}$与$L_2$：$\begin{cases} x = 3 - t \\ y = 1 - t \\ z = 1 + 2t \end{cases}$，则$L_1$与$L_2$的夹角$\theta$等于：

A. $\frac{\pi}{2}$

B. $\frac{\pi}{3}$

C. $\frac{\pi}{4}$

D. $\frac{\pi}{6}$

10. 微分方程$xy' - y = x^2 e^{2x}$通解y等于：

A. $x\left(\frac{1}{2}e^{2x} + C\right)$

B. $x(e^{2x} + C)$

C. $x\left(\frac{1}{2}x^2 e^{2x} + C\right)$

D. $x^2 e^{2x} + C$

11. 抛物线$y^2 = 4x$与直线$x = 3$所围成的平面图形绕x轴旋转一周形成的旋转体体积是：

A. $\int_0^3 4x dx$

B. $\pi \int_0^3 (4x)^2 dx$

C. $\pi \int_0^3 4x dx$

D. $\pi \int_0^3 \sqrt{4x} dx$

12. 级数$\sum\limits_{n=1}^{\infty} (-1)^n \frac{1}{n^{p-1}}$：

A. 当$1 < p \leqslant 2$时条件收敛

B. 当$p > 2$时条件收敛

C. 当$p < 1$时条件收敛

D. 当$p > 1$时条件收敛

13. 函数$y = C_1 e^{-x+C_2}$（C_1, C_2为任意常数）是微分方程$y'' - y' - 2y = 0$的：

A. 通解

B. 特解

C. 不是解

D. 解，既不是通解又不是特解

14. 设L为从点$A(0,-2)$到点$B(2,0)$的有向直线段，则对坐标的曲线积分$\int_L \frac{1}{x-y}dx + ydy$等于：

A. 1

B. -1

C. 3

D. -3

15. 设方程$x^2 + y^2 + z^2 = 4z$确定可微函数$z = z(x,y)$，则全微分dz等于：

A. $\frac{1}{2-z}(ydx + xdy)$

B. $\frac{1}{2-z}(xdx + ydy)$

C. $\frac{1}{2+z}(dx + dy)$

D. $\frac{1}{2-z}(dx - dy)$

16. 设D是由$y = x$，$y = 0$及$y = \sqrt{(a^2 - x^2)}(x \geq 0)$所围成的第一象限区域，则二重积分$\iint\limits_{D} dxdy$等于：

A. $\frac{1}{8}\pi a^2$

B. $\frac{1}{4}\pi a^2$

C. $\frac{3}{8}\pi a^2$

D. $\frac{1}{2}\pi a^2$

17. 级数$\sum\limits_{n=1}^{\infty} \frac{(2x+1)^n}{n}$的收敛域是：

A. $(-1,1)$

B. $[-1,1]$

C. $[-1,0)$

D. $(-1,0)$

18. 设$z = e^{xe^y}$，则$\frac{\partial^2 z}{\partial x^2}$等于：

A. $e^{xe^y + 2y}$

B. $e^{xe^y + y}(xe^y + 1)$

C. e^{xe^y}

D. $e^{xe^y + y}$

19. 设A，B为三阶方阵，且行列式$|A| = -\frac{1}{2}$，$|B| = 2$，A^*是A的伴随矩阵，则行列式$|2A^*B^{-1}|$等于：

A. 1

B. -1

C. 2

D. -2

20. 下列结论中正确的是：

A. 如果矩阵A中所有顺序主子式都小于零，则A一定为负定矩阵

B. 设$A = (a_{ij})_{n \times n}$，若$a_{ij} = a_{ji}$，且$a_{ij} > 0(i, j = 1, 2, \cdots, n)$，则$A$一定为正定矩阵

C. 如果二次型$f(x_1, x_2, \cdots, x_n)$中缺少平方项，则它一定不是正定二次型

D. 二次型$f(x_1, x_2, x_3) = x_1^2 + x_2^2 + x_3^2 + x_1 x_2 + x_1 x_3 + x_2 x_3$所对应的矩阵是$\begin{bmatrix} 1 & 1 & 1 \\ 1 & 1 & 1 \\ 1 & 1 & 1 \end{bmatrix}$

21. 已知n元非齐次线性方程组$Ax = b$，秩$r(A) = n - 2$，$\vec{\alpha_1}$，$\vec{\alpha_2}$，$\vec{\alpha_3}$为其线性无关的解向量，k_1，k_2为任意常数，则$Ax = b$通解为：

A. $\vec{x} = k_1(\vec{\alpha_1} - \vec{\alpha_2}) + k_2(\vec{\alpha_1} + \vec{\alpha_3}) + \vec{\alpha_1}$

B. $\vec{x} = k_1(\vec{\alpha_1} - \vec{\alpha_3}) + k_2(\vec{\alpha_2} + \vec{\alpha_3}) + \vec{\alpha_1}$

C. $\vec{x} = k_1(\vec{\alpha_2} - \vec{\alpha_1}) + k_2(\vec{\alpha_2} - \vec{\alpha_3}) + \vec{\alpha_1}$

D. $\vec{x} = k_1(\vec{\alpha_2} - \vec{\alpha_3}) + k_2(\vec{\alpha_1} + \vec{\alpha_2}) + \vec{\alpha_1}$

22. 设A与B是互不相容的事件，$p(A) > 0$，$p(B) > 0$，则下列式子一定成立的是：

A. $P(A) = 1 - P(B)$

B. $P(A|B) = 0$

C. $P(A|\overline{B}) = 1$

D. $P(\overline{AB}) = 0$

23. 设(X, Y)的联合概率密度为$f(x, y) = \begin{cases} k, & 0 < x < 1, 0 < y < x \\ 0, & \text{其他} \end{cases}$，则数学期望$E(XY)$等于：

A. $\dfrac{1}{4}$　　　　　　　　　　　B. $\dfrac{1}{3}$

C. $\dfrac{1}{6}$　　　　　　　　　　　D. $\dfrac{1}{2}$

24. 设 $X_1, X_2, \cdots, X_n$ 与 $Y_1, Y_2, \cdots, Y_n$ 是来自正态总体 $X \sim N(\mu, \sigma^2)$ 的样本，并且相互独立，$\overline{X}$ 与 $\overline{Y}$ 分别是其样本均值，则 $\dfrac{\sum\limits_{i=1}^{n}(X_i - \overline{X})^2}{\sum\limits_{i=1}^{n}(Y_i - \overline{Y})^2}$ 服从的分布是：

A. $t(n-1)$

B. $F(n-1, n-1)$

C. $\chi^2(n-1)$

D. $N(\mu, \sigma^2)$

25. 在标准状态下，当氢气和氦气的压强与体积都相等时，氢气和氦气的内能之比为：

A. $\dfrac{5}{3}$

B. $\dfrac{3}{5}$

C. $\dfrac{1}{2}$

D. $\dfrac{3}{2}$

26. 速率分布函数 $f(v)$ 的物理意义是：

A. 具有速率 v 的分子数占总分子数的百分比

B. 速率分布在 v 附近的单位速率间隔中百分数占总分子数的百分比

C. 具有速率 v 的分子数

D. 速率分布在 v 附近的单位速率间隔中的分子数

27. 有 1mol 刚性双原子分子理想气体，在等压过程中对外做功 W，则其温度变化 ΔT 为：

A. $\dfrac{R}{W}$

B. $\dfrac{W}{R}$

C. $\dfrac{2R}{W}$

D. $\dfrac{2W}{R}$

28. 理想气体在等温膨胀过程中：

A. 气体做负功，向外界放出热量

B. 气体做负功，从外界吸收热量

C. 气体做正功，向外界放出热量

D. 气体做正功，从外界吸收热量

29. 一横波的波动方程是 $y = 2 \times 10^{-2} \cos 2\pi \left(10t - \dfrac{x}{5}\right)$ (SI)，$t = 0.25s$ 时，距离原点 $(x = 0)$ 处最近的波峰位置为：

A. ± 2.5m

B. ± 7.5m

C. ± 4.5m

D. ± 5m

30. 一平面简谐波在弹性媒质中传播，在某一瞬时，某质元正处于其平衡位置，此时它的：

A. 动能为零，势能最大   B. 动能为零，势能为零

C. 动能最大，势能最大   D. 动能最大，势能为零

31. 通常人耳可听到的声波的频率范围是：

A. 20~200Hz   B. 20~2000Hz

C. 20~20000Hz   D. 20~200000Hz

32. 在空气中用波长为 λ 的单色光进行双缝干涉验时，观测到相邻明条纹的间距为 1.33mm，当把实验装置放入水中（水的折射率为 $n=1.33$）时，则相邻明条纹的间距变为：

A. 1.33mm   B. 2.66mm   C. 1mm   D. 2mm

33. 在真空中可见的波长范围是：

A. 400~760nm   B. 400~760mm

C. 400~760cm   D. 400~760m

34. 一束自然光垂直穿过两个偏振片，两个偏振片的偏振化方向成 45°。已知通过此两偏振片后光强为 I，则入射至第二个偏振片的线偏振光强度为：

A. I B. $2I$ C. $3I$ D. $I/2$

35. 在单缝夫琅禾费衍射实验中，单缝宽度 $a=1\times10^{-4}$m，透镜焦距 $f=0.5$m。若用 $\lambda=400$nm 的单色平行光垂直入射，中央明纹的宽度为：

A. 2×10^{-3}m   B. 2×10^{-4}m

C. 4×10^{-4}m   D. 4×10^{-3}m

36. 一单色平行光垂直入射到光栅上，衍射光谱中出现了五条明纹，若已知此光栅的缝宽 a 与不透光部分 b 相等，那么在中央明纹一侧的两条明纹级次分别是：

A. 1 和 3   B. 1 和 2

C. 2 和 3   D. 2 和 4

37. 下列元素，电负性最大的是：

A. F   B. Cl   C. Br   D. I

38. 在NaCl，$MgCl_2$，$AlCl_3$，$SiCl_4$四种物质中，离子极化作用最强的是：

A. NaCl

B. $MgCl_2$

C. $AlCl_3$

D. $SiCl_4$

39. 现有 100mL 浓硫酸，测得其质量分数为 98%，密度为1.84g/mL，其物质的量浓度为：

A. $18.4mol \cdot L^{-1}$

B. $18.8mol \cdot L^{-1}$

C. $18.0mol \cdot L^{-1}$

D. $1.84mol \cdot L^{-1}$

40. 已知反应（1）$H_2(g) + S(s) \rightleftharpoons H_2S(g)$，其平衡常数为$K_1^\Theta$，

（2）$S(s) + O_2(g) \rightleftharpoons SO_2(g)$，其平衡常数为$K_2^\Theta$，则反应

（3）$H_2(g) + SO_2(s) \rightleftharpoons O_2(g) + H_2S(g)$的平衡常数为$K_3^\Theta$是：

A. $K_1^\Theta + K_2^\Theta$

B. $K_1^\Theta \cdot K_2^\Theta$

C. $K_1^\Theta - K_2^\Theta$

D. K_1^Θ / K_2^Θ

41. 有原电池$(-)Zn \mid ZnSO_4(C_1) \parallel CuSO_4(C_2) \mid Cu(+)$，如向铜半电池中通入硫化氢，则原电池电动势变化趋势是：

A. 变大

B. 变小

C. 不变

D. 无法判断

42. 电解NaCl水溶液时，阴极上放电的离子是：

A. H^+

B. OH^-

C. Na^+

D. Cl^-

43. 已知反应$N_2(g) + 3H_2(g) \longrightarrow 2NH_3(g)$的$\Delta_r H_m < 0$，$\Delta_r S_m < 0$，则该反应为：

A. 低温易自发，高温不易自发

B. 高温易自发，低温不易自发

C. 任何温度都易自发

D. 任何温度都不易自发

44. 下列有机物中，对于可能处在同一平面上的最多原子数目的判断，正确的是：

A. 丙烷最多有 6 个原子处于同一平面上

B. 丙烯最多有 9 个原子处于同一平面上

C. 苯乙烯（ ⬡—CH=CH₂ ）最多有 16 个原子处于同一平面上

D. $CH_3CH=CH-C\equiv C-CH_3$ 最多有 12 个原子处于同一平面上

45. 下列有机物中, 既能发生加成反应和酯化反应, 又能发生氧化反应的化合物是:

A. $CH_3CH = CHCOOH$

B. $CH_3CH = CHCOOC_2H_5$

C. $CH_3CH_2CH_2CH_2OH$

D. $HOCH_2CH_2CH_2OH$

46. 人造羊毛的结构简式为: $\left[CH_2-CH\right]_n$, 它属于:
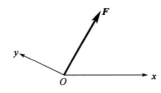

①共价化合物; ②无机化合物; ③有机化合物; ④高分子化合物; ⑤离子化合物。

A. ②④⑤

B. ①④⑤

C. ①③④

D. ③④⑤

47. 将大小为 100N 的力 F 沿 x、y 方向分解, 若 F 在 x 轴上的投影为 50N, 而沿 x 方向的分力的大小为 200N, 则 F 在 y 轴上的投影为:

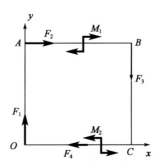

A. 0

B. 50N

C. 200N

D. 100N

48. 图示边长为 a 的正方形物块 $OABC$, 已知: 力 $F_1 = F_2 = F_3 = F_4 = F$, 力偶矩 $M_1 = M_2 = Fa$。该力系向 O 点简化后的主矢及主矩应为:

A. $F_R = 0N$, $M_O = 4Fa(\circlearrowright)$

B. $F_R = 0N$, $M_O = 3Fa(\circlearrowleft)$

C. $F_R = 0N$, $M_O = 2Fa(\circlearrowleft)$

D. $F_R = 0N$, $M_O = 2Fa(\circlearrowright)$

49. 在图示机构中,已知F_p, $L = 2m$, $r = 0.5m$, $\theta = 30°$, $BE = EG$, $CE = EH$,则支座A的约束力为:

A. $F_{Ax} = F_p(\leftarrow)$, $\quad F_{Ay} = 1.75F_p(\downarrow)$

B. $F_{Ax} = 0$, $\qquad F_{Ay} = 0.75F_p(\downarrow)$

C. $F_{Ax} = 0$, $\qquad F_{Ay} = 0.75F_p(\uparrow)$

D. $F_{Ax} = F_p(\rightarrow)$, $\quad F_{Ay} = 1.75F_p(\uparrow)$

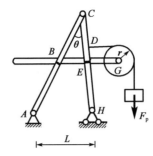

50. 图示不计自重的水平梁与桁架在B点铰接。已知:荷载F_1、F均与BH垂直,$F_1 = 8kN$, $F = 4kN$, $M = 6kN \cdot m$, $q = 1kN/m$, $L = 2m$。则杆件 1 的内力为:

A. $F_1 = 0$

B. $F_1 = 8kN$

C. $F_1 = -8kN$

D. $F_1 = -4kN$

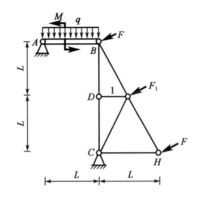

51. 动点A和B在同一坐标系中的运动方程分别为$\begin{cases} x_A = t \\ y_A = 2t^2 \end{cases}$, $\begin{cases} x_B = t^2 \\ y_B = 2t^4 \end{cases}$, 其中$x$、$y$以 cm 计, t以 s 计,

则两点相遇的时刻为:

A. $t = 1s$ B. $t = 0.5s$

C. $t = 2s$ D. $t = 1.5s$

52. 刚体作平动时,某瞬时体内各点的速度与加速度为:

A. 体内各点速度不相同,加速度相同

B. 体内各点速度相同,加速度不相同

C. 体内各点速度相同,加速度也相同

D. 体内各点速度不相同,加速度也不相同

53. 杆OA绕固定轴O转动，长为l，某瞬时杆端A点的加速度a如图所示。则该瞬时OA的角速度及角加速度为：

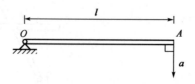

A. 0，$\dfrac{a}{l}$

B. $\sqrt{\dfrac{a\cos\alpha}{l}}$，$\dfrac{a\sin\alpha}{l}$

C. $\sqrt{\dfrac{a}{l}}$，0

D. 0，$\sqrt{\dfrac{a}{l}}$

54. 在图示圆锥摆中，球M的质量为m，绳长l，若α角保持不变，则小球的法向加速度为：

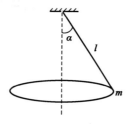

A. $g\sin\alpha$

B. $g\cos\alpha$

C. $g\tan\alpha$

D. $g\cot\alpha$

55. 图示均质链条传动机构的大齿轮以角速度ω转动，已知大齿轮半径为R，质量为m_1，小齿轮半径为r，质量为m_2，链条质量不计，则此系统的动量为：

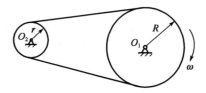

A. $(m_1 + 2m_2)v$ →

B. $(m_1 + m_2)v$ →

C. $(2m_1 - m_2)v$ →

D. 0

56. 均质圆柱体半径为R，质量为m，绕关于对纸面垂直的固定水平轴自由转动，初瞬时静止（G在O轴的沿垂线上），如图所示，则圆柱体在位置$\theta = 90°$时的角速度是：

A. $\sqrt{\dfrac{g}{3R}}$

B. $\sqrt{\dfrac{2g}{3R}}$

C. $\sqrt{\dfrac{4g}{3R}}$

D. $\sqrt{\dfrac{g}{2R}}$

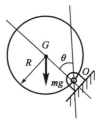

57. 质量不计的水平细杆AB长为L，在沿垂图面内绕A轴转动，其另一端固连质量为m的质点B，在图示水平位置静止释放。则此瞬时质点B的惯性力为：

A. $F_g = mg$

B. $F_g = \sqrt{2}mg$

C. 0

D. $F_g = \dfrac{\sqrt{2}}{2}mg$

58. 如图所示系统中，当物块振动的频率比为 1.27 时，k的值是：

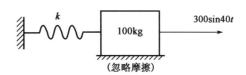

A. $1 \times 10^5 N/m$　　　　　　　　B. $2 \times 10^5 N/m$

C. $1 \times 10^4 N/m$　　　　　　　　D. $1.5 \times 10^5 N/m$

59. 图示结构的两杆面积和材料相同，在沿直向下的力F作用下，下面正确的结论是：

A. C点位平放向下偏左，1杆轴力不为零

B. C点位平放向下偏左，1杆轴力为零

C. C点位平放铅直向下，1杆轴力为零

D. C点位平放向下偏右，1杆轴力不为零

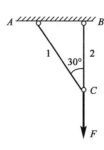

60. 图截面杆*ABC*轴向受力如图所示，已知*BC*杆的直径 $d = 100mm$，*AB*杆的直径为 $2d$，杆的最大拉应力是：

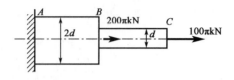

A. 40MPa

B. 30MPa

C. 80MPa

D. 120MPa

61. 桁架由 2 根细长直杆组成，杆的截面尺寸相同，材料分别是结构钢和普通铸铁，在下列桁架中，布局比较合理的是：

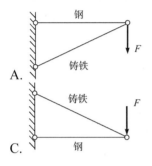

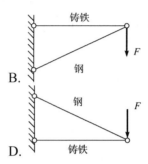

62. 冲床在钢板上冲一圆孔，圆孔直径 $d = 100mm$，钢板的厚度 $t = 10mm$ 钢板的剪切强度极限 $\tau_b = 300MPa$，需要的冲压力*F*是：

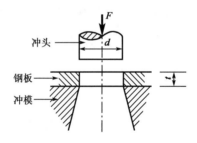

A. $F = 300\pi kN$

B. $F = 3000\pi kN$

C. $F = 2500\pi kN$

D. $F = 7500\pi kN$

63. 螺钉受力如图。已知螺钉和钢板的材料相同，拉伸许用应力$[\sigma]$是剪切许用应力$[\tau]$的2倍，即$[\sigma] = 2[\tau]$，钢板厚度t是螺钉头高度h的1.5倍，则螺钉直径d的合理值是：

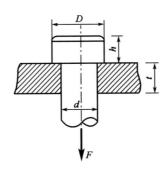

A. $d = 2h$

B. $d = 0.5h$

C. $d^2 = 2Dt$

D. $d^2 = 0.5Dt$

64. 图示受扭空心圆轴横截面上的切应力分布图，其中正确的是：

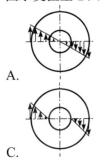

A.

B.

C.

D.

65. 在一套传动系统中，有多根圆轴，假设所有圆轴传递的功率相同，但转速不同，各轴所承受的扭矩与其转速的关系是：

A. 转速快的轴扭矩大

B. 转速慢的轴扭矩大

C. 各轴的扭矩相同

D. 无法确定

66. 梁的弯矩图如图所示，最大值在B截面。在梁的A、B、C、D四个截面中，剪力为零的截面是：

A. A截面

B. B截面

C. C截面

D. D截面

67. 图示矩形截面受压杆，杆的中间段右侧有一槽，如图 a）所示，若在杆的左侧，即槽的对称位置也挖出同样的槽（见图 b），则图 b）杆的最大压应力是图 a）最大压应力的：

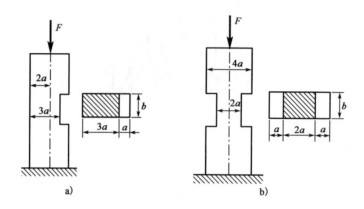

A. 3/4

B. 4/3

C. 3/2

D. 2/3

68. 梁的横截面可选用图示空心矩形、矩形、正方形和圆形四种之一，假设四种截面的面积均相等，荷载作用方向沿垂向下，承载能力最大的截面是：

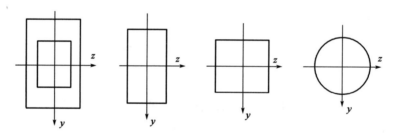

A. 空心矩形

B. 实心矩形

C. 正方形

D. 圆形

69. 按照第三强度理论，图示两种应力状态的危险程度是：

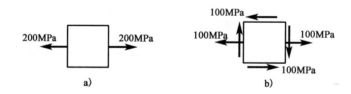

A. 无法判断

B. 两者相同

C. a）更危险

D. b）更危险

70. 正方形截面杆AB，力F作用在xoy平面内，与x轴夹角α，杆距离B端为a的横截面上最大正应力在$\alpha = 45°$时的值是$\alpha = 0$时值的：

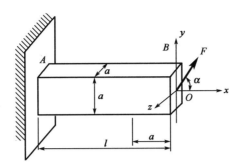

    A. $\dfrac{7\sqrt{2}}{2}$倍

    B. $3\sqrt{2}$倍

    C. $\dfrac{5\sqrt{2}}{2}$倍

    D. $\sqrt{2}$倍

71. 如图所示水下有一半径为$R = 0.1\text{m}$的半球形侧盖，球心至水面距离$H = 5\text{m}$，作用于半球盖上水平方向的静水压力是：

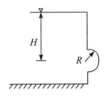

    A. 0.98kN   B. 1.96kN

    C. 0.77kN   D. 1.54kN

72. 密闭水箱如图所示，已知水深$h = 2\text{m}$，自由面上的压强$p_0 = 88\text{kN/m}^2$，当地大气压强$p_a = 101\text{kN/m}^2$，则水箱底部A点的绝对压强与相对压强分别为：

    A. 107.6kN/m^2和-6.6kN/m^2

    B. 107.6kN/m^2和6.6kN/m^2

    C. 120.6kN/m^2和-6.6kN/m^2

    D. 120.6kN/m^2和6.6kN/m^2

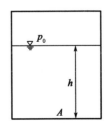

73. 下列不可压缩二维流动中，满足连续性方程的是：

A. $u_x = 2x$，$u_y = 2y$

B. $u_x = 0$，$u_y = 2xy$

C. $u_x = 5x$，$u_y = -5y$

D. $u_x = 2xy$，$u_y = -2xy$

74. 圆管层流中，下述错误的是：

A. 水头损失与雷诺数有关

B. 水头损失与管长度有关

C. 水头损失与流速有关

D. 水头损失与粗糙度有关

75. 主干管在A、B间是由两条支管组成的一个并联管路，两支管的长度和管径分别为$l_1 = 1800\text{m}$，$d_1 = 150\text{mm}$，$l_2 = 3000\text{m}$，$d_2 = 200\text{mm}$，两支管的沿程阻力系数λ均为0.01，若主干管流量$Q = 39\text{L/s}$，则两支管流量分别为：

A. $Q_1 = 12\text{L/s}$，$Q_2 = 27\text{L/s}$

B. $Q_1 = 15\text{L/s}$，$Q_2 = 24\text{L/s}$

C. $Q_1 = 24\text{L/s}$，$Q_2 = 15\text{L/s}$

D. $Q_1 = 27\text{L/s}$，$Q_2 = 12\text{L/s}$

76. 一梯形断面明渠，水力半径$R = 0.8\text{m}$，底坡$i = 0.0006$，粗糙系数$n = 0.05$，则输水流速为：

A. 0.42m/s

B. 0.48m/s

C. 0.6m/s

D. 0.75m/s

77. 地下水的浸润线是指：

A. 地下水的流线

B. 地下水运动的迹线

C. 无压地下水的自由水面线

D. 土壤中干土与湿土的界限

78. 用同种流体,同一温度进行管道模型实验,按黏性力相似准则,已知模型管径 0.1m,模型流速4m/s,若原型管径为 2m,则原型流速为:

A. 0.2m/s

B. 2m/s

C. 80m/s

D. 8m/s

79. 真空中有三个带电质点,其电荷分别为q_1、q_2和q_3,其中,电荷为q_1和q_3的质点位置固定,电荷为q_2的质点可以自由移动,当三个质点的空间分布如图所示时,电荷为q_2的质点静止不动,此时如下关系成立的是:

A. $q_1 = q_2 = 2q_3$

B. $q_1 = q_3 = |q_2|$

C. $q_1 = q_2 = -q_3$

D. $q_2 = q_3 = -q_1$

80. 在图示电路中,$I_1 = -4A$,$I_2 = -3A$,则$I_3 =$

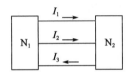

A. $-1A$

B. 7A

C. $-7A$

D. 1A

81. 已知电路如图所示,其中,响应电流I在电压源单独作用时的分量为:

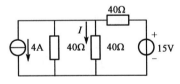

A. 0.375A

B. 0.25A

C. 0.125A

D. 0.1875A

82. 已知电流$i(t) = 0.1\sin(\omega t + 10°)$A，电压$u(t) = 10\sin(\omega t - 10°)$V，则如下表述中正确的是：

A. 电流$i(t)$与电压$u(t)$呈反相关系

B. $\dot{I} = 0.1\underline{/10°}$A，$\dot{U} = 10\underline{/10°}$V

C. $\dot{I} = 70.7\underline{/10°}$mA，$\dot{U} = -7.07\underline{/10°}$V

D. $\dot{I} = 70.7\underline{/10°}$mA，$\dot{U} = 7.07\underline{/-10°}$V

83. 一交流电路由 R、L、C 串联而成，其中，$R = 10\Omega$，$X_L = 8\Omega$，$X_C = 6\Omega$。通过该电路的电流为 10A，则该电路的有功功率、无功功率和视在功率分别为：

A. 1kW，1.6kvar，2.6kV·A

B. 1kW，200var，1.2kV·A

C. 100W，200var，223.6V·A

D. 1kW，200var，1.02kV·A

84. 已知电路如图所示，设开关在$t = 0$时刻断开，那么如下表述中正确的是：

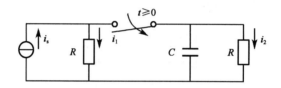

A. 电路的左右两侧均进入暂态过程

B. 电路i_1立即等于i_s，电流i_2立即等于 0

C. 电路i_2由$\frac{1}{2}i_s$逐步衰减到 0

D. 在$t = 0$时刻，电流i_2发生了突变

85. 图示变压器空载运行电路中，设变压器为理想器件，若$u = \sqrt{2}U\sin\omega t$，则此时：

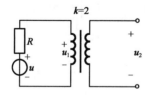

A. $U_l = \dfrac{\omega L \cdot U}{\sqrt{R^2 + (\omega L)^2}}$，$U_2 = 0$　　　　B. $u_1 = u$，$U_2 = \frac{1}{2}U_1$

C. $u_1 \neq u$，$U_2 = \frac{1}{2}U_1$　　　　　　　　　D. $u_1 = u$，$U_2 = 2U_1$

86. 设某△接异步电动机全压启动时的启动电流 $I_{st} = 30A$，启动转矩 $T_u = 45N \cdot m$，若对此台电动机采用 Y-△降压启动方案，则启动电流和启动转矩分别为：

A. 17.32A，25.98N·m

B. 10A，15N·m

C. 10A，25.98N·m

D. 17.32A，15N·m

87. 图示电路的任意一个输出端，在任意时刻都只出现 0V 或 5V 这两个电压值（例如，在 $t = t_0$ 时刻获得的输出电压从上到下依次为 5V、0V、5V、0V），那么该电路的输出电压：

A. 是取值离散的连续时间信号

B. 是取值连续的离散时间信号

C. 是取值连续的连续时间信号

D. 是取值离散的离散时间信号

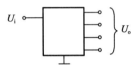

88. 图示非周期信号 $u(t)$ 如图所示，若利用单位阶跃函数 $\varepsilon(t)$ 将其写成时间函数表达式，则 $u(t)$ 等于：

A. $5 - 1 = 4V$

B. $5\varepsilon(t) + \varepsilon(t - t_0)V$

C. $5\varepsilon(t) - 4\varepsilon(t - t_0)V$

D. $5\varepsilon(t) - 4\varepsilon(t + t_0)V$

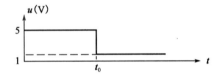

89. 模拟信号经线性放大器放大后，信号中被改变的量是：

A. 信号的频率

B. 信号的幅值频谱

C. 信号的相位频谱

D. 信号的幅值

90. 逻辑表达式 $(A + B)(A + C)$ 的化简结果是：

A. A　　　　　　　　　　　　B. $A^2 + AB + AC + BC$

C. $A + BC$　　　　　　　　　D. $(A + B)(A + C)$

91. 已知数字信号 A 和数字信号 B 的波形如图所示，则数字信号$F = \overline{AB}$的波形为：

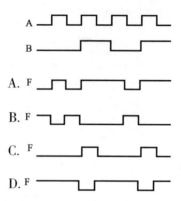

92. 逻辑函数$F = f(A、B、C)$的真值表如图所示，由此可知：

A	B	C	F
0	0	0	1
0	0	1	0
0	1	0	0
0	1	1	1
1	0	0	1
1	0	1	0
1	1	0	0
1	1	1	1

A. $F = \overline{A}(\overline{B}C + B\overline{C}) + A(\overline{B}\overline{C} + BC)$

B. $F = \overline{B}C + B\overline{C}$

C. $F = \overline{B}\overline{C} + BC$

D. $F = \overline{A} + \overline{B} + \overline{BC}$

93. 二极管应用电路如图 a) 所示，电路的激励u_i如图 b) 所示，设二极管为理想器件，则电路的输出电压u_o的平均值$U_o =$

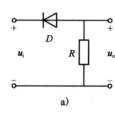
a)

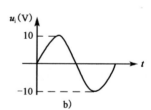
b)

A. $\dfrac{10}{\sqrt{2}} \times 0.45 = 3.18V$

B. $10 \times 0.45 = 4.5V$

C. $-\dfrac{10}{\sqrt{2}} \times 0.45 = -3.18V$

D. $-10 \times 0.45 = -4.5V$

94. 运算放大器应用电路如图所示，设运算放大器输出电压的极限值为±11V，如果将 2V 电压接入电路的 "A" 端，电路的 "B" 端接地后，测得输出电压为−8V，那么，如果将 2V 电压接入电路的 "B" 端，而电路的 "A" 端接地，则该电路的输出电压 u_o 等于：

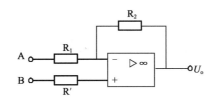

A. 8V 　　　　　B. −8V 　　　　　C. 10V 　　　　　D. −10V

95. 图 a）所示电路中，复位信号 $\overline{R}_D$、信号 A 及时钟脉冲信号 cp 如图 b）所示，经分析可知，在第一个和第二个时钟脉冲的下降沿时刻，输出 Q 先后等于：

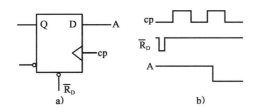

A. 0，0 　　　　　　　　　　B. 0，1

C. 1，0 　　　　　　　　　　D. 1，1

附：触发器的逻辑状态表为

D	Q_{n+1}
0	0
1	1

96. 图 a）所示电路中，复位信号、数据输入及时钟脉冲信号如图 b）所示，经分析可知，在第一个和第二个时钟脉冲的下降沿过后，输出 Q 先后等于：

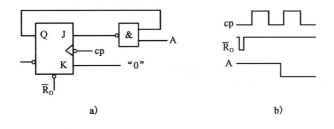

A. 0，0 　　　　B. 0，1 　　　　C. 1，0 　　　　D. 1，1

附：触发器的逻辑状态表为

J	K	Q_{n+1}
0	0	Q_D
0	1	0
1	0	1
1	1	$\overline{Q}_D$

97. 总线中的地址总线传输的是：

    A. 程序和数据　　　　　　　　　　B. 主储存器的地址码或外围设备码

    C. 控制信息　　　　　　　　　　　D. 计算机的系统命令

98. 软件系统中，能够管理和控制计算机系统全部资源的软件是：

    A. 应用软件　　　　　　　　　　　B. 用户程序

    C. 支撑软件　　　　　　　　　　　D. 操作系统

99. 用高级语言编写的源程序，将其转换成能在计算机上运行的程序过程是：

    A. 翻译、连接、执行　　　　　　　B. 编辑、编译、连接

    C. 连接、翻译、执行　　　　　　　D. 编程、编辑、执行

100. 十进制的数 256.625 用十六进制表示则是：

    A. 110.B　　　　　　　　　　　　　B. 200.C

    C. 100.A　　　　　　　　　　　　　D. 96.D

101. 在下面有关信息加密技术的论述中，不正确的是：

    A. 信息加密技术是为提高信息系统及数据的安全性和保密性的技术

    B. 信息加密技术是为防止数据信息被别人破译而采用的技术

    C. 信息加密技术是网络安全的重要技术之一

    D. 信息加密技术是为清楚计算机病毒而采用的技术

102. 可以这样来认识进程，进程是：

    A. 一段执行中的程序　　　　　　　B. 一个名义上的软件系统

    C. 与程序等效的一个概念　　　　　D. 一个存放在 ROM 中的程序

103. 操作系统中的文件管理是：

A. 对计算机的系统软件资源进行管理   B. 对计算机的硬件资源进行管理

C. 对计算机用户进行管理   D. 对计算机网络进行管理

104. 在计算机网络中，常将负责全网络信息处理的设备和软件称为：

A. 资源子网   B. 通信子网

C. 局域网   D. 广域网

105. 若按采用的传输介质的不同，可将网络分为：

A. 双绞线网、同轴电缆网、光纤网、无线网

B. 基带网和宽带网

C. 电路交换类、报文交换类、分组交换类

D. 广播式网络、点到点式网络

106. 一个典型的计算机网络系统主要是由：

A. 网络硬件系统和网络软件系统组成   B. 主机和网络软件系统组成

C. 网络操作系统和若干计算机组成   D. 网络协议和网络操作系统组成

107. 如现在投资 100 万元，预计年利率为 10%，分 5 年等额回收，每年可回收：

[已知：$(A/P, 10\%, 5) = 0.2638$，$(A/F, 10\%, 5) = 0.1638$]

A. 16.38 万元   B. 26.38 万元

C. 62.09 万元   D. 75.82 万元

108. 某项目投资中有部分资金源于银行贷款，该贷款在整个项目期间将等额偿还本息。项目预计年经营

成本为 5000 万元，年折旧费和摊销为 2000 万元，则该项目的年总成本费用应：

A. 等于 5000 万元   B. 等于 7000 万元

C. 大于 7000 万元   D. 在 5000 万元与 7000 万元之间

109. 下列财务评价指标中，反映项目盈利能力的指标是：

A. 流动比率   B. 利息备付率

C. 投资回收期   D. 资产负债率

110. 某项目第一年年初投资 5000 万元，此后从第一年年末开始每年年末有相同的净收益，收益期为 10 年。寿命期结束时的净残值为 100 万元，若基准收益率为 12%，则要使该投资方案的净现值为零，其年净收益应为：

[已知：$(P/A, 12\%, 10) = 5.6500$；$(P/F, 12\%, 10) = 0.3220$]

A. 879.26 万元　　　　　　　　　　　B. 884.96 万元

C. 890.65 万元　　　　　　　　　　　D. 1610 万元

111. 某企业设计生产能力为年产某产品 40000t，在满负荷生产状态下，总成本为 30000 万元，其中固定成本为 10000 万元，若产品价格为 1 万元/t，则以生产能力利用率表示的盈亏平衡点为：

A. 25%　　　　　B. 35%　　　　　C. 40%　　　　　D. 50%

112. 已知甲、乙为两个寿命期相同的互斥项目，通过测算得出：甲、乙两项目的内部收益率分别为 18% 和 14%，甲、乙两项目的净现值分别为 240 万元和 320 万元。假如基准收益率为 12%，则以下说法中正确的是：

A. 应选择甲项目　　　　　　　　　　B. 应选择乙项目

C. 应同时选择甲、乙两个项目　　　　D. 甲、乙项目均不应选择

113. 下列项目方案类型中，适于采用最小公倍数法进行方案比选的是：

A. 寿命期相同的互斥方案　　　　　　B. 寿命期不同的互斥方案

C. 寿命期相同的独立方案　　　　　　D. 寿命期不同的独立方案

114. 某项目整体功能的目标成本为 10 万元，在进行功能评价时，得出某一功能 F^* 的功能评价系数为 0.3，若其成本改进期望值为 -5000 元（即降低 5000 元），则 F^* 的现实成本为：

A. 2.5 万元　　　　　　　　　　　　B. 3 万元

C. 3.5 万元　　　　　　　　　　　　D. 4 万元

115. 根据《中华人民共和国建筑法》规定，对从事建筑业的单位实行资质管理制度，将从事建活动的工程监理单位，划分为不同的资质等级。监理单位资质等级的划分条件可以不考虑：

A. 注册资本　　　　　　　　　　　　B. 法定代表人

C. 已完成的建筑工程业绩　　　　　　D. 专业技术人员

116. 某生产经营单位使用危险性较大的特种设备，根据《中华人民共和国安全生产法》规定，该设备投入使用的条件不包括：

A. 该设备应由专业生产单位生产

B. 该设备应进行安全条件论证和安全评价

C. 该设备须经取得专业资质的检测、检验机构检测、检验合格

D. 该设备须取得安全使用证或者安全标志

117. 根据《中华人民共和国招标投标法》规定，某工程项目委托监理服务的招投标活动，应当遵循的原则是：

A. 公开、公平、公正、诚实信用

B. 公开、平等、自愿、公平、诚实信用

C. 公正、科学、独立、诚实信用

D. 全面、有效、合理、诚实信用

118. 根据《中华人民共和国合同法》规定，要约可以撤回和撤销。下列要约，不得撤销的是：

A. 要约到达受要约人

B. 要约人确定了承诺期限

C. 受要约人未发出承诺通知

D. 受要约人即将发出承诺通知

119. 下列情形中，作出行政许可决定的行政机关或者其上级行政机关，应当依法办理有关行政许可的注销手续的是：

A. 取得市场准入许可的被许可人擅自停业、歇业

B. 行政机关工作人员对直接关系生命财产安全的设施监督检查时，发现存在安全隐患的

C. 行政许可证件依法被吊销的

D. 被许可人未依法履行开发利用自然资源义务的

120. 某建设工程项目完成施工后，施工单位提出工程竣工验收申请，根据《建设工程质量管理条例》规定，该建设工程竣工验收应当具备的条件不包括：

A. 有施工单位提交的工程质量保证保证金

B. 有工程使用的主要建筑材料、建筑构配件和设备的进场试验报告

C. 有勘察、设计、施工、工程监理等单位分别签署的质量合格文件

D. 有完整的技术档案和施工管理资料

2014年度全国勘察设计注册工程师执业资格考试基础考试（上）
试题解析及参考答案

1. 解 $\lim\limits_{x\to 0}(1-x)^{\frac{k}{x}}=2$

可利用公式 $\lim\limits_{x\to 0}(1+x)^{\frac{1}{x}}=e$ 计算

因 $\lim\limits_{x\to 0}(1-x)^{\frac{-k}{-x}}=\lim\limits_{x\to 0}\left[(1-x)^{\frac{1}{-x}}\right]^{-k}=e^{-k}$

所以 $e^{-k}=2$，$k=-\ln 2$

答案：A

2. 解 $x^2+y^2-z=0$，$z=x^2+y^2$ 为旋转抛物面。

答案：D

3. 解 $y=\arctan\dfrac{1}{x}$，$x=0$，分母为零，该点为间断点。

因 $\lim\limits_{x\to 0^+}\arctan\dfrac{1}{x}=\dfrac{\pi}{2}$，$\lim\limits_{x\to 0^-}\arctan\dfrac{1}{x}=-\dfrac{\pi}{2}$，所以 $x=0$ 为跳跃间断点。

答案：B

4. 解 $\dfrac{\mathrm{d}}{\mathrm{d}x}\displaystyle\int_{2x}^{0}e^{-t^2}\mathrm{d}t=-\dfrac{\mathrm{d}}{\mathrm{d}x}\displaystyle\int_{0}^{2x}e^{-t^2}\mathrm{d}t=-e^{-4x^2}\cdot 2=-2e^{-4x^2}$

答案：C

5. 解

$$\frac{\mathrm{d}(\ln x)}{\mathrm{d}\sqrt{x}}=\frac{\frac{1}{x}\mathrm{d}x}{\frac{1}{2}\cdot\frac{1}{\sqrt{x}}\mathrm{d}x}=\frac{2}{\sqrt{x}}$$

答案：B

6. 解

$$\int\frac{x^2}{\sqrt[3]{1+x^3}}\mathrm{d}x=\frac{1}{3}\int\frac{1}{\sqrt[3]{1+x^3}}\mathrm{d}x^3=\frac{1}{3}\int\frac{1}{\sqrt[3]{1+x^3}}\mathrm{d}(1+x^3)$$
$$=\frac{1}{3}\times\frac{3}{2}(1+x^3)^{\frac{2}{3}}+C=\frac{1}{2}(1+x^3)^{\frac{2}{3}}+C$$

答案：D

7. 解 $a_n=\left(1+\dfrac{1}{n}\right)^n$，数列 $\{a_n\}$ 是单调增而有上界。

答案：B

8. 解 函数 $f(x)$ 在点 x_0 处可导，则 $f'(x_0)=0$ 是 $f(x)$ 在 x_0 取得极值的必要条件。

答案：C

9.解

$$L_1: \frac{x-1}{1} = \frac{y-3}{-2} = \frac{z+5}{1}, \quad \vec{S}_1 = \{1, -2, 1\}$$

$$L_2: \frac{x-3}{-1} = \frac{y-1}{-1} = \frac{z-1}{2} = t, \quad \vec{S}_2 = \{-1, -1, 2\}$$

$$\cos\left(\widehat{\vec{S}_1, \vec{S}_2}\right) = \frac{\vec{S}_1 \cdot \vec{S}_2}{|\vec{S}_1||\vec{S}_2|} = \frac{3}{\sqrt{6} \times \sqrt{6}} = \frac{1}{2}, \quad \left(\widehat{\vec{S}_1, \vec{S}_2}\right) = \frac{\pi}{3}$$

答案： B

10.解 $xy' - y = x^2 e^{2x} \Rightarrow y' - \frac{1}{x}y = xe^{2x}$

$$P(x) = -\frac{1}{x}, \quad Q(x) = xe^{2x}$$

$$y = e^{-\int\left(-\frac{1}{x}\right)dx}\left[\int xe^{2x} e^{\int\left(-\frac{1}{x}\right)dx}dx + C\right] = e^{\ln x}\left(\int xe^{2x}e^{-\ln x}dx + C\right)$$

$$= x\left(\int e^{2x}dx + C\right) = x\left(\frac{1}{2}e^{2x} + C\right)$$

答案： A

11.解 见解图，$V = \int_0^3 \pi y^2 \, dx = \int_0^3 \pi 4x \, dx = \pi \int_0^3 4x \, dx$

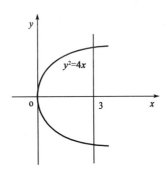

题 11 解图

答案： C

12.解 $\sum_{n=1}^{\infty} (-1)^n \frac{1}{n^{p-1}}$ 级数条件收敛应满足条件：①取绝对值后级数发散；②原级数收敛。

$\sum_{n=1}^{\infty} \left|(-1)^n \frac{1}{n^{p-1}}\right| = \sum_{n=1}^{\infty} \frac{1}{n^{p-1}}$，当 $0 < p-1 \leq 1$ 时，即 $1 < p \leq 2$，取绝对值后级数发散，原级数 $\sum_{n=1}^{\infty} (-1)^n \frac{1}{n^{p-1}}$ 为交错级数。

当 $p-1 > 0$ 时，即 $p > 1$

利用幂函数性质判定：$y = x^p (p > 0)$

当 $x \in (0, +\infty)$ 时，$y = x^p$ 单增，且过 $(1,1)$ 点，本题中，$p > 1$，因而 $n^{p-1} < (n+1)^{p-1}$，所以 $\frac{1}{n^{p-1}} > \frac{1}{(n+1)^{p-1}}$。

满足：① $\frac{1}{n^{p-1}} > \frac{1}{(n+1)^{p-1}}$；② $\lim_{n\to\infty} \frac{1}{n^{p-1}} = 0$。故 $\sum_{n=1}^{\infty} (-1)^n \frac{1}{n^{p-1}}$ 收敛。

综合以上结论，$1 < p \leq 2$ 和 $p > 1$，应为 $1 < p \leq 2$。

答案：A

13. 解 $y = C_1e^{-x+C_2} = C_1e^{C_2}e^{-x}$

$y' = -C_1e^{C_2}e^{-x}$, $y'' = C_1e^{C_2}e^{-x}$

代入方程得 $C_1e^{C_2}e^{-x} - (-C_1e^{C_2}e^{-x}) - 2C_1e^{C_2}e^{-x} = 0$

$y = C_1e^{-x+C_2}$ 是方程 $y'' - y' - 2y = 0$ 的解，又因 $y = C_1e^{-x+C_2} = C_1e^{C_2}e^{-x} = C_3e^{-x}$ （其中 $C_3 = C_1e^{C_2}$）只含有一个独立的任意常数，所以 $y = C_1e^{-x+C_2}$，既不是方程的通解，也不是方程的特解。

答案：D

14. 解 $L: \begin{cases} y = x-2 \\ x = x \end{cases}$，$x: 0 \to 2$，如解图所示。

注：从起点对应的参数积到终点对应的参数。

$$\int_L \frac{1}{x-y}\mathrm{d}x + y\mathrm{d}y = \int_0^2 \frac{1}{x-(x-2)}\mathrm{d}x + (x-2)\mathrm{d}x$$
$$= \int_0^2 \left(x - \frac{3}{2}\right)\mathrm{d}x = \left(\frac{1}{2}x^2 - \frac{3}{2}x\right)\Big|_0^2$$
$$= \frac{1}{2} \times 4 - \frac{3}{2} \times 2 = -1$$

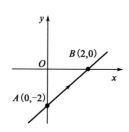

题 14 解图

答案：B

15. 解 $x^2 + y^2 + z^2 = 4z$，$x^2 + y^2 + z^2 - 4z = 0$

$$F_x = 2x, \quad F_y = 2y, \quad F_z = 2z - 4$$

$$\frac{\partial z}{\partial x} = -\frac{F_x}{F_z} = -\frac{2x}{2z-4} = -\frac{x}{z-2}, \quad \frac{\partial z}{\partial y} = -\frac{F_y}{F_z} = -\frac{2y}{2z-4} = -\frac{y}{z-2}$$

$$\mathrm{d}z = \frac{\partial z}{\partial x}\mathrm{d}x + \frac{\partial z}{\partial y}\mathrm{d}y = -\frac{x}{z-2}\mathrm{d}x - \frac{y}{z-2}\mathrm{d}y = \frac{1}{2-z}(x\mathrm{d}x + y\mathrm{d}y)$$

答案：B

16. 解 $D: \begin{cases} 0 \leqslant \theta \leqslant \dfrac{\pi}{4} \\ 0 \leqslant r \leqslant a \end{cases}$，如解图所示。

$$\iint\limits_D \mathrm{d}x\mathrm{d}y = \int_0^{\frac{\pi}{4}}\mathrm{d}\theta \int_0^a r\mathrm{d}r = \frac{\pi}{4} \times \frac{1}{2}r^2\Big|_0^a = \frac{1}{8}\pi a^2$$

答案：A

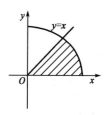

题 16 解图

17. 解 设 $2x+1 = z$，级数为 $\sum\limits_{n=1}^{\infty} \dfrac{z^n}{n}$

$$\lim_{n\to\infty}\left|\frac{a_{n+1}}{a_n}\right| = \lim_{n\to\infty}\frac{\frac{1}{n+1}}{\frac{1}{n}} = 1, \quad \rho = 1, \quad R = \frac{1}{\rho} = 1$$

当 $z = 1$ 时，$\sum\limits_{n=1}^{\infty} \dfrac{1}{n}$ 发散，当 $z = -1$ 时，$\sum\limits_{n=1}^{\infty} \dfrac{(-1)^n}{n}$ 收敛

所以 $-1 \leqslant z < 1$ 收敛，即 $-1 \leqslant 2x+1 < 1$，$-1 \leqslant x < 0$

答案：C

18. 解 $z = e^{xe^y}$, $\dfrac{\partial z}{\partial x} = e^{xe^y} \cdot e^y = e^y \cdot e^{xe^y}$

$\dfrac{\partial^2 z}{\partial x^2} = e^y \cdot e^{xe^y} \cdot e^y = e^{xe^y} \cdot e^{2y} = e^{xe^y + 2y}$

答案：A

19. 解　方法 1： $|2A^*B^{-1}| = 2^3|A^*B^{-1}| = 2^3|A^*| \cdot |B^{-1}|$

$A^{-1} = \dfrac{1}{|A|}A^*$, $A^* = |A| \cdot A^{-1}$

$A \cdot A^{-1} = E$, $|A| \cdot |A^{-1}| = 1$, $|A^{-1}| = \dfrac{1}{|A|} = \dfrac{1}{-\dfrac{1}{2}} = -2$

$|A^*| = ||A| \cdot A^{-1}| = \left|-\dfrac{1}{2}A^{-1}\right| = \left(-\dfrac{1}{2}\right)^3|A^{-1}| = \left(-\dfrac{1}{2}\right)^3 \times (-2) = \dfrac{1}{4}$

$B \cdot B^{-1} = E$, $|B| \cdot |B^{-1}| = 1$, $|B^{-1}| = \dfrac{1}{|B|} = \dfrac{1}{2}$

因此，$|2A^*B^{-1}| = 2^3 \times \dfrac{1}{4} \times \dfrac{1}{2} = 1$

方法 2： 直接用公式计算 $|A^*| = |A|^{n-1}$, $|B^{-1}| = \dfrac{1}{|B|}$, $|2A^*B^{-1}| = 2^3|A^*B^{-1}| = 2^3|A^*||B^{-1}| = 2^3|A|^{3-1} \cdot \dfrac{1}{|B|} = 2^3 \cdot \left(-\dfrac{1}{2}\right)^2 \cdot \dfrac{1}{2} = 1$

答案：A

20. 解　选项 A，A 未必是实对称矩阵，即使 A 为实对称矩阵，但所有顺序主子式都小于零，不符合对称矩阵为负定的条件。对称矩阵为负定的充分必要条件：奇数阶顺序主子式为负，而偶数阶顺序主子式为正，所以错误。

选项 B，实对称矩阵为正定矩阵的充分必要条件是所有特征值都大于零，选项 B 给出的条件有时不能满足所有特征值都大于零的条件，例如 $A = \begin{bmatrix} 1 & 1 \\ 1 & 1 \end{bmatrix}$, $|A| = 0$，A 有特征值 $\lambda = 0$，所以错误。

选项 D，给出的二次型所对应的对称矩阵为 $\begin{bmatrix} 1 & \frac{1}{2} & \frac{1}{2} \\ \frac{1}{2} & 1 & \frac{1}{2} \\ \frac{1}{2} & \frac{1}{2} & 1 \end{bmatrix}$，所以错误。

选项 C，由惯性定理可知，实二次型 $f(x_1, x_2, \cdots, x_n) = x^{\mathrm{T}}Ax$ 经可逆线性变换（或配方法）化为标准型时，在标准型（或规范型）中，正、负平方项的个数是唯一确定的。对于缺少平方项的 n 元二次型的标准型（或规范型），正惯性指数不会等于未知数的个数 n。

例如：$f(x_1, x_2) = x_1 \cdot x_2$，无平方项，设 $\begin{cases} x_1 = y_1 + y_2 \\ x_2 = y_1 - y_2 \end{cases}$，代入变形 $f = y_1^2 - y_2^2$（标准型），正惯性指数为 $1 < n = 2$。所以二次型 $f(x_1, x_2)$ 不是正定二次型。

答案：C

21. 解　方法 1： 已知 n 元非齐次线性方程组 $Ax = b$, $r(A) = n - 2$，对应 n 元齐次线性方程组 $Ax = 0$ 的基础解系中的线性无关解向量的个数为 $n - (n-2) = 2$，可验证 $\alpha_2 - \alpha_1$，$\alpha_2 - \alpha_3$ 为齐次线性方程

组的解：$A(\alpha_2 - \alpha_1) = A\alpha_2 - A\alpha_1 = b - b = 0$，$A(\alpha_2 - \alpha_3) = A\alpha_2 - A\alpha_3 = b - b = 0$；还可验$\alpha_2 - \alpha_1$，$\alpha_2 - \alpha_3$线性无关。

所以$k_1(\alpha_2 - \alpha_1) + k_2(\alpha_2 - \alpha_3)$为$n$元齐次线性方程组$Ax = 0$的通解，而$\alpha_1$为$n$元非齐次线性方程组$Ax = b$的一特解。

因此，$Ax = b$的通解为$x = k_1(\alpha_2 - \alpha_1) + k_2(\alpha_2 - \alpha_3) + \alpha_1$。

方法2：观察四个选项异同点，结合$Ax = b$通解结构，想到一个结论：

设$y_1, y_2, \cdots, y_s$为$Ax = b$的解，$k_1, k_2, \cdots, k_s$为数，则：

当$\sum\limits_{i=1}^{s} k_i = 0$时，$\sum\limits_{i=1}^{s} k_i y_i$为$Ax = 0$的解；

当$\sum\limits_{i=1}^{s} k_i = 1$时，$\sum\limits_{i=1}^{s} k_i y_i$为$Ax = b$的解。

可以判定选项C正确。

答案：C

22. 解　A与B互不相容，$P(AB) = 0$，$P(A|B) = \dfrac{P(AB)}{P(B)} = 0$。

答案：B

23. 解　见解图，$\displaystyle\int_{-\infty}^{+\infty} \int_{-\infty}^{+\infty} f(x,y)\,\mathrm{d}x\mathrm{d}y = \int_0^1 \int_0^x k\mathrm{d}y\mathrm{d}x = \dfrac{k}{2} = 1$，得$k = 2$

$$E(XY) = \int_{-\infty}^{+\infty} \int_{-\infty}^{+\infty} xyf(x,y)\,\mathrm{d}x\mathrm{d}y = \int_0^1 \int_0^x 2xy\,\mathrm{d}y\mathrm{d}x = \dfrac{1}{4}$$

题 23 解图

答案：A

24. 解　设$S_1^2 = \dfrac{1}{n-1}\sum\limits_{i=1}^{n} \left(X_i - \overline{X}\right)^2$

因为总体$X \sim N(\mu, \sigma^2)$

所以$\dfrac{\sum\limits_{i=1}^{n} (X_i - \overline{X})^2}{\sigma^2} = \dfrac{(n-1)S_1^2}{\sigma^2} \sim \chi^2(n-1)$，同理$\dfrac{\sum\limits_{i=1}^{n} (Y_i - \overline{Y})^2}{\sigma^2} \sim \chi^2(n-1)$

又因为两样本相互独立，所以$\dfrac{\sum\limits_{i=1}^{n} (X_i - \overline{X})^2}{\sigma^2}$与$\dfrac{\sum\limits_{i=1}^{n} (Y_i - \overline{Y})^2}{\sigma^2}$相互独立

$$\dfrac{\sum\limits_{i=1}^{n} \left(X_i - \overline{X}\right)^2}{\sum\limits_{i=1}^{n} \left(Y_i - \overline{Y}\right)^2} = \dfrac{\dfrac{\sum\limits_{i=1}^{n} \left(X_i - \overline{X}\right)^2}{(n-1)\sigma^2}}{\dfrac{\sum\limits_{i=1}^{n} \left(Y_i - \overline{Y}\right)^2}{(n-1)\sigma^2}} \sim F(n-1, n-1)$$

注意：解答选择题，有时抓住关键点就可判定。$\sum\limits_{i=1}^{n} \left(X_i - \overline{X}\right)^2$与$\chi^2$分布有关，$\dfrac{\sum\limits_{i=1}^{n} \left(X_i - \overline{X}\right)^2}{\sum\limits_{i=1}^{n} \left(Y_i - \overline{Y}\right)^2}$与$F$分布有关，

只有选项B是F分布。

答案：B

25. 解　由气态方程$pV = \dfrac{m}{M}RT$知，标准状态下，p、V相同，T也相等。

由$E = \dfrac{m}{M}\dfrac{i}{2}RT = \dfrac{i}{2}pV$，注意到氢为双原子分子，氦为单原子分子，即$i(H_2) = 5$，$i(He) = 3$，又

$p(\mathrm{H_2}) = p(\mathrm{He})$, $V(\mathrm{H_2}) = V(\mathrm{He})$, 故 $\dfrac{E(\mathrm{H_2})}{E(\mathrm{He})} = \dfrac{i(\mathrm{H_2})}{i(\mathrm{He})} = \dfrac{5}{3}$。

答案：A

26. 解   由麦克斯韦速率分布函数定义 $f(v) = \dfrac{\mathrm{d}N}{N\mathrm{d}v}$ 可得。

答案：B

27. 解   由 $W_{\text{等压}} = p\Delta V = \dfrac{m}{M}R\Delta T$，令 $\dfrac{m}{M} = 1$，故 $\Delta T = \dfrac{W}{R}$。

答案：B

28. 解   等温膨胀过程的特点是：理想气体从外界吸收的热量 Q，全部转化为气体对外做功 $A(A > 0)$。

答案：D

29. 解   所谓波峰，其纵坐标 $y = +2 \times 10^{-2}\mathrm{m}$，亦即要求 $\cos 2\pi\left(10t - \dfrac{x}{5}\right) = 1$，即 $2\pi\left(10t - \dfrac{x}{5}\right) = \pm 2k\pi$；

当 $t = 0.25\mathrm{s}$ 时，$20\pi \times 0.25 - \dfrac{2\pi x}{5} = \pm 2k\pi$，$x = (12.5 \mp 5k)$；

因为要取距原点最近的点（注意 $k = 0$ 并非最小），逐一取 $k = 0, 1, 2, 3, \cdots$，其中 $k = 2$，$x = 2.5$；$k = 3$，$x = -2.5$。

答案：A

30. 解   质元处于平衡位置，此时速度最大，故质元动能最大，动能与势能是同相的，所以势能也最大。

答案：C

31. 解   声波的频率范围为 20~20000Hz。

答案：C

32. 解   间距 $\Delta x = \dfrac{D\lambda}{nd}$ [D 为双缝到屏幕的垂直距离（见解图），d 为缝宽，n 为折射率]

今 $1.33 = \dfrac{D\lambda}{d}(n_{\text{空气}} \approx 1)$，当把实验装置放入水中，则 $\Delta x_{\text{水}} = \dfrac{D\lambda}{1.33d} = 1$

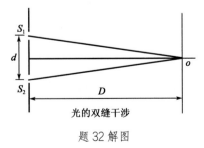

题 32 解图

答案：C

33. 解   可见光的波长范围 400~760nm。

答案： A

34. 解 自然光垂直通过第一个偏振片后，变为线偏振光，光强设为 I'，即入射至第二个偏振片的线偏振光强度。根据马吕斯定律，自然光通过两个偏振片后，$I = I' \cos^2 45° = \dfrac{I'}{2}$，$I' = 2I$。

答案： B

35. 解 中央明纹的宽度由紧邻中央明纹两侧的暗纹($k=1$)决定。

如解图所示，通常衍射角 ϕ 很小，且 $D \approx f(f$ 为焦距$)$，则 $x \approx \phi f$

由暗纹条件 $a \sin \phi = 1 \times \lambda (k=1)(\alpha$ 缝宽$)$，得 $\phi \approx \dfrac{\lambda}{a}$

第一级暗纹距中心 P_0 距离为 $x_1 = \phi f = \dfrac{\lambda}{a} f$

所以中央明纹的宽度 $\Delta x(\text{中央}) = 2x_1 = \dfrac{2\lambda f}{a}$

故 $\Delta x = \dfrac{2 \times 0.5 \times 400 \times 10^{-9}}{10^{-4}} = 400 \times 10^{-5} \text{m}$
$= 4 \times 10^{-3} \text{m}$

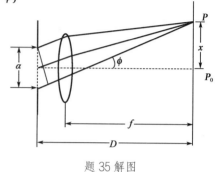

题 35 解图

答案： D

36. 解 根据光栅的缺级理论，当 $\dfrac{a+b(\text{光栅常数})}{a(\text{缝宽})} = $ 整数时，会发生缺级现象，今 $\dfrac{a+b}{a} = \dfrac{2a}{a} = 2$，在光栅明纹中，将缺 $k = 2,4,6,\cdots$ 级。（此题超纲）

答案： A

37. 解 周期表中元素电负性的递变规律：同一周期从左到右，主族元素的电负性逐渐增大；同一主族从上到下元素的电负性逐渐减小。

答案： A

38. 解 离子在外电场或另一离子作用下，发生变形产生诱导偶极的现象叫离子极化。正负离子相互极化的强弱取决于离子的极化力和变形性。离子的极化力为某离子使其他离子变形的能力。极化力取决于：①离子的电荷。电荷数越多，极化力越强。②离子的半径。半径越小，极化力越强。③离子的电子构型。当电荷数相等、半径相近时，极化力的大小为：18 或 18+2 电子构型>9~17 电子构型>8 电子构型。每种离子都具有极化力和变形性，一般情况下，主要考虑正离子的极化力和负离子的变形性。离子半径的变化规律：同周期不同元素离子的半径随离子电荷代数值增大而减小。四个化合物中，$SiCl_4$ 为共价化合物，其余三个为离子化合物。三个离子化合物中阴离子相同，阳离子为同周期元素，离子半径逐渐减小，离子电荷的代数值逐渐增大，所以极化作用逐渐增大。离子极化的结果使离子键向共价键过渡。

答案： C

39. 解 100mL 浓硫酸中 H_2SO_4 的物质的量 $n = \dfrac{100 \times 1.84 \times 0.98}{98} = 1.84 \text{mol}$

物质的量浓度 $c = \dfrac{1.84}{0.1} = 18.4 \text{mol} \cdot \text{L}^{-1}$

答案：A

40. 解 多重平衡规则：当 n 个反应相加（或相减）得总反应时，总反应的 K 等于各个反应平衡常数的乘积（或商）。题中反应（3）=（1）－（2），所以 $K_3^\Theta = \dfrac{K_1^\Theta}{K_2^\Theta}$。

答案：D

41. 解 铜电极通入 H_2S，生成 CuS 沉淀，Cu^{2+} 浓度减小。

铜半电池反应为：$Cu^{2+} + 2e^- \rightleftharpoons Cu$，根据电极电势的能斯特方程式：

$$\varphi = \varphi^\Theta + \frac{0.059}{2}\lg\frac{C_{氧化型}}{C_{还原型}} = \varphi^\Theta + \frac{0.059}{2}\lg C_{Cu^{2+}}$$

$C_{Cu^{2+}}$ 减小，电极电势减小

原电池的电动势 $E = \varphi_正 - \varphi_负$，$\varphi_正$ 减小，$\varphi_负$ 不变，则电动势 E 减小。

答案：B

42. 解 电解产物析出顺序由它们的析出电势决定。析出电势与标准电极电势、离子浓度、超电势有关。总的原则：析出电势代数值较大的氧化型物质首先在阴极还原；析出电势代数值较小的还原型物质首先在阳极氧化。

阴极：当 $\varphi^\Theta > \varphi^\Theta_{Al^{3+}/Al}$ 时，$M^{n+} + ne^- \rightleftharpoons M$

当 $\varphi^\Theta < \varphi^\Theta_{Al^{3+}/Al}$ 时，$2H^+ + 2e^- \rightleftharpoons H_2$

因 $\varphi^\Theta_{Na^+/Na} < \varphi^\Theta_{Al^{3+}/Al}$ 时，所以 H^+ 首先放电析出。

答案：A

43. 解 由公式 $\Delta G = \Delta H - T\Delta S$ 可知，当 ΔH 和 ΔS 均小于零时，ΔG 在低温时小于零，所以低温自发，高温非自发。

答案：A

44. 解 丙烷最多 5 个原子处于一个平面，丙烯最多 7 个原子处于一个平面，苯乙烯最多 16 个原子处于一个平面，$CH_3CH{=}CH{-}C{\equiv}C{-}CH_3$ 最多 10 个原子处于一个平面。

答案：C

45. 解 A 为丙烯酸，烯烃能发生加成反应和氧化反应，酸可以发生酯化反应。

答案：A

46. 解 人造羊毛为聚丙烯腈，由单体丙烯腈通过加聚反应合成，为高分子化合物。分子中存在共价键，为共价化合物，同时为有机化合物。

答案：C

47. 解 根据力的投影公式，$F_x = F\cos\alpha$，故 $\alpha = 60°$；而分力 F_x 的大小是力 F 大小的 2 倍，故力 F

与 y 轴垂直。

答案：A　（此题 2010 年考过）

48.解　M_1 与 M_2 等值反向，四个分力构成自行封闭的四边形，故合力为零，F_1 与 F_3、F_2 与 F_4 构成顺时针转向的两个力偶，其力偶矩的大小均为 Fa。

答案：D

49.解　对系统进行整体分析，外力有主动力 F_p，A、H 处约束力，由于 F_p 与 H 处约束力均为铅垂方向，故 A 处也只有铅垂方向约束力，列平衡方程 $\sum M_H(F) = 0$，便可得结果。

答案：B

50.解　分析节点 D 的平衡，可知 1 杆为零杆。

答案：A

51.解　只有当 $t = 1\mathrm{s}$ 时两个点才有相同的坐标。

答案：A

52.解　根据平行移动刚体的定义和特点。

答案：C　（此题 2011 年考过）

53.解　根据定轴转动刚体上一点加速度与转动角速度、角加速度的关系：$a_n = \omega^2 l$，$a_\tau = \alpha l$，此题 $a_n = 0$，$\alpha = \dfrac{a_\tau}{l} = \dfrac{a}{l}$。

答案：A

54.解　在铅垂平面内垂直于绳的方向列质点运动微分方程（牛顿第二定律），有：

$$ma_n \cos\alpha = mg \sin\alpha$$

答案：C

55.解　两轮质心的速度均为零，动量为零，链条不计质量。

答案：D

56.解　根据动能定理：$T_2 - T_1 = W_{12}$，其中 $T_1 = 0$(初瞬时静止)，$T_2 = \dfrac{1}{2} \times \dfrac{3}{2} mR^2 \omega^2$，$W_{12} = mgR$，代入动能定理可得结果。

答案：C

57.解　杆水平瞬时，其角速度为零，加在物块上的惯性力铅垂向上，列平衡方程 $\sum M_O(F) = 0$，则有 $(F_g - mg)l = 0$，所以 $F_g = mg$。

答案：A

58. 解 已知频率比 $\dfrac{\omega}{\omega_0} = 1.27$，且 $\omega = 40\,\text{rad/s}$，$\omega_0 = \sqrt{\dfrac{k}{m}}$ （$m = 100\text{kg}$）

所以，$k = \left(\dfrac{40}{1.27}\right)^2 \times 100 = 9.9 \times 10^4 \approx 1 \times 10^5 \text{N/m}$

答案：A

59. 解 首先取节点 C 为研究对象，根据节点 C 的平衡可知，杆1受力为零，杆2的轴力为拉力 F；再考虑两杆的变形，杆1无变形，杆2受拉伸长。由于变形后两根杆仍然要连在一起，因此 C 点变形后的位置，应该在以 A 点为圆心，以杆1原长为半径的圆弧，和以 B 点为圆心、以伸长后的杆2长度为半径的圆弧的交点 C' 上，如解图所示。显然这个点在 C 点向下偏左的位置。

答案：B

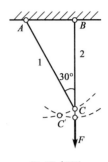

题 59 解图

60. 解

$$\sigma_{AB} = \frac{F_{NAB}}{A_{AB}} = \frac{300\pi \times 10^3\text{N}}{\frac{\pi}{4} \times 200^2\text{mm}^2} = 30\text{MPa}, \quad \sigma_{BC} = \frac{F_{NBC}}{A_{BC}} = \frac{100\pi \times 10^3\text{N}}{\frac{\pi}{4} \times 100^2\text{mm}^2} = 40\text{MPa}$$

显然杆的最大拉应力是 40MPa

答案：A

61. 解 A图、B图中节点的受力是图 a），C图、D图中节点的受力是图 b）。

为了充分利用铸铁抗压性能好的特点，应该让铸铁承受更大的压力，显然 A 图布局比较合理。

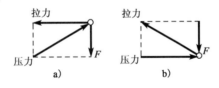

题 61 解图

答案：A

62. 解 被冲断的钢板的剪切面是一个圆柱面，其面积 $A_Q = \pi dt$，根据钢板破坏的条件：

$$\tau_Q = \frac{Q}{A_Q} = \frac{F}{\pi dt} = \tau_b$$

可得 $F = \pi dt\tau_b = \pi \times 100\text{mm} \times 10\text{mm} \times 300\text{MPa} = 300\pi \times 10^3\text{N} = 300\pi\text{kN}$

答案：A

63. 解 螺杆受拉伸，横截面面积是 $\dfrac{\pi}{4}d^2$，由螺杆的拉伸强度条件，可得：

$$\sigma = \frac{F}{\frac{\pi}{4}d^2} = \frac{4F}{\pi d^2} = [\sigma] \tag{①}$$

螺母的内圆周面受剪切，剪切面面积是 πdh，由螺母的剪切强度条件，可得：

$$\tau_Q = \frac{F_Q}{A_Q} = \frac{F}{\pi dh} = [\tau] \tag{②}$$

把①、②两式同时代入$[\sigma]=2[\tau]$，即有$\dfrac{4F}{\pi d^2}=2\cdot\dfrac{F}{\pi dh}$，化简后得$d=2h$。

答案：A

64. 解 受扭空心圆轴横截面上各点的切应力应与其到圆心的距离成正比，而在空心圆部分因没有材料，故也不应有切应力，故正确的只能是 B。

答案：B

65. 解 根据外力矩（此题中即是扭矩）与功率、转速的计算公式：$M(\text{kN}\cdot\text{m})=9.55\dfrac{p(\text{kW})}{n(\text{r/min})}$可知，转速小的轴，扭矩（外力矩）大。

答案：B

66. 解 根据剪力和弯矩的微分关系$\dfrac{\mathrm{d}m}{\mathrm{d}x}=Q$可知，弯矩的最大值发生在剪力为零的截面，也就是弯矩的导数为零的截面，故选 B。

答案：B

67. 解 题图a）是偏心受压，在中间段危险截面上，外力作用点O与被削弱的截面形心C之间的偏心距$e=\dfrac{a}{2}$（见解图），产生的附加弯矩$M=F\cdot\dfrac{a}{2}$，故题图a）中的最大应力：

$$\sigma_{\mathrm{a}}=-\dfrac{F_{\mathrm{N}}}{A_{\mathrm{a}}}-\dfrac{M}{W}=-\dfrac{F}{3ab}-\dfrac{F\dfrac{a}{2}}{\dfrac{b}{6}(3a)^2}=-\dfrac{2F}{3ab}$$

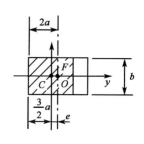

题 67 解图

题图b）虽然截面面积小，但却是轴向压缩，其最大压应力：

$$\sigma_{\mathrm{b}}=-\dfrac{F_{\mathrm{N}}}{A_{\mathrm{b}}}=-\dfrac{F}{2ab}$$

故$\dfrac{\sigma_{\mathrm{b}}}{\sigma_{\mathrm{a}}}=\dfrac{3}{4}$

答案：A

68. 解 由梁的正应力强度条件：

$$\sigma_{\max}=\dfrac{M_{\max}}{I}\cdot y_{\max}=\dfrac{M_{\max}}{W}\leqslant[\sigma]$$

可知，梁的承载能力与梁横截面惯性矩I（或W）的大小成正比，当外荷载产生的弯矩$M_{\max}$不变的情况下，截面惯性矩（或W）越大，其承载能力也越大，显然相同面积制成的梁，矩形比圆形好，空心矩形的惯性矩（或W）最大，其承载能力最大。

答案：A

69. 解 图a）中$\sigma_1=200\text{MPa}$，$\sigma_2=0$，$\sigma_3=0$

$$\sigma_{\mathrm{r3}}^{\mathrm{a}}=\sigma_1-\sigma_3=200\text{MPa}$$

图b）中$\sigma_1=\dfrac{100}{2}+\sqrt{\left(\dfrac{100}{2}\right)^2+100^2}=161.8\text{MPa}$，$\sigma_2=0$

$$\sigma_3=\dfrac{100}{2}-\sqrt{\left(\dfrac{100}{2}\right)^2+100^2}=-61.8\text{MPa}$$

$$\sigma_{r3}^{b} = \sigma_1 - \sigma_3 = 223.6\text{MPa}$$

故图 b）更危险

答案：D

70. 解 当 $\alpha = 0°$ 时，杆是轴向受位：

$$\sigma_{\max}^{0°} = \frac{F_N}{A} = \frac{F}{a^2}$$

当 $\alpha = 45°$ 时，杆是轴向受拉与弯曲组合变形：

$$\sigma_{\max}^{45°} = \frac{F_N}{A} + \frac{M_g}{W_g} = \frac{\frac{\sqrt{2}}{2}F}{a^2} + \frac{\frac{\sqrt{2}}{2}F \cdot a}{\frac{a^3}{6}} = \frac{7\sqrt{2}}{2}\frac{F}{a^2}$$

可得

$$\frac{\sigma_{\max}^{45°}}{\sigma_{\max}^{0°}} = \frac{\frac{7\sqrt{2}}{2}\frac{F}{a^2}}{\frac{F}{a^2}} = \frac{7\sqrt{2}}{2}$$

答案：A

71. 解 水平静压力 $P_x = \rho g h_c \pi r^2 = 1 \times 9.8 \times 5 \times \pi \times 0.1^2 = 1.54\text{kN}$

答案：D

72. 解 A 点绝对压强 $p_A' = p_0 + \rho g h = 88 + 1 \times 9.8 \times 2 = 107.6\text{kPa}$

A 点相对压强 $p_A = p_A' - p_a = 107.6 - 101 = 6.6\text{kPa}$

答案：B

73. 解 对二维不可压缩流体运动连续性微分方程式为：$\frac{\partial u_x}{\partial x} + \frac{\partial u_y}{\partial y} = 0$，即 $\frac{\partial u_x}{\partial x} = -\frac{\partial u_y}{\partial y}$。

对题中 C 项求偏导数可得 $\frac{\partial u_x}{\partial x} = 5$，$\frac{\partial u_y}{\partial y} = -5$，满足连续性方程。

答案：C

74. 解 圆管层流中水头损失与管壁粗糙度无关。

答案：D

75. 解 $Q_1 + Q_2 = 39\text{L/s}$

$$\frac{Q_1}{Q_2} = \sqrt{\frac{S_2}{S_1}} = \sqrt{\frac{8\lambda L_2}{\pi^2 g d_2^5} \Big/ \frac{8\lambda L_1}{\pi^2 g d_1^5}} = \sqrt{\frac{L_2 \cdot d_1^5}{L_1 \cdot d_2^5}} = \sqrt{\frac{3000}{1800} \times \left(\frac{0.15}{0.20}\right)^5} = 0.629$$

即 $0.629 Q_2 + Q_2 = 39\text{L/s}$，得 $Q_2 = 24\text{L/s}$，$Q_1 = 15\text{L/s}$。

答案：B

76. 解 $v = C\sqrt{Ri}$，$C = \frac{1}{n}R^{\frac{1}{6}} = \frac{1}{0.05}(0.8)^{\frac{1}{6}} = 19.27\sqrt{\text{m}}/\text{s}$

流速 $v = 19.27 \times \sqrt{0.8 \times 0.0006} = 0.42\text{m/s}$

答案：A

77. 解 地下水的浸润线是指无压地下水的自由水面线。

答案：C

78. 解 按雷诺准则设计应满足比尺关系式 $\frac{\lambda_v \cdot \lambda_L}{\lambda_v} = 1$，则流速比尺 $\lambda_v = \frac{\lambda_v}{\lambda_L}$，题设用相同温度、同种流体做试验，所以 $\lambda_v = 1$，$\lambda_v = \frac{1}{\lambda_L}$，而长度比尺 $\lambda_L = \frac{2m}{0.1m} = 20$，所以流速比尺 $\lambda_v = \frac{1}{20}$，即 $\frac{v_{原型}}{v_{模型}} = \frac{1}{20}$，$v_{原型} = \frac{4}{20}\text{m/s} = 0.2\text{m/s}$。

答案：A

79. 解 三个电荷处在同一直线上，且每个电荷均处于平衡状态，可建立电荷平衡方程：

$$\frac{kq_1 q_2}{r^2} = \frac{kq_3 q_2}{r^2}$$

则 $q_1 = q_3 = |q_2|$

答案：B

80. 解 根据节点电流关系：$\sum I = 0$，即 $I_1 + I_2 - I_3 = 0$，得 $I_3 = I_1 + I_2 = -7\text{A}$。

答案：C

81. 解 根据叠加原理，电流源不作用时，将其断路，如解图所示。写出电压源单独作用时的电路模型并计算。

$$I' = \frac{15}{40 + 40 /\!/ 40} \times \frac{40}{40 + 40} = \frac{15}{40 + 20} \times \frac{1}{2} = 0.125\text{A}$$

答案：C

题 81 解图

82. 解 ①$u_{(t)}$ 与 $i_{(t)}$ 的相位差 $\varphi = \psi_u - \psi_i = -20°$

②用有效值相量表示 $u_{(t)}$，$i_{(t)}$：

$$\dot{U} = U\angle\psi_u = \frac{10}{\sqrt{2}}\angle{-10°} = 7.07\angle{-10°}\text{V}$$

$$\dot{i} = I\angle\psi_i = \frac{0.1}{\sqrt{2}}\angle{10°} = 0.0707\angle{10°}\text{A} = 70.7\angle{10°}\text{mA}$$

答案：D

83. 解 交流电路的功率关系为：

$$S^2 = P^2 + Q^2$$

式中：S ——视在功率反映设备容量；

P ——耗能元件消耗的有功功率；

Q ——储能元件交换的无功功率。

本题中：$P = I^2 R = 1000\text{W}$，$Q = I^2(X_L - X_C) = 200\text{var}$

$$S = \sqrt{P^2 + Q^2} = 1019 \approx 1020 \text{V} \cdot \text{A}$$

答案：D

84. 解　开关打开以后电路如解图所示。

左边电路中无储能元件，无暂态过程，右边电路中出现暂态过程，变化为：

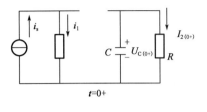

题 84 解图

$$I_{2(0+)} = \frac{U_{C(0+)}}{R} = \frac{U_{C(0-)}}{R} \neq \frac{1}{2}I_s \neq 0$$

$$I_{2(\infty)} = \frac{U_{C(\infty)}}{R} = 0$$

答案：C

85. 解　理想变压器空载运行 $R_L \to \infty$，则 $R'_L = K^2 R_L \to \infty$

$u_1 = u$，又有 $k = \frac{U_1}{U_2} = 2$，则 $U_1 = 2U_2$

答案：B

86. 解　当正常运行为三角形接法的三相交流异步电动机启动时采用星形接法，电机为降压运行，启动电流和启动力矩均为正常运行的1/3。即

$$I'_{st} = \frac{1}{3}I_{st} = 10\text{A}, \quad T'_{st} = \frac{1}{3}T_{st} = 15\text{N} \cdot \text{m}$$

答案：B

87. 解　自变量在整个连续区间内都有定义的信号是连续信号或连续时间信号。图示电路的输出信号为时间连续数值离散的信号。

答案：A

88. 解　图示的非周期信号利用叠加性质等效为两个阶跃信号：

$$u(t) = u_1(t) + u_2(t)$$

$$u_1(t) = 5\varepsilon(t), \quad u_2(t) = -4\varepsilon(t - t_0)$$

答案：C

89. 解　放大电路是在输入信号控制下，将信号的幅值放大，而频率不变。

答案：D

90. 解　根据逻辑代数公式分析如下：

$$(A + B)(A + C) = A \cdot A + A \cdot B + A \cdot C + B \cdot C = A(1 + B + C) + BC = A + BC$$

答案：C

91. 解　"与非门"电路遵循输入有"0"输出则"1"的原则，利用输入信号 A、B 的对应波形分析即可。

答案：D

92. 解 根据真值表，写出函数的最小项表达式后进行化简即可：

$$F(A \cdot B \cdot C) = \overline{A}\overline{B}\overline{C} + \overline{A}BC + A\overline{B}\overline{C} + ABC$$
$$= (\overline{A} + A)\overline{B}\overline{C} + (\overline{A} + A)BC$$
$$= \overline{B}\overline{C} + BC$$

答案：C

93. 解 由图示电路分析输出波形如解图所示。

$u_i > 0$ 时，二极管截止，$u_o = 0$；

$u_i < 0$ 时，二极管并通，$u_o = u_i$，为半波整流电路。

$U_o = -0.45U_i = 0.45 \times \dfrac{-10}{\sqrt{2}} = -3.18V$

答案：C

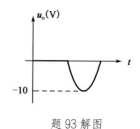

题 93 解图

94. 解 ①当 A 端接输入信号，B 端接地时，电路为反相比例放大电路：

$$u_o = -\frac{R_2}{R_1}u_i = -8 = -\frac{R_2}{R_1} \times 2$$

得 $\dfrac{R_2}{R_1} = 4$

②如 A 端接地，B 端接输入信号为同相放大电路：

$$u_o = \left(1 + \frac{R_2}{R_1}\right)u_i = (1 + 4) \times 2 = 10V$$

答案：C

95. 解 图示为 D 触发器，触发时刻为 cp 波形的上升沿，输入信号 D = A，输出波形为 $Q_{n+1} = D$，对应于第一和第二个脉冲的下降沿，Q 为高电平"1"。

答案：D

96. 解 图示为 JK 触发器和与非门的组合，触发时刻为 cp 脉冲的下降沿，触发器输入信号为：

$J = \overline{Q \cdot A}$，K = "0"

输出波形为 Q 所示。两个脉冲的下降沿后 Q 为高电平。

答案：D

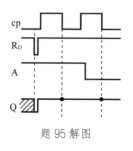

题 95 解图

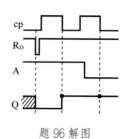

题 96 解图

97. 解 根据总线传送信息的类别，可以把总线划分为数据总线、地址总线和控制总线，数据总线用来传送程序或数据；地址总线用来传送主存储器地址码或外围设备码；控制总线用来传送控制信息。

答案：B

98.解 为了使计算机系统所有软硬件资源有条不紊、高效、协调、一致地进行工作，需要由一个软件来实施统一管理和统一调度工作，这种软件就是操作系统，由它来负责管理、控制和维护计算机系统的全部软硬件资源以及数据资源。应用软件是指计算机用户为了利用计算机的软、硬件资源而开发研制出的那些专门用于某一目的的软件。用户程序是为解决用户实际应用问题而专门编写的程序。支撑软件是指支援其他软件的编写制作和维护的软件。

答案：D

99.解 一个计算机程序执行的过程可分为编辑、编译、连接和运行四个过程。用高级语言编写的程序成为编辑程序，编译程序是一种语言的翻译程序，翻译完的目标程序不能立即被执行，要通过连接程序将目标程序和有关的系统函数库以及系统提供的其他信息连接起来，形成一个可执行程序。

答案：B

100.解 先将十进制 256.625 转换成二进制数，整数部分 256 转换成二进制 100000000，小数部分 0.625 转换成二进制 0.101，而后根据四位二进制对应一位十六进制关系进行转换，转换后结果为 100.A。

答案：C

101.解 信息加密技术是为提高信息系统及数据的安全性和保密性的技术，是防止数据信息被别人破译而采用的技术，是网络安全的重要技术之一。不是为清除计算机病毒而采用的技术。

答案：D

102.解 进程是一段运行的程序，进程运行需要各种资源的支持。

答案：A

103.解 文件管理是对计算机的系统软件资源进行管理，主要任务是向计算机用户提供提供一种简便、统一的管理和使用文件的界面。

答案：A

104.解 计算机网络可以分为资源子网和通信子网两个组成部分。资源子网主要负责全网的信息处理，为网络用户提供网络服务和资源共享功能等。

答案：A

105.解 采用的传输介质的不同，可将网络分为双绞线网、同轴电缆网、光纤网、无线网；按网络的传输技术可以分为广播式网络、点到点式网络；按线路上所传输信号的不同又可分为基带网和宽带网。

答案：A

106. 解　一个典型的计算机网络系统主要是由网络硬件系统和网络软件系统组成。网络硬件是计算机网络系统的物质基础，网络软件是实现网络功能不可缺少的软件环境。

答案：A

107. 解　根据等额支付资金回收公式，每年可回收：

$$A = P(A/P, 10\%, 5) = 100 \times 0.2638 = 26.38 \text{ 万元}$$

答案：B

108. 解　经营成本是指项目总成本费用扣除固定资产折旧费、摊销费和利息支出以后的全部费用。即，经营成本=总成本费用−折旧费−摊销费−利息支出。本题经营成本与折旧费、摊销费之和为 7000 万元，再加上利息支出，则该项目的年总成本费用大于 7000 万元。

答案：C

109. 解　投资回收期是反映项目盈利能力的财务评价指标之一。

答案：C

110. 解　该项目的现金流量图如解图所示。

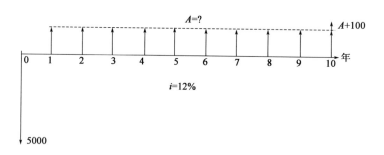

题 110 解图

根据题意有：$\text{NPV} = A(P/A, 12\%, 10) + 100 \times (P/F, 12\%, 10) - P = 0$

因此，$A = [P - 100 \times (P/F, 12\%, 10)] \div (P/A, 12\%, 10)$

$$= (5000 - 100 \times 0.3220) \div 5.6500 = 879.26 \text{ 万元}$$

答案：A

111. 解　根据题意，该企业单位产品变动成本为：

$$(30000 - 10000) \div 40000 = 0.5 \text{ 万元/t}$$

根据盈亏平衡点计算公式，盈亏平衡生产能力利用率为：

$$E^* = \frac{Q^*}{Q_c} \times 100\% = \frac{C_f}{(P - C_v)Q_c} \times 100\% = \frac{10000}{(1 - 0.5) \times 40000} \times 100\% = 50\%$$

答案：D

112. 解 两个寿命期相同的互斥方案只能选择其中一个方案,可采用净现值法、净年值法、差额内部收益率法等选优,不能直接根据方案的内部收益率选优。采用净现值法应选净现值大的方案。

答案:B

113. 解 最小公倍数法适用于寿命期不等的互斥方案比选。

答案:B

114. 解 功能 F^* 的目标成本为:$10 \times 0.3 = 3$ 万元

功能 F^* 的现实成本为:$3 + 0.5 = 3.5$ 万元

答案:C

115. 解 《中华人民共和国建筑法》第十三条规定,从事建筑活动的建筑施工企业、勘察单位、设计单位和工程监理单位,按照其拥有的注册资本、专业技术人员、技术装备和已完成的建筑工程业绩等资质条件,划分为不同的资质等级,经资质审查合格,取得相应等级的资质证书后,方可在其资质等级许可的范围内从事建筑活动。

答案:B

116. 解 《中华人民共和国安全生产法》第三十七条规定,生产经营单位使用的危险物品的容器、运输工具,以及涉及人身安全、危险性较大的海洋石油开采特种设备和矿山井下特种设备,必须按照国家有关规定,由专业生产单位生产,并经具有专业资质的检测、检验机构检测、检验合格,取得安全使用证或者安全标志,方可投入使用。检测、检验机构对检测、检验结果负责。

答案:B

117. 解 《中华人民共和国招标投标法》第五条规定,招标投标活动应当遵循公开、公平、公正和诚实信用的原则。

答案:A

118. 解 《中华人民共和国民法典》第四百七十六条规定,有下列情形之一的,要约不得撤销:

(一)要约人确定了承诺期限或者以其他形式明示要约不可撤销。

答案:B

119. 解 《中华人民共和国行政许可法》第七十条规定,有下列情形之一的,行政机关应当依法办理有关行政许可的注销手续:

(一)行政许可有效期届满未延续的;

(二)赋予公民特定资格的行政许可,该公民死亡或者丧失行为能力的;

(三)法人或者其他组织依法终止的;

（四）行政许可依法被撤销、撤回，或者行政许可证件依法被吊销的；

（五）因不可抗力导致行政许可事项无法实施的；

（六）法律、法规规定的应当注销行政许可的其他情形。

答案：C

120. 解　《建设工程质量管理条例》第十六条规定，建设单位收到建设工程竣工报告后，应当组织设计、施工、工程监理等有关单位进行竣工验收。建设工程竣工验收应当具备下列条件：

（一）完成建设工程设计和合同约定的各项内容；

（二）有完整的技术档案和施工管理资料；

（三）有工程使用的主要建筑材料、建筑构配件和设备的进场试验报告；

（四）有勘察、设计、施工、工程监理等单位分别签署的质量合格文件；

（五）有施工单位签署的工程保修书。

答案：A

2016 年度全国勘察设计注册工程师

执业资格考试试卷

基础考试
（上）

二〇一六年九月

应考人员注意事项

1. 本试卷科目代码为"1"，考生务必将此代码填涂在答题卡"科目代码"相应的栏目内，否则，无法评分。

2. 书写用笔：**黑色或蓝色钢笔、签字笔或圆珠笔**；

   填涂答题卡用笔：**黑色 2B 铅笔**。

3. 必须用书写用笔将工作单位、姓名、准考证号填写在答题卡和试卷相应的栏目内。

4. 本试卷由 120 题组成，每题 1 分，满分 120 分，本试卷全部为单项选择题，每小题的四个备选项中只有一个正确答案，错选、多选、不选均不得分。

5. 考生作答时，必须按**题号在答题卡上**将相应试题所选选项对应的**字母用 2B 铅笔涂黑**。

6. 在答题卡上书写与题意无关的语言，或在答题卡上作标记的，均按违纪试卷处理。

7. 考试结束时，由监考人员当面将试卷、答题卡一并收回。

8. 草稿纸由各地统一配发，考后收回。

单项选择题（共 120 题，每题 1 分。每题的备选项中只有一个最符合题意。）

1. 下列极限式中，能够使用洛必达法则求极限的是：

   A. $\lim\limits_{x\to 0}\dfrac{1+\cos x}{e^x-1}$

   B. $\lim\limits_{x\to 0}\dfrac{x-\sin x}{\sin x}$

   C. $\lim\limits_{x\to 0}\dfrac{x^2\sin\frac{1}{x}}{\sin x}$

   D. $\lim\limits_{x\to\infty}\dfrac{x+\sin x}{x-\sin x}$

2. 设 $\begin{cases} x=t-\arctan t \\ y=\ln(1+t^2) \end{cases}$，则 $\dfrac{\mathrm{d}y}{\mathrm{d}x}\Big|_{t=1}$ 等于：

   A. 1

   B. -1

   C. 2

   D. $\dfrac{1}{2}$

3. 微分方程 $\dfrac{\mathrm{d}y}{\mathrm{d}x}=\dfrac{1}{xy+y^3}$ 是：

   A. 齐次微分方程

   B. 可分离变量的微分方程

   C. 一阶线性微分方程

   D. 二阶微分方程

4. 若向量 $\boldsymbol{\alpha},\boldsymbol{\beta}$ 满足 $|\boldsymbol{\alpha}|=2,|\boldsymbol{\beta}|=\sqrt{2}$，且 $\boldsymbol{\alpha}\cdot\boldsymbol{\beta}=2$，则 $|\boldsymbol{\alpha}\times\boldsymbol{\beta}|$ 等于：

   A. 2

   B. $2\sqrt{2}$

   C. $2+\sqrt{2}$

   D. 不能确定

5. $f(x)$ 在点 x_0 处的左、右极限存在且相等是 $f(x)$ 在点 x_0 处连续的：

   A. 必要非充分的条件

   B. 充分非必要的条件

   C. 充分且必要的条件

   D. 既非充分又非必要的条件

6. 设 $\int_0^x f(t)\mathrm{d}t=\dfrac{\cos x}{x}$，则 $f\left(\dfrac{\pi}{2}\right)$ 等于：

   A. $\dfrac{\pi}{2}$

   B. $-\dfrac{2}{\pi}$

   C. $\dfrac{2}{\pi}$

   D. 0

7. 若 $\sec^2 x$ 是 $f(x)$ 的一个原函数，则 $\int xf(x)\,\mathrm{d}x$ 等于：

   A. $\tan x+C$

   B. $x\tan x-\ln|\cos x|+C$

   C. $x\sec^2 x+\tan x+C$

   D. $x\sec^2 x-\tan x+C$

8. yOz坐标面上的曲线 $\begin{cases} y^2 + z = 1 \\ x = 0 \end{cases}$ 绕 Oz 轴旋转一周所生成的旋转曲面方程是：

A. $x^2 + y^2 + z = 1$ B. $x + y^2 + z = 1$

C. $y^2 + \sqrt{x^2 + z^2} = 1$ D. $y^2 - \sqrt{x^2 + z^2} = 1$

9. 若函数 $z = f(x, y)$ 在点 $P_0(x_0, y_0)$ 处可微，则下面结论中错误的是：

A. $z = f(x, y)$ 在 P_0 处连续   B. $\lim\limits_{\substack{x \to x_0 \\ y \to y_0}} f(x, y)$ 存在

C. $f'_x(x_0, y_0)$，$f'_y(x_0, y_0)$ 均存在   D. $f'_x(x, y)$，$f'_y(x, y)$ 在 P_0 处连续

10. 若 $\int_{-\infty}^{+\infty} \frac{A}{1+x^2} dx = 1$，则常数 A 等于：

A. $\frac{1}{\pi}$ B. $\frac{2}{\pi}$

C. $\frac{\pi}{2}$ D. π

11. 设 $f(x) = x(x-1)(x-2)$，则方程 $f'(x) = 0$ 的实根个数是：

A. 3   B. 2

C. 1   D. 0

12. 微分方程 $y'' - 2y' + y = 0$ 的两个线性无关的特解是：

A. $y_1 = x$，$y_2 = e^x$ B. $y_1 = e^{-x}$，$y_2 = e^x$

C. $y_1 = e^{-x}$，$y_2 = xe^{-x}$ D. $y_1 = e^x$，$y_2 = xe^x$

13. 设函数 $f(x)$ 在 (a, b) 内可微，且 $f'(x) \neq 0$，则 $f(x)$ 在 (a, b) 内：

A. 必有极大值   B. 必有极小值

C. 必无极值   D. 不能确定有还是没有极值

14. 下列级数中，绝对收敛的级数是：

A. $\sum\limits_{n=1}^{\infty} (-1)^{n-1} \frac{1}{n}$ B. $\sum\limits_{n=1}^{\infty} (-1)^{n-1} \frac{1}{\sqrt{n}}$

C. $\sum\limits_{n=1}^{\infty} \frac{n^2}{1+n^2}$ D. $\sum\limits_{n=1}^{\infty} \frac{\sin^3 \frac{1}{2} n}{n^2}$

15. 若 D 是由 $x=0$，$y=0$，$x^2+y^2=1$ 所围成在第一象限的区域，则二重积分 $\iint\limits_{D} x^2 y\,\mathrm{d}y\mathrm{d}y$ 等于：

A. $-\dfrac{1}{15}$ B. $\dfrac{1}{15}$

C. $-\dfrac{1}{12}$ D. $\dfrac{1}{12}$

16. 设 L 是抛物线 $y=x^2$ 上从点 $A(1,1)$ 到点 $O(0,0)$ 的有向弧线，则对坐标的曲线积分 $\int\limits_{L} x\mathrm{d}x + y\mathrm{d}y$ 等于：

A. 0   B. 1

C. -1 D. 2

17. 幂级数 $\sum\limits_{n=0}^{\infty}\dfrac{(-1)^n}{2^n}x^n$ 在 $|x|<2$ 的和函数是：

A. $\dfrac{2}{2+x}$ B. $\dfrac{2}{2-x}$

C. $\dfrac{1}{1-2x}$ D. $\dfrac{1}{1+2x}$

18. 设 $z=\dfrac{3^{xy}}{x}+xF(u)$，其中 $F(u)$ 可微，且 $u=\dfrac{y}{x}$，则 $\dfrac{\partial z}{\partial y}$ 等于：

A. $3^{xy}-\dfrac{y}{x}F'(u)$ B. $\dfrac{1}{x}3^{xy}\ln 3+F'(u)$

C. $3^{xy}+F'(u)$ D. $3^{xy}\ln 3+F'(u)$

19. 若使向量组 $\boldsymbol{\alpha}_1=(6,t,7)^{\mathrm{T}}$，$\boldsymbol{\alpha}_2=(4,2,2)^{\mathrm{T}}$，$\boldsymbol{\alpha}_3=(4,1,0)^{\mathrm{T}}$ 线性相关，则 t 等于：

A. -5 B. 5

C. -2 D. 2

20. 下列结论中正确的是：

A. 矩阵 $\boldsymbol{A}$ 的行秩与列秩可以不等

B. 秩为 r 的矩阵中，所有 r 阶子式均不为零

C. 若 n 阶方阵 $\boldsymbol{A}$ 的秩小于 n，则该矩阵 $\boldsymbol{A}$ 的行列式必等于零

D. 秩为 r 的矩阵中，不存在等于零的 $r-1$ 阶子式

21. 已知矩阵 $A = \begin{bmatrix} 5 & -3 & 2 \\ 6 & -4 & 4 \\ 4 & -4 & a \end{bmatrix}$ 的两个特征值为 $\lambda_1 = 1$，$\lambda_2 = 3$，则常数 a 和另一特征值 λ_3 为：

    A. $a = 1$，$\lambda_3 = -2$ B. $a = 5$，$\lambda_3 = 2$

    C. $a = -1$，$\lambda_3 = 0$ D. $a = -5$，$\lambda_3 = -8$

22. 设有事件 A 和 B，已知 $P(A) = 0.8$，$P(B) = 0.7$，且 $P(A|B) = 0.8$，则下列结论中正确的是：

    A. A 与 B 独立   B. A 与 B 互斥

    C. $B \supset A$ D. $P(A \cup B) = P(A) + P(B)$

23. 某店有 7 台电视机，其中 2 台次品。现从中随机地取 3 台，设 X 为其中的次品数，则数学期望 $E(X)$ 等于：

    A. $\dfrac{3}{7}$ B. $\dfrac{4}{7}$

    C. $\dfrac{5}{7}$ D. $\dfrac{6}{7}$

24. 设总体 $X \sim N(0, \sigma^2)$，$X_1, X_2, \cdots, X_n$ 是来自总体的样本，$\hat{\sigma}^2 = \dfrac{1}{n} \sum\limits_{i=1}^{n} X_i^2$，则下面结论中正确的是：

    A. $\hat{\sigma}^2$ 不是 σ^2 的无偏估计量   B. $\hat{\sigma}^2$ 是 σ^2 的无偏估计量

    C. $\hat{\sigma}^2$ 不一定是 σ^2 的无偏估计量   D. $\hat{\sigma}^2$ 不是 σ^2 的估计量

25. 假定氧气的热力学温度提高一倍，氧分子全部离解为氧原子，则氧原子的平均速率是氧分子平均速率的：

    A. 4 倍   B. 2 倍

    C. $\sqrt{2}$ 倍   D. $\dfrac{1}{\sqrt{2}}$

26. 容积恒定的容器内盛有一定量的某种理想气体，分子的平均自由程为 $\overline{\lambda}_0$，平均碰撞频率为 $\overline{Z}_0$，若气体的温度降低为原来的 $\dfrac{1}{4}$，则此时分子的平均自由程 $\overline{\lambda}$ 和平均碰撞频率 $\overline{Z}$ 为：

    A. $\overline{\lambda} = \overline{\lambda}_0$，$\overline{Z} = \overline{Z}_0$ B. $\overline{\lambda} = \overline{\lambda}_0$，$\overline{Z} = \dfrac{1}{2} \overline{Z}_0$

    C. $\overline{\lambda} = 2\overline{\lambda}_0$，$\overline{Z} = 2\overline{Z}_0$ D. $\overline{\lambda} = \sqrt{2}\,\overline{\lambda}_0$，$\overline{Z} = 4\overline{Z}_0$

27. 一定量的某种理想气体由初始态经等温膨胀变化到末态时，压强为p_1；若由相同的初始态经绝热膨胀到另一末态时，压强为p_2，若两过程末态体积相同，则：

A. $p_1 = p_2$

B. $p_1 > p_2$

C. $p_1 < p_2$

D. $p_1 = 2p_2$

28. 在卡诺循环过程中，理想气体在一个绝热过程中所做的功为W_1，内能变化为ΔE_1，则在另一绝热过程中所做的功为W_2，内能变化为ΔE_2，则W_1、W_2及ΔE_1、ΔE_2之间的关系为：

A. $W_2 = W_1$，$\Delta E_2 = \Delta E_1$

B. $W_2 = -W_1$，$\Delta E_2 = \Delta E_1$

C. $W_2 = -W_1$，$\Delta E_2 = -\Delta E_1$

D. $W_2 = W_1$，$\Delta E_2 = -\Delta E_1$

29. 波的能量密度的单位是：

A. $J \cdot m^{-1}$

B. $J \cdot m^{-2}$

C. $J \cdot m^{-3}$

D. J

30. 两相干波源，频率为100Hz，相位差为π，两者相距20m，若两波源发出的简谐波的振幅均为A，则在两波源连线的中垂线上各点合振动的振幅为：

A. $-A$　　　　　B. 0　　　　　C. A　　　　　D. $2A$

31. 一平面简谐波的波动方程为$y = 2 \times 10^{-2} \cos 2\pi \left(10t - \dfrac{x}{5}\right)$ (SI)，对$x = 2.5$m处的质元，在$t = 0.25$s时，它的：

A. 动能最大，势能最大

B. 动能最大，势能最小

C. 动能最小，势能最大

D. 动能最小，势能最小

32. 一束自然光自空气射向一块玻璃，设入射角等于布儒斯特角i_0，则光的折射角为：

A. $\pi + i_0$

B. $\pi - i_0$

C. $\dfrac{\pi}{2} + i_0$

D. $\dfrac{\pi}{2} - i_0$

33. 两块偏振片平行放置，光强为I_0的自然光垂直入射在第一块偏振片上，若两偏振片的偏振化方向夹角为45°，则从第二块偏振片透出的光强为：

A. $\dfrac{I_0}{2}$

B. $\dfrac{I_0}{4}$

C. $\dfrac{I_0}{8}$

D. $\dfrac{\sqrt{2}}{4}I_0$

34. 在单缝夫琅禾费衍射实验中，单缝宽度为a，所用单色光波长为λ，透镜焦距为f，则中央明条纹的半宽度为：

A. $\dfrac{f\lambda}{a}$ B. $\dfrac{2f\lambda}{a}$

C. $\dfrac{a}{f\lambda}$ D. $\dfrac{2a}{f\lambda}$

35. 通常亮度下，人眼睛瞳孔的直径约为 3mm，视觉感受到最灵敏的光波波长为550nm($1nm = 1 \times 10^{-9}m$)，则人眼睛的最小分辨角约为：

A. $2.24 \times 10^{-3}rad$ B. $1.12 \times 10^{-4}rad$

C. $2.24 \times 10^{-4}rad$ D. $1.12 \times 10^{-3}rad$

36. 在光栅光谱中，假如所有偶数级次的主极大都恰好在透射光栅衍射的暗纹方向上，因而出现缺级现象，那么此光栅每个透光缝宽度a和相邻两缝间不透光部分宽度b的关系为：

A. $a = 2b$ B. $b = 3a$

C. $a = b$ D. $b = 2a$

37. 多电子原子中同一电子层原子轨道能级（量）最高的亚层是：

A. s 亚层   B. p 亚层

C. d 亚层   D. f 亚层

38. 在CO和N_2分子之间存在的分子间力有：

A. 取向力、诱导力、色散力   B. 氢键

C. 色散力   D. 色散力、诱导力

39. 已知$K_b^\Theta(NH_3 \cdot H_2O) = 1.8 \times 10^{-5}$，$0.1mol \cdot L^{-1}$的$NH_3 \cdot H_2O$溶液的pH为：

A. 2.87   B. 11.13   C. 2.37   D. 11.63

40. 通常情况下，K_a^Θ、K_b^Θ、K^Θ、K_{sp}^Θ，它们的共同特性是：

A. 与有关气体分压有关   B. 与温度有关

C. 与催化剂的种类有关   D. 与反应物浓度有关

41. 下列各电对的电极电势与H+浓度有关的是：

A. Zn^{2+}/Zn B. Br_2/Br

C. AgI/Ag D. MnO_4^-/Mn^{2+}

42. 电解Na_2SO_4水溶液时，阳极上放电的离子是：

    A. H^+ B. OH^- C. Na^+ D. SO_4^{2-}

43. 某化学反应在任何温度下都可以自发进行，此反应需满足的条件是：

    A. $\Delta_r H_m < 0$，$\Delta_r S_m > 0$ B. $\Delta_r H_m > 0$，$\Delta_r S_m < 0$

    C. $\Delta_r H_m < 0$，$\Delta_r S_m < 0$ D. $\Delta_r H_m > 0$，$\Delta_r S_m > 0$

44. 按系统命名法，下列有机化合物命名正确的是：

    A. 3-甲基丁烷   B. 2-乙基丁烷

    C. 2,2-二甲基戊烷   D. 1,1,3-三甲基戊烷

45. 苯氨酸和山梨酸（$CH_3CH=CHCH=CHCOOH$）都是常见的食品防腐剂。下列物质中只能与其中一种酸发生化学反应的是：

    A. 甲醇   B. 溴水

    C. 氢氧化钠   D. 金属钾

46. 受热到一定程度就能软化的高聚物是：

    A. 分子结构复杂的高聚物   B. 相对摩尔质量较大的高聚物

    C. 线性结构的高聚物   D. 体型结构的高聚物

47. 图示结构由直杆AC，DE和直角弯杆BCD所组成，自重不计，受荷载F与$M = F \cdot a$作用。则A处约束力的作用线与x轴正向所成的夹角为：

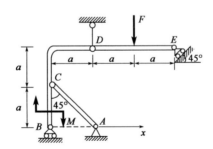

    A. $135°$ B. $90°$

    C. $0°$ D. $45°$

48. 图示平面力系中，已知 $q = 10\text{kN/m}$，$M = 20\text{kN} \cdot \text{m}$，$a = 2\text{m}$。则该主动力系对 B 点的合力矩为：

A. $M_B = 0$

B. $M_B = 20\text{kN} \cdot \text{m}(\curvearrowleft)$

C. $M_B = 40\text{kN} \cdot \text{m}(\curvearrowleft)$

D. $M_B = 40\text{kN} \cdot \text{m}(\curvearrowright)$

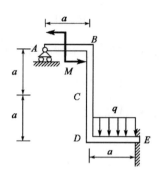

49. 简支梁受分布荷载作用如图所示。支座 A、B 的约束力为：

A. $F_A = 0$，$F_B = 0$

B. $F_A = \frac{1}{2}qa \uparrow$，$F_B = \frac{1}{2}qa \uparrow$

C. $F_A = \frac{1}{2}qa \uparrow$，$F_B = \frac{1}{2}qa \downarrow$

D. $F_A = \frac{1}{2}qa \downarrow$，$F_B = \frac{1}{2}qa \uparrow$

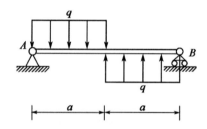

50. 重 W 的物块自由地放在倾角为 α 的斜面上如图示。且 $\sin\alpha = \frac{3}{5}$，$\cos\alpha = \frac{4}{5}$。物块上作用一水平力 F，且 $F = W$。若物块与斜面间的静摩擦系数 $f = 0.2$，则该物块的状态为：

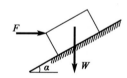

A. 静止状态
B. 临界平衡状态
C. 滑动状态
D. 条件不足，不能确定

51. 一动点沿直线轨道按照$x = 3t^3 + t + 2$的规律运动（x以m计，t以s计），则当$t = 4$s时，动点的位移、速度和加速度分别为：

A. $x = 54$m，$v = 145$m/s，$a = 18$m/s^2

B. $x = 198$m，$v = 145$m/s，$a = 72$m/s^2

C. $x = 198$m，$v = 49$m/s，$a = 72$m/s^2

D. $x = 192$m，$v = 145$m/s，$a = 12$m/s^2

52. 点在直径为6m的圆形轨迹上运动，走过的距离是$s = 3t^2$，则点在2s末的切向加速度为：

A. 48m/s^2 B. 4m/s^2 C. 96m/s^2 D. 6m/s^2

53. 杆$OA = l$，绕固定轴O转动，某瞬时杆端A点的加速度a如图所示，则该瞬时杆OA的角速度及角加速度为：

A. 0，$\dfrac{a}{l}$

B. $\sqrt{\dfrac{a\cos\alpha}{l}}$，$\dfrac{a\sin\alpha}{l}$

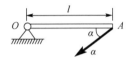

C. $\sqrt{\dfrac{a}{l}}$，0

D. 0，$\sqrt{\dfrac{a}{l}}$

54. 质量为m的物体M在地面附近自由降落，它所受的空气阻力的大小为$F_R = Kv^2$，其中K为阻力系数，v为物体速度，该物体所能达到的最大速度为：

A. $v = \sqrt{\dfrac{mg}{K}}$ B. $v = \sqrt{mgK}$

C. $v = \sqrt{\dfrac{g}{K}}$ D. $v = \sqrt{gK}$

55. 质点受弹簧力作用而运动，l_0为弹簧自然长度，k为弹簧刚度系数，质点由位置1到位置2和由位置3到位置2弹簧力所做的功为：

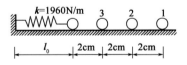

A. $W_{12} = -1.96$J，$W_{32} = 1.176$J B. $W_{12} = 1.96$J，$W_{32} = 1.176$J

C. $W_{12} = 1.96$J，$W_{32} = -1.176$J D. $W_{12} = -1.96$J，$W_{32} = -1.176$J

56. 如图所示圆环以角速度ω绕铅直轴AC自由转动，圆环的半径为R，对转轴z的转动惯量为I。在圆环中的A点放一质量为m的小球，设由于微小的干扰，小球离开A点。忽略一切摩擦，则当小球达到B点时，圆环的角速度为：

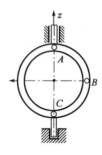

A. $\dfrac{mR^2\omega}{I+mR^2}$

B. $\dfrac{I\omega}{I+mR^2}$

C. ω

D. $\dfrac{2I\omega}{I+mR^2}$

57. 图示均质圆轮，质量为m，半径为r，在铅垂图面内绕通过圆盘中心O的水平轴转动，角速度为ω，角加速度为ε，此时将圆轮的惯性力系向O点简化，其惯性力主矢和惯性力主矩的大小分别为：

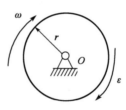

A. 0, 0

B. $mr\varepsilon$, $\dfrac{1}{2}mr^2\varepsilon$

C. 0, $\dfrac{1}{2}mr^2\varepsilon$

D. 0, $\dfrac{1}{4}mr^2\omega^2$

58. 5kg 质量块振动，其自由振动规律是$x = X\sin\omega_n t$，如果振动的圆频率为30rad/s，则此系统的刚度系数为：

A. 2500N/m

B. 4500N/m

C. 180N/m

D. 150N/m

59. 横截面直杆，轴向受力如图，杆的最大拉伸轴力是：

A. 10kN

B. 25kN

C. 35kN

D. 20kN

60. 已知铆钉的许用切应力为$[\tau]$，许用挤压应力为$[\sigma_{bs}]$，钢板的厚度为t，则图示铆钉直径d与钢板厚度t的合理关系是：

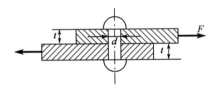

A. $d = \dfrac{8t[\sigma_{bs}]}{\pi[\tau]}$

B. $d = \dfrac{4t[\sigma_{bs}]}{\pi[\tau]}$

C. $d = \dfrac{\pi[\tau]}{8t[\sigma_{bs}]}$

D. $d = \dfrac{\pi[\tau]}{4t[\sigma_{bs}]}$

61. 直径为d的实心圆轴受扭，在扭矩不变的情况下，为使扭转最大切应力减小一半，圆轴的直径应改为：

A. $2d$

B. $0.5d$

C. $\sqrt{2}d$

D. $\sqrt[3]{2}d$

62. 在一套传动系统中，假设所有圆轴传递的功率相同，转速不同。该系统的圆轴转速与其扭矩的关系是：

A. 转速快的轴扭矩大

B. 转速慢的轴扭矩大

C. 全部轴的扭矩相同

D. 无法确定

63. 面积相同的三个图形如图示，对各自水平形心轴z的惯性矩之间的关系为：

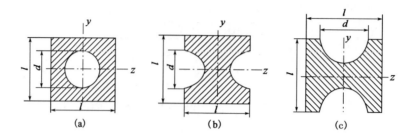

(a)　　　　　　(b)　　　　　　(c)

A. $I_{(a)} > I_{(b)} > I_{(c)}$

B. $I_{(a)} < I_{(b)} < I_{(c)}$

C. $I_{(a)} < I_{(c)} = I_{(b)}$

D. $I_{(a)} = I_{(b)} > I_{(c)}$

64. 悬臂梁的弯矩如图示，根据弯矩图推得梁上的荷载应为：

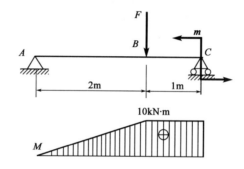

A. $F = 10\text{kN}$，$m = 10\text{kN} \cdot \text{m}$

B. $F = 5\text{kN}$，$m = 10\text{kN} \cdot \text{m}$

C. $F = 10\text{kN}$，$m = 5\text{kN} \cdot \text{m}$

D. $F = 5\text{kN}$，$m = 5\text{kN} \cdot \text{m}$

65. 在图示xy坐标系下，单元体的最大主应力σ_1大致指向：

A. 第一象限，靠近x轴

B. 第一象限，靠近y轴

C. 第二象限，靠近x轴

D. 第二象限，靠近y轴

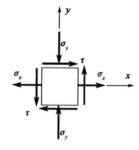

66. 图示变截面短杆，AB段压应力σ_{AB}与BC段压应力σ_{BC}的关系是：

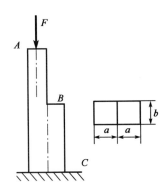

A. $\sigma_{AB} = 1.25\sigma_{BC}$

B. $\sigma_{AB} = 0.8\sigma_{BC}$

C. $\sigma_{AB} = 2\sigma_{BC}$

D. $\sigma_{AB} = 0.5\sigma_{BC}$

67. 简支梁AB的剪力图和弯矩图如图示。该梁正确的受力图是：

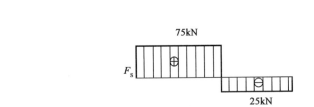
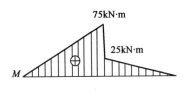

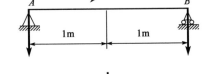

A.

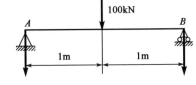

B.

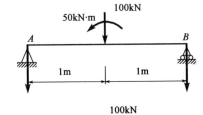

C.

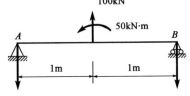

D.

68. 矩形截面简支梁中点承受集中力F=100kN。若h=200mm，b=100mm，梁的最大弯曲正应力是：

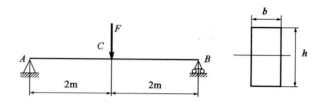

A. 75MPa

B. 150MPa

C. 300MPa

D. 50MPa

69. 图示槽形截面杆，一端固定，另一端自由，作用在自由端角点的外力F与杆轴线平行。该杆将发生的变形是：

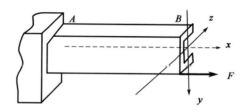

A. xy平面xz平面内的双向弯曲

B. 轴向拉伸及xy平面和xz平面内的双向弯曲

C. 轴向拉伸和xy平面内的平面弯曲

D. 轴向拉伸和xz平面内的平面弯曲

70. 两端铰支细长（大柔度）压杆，在下端铰链处增加一个扭簧弹性约束，如图所示。该压杆的长度系数μ的取值范围是：

A. $0.7 < \mu < 1$

B. $2 > \mu > 1$

C. $0.5 < \mu < 0.7$

D. $\mu < 0.5$

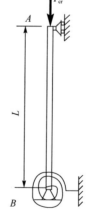

71. 标准大气压时的自由液面下 1m 处的绝对压强为：

A. 0.11MPa

B. 0.12MPa

C. 0.15MPa

D. 2.0MPa

72. 一直径 $d_1 = 0.2$m 的圆管，突然扩大到直径为 $d_2 = 0.3$m，若 $v_1 = 9.55$m/s，则 v_2 与 Q 分别为：

A. 4.24m/s，$0.3\text{m}^3/\text{s}$

B. 2.39m/s，$0.3\text{m}^3/\text{s}$

C. 4.24m/s，$0.5\text{m}^3/\text{s}$

D. 2.39m/s，$0.5\text{m}^3/\text{s}$

73. 直径为 20mm 的管流，平均流速为 9m/s，已知水的运动黏性系数 $\nu = 0.0114\text{cm}^2/\text{s}$，则管中水流的流态和水流流态转变的层流流速分别是：

A. 层流，19cm/s

B. 层流，11.4cm/s

C. 紊流，19cm/s

D. 紊流，11.4cm/s

74. 边界层分离现象的后果是：

A. 减小了液流与边壁的摩擦力

B. 增大了液流与边壁的摩擦力

C. 增加了潜体运动的压差阻力

D. 减小了潜体运动的压差阻力

75. 如图由大体积水箱供水，且水位恒定，水箱顶部压力表读数 19600Pa，水深 $H = 2$m，水平管道长 $l = 100$m，直径 $d = 200$mm，沿程损失系数 0.02，忽略局部损失，则管道通过流量是：

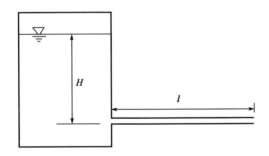

A. 83.8L/s

B. 196.5L/s

C. 59.3L/s

D. 47.4L/s

76. 两条明渠过水断面面积相等，断面形状分别为（1）方形，边长为 a；（2）矩形，底边宽为 $2a$，水深为 $0.5a$，它们的底坡与粗糙系数相同，则两者的均匀流流量关系式为：

A. $Q_1 > Q_2$

B. $Q_1 = Q_2$

C. $Q_1 < Q_2$

D. 不能确定

77. 如图，均匀砂质土壤装在容器中，设渗透系数为0.012cm/s，渗流流量为0.3m³/s，则渗流流速为：

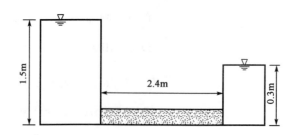

A. 0.003cm/s   B. 0.006cm/s

C. 0.009cm/s   D. 0.012cm/s

78. 雷诺数的物理意义是：

A. 压力与黏性力之比

B. 惯性力与黏性力之比

C. 重力与惯性力之比

D. 重力与黏性力之比

79. 真空中，点电荷q_1和q_2的空间位置如图所示，q_1为正电荷，且$q_2 = -q_1$，则A点的电场强度的方向是：

A. 从A点指向q_1

B. 从A点指向q_2

C. 垂直于q_1q_2连线，方向向上

D. 垂直于q_1q_2连线，方向向下

80. 设电阻元件 R、电感元件 L、电容元件 C 上的电压电流取关联方向，则如下关系成立的是：

A. $i_R = R \cdot u_R$ B. $u_C = C \frac{di_C}{dt}$

C. $i_C = C \frac{du_C}{dt}$ D. $u_L = \frac{1}{L} \int i_C \, dt$

81. 用于求解图示电路的 4 个方程中，有一个错误方程，这个错误方程是：

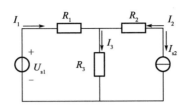

A. $I_1R_1 + I_3R_3 - U_{s1} = 0$

B. $I_2R_2 + I_3R_3 = 0$

C. $I_1 + I_2 - I_3 = 0$

D. $I_2 = -I_{s2}$

82. 已知有效值为 10V 的正弦交流电压的相量图如图所示，则它的时间函数形式是：

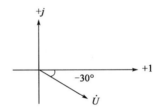

A. $u(t) = 10\sqrt{2}\sin(\omega t - 30°)\text{V}$

B. $u(t) = 10\sin(\omega t - 30°)\text{V}$

C. $u(t) = 10\sqrt{2}\sin(-30°)\text{V}$

D. $u(t) = 10\cos(-30°) + 10\sin(-30°)\text{V}$

83. 图示电路中，当端电压 $\dot{U} = 100\angle 0°\text{V}$ 时，$\dot{I}$ 等于：

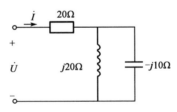

A. $3.5\angle{-45°}\text{A}$

B. $3.5\angle{45°}\text{A}$

C. $4.5\angle{26.6°}\text{A}$

D. $4.5\angle{-26.6°}\text{A}$

84. 在图示电路中，开关 S 闭合后：

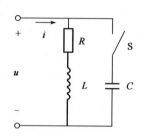

A. 电路的功率因数一定变大

B. 总电流减小时，电路的功率因数变大

C. 总电流减小时，感性负载的功率因数变大

D. 总电流减小时，一定出现过补偿现象

85. 图示变压器空载运行电路中，设变压器为理想器件，若 $u = \sqrt{2}U\sin\omega t$，则此时：

A. $\dfrac{U_2}{U_1} = 2$

B. $\dfrac{U}{U_2} = 2$

C. $u_2 = 0, u_1 = 0$

D. $\dfrac{U}{U_1} = 2$

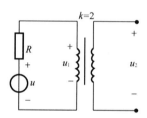

86. 设某 △ 接三相异步电动机的全压启动转矩为 66N·m，当对其使用 Y-△ 降压启动方案时，当分别带 10N·m、20N·m、30N·m、40N·m 的负载启动时：

A. 均能正常启动

B. 均无法正常启动

C. 前两者能正常启动，后两者无法正常启动

D. 前三者能正常启动，后者无法正常启动

87. 图示电压信号 u_o 是：

A. 二进制代码信号

B. 二值逻辑信号

C. 离散时间信号

D. 连续时间信号

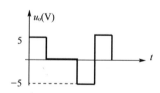

88. 信号$u(t) = 10 \cdot 1(t) - 10 \cdot 1(t-1)$V，其中，$1(t)$表示单位阶跃函数，则$u(t)$应为：

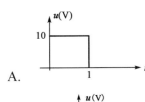

A.

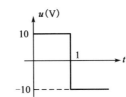

B.

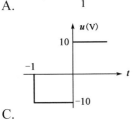

C.

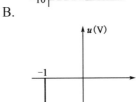

D.

89. 一个低频模拟信号$u_1(t)$被一个高频的噪声信号污染后，能将这个噪声滤除的装置是：

A. 高通滤波器

B. 低通滤波器

C. 带通滤波器

D. 带阻滤波器

90. 对逻辑表达式$\overline{AB} + \overline{BC}$的化简结果是：

A. $\overline{A} + \overline{B} + \overline{C}$

B. $\overline{A} + 2\overline{B} + \overline{C}$

C. $\overline{A + C} + B$

D. $\overline{A} + \overline{C}$

91. 已知数字信号 A 和数字信号 B 的波形如图所示，则数字信号$F = A\overline{B} + \overline{A}B$的波形为：

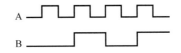

A. F

B. F

C. F

D. F

92. 十进制数字 10 的 BCD 码为:

A. 00010000   B. 00001010

C. 1010   D. 0010

93. 二极管应用电路如图所示,设二极管为理想器件,当 $u_1 = 10\sin\omega t$ V时,输出电压 u_o 的平均值 U_o 等于:

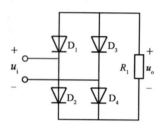

A. 10V   B. $0.9 \times 10 = 9$V

C. $0.9 \times \dfrac{10}{\sqrt{2}} = 6.36$V   D. $-0.9 \times \dfrac{10}{\sqrt{2}} = -6.36$V

94. 运算放大器应用电路如图所示,设运算放大器输出电压的极限值为 ±11V。如果将 −2.5V 电压接入 "A" 端,而 "B" 端接地后,测得输出电压为 10V,如果将 −2.5V 电压接入 "B" 端,而 "A" 端接地,则该电路的输出电压 u_o 等于:

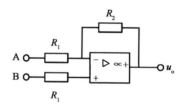

A. 10V   B. −10V

C. −11V   D. −12.5V

95. 图示逻辑门的输出 F_1 和 F_2 分别为:

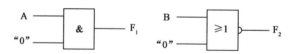

A. 0 和 $\overline{B}$ B. 0 和 1

C. A 和 $\overline{B}$ D. A 和 1

96. 图 a）所示电路中，时钟脉冲、复位信号及数模输入信号如图 b）所示。经分析可知，在第一个和
第二个时钟脉冲的下降沿过后，输出 Q 先后等于：

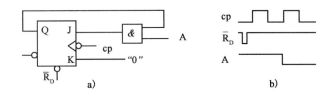

A. 0　0 B. 0　1

C. 1　0 D. 1　1

附：触发器的逻辑状态表为

J	K	Q_{n+1}
0	0	Q_n
0	1	0
1	0	1
1	1	$\overline{Q}_n$

97. 计算机发展的人性化的一个重要方面是：

A. 计算机的价格便宜

B. 计算机使用上的"傻瓜化"

C. 计算机使用不需要电能

D. 计算机不需要软件和硬件，自己会思维

98. 计算机存储器是按字节进行编址的，一个存储单元是：

A. 8 个字节 B. 1 个字节

C. 16 个二进制数位 D. 32 个二进制数位

99. 下面有关操作系统的描述中，其中错误的是：

A. 操作系统就是充当软、硬件资源的管理者和仲裁者的角色

B. 操作系统具体负责在各个程序之间，进行调度和实施对资源的分配

C. 操作系统保证系统中的各种软、硬件资源得以有效地、充分地利用

D. 操作系统仅能实现管理和使用好各种软件资源

100. 计算机的支撑软件是：

    A. 计算机软件系统内的一个组成部分   B. 计算机硬件系统内的一个组成部分

    C. 计算机应用软件内的一个组成部分   D. 计算机专用软件内的一个组成部分

101. 操作系统中的进程与处理器管理的主要功能是：

    A. 实现程序的安装、卸载

    B. 提高主存储器的利用率

    C. 使计算机系统中的软硬件资源得以充分利用

    D. 优化外部设备的运行环境

102. 影响计算机图像质量的主要参数有：

    A. 存储器的容量、图像文件的尺寸、文件保存格式

    B. 处理器的速度、图像文件的尺寸、文件保存格式

    C. 显卡的品质、图像文件的尺寸、文件保存格式

    D. 分辨率、颜色深度、图像文件的尺寸、文件保存格式

103. 计算机操作系统中的设备管理主要是：

    A. 微处理器 CPU 的管理   B. 内存储器的管理

    C. 计算机系统中的所有外部设备的管理   D. 计算机系统中的所有硬件设备的管理

104. 下面四个选项中，不属于数字签名技术的是：

    A. 权限管理   B. 接收者能够核实发送者对报文的签名

    C. 发送者事后不能对报文的签名进行抵赖   D. 接收者不能伪造对报文的签名

105. 实现计算机网络化后的最大好处是：

    A. 存储容量被增大   B. 计算机运行速度加快

    C. 节省大量人力资源   D. 实现了资源共享

106. 校园网是提高学校教学、科研水平不可缺少的设施，它是属于：

    A. 局域网   B. 城域网

    C. 广域网   D. 网际网

107. 某企业拟购买 3 年期一次到期债券，打算三年后到期本利和为 300 万元，按季复利计息，年名义利率为 8%，则现在应购买债券：

    A. 119.13 万元   B. 236.55 万元

    C. 238.15 万元   D. 282.70 万元

108. 在下列费用中，应列入项目建设投资的是：

    A. 项目经营成本   B. 流动资金

    C. 预备费   D. 建设期利息

109. 某公司向银行借款 2400 万元，期限为 6 年，年利率为 8%，每年年末付息一次，每年等额还本，到第 6 年末还完本息。请问该公司第 4 年年末应还的本息和是：

    A. 432 万元   B. 464 万元

    C. 496 万元   D. 592 万元

110. 某项目动态投资回收期刚好等于项目计算期，则以下说法中正确的是：

    A. 该项目动态回收期小于基准回收期   B. 该项目净现值大于零

    C. 该项目净现值小于零   D. 该项目内部收益率等于基准收益率

111. 某项目要从国外进口一种原材料，原始材料的 CIF（到岸价格）为 150 美元/吨，美元的影子汇率为 6.5，进口费用为 240 元/吨，请问这种原材料的影子价格是：

    A. 735 元人民币   B. 975 元人民币

    C. 1215 元人民币   D. 1710 元人民币

112. 已知甲、乙为两个寿命期相同的互斥项目，其中乙项目投资大于甲项目。通过测算得出甲、乙两项目的内部收益率分别为 18% 和 14%，增量内部收益率 $\Delta IRR_{(乙-甲)} = 13\%$，基准收益率为 11%，以下说法中正确的是：

    A. 应选择甲项目   B. 应选择乙项目

    C. 应同时选择甲、乙两个项目   D. 甲、乙两个项目均不应选择

113. 以下关于改扩建项目财务分析的说法中正确的是：

    A. 应以财务生存能力分析为主   B. 应以项目清偿能力分析为主

    C. 应以企业层次为主进行财务分析   D. 应遵循"有无对比"原则

114. 某工程设计有四个方案，在进行方案选择时计算得出：甲方案功能评价系数 0.85，成本系数 0.92；乙方案功能评价系数 0.6，成本系数 0.7；丙方案功能评价系数 0.94，成本系数 0.88；丁方案功能评价系数 0.67，成本系数 0.82。则最优方案的价值系数为：

A. 0.924　　　　　　　　　　　　　　B. 0.857

C. 1.068　　　　　　　　　　　　　　D. 0.817

115. 根据《中华人民共和国建筑法》的规定，有关工程发包的规定，下列理解错误的是：

A. 关于对建筑工程进行肢解发包的规定，属于禁止性规定

B. 可以将建筑工程的勘察、设计、施工、设备采购一并发包给一个工程总承包单位

C. 建筑工程实行直接发包的，发包单位可以将建筑工程发包给具有资质证书的承包单位

D. 提倡对建筑工程实行总承包

116. 根据《建设工程安全生产管理条例》的规定，施工单位实施爆破、起重吊装等施工时，应当安排现场的监督人员是：

A. 项目管理技术人员　　　　　　　　B 应急救援人员

C. 专职安全生产管理人员　　　　　　D. 专职质量管理人员

117. 某工程项目实行公开招标，招标人根据招标项目的特点和需要编制招标文件，其招标文件的内容不包括：

A. 招标项目的技术要求　　　　　　　B. 对投标人资格审查的标准

C. 拟签订合同的时间　　　　　　　　D. 投标报价要求和评标标准

118. 某水泥厂以电子邮件的方式于 2008 年 3 月 5 日发出销售水泥的要约，要求 2008 年 3 月 6 日 18:00 前回复承诺。甲施工单位于 2008 年 3 月 6 日 16:00 对该要约发出承诺，由于网络原因，导致该电子邮件于 2008 年 3 月 6 日 20:00 到达水泥厂，此时水泥厂的水泥已经售完。下列关于该承诺如何处理的说法，正确的是：

A. 张厂长说邮件未能按时到达，可以不予理会

B. 李厂长说邮件是在期限内发出的，应该作为有效承诺，我们必须想办法给对方供应水泥

C. 王厂长说虽然邮件是在期限内发出的，但是到达晚了，可以认为是无效承诺

D. 赵厂长说我们及时通知对方，因承诺到达已晚，不接受就是了

119. 根据《中华人民共和国环境保护法》的规定，下列关于建设项目中防治污染的设施的说法中，不正确的是：

A. 防治污染的设施，必须与主体工程同时设计、同时施工、同时投入使用

B. 防治污染的设施不得擅自拆除

C. 防治污染的设施不得擅自闲置

D. 防治污染的设施经建设行政主管部门验收合格后方可投入生产或者使用

120. 根据《建设工程质量管理条例》的规定，监理单位代表建设单位对施工质量实施监理，并对施工质量承担监理责任，其监理的依据不包括：

A. 有关技术标准　　　　　　　　B. 设计文件

C. 工程承包合同　　　　　　　　D. 建设单位指令

1. 解　$\lim\limits_{x\to 0}\dfrac{x-\sin x}{\sin x}\overset{\frac{0}{0}}{=}\lim\limits_{x\to 0}\dfrac{1-\cos x}{\cos x}=0$

答案：B

2. 解　由 $\begin{cases}x=t-\arctan t\\y=\ln(1+t^2)\end{cases}$，知 $\dfrac{\mathrm{d}x}{\mathrm{d}t}=\dfrac{t^2}{1+t^2}$，$\dfrac{\mathrm{d}y}{\mathrm{d}t}=\dfrac{2t}{1+t^2}$，则 $\dfrac{\mathrm{d}y}{\mathrm{d}x}=\dfrac{\mathrm{d}y/\mathrm{d}t}{\mathrm{d}x/\mathrm{d}t}=\dfrac{2t}{t^2}$，$\dfrac{\mathrm{d}y}{\mathrm{d}x}\Big|_{t=1}=\dfrac{2}{t}\Big|_{t=1}=2$

答案：C

3. 解　$\dfrac{\mathrm{d}y}{\mathrm{d}x}=\dfrac{1}{xy+y^3}$，$\dfrac{\mathrm{d}x}{\mathrm{d}y}=xy+y^3$，$\dfrac{\mathrm{d}x}{\mathrm{d}y}-yx=y^3$，方程为关于 $F(y,x,x')=0$ 的一阶线性微分方程。

答案：C

4. 解　$|\boldsymbol{\alpha}|=2$，$|\boldsymbol{\beta}|=\sqrt 2$，$\boldsymbol{\alpha}\cdot\boldsymbol{\beta}=2$

由 $\boldsymbol{\alpha}\cdot\boldsymbol{\beta}=|\boldsymbol{\alpha}||\boldsymbol{\beta}|\cos(\widehat{\boldsymbol{\alpha},\boldsymbol{\beta}})=2\sqrt 2\cos(\widehat{\boldsymbol{\alpha},\boldsymbol{\beta}})=2$，可知 $\cos(\widehat{\boldsymbol{\alpha},\boldsymbol{\beta}})=\dfrac{\sqrt 2}{2}$，$(\widehat{\boldsymbol{\alpha},\boldsymbol{\beta}})=\dfrac{\pi}{4}$

故 $|\boldsymbol{\alpha}\times\boldsymbol{\beta}|=|\boldsymbol{\alpha}||\boldsymbol{\beta}|\sin(\widehat{\boldsymbol{\alpha},\boldsymbol{\beta}})=2\times\sqrt 2\times\dfrac{\sqrt 2}{2}=2$

答案：A

5. 解　$f(x)$ 在点 x_0 处的左、右极限存在且相等，是 $f(x)$ 在点 x_0 连续的必要非充分条件。

答案：A

6. 解　对 $\displaystyle\int_0^x f(t)\mathrm{d}t=\dfrac{\cos x}{x}$ 两边求导，得 $f(x)=\dfrac{-x\sin x-\cos x}{x^2}$，则 $f\left(\dfrac{\pi}{2}\right)=\dfrac{-\frac{\pi}{2}\cdot 1-0}{\frac{\pi^2}{4}}=-\dfrac{2}{\pi}$

答案：B

7. 解　$\displaystyle\int xf(x)\mathrm{d}x=\int x\mathrm{d}\sec^2 x=x\sec^2 x-\int\sec^2 x\mathrm{d}x=x\sec^2 x-\tan x+C$

答案：D

8. 解　$\begin{cases}y^2+z=1\\x=0\end{cases}$ 表示在 yOz 平面上曲线绕 z 轴旋转，得曲面方程 $x^2+y^2+z=1$。

答案：A

9. 解　$f'_x(x_0,y_0)$，$f'_y(x_0,y_0)$ 在点 $P_0(x_0,y_0)$ 处连续仅是函数 $z=f(x,y)$ 在点 $P_0(x_0,y_0)$ 可微的充分条件，反之不一定成立，即 $z=f(x,y)$ 在点 $P_0(x_0,y_0)$ 处可微，不能保证偏导 $f'_x(x_0,y_0)$，$f'_y(x_0,y_0)$ 在点 $P_0(x_0,y_0)$ 处连续。没有定理保证。

答案：D

10. 解

$$\int_{-\infty}^{+\infty}\dfrac{A}{1+x^2}\mathrm{d}x=A\int_{-\infty}^{+\infty}\dfrac{1}{1+x^2}\mathrm{d}x=A\left[\int_{-\infty}^{0}\dfrac{1}{1+x^2}\mathrm{d}x+\int_{0}^{+\infty}\dfrac{1}{1+x^2}\mathrm{d}x\right]$$

$$=A\left(\arctan x\Big|_{-\infty}^{0}+\arctan x\Big|_{0}^{+\infty}\right)=A\left(\dfrac{\pi}{2}+\dfrac{\pi}{2}\right)=A\pi$$

由 $A\pi = 1$，得 $A = \dfrac{1}{\pi}$

答案：A

11. 解　$f(x) = x(x-1)(x-2)$

$f(x)$ 在 $[0,1]$ 连续，在 $(0,1)$ 可导，且 $f(0) = f(1)$

由罗尔定理可知，存在 $f'(\zeta_1) = 0$，ζ_1 在 $(0,1)$ 之间

$f(x)$ 在 $[1,2]$ 连续，在 $(1,2)$ 可导，且 $f(1) = f(2)$

由罗尔定理可知，存在 $f'(\zeta_2) = 0$，ζ_2 在 $(1,2)$ 之间

因为 $f'(x) = 0$ 是二次方程，所以 $f'(x) = 0$ 的实根个数为 2。

答案：B

12. 解　$y'' - 2y' + y = 0$，$r^2 - 2r + 1 = 0$，$r = 1$，二重根。

通解 $y = (C_1 + C_2 x)e^x$（其中 C_1，C_2 为任意常数）

线性无关的特解为 $y_1 = e^x$，$y_2 = xe^x$

答案：D

13. 解　$f(x)$ 在 (a,b) 内可微，且 $f'(x) \neq 0$。

由函数极值存在的必要条件，$f(x)$ 在 (a,b) 内可微，即 $f(x)$ 在 (a,b) 内可导，且在 x_0 处取得极值，那么 $f'(x_0) = 0$。

该题不符合此条件，所以必无极值。

答案：C

14. 解　对 $\sum\limits_{n=1}^{\infty} \dfrac{\sin^{\frac{3}{2}}n}{n^2}$ 取绝对值，即 $\sum\limits_{n=1}^{\infty} \left| \dfrac{\sin^{\frac{3}{2}}n}{n^2} \right|$，而 $\left| \dfrac{\sin^{\frac{3}{2}}n}{n^2} \right| \leqslant \dfrac{1}{n^2}$

因为 $\sum\limits_{n=1}^{\infty} \dfrac{1}{n^2}$，$p = 2 > 1$，收敛，由比较法知 $\sum\limits_{n=1}^{\infty} \left| \dfrac{\sin^{\frac{3}{2}}n}{n^2} \right|$ 收敛，所以级数 $\sum\limits_{n=1}^{\infty} \dfrac{\sin^{\frac{3}{2}}n}{n^2}$ 绝对收敛。

答案：D

15. 解　如解图所示，D：$\begin{cases} 0 \leqslant r \leqslant 1 \\ 0 \leqslant \theta \leqslant \dfrac{\pi}{2} \end{cases}$

$$\iint_D x^2 y \mathrm{d}x\mathrm{d}y = \int_0^{\frac{\pi}{2}} \cos^2\theta \sin\theta \mathrm{d}\theta \int_0^1 r^4 \mathrm{d}r$$

$$= \frac{1}{5}\int_0^{\frac{\pi}{2}} \cos^2\theta \sin\theta \mathrm{d}\theta = -\frac{1}{5}\int_0^{\frac{\pi}{2}} \cos^2\theta \, \mathrm{d}\cos\theta$$

$$= -\frac{1}{5} \cdot \frac{1}{3}\cos^3\theta \Big|_0^{\frac{\pi}{2}} = \frac{1}{15}$$

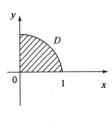

题 15 解图

答案：B

16.解 如解图所示，$L: \begin{cases} y = x^2 \\ x = x \end{cases}$ $(x: 1 \to 0)$

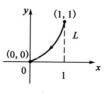

题 16 解图

$$\int_L x\mathrm{d}x + y\mathrm{d}y = \int_1^0 x\mathrm{d}x + x^2 \cdot 2x\mathrm{d}x = -\int_0^1 (x + 2x^3)\mathrm{d}x$$

$$= -\left(\frac{1}{2}x^2 + \frac{2}{4}x^4\right)\Big|_0^1$$

$$= -\left(\frac{1}{2} + \frac{1}{2}\right) = -1$$

答案：C

17.解 $\sum\limits_{n=0}^{\infty} \frac{(-1)^n}{2^n} x^n = 1 - \frac{x}{2} + \left(\frac{x}{2}\right)^2 - \left(\frac{x}{2}\right)^3 + \cdots$

因为 $|x| < 2$，所以 $\left|\frac{x}{2}\right| < 1$，$q = -\frac{x}{2}$，$|q| = \left|\frac{x}{2}\right| < 1$

级数的和函数 $S = \frac{a_1}{1-q} = \frac{1}{1-\left(-\frac{x}{2}\right)} = \frac{2}{2+x}$

答案：A

18.解 $z = \frac{3^{xy}}{x} + xF(u)$，$u = \frac{y}{x}$

$$\frac{\partial z}{\partial y} = \frac{1}{x}3^{xy} \cdot \ln3 \cdot x + xF'(u)\frac{1}{x} = 3^{xy}\ln3 + F'(u)$$

答案：D

19.解 将 $\boldsymbol{\alpha}_1, \boldsymbol{\alpha}_2, \boldsymbol{\alpha}_3$ 组成矩阵 $\begin{bmatrix} 6 & 4 & 4 \\ t & 2 & 1 \\ 7 & 2 & 0 \end{bmatrix}$，$\boldsymbol{\alpha}_1, \boldsymbol{\alpha}_2, \boldsymbol{\alpha}_3$ 线性相关的充要条件是 $\begin{vmatrix} 6 & 4 & 4 \\ t & 2 & 1 \\ 7 & 2 & 0 \end{vmatrix} = 0$

$$\begin{vmatrix} 6 & 4 & 4 \\ t & 2 & 1 \\ 7 & 2 & 0 \end{vmatrix} \xrightarrow{r_2(-4)+r_1} \begin{vmatrix} 6-4t & -4 & 0 \\ t & 2 & 1 \\ 7 & 2 & 0 \end{vmatrix} = 1 \cdot (-1)^{2+3} \begin{vmatrix} 6-4t & -4 \\ 7 & 2 \end{vmatrix}$$

$$= (-1)(12 - 8t + 28) = -(-8t + 40) = 8t - 40 = 0，得 t = 5$$

答案：B

20.解 根据 n 阶方阵 A 的秩小于 n 的充要条件是 $|\boldsymbol{A}| = 0$，可知选项 C 正确。

答案：C

21.解 由方阵 $\boldsymbol{A}$ 的特征值和特征向量的重要性质计算

设方阵 $\boldsymbol{A}$ 的特征值为 $\lambda_1, \lambda_2, \lambda_3$

则 $\begin{cases} \lambda_1 + \lambda_2 + \lambda_3 = a_{11} + a_{22} + a_{33} \\ \lambda_1 \cdot \lambda_2 \cdot \lambda_3 = |\boldsymbol{A}| \end{cases}$ ①②

由①式可知 $1 + 3 + \lambda_3 = 5 + (-4) + a$

得 $\lambda_3 - a = -3$

由②式可知 $1 \cdot 3 \cdot \lambda_3 = \begin{vmatrix} 5 & -3 & 2 \\ 6 & -4 & 4 \\ 4 & -4 & a \end{vmatrix}$

得

$$3\lambda_3 = 2 \begin{vmatrix} 5 & -3 & 2 \\ 3 & -2 & 2 \\ 4 & -4 & a \end{vmatrix} \xrightarrow{r_2(-4)+r_1} 2 \begin{vmatrix} 5 & -3 & 2 \\ -2 & 1 & 0 \\ 4 & -4 & a \end{vmatrix} \xrightarrow{2c_2+c_1} 2 \begin{vmatrix} -1 & -3 & 2 \\ 0 & 1 & 0 \\ -4 & -4 & a \end{vmatrix}$$

$$= 2 \cdot 1(-1)^{2+2} \begin{vmatrix} -1 & 2 \\ -4 & a \end{vmatrix} = 2(-a+8) = -2a + 16$$

解方程组 $\begin{cases} \lambda_3 - a = -3 \\ 3\lambda_3 + 2a = 16 \end{cases}$，得 $\lambda_3 = 2$，$a = 5$

答案：B

22. 解 因 $P(AB) = P(B)P(A|B) = 0.7 \times 0.8 = 0.56$，而 $P(A)P(B) = 0.8 \times 0.7 = 0.56$，故 $P(AB) = P(A)P(B)$，即 A 与 B 独立。因 $P(AB) = P(A) + P(B) - P(A \cup B) = 1.5 - P(A \cup B) > 0$，选项 B 错。因 $P(A) > P(B)$，选项 C 错。因 $P(A) + P(B) = 1.5 > 1$，选项 D 错。

注意：独立是用概率定义的，即可用概率来判定是否独立。而互斥、包含、对立（互逆）是不能由概率来判定的，所以选项 B、C 错。

答案：A

23. 解

$$P(X=0) = \frac{C_5^3}{C_7^3} = \frac{\frac{5 \times 4 \times 3}{1 \times 2 \times 3}}{\frac{7 \times 6 \times 5}{1 \times 2 \times 3}} = \frac{2}{7}, \quad P(X=1) = \frac{C_5^2 C_2^1}{C_7^3} = \frac{\frac{5 \times 4}{1 \times 2} \times 2}{\frac{7 \times 6 \times 5}{1 \times 2 \times 3}} = \frac{4}{7}$$

$$P(X=2) = \frac{C_5^1 C_2^2}{C_7^3} = \frac{5}{\frac{7 \times 6 \times 5}{1 \times 2 \times 3}} = \frac{1}{7} \text{ 或 } P(X=2) = 1 - \frac{2}{7} - \frac{4}{7} = \frac{1}{7}$$

$$E(X) = 0 \times P(X=0) + 1 \times P(X=1) + 2 \times P(X=2) = \frac{6}{7}$$

$$\Big[\text{求} E(X) \text{时，可以不求} P(X=0) \Big]$$

答案：D

24. 解 $X_1, X_2, \cdots, X_n$ 与总体 X 同分布

$$E(\hat{\sigma}^2) = E\left(\frac{1}{n} \sum_{i=1}^{n} X_i^2\right) = \frac{1}{n} \sum_{i=1}^{n} E(X_i^2) = \frac{1}{n} \sum_{i=1}^{n} E(X^2) = E(X^2)$$

$$= D(X) + [E(X)]^2 = \sigma^2 + 0^2 = \sigma^2$$

答案：B

25. 解 $\bar{v} = \sqrt{\frac{8RT}{\pi M}}$，$\bar{v}_{O_2} = \sqrt{\frac{8RT}{\pi M}} = \sqrt{\frac{8RT}{\pi \cdot 32}}$

氧气的热力学温度提高一倍，氧分子全部离解为氧原子，$T_O = 2T_{O_2}$

$$\bar{v}_O = \sqrt{\frac{8RT_O}{\pi M_0}} = \sqrt{\frac{8R \cdot 2T}{\pi \cdot 16}}, \quad \text{则} \quad \frac{\bar{v}_O}{\bar{v}_{O_2}} = \frac{\sqrt{\frac{8R \cdot 2T}{\pi \cdot 16}}}{\sqrt{\frac{8RT}{\pi \cdot 32}}} = 2$$

答案：B

26. 解 气体分子的平均碰撞频率$Z_0 = \sqrt{2}n\pi d^2\bar{v} = \sqrt{2}n\pi d^2\sqrt{\dfrac{8RT}{\pi M}}$

平均自由程为$\bar{\lambda}_0 = \dfrac{\bar{v}}{\bar{Z}_0} = \dfrac{1}{\sqrt{2}n\pi d^2}$

$$T' = \frac{1}{4}T, \quad \bar{\lambda} = \bar{\lambda}_0, \quad \bar{Z} = \frac{1}{2}\bar{Z}_0$$

答案： B

27. 解 气体从同一状态出发做相同体积的等温膨胀或绝热膨胀，如解图所示。

绝热线比等温线陡，故$p_1 > p_2$。

答案： B

28. 解 卡诺正循环由两个准静态等温过程和两个准静态绝热过程组成，如解图所示。

由热力学第一定律：$Q = \Delta E + W$，绝热过程$Q = 0$，两个绝热过程高低温热源温度相同，温差相等，内能差相同。一个绝热过程为绝热膨胀，另一个绝热过程为绝热压缩，$W_2 = -W_1$，一个内能增大，一个内能减小，$\Delta E_2 = -\Delta E_1$。

答案： C

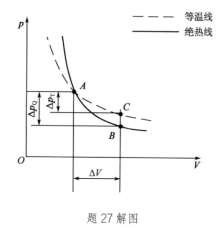

题 27 解图

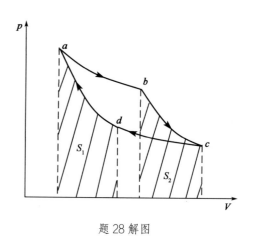

题 28 解图

29. 解 单位体积的介质中波所具有的能量称为能量密度。

$$w = \frac{\Delta W}{\Delta V} = \rho\omega^2 A^2 \sin^2\left[\omega\left(t - \frac{x}{u}\right)\right]$$

答案： C

30. 解 在中垂线上各点：波程差为零，初相差为π

$$\Delta\varphi = \alpha_2 - \alpha_1 - \frac{2\pi(r_2 - r_1)}{\lambda} = \pi$$

符合干涉减弱条件，故振幅为$A = A_2 - A_1 = 0$

答案： B

31. 解 简谐波在弹性媒质中传播时媒质质元的能量不守恒，任一质元$W_p = W_k$，平衡位置时动能及势能均为最大，最大位移处动能及势能均为零。

将 $x = 2.5\text{m}$，$t = 0.25\text{s}$ 代入波动方程：

$$y = 2 \times 10^{-2} \cos 2\pi \left(10 \times 0.25 - \frac{2.5}{5}\right) = 0.02\text{m}$$

为波峰位置，动能及势能均为零。

答案：D

32. 解　当自然光以布儒斯特角 i_0 入射时，$i_0 + \gamma = \frac{\pi}{2}$，故光的折射角为 $\frac{\pi}{2} - i_0$。

答案：D

33. 解　此题考查的知识点为马吕斯定律。光强为 I_0 的自然光通过第一个偏振片光强为入射光强的一半，通过第二个偏振片光强为 $I = \frac{I_0}{2} \cos^2 \frac{\pi}{4} = \frac{I_0}{4}$。

答案：B

34. 解　单缝夫琅禾费衍射中央明条纹的宽度 $l_0 = 2x_1 = \frac{2\lambda}{a} f$，半宽度 $\frac{f\lambda}{a}$。

答案：A

35. 解　人眼睛的最小分辨角：

$$\theta = 1.22 \frac{\lambda}{D} = \frac{1.22 \times 550 \times 10^{-6}}{3} = 2.24 \times 10^{-4}\text{rad}$$

答案：C

36. 解　光栅衍射是单缝衍射和多缝干涉的和效果，当多缝干涉明纹与单缝衍射暗纹方向相同时，将出现缺级现象。

单缝衍射暗纹条件：$a\sin\varphi = k\lambda$

光栅衍射明纹条件：$(a+b)\sin\varphi = k'\lambda$

$$\frac{a\sin\varphi}{(a+b)\sin\varphi} = \frac{k\lambda}{k'\lambda} = \frac{1}{2}, \frac{2}{4}, \frac{3}{6}, \cdots$$

$$2a = a + b, a = b$$

答案：C

37. 解　多电子原子中原子轨道的能级取决于主量子数 n 和角量子数 l：主量子数 n 相同时，l 越大，能量越高；角量子数 l 相同时，n 越大，能量越高。n 决定原子轨道所处的电子层数，l 决定原子轨道所处亚层（$l = 0$ 为 s 亚层，$l = 1$ 为 p 亚层，$l = 2$ 为 d 亚层，$l = 3$ 为 f 亚层）。同一电子层中的原子轨道 n 相同，l 越大，能量越高。

答案：D

38. 解　分子间力包括色散力、诱导力、取向力。极性分子与极性分子之间的分子间力有色散力、诱导力、取向力；极性分子与非极性分子之间的分子间力有色散力、诱导力；非极性分子与非极性分子之间的分子间力只有色散力。CO 为极性分子，N_2 为非极性分子，所以，CO 与 N_2 间的分子间力有色散力、诱导力。

答案：D

39. 解 $NH_3 \cdot H_2O$为一元弱碱

$$C_{OH^-} = \sqrt{K_b \cdot C} = \sqrt{1.8 \times 10^{-5} \times 0.1} \approx 1.34 \times 10^{-3} \text{mol/L}$$

$$C_{H^+} = 10^{-14}/C_{OH^-} \approx 7.46 \times 10^{-12}, \quad pH = -\lg C_{H^+} \approx 11.13$$

答案：B

40. 解 它们都属于平衡常数，平衡常数是温度的函数，与温度有关，与分压、浓度、催化剂都没有关系。

答案：B

41. 解 四个电对的电极反应分别为：

$$Zn^{2+} + 2e = Zn; \quad Br_2 + 2e^- = 2Br^-$$

$$AgI + e = Ag + I^-$$

$$MnO_4^- + 8H^+ + 5e = Mn^{2+} + 4H_2O$$

只有MnO_4^-/Mn^{2+}电对的电极反应与H^+的浓度有关。

根据电极电势的能斯特方程式，MnO_4^-/Mn^{2+}电对的电极电势与H^+的浓度有关。

答案：D

42. 解 如果阳极为惰性电极，阳极放电顺序：

①溶液中简单负离子如I^-、Br^-、Cl^-将优先OH^-离子在阳极上失去电子析出单质；

②若溶液中只有含氧根离子（如SO_4^{2-}、NO_3^-），则溶液中OH^-在阳极放电析出O_2。

答案：B

43. 解 由公式$\Delta G = \Delta H - T\Delta S$可知，当$\Delta H < 0$和$\Delta S > 0$时，$\Delta G$在任何温度下都小于零，都能自发进行。

答案：A

44. 解 系统命名法：

（1）链烃及其衍生物的命名

①选择主链：选择最长碳链或含有官能团的最长碳链为主链；

②主链编号：从距取代基或官能团最近的一端开始对碳原子进行编号；

③写出全称：将取代基的位置编号、数目和名称写在前面，将母体化合物的名称写在后面。

（2）其衍生物的命名

①选择母体：选择苯环上所连官能团或带官能团最长的碳链为母体，把苯环视为取代基；

②编号：将母体中碳原子依次编号，使官能团或取代基位次具有最小值。

答案：C

45.解 甲醇可以和两个酸发生酯化反应；氢氧化钠可以和两个酸发生酸碱反应；金属钾可以和两个酸反应生成苯氨酸钾和山梨酸钾；溴水只能和山梨酸发生加成反应。

答案：B

46.解 塑料一般分为热塑性塑料和热固性塑料。前者为线性结构的高分子化合物，这类化合物能溶于适当的有机溶剂，受热时会软化、熔融，加工成各种形状，冷后固化，可以反复加热成型；后者为体型结构的高分子化合物，具有热固性，一旦成型后不溶于溶剂，加热也不再软化、熔融，只能一次加热成型。

答案：C

47.解 首先分析杆DE，E处为活动铰链支座，约束力垂直于支撑面，如解图 a）所示，杆DE的铰链D处的约束力可按三力汇交原理确定；其次分析铰链D，D处铰接了杆DE、直角弯杆BCD和连杆，连杆的约束力F_D沿杆为铅垂方向，杆DE作用在铰链D上的力为$F'_{D右}$，按照铰链D的平衡，其受力图如解图 b）所示；最后分析直杆AC和直角弯杆BCD，直杆AC为二力杆，A处约束力沿杆方向，根据力偶的平衡，由F_A与$F'_{D左}$组成的逆时针转向力偶与顺时针转向的主动力偶M组成平衡力系，故 A 处约束力的指向如解图 c）所示。

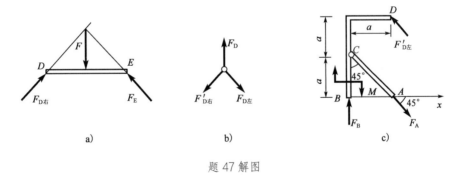

a)   b)   c)

题 47 解图

答案：D

48.解 将主动力系对B点取矩求代数和：

$$M_B = M - qa^2/2 = 20 - 10 \times 2^2/2 = 0$$

答案：A

49.解 均布力组成了力偶矩为qa^2的逆时针转向力偶。A、B处的约束力应沿铅垂方向组成顺时针转向的力偶。

答案：C   （此题 2010 年考过）

50. 解 如解图所示，若物块平衡，则沿斜面方向有：

$$F_f = F\cos\alpha - W\sin\alpha = 0.2F$$

而最大静摩擦力 $F_{fmax} = f \cdot F_N = f(F\sin\alpha + W\cos\alpha) = 0.28F$

因 $F_{fmax} > F_f$，所以物块静止。

题 50 解图

答案：A

51. 解 将 x 对时间 t 求一阶导数为速度，即：$v = 9t^2 + 1$；再对时间 t 求一阶导数为加速度，即 $a = 18t$，将 $t = 4s$ 代入，可得：$x = 198m$，$v = 145m/s$，$a = 72m/s^2$。

答案：B

52. 解 根据定义，切向加速度为弧坐标 s 对时间的二阶导数，即 $a_\tau = 6m/s^2$。

答案：D

53. 解 根据定轴转动刚体上一点加速度与转动角速度、角加速度的关系：$a_n = \omega^2 l$，$a_\tau = \alpha l$，而题中 $a_n = a\cos\alpha = \omega^2 l$，所以 $\omega = \sqrt{\dfrac{a\cos\alpha}{l}}$，$a_\tau = a\sin\alpha = \alpha l$，所以 $\alpha = \dfrac{a\sin\alpha}{l}$。

答案：B （此题 2009 年考过）

54. 解 按照牛顿第二定律，在铅垂方向有 $ma = F_R - mg = Kv^2 - mg$，当 $a = 0$（速度 v 的导数为零）时有速度最大，为 $v = \sqrt{\dfrac{mg}{K}}$。

答案：A

55. 解 根据弹簧力的功公式：

$$W_{12} = \frac{k}{2}(0.06^2 - 0.04^2) = 1.96J$$
$$W_{32} = \frac{k}{2}(0.02^2 - 0.04^2) = -1.176J$$

答案：C

56. 解 系统在转动中对转动轴 z 的动量矩守恒，即：$I\omega = (I + mR^2)\omega_t$（设 ω_t 为小球达到 B 点时圆环的角速度），则 $\omega_t = \dfrac{I\omega}{I + mR^2}$。

答案：B

57. 解 根据定轴转动刚体惯性力系的简化结果：惯性力主矢和主矩的大小分别为 $F_I = ma_C = 0$，$M_{IO} = J_O\alpha = \frac{1}{2}mr^2\varepsilon$。

答案：C （此题 2010 年考过）

58. 解 由公式 $\omega_n^2 = k/m$，$k = m\omega_n^2 = 5 \times 30^2 = 4500N/m$。

答案：B

59. 解 首先考虑整体平衡，可求出左端支座反力是水平向右的力，大小等于 20kN，分三段求出各段的轴力，画出轴力图如解图所示。

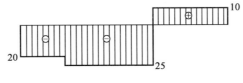

题 59 解图　轴力图

可以看到最大拉伸轴力是 10kN。

答案：A

60.解　由铆钉的剪切强度条件：$\tau = \dfrac{F_s}{A_s} = \dfrac{F}{\frac{\pi}{4}d^2} = [\tau]$

可得：

$$\dfrac{4F}{\pi d^2} = [\tau]$$　　　　　　①

由铆钉的挤压强度条件：$\sigma_{bs} = \dfrac{F_{bs}}{A_{bs}} = \dfrac{F}{dt} = [\sigma_{bs}]$

可得：

$$\dfrac{F}{dt} = [\sigma_{bs}]$$　　　　　　②

d 与 t 的合理关系应使两式同时成立，②式除以①式，得到 $\dfrac{\pi d}{4t} = \dfrac{[\sigma_{bs}]}{[\tau]}$，即 $d = \dfrac{4t[\sigma_{bs}]}{\pi[\tau]}$。

答案：B

61.解　设原直径为 d 时，最大切应力为 τ，最大切应力减小后为 τ_1，直径为 d_1。

则有

$$\tau = \dfrac{T}{\frac{\pi}{16}d^3}, \quad \tau_1 = \dfrac{T}{\frac{\pi}{16}d_1^3}$$

因 $\tau_1 = \dfrac{\tau}{2}$，则 $\dfrac{T}{\frac{\pi}{16}d_1^3} = \dfrac{1}{2} \cdot \dfrac{T}{\frac{\pi}{16}d^3}$，即 $d_1^3 = 2d^3$，所以 $d_1 = \sqrt[3]{2}d$。

答案：D

62.解　根据外力偶矩（扭矩 T）与功率（P）和转速（n）的关系：

$$T = M_e = 9550\dfrac{P}{n}$$

可见，在功率相同的情况下，转速慢（n 小）的轴扭矩 T 大。

答案：B

63.解　图（a）与图（b）面积相同，面积分布的位置到 z 轴的距离也相同，故惯性矩 $I_{z(a)} = I_{z(b)}$，而图（c）虽然面积与（a）、（b）相同，但是其面积分布的位置到 z 轴的距离小，所以惯性矩 $I_{z(c)}$ 也小。

答案：D

64.解　由于 C 端的弯矩就等于外力偶矩，所以 $m = 10\text{kN} \cdot \text{m}$，又因为 BC 段弯矩图是水平线，属于纯弯曲，剪力为零，所以 C 点支反力为零。

由梁的整体受力图可知 $F_A = F$，所以 B 点的弯矩 $M_B = F_A \times 2 = 10\text{kN} \cdot \text{m}$，即 $F_A = 5\text{kN}$。

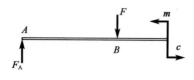

题 64 解图

答案： B

65. 解 图示单元体的最大主应力 σ_1 的方向，可以看作是 σ_x 的方向（沿 x 轴）和纯剪切单元体的最大拉应力的主方向（在第一象限沿 45°向上），叠加后的合应力的指向。

答案： A （此题 2011 年考过）

66. 解 AB 段是轴向受压，$\sigma_{AB} = \frac{F}{ab}$；$BC$ 段是偏心受压，$\sigma_{BC} = \frac{F}{2ab} + \frac{F \cdot \frac{a}{2}}{\frac{b}{6}(2a)^2} = \frac{5F}{4ab}$。

答案： B （此题 2011 年考过）

67. 解 从剪力图看梁跨中有一个向下的突变，对应于一个向下的集中力，其值等于突变值 100kN；从弯矩图看梁的跨中有一个突变值 50kN·m，对应于一个外力偶矩 50kN·m，所以只能选 C 图。

答案： C

68. 解 梁两端的支座反力为 $\frac{F}{2} = 50$kN，梁中点最大弯矩 $M_{\max} = 50 \times 2 = 100$kN·m

最大弯曲正应力：

$$\sigma_{\max} = \frac{M_{\max}}{W_z} = \frac{M_{\max}}{\frac{bh^2}{6}} = \frac{100 \times 10^6 \text{N} \cdot \text{mm}}{\frac{1}{6} \times 100 \times 200^2 \text{mm}^3} = 150\text{MPa}$$

答案： B

69. 解 本题是一个偏心拉伸问题，由于水平力 F 对两个形心主轴 y、z 都有偏心距，所以可以把 F 力平移到形心轴 x 以后，将产生两个平面内的双向弯曲和 x 轴方向的轴向拉伸的组合变形。

答案： B

70. 解 从常用的四种杆端约束的长度系数 μ 的值可看出，杆端约束越强，μ 值越小，而杆端约束越弱，则 μ 值越大。本题图中所示压杆的杆端约束比两端铰支压杆（$\mu = 1$）强，又比一端铰支、一端固定压杆（$\mu = 0.7$）弱，故 $0.7 < \mu < 1$。

答案： A

71. 解 静水压力基本方程为 $p = p_0 + \rho g h$，将题设条件代入可得：

绝对压强 $p = 101.325\text{kPa} + 9.8\text{kPa/m} \times 1\text{m} = 111.125\text{kPa} \approx 0.111\text{MPa}$

答案： A

72. 解 流速 $v_2 = v_1 \times \left(\frac{d_1}{d_2}\right)^2 = 9.55 \times \left(\frac{0.2}{0.3}\right)^2 = 4.24\text{m/s}$

流量 $Q = v_1 \times \frac{\pi}{4} d_1^2 = 9.55 \times \frac{\pi}{4} 0.2^2 = 0.3\text{m}^3/\text{s}$

答案： A

73. 解 管中雷诺数 $\text{Re} = \frac{v \cdot d}{\nu} = \frac{2 \times 900}{0.0114} = 157894.74 \gg \text{Re}_k$，为紊流

欲使流态转变为层流时的流速 $v_k = \frac{\text{Re}_k \cdot \nu}{d} = \frac{2000 \times 0.0114}{2} = 11.4 \text{cm/s}$

答案： D

74. 解 边界层分离增加了潜体运动的压差阻力。

答案： C

75. 解 对水箱自由液面与管道出口写能量方程：

$$H + \frac{p}{\rho g} = \frac{v^2}{2g} + h_f = \frac{v^2}{2g}\left(1 + \lambda \frac{L}{d}\right)$$

代入题设数据并化简：

$$2 + \frac{19600}{9800} = \frac{v^2}{2g}\left(1 + 0.02 \times \frac{100}{0.2}\right)$$

计算得流速 $v = 2.67 \text{m/s}$

流量 $Q = v \times \frac{\pi}{4}d^2 = 2.67 \times \frac{\pi}{4}0.2^2 = 0.08384 \text{m}^3/\text{s} = 83.84 \text{L/s}$

答案： A

76. 解 由明渠均匀流谢才-曼宁公式 $Q = \frac{1}{n}R^{\frac{2}{3}}i^{\frac{1}{2}}A$ 可知：在题设条件下面积 A，粗糙系数 n，底坡 i 均相同，则流量 Q 的大小取决于水力半径 R 的大小。对于方形断面，其水力半径 $R_1 = \frac{a^2}{3a} = \frac{a}{3}$，对于矩形断面，其水力半径为 $R_2 = \frac{2a \times 0.5a}{2a + 2 \times 0.5a} = \frac{a^2}{3a} = \frac{a}{3}$，即 $R_1 = R_2$。故 $Q_1 = Q_2$。

答案： B

77. 解 将题设条件代入达西定律 $v = kJ$

则有渗流速度 $v = 0.012 \text{cm/s} \times \frac{1.5 - 0.3}{2.4} = 0.006 \text{cm/s}$

答案： B

78. 解 雷诺数的物理意义为：惯性力与黏性力之比。

答案： B

79. 解 点电荷 q_1、q_2 电场作用的方向分布为：始于正电荷 (q_1)，终止于负电荷 (q_2)。

答案： B

80. 解 电路中，如果元件中电压电流取关联方向，即电压电流的正方向一致，则它们的电压电流关系如下：

电压，$u_L = L\frac{di_L}{dt}$；电容，$i_C = C\frac{du_C}{dt}$；电阻，$u_R = Ri_R$。

答案： C

81. 解 本题考查对电流源的理解和对基本 KCL、KVL 方程的应用。

需注意，电流源的端电压由外电路决定。

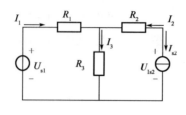

题 81 解图

如解图所示，当电流源的端电压U_{Is2}与I_{s2}取一致方向时：

$$U_{Is2} = I_2 R_2 + I_3 R_3 \neq 0$$

其他方程正确。

答案：B

82. 解　本题注意正弦交流电的三个特征（大小、相位、速度）和描述方法，图中电压$\dot{U}$为有效值相量。

由相量图可分析，电压最大值为$10\sqrt{2}$V，初相位为$-30°$，角频率用ω表示，时间函数的正确描述为：

$$u(t) = 10\sqrt{2}\sin(\omega t - 30°)\text{ V}$$

答案：A

83. 解　用相量法。

$$\dot{I} = \frac{\dot{U}}{20 + (j20 /\!/ -j10)} = \frac{100 \underline{/0°}}{20 - j20} = \frac{5}{\sqrt{2}} \underline{/45°} = 3.5 \underline{/45°}\text{ A}$$

答案：B

84. 解　电路中 R-L 串联支路为电感性质，右支路电容为功率因数补偿所设。

如解图所示，当电容量适当增加时电路功率因数提高。当$\varphi = 0$，$\cos\varphi = 1$时，总电流I达到最小值。如果I_C继续增加出现过补偿（即电流$\dot{I}$超前于电压$\dot{U}$时），会使电路的功率因数降低。

当电容参数C改变时，感性电路的功率因数$\cos\varphi_L$不变。通常，进行功率因数补偿时不出现$\varphi < 0$情况。仅有总电流I减小时电路的功率因素（$\cos\varphi$）变大。

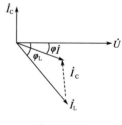

题 84 解图

答案：B

85. 解　理想变压器副边空载时，可以认为原边电流为零，则$U = U_1$。根据电压变比关系可知：$\dfrac{U}{U_2} = 2$。

答案：B

86. 解　三相交流异步电动机正常运行采用三角形接法时，为了降低启动电流可以采用星形启动，即Y-△启动。但随之带来的是启动转矩也是△接法的1/3。

答案：C

87. 解　本题信号波形在时间轴上连续，数值取值为+5、0、−5，是离散的。"二进制代码信号""二值逻辑信号"均不符合题义。只能认为是连续的时间信号。

答案：D

88. 解　将图形用数学函数描述为：

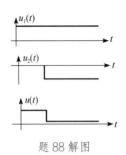

题 88 解图

$$u(t) = 10 \cdot 1(t) - 10 \cdot 1(t-1) = u_1(t) + u_2(t)$$

这是两个阶跃信号的叠加，如解图所示。

答案：A

89. 解　低通滤波器可以使低频信号畅通，而高频的干扰信号淹没。

答案：B

90. 解　此题可以利用反演定理处理如下：

$$\overline{\overline{AB} + \overline{BC}} = \overline{A} + \overline{B} + \overline{B} + \overline{C} = \overline{A} + \overline{B} + \overline{C}$$

答案：A

91. 解　$F = A\overline{B} + \overline{A}B$ 为异或关系。

由输入量 A、B 和输出的波形分析可见：$\begin{cases} \text{当输入 A 与 B 相异时，输出 F 为 1。} \\ \text{当输入 A 与 B 相同时，输出 F 为 0。} \end{cases}$

答案：A

92. 解　BCD 码是用二进制表示的十进制数，当用四位二进制数表示十进制的 10 时，可以写为"0001 0000"。

答案：A

93. 解　本题采用全波整流电路，结合二极管连接方式分析。在输出信号 u_o 中保留 u_i 信号小于 0 的部分。

则输出直流电压 U_o 与输入交流有效值 U_i 的关系为：

$$U_o = -0.9 U_i$$

本题 $U_i = \dfrac{10}{\sqrt{2}}$V，代入上式得 $U_o = -0.9 \times \dfrac{10}{\sqrt{2}} = -6.36$V。

答案：D

94. 解　将电路"A"端接入−2.5V的信号电压，"B"端接地，则构成如解图 a）所示的反相比例运算电路。输出电压与输入的信号电压关系为：

$$u_o = -\frac{R_2}{R_1} u_i$$

可知：

$$\frac{R_2}{R_1} = -\frac{u_o}{u_i} = 4$$

当"A"端接地，"B"端接信号电压，就构成解图 b）的同相比例电路，则输出 u_o 与输入电压 u_i 的关系为：

$$u_o = \left(1 + \frac{R_2}{R_1}\right) u_i = -12.5V$$

考虑到运算放大器输出电压在 $-11 \sim 11V$ 之间，可以确定放大器已经工作在负饱和状态，输出电压为负的极限值 $-11V$。

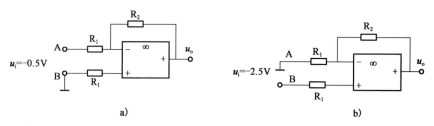

题 94 解图

答案：C

95. 解 左侧电路为与门：$F_1 = A \cdot 0 = 0$，右侧电路为或非门：$F_2 = \overline{B + 0} = \overline{B}$。

答案：A

96. 解 本题为 J-K 触发器（脉冲下降沿触发）和与门构成的时序逻辑电路。其中 J 触发信号为 $J = Q \cdot A$。（注：为波形分析方便，作者补充了 J 端的辅助波形，图中阴影表示该信号未知。）

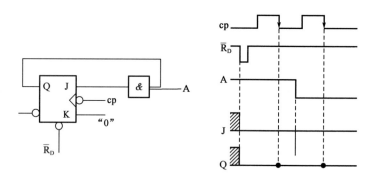

题 96 解图

答案：A

97. 解 计算机发展的人性化的一个重要方面是"使用傻瓜化"。计算机要成为大众的工具，首先必须做到"使用傻瓜化"。要让计算机能听懂、能说话、能识字、能写文、能看图像、能现实场景等。

答案：B

98.解 计算机内的存储器是由一个个存储单元组成的,每一个存储单元的容量为8位二进制信息,称一个字节。

答案: B

99.解 操作系统是一个庞大的管理控制程序。通常,它是由进程与处理器调度、作业管理、存储管理、设备管理、文件管理五大功能组成。它包括了选项A、B、C所述的功能,不是仅能实现管理和使用好各种软件资源。

答案: D

100.解 支撑软件是指支援其他软件的编写制作和维护的软件,主要包括环境数据库、各种接口软件和工具软件,是计算机系统内的一个组成部分。

答案: A

101.解 进程与处理器调度负责把CPU的运行时间合理地分配给各个程序,以使处理器的软硬件资源得以充分的利用。

答案: C

102.解 影响计算机图像质量的主要参数有分辨率、颜色深度、图像文件的尺寸和文件保存格式等。

答案: D

103.解 计算机操作系统中的设备管理的主要功能是负责分配、回收外部设备,并控制设备的运行,是人与外部设备之间的接口。

答案: C

104.解 数字签名机制提供了一种鉴别方法,以解决伪造、抵赖、冒充和篡改等安全问题。接收方能够鉴别发送方所宣称的身份,发送方事后不能否认他曾经发送过数据这一事实。数字签名技术是没有权限管理的。

答案: A

105.解 计算机网络是用通信线路和通信设备将分布在不同地点的具有独立功能的多个计算机系统互相连接起来,在功能完善的网络软件的支持下实现彼此之间的数据通信和资源共享的系统。

答案: D

106.解 局域网是指在一个较小地理范围内的各种计算机网络设备互连在一起的通信网络,可以包含一个或多个子网,通常其作用范围是一座楼房、一个学校或一个单位,地理范围一般不超过几公里。城域网的地理范围一般是一座城市。广域网实际上是一种可以跨越长距离,且可以将两个或多个局域网或主机连接在一起的网络。网际网实际上是多个不同的网络通过网络互联设备互联而成的大型网络。

答案：A

107. 解 首先计算年实际利率：$i = \left(1 + \frac{8\%}{4}\right)^4 - 1 = 8.243\%$

根据一次支付现值公式：

$$P = \frac{F}{(1+i)^n} = \frac{300}{(1+8.24\%)^3} = 236.55 \text{ 万元}$$

或季利率 $i = 8\%/4 = 2\%$，三年共 12 个季度，按一次支付现值公式计算：

$$P = \frac{F}{(1+i)^n} = \frac{300}{(1+2\%)^{12}} = 236.55 \text{ 万元}$$

答案：B

108. 解 建设项目评价中的总投资包括建设投资、建设期利息和流动资金之和。建设投资由工程费用（建筑工程费、设备购置费、安装工程费）、工程建设其他费用和预备费（基本预备费和涨价预备费）组成。

答案：C

109. 解 该公司借款偿还方式为等额本金法。

每年应偿还的本金：$2400/6 = 400$ 万元

前 3 年已经偿还本金：$400 \times 3 = 1200$ 万元

尚未还款本金：$2400 - 1200 = 1200$ 万元

第 4 年应还利息 $I_4 = 1200 \times 8\% = 96$ 万元，本息和 $A_4 = 400 + 96 = 496$ 万元

或按等额本金法公式计算：

$$A_t = \frac{I_c}{n} + I_c\left(1 - \frac{t-1}{n}\right)i = \frac{2400}{6} + 2400 \times \left(1 - \frac{4-1}{6}\right) \times 8\% = 496 \text{ 万元}$$

答案：C

110. 解 动态投资回收期 T^* 是指在给定的基准收益率（基准折现率）i_c 的条件下，用项目的净收益回收总投资所需要的时间。动态投资回收期的表达式为：

$$\sum_{t=0}^{T^*} (CI - CO)_t (1 + i_c)^{-t} = 0$$

式中，i_c 为基准收益率。

内部收益率 IRR 是使一个项目在整个计算期内各年净现金流量的现值累计为零时的利率，表达式为：

$$\sum_{t=0}^{n} (CI - CO)_t (1 + IRR)^{-t} = 0$$

式中，n 为项目计算期。如果项目的动态投资回收期 T 正好等于计算期 n，则该项目的内部收益率 IRR 等于基准收益率 i_c。

答案：D

111. 解 直接进口原材料的影子价格（到厂价）＝到岸价（CIF）×影子汇率＋进口费用

$$= 150 \times 6.5 + 240 = 1215 元人民币/t$$

答案：C

112. 解 对于寿命期相等的互斥项目,应依据增量内部收益率指标选优。如果增量内部收益率 ΔIRR 大于基准收益率i_c,应选择投资额大的方案；如果增量内部收益率 ΔIRR 小于基准收益率i_c,则应选择投资额小的方案。

答案：B

113. 解 改扩建项目财务分析要进行项目层次和企业层次两个层次的分析。项目层次应进行盈利能力分析、清偿能力分析和财务生存能力分析,应遵循"有无对比"的原则。

答案：D

114. 解 价值系数＝功能评价系数/成本系数,本题各方案价值系数：

甲方案：$0.85/0.92 = 0.924$

乙方案：$0.6/0.7 = 0.857$

丙方案：$0.94/0.88 = 1.068$

丁方案：$0.67/0.82 = 0.817$

其中,丙方案价值系数1.068,与1相差6.8%,说明功能与成本基本一致,为四个方案中的最优方案。

答案：C

115. 解 见《中华人民共和国建筑法》第二十四条,可知选项A、B、D正确,又第二十二条规定：发包单位应当将建筑工程发包给具有资质证书的承包单位。

答案：C

116. 解 《中华人民共和国安全生产法》第四十三条规定,生产经营单位进行爆破、吊装、动火、临时用电以及国务院应急管理部门会同国务院有关部门规定的其他危险作业,应当安排专门人员进行现场安全管理,确保操作规程的遵守和安全措施的落实。

答案：C

117. 解 其招标文件要包括拟签订的合同条款,而不是签订时间。

《中华人民共和国招标投标法》第十九条规定,招标人应当根据招标项目的特点和需要编制招标文件。招标文件应当包括招标项目的技术要求、对投标人资格审查的标准、投标报价要求和评标标准等所有实质性要求和条件以及拟签订合同的主要条款。

答案：C

118. 解　《中华人民共和国民法典》第四百八十七条规定，受要约人在承诺期限内发出承诺，按照通常情形能够及时到达要约人，但是因其他原因致使承诺到达要约人时超过承诺期限的，除要约人及时通知受要约人因承诺超过期限不接受该承诺外，该承诺有效。

按此条规定，选项 D 是可以的。

答案：D

119. 解　应由环保部门验收，不是建设行政主管部门验收，见《中华人民共和国环境保护法》。

《中华人民共和国环境保护法》第十条规定，国务院环境保护主管部门，对全国环境保护工作实施统一监督管理；县级以上地方人民政府环境保护主管部门，对本行政区域环境保护工作实施统一监督管理。

县级以上人民政府有关部门和军队环境保护部门，依照有关法律的规定对资源保护和污染防治等环境保护工作实施监督管理。

第四十一条规定，建设项目中防治污染的设施，应当与主体工程同时设计、同时施工、同时投产使用。防治污染的设施应当符合经批准的环境影响评价文件的要求，不得擅自拆除或者闲置。

（旧版《中华人民共和国环境保护法》第二十六条规定，建设项目中防治污染的措施，必须与主体工程同时设计、同时施工、同时投产使用。防治污染的设施必须经原审批环境影响报告书的环境保护行政主管部门验收合格后，该建设项目方可投入生产或者使用。）

答案：D

120. 解　《中华人民共和国建筑法》第三十二条规定，建筑工程监理应当依照法律、行政法规及有关的技术标准、设计文件和建筑工程承包合同，对承包单位在施工质量、建设工期和建设资金使用等方面，代表建设单位实施监督。

答案：D

2017 年度全国勘察设计注册工程师

执业资格考试试卷

基础考试
（上）

二〇一七年九月

应考人员注意事项

1. 本试卷科目代码为"1"，考生务必将此代码填涂在答题卡"科目代码"相应的栏目内，否则，无法评分。

2. 书写用笔：**黑色或蓝色钢笔、签字笔或圆珠笔；**

   填涂答题卡用笔：**黑色 2B 铅笔。**

3. 必须用书写用笔将工作单位、姓名、准考证号填写在答题卡和试卷相应的栏目内。

4. 本试卷由 120 题组成，每题 1 分，满分 120 分，本试卷全部为单项选择题，每小题的四个备选项中只有一个正确答案，错选、多选、不选均不得分。

5. 考生作答时，必须按**题号在答题卡上**将相应试题所选选项对应的**字母用 2B 铅笔涂黑。**

6. 在答题卡上书写与题意无关的语言，或在答题卡上作标记的，均按违纪试卷处理。

7. 考试结束时，由监考人员当面将试卷、答题卡一并收回。

8. 草稿纸由各地统一配发，考后收回。

单项选择题（共120题，每题1分。每题的备选项中只有一个最符合题意。）

1. 要使得函数 $f(x) = \begin{cases} \frac{x\ln x}{1-x}, & x > 0 \\ a, & x = 1 \end{cases}$ 在 $(0, +\infty)$ 上连续，则常数 a 等于：

   A. 0
   B. 1
   C. -1
   D. 2

2. 函数 $y = \sin\frac{1}{x}$ 是定义域内的：

   A. 有界函数
   B. 无界函数
   C. 单调函数
   D. 周期函数

3. 设 $\boldsymbol{\alpha}$、$\boldsymbol{\beta}$ 均为非零向量，则下面结论正确的是：

   A. $\boldsymbol{\alpha} \times \boldsymbol{\beta} = \boldsymbol{0}$ 是 $\boldsymbol{\alpha}$ 与 $\boldsymbol{\beta}$ 垂直的充要条件
   B. $\boldsymbol{\alpha} \cdot \boldsymbol{\beta} = \boldsymbol{0}$ 是 $\boldsymbol{\alpha}$ 与 $\boldsymbol{\beta}$ 平行的充要条件
   C. $\boldsymbol{\alpha} \times \boldsymbol{\beta} = \boldsymbol{0}$ 是 $\boldsymbol{\alpha}$ 与 $\boldsymbol{\beta}$ 平行的充要条件
   D. 若 $\boldsymbol{\alpha} = \lambda\boldsymbol{\beta}$（$\lambda$ 是常数），则 $\boldsymbol{\alpha} \cdot \boldsymbol{\beta} = \boldsymbol{0}$

4. 微分方程 $y' - y = 0$ 满足 $y(0) = 2$ 的特解是：

   A. $y = 2e^{-x}$
   B. $y = 2e^x$
   C. $y = e^x + 1$
   D. $y = e^{-x} + 1$

5. 设函数 $f(x) = \int_x^2 \sqrt{5 + t^2}\,\mathrm{d}t$，$f'(1)$ 等于：

   A. $2 - \sqrt{6}$
   B. $2 + \sqrt{6}$
   C. $\sqrt{6}$
   D. $-\sqrt{6}$

6. 若 $y = g(x)$ 由方程 $e^y + xy = e$ 确定，则 $y'(0)$ 等于：

   A. $-\frac{y}{e^y}$
   B. $-\frac{y}{x+e^y}$
   C. 0
   D. $-\frac{1}{e}$

7. $\int f(x)\mathrm{d}x = \ln x + C$，则 $\int \cos x f(\cos x)\mathrm{d}x$ 等于：

   A. $\cos x + C$
   B. $x + C$
   C. $\sin x + C$
   D. $\ln\cos x + C$

8. 函数$f(x,y)$在点$P_0(x_0,y_0)$处有一阶偏导数是函数在该点连续的:

A. 必要条件   B. 充分条件

C. 充分必要条件   D. 既非充分又非必要

9. 过点$(-1,-2,3)$且平行于z轴的直线的对称方程是:

A. $\begin{cases} x = 1 \\ y = -2 \\ z = -3t \end{cases}$

B. $\dfrac{x-1}{0} = \dfrac{y+2}{0} = \dfrac{z-3}{1}$

C. $z = 3$

D. $\dfrac{x+1}{0} = \dfrac{y+2}{0} = \dfrac{z-3}{1}$

10. 定积分$\int_1^2 \dfrac{1-\frac{1}{x}}{x^2}\mathrm{d}x$等于:

A. 0   B. $-\dfrac{1}{8}$

C. $\dfrac{1}{8}$ D. 2

11. 函数$f(x) = \sin\left(x + \dfrac{\pi}{2} + \pi\right)$在区间$[-\pi,\pi]$上的最小值点$x_0$等于:

A. $-\pi$ B. 0

C. $\dfrac{\pi}{2}$ D. π

12. 设L是椭圆$\begin{cases} x = a\cos\theta \\ y = b\sin\theta \end{cases}$ $(a > 0,\ b > 0)$的上半椭圆周,沿顺时针方向,则曲线积分$\int_L y^2 \mathrm{d}x$等于:

A. $\dfrac{5}{3}ab^2$ B. $\dfrac{4}{3}ab^2$

C. $\dfrac{2}{3}ab^2$ D. $\dfrac{1}{3}ab^2$

13. 级数$\sum\limits_{n=1}^{\infty} \dfrac{(-1)^n}{a_n}$ $(a_n > 0)$满足下列什么条件时收敛:

A. $\lim\limits_{n\to\infty} a_n = \infty$ B. $\lim\limits_{n\to\infty} \dfrac{1}{a_n} = 0$

C. $\sum\limits_{n=1}^{\infty} a_n$发散   D. a_n单调递增且$\lim\limits_{n\to\infty} a_n = +\infty$

14. 曲线$f(x) = xe^{-x}$的拐点是：

A. $(2, 2e^{-2})$

B. $(-2, -2e^{2})$

C. $(-1, e)$

D. $(1, e^{-1})$

15. 微分方程$y'' + y' + y = e^{x}$的特解是：

A. $y = e^{x}$

B. $y = \frac{1}{2}e^{x}$

C. $y = \frac{1}{3}e^{x}$

D. $y = \frac{1}{4}e^{x}$

16. 若圆域D：$x^2 + y^2 \leqslant 1$，则二重积分$\iint\limits_{D} \frac{\mathrm{d}x\mathrm{d}y}{1+x^2+y^2}$等于：

A. $\frac{\pi}{2}$

B. π

C. $2\pi \ln 2$

D. $\pi \ln 2$

17. 幂级数$\sum\limits_{n=1}^{\infty} \frac{x^n}{n!}$的和函数$S(x)$等于：

A. e^{x}

B. $e^{x} + 1$

C. $e^{x} - 1$

D. $\cos x$

18. 设$z = y\varphi\left(\frac{x}{y}\right)$，其中$\varphi(u)$具有二阶连续导数，则$\frac{\partial^2 z}{\partial x \partial y}$等于：

A. $\frac{1}{y}\varphi''\left(\frac{x}{y}\right)$

B. $-\frac{x}{y^2}\varphi''\left(\frac{x}{y}\right)$

C. 1

D. $\varphi''\left(\frac{x}{y}\right) - \frac{x}{y}\varphi'\left(\frac{x}{y}\right)$

19. 矩阵$\boldsymbol{A} = \begin{bmatrix} 0 & 0 & -2 \\ 0 & 3 & 0 \\ 1 & 0 & 0 \end{bmatrix}$的逆矩阵是$\boldsymbol{A}^{-1}$是：

A. $\begin{bmatrix} -\frac{1}{2} & 0 & 0 \\ 0 & \frac{1}{3} & 0 \\ 0 & 0 & 1 \end{bmatrix}$

B. $\begin{bmatrix} 0 & 0 & -\frac{1}{2} \\ 0 & \frac{1}{3} & 0 \\ 1 & 0 & 0 \end{bmatrix}$

C. $\begin{bmatrix} 0 & 0 & 1 \\ 0 & \frac{1}{3} & 0 \\ -\frac{1}{2} & 0 & 0 \end{bmatrix}$

D. $\begin{bmatrix} 0 & 0 & 6 \\ 0 & 2 & 0 \\ 3 & 0 & 0 \end{bmatrix}$

20. 设A为$m \times n$矩阵，则齐次线性方程组$Ax = 0$有非零解的充分必要条件是：

A. 矩阵A的任意两个列向量线性相关

B. 矩阵A的任意两个列向量线性无关

C. 矩阵A的任一列向量是其余列向量的线性组合

D. 矩阵A必有一个列向量是其余列向量的线性组合

21. 设$\lambda_1 = 6$，$\lambda_2 = \lambda_3 = 3$为三阶实对称矩阵$A$的特征值，属于$\lambda_2 = \lambda_3 = 3$的特征向量为$\xi_2 = (-1,0,1)^T$，$\xi_3 = (1,2,1)^T$，则属于$\lambda_1 = 6$的特征向量是：

A. $(1,-1,1)^T$　　　　　　　　　　B. $(1,1,1)^T$

C. $(0,2,2)^T$　　　　　　　　　　D. $(2,2,0)^T$

22. 有A、B、C三个事件，下列选项中与事件A互斥的事件是：

A. $\overline{B \cup C}$　　　　　　　　　　B. $\overline{A \cup B \cup C}$

C. $\overline{AB} + A\overline{C}$　　　　　　　　　　D. $A(B + C)$

23. 设二维随机变量(X,Y)的概率密度为$f(x,y) = \begin{cases} e^{-2ax+by}, & x > 0, \ y > 0 \\ 0, & 其他 \end{cases}$，则常数$a$，$b$应满足的条件是：

A. $ab = -\frac{1}{2}$，且$a > 0$，$b < 0$　　　　B. $ab = \frac{1}{2}$，且$a > 0$，$b > 0$

C. $ab = -\frac{1}{2}$，$a < 0$，$b > 0$　　　　D. $ab = \frac{1}{2}$，且$a < 0$，$b < 0$

24. 设$\hat{\theta}$是参数θ的一个无偏估计量，又方差$D(\hat{\theta}) > 0$，下列结论中正确的是：

A. $\hat{\theta}^2$是θ^2的无偏估计量

B. $\hat{\theta}^2$不是θ^2的无偏估计量

C. 不能确定$\hat{\theta}^2$是不是θ^2的无偏估计量

D. $\hat{\theta}^2$不是θ^2的估计量

25. 有两种理想气体，第一种的压强为p_1，体积为V_1，温度为T_1，总质量为M_1，摩尔质量为μ_1；第二种的压强为p_2，体积为V_2，温度为T_2，总质量为M_2，摩尔质量为μ_2。当$V_1 = V_2$，$T_1 = T_2$，$M_1 = M_2$时，则$\frac{\mu_1}{\mu_2}$：

A. $\frac{\mu_1}{\mu_2} = \sqrt{\frac{p_1}{p_2}}$ B. $\frac{\mu_1}{\mu_2} = \frac{p_1}{p_2}$

C. $\frac{\mu_1}{\mu_2} = \sqrt{\frac{p_2}{p_1}}$ D. $\frac{\mu_1}{\mu_2} = \frac{p_2}{p_1}$

26. 在恒定不变的压强下，气体分子的平均碰撞频率$\overline{Z}$与温度T的关系是：

A. $\overline{Z}$与T无关   B. $\overline{Z}$与$\sqrt{T}$无关

C. $\overline{Z}$与$\sqrt{T}$成反比   D. $\overline{Z}$与$\sqrt{T}$成正比

27. 一定量的理想气体对外做了500J的功，如果过程是绝热的，则气体内能的增量为：

A. 0J   B. 500J

C. -500J   D. 250J

28. 热力学第二定律的开尔文表述和克劳修斯表述中，下述正确的是：

A. 开尔文表述指出了功热转换的过程是不可逆的

B. 开尔文表述指出了热量由高温物体传到低温物体的过程是不可逆的

C. 克劳修斯表述指出通过摩擦而做功变成热的过程是不可逆的

D. 克劳修斯表述指出气体的自由膨胀过程是不可逆的

29. 已知平面简谐波的方程为$y = A\cos(Bt - Cx)$，式中A、B、C为正常数，此波的波长和波速分别为：

A. $\frac{B}{C}$，$\frac{2\pi}{C}$ B. $\frac{2\pi}{C}$，$\frac{B}{C}$

C. $\frac{\pi}{C}$，$\frac{2B}{C}$ D. $\frac{2\pi}{C}$，$\frac{C}{B}$

30. 对平面简谐波而言，波长λ反映：

    A. 波在时间上的周期性

    B. 波在空间上的周期性

    C. 波中质元振动位移的周期性

    D. 波中质元振动速度的周期性

31. 在波的传播方向上，有相距为 3m 的两质元，两者的相位差为 $\frac{\pi}{6}$，若波的周期为 4s，则此波的波长和波速分别为：

    A. 36m 和6m/s

    B. 36m 和9m/s

    C. 12m 和6m/s

    D. 12m 和9m/s

32. 在双缝干涉实验中，入射光的波长为λ，用透明玻璃纸遮住双缝中的一条缝（靠近屏的一侧），若玻璃纸中光程比相同厚度的空气的光程大2.5λ，则屏上原来的明纹处：

    A. 仍为明条纹

    B. 变为暗条纹

    C. 既非明条纹也非暗条纹

    D. 无法确定是明纹还是暗纹

33. 一束自然光通过两块叠放在一起的偏振片，若两偏振片的偏振化方向间夹角由α_1转到α_2，则前后透射光强度之比为：

    A. $\dfrac{\cos^2\alpha_2}{\cos^2\alpha_1}$

    B. $\dfrac{\cos\alpha_2}{\cos\alpha_1}$

    C. $\dfrac{\cos^2\alpha_1}{\cos^2\alpha_2}$

    D. $\dfrac{\cos\alpha_1}{\cos\alpha_2}$

34. 若用衍射光栅准确测定一单色可见光的波长，在下列各种光栅常数的光栅中，选用哪一种最好：

    A. 1.0×10^{-1}mm

    B. 5.0×10^{-1}mm

    C. 1.0×10^{-2}mm

    D. 1.0×10^{-3}mm

35. 在双缝干涉实验中，光的波长 600nm，双缝间距 2mm，双缝与屏的间距为 300cm，则屏上形成的干涉图样的相邻明条纹间距为：

    A. 0.45mm

    B. 0.9mm

    C. 9mm

    D. 4.5mm

36. 一束自然光从空气投射到玻璃板表面上，当折射角为30°时，反射光为完全偏振光，则此玻璃的折射率为：

    A. 2

    B. 3

    C. $\sqrt{2}$

    D. $\sqrt{3}$

37. 某原子序数为 15 的元素，其基态原子的核外电子分布中，未成对电子数是：

　　A. 0　　　　　　　B. 1　　　　　　　C. 2　　　　　　　D. 3

38. 下列晶体中熔点最高的是：

　　A. NaCl　　　　　　　　　　　　B. 冰

　　C. SiC　　　　　　　　　　　　D. Cu

39. 将 $0.1mol \cdot L^{-1}$ 的 HOAc 溶液冲稀一倍，下列叙述正确的是：

　　A. HOAc 的电离度增大　　　　　　B. 溶液中有关离子浓度增大

　　C. HOAc 的电离常数增大　　　　　D. 溶液的 pH 值降低

40. 已知 $K_b(NH_3 \cdot H_2O) = 1.8 \times 10^{-5}$，将 $0.2mol \cdot L^{-1}$ 的 $NH_3 \cdot H_2O$ 溶液和 $0.2mol \cdot L^{-1}$ 的 HCl 溶液等体积混合，其混合溶液的 pH 值为：

　　A. 5.12　　　　　　B. 8.87　　　　　　C. 1.63　　　　　　D. 9.73

41. 反应 $A(S) + B(g) \rightleftharpoons C(g)$ 的 $\Delta H < 0$，欲增大其平衡常数，可采取的措施是：

　　A. 增大 B 的分压　　　　　　　　B. 降低反应温度

　　C. 使用催化剂　　　　　　　　　D. 减小 C 的分压

42. 两个电极组成原电池，下列叙述正确的是：

　　A. 作正极的电极的 $E_{(+)}$ 值必须大于零

　　B. 作负极的电极的 $E_{(-)}$ 值必须小于零

　　C. 必须是 $E_{(+)}^{\ominus} > E_{(-)}^{\ominus}$

　　D. 电极电势 E 值大的是正极，E 值小的是负极

43. 金属钠在氯气中燃烧生成氯化钠晶体，其反应的熵变是：

　　A. 增大　　　　　　　　　　　　B. 减少

　　C. 不变　　　　　　　　　　　　D. 无法判断

44. 某液体烃与溴水发生加成反应生成 2，3-二溴-2-甲基丁烷，该液体烃是：

　　A. 2-丁烯　　　　　　　　　　　B. 2-甲基-1-丁烷

　　C. 3-甲基-1-丁烷　　　　　　　　D. 2-甲基-2-丁烯

45. 下列物质中与乙醇互为同系物的是:

A. $CH_2=CHCH_2OH$

B. 甘油

C. 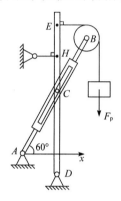—CH_2OH

D. $CH_3CH_2CH_2CH_2OH$

46. 下列有机物不属于烃的衍生物的是:

A. $CH_2=CHCl$

B. $CH_2=CH_2$

C. $CH_3CH_2NO_2$

D. CCl_4

47. 结构如图所示,杆DE的点H由水平闸拉住,其上的销钉C置于杆AB的光滑直槽中,各杆自重均不计,已知$F_P=10kN$。销钉C处约束力的作用线与x轴正向所成的夹角为:

A. 0°

B. 90°

C. 60°

D. 150°

48. 力F_1、F_2、F_3、F_4分别作用在刚体上同一平面内的A、B、C、D四点,各力矢首尾相连形成一矩形如图所示。该力系的简化结果为:

A. 平衡

B. 一合力

C. 一合力偶

D. 一力和一力偶

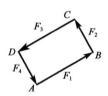

49. 均质圆柱体重力为P，直径为D，置于两光滑的斜面上。设有图示方向力F作用，当圆柱不移动时，接触面 2 处的约束力F_{N2}的大小为：

A. $F_{N2} = \dfrac{\sqrt{2}}{2}(P - F)$

B. $F_{N2} = \dfrac{\sqrt{2}}{2}F$

C. $F_{N2} = \dfrac{\sqrt{2}}{2}P$

D. $F_{N2} = \dfrac{\sqrt{2}}{2}(P + F)$

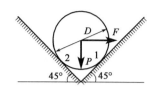

50. 如图所示，杆AB的A端置于光滑水平面上，AB与水平面夹角为30°，杆重力大小为P，B处有摩擦，则杆AB平衡时，B处的摩擦力与x方向的夹角为：

A. 90°

B. 30°

C. 60°

D. 45°

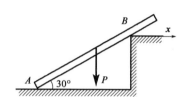

51. 点沿直线运动，其速度$v = 20t + 5$，已知：当$t = 0$时，$x = 5$m，则点的运动方程为：

A. $x = 10t^2 + 5t + 5$ 　　　　　B. $x = 20t + 5$

C. $x = 10t^2 + 5t$ 　　　　　D. $x = 20t^2 + 5t + 5$

52. 杆$OA = l$，绕固定轴O转动，某瞬时杆端A点的加速度a如图所示，则该瞬时杆OA的角速度及角加速度为：

A. 0，$\dfrac{a}{l}$

B. $\sqrt{\dfrac{a}{l}}$，$\dfrac{a}{l}$

C. $\sqrt{\dfrac{a}{l}}$，0

D. 0，$\sqrt{\dfrac{a}{l}}$

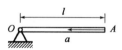

53. 如图所示，一绳缠绕在半径为r的鼓轮上，绳端系一重物M，重物M以速度v和加速度a向下运动，则绳上两点A、D和轮缘上两点B、C的加速度是：

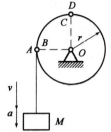

A. A、B两点的加速度相同，C、D两点的加速度相同

B. A、B两点的加速度不相同，C、D两点的加速度不相同

C. A、B两点的加速度相同，C、D两点的加速度不相同

D. A、B两点的加速度不相同，C、D两点的加速度相同

54. 汽车重力大小为$W = 2800N$，并以匀速$v = 10m/s$的行驶速度驶入刚性洼地底部，洼地底部的曲率半径$\rho = 5m$，取重力加速度$g = 10m/s^2$，则在此处地面给汽车约束力的大小为：

A. 5600N

B. 2800N

C. 3360N

D. 8400N

55. 图示均质圆轮，质量m，半径R，由挂在绳上的重力大小为W的物块使其绕O运动。设物块速度为v，不计绳重，则系统动量、动能的大小为：

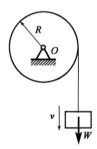

A. $\dfrac{W}{g} \cdot v$；$\dfrac{1}{2} \cdot \dfrac{v^2}{g}\left(\dfrac{1}{2}mg + W\right)$

B. mv；$\dfrac{1}{2} \cdot \dfrac{v^2}{g}\left(\dfrac{1}{2}mg + W\right)$

C. $\dfrac{W}{g} \cdot v + mv$；$\dfrac{1}{2} \cdot \dfrac{v^2}{g}\left(\dfrac{1}{2}mg - W\right)$

D. $\dfrac{W}{g} \cdot v - mv$；$\dfrac{W}{g} \cdot v + mv$

56. 边长为L的均质正方形平板，位于铅垂平面内并置于光滑水平面上，在微小扰动下，平板从图示位置开始倾倒，在倾倒过程中，其质心C的运动轨迹为：

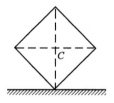

A. 半径为$L/\sqrt{2}$的圆弧

B. 抛物线

C. 铅垂直线

D. 椭圆曲线

57. 如图所示，均质直杆OA的质量为m，长为l，以匀角速度ω绕O轴转动。此时将OA杆的惯性力系向O点简化，其惯性力主矢和惯性力主矩的大小分别为：

A. 0；0

B. $\dfrac{1}{2}ml\omega^2$；$\dfrac{1}{3}ml^2\omega^2$

C. $ml\omega^2$；$\dfrac{1}{2}ml^2\omega^2$

D. $\dfrac{1}{2}ml\omega^2$；0

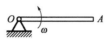

58. 如图所示，重力大小为W的质点，由长为l的绳子连接，则单摆运动的固有频率为：

A. $\sqrt{\dfrac{g}{2l}}$

B. $\sqrt{\dfrac{W}{l}}$

C. $\sqrt{\dfrac{g}{l}}$

D. $\sqrt{\dfrac{2g}{l}}$

59. 已知拉杆横截面积$A=100\text{mm}^2$，弹性模量$E=200\text{GPa}$，横向变形系数$\mu=0.3$，轴向拉力$F=20\text{kN}$，则拉杆的横向应变ε'是：

A. $\varepsilon'=0.3\times10^{-3}$

B. $\varepsilon'=-0.3\times10^{-3}$

C. $\varepsilon'=10^{-3}$

D. $\varepsilon'=-10^{-3}$

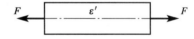

60. 图示两根相同的脆性材料等截面直杆，其中一根有沿横截面的微小裂纹。在承受图示拉伸荷载时，有微小裂纹的杆件的承载能力比没有裂纹杆件的承载能力明显降低，其主要原因是：

A. 横截面积小

B. 偏心拉伸

C. 应力集中

D. 稳定性差

61. 已知图示杆件的许用拉应力[σ] = 120MPa，许用剪应力[τ] = 90MPa，许用挤压应力[σbs] = 240MPa，则杆件的许用拉力[P]等于：

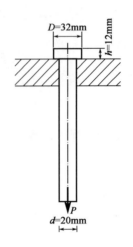

A. 18.8kN

B. 67.86kN

C. 117.6kN

D. 37.7kN

62. 如图所示，等截面传动轴，轴上安装a、b、c三个齿轮，其上的外力偶矩的大小和转向一定，但齿轮的位置可以调换。从受力的观点来看，齿轮a的位置应放置在下列选项中的何处？

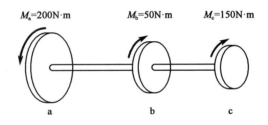

A. 任意处

B. 轴的最左端

C. 轴的最右端

D. 齿轮b与c之间

63. 梁AB的弯矩图如图所示，则梁上荷载F、m的值为：

A. $F = 8\text{kN}$，$m = 14\text{kN} \cdot \text{m}$

B. $F = 8\text{kN}$，$m = 6\text{kN} \cdot \text{m}$

C. $F = 6\text{kN}$，$m = 8\text{kN} \cdot \text{m}$

D. $F = 6\text{kN}$，$m = 14\text{kN} \cdot \text{m}$

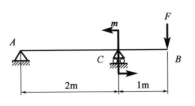

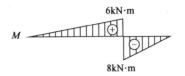

64. 悬臂梁AB由三根相同的矩形截面直杆胶合而成，材料的许用应力为$[\sigma]$，在力F的作用下，若胶合面完全开裂，接触面之间无摩擦力，假设开裂后三根杆的挠曲线相同，则开裂后的梁强度条件的承载能力是原来的：

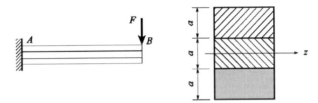

A. 1/9

B. 1/3

C. 两者相同

D. 3 倍

65. 梁的横截面为图示薄壁工字型，z轴为截面中性轴，设截面上的剪力竖直向下，则该截面上的最大弯曲切应力在：

A. 翼缘的中性轴处 4 点

B. 腹板上缘延长线与翼缘相交处的 2 点

C. 左侧翼缘的上端 1 点

D. 腹板上边缘的 3 点

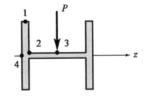

66. 图示悬臂梁自由端承受集中力偶m_g。若梁的长度减少一半，梁的最大挠度是原来的：

A. 1/2

B. 1/4

C. 1/8

D. 1/16

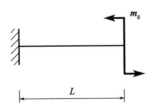

67. 矩形截面简支梁梁中点承受集中力F，若$h=2b$，若分别采用图 a）、b）两种方式放置，图 a）梁的最大挠度是图 b）的：

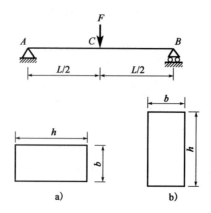

A. 1/2

B. 2 倍

C. 4 倍

D. 6 倍

68. 已知图示单元体上的$\sigma > \tau$，则按第三强度理论，其强度条件为：

A. $\sigma - \tau \leqslant [\sigma]$

B. $\sigma + \tau \leqslant [\sigma]$

C. $\sqrt{\sigma^2 + 4\tau^2} \leqslant [\sigma]$

D. $\sqrt{\left(\dfrac{\sigma}{2}\right)^2 + \tau^2} \leqslant [\sigma]$

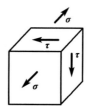

69. 图示矩形截面拉杆中间开一深为$\dfrac{h}{2}$的缺口，与不开缺口时的拉杆相比（不计应力集中影响），杆内最大正应力是不开口时正应力的多少倍？

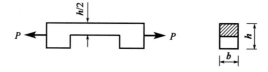

A. 2

B. 4

C. 8

D. 16

70. 一端固定另一端自由的细长（大柔度）压杆，长度为 L（图 a），当杆的长度减少一半时（图 b），其临界载荷是原来的：

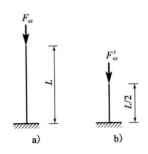

A. 4 倍   B. 3 倍

C. 2 倍   D. 1 倍

71. 水的运动黏性系数随温度的升高而：

A. 增大   B. 减小

C. 不变   D. 先减小然后增大

72. 密闭水箱如图所示，已知水深 $h = 1m$，自由面上的压强 $p_0 = 90kN/m^2$，当地大气压 $p_a = 101kN/m^2$，则水箱底部 A 点的真空度为：

A. $-1.2kN/m^2$

B. $9.8kN/m^2$

C. $1.2kN/m^2$

D. $-9.8kN/m^2$

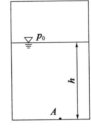

73. 关于流线，错误的说法是：

A. 流线不能相交

B. 流线可以是一条直线，也可以是光滑的曲线，但不可能是折线

C. 在恒定流中，流线与迹线重合

D. 流线表示不同时刻的流动趋势

74. 如图所示，两个水箱用两段不同直径的管道连接，1~3 管段长$l_1 = 10m$，直径$d_1 = 200mm$，$\lambda_1 = 0.019$；3~6 管段长$l_2 = 10m$，直径$d_2 = 100mm$，$\lambda_2 = 0.018$，管道中的局部管件：1 为入口（$\xi_1 = 0.5$）；2 和 5 为90°弯头（$\xi_2 = \xi_5 = 0.5$）；3 为渐缩管（$\xi_3 = 0.024$）；4 为闸阀（$\xi_4 = 0.5$）；6 为管道出口（$\xi_6 = 1$）。若输送流量为40L/s，则两水箱水面高度差为：

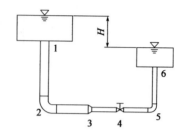

A. 3.501m

B. 4.312m

C. 5.204m

D. 6.123m

75. 在长管水力计算中：

A. 只有速度水头可忽略不计

B. 只有局部水头损失可忽略不计

C. 速度水头和局部水头损失均可忽略不计

D. 两断面的测压管水头差并不等于两断面间的沿程水头损失

76. 矩形排水沟，底宽 5m，水深 3m，则水力半径为：

A. 5m

B. 3m

C. 1.36m

D. 0.94m

77. 潜水完全井抽水量大小与相关物理量的关系是：

A. 与井半径成正比

B. 与井的影响半径成正比

C. 与含水层厚度成正比

D. 与土体渗透系数成正比

78. 合力F、密度ρ、长度l、速度v组合的无量纲数是：

A. $\dfrac{F}{\rho v l}$

B. $\dfrac{F}{\rho v^2 l}$

C. $\dfrac{F}{\rho v^2 l^2}$

D. $\dfrac{F}{\rho v l^2}$

79. 由图示长直导线上的电流产生的磁场：

A. 方向与电流方向相同

B. 方向与电流方向相反

C. 顺时针方向环绕长直导线（自上向下俯视）

D. 逆时针方向环绕长直导线（自上向下俯视）

80. 已知电路如图所示，其中电流I等于：

A. 0.1A

B. 0.2A

C. −0.1A

D. −0.2A

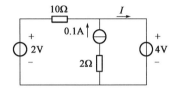

81. 已知电路如图所示，其中响应电流I在电流源单独作用时的分量为：

A. 因电阻R未知，故无法求出

B. 3A

C. 2A

D. −2A

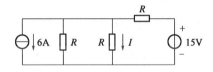

82. 用电压表测量图示电路$u(t)$和$i(t)$的结果是 10V 和 0.2A，设电流$i(t)$的初相位为10°，电压与电流呈反相关系，则如下关系成立的是：

A. $\dot{U} = 10\angle 10°$V

B. $\dot{U} = -10\angle 10°$V

C. $\dot{U} = 10\sqrt{2}\angle 170°$V

D. $\dot{U} = 10\angle 170°$V

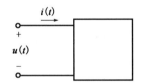

83. 测得某交流电路的端电压u和电流i分别为 110V 和 1A，两者的相位差为30°，则该电路的有功功率、无功功率和视在功率分别为：

A. 95.3W，55var，110V·A

B. 55W，95.3var，110V·A

C. 110W，110var，110V·A

D. 95.3W，55var，150.3V·A

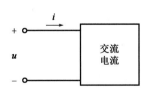

84. 已知电路如图所示，设开关在$t = 0$时刻断开，那么：

A. 电流i_C从 0 逐渐增长，再逐渐衰减为 0

B. 电压从 3V 逐渐衰减到 2V

C. 电压从 2V 逐渐增长到 3V

D. 时间常数$\tau = 4C$

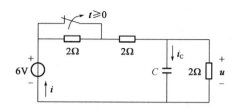

85. 图示变压器为理想变压器，且$N_1 = 100$匝，若希望$I_1 = 1A$时，$P_{R2} = 40W$，则N_2应为：

A. 50 匝

B. 200 匝

C. 25 匝

D. 400 匝

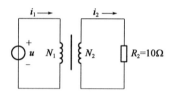

86. 为实现对电动机的过载保护，除了将热继电器的热元件串接在电动机的供电电路中外，还应将其：

A. 常开触点串接在控制电路中

B. 常闭触点串接在控制电路中

C. 常开触点串接在主电路中

D. 常闭触点串接在主电路中

87. 通过两种测量手段测得某管道中液体的压力和流量信号如图中曲线 1 和曲线 2 所示，由此可以说明：

A. 曲线 1 是压力的模拟信号

B. 曲线 2 是流量的模拟信号

C. 曲线 1 和曲线 2 均为模拟信号

D. 曲线 1 和曲线 2 均为连续信号

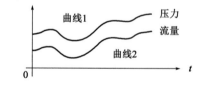

88. 设周期信号$u(t)$的幅值频谱如图所示，则该信号：

A. 是一个离散时间信号

B. 是一个连续时间信号

C. 在任意瞬间均取正值

D. 最大瞬时值为 1.5V

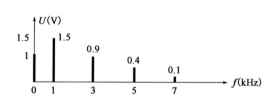

89. 设放大器的输入信号为$u_1(t)$，放大器的幅频特性如图所示，令$u_1(t) = \sqrt{2}u_1 \sin 2\pi ft$，且$f > f_H$，则：

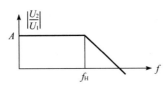

    A. $u_2(t)$的出现频率失真

    B. $u_2(t)$的有效值$U_2 = AU_1$

    C. $u_2(t)$的有效值$U_2 < AU_1$

    D. $u_2(t)$的有效值$U_2 > AU_1$

90. 对逻辑表达式$AC + DC + \overline{AD} \cdot C$的化简结果是：

    A. C

    B. A + D + C

    C. AC + DC

    D. $\overline{A} + \overline{C}$

91. 已知数字信号 A 和数字信号 B 的波形如图所示，则数字信号 F= $\overline{A + B}$的波形为：

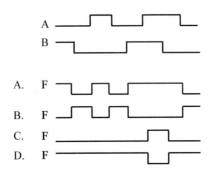

92. 十进制数字 88 的 BCD 码为：

    A. 00010001

    B. 10001000

    C. 01100110

    D. 01000100

93. 二极管应用电路如图 a）所示，电路的激励 u_f 如图 b）所示，设二极管为理想器件，则电路输出电压 u_o 的波形为：

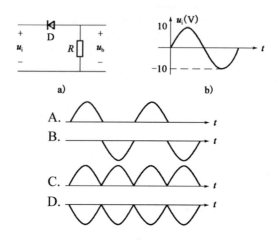

94. 图 a）所示的电路中，运算放大器输出电压的极限值为 $\pm U_{oM}$，当输入电压 $u_{i1} = 1V$，$u_{i2} = 2\sin at$ 时，输出电压波形如图 b）所示。如果将 u_{i1} 从 1V 调至 1.5V，将会使输出电压的：

A. 频率发生改变

B. 幅度发生改变

C. 平均值升高

D. 平均值降低

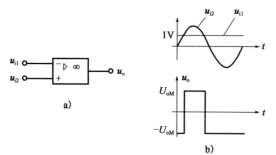

95. 图 a）所示的电路中，复位信号 $\overline{R}_D$、信号 A 及时钟脉冲信号 cp 如图 b）所示，经分析可知，在第一个和第二个时钟脉冲的下降沿时刻，输出 Q 先后等于：

A. 0   0   B. 0   1

C. 1   0   D. 1   1

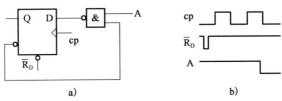

附：触发器的逻辑状态表为

D	Q_{n+1}
0	0
1	1

96. 图示时序逻辑电路是一个：

A. 左移寄存器

B. 右移寄存器

C. 异步三位二进制加法计数器

D. 同步六进制计数器

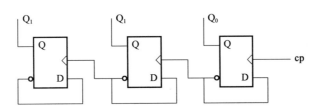

附：触发器的逻辑状态表为

D	Q_{n+1}
0	0
1	1

97. 计算机系统的内存存储器是：

    A. 计算机软件系统的一个组成部分   B. 计算机硬件系统的一个组成部分

    C. 隶属于外围设备的一个组成部分   D. 隶属于控制部件的一个组成部分

98. 根据冯·诺依曼结构原理，计算机的硬件由：

    A. 运算器、存储器、打印机组成

    B. 寄存器、存储器、硬盘存储器组成

    C. 运算器、控制器、存储器、I/O设备组成

    D. CPU、显示器、键盘组成

99. 微处理器与存储器以及外围设备之间的数据传送操作通过：

    A. 显示器和键盘进行   B. 总线进行

    C. 输入/输出设备进行   D. 控制命令进行

100. 操作系统的随机性指的是：

    A. 操作系统的运行操作是多层次的

    B. 操作系统与单个用户程序共享系统资源

    C. 操作系统的运行是在一个随机的环境中进行的

    D. 在计算机系统中同时存在多个操作系统，且同时进行操作

101. Windows 2000 以及以后更新的操作系统版本是：

    A. 一种单用户单任务的操作系统

    B. 一种多任务的操作系统

    C. 一种不支持虚拟存储器管理的操作系统

    D. 一种不适用于商业用户的营组系统

102. 十进制的数 256.625，用八进制表示则是：

    A. 412.5   B. 326.5

    C. 418.8   D. 400.5

103. 计算机的信息数量的单位常用 KB、MB、GB、TB 表示，它们中表示信息数量最大的一个是：

    A. KB   B. MB   C. GB   D. TB

104. 下列选项中，不是计算机病毒特点的是：

A. 非授权执行性、复制传播性

B. 感染性、寄生性

C. 潜伏性、破坏性、依附性

D. 人机共患性、细菌传播性

105. 按计算机网络作用范围的大小，可将网络划分为：

A. X.25 网、ATM 网

B. 广域网、有线网、无线网

C. 局域网、城域网、广域网

D. 环形网、星形网、树形网、混合网

106. 下列选项中不属于局域网拓扑结构的是：

A. 星形   B. 互联形

C. 环形   D. 总线型

107. 某项目借款 2000 万元，借款期限 3 年，年利率为 6%，若每半年计复利一次，则实际年利率会高出名义利率多少：

A. 0.16%   B. 0.25%

C. 0.09%   D. 0.06%

108. 某建设项目的建设期为 2 年，第一年贷款额为 400 万元，第二年贷款额为 800 万元，贷款在年内均衡发生，贷款年利率为 6%，建设期内不支付利息，则建设期贷款利息为：

A. 12 万元   B. 48.72 万

C. 60 万元   D. 60.72 万元

109. 某公司发行普通股筹资 8000 万元，筹资费率为 3%，第一年股利率为 10%，以后每年增长 5%，所得税率为 25%，则普通股资金成本为：

A. 7.73%   B. 10.31%

C. 11.48%   D. 15.31%

110. 某投资项目原始投资额为 200 万元，使用寿命为 10 年，预计净残值为零，已知该项目第 10 年的经营净现金流量为 25 万元，回收营运资金 20 万元，则该项目第 10 年的净现金流量为：

A. 20 万元

B. 25 万元

C. 45 万元

D. 65 万元

111. 以下关于社会折现率的说法中，不正确的是：

A. 社会折现率可用作经济内部收益率的判别基准

B. 社会折现率可用作衡量资金时间经济价值

C. 社会折现率可用作不同年份之间资金价值转化的折现率

D. 社会折现率不能反映资金占用的机会成本

112. 某项目在进行敏感性分析时，得到以下结论：产品价格下降 10%，可使 NPV = 0；经营成本上升 15%，NPV = 0；寿命期缩短 20%，NPV = 0；投资增加 25%，NPV = 0。则下列因素中，最敏感的是：

A. 产品价格

B. 经营成本

C. 寿命期

D. 投资

113. 现有两个寿命期相同的互斥投资方案 A 和 B，B 方案的投资额和净现值都大于 A 方案，A 方案的内部收益率为 14%，B 方案的内部收益率为 15%，差额的内部收益率为 13%，则使 A、B 两方案优劣相等时的基准收益率应为：

A. 13%

B. 14%

C. 15%

D. 13% 至 15% 之间

114. 某产品共有五项功能 F_1、F_2、F_3、F_4、F_5，用强制确定法确定零件功能评价体系时，其功能得分别为 3、5、4、1、2，则 F_3 的功能评价系数为：

A. 0.20

B. 0.13

C. 0.27

D. 0.33

115. 根据《中华人民共和国建筑法》规定，施工企业可以将部分工程分包给其他具有相应资质的分包单位施工，下列情形中不违反有关承包的禁止性规定的是：

A. 建筑施工企业超越本企业资质等级许可的业务范围或者以任何形式用其他建筑施工企业的名义承揽工程

B. 承包单位将其承包的全部建筑工程转包给他人

C. 承包单位将其承包的全部建筑工程肢解以后以分包的名义分别转包给他人

D. 两个不同资质等级的承包单位联合共同承包

116.根据《中华人民共和国安全生产法》规定，从业人员享有权利并承担义务，下列情形中属于从业人员履行义务的是：

A. 张某发现直接危及人身安全的紧急情况时禁止作业撤离现场

B. 李某发现事故隐患或者其他不安全因素，立即向现场安全生产管理人员或者本单位负责人报告

C. 王某对本单位安全生产工作中存在的问题提出批评、检举、控告

D. 赵某对本单位的安全生产工作提出建议

117.某工程实行公开招标，招标文件规定，投标人提交投标文件截止时间为3月22日下午5点整。投标人D由于交通拥堵于3月22日下午5点10分送达投标文件，其后果是：

A. 投标保证金被没收
B. 招标人拒收该投标文件
C. 投标人提交的投标文件有效
D. 由评标委员会确定为废标

118.在订立合同是显失公平的合同时，当事人可以请求人民法院撤销该合同，其行使撤销权的有效期限是：

A. 自知道或者应当知道撤销事由之日起五年内

B. 自撤销事由发生之日一年内

C. 自知道或者应当知道撤销事由之日起一年内

D. 自撤销事由发生之日五年内

119.根据《建设工程质量管理条例》规定，下列有关建设工程质量保修的说法中，正确的是：

A. 建设工程的保修期，自工程移交之日起计算

B. 供冷系统在正常使用条件下，最低保修期限为2年

C. 供热系统在正常使用条件下，最低保修期限为2年采暖期

D. 建设工程承包单位向建设单位提交竣工结算资料时，应当出具质量保修书

120.根据《建设工程安全生产管理条例》规定，建设单位确定建设工程安全作业环境及安全施工措施所需费用的时间是：

A. 编制工程概算时
B. 编制设计预算时
C. 编制施工预算时
D. 编制投资估算时

2017 年度全国勘察设计注册工程师执业资格考试基础考试（上）

试题解析及参考答案

1. 解 本题考查分段函数的连续性问题，重点考查在分界点处的连续性。

要求在分界点处函数的左右极限存在且相等并且等于该点的函数值：

$$\operatorname*{Lim}_{x\to 1}\frac{x\ln x}{1-x}\overset{\frac{0}{0}}{=}\lim_{x\to 1}\frac{(x\ln x)'}{(1-x)'}=\lim_{x\to 1}\frac{1\cdot\ln x+x\cdot\frac{1}{x}}{-1}=-1$$

而 $\lim\limits_{x\to 1}\frac{x\ln x}{1-x}=f(1)=a\Rightarrow a=-1$

答案：C

2. 解 本题考查复合函数在定义域内的性质。

函数 $\sin\frac{1}{x}$ 的定义域为 $(-\infty,0)$，$(0,+\infty)$，它是由函数 $y=\sin t$，$t=\frac{1}{t}$ 复合而成的，当 t 在 $(-\infty,0)$，$(0,+\infty)$ 变化时，t 在 $(-\infty,+\infty)$ 内变化，函数 $y=\sin t$ 的值域为 $[-1,1]$，所以函数 $y=\sin\frac{1}{x}$ 是有界函数。

答案：A

3. 解 本题考查空间向量的相关性质，注意"点乘"和"叉乘"对向量运算的几何意义。

选项 A、C 中，$|\boldsymbol{\alpha}\times\boldsymbol{\beta}|=|\boldsymbol{\alpha}|\cdot|\boldsymbol{\beta}|\cdot\sin(\boldsymbol{\alpha},\boldsymbol{\beta})$，若 $\boldsymbol{\alpha}\times\boldsymbol{\beta}=\mathbf{0}$，且 $\boldsymbol{\alpha},\boldsymbol{\beta}$ 非零，则有 $\sin(\boldsymbol{\alpha},\boldsymbol{\beta})=0$，故 $\boldsymbol{\alpha}/\!/\boldsymbol{\beta}$，选项 A 错误，C 正确。

选项 B 中，$\boldsymbol{\alpha}\cdot\boldsymbol{\beta}=|\boldsymbol{\alpha}|\cdot|\boldsymbol{\beta}|\cdot\cos(\boldsymbol{\alpha},\boldsymbol{\beta})$，若 $\boldsymbol{\alpha}\cdot\boldsymbol{\beta}=0$，且 $\boldsymbol{\alpha},\boldsymbol{\beta}$ 非零，则有 $\cos(\boldsymbol{\alpha},\boldsymbol{\beta})=0$，故 $\boldsymbol{\alpha}\perp\boldsymbol{\beta}$，选项 B 错误。

选项 D 中，若 $\boldsymbol{\alpha}=\lambda\boldsymbol{\beta}$，则 $\boldsymbol{\alpha}/\!/\boldsymbol{\beta}$，此时 $\boldsymbol{\alpha}\cdot\boldsymbol{\beta}=\lambda\boldsymbol{\beta}\cdot\boldsymbol{\beta}=\lambda|\boldsymbol{\beta}||\boldsymbol{\beta}|\cos 0°\neq 0$，选项 D 错误。

答案：C

4. 解 本题考查一阶线性微分方程的特解形式，本题采用公式法和代入法均能得到结果。

方法 1：公式法，一阶线性微分方程的一般形式为：$y'+P(x)y=Q(x)$

其通解为 $y=e^{-\int P(x)\mathrm{d}x}\left[\int Q(x)e^{\int P(x)\mathrm{d}x}\mathrm{d}x+C\right]$

本题中，$P(x)=-1$，$Q(x)=0$，有 $y=e^{-\int -1\mathrm{d}x}(0+C)=Ce^x$

由 $y(0)=2\Rightarrow Ce^0=2$，即 $C=2$，故 $y=2e^x$

方法 2：利用可分离变量方程计算。

方法 3：代入法，将选项 A 中 $y=2e^{-x}$ 代入 $y'-y=0$ 中，不满足方程。同理，选项 C、D 也不满足。

答案：B

5. 解 本题考查变限定积分求导的问题。

对于下限有变量的定积分求导，可先转化为上限有变量的定积分求导问题，注意交换上下限的位置之后，增加一个负号，再利用公式即可：

$$f(x) = \int_x^2 \sqrt{5+t^2}\,\mathrm{d}t = -\int_2^x \sqrt{5+t^2}\,\mathrm{d}t$$

$$f'(x) = -\sqrt{5+x^2}$$

$$f'(1) = -\sqrt{6}$$

答案：D

6. 解　本题考查隐函数求导的问题。

方法 1：方程两边对 x 求导，注意 y 是 x 的函数：

$$e^y + x'y = e$$

$$(e^y)' + (xy)' = e'$$

$$e^y \cdot y' + (y + xy') = 0$$

$$(e^y + x)y' = -y$$

解出 $y' = \dfrac{-y}{x+e^y}$

当 $x = 0$ 时，有 $e^y = e \Rightarrow y = 1$，$y'(0) = -\dfrac{1}{e}$

方法 2：利用二元方程确定的隐函数导数的计算方法计算。

$$e^y + xy = e, \quad e^y + xy - e = 0$$

设 $F(x,y) = e^y + xy - e$，$F_y'(x,y) = e^y + x$，$F_x'(x,y) = y$

所以

$$\frac{\mathrm{d}y}{\mathrm{d}x} = -\frac{F_x'(x,y)}{F_y'(x,y)} = -\frac{y}{e^y + x}$$

当 $x = 0$ 时，$y = 1$，代入得 $\dfrac{\mathrm{d}y}{\mathrm{d}x}\Big|_{x=0} = -\dfrac{1}{e}$

注：本题易错选 B 项，选 B 则是没有看清题意，题中所求是 $y'(0)$ 而并非 $y'(x)$。

答案：D

7. 解　本题考查不定积分的相关内容。

已知 $\int f(x)\mathrm{d}x = \ln x + C$，可知 $f(x) = \dfrac{1}{x}$

则 $f(\cos x) = \dfrac{1}{\cos x}$，即 $\int \cos x f(\cos x)\mathrm{d}x = \int \cos x \cdot \dfrac{1}{\cos x}\mathrm{d}x = x + C$

注：本题不适合采用凑微分的形式。

答案：B

8. 解　本题考查多元函数微分学的概念性问题，涉及多元函数偏导数与多元函数连续等概念，需记忆下图的关系式方可快速解答：

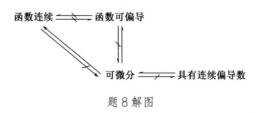

题 8 解图

$f(x,y)$在点$P_0(x_0,y_0)$有一阶偏导数，不能推出$f(x,y)$在$P_0(x_0,y_0)$连续。

同样，$f(x,y)$在$P_0(x_0,y_0)$连续，不能推出$f(x,y)$在$P_0(x_0,y_0)$有一阶偏导数。

可知，函数可偏导与函数连续之间的关系是不能相互导出的。

答案： D

9. 解　本题考查空间解析几何中对称直线方程的概念。

对称式直线方程的特点是连等号的存在，故而选项 A 和 C 可直接排除，且选项 A 和 C 并不是直线的表达式。由于所求直线平行于z轴，取z轴的方向向量为所求直线的方向向量。

$\vec{s}_z = \{0,0,1\}$，$M_0(-1,-2,3)$，利用点向式写出对称式方程：

$$\frac{x+1}{0} = \frac{y+2}{0} = \frac{z-3}{1}$$

答案： D

10. 解　本题考查定积分的计算。对于定积分的计算，首选凑微分和分部积分。

对本题，观察分子中有$\frac{1}{x}$，而$\left(\frac{1}{x}\right)' = -\frac{1}{x^2}$，故适合采用凑微分解答：

$$原式 = \int_1^2 -\left(1-\frac{1}{x}\right)d\left(\frac{1}{x}\right) = \int_1^2 \left(\frac{1}{x}-1\right)d\left(\frac{1}{x}\right) = \int_1^2 \frac{1}{x}d\left(\frac{1}{x}\right) - \int_1^2 1 d\left(\frac{1}{x}\right)$$

$$= \frac{1}{2}\left(\frac{1}{x}\right)^2\bigg|_1^2 - \frac{1}{x}\bigg|_1^2 = \frac{1}{8}$$

答案： C

11. 解　本题考查了三角函数的基本性质，可以采用求导的方法直接求出。

方法 1： $f(x) = \sin(x+\frac{\pi}{2}+\pi) = -\cos x$

$x \in [-\pi,\pi]$

$f'(x) = \sin x$，$f'(x) = 0$，即$\sin x = 0$，可知$x = 0$，$-\pi$，π为驻点

则$f(0) = -\cos 0 = -1$，$f(-\pi) = -\cos(-\pi) = 1$，$f(\pi) = -\cos\pi = 1$

所以$x = 0$，函数取得最小值，最小值点$x_0 = 0$

方法 2： 通过作图，可以看出在$[-\pi,\pi]$上的最小值点$x_0 = 0$。

答案： B

12. 解　本题考查参数方程形式的对坐标的曲线积分（也称第二类曲线积分），注意绕行方向为顺时针。

如解图所示，上半椭圆ABC是由参数方程$\begin{cases} x = a\cos\theta \\ y = b\sin\theta \end{cases}$ $(a>0，b>0)$画出的。本题积分路径L为沿上半椭圆顺时针方向，从C到B，再到A，θ变化范围由π变化到 0，具体计算可由方程$x = a\cos\theta$得到。起点为$C(-a,0)$，把$-a$代入方程中的x，得$\theta = \pi$。终点为$A(a,0)$，把a代入方程中的x，得$\theta = 0$，因此参数θ的变化为从$\theta = \pi$变化到$\theta = 0$，即：$\pi \to 0$。

由 $x = a\cos\theta$ 可知，$\mathrm{d}x = -a\sin\theta\mathrm{d}\theta$，因此原式有：

$$\int_L y^2 \mathrm{d}x = \int_\pi^0 (b\sin\theta)^2(-a\sin\theta)d\theta = \int_0^\pi ab^2\sin^3\theta\mathrm{d}\theta = ab^2\int_0^\pi \sin^2\theta\mathrm{d}(-\cos\theta)$$

$$= -ab^2\int_0^\pi(1-\cos^2\theta)\mathrm{d}(\cos\theta) = \frac{4}{3}ab^2$$

注：对坐标的曲线积分应注意积分路径的方向，然后写出积分变量的上下限，本题若取逆时针为绕行方向，则 θ 的范围应从 0 到 π。简单作图即可观察和验证。

答案：B

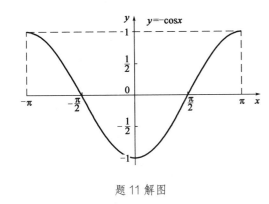

题 11 解图

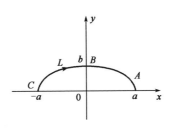

题 12 解图

13. 解 本题考查级数收敛的充分条件。

注意本题有 $(-1)^n$，显然 $\sum\limits_{n=1}^\infty \dfrac{(-1)^n}{a_n}(a_n > 0)$ 是一个交错级数。

交错级数收敛，即 $\sum\limits_{n=1}^\infty (-1)^n a_n$ 只要满足：①$a_n > a_{n+1}$，②$a_n \to 0(n \to \infty)$ 即可。

在选项 D 中，已知 a_n 单调递增，即 $a_n < a_{n+1}$，所以 $\dfrac{1}{a_n} > \dfrac{1}{a_{n+1}}$

又知 $\lim\limits_{n\to\infty} a_n = +\infty$，所以 $\lim\limits_{n\to\infty} \dfrac{1}{a_n} = 0$，故级数 $\sum\limits_{n=1}^\infty \dfrac{(-1)^n}{a_n}(a_n > 0)$ 收敛

其他选项均不符合交错级数收敛的判别方法。

答案：D

14. 解 本题考查函数拐点的求法。

求解函数拐点即求函数的二阶导数为 0 的点，因此有：

$$F'(x) = e^{-x} - xe^{-x}$$

$$F''(x) = xe^{-x} - 2e^{-x} = (x-2)e^{-x}$$

令 $f''(x) = 0$，解出 $x = 2$

当 $x \in (-\infty, 2)$ 时，$f''(x) < 0$；当 $x \in (2, +\infty)$ 时，$f''(x) > 0$

所以拐点为 $(2, 2e^{-2})$

答案：A

15. 解 本题考查二阶常系数线性非齐次方程的特解问题。

严格说来本题有点超纲，大纲要求是求解二阶常系数线性齐次微分方程，对于非齐次方程并不做要求。因此本题可采用代入法求解，考虑到 $e^x = (e^x)' = (e^x)''$，观察各选项，易知选项C符合要求。

具体解析过程如下：

$y'' + y' + y = e^x$ 对应的齐次方程为 $y'' + y' + y = 0$

$r^2 + r + 1 = 0 \Rightarrow r_{1,2} = \frac{-1 \pm \sqrt{3}i}{2}$

所以 $\lambda = 1$ 不是特征方程的根

设二阶非齐次线性方程的特解 $y^* = Ax^0 e^x = Ae^x$

$(y^*)' = Ae^x, \quad (y^*)'' = Ae^x$

代入，得 $Ae^x + Ae^x + Ae^x = e^x$

$3Ae^x = e^x$，$3A = 1$，$A = \frac{1}{3}$，所以特解为 $y^* = \frac{1}{3}e^x$

答案：C

16. 解 本题考查二重积分在极坐标下的运算规则。

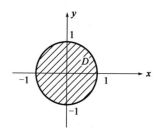

题16解图

注意到在二重积分的极坐标中有 $x = r\cos\theta$，$y = r\sin\theta$，故 $x^2 + y^2 = r^2$，因此对于圆域有 $0 \leqslant r^2 \leqslant 1$，也即 $r: 0 \rightarrow 1$，整个圆域范围内有 $\theta: 0 \rightarrow 2\pi$，如解图所示，同时注意二重积分中面积元素 $dxdy = rdrd\theta$，故：

$$\iint\limits_{D} \frac{dxdy}{1+x^2+y^2} = \int_0^{2\pi} d\theta \int_0^1 \frac{1}{1+r^2} rdr \xrightarrow[\text{对}r\text{凑微分}]{\theta\text{和}r\text{无关直接积分}} 2\pi \int_0^1 \frac{1}{2} \frac{1}{1+r^2} d(1+r^2)$$

$$= \pi \ln(1+r^2) \Big|_0^1 = \pi \ln 2$$

答案：D

17. 解 本题考查幂级数的和函数的基本运算。

级数 $\sum\limits_{n=1}^{\infty} \frac{x^n}{n!} = \frac{x}{1!} + \frac{x^2}{2!} + \frac{x^3}{3!} + \cdots + \frac{x^n}{n!} + \cdots$

已知 $e^x = 1 + \frac{x}{1!} + \frac{x^2}{2!} + \cdots + \frac{x^n}{n!} + \cdots (-\infty, +\infty)$

所以级数 $\sum\limits_{n=1}^{\infty} \frac{x^n}{n!}$ 的和函数 $S(x) = e^x - 1$

注：考试中常见的幂级数展开式有：

$\frac{1}{1-x} = 1 + x + x^2 + \cdots + x^k + \cdots = \sum\limits_{k=0}^{\infty} x^k, \ |x| < 1$

$\frac{1}{1+x} = 1 - x + x^2 - \cdots + (-1)^k x^k + \cdots = \sum\limits_{k=0}^{\infty} (-1)^k x^k, \ |x| < 1$

$e^x = 1 + x + \frac{x^2}{2!} + \cdots + \frac{x^k}{k!} + \cdots = \sum\limits_{k=0}^{\infty} \frac{x^k}{k!}, \ (-\infty, +\infty)$

答案：C

18. 解 本题考查多元抽象函数偏导数的运算，及多元复合函数偏导数的计算方法。

$$z = y\varphi\left(\frac{x}{y}\right)$$

$$\frac{\partial z}{\partial x} = y \cdot \varphi'\left(\frac{x}{y}\right) \cdot \frac{1}{y} = \varphi'\left(\frac{x}{y}\right)$$

$$\frac{\partial^2 z}{\partial x \partial y} = \varphi''\left(\frac{x}{y}\right) \cdot \left(\frac{x}{y}\right)' = \varphi''\left(\frac{x}{y}\right) \cdot \left(\frac{x}{-y^2}\right)$$

注：复合函数的链式法则为 $f'(g(x)) = f' \cdot g'$，读者应注意题目中同时含有抽象函数与具体函数的求导规则，抽象函数求导就直接加一撇，具体函数求导则利用求导公式。

答案：B

19. 解 本题考查可逆矩阵的相关知识。

方法 1：利用初等行变换求解如下：

由 $[A|E] \xrightarrow{\text{初等行变换}} [E|A^{-1}]$

得：$\begin{bmatrix} 0 & 0 & -2 & \vdots & 1 & 0 & 0 \\ 0 & 3 & 0 & \vdots & 0 & 1 & 0 \\ 1 & 0 & 0 & \vdots & 0 & 0 & 1 \end{bmatrix} \xrightarrow{r_1 \leftrightarrow r_2} \begin{bmatrix} 1 & 0 & 0 & \vdots & 0 & 0 & 1 \\ 0 & 3 & 0 & \vdots & 0 & 1 & 0 \\ 0 & 0 & -2 & \vdots & 1 & 0 & 0 \end{bmatrix} \xrightarrow{\frac{1}{3}r_2 - \frac{1}{2}r_3} \begin{bmatrix} 1 & 0 & 0 & \vdots & 0 & 0 & 1 \\ 0 & 1 & 0 & \vdots & 0 & \frac{1}{3} & 0 \\ 0 & 0 & 1 & \vdots & -\frac{1}{2} & 0 & 0 \end{bmatrix}$

故 $A^{-1} = \begin{bmatrix} 0 & 0 & 1 \\ 0 & \frac{1}{3} & 0 \\ -\frac{1}{2} & 0 & 0 \end{bmatrix}$

方法 2：逐项代入法，与矩阵 A 乘积等于 E，即为正确答案。验证选项 C，计算过程如下：

$$\begin{bmatrix} 0 & 0 & -2 \\ 0 & 3 & 0 \\ 1 & 0 & 0 \end{bmatrix} \begin{bmatrix} 0 & 0 & 1 \\ 0 & \frac{1}{3} & 0 \\ -\frac{1}{2} & 0 & 0 \end{bmatrix} = \begin{bmatrix} 1 & 0 & 0 \\ 0 & 1 & 0 \\ 0 & 0 & 1 \end{bmatrix}$$

方法 3：利用求逆矩阵公式：

$$A^{-1} = \frac{A^*}{|A|} = \frac{1}{|A|} \begin{bmatrix} A_{11} & A_{21} & A_{31} \\ A_{12} & A_{22} & A_{32} \\ A_{13} & A_{23} & A_{33} \end{bmatrix}$$

答案：C

20. 解 本题考查线性齐次方程组解的基本知识，矩阵的秩和矩阵列向量组的线性相关性。

方法 1：$Ax = 0$ 有非零解 $\Leftrightarrow R(A) < n \Leftrightarrow A$ 的列向量组线性相关 $\Leftrightarrow$ 至少有一个列向量是其余列向量的线性组合。

方法 2：举反例，$A = \begin{bmatrix} 1 & 0 & 0 \\ 0 & 1 & 1 \\ 0 & 0 & 0 \end{bmatrix}$，齐次方程组 $Ax = 0$ 就有无穷多解，因为 $R(A) = 2 < 3$，然而矩阵中第一列和第二列线性无关，选项 A 错。第二列和第三列线性相关，选项 B 错。第一列不是第二列、第三列的线性组合，选项 C 错。

答案：D

21.解 本题考查实对称阵的特征值与特征向量的相关知识。

已知重要结论：实对称矩阵属于不同特征值的特征向量必然正交。

方法1：设对应$\lambda_1 = 6$的特征向量$\xi_1 = (x_1 \quad x_2 \quad x_3)^T$，由于$A$是实对称矩阵，故$\xi_1^T \cdot \xi_2 = 0$，$\xi_1^T \cdot \xi_3 = 0$，即

$$\begin{cases} (x_1 \quad x_2 \quad x_3)\begin{bmatrix} -1 \\ 0 \\ 1 \end{bmatrix} = 0 \\ (x_1 \quad x_2 \quad x_3)\begin{bmatrix} 1 \\ 2 \\ 1 \end{bmatrix} = 0 \end{cases} \Rightarrow \begin{cases} -x_1 + x_3 = 0 \\ x_1 + 2x_2 + x_3 = 0 \end{cases}$$

$$\begin{bmatrix} -1 & 0 & 1 \\ 1 & 2 & 1 \end{bmatrix} \rightarrow \begin{bmatrix} 1 & 0 & -1 \\ 1 & 2 & 1 \end{bmatrix} \rightarrow \begin{bmatrix} 1 & 0 & -1 \\ 0 & 2 & 2 \end{bmatrix} \rightarrow \begin{bmatrix} 1 & 0 & -1 \\ 0 & 1 & 1 \end{bmatrix}$$

该同解方程组为$\begin{cases} x_1 - x_3 = 0 \\ x_2 + x_3 = 0 \end{cases} \Rightarrow \begin{cases} x_1 = x_3 \\ x_2 = -x_3 \end{cases}$

当$x_3 = 1$时，$x_1 = 1$，$x_2 = -1$

方程组的基础解系$\xi = (1 \quad -1 \quad 1)^T$，取$\xi_1 = (1 \quad -1 \quad 1)^T$

方法2：采用代入法，对四个选项进行验证。

对于选项A：$(1 \quad -1 \quad 1)\begin{bmatrix} -1 \\ 0 \\ 1 \end{bmatrix} = 0$，$(1 \quad -1 \quad 1)\begin{bmatrix} 1 \\ 2 \\ 1 \end{bmatrix} = 0$，可知正确。

答案：A

22.解 $A(\overline{B \cup C}) = A\overline{B}\overline{C}$可能发生，选项A错。

$A(\overline{A \cup B \cup C}) = A\overline{A}\overline{B}\overline{C} = \varnothing$，选项B对。

或见解图，图a）$\overline{B \cup C}$（斜线区域）与A有交集，图b）$\overline{A \cup B \cup C}$（斜线区域）与$A$无交集。

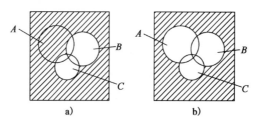

a)　　　　　　b)

题22解图

答案：B

23.解 本题考查概率密度的性质：$\int_{-\infty}^{+\infty} \int_{-\infty}^{+\infty} f(x,y)\mathrm{d}x\mathrm{d}y = 1$

方法1：

$$\int_0^{+\infty} \int_0^{+\infty} e^{-2ax+by} \mathrm{d}y\mathrm{d}x = \int_0^{+\infty} e^{-2ax} \mathrm{d}x \cdot \int_0^{+\infty} e^{by} \mathrm{d}y = 1$$

当$a > 0$时，$\int_0^{+\infty} e^{-2ax} \mathrm{d}x = \frac{-1}{2a} e^{-2ax} \Big|_0^{+\infty} = \frac{1}{2a}$

当 $b < 0$ 时，$\int_0^{+\infty} e^{by} \mathrm{d}y = \frac{1}{b} e^{by} \Big|_0^{+\infty} = \frac{-1}{b}$

$\frac{1}{2a} \cdot \frac{-1}{b} = 1$，$ab = -\frac{1}{2}$

方法 2：

当 $x > 0$，$y > 0$ 时，$f(x, y) = e^{-2ax+by} = 2ae^{-2ax} \cdot (-b)e^{by} \cdot \frac{-1}{2ab}$

当 $\frac{-1}{2ab} = 1$，即 $ab = -\frac{1}{2}$ 时，X 与 Y 相互独立，且 X 服从参数 $\lambda = 2a(a > 0)$ 的指数分布，Y 服从参数 $\lambda = -b(b < 0)$ 的指数分布。

答案：A

24. 解 因为 $\hat{\theta}$ 是 θ 的无偏估计量，即 $E(\hat{\theta}) = \theta$

所以 $E\left[(\hat{\theta})^2\right] = D(\hat{\theta}) + \left[E(\hat{\theta})\right]^2 = D(\hat{\theta}) + \theta^2$

又因为 $D(\hat{\theta}) > 0$，所以 $E\left[(\hat{\theta})^2\right] > \theta^2$，$(\hat{\theta})^2$ 不是 θ^2 的无偏估计量

答案：B

25. 解 理想气体状态方程 $pV = \frac{M}{\mu} RT$，因为 $V_1 = V_2$，$T_1 = T_2$，$M_1 = M_2$，所以 $\frac{\mu_1}{\mu_2} = \frac{p_2}{p_1}$。

答案：D

26. 解 气体分子的平均碰撞频率：$\overline{Z} = \sqrt{2} n\pi d^2 \overline{v}$，已知 $\overline{v} = 1.6 \sqrt{\frac{RT}{M}}$，$p = nkT$，则：

$$\overline{Z} = \sqrt{2} n\pi d^2 \overline{v} = \sqrt{2} \frac{p}{kT} \pi d^2 \cdot 1.6 \sqrt{\frac{RT}{M}} \propto \frac{1}{\sqrt{T}}$$

答案：C

27. 解 热力学第一定律 $Q = W + \Delta E$，绝热过程做功等于内能增量的负值，即 $\Delta E = -W = -500\mathrm{J}$。

答案：C

28. 解 此题考查对热力学第二定律与可逆过程概念的理解。开尔文表述的是关于热功转换过程中的不可逆性，克劳修斯表述则指出热传导过程中的不可逆性。

答案：A

29. 解 此题考查波动方程基本关系。

$$y = A\cos(Bt - Cx) = A\cos B\left(t - \frac{x}{B/C}\right)$$

$$u = \frac{B}{C}，\ \omega = B，\ T = \frac{2\pi}{\omega} = \frac{2\pi}{B}$$

$$\lambda = u \cdot T = \frac{B}{C} \cdot \frac{2\pi}{B} = \frac{2\pi}{C}$$

答案：B

30. 解 波长 λ 反映的是波在空间上的周期性。

答案：B

31. 解 由描述波动的基本物理量之间的关系得：

$$\frac{\lambda}{3} = \frac{2\pi}{\pi/6}, \quad \lambda = 36, \quad U = \frac{\lambda}{T} = \frac{36}{4} = 9$$

答案：B

32. 解 光的干涉，光程差变化为半波长的奇数倍时，原明纹处变为暗条纹。

答案：B

33. 解 此题考查马吕斯定律。

$I = I_0 \cos^2 \alpha$，光强为 I_0 的自然光通过第一个偏振片，光强为入射光强的一半，通过第二个偏振片，光强为 $I = \frac{I_0}{2} \cos^2 a$，则：

$$\frac{I_1}{I_2} = \frac{\frac{1}{2} I_0 \cos^2 \alpha_1}{\frac{1}{2} I_0 \cos^2 \alpha_2} = \frac{\cos^2 \alpha_1}{\cos^2 \alpha_2}$$

答案：C

34. 解 光栅公式 $d\sin\theta = k\lambda$，对同级条纹，光栅常数小，衍射角大，选光栅常数小的。

答案：D

35. 解 由双缝干涉条纹间距公式计算：

$$\Delta x = \frac{D}{d}\lambda = \frac{3000}{2} \times 600 \times 10^{-6} = 0.9\text{mm}$$

答案：B

36. 解 由布儒斯特定律，折射角为 30° 时，入射角为 60°，$\tan 60° = \frac{n_2}{n_1} = \sqrt{3}$。

答案：D

37. 解 原子序数为 15 的元素，原子核外有 15 个电子，基态原子的核外电子排布式为 $1s^2 2s^2 2p^6 3s^2 3p^3$，根据洪特规则，$3p^3$ 中 3 个电子分占三个不同的轨道，并且自旋方向相同。所以原子序数为 15 的元素，其基态原子核外电子分布中，有 3 个未成对电子。

答案：D

38. 解 NaCl 是离子晶体，冰是分子晶体，SiC 是原子晶体，Cu 是金属晶体。所以 SiC 的熔点最高。

答案：C

39. 解 根据稀释定律 $\alpha = \sqrt{K_a/C}$，一元弱酸 HOAc 的浓度越小，解离度越大。所以 HOAc 浓度稀释一倍，解离度增大。

注：HOAc 一般写为 HAc，普通化学书中常用 HAc。

答案：A

40. 解 将$0.2\text{mol} \cdot \text{L}^{-1}$的$NH_3 \cdot H_2O$与$0.2\text{mol} \cdot \text{L}^{-1}$的$HCl$溶液等体积混合生成$0.1\text{mol} \cdot \text{L}^{-1}$的$NH_4Cl$溶液，$NH_4Cl$为强酸弱碱盐，可以水解，溶液$C_{H^+} = \sqrt{C \cdot K_W / K_b} = \sqrt{0.1 \times \frac{10^{-14}}{1.8 \times 10^{-5}}} \approx 7.5 \times 10^{-6}$，$pH = -\lg C_{H^+} = 5.12$。

答案：A

41. 解 此反应为放热反应。平衡常数只是温度的函数，对于放热反应，平衡常数随着温度升高而减小。相反，对于吸热反应，平衡常数随着温度的升高而增大。

答案：B

42. 解 电对的电极电势越大，其氧化态的氧化能力越强，越易得电子发生还原反应，做正极；电对的电极电势越小，其还原态的还原能力越强，越易失电子发生氧化反应，做负极。

答案：D

43. 解 反应方程式为$2Na(s) + Cl_2(g) = 2NaCl(s)$。气体分子数增加的反应，其熵值增大；气体分子数减小的反应，熵值减小。

答案：B

44. 解 加成反应生成2，3二溴-2-甲基丁烷，所以在2，3位碳碳间有双键，所以该烃为2-甲基-2-丁烯。

答案：D

45. 解 同系物是指结构相似、分子组成相差若干个$-CH_2-$原子团的有机化合物。

答案：D

46. 解 烃类化合物是碳氢化合物的统称，是由碳与氢原子所构成的化合物，主要包含烷烃、环烷烃、烯烃、炔烃、芳香烃。烃分子中的氢原子被其他原子或者原子团所取代而生成的一系列化合物称为烃的衍生物。

答案：B

47. 解 销钉C处为光滑接触约束，约束力应垂直于AB光滑直槽，由于$\boldsymbol{F}_p$的作用，直槽的左上侧与销钉接触，故其约束力的作用线与x轴正向所成的夹角为150°。

答案：D

48. 解 根据力系简化结果分析，分力首尾相连组成自行封闭的力多边形，则简化后的主矢为零，而$\boldsymbol{F}_1$与$\boldsymbol{F}_3$、$\boldsymbol{F}_2$与$\boldsymbol{F}_4$分别组成逆时针转向的力偶，合成后为一合力偶。

答案：C

49. 解 以圆柱体为研究对象，沿1、2接触点的法线方向有约束力$\boldsymbol{F}_{N1}$和$\boldsymbol{F}_{N2}$，受力如解图所示。

对圆柱体列 F_{N2} 方向的平衡方程：

$$\sum F_2 = 0, \quad F_{N2} - P\cos 45° + F\sin 45° = 0, \quad F_{N2} = \frac{\sqrt{2}}{2}(P - F)$$

答案：A

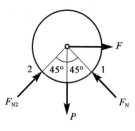

题 49 解图

50. 解 在重力作用下，杆 A 端有向左侧滑动的趋势，故 B 处摩擦力应沿杆指向右上方向。

答案：B

51. 解 因为速度 $v = \frac{\mathrm{d}x}{\mathrm{d}t}$，积一次分，即：$\int_5^x \mathrm{d}x = \int_0^t (20t + 5)\mathrm{d}t, x - 5 = 10t^2 + 5t$。

答案：A

52. 解 根据定轴转动刚体上一点加速度与转动角速度、角加速度的关系：$a_n = \omega^2 l$，$a_\tau = \alpha l$，而题中 $a_n = a = \omega^2 l$，所以 $\omega = \sqrt{\frac{a}{l}}$，$a_\tau = 0 = \alpha l$，所以 $\alpha = 0$。

答案：C

53. 解 绳上各点的加速度大小均为 a，而轮缘上各点的加速度大小为 $\sqrt{a^2 + \left(\frac{v^2}{r}\right)^2}$。

答案：B

54. 解 汽车运动到洼地底部时加速度的大小为 $a = a_n = \frac{v^2}{\rho}$，其运动及受力如解图所示，按照牛顿第二定律，在铅垂方向有 $ma = F_N - W$，F_N 为地面给汽车的合约束，力 $F_N = \frac{W}{g} \cdot \frac{v^2}{\rho} + W = \frac{2800}{10} \times \frac{10^2}{5} + 2800 = 8400\mathrm{N}$。

答案：D

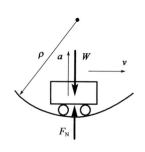

题 54 解图

55. 解 根据动量的公式：$p = mv_C$，则圆轮质心速度为零，动量为零，故系统的动量只有物块的 $\frac{W}{g} \cdot v$；又根据动能的公式：圆轮的动能为 $\frac{1}{2} \cdot \frac{1}{2}mR^2\omega^2 = \frac{1}{4}mR^2 \left(\frac{v}{R}\right)^2 = \frac{1}{4}mv^2$，物块的动能为 $\frac{1}{2} \cdot \frac{W}{g}v^2$，两者相加为 $\frac{1}{2} \cdot \frac{v^2}{g}\left(\frac{1}{2}mg + W\right)$。

答案：A

56. 解 由于系统在水平方向受力为零，故在水平方向有质心守恒，即质心只沿铅垂方向运动。

答案：C

57. 解 根据定轴转动刚体惯性力系的简化结果分析，匀角速度转动（$\alpha = 0$）刚体的惯性力主矢和主矩的大小分别为：$F_I = ma_C = \frac{1}{2}ml\omega^2$，$M_{IO} = J_O\alpha = 0$。

答案：D

58. 解 单摆运动的固有频率公式：$\omega_n = \sqrt{\frac{g}{l}}$。

答案：C

59. 解

$$\varepsilon' = -\mu\varepsilon = -\mu\frac{\sigma}{E} = -\mu\frac{F_N}{AE} = -0.3 \times \frac{20 \times 10^3 \text{N}}{100 \text{mm}^2 \times 200 \times 10^3 \text{MPa}} = -0.3 \times 10^{-3}$$

答案：B

60. 解 由于沿横截面有微小裂纹，使得横截面的形心有变化，杆件由原来的轴向拉伸变成了偏心拉伸，其应力 $\sigma = \frac{F_N}{A} + \frac{M_z}{W_z}$ 明显变大，故有裂纹的杆件比没有裂纹杆件的承载能力明显降低。

答案：B

61. 解 由 $\sigma = \frac{P}{\frac{1}{4}\pi d^2} \leqslant [\sigma]$，$\tau = \frac{P}{\pi dh} \leqslant [\tau]$，$\sigma_{bs} = \frac{P}{\frac{\pi}{4}(D^2-d^2)} \leqslant [\sigma_{bs}]$ 分别求出 $[P]$，然后取最小值即为杆件的许用拉力。

答案：D

62. 解 由于 a 轮上的外力偶矩 M_a 最大，当 a 轮放在两端时轴内将产生较大扭矩；只有当 a 轮放在中间时，轴内扭矩才较小。

答案：D

63. 解 由最大负弯矩为 $8\text{kN}\cdot\text{m}$，可以反推：$M_{max} = F \times 1\text{m}$，故 $F = 8\text{kN}$

再由支座 C 处（即外力偶矩 M 作用处）两侧的弯矩的突变值是 $14\text{kN}\cdot\text{m}$，可知外力偶矩为 $14\text{kN}\cdot\text{m}$。

答案：A

64. 解 开裂前，由整体梁的强度条件 $\sigma_{max} = \frac{M}{W_z} \leqslant [\sigma]$，可知：

$$M \leqslant [\sigma]W_z = [\sigma]\frac{b(3a)^2}{6} = \frac{3}{2}ba^2[\sigma]$$

胶合面开裂后，每根梁承担总弯矩 M_1 的 $\frac{1}{3}$，由单根梁的强度条件 $\sigma_{1max} = \frac{M_1}{W_{z1}} = \frac{\frac{M_1}{3}}{W_{z1}} = \frac{M_1}{3W_{z1}} \leqslant [\sigma]$，可知：

$$M_1 \leqslant 3[\sigma]W_{z1} = 3[\sigma]\frac{ba^2}{6} = \frac{1}{2}ba^2[\sigma]$$

故开裂后每根梁的承载能力是原来的 $\frac{1}{3}$。

答案：B

65. 解 矩形截面切应力的分布是一个抛物线形状，最大切应力在中性轴 z 上，图示梁的横截面可以看作是一个中性轴附近梁的宽度 b 突然变大的矩形截面。根据弯曲切应力的计算公式：

$$\tau = \frac{QS_z^*}{bI_z}$$

在 b 突然变大的情况下，中性轴附近的 τ 突然变小，切应力分布图沿 y 方向的分布如解图所示，所以最大切应力在 2 点。

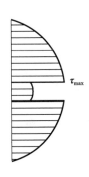

题 65 解图

答案：B

66. 解 由悬臂梁的最大挠度计算公式 $f_{\max} = \frac{m_g L^2}{2EI}$，可知 $f_{\max}$ 与 L^2 成正比，故有

$$f'_{\max} = \frac{m_g \left(\frac{L}{2}\right)^2}{2EI} = \frac{1}{4}f_{\max}$$

答案：B

67. 解 由跨中受集中力 F 作用的简支梁最大挠度的公式 $f_c = \frac{Fl^3}{48EI}$，可知最大挠度与截面对中性轴的惯性矩成反比。

因为 $I_a = \frac{b^3 h}{12} = \frac{b^4}{6}$，$I_b = \frac{bh^3}{12} = \frac{2b^4}{3}$，所以 $\frac{f_a}{f_b} = \frac{I_b}{I_a} = \frac{\frac{2}{3}b^4}{\frac{b^4}{6}} = 4$

答案：C

68. 解 首先求出三个主应力：$\sigma_1 = \sigma, \sigma_2 = \tau, \sigma_3 = -\tau$，再由第三强度理论得 $\sigma_{r3} = \sigma_1 - \sigma_3 = \sigma + \tau \leqslant [\sigma]$。

答案：B

69. 解 开缺口的截面是偏心受拉，偏心距为 $\frac{h}{4}$，由公式 $\sigma_{\max} = \frac{P}{A} + \frac{P \cdot \frac{h}{4}}{W_z}$ 可求得结果。

答案：C

70. 解 由一端固定、另一端自由的细长压杆的临界力计算公式 $F_{cr} = \frac{\pi^2 EI}{(2L)^2}$，可知 F_{cr} 与 L^2 成反比，故有

$$F'_{cr} = \frac{\pi^2 EI}{\left(2 \cdot \frac{L}{2}\right)^2} = 4\frac{\pi^2 EI}{(2L)^2} = 4F_{cr}$$

答案：A

71. 解 水的运动黏性系数随温度的升高而减小。

答案：B

72. 解 真空度 $p_v = p_a - p' = 101 - (90 + 9.8) = 1.2\text{kN/m}^2$

答案：C

73. 解 流线表示同一时刻的流动趋势。

答案：D

74. 解 对两水箱水面写能量方程可得：$H = h_w = h_{w_1} + h_{w_2}$

1~3 管段中的流速 $v_1 = \frac{Q}{\frac{\pi}{4}d_1^2} = \frac{0.04}{\frac{\pi}{4} \times 0.2^2} = 1.27\text{m/s}$

$h_{w_1} = \left(\lambda_1 \frac{l_1}{d_1} + \sum \zeta_1\right)\frac{v_1^2}{2g} = \left(0.019 \times \frac{10}{0.2} + 0.5 + 0.5 + 0.024\right) \times \frac{1.27^2}{2 \times 9.8} = 0.162\text{m}$

3~6 管段中的流速 $v_2 = \frac{Q}{\frac{\pi}{4}d_2^2} = \frac{0.04}{\frac{\pi}{4} \times 0.1^2} = 5.1\text{m/s}$

$$h_{w_2} = \left(\lambda_2 \frac{l_2}{d_2} + \sum \zeta_2\right)\frac{v_2^2}{2g} = \left(0.018 \times \frac{10}{0.1} + 0.5 + 0.05 + 1\right) \times \frac{5.1^2}{2 \times 9.8} = 5.042\text{m}$$

$$H = h_{w_1} + h_{w_2} = 0.162 + 5.042 = 5.204\text{m}$$

答案：C

75.解 在长管水力计算中，速度水头和局部损失均可忽略不计。

答案：C

76.解 矩形排水管水力半径$R = \frac{A}{\chi} = \frac{5 \times 3}{5 + 2 \times 3} = 1.36\text{m}$。

答案：C

77.解 潜水完全井流量$Q = 1.36k\frac{H^2 - h^2}{\lg\frac{R}{r}}$，因此$Q$与土体渗透数$k$成正比。

答案：D

78.解 无量纲量即量纲为1的量，$\dim\frac{F}{\rho v^2 l^2} = \frac{\rho v^2 l^2}{\rho v^2 l^2} = 1$

答案：C

79.解 电流与磁场的方向可以根据右手螺旋定则确定，即让右手大拇指指向电流的方向，则四指的指向就是磁感线的环绕方向。

答案：D

80.解 见解图，设2V电压源电流为I'，则：

$I = I' + 0.1$

$10I' = 2 - 4 = -2\text{V}$

$I' = -0.2\text{A}$

$I = -0.2 + 0.1 = -0.1\text{A}$

答案：C

题80解图

81.解 电流源单独作用时，15V的电压源做短路处理，则

$$I = \frac{1}{3} \times (-6) = -2\text{A}$$

答案：D

82.解 画相量图分析（见解图），电压表和电流表读数为有效值。

答案：D

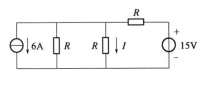

题81解图

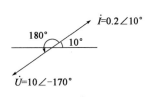

题82解图

83. 解

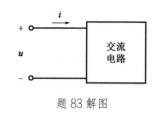

$P = UI\cos\varphi = 110 \times 1 \times \cos30° = 95.3W$

$Q = UI\sin\varphi = 110 \times 1 \times \sin30° = 55W$

$S = UI = 110 \times 1 = 110V \cdot A$

题 83 解图

答案：A

84. 解 在直流稳态电路中电容作开路处理。开关未动作前，$u = U_{C(0-)}$

电容为开路状态时，$U_{C(0-)} = \frac{1}{2} \times 6 = 3V$

电源充电进入新的稳态时，$U_{C(\infty)} = \frac{1}{3} \times 6 = 2V$

因此换路电容电压逐步衰减到2V。电路的时间常数$\tau = RC$，本题中C值没给出，是不能确定τ的数值的。

答案：B

85. 解 如解图所示，根据理想变压器关系有

$$I_2 = \sqrt{\frac{P_2}{R_2}} = \sqrt{\frac{40}{10}} = 2A, \quad K = \frac{I_2}{I_1} = 2, \quad N_2 = \frac{N_1}{K} = \frac{100}{2} = 50 \text{匝}$$

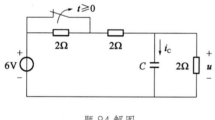

题 84 解图

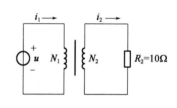

题 85 解图

答案：A

86. 解 实现对电动机的过载保护，除了将热继电器的热元件串联在电动机的主电路外，还应将热继电器的常闭触点串接在控制电路中。

当电机过载时，这个常闭触点断开，控制电路供电通路断开。

答案：B

87. 解 模拟信号与连续时间信号不同，模拟信号是幅值连续变化的连续时间信号。题中两条曲线均符合该性质。

答案：C

88. 解 周期信号的幅值频谱是离散且收敛的。这个周期信号一定是时间上的连续信号。

本题给出的图形是周期信号的频谱图。频谱图是非正弦信号中不同正弦信号分量的幅值按频率变化排列的图形，其大小是表示各次谐波分量的幅值，用正值表示。例如本题频谱图中出现的1.5V对应于1kHz的正弦信号分量的幅值，而不是这个周期信号的幅值。因此本题选项C或D都是错误的。

答案：B

89. 解 放大器的输入为正弦交流信号。但$u_1(t)$的频率过高，超出了上限频率f_H，放大倍数小于A，因此输出信号u_2的有效值$U_2 < AU_1$。

答案：C

90. 解 $AC + DC + \overline{AD} \cdot C = (A + D + \overline{AD}) \cdot C = (A + D + \overline{A} + \overline{D}) \cdot C = 1 \cdot C = C$

答案：A

91. 解 $\overline{A + B} = F$

F是个或非关系，可以用"有1则0"的口诀处理。

答案：B

92. 解 本题各选项均是用八位二进制BCD码表示的十进制数，即是以四位二进制表示一位十进制。

十进制数字88的BCD码是10001000。

答案：B

93. 解 图示为二极管的单相半波整流电路。

当$u_i > 0$时，二极管截止，输出电压$u_o = 0$；当$u_i < 0$时，二极管导通，输出电压u_o与输入电压u_i相等。

答案：B

94. 解 本题为用运算放大器构成的电压比较电路，波形分析如解图所示。阴影面积可以反映输出电压平均值的大小。

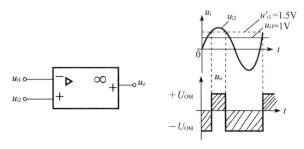

题94解图

当$u_{i1} < u_{i2}$时，$u_o = +U_{oM}$；当$u_{i1} > u_{i2}$时，$u_o = -U_{oM}$

当u_{i1}升高到1.5V时，u_o波形的正向面积减小，反向面积增加，电压平均值降低（如解图中虚线波形所示）。

答案：D

95. 解 题图为一个时序逻辑电路，由解图可以看出，第一个和第二个时钟的下降沿时刻，输出Q

均等于 0。

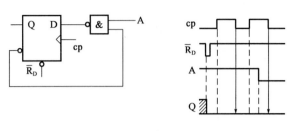

题 95 解图

答案：A

96. 解 图示为三位的异步二进制加法计数器，波形图分析如下。

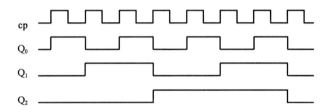

答案：C

97. 解 计算机硬件的组成包括输入/输出设备、存储器、运算器、控制器。内存储器是主机的一部分，属于计算机的硬件系统。

答案：B

98. 解 根据冯·诺依曼结构原理，计算机硬件是由运算器、控制器、存储器、I/O 设备组成。

答案：C

99. 解 当要对存储器中的内容进行读写操作时，来自地址总线的存储器地址经地址译码器译码之后，选中指定的存储单元，而读写控制电路根据读写命令实施对存储器的存取操作，数据总线则用来传送写入内存储器或从内存储器读出的信息。

答案：B

100. 解 操作系统的运行是在一个随机的环境中进行的，也就是说，人们不能对于所运行的程序的行为以及硬件设备的情况做任何的假定，一个设备可能在任何时候向微处理器发出中断请求。人们也无法知道运行着的程序会在什么时候做了些什么事情，也无法确切的知道操作系统正处于什么样的状态之中，这就是随机性的含义。

答案：C

101. 解 多任务操作系统是指可以同时运行多个应用程序。比如：在操作系统下，在打开网页的同时还可以打开 QQ 进行聊天，可以打开播放器看视频等。目前的操作系统都是多任务的操作系统。

答案：B

102. 解 先将十进制数转换为二进制数（100000000+0.101=100000000.101），而后三位二进制数对应于一位八进制数。

答案：D

103. 解 $1KB = 2^{10}B = 1024B$

$1MB = 2^{20}B = 1024KB$

$1GB = 2^{30}B = 1024MB = 1024 \times 1024KB$

$1TB = 2^{40}B = 1024GB = 1024 \times 1024MB$

答案：D

104. 解 计算机病毒特点包括非授权执行性、复制传染性、依附性、寄生性、潜伏性、破坏性、隐蔽性、可触发性。

答案：D

105. 解 通常人们按照作用范围的大小，将计算机网络分为三类：局域网、城域网和广域网。

答案：C

106. 解 常见的局域网拓扑结构分为星形网、环形网、总线网，以及它们的混合型。

答案：B

107. 解 年实际利率为：

$$i = \left(1 + \frac{r}{m}\right)^m - 1 = \left(1 + \frac{6\%}{2}\right)^2 - 1 = 6.09\%$$

年实际利率高出名义利率：$6.09\% - 6\% = 0.09\%$

答案：C

108. 解 第一年贷款利息：$400/2 \times 6\% = 12$万元

第二年贷款利息：$(400 + 800/2 + 12) \times 6\% = 48.72$万元

建设期贷款利息：$12 + 48.72 = 60.72$万元

答案：D

109. 解 由于股利必须在企业税后利润中支付，因而不能抵减所得税的缴纳。普通股资金成本为：

$$K_s = \frac{8000 \times 10\%}{8000 \times (1 - 3\%)} + 5\% = 15.31\%$$

答案：D

110. 解 回收营运资金为现金流入，故项目第10年的净现金流量为$25 + 20 = 45$万元。

答案：C

111. 解 社会折现率是用以衡量资金时间经济价值的重要参数，代表资金占用的机会成本，并且用作不同年份之间资金价值换算的折现率。

答案：D

112. 解 题目给出的影响因素中，产品价格变化较小就使得项目净现值为零，故该因素最敏感。

答案：A

113. 解 差额投资内部收益率是两个方案各年净现金流量差额的现值之和等于零时的折现率。差额内部收益率等于基准收益率时，两方案的净现值相等，即两方案的优劣相等。

答案：A

114. 解 F_3 的功能系数为：$F_3 = \dfrac{4}{3+5+4+1+2} = 0.27$

答案：C

115. 解 《中华人民共和国建筑法》第二十七条规定，大型建筑工程或者结构复杂的建筑工程，可以由两个以上的承包单位联合共同承包。共同承包的各方对承包合同的履行承担连带责任。

两个以上不同资质等级的单位实行联合共同承包的，应当按照资质等级低的单位的业务许可范围承揽工程。

答案：D

116. 解 选项 B 属于义务，其他几条属于权利。

答案：B

117. 解 《中华人民共和国招标投标法》第二十八条规定，投标人应当在招标文件要求提交投标文件的截止时间前，将投标文件送达投标地点。招标人收到投标文件后，应当签收保存，不得开启。投标人少于三个的，招标人应当依照本法重新招标。 在招标文件要求提交投标文件的截止时间后送达的投标文件，招标人应当拒收。

答案：B

118. 解 《中华人民共和国民法典》第一百五十二条规定，有下列情形之一的，撤销权消灭：

（一）具有撤销权的当事人自知道或者应当知道撤销事由之日起一年内没有行使撤销权。

……

答案：C

119. 解 《建筑工程质量管理条例》第三十九条规定，建设工程实行质量保修制度。建设工程承包单位在向建设单位提交工程竣工验收报告时，应当向建设单位出具质量保修书。质量保修书中应当明确建设工程的保修范围、保修期限和保修责任等。

建设工程的保修期，自竣工验收合格之日起计算，不是移交之日起计算，所以选项 A 错。供冷系统保修期是两个运行季，不是 2 年，所以选项 B 错。质量保修书是竣工验收时提交，不是结算时提交，所以选项 D 错。

答案：C

120. 解　《建设工程安全生产管理条例》第八条规定，建设单位在编制工程概算时，应当确定建设工程安全作业环境及安全施工措施所需费用。

答案：A

2018 年度全国勘察设计注册工程师

执业资格考试试卷

基础考试

（上）

二〇一八年十月

应考人员注意事项

1. 本试卷科目代码为"1"，考生务必将此代码填涂在答题卡"科目代码"相应的栏目内，否则，无法评分。

2. 书写用笔：**黑色或蓝色钢笔、签字笔或圆珠笔；**

   填涂答题卡用笔：**黑色 2B 铅笔。**

3. 必须用书写用笔将工作单位、姓名、准考证号填写在答题卡和试卷相应的栏目内。

4. 本试卷由 120 题组成，每题 1 分，满分 120 分，本试卷全部为单项选择题，每小题的四个备选项中只有一个正确答案，错选、多选、不选均不得分。

5. 考生作答时，必须按**题号在答题卡上**将相应试题所选选项对应的**字母用 2B 铅笔涂黑。**

6. 在答题卡上书写与题意无关的语言，或在答题卡上作标记的，均按违纪试卷处理。

7. 考试结束时，由监考人员当面将试卷、答题卡一并收回。

8. 草稿纸由各地统一配发，考后收回。

单项选择题（共120题，每题1分。每题的备选项中只有一个最符合题意。）

1. 下列等式中不成立的是：

   A. $\lim\limits_{x\to 0}\dfrac{\sin x^2}{x^2}=1$

   B. $\lim\limits_{x\to\infty}\dfrac{\sin x}{x}=1$

   C. $\lim\limits_{x\to 0}\dfrac{\sin x}{x}=1$

   D. $\lim\limits_{x\to\infty}x\sin\dfrac{1}{x}=1$

2. 设$f(x)$为偶函数，$g(x)$为奇函数，则下列函数中为奇函数的是：

   A. $f[g(x)]$

   B. $f[f(x)]$

   C. $g[f(x)]$

   D. $g[g(x)]$

3. 若$f'(x_0)$存在，则$\lim\limits_{x\to x_0}\dfrac{xf(x_0)-x_0f(x)}{x-x_0}=$：

   A. $f'(x_0)$

   B. $-x_0f'(x_0)$

   C. $f(x_0)-x_0f'(x_0)$

   D. $x_0f'(x_0)$

4. 已知$\varphi(x)$可导，则$\dfrac{\mathrm{d}}{\mathrm{d}x}\int_{\varphi(x^2)}^{\varphi(x)}e^{t^2}\mathrm{d}t$等于：

   A. $\varphi'(x)e^{[\varphi(x)]^2}-2x\varphi'(x^2)e^{[\varphi(x^2)]^2}$

   B. $e^{[\varphi(x)]^2}-e^{[\varphi(x^2)]^2}$

   C. $\varphi'(x)e^{[\varphi(x)]^2}-\varphi'(x^2)e^{[\varphi(x^2)]^2}$

   D. $\varphi'(x)e^{\varphi(x)}-2x\varphi'(x^2)e^{\varphi(x^2)}$

5. 若$\int f(x)\mathrm{d}x=F(x)+C$，则$\int xf(1-x^2)\mathrm{d}x$等于：

   A. $F(1-x^2)+C$

   B. $-\dfrac{1}{2}F(1-x^2)+C$

   C. $\dfrac{1}{2}F(1-x^2)+C$

   D. $-\dfrac{1}{2}F(x)+C$

6. 若$x=1$是函数$y=2x^2+ax+1$的驻点，则常数a等于：

   A. 2

   B. -2

   C. 4

   D. -4

7. 设向量$\boldsymbol{\alpha}$与向量$\boldsymbol{\beta}$的夹角$\theta=\dfrac{\pi}{3}$，$|\boldsymbol{\alpha}|=1$，$|\boldsymbol{\beta}|=2$，则$|\boldsymbol{\alpha}+\boldsymbol{\beta}|$等于：

   A. $\sqrt{8}$

   B. $\sqrt{7}$

   C. $\sqrt{6}$

   D. $\sqrt{5}$

8. 微分方程 $y'' = \sin x$ 的通解 y 等于：

    A. $-\sin x + C_1 + C_2$

    B. $-\sin x + C_1 x + C_2$

    C. $-\cos x + C_1 x + C_2$

    D. $\sin x + C_1 x + C_2$

9. 设函数 $f(x)$，$g(x)$ 在 $[a,b]$ 上均可导 $(a < b)$，且恒正，若 $f'(x)g(x) + f(x)g'(x) > 0$，则当 $x \in (a,b)$ 时，下列不等式中成立的是：

    A. $\dfrac{f(x)}{g(x)} > \dfrac{f(a)}{g(b)}$

    B. $\dfrac{f(x)}{g(x)} > \dfrac{f(b)}{g(b)}$

    C. $f(x)g(x) > f(a)g(a)$

    D. $f(x)g(x) > f(b)g(b)$

10. 由曲线 $y = \ln x$，y 轴与直线 $y = \ln a$，$y = \ln b (b > a > 0)$ 所围成的平面图形的面积等于：

    A. $\ln b - \ln a$

    B. $b - a$

    C. $e^b - e^a$

    D. $e^b + e^a$

11. 下列平面中，平行于且非重合于 yOz 坐标面的平面方程是：

    A. $y + z + 1 = 0$

    B. $z + 1 = 0$

    C. $y + 1 = 0$

    D. $x + 1 = 0$

12. 函数 $f(x,y)$ 在点 $P_0(x_0, y_0)$ 处的一阶偏导数存在是该函数在此点可微分的：

    A. 必要条件

    B. 充分条件

    C. 充分必要条件

    D. 既非充分条件也非必要条件

13. 下列级数中，发散的是：

    A. $\displaystyle\sum_{n=1}^{\infty} \dfrac{1}{n(n+1)}$

    B. $\displaystyle\sum_{n=1}^{\infty} \dfrac{1}{n^{3/2}}$

    C. $\displaystyle\sum_{n=1}^{\infty} \left(\dfrac{n}{2n+1}\right)^2$

    D. $\displaystyle\sum_{n=1}^{\infty} (-1)^n \dfrac{1}{\sqrt{n}}$

14. 在下列微分方程中，以函数 $y = C_1 e^{-x} + C_2 e^{4x}$（$C_1$，$C_2$ 为任意常数）为通解的微分方程是：

    A. $y'' + 3y' - 4y = 0$

    B. $y'' - 3y' - 4y = 0$

    C. $y'' + 3y' + 4y = 0$

    D. $y'' + y' - 4y = 0$

15. 设L是从点$A(0,1)$到点$B(1,0)$的直线段，则对弧长的曲线积分$\int_L \cos(x+y)\mathrm{d}s$等于：

    A. $\cos 1$ B. $2\cos 1$

    C. $\sqrt{2}\cos 1$ D. $\sqrt{2}\sin 1$

16. 若正方形区域D：$|x|\leqslant 1$，$|y|\leqslant 1$，则二重积分$\iint\limits_{D}(x^2+y^2)\mathrm{d}x\mathrm{d}y$等于：

    A. 4 B. $\dfrac{8}{3}$

    C. 2 D. $\dfrac{2}{3}$

17. 函数$f(x)=a^x(a>0，a\neq 1)$的麦克劳林展开式中的前三项是：

    A. $1+x\ln a+\dfrac{x^2}{2}$ B. $1+x\ln a+\dfrac{\ln a}{2}x^2$

    C. $1+x\ln a+\dfrac{(\ln a)^2}{2}x^2$ D. $1+\dfrac{x}{\ln a}+\dfrac{x^2}{2\ln a}$

18. 设函数$z=f(x^2y)$，其中$f(u)$具有二阶导数，则$\dfrac{\partial^2 z}{\partial x\partial y}$等于：

    A. $f''(x^2y)$ B. $f'(x^2y)+x^2f''(x^2y)$

    C. $2x[f'(x^2y)+xf''(x^2y)]$ D. $2x[f'(x^2y)+x^2yf''(x^2y)]$

19. 设$\boldsymbol{A}$、$\boldsymbol{B}$均为三阶矩阵，且行列式$|\boldsymbol{A}|=1$，$|\boldsymbol{B}|=-2$，$\boldsymbol{A}^{\mathrm{T}}$为$\boldsymbol{A}$的转置矩阵，则行列式$|-2\boldsymbol{A}^{\mathrm{T}}\boldsymbol{B}^{-1}|$等于：

    A. -1 B. 1

    C. -4 D. 4

20. 要使齐次线性方程组$\begin{cases}ax_1+x_2+x_3=0\\x_1+ax_2+x_3=0\\x_1+x_2+ax_3=0\end{cases}$，有非零解，则$a$应满足：

    A. $-2<a<1$ B. $a=1$或$a=-2$

    C. $a\neq -1$且$a\neq -2$ D. $a>1$

21. 矩阵 $A = \begin{bmatrix} 1 & -1 & 0 \\ -1 & 3 & 0 \\ 0 & 0 & 0 \end{bmatrix}$ 所对应的二次型的标准型是：

A. $f = y_1^2 - 3y_2^2$

B. $f = y_1^2 - 2y_2^2$

C. $f = y_1^2 + 2y_2^2$

D. $f = y_1^2 - y_2^2$

22. 已知事件 A 与 B 相互独立，且 $P(\overline{A}) = 0.4$，$P(\overline{B}) = 0.5$，则 $P(A \cup B)$ 等于：

A. 0.6

B. 0.7

C. 0.8

D. 0.9

23. 设随机变量 X 的分布函数为 $F(x) = \begin{cases} 0 & x \leq 0 \\ x^3 & 0 < x \leq 1 \\ 1 & x > 1 \end{cases}$，则数学期望 $E(X)$ 等于：

A. $\int_0^1 3x^2 \, dx$

B. $\int_0^1 3x^3 \, dx$

C. $\int_0^1 \frac{x^4}{4} \, dx + \int_1^{+\infty} x \, dx$

D. $\int_0^{+\infty} 3x^3 \, dx$

24. 若二维随机变量 (X, Y) 的分布规律为：

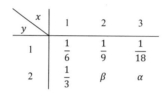

且 X 与 Y 相互独立，则 α、β 取值为：

A. $\alpha = \frac{1}{6}$，$\beta = \frac{1}{6}$

B. $\alpha = 0$，$\beta = \frac{1}{3}$

C. $\alpha = \frac{2}{9}$，$\beta = \frac{1}{9}$

D. $\alpha = \frac{1}{9}$，$\beta = \frac{2}{9}$

25. 1mol 理想气体（刚性双原子分子），当温度为 T 时，每个分子的平均平动动能为：

A. $\frac{3}{2} RT$

B. $\frac{5}{2} RT$

C. $\frac{3}{2} kT$

D. $\frac{5}{2} kT$

26. 一密闭容器中盛有 1mol 氦气（视为理想气体），容器中分子无规则运动的平均自由程仅取决于：

A. 压强 p

B. 体积 V

C. 温度 T

D. 平均碰撞频率 $\overline{Z}$

27. "理想气体和单一恒温热源接触做等温膨胀时，吸收的热量全部用来对外界做功。"对此说法，有以下几种讨论，其中正确的是：

    A. 不违反热力学第一定律，但违反热力学第二定律

    B. 不违反热力学第二定律，但违反热力学第一定律

    C. 不违反热力学第一定律，也不违反热力学第二定律

    D. 违反热力学第一定律，也违反热力学第二定律

28. 一定量的理想气体，由一平衡态(p_1, V_1, T_1)变化到另一平衡态(p_2, V_2, T_2)，若$V_2 > V_1$，但$T_2 = T_1$，无论气体经历怎样的过程：

    A. 气体对外做的功一定为正值   B. 气体对外做的功一定为负值

    C. 气体的内能一定增加   D. 气体的内能保持不变

29. 一平面简谐波的波动方程为$y = 0.01\cos 10\pi(25t - x)$(SI)，则在$t = 0.1$s时刻，$x = 2$m处质元的振动位移是：

    A. 0.01cm   B. 0.01m

    C. -0.01m   D. 0.01mm

30. 一平面简谐波的波动方程为$y = 0.02\cos\pi(50t + 4x)$(SI)，此波的振幅和周期分别为：

    A. 0.02m，0.04s   B. 0.02m，0.02s

    C. -0.02m，0.02s   D. 0.02m，25s

31. 当机械波在媒质中传播，一媒质质元的最大形变量发生在：

    A. 媒质质元离开其平衡位置的最大位移处

    B. 媒质质元离开其平衡位置的$\frac{\sqrt{2}}{2}A$处（A为振幅）

    C. 媒质质元离开其平衡位置的$\frac{A}{2}$处

    D. 媒质质元在其平衡位置处

32. 双缝干涉实验中，若在两缝后（靠近屏一侧）各覆盖一块厚度均为d，但折射率分别为n_1和n_2（$n_2 > n_1$）的透明薄片，则从两缝发出的光在原来中央明纹初相遇时，光程差为：

    A. $d(n_2 - n_1)$ B. $2d(n_2 - n_1)$

    C. $d(n_2 - 1)$ D. $d(n_1 - 1)$

33. 在空气中做牛顿环实验，当平凸透镜垂直向上缓慢平移而远离平面镜时，可以观察到这些环状干涉条纹：

A. 向右平移　　　　　　　　　　　　B. 静止不动

C. 向外扩张　　　　　　　　　　　　D. 向中心收缩

34. 真空中波长为 λ 的单色光，在折射率为 n 的均匀透明媒质中，从 A 点沿某一路径传播到 B 点，路径的长度为 l，A、B 两点光振动的相位差为 $\Delta\varphi$，则：

A. $l = \dfrac{3\lambda}{2}$，$\Delta\varphi = 3\pi$　　　　　　B. $l = \dfrac{3\lambda}{2n}$，$\Delta\varphi = 3n\pi$

C. $l = \dfrac{3\lambda}{2n}$，$\Delta\varphi = 3\pi$　　　　　　D. $l = \dfrac{3n\lambda}{2}$，$\Delta\varphi = 3n\pi$

35. 空气中用白光垂直照射一块折射率为 1.50、厚度为 0.4×10^{-6}m 的薄玻璃片，在可见光范围内，光在反射中被加强的光波波长是（$1m = 1 \times 10^9$nm）：

A. 480nm　　　　　　B. 600nm　　　　　　C. 2400nm　　　　　　D. 800nm

36. 有一玻璃劈尖，置于空气中，劈尖角 $\theta = 8 \times 10^{-5}$rad（弧度），用波长 $\lambda = 589$nm 的单色光垂直照射此劈尖，测得相邻干涉条纹间距 $l = 2.4$mm，则此玻璃的折射率为：

A. 2.86　　　　　　B. 1.53　　　　　　C. 15.3　　　　　　D. 28.6

37. 某元素正二价离子（M^{2+}）的外层电子构型是 $3s^23p^6$，该元素在元素周期表中的位置是：

A. 第三周期，第 VIII 族　　　　　　　B. 第三周期，第 VIA 族

C. 第四周期，第 IIA 族　　　　　　　D. 第四周期，第 VIII 族

38. 在 Li^+、Na^+、K^+、Rb^+ 中，极化力最大的是：

A. Li^+　　　　　　B. Na^+　　　　　　C. K^+　　　　　　D. Rb^+

39. 浓度均为 $0.1mol\cdot L^{-1}$ 的 NH_4Cl、$NaCl$、$NaOAc$、Na_3PO_4 溶液，其 pH 值从小到大顺序正确的是：

A. NH_4Cl，$NaCl$，$NaOAc$，Na_3PO_4　　　　B. Na_3PO_4，$NaOAc$，$NaCl$，NH_4Cl

C. NH_4Cl，$NaCl$，Na_3PO_4，$NaOAc$　　　　D. $NaOAc$，Na_3PO_4，$NaCl$，NH_4Cl

40. 某温度下，在密闭容器中进行如下反应 $2A(g) + B(g) \rightleftharpoons 2C(g)$，开始时，$p(A) = p(B) = 300$kPa，$p(C) = 0$kPa，平衡时，$p(C) = 100$kPa，在此温度下反应的标准平衡常数 K^Θ 是：

A. 0.1　　　　　　B. 0.4　　　　　　C. 0.001　　　　　　D. 0.002

41. 在酸性介质中，反应$MnO_4^- + SO_3^{2-} + H^+ \longrightarrow Mn^{2+} + SO_4^{2-}$，配平后，$H^+$的系数为：

    A. 8   B. 6   C. 0   D. 5

42. 已知：酸性介质中，$E^{\ominus}(ClO_4^-/Cl^-) = 1.39V$，$E^{\ominus}(ClO_3^-/Cl^-) = 1.45V$，$E^{\ominus}(HClO/Cl^-) = 1.49V$，$E^{\ominus}(Cl_2/Cl^-) = 1.36V$，以上各电对中氧化型物质氧化能力最强的是：

    A. ClO_4^- B. ClO_3^- C. $HClO$ D. Cl_2

43. 下列反应的热效应等于$CO_2(g)$的$\Delta_f H_m^{\ominus}$的是：

    A. $C(金刚石) + O_2(g) \longrightarrow CO_2(g)$ B. $CO(g) + \frac{1}{2}O_2(g) \longrightarrow CO_2(g)$

    C. $C(石墨) + O_2(g) \longrightarrow CO_2(g)$ D. $2C(石墨) + 2O_2(g) \longrightarrow 2CO_2(g)$

44. 下列物质在一定条件下不能发生银镜反应的是：

    A. 甲醛   B. 丁醛

    C. 甲酸甲酯   D. 乙酸乙酯

45. 下列物质一定不是天然高分子的是：

    A. 蔗糖   B. 蛋白质

    C. 橡胶   D. 纤维素

46. 某不饱和烃催化加氢反应后，得到$(CH_3)_2CHCH_2CH_3$，该不饱和烃是：

    A. 1-戊炔   B. 3-甲基-1-丁炔

    C. 2-戊炔   D. 1,2-戊二烯

47. 设力F在x轴上的投影为F，则该力在与x轴共面的任一轴上的投影：

    A. 一定不等于零   B. 不一定不等于零

    C. 一定等于零   D. 等于F

48. 在图示边长为a的正方形物块$OABC$上作用一平面力系，已知：$F_1 = F_2 = F_3 = 10N$，$a = 1m$，力偶的转向如图所示，力偶矩的大小为$M_1 = M_2 = 10N \cdot m$，则力系向O点简化的主矢、主矩为：

    A. $F_R = 30N$（方向铅垂向上），$M_O = 10N \cdot m(\circlearrowleft)$

    B. $F_R = 30N$（方向铅垂向上），$M_O = 10N \cdot m(\circlearrowright)$

    C. $F_R = 50N$（方向铅垂向上），$M_O = 30N \cdot m(\circlearrowleft)$

    D. $F_R = 10N$（方向铅垂向上），$M_O = 10N \cdot m(\circlearrowright)$

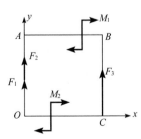

49. 在图示结构中，已知 $AB = AC = 2r$，物重 F_p，其余质量不计，则支座 A 的约束力为：

A. $F_A = 0$

B. $F_A = \frac{1}{2} F_p (\leftarrow)$

C. $F_A = \frac{1}{2} \cdot 3 F_p (\rightarrow)$

D. $F_A = \frac{1}{2} \cdot 3 F_p (\leftarrow)$

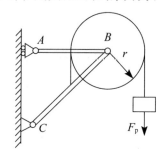

50. 图示平面结构，各杆自重不计，已知 $q = 10\text{kN/m}$，$F_p = 20\text{kN}$，$F = 30\text{kN}$，$L_1 = 2\text{m}$，$L_2 = 5\text{m}$，B、C 处为铰链连接，则 BC 杆的内力为：

A. $F_{BC} = -30\text{kN}$

B. $F_{BC} = 30\text{kN}$

C. $F_{BC} = 10\text{kN}$

D. $F_{BC} = 0$

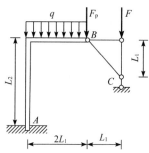

51. 点的运动由关系式 $S = t^4 - 3t^3 + 2t^2 - 8$ 决定（S 以 m 计，t 以 s 计），则 $t = 2\text{s}$ 时的速度和加速度为：

A. -4m/s，16m/s^2 B. 4m/s，12m/s^2

C. 4m/s，16m/s^2 D. 4m/s，-16m/s^2

52. 质点以匀速度 15m/s 绕直径为 10m 的圆周运动，则其法向加速度为：

A. 22.5m/s^2 B. 45m/s^2

C. 0 D. 75m/s^2

53. 四连杆机构如图所示，已知曲柄 O_1A 长为 r，且 $O_1A = O_2B$，$O_1O_2 = AB = 2b$，角速度为 ω，角加速度为 α，则杆 AB 的中点 M 的速度、法向和切向加速度的大小分别为：

A. $v_M = b\omega$，$a_M^n = b\omega^2$，$a_M^t = b\alpha$

B. $v_M = b\omega$，$a_M^n = r\omega^2$，$a_M^t = r\alpha$

C. $v_M = r\omega$，$a_M^n = r\omega^2$，$a_M^t = r\alpha$

D. $v_M = r\omega$，$a_M^n = b\omega^2$，$a_M^t = b\alpha$

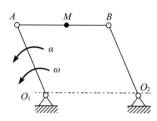

54. 质量为 m 的小物块在匀速转动的圆桌上，与转轴的距离为 r，如图所示。设物块与圆桌之间的摩擦系数为 μ，为使物块与桌面之间不产生相对滑动，则物块的最大速度为：

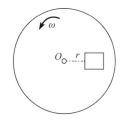

A. $\sqrt{\mu g}$

B. $2\sqrt{\mu g r}$

C. $\sqrt{\mu g r}$

D. $\sqrt{\mu r}$

55. 重 10N 的物块沿水平面滑行 4m，如果摩擦系数是 0.3，则重力及摩擦力各做的功是：

A. $40\text{N} \cdot \text{m}$，$40\text{N} \cdot \text{m}$ B. 0，$40\text{N} \cdot \text{m}$

C. 0，$12\text{N} \cdot \text{m}$ D. $40\text{N} \cdot \text{m}$，$12\text{N} \cdot \text{m}$

56. 质量 m_1 与半径 r 均相同的三个均质滑轮，在绳端作用有力或挂有重物，如图所示。已知均质滑轮的质量为 $m_1 = 2\text{kN} \cdot \text{s}^2/\text{m}$，重物的质量分别为 $m_2 = 0.2\text{kN} \cdot \text{s}^2/\text{m}$，$m_3 = 0.1\text{kN} \cdot \text{s}^2/\text{m}$，重力加速度按 $g = 10\text{m/s}^2$ 计算，则各轮转动的角加速度 α 间的关系是：

A. $\alpha_1 = \alpha_3 > \alpha_2$ B. $\alpha_1 < \alpha_2 < \alpha_3$

C. $\alpha_1 > \alpha_3 > \alpha_2$ D. $\alpha_1 \neq \alpha_2 = \alpha_3$

 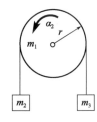 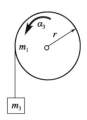

57. 均质细杆 OA，质量为 m，长 l。在如图所示水平位置静止释放，释放瞬时轴承 O 施加于杆 OA 的附加动反力为：

A. $3mg\uparrow$

B. $3mg\downarrow$

C. $\dfrac{3}{4}mg\uparrow$

D. $\dfrac{3}{4}mg\downarrow$

58. 图示两系统均做自由振动，其固有圆频率分别为：

A. $\sqrt{\dfrac{2k}{m}}, \sqrt{\dfrac{k}{2m}}$

B. $\sqrt{\dfrac{k}{m}}, \sqrt{\dfrac{m}{2k}}$

C. $\sqrt{\dfrac{k}{2m}}, \sqrt{\dfrac{k}{m}}$

D. $\sqrt{\dfrac{k}{m}}, \sqrt{\dfrac{k}{2m}}$

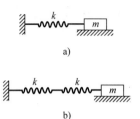

a)

b)

59. 等截面杆，轴向受力如图所示，则杆的最大轴力是：

A. 8kN

B. 5kN

C. 3kN

D. 13kN

60. 变截面杆 AC 受力如图所示。已知材料弹性模量为 E，杆 BC 段的截面积为 A，杆 AB 段的截面积为 $2A$，则杆 C 截面的轴向位移是：

A. $\dfrac{FL}{2EA}$

B. $\dfrac{FL}{EA}$

C. $\dfrac{2FL}{EA}$

D. $\dfrac{3FL}{EA}$

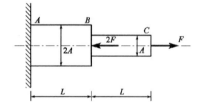

61. 直径 $d = 0.5\text{m}$ 的圆截面立柱，固定在直径 $D = 1\text{m}$ 的圆形混凝土基座上，圆柱的轴向压力 $F = 1000\text{kN}$，混凝土的许用应力 $[\tau] = 1.5\text{MPa}$。假设地基对混凝土板的支反力均匀分布，为使混凝土基座不被立柱压穿，混凝土基座所需的最小厚度 t 应是：

A. 159mm

B. 212mm

C. 318mm

D. 424mm

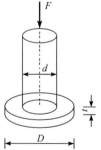

62. 实心圆轴受扭，若将轴的直径减小一半，则扭转角是原来的：

A. 2 倍　　　　　　　　　　　　B. 4 倍

C. 8 倍　　　　　　　　　　　　D. 16 倍

63. 图示截面对 z 轴的惯性矩 I_z 为：

A. $I_z = \dfrac{\pi d^4}{64} - \dfrac{bh^3}{3}$

B. $I_z = \dfrac{\pi d^4}{64} - \dfrac{bh^3}{12}$

C. $I_z = \dfrac{\pi d^4}{32} - \dfrac{bh^3}{6}$

D. $I_z = \dfrac{\pi d^4}{64} - \dfrac{13bh^3}{12}$

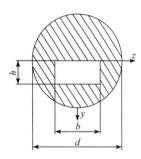

64. 图示圆轴的抗扭截面系数为 W_T，切变模量为 G。扭转变形后，圆轴表面 A 点处截取的单元体互相垂直的相邻边线改变了 γ 角，如图所示。圆轴承受的扭矩 T 是：

A. $T = G\gamma W_T$

B. $T = \dfrac{G\gamma}{W_T}$

C. $T = \dfrac{\gamma}{G}W_T$

D. $T = \dfrac{W_T}{G\gamma}$

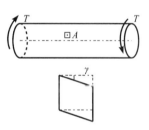

65. 材料相同的两根矩形截面梁叠合在一起，接触面之间可以相对滑动且无摩擦力。设两根梁的自由端共同承担集中力偶 m，弯曲后两根梁的挠曲线相同，则上面梁承担的力偶矩是：

A. $m/9$

B. $m/5$

C. $m/3$

D. $m/2$

66. 图示等边角钢制成的悬臂梁AB，C点为截面形心，x为该梁轴线，y'、z'为形心主轴。集中力F竖直向下，作用线过形心，则梁将发生以下哪种变化：

A. xy平面内的平面弯曲

B. 扭转和xy平面内的平面弯曲

C. xy'和xz'平面内的双向弯曲

D. 扭转及xy'和xz'平面内的双向弯曲

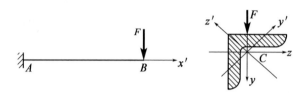

67. 图示直径为d的圆轴，承受轴向拉力F和扭矩T。按第三强度理论，截面危险的相当应力σ_{eq3}为：

A. $\sigma_{eq3} = \dfrac{32}{\pi d^3}\sqrt{F^2 + T^2}$

B. $\sigma_{eq3} = \dfrac{16}{\pi d^3}\sqrt{F^2 + T^2}$

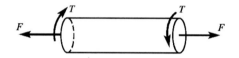

C. $\sigma_{eq3} = \sqrt{\left(\dfrac{4F}{\pi d^2}\right)^2 + 4\left(\dfrac{16T}{\pi d^3}\right)^2}$

D. $\sigma_{eq3} = \sqrt{\left(\dfrac{4F}{\pi d^2}\right)^2 + 4\left(\dfrac{32T}{\pi d^3}\right)^2}$

68. 在图示 4 种应力状态中，最大切应力τ_{max}大的应力状态是：

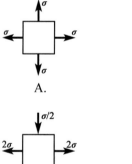

A.

B.

C.

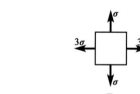

D.

69. 图示圆轴固定端最上缘A点单元体的应力状态是:

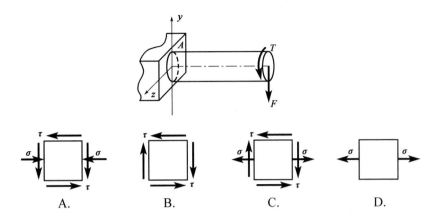

A.　　　　　B.　　　　　C.　　　　　D.

70. 图示三根压杆均为细长（大柔度）压杆，且弯曲刚度为EI。三根压杆的临界荷载F_{cr}的关系为:

A. $F_{cra} > F_{crb} > F_{crc}$

B. $F_{crb} > F_{cra} > F_{crc}$

C. $F_{crc} > F_{cra} > F_{crb}$

D. $F_{crb} > F_{crc} > F_{cra}$

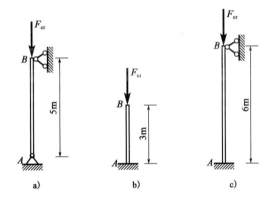

71. 压力表测出的压强是:

A. 绝对压强

B. 真空压强

C. 相对压强

D. 实际压强

72. 有一变截面压力管道,测得流量为15L/s,其中一截面的直径为100mm,另一截面处的流速为20m/s,则此截面的直径为:

A. 29mm

B. 31mm

C. 35mm

D. 26mm

73. 一直径为 50mm 的圆管，运动黏滞系数$\nu = 0.18\text{cm}^2/\text{s}$、密度$\rho = 0.85\text{g/cm}^3$的油在管内以$v = 10\text{cm/s}$的速度做层流运动，则沿程损失系数是：

A. 0.18   B. 0.23   C. 0.20   D. 0.26

74. 圆柱形管嘴，直径为 0.04m，作用水头为 7.5m，则出水流量为：

A. $0.008\text{m}^3/\text{s}$ B. $0.023\text{m}^3/\text{s}$

C. $0.020\text{m}^3/\text{s}$ D. $0.013\text{m}^3/\text{s}$

75. 同一系统的孔口出流，有效作用水头H相同，则自由出流与淹没出流的关系为：

A. 流量系数不等，流量不等   B. 流量系数不等，流量相等

C. 流量系数相等，流量不等   D. 流量系数相等，流量相等

76. 一梯形断面明渠，水力半径$R = 1\text{m}$，底坡$i = 0.0008$，粗糙系数$n = 0.02$，则输水流速度为：

A. 1m/s   B. 1.4m/s

C. 2.2m/s   D. 0.84m/s

77. 渗流达西定律适用于：

A. 地下水渗流   B. 砂质土壤渗流

C. 均匀土壤层流渗流   D. 地下水层流渗流

78. 几何相似、运动相似和动力相似的关系是：

A. 运动相似和动力相似是几何相似的前提

B. 运动相似是几何相似和动力相似的表象

C. 只有运动相似，才能几何相似

D. 只有动力相似，才能几何相似

79. 图示为环线半径为r的铁芯环路，绕有匝数为N的线圈，线圈中通有直流电流I，磁路上的磁场强度H处处均匀，则H值为：

A. $\dfrac{NI}{r}$，顺时针方向

B. $\dfrac{NI}{2\pi r}$，顺时针方向

C. $\dfrac{NI}{r}$，逆时针方向

D. $\dfrac{NI}{2\pi r}$，逆时针方向

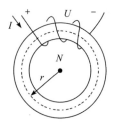

80. 图示电路中，电压 $U =$

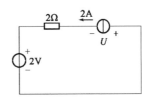

A. 0V

B. 4V

C. 6V

D. −6V

81. 对于图示电路，可以列写 a、b、c、d 4 个结点的 KCL 方程和①、②、③、④、⑤ 5 个回路的 KVL 方程。为求出 6 个未知电流 $I_1 \sim I_6$，正确的求解模型应该是：

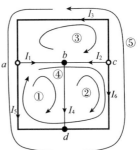

A. 任选 3 个 KCL 方程和 3 个 KVL 方程

B. 任选 3 个 KCL 方程和①、②、③ 3 个回路的 KVL 方程

C. 任选 3 个 KCL 方程和①、②、④ 3 个回路的 KVL 方程

D. 写出 4 个 KCL 方程和任意 2 个 KVL 方程

82. 已知交流电流 $i(t)$ 的周期 $T = 1$ms，有效值 $I = 0.5$A，当 $t = 0$ 时，$i = 0.5\sqrt{2}$A，则它的时间函数描述形式是：

A. $i(t) = 0.5\sqrt{2}\sin 1000t$ A

B. $i(t) = 0.5\sin 2000\pi t$ A

C. $i(t) = 0.5\sqrt{2}\sin(2000\pi t + 90°)$ A

D. $i(t) = 0.5\sqrt{2}\sin(1000\pi t + 90°)$ A

83. 图 a) 滤波器的幅频特性如图 b) 所示，当 $u_i = u_{i1} = 10\sqrt{2}\sin 100t$ V时，输出 $u_o = u_{o1}$，当 $u_i = u_{i2} = 10\sqrt{2}\sin 10^4 t$ V时，输出 $u_o = u_{o2}$，则可以算出：

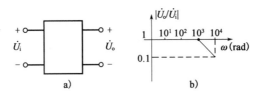

A. $U_{o1} = U_{o2} = 10$V

B. $U_{o1} = 10$V，U_{o2}不能确定，但小于10V

C. $U_{o1} < 10$V，$U_{o2} = 0$

D. $U_{o1} = 10$V，$U_{o2} = 1$V

84. 如图 a）所示功率因数补偿电路中，当 $C = C_1$ 时得到相量图如图 b）所示，当 $C = C_2$ 时得到相量图如图 c）所示，则：

A. C_1 一定大于 C_2

B. 当 $C = C_1$ 时，功率因数 $\lambda|_{C_1} = -0.866$；当 $C = C_2$ 时，功率因数 $\lambda|_{C_2} = 0.866$

C. 因为功率因数 $\lambda|_{C_1} = \lambda|_{C_2}$，所以采用两种方案均可

D. 当 $C = C_2$ 时，电路出现过补偿，不可取

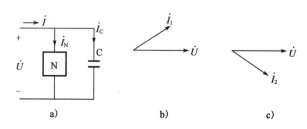

85. 某单相理想变压器，其一次线圈为 550 匝，有两个二次线圈。若希望一次电压为 100V 时，获得的二次电压分别为 10V 和 20V，则 $N_{2|10V}$ 和 $N_{2|20V}$ 应分别为：

A. 50 匝和 100 匝   B. 100 匝和 50 匝

C. 55 匝和 110 匝   D. 110 匝和 55 匝

86. 为实现对电动机的过载保护，除了将热继电器的常闭触点串接在电动机的控制电路中外，还应将其热元件：

A. 也串接在控制电路中   B. 再并接在控制电路中

C. 串接在主电路中   D. 并接在主电路中

87. 某温度信号如图 a）所示，经温度传感器测量后得到图 b）波形，经采样后得到图 c）波形，再经保持器得到图 d）波形，则：

A. 图 b）是图 a）的模拟信号

B. 图 a）是图 b）的模拟信号

C. 图 c）是图 b）的数字信号

D. 图 d）是图 a）的模拟信号

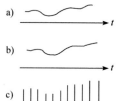

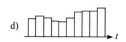

88. 若某周期信号的一次谐波分量为$5\sin 10^3 t$ V，则它的三次谐波分量可表示为：

A. $U\sin 3\times 10^3 t$，$U > 5$V
B. $U\sin 3\times 10^3 t$，$U < 5$V
C. $U\sin 10^6 t$，$U > 5$V
D. $U\sin 10^6 t$，$U < 5$V

89. 设放大器的输入信号为$u_1(t)$，放大器的幅频特性如图所示，令$u_1(t) = \sqrt{2}U_1\sin 2\pi ft$，$u_2(t) = \sqrt{2}U_2\sin 2\pi ft$，且$f > f_H$，则：

A. $u_2(t)$的出现频率失真
B. $u_2(t)$的有效值$U_2 = AU_1$
C. $u_2(t)$的有效值$U_2 < AU_1$
D. $u_2(t)$的有效值$U_2 > AU_1$

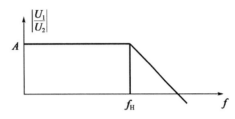

90. 对逻辑表达式$\overline{AD} + \overline{\overline{AD}}$的化简结果是：

A. 0
B. 1
C. $\overline{AD} + A\overline{D}$
D. $\overline{AD} + AD$

91. 已知数字信号A和数字信号B的波形如图所示，则数字信号$F = \overline{A + B}$的波形为：

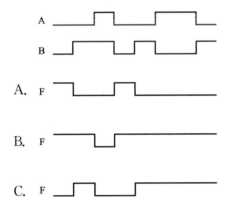

92. 十进制数字 16 的 BCD 码为：

A. 00010000
B. 00010110
C. 00010100
D. 00011110

93. 二极管应用电路如图所示，$U_A = 1V$，$U_B = 5V$，设二极管为理想器件，则输出电压U_F：

A. 等于 1V

B. 等于 5V

C. 等于 0V

D. 因R未知，无法确定

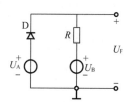

94. 运算放大器应用电路如图所示，其中$C = 1\mu F$，$R = 1M\Omega$，$U_{oM} = \pm 10V$，若$u_1 = 1V$，则u_o：

A. 等于 0V

B. 等于 1V

C. 等于 10V

D. $t < 10s$时，为$-t$；$t \geq 10s$后，为$-10V$

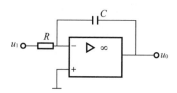

95. 图a）所示电路中，复位信号$\overline{R}_D$、信号A及时钟脉冲信号cp如图b）所示，经分析可知，在第一个和第二个时钟脉冲的下降沿时刻，输出Q先后等于：

A. 0   0

B. 0   1

C. 1   0

D. 1   1

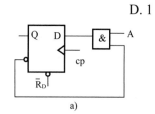 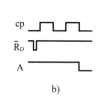

附：触发器的逻辑状态表

D	Q_{n+1}
0	0
1	1

96. 图示电路的功能和寄存数据是：

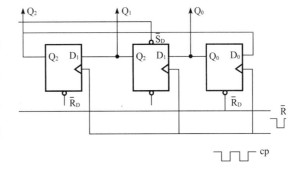

A. 左移的三位移位寄存器，寄存数据是 010

B. 右移的三位移位寄存器，寄存数据是 010

C. 左移的三位移位寄存器，寄存数据是 000

D. 右移的三位移位寄存器，寄存数据是 000

97. 计算机按用途可分为：

A. 专业计算机和通用计算机

B. 专业计算机和数字计算机

C. 通用计算机和模拟计算机

D. 数字计算机和现代计算机

98. 当前微机所配备的内存储器大多是：

A. 半导体存储器

B. 磁介质存储器

C. 光线（纤）存储器

D. 光电子存储器

99. 批处理操作系统的功能是将用户的一批作业有序地排列起来：

A. 在用户指令的指挥下、顺序地执行作业流

B. 计算机系统会自动地、顺序地执行作业流

C. 由专门的计算机程序员控制作业流的执行

D. 由微软提供的应用软件来控制作业流的执行

100. 杀毒软件应具有的功能是：

A. 消除病毒

B. 预防病毒

C. 检查病毒

D. 检查并消除病毒

101. 目前，微机系统中普遍使用的字符信息编码是：

A. BCD 编码

B. ASCII 编码

C. EBCDIC 编码

D. 汉字字型码

102. 下列选项中，不属于 Windows 特点的是：

    A. 友好的图形用户界面

    B. 使用方便

    C. 多用户单任务

    D. 系统稳定可靠

103. 操作系统中采用虚拟存储技术，是为了对：

    A. 外为存储空间的分配

    B. 外存储器进行变换

    C. 内存储器的保护

    D. 内存储器容量的扩充

104. 通过网络传送邮件、发布新闻消息和进行数据交换是计算机网络的：

    A. 共享软件资源功能

    B. 共享硬件资源功能

    C. 增强系统处理功能

    D. 数据通信功能

105. 下列有关因特网提供服务的叙述中，错误的一条是：

    A. 文件传输服务、远程登录服务

    B. 信息搜索服务、WWW 服务

    C. 信息搜索服务、电子邮件服务

    D. 网络自动连接、网络自动管理

106. 若按网络传输技术的不同，可将网络分为：

    A. 广播式网络、点到点式网络

    B. 双绞线网、同轴电缆网、光纤网、无线网

    C. 基带网和宽带网

    D. 电路交换类、报文交换类、分组交换类

107. 某企业准备 5 年后进行设备更新，到时所需资金估计为 600 万元，若存款利率为 5%，从现在开始每年年末均等额存款，则每年应存款：

    [已知：$(A/F, 5\%, 5) = 0.18097$]

    A. 78.65 万元

    B. 108.58 万元

    C. 120 万元

    D. 165.77 万元

108. 某项目投资于邮电通信业，运营后的营业收入全部来源于对客户提供的电信服务，则在估计该项目现金流时不包括：

    A. 企业所得税

    B. 增值税

    C. 城市维护建设税

    D. 教育税附加

109. 某公司向银行借款 150 万元，期限为 5 年，年利率为 8%，每年年末等额还本付息一次（即等额本息法），到第五年末还完本息。则该公司第 2 年年末偿还的利息为：

[已知：$(A/P, 8\%, 5) = 0.2505$]

A. 9.954 万元   B. 12 万元

C. 25.575 万元   D. 37.575 万元

110. 以下关于项目内部收益率指标的说法正确的是：

A. 内部收益率属于静态评价指标

B. 项目内部收益率就是项目的基准收益率

C. 常规项目可能存在多个内部收益率

D. 计算内部收益率不必事先知道准确的基准收益率 i_c

111. 影子价格是商品或生产要素的任何边际变化对国家的基本社会经济目标所做贡献的价值，因而影子价格是：

A. 目标价格   B. 反映市场供求状况和资源稀缺程度的价格

C. 计划价格   D. 理论价格

112. 在对项目进行盈亏平衡分析时，各方案的盈亏平衡点生产能力利用率有如下四种数据，则抗风险能力较强的是：

A. 30%   B. 60%

C. 80%   D. 90%

113. 甲、乙为两个互斥的投资方案。甲方案现时点的投资为 25 万元，此后从第一年年末开始，年运行成本为 4 万元，寿命期为 20 年，净残值为 8 万元；乙方案现时点的投资额为 12 万元，此后从第一年年末开始，年运行成本为 6 万元，寿命期也为 20 年，净残值 6 万元。若基准收益率为 20%，则甲、乙方案费用现值分别为：

[已知：$(P/A, 20\%, 20) = 4.8696$，$(P/F, 20\%, 20) = 0.02608$]

A. 50.80 万元，−41.06 万元   B. 54.32 万元，41.06 万元

C. 44.27 万元，41.06 万元   D. 50.80 万元，44.27 万元

114. 某产品的实际成本为10000元，它由多个零部件组成，其中一个零部件的实际成本为880元，功能评价系数为0.140，则该零部件的价值指数为：

A. 0.628

B. 0.880

C. 1.400

D. 1.591

115. 某工程项目甲建设单位委托乙监理单位对丙施工总承包单位进行监理，有关监理单位的行为符合规定的是：

A. 在监理合同规定的范围内承揽监理业务

B. 按建设单位委托，客观公正地执行监理任务

C. 与施工单位建立隶属关系或者其他利害关系

D. 将工程监理业务转让给具有相应资质的其他监理单位

116. 某施工企业取得了安全生产许可证后，在从事建筑施工活动中，被发现已经不具备安全生产条件，则正确的处理方法是：

A. 由颁发安全生产许可证的机关暂扣或吊销安全生产许可证

B. 由国务院建设行政主管部门责令整改

C. 由国务院安全管理部门责令停业整顿

D. 吊销安全生产许可证，5年内不得从事施工活动

117. 某工程项目进行公开招标，甲乙两个施工单位组成联合体投标该项目，下列做法中，不合法的是：

A. 双方商定以一个投标人的身份共同投标

B. 要求双方至少一方应当具备承担招标项目的相应能力

C. 按照资质等级较低的单位确定资质等级

D. 联合体各方协商签订共同投标协议

118. 某建设工程总承包合同约定，材料价格按照市场价履约，但具体价款没有明确约定，结算时应当依据的价格是：

A. 订立合同时履行地的市场价格

B. 结算时买方所在地的市场价格

C. 订立合同时签约地的市场价格

D. 结算工程所在地的市场价格

119.某城市计划对本地城市建设进行全面规划，根据《中华人民共和国环境保护法》的规定，下列城乡建设行为不符合《中华人民共和国环境保护法》规定的是：

A. 加强在自然景观中修建人文景观

B. 有效保护植被、水域

C. 加强城市园林、绿地园林

D. 加强风景名胜区的建设

120.根据《建设工程安全生产管理条例》规定，施工单位主要负责人应当承担的责任是：

A. 落实安全生产责任制度、安全生产规章制度和操作规程

B. 保证本单位安全生产条件所需资金的投入

C. 确保安全生产费用的有效使用

D. 根据工程的特点组织特定安全施工措施

1. 解 本题考查基本极限公式以及无穷小量的性质。

选项 A 和 C 是基本极限公式，成立。

选项 B，$\lim\limits_{x \to \infty} \dfrac{\sin x}{x} = \lim\limits_{x \to \infty} \dfrac{1}{x} \sin x$，其中$\dfrac{1}{x}$是无穷小，$\sin x$是有界函数，无穷小乘以有界函数的值为无穷小量，也就是 0，故选项 B 不成立。

选项 D，只要令$t = \dfrac{1}{x}$，则可化为选项 C 的结果。

答案：B

2. 解 本题考查奇偶函数的性质。当$f(-x) = -f(x)$时，$f(x)$为奇函数；当$f(-x) = f(x)$时，$f(x)$为偶函数。

方法 1：选项 D，设$H(x) = g[g(x)]$，则

$$H(-x) = g[g(-x)] \xrightarrow[\text{奇函数}]{g(x)\text{为}} g[-g(x)] = -g[g(x)] = -H(x)$$

故$g[g(x)]$为奇函数。

方法 2：采用特殊值法，题中$f(x)$是偶函数，$g(x)$是奇函数，可设$f(x) = x^2$，$g(x) = x$，验证选项 A、B、C 均是偶函数，错误。

答案：D

3. 解 本题考查导数的定义，需要熟练拼凑相应的形式。

根据导数定义：$f'(x_0) = \lim\limits_{x \to x_0} \dfrac{f(x) - f(x_0)}{x - x_0}$，与题中所给形式类似，进行拼凑：

$$\lim\limits_{x \to x_0} \frac{xf(x_0) - x_0 f(x)}{(x - x_0)}$$

$$= \lim\limits_{x \to x_0} \frac{xf(x_0) - x_0 f(x) + x_0 f(x_0) - x_0 f(x_0)}{x - x_0}$$

$$= \lim\limits_{x \to x_0} \left[\frac{-x_0 f(x) + x_0 f(x_0)}{x - x_0} + \frac{xf(x_0) - x_0 f(x_0)}{x - x_0} \right]$$

$$= -x_0 f'(x_0) + f(x_0)$$

答案：C

4. 解 本题考查变限定积分求导的计算方法。

变限定积分求导的方法如下：

$$\frac{\mathrm{d}\left(\int_{\psi(x)}^{\varphi(x)} f(t)\mathrm{d}t \right)}{\mathrm{d}x} = \frac{\mathrm{d}}{\mathrm{d}x}\left(\int_{\psi(x)}^{a} f(t)\mathrm{d}t + \int_{a}^{\varphi(x)} f(t)\mathrm{d}t \right) \quad (a\text{为常数})$$

$$= \frac{\mathrm{d}}{\mathrm{d}x}\left(-\int_{a}^{\psi(x)} f(t)\mathrm{d}t + \int_{a}^{\varphi(x)} f(t)\mathrm{d}t \right)$$

$$= -f(\psi(x))\psi'(x) + f(\varphi(x))\varphi'(x)$$

求导时，先把积分下限函数化为积分上限函数，再求导。

计算如下：

$$\frac{\mathrm{d}}{\mathrm{d}x}\int_{\varphi(x^2)}^{\varphi(x)}e^{t^2}\,\mathrm{d}t$$

$$=\frac{\mathrm{d}}{\mathrm{d}x}\left[\int_{\varphi(x^2)}^{a}e^{t^2}\,\mathrm{d}t+\int_{a}^{\varphi(x)}e^{t^2}\,\mathrm{d}t\right]\quad(a为常数)$$

$$=\frac{\mathrm{d}}{\mathrm{d}x}\left[-\int_{a}^{\varphi(x^2)}e^{t^2}\,\mathrm{d}t+\int_{a}^{\varphi(x)}e^{t^2}\,\mathrm{d}t\right]$$

$$=-e^{[\varphi(x^2)]^2}\varphi'(x^2)\cdot 2x+e^{[\varphi(x)]^2}\cdot\varphi'(x)$$

$$=\varphi'(x)e^{[\varphi(x)]^2}-2x\varphi'(x^2)e^{[\varphi(x^2)]^2}$$

答案： A

5. 解　本题考查不定积分的基本计算技巧：凑微分。

$$\int xf(1-x^2)\mathrm{d}x=-\frac{1}{2}\int f(1-x^2)\mathrm{d}(1-x^2)\xupertext{已知}{\int f(x)\mathrm{d}x=F(x)+C}-\frac{1}{2}F(1-x^2)+C$$

答案： B

6. 解　本题考查一阶导数的应用。

驻点是函数的一阶导数为 0 的点，本题中函数明显是光滑连续的，所以对函数求导，有 $y'=4x+a$，将 $x=1$ 代入得到 $y'(1)=4+a=0$，解出 $a=-4$。

答案： D

7. 解　本题考查向量代数的基本运算。

方法 1：$(\boldsymbol{\alpha}+\boldsymbol{\beta})\cdot(\boldsymbol{\alpha}+\boldsymbol{\beta})=|\boldsymbol{\alpha}+\boldsymbol{\beta}|\cdot|\boldsymbol{\alpha}+\boldsymbol{\beta}|\cdot\cos 0=|\boldsymbol{\alpha}+\boldsymbol{\beta}|^2$

所以，$|\boldsymbol{\alpha}+\boldsymbol{\beta}|^2=(\boldsymbol{\alpha}+\boldsymbol{\beta})\cdot(\boldsymbol{\alpha}+\boldsymbol{\beta})=\boldsymbol{\alpha}\cdot\boldsymbol{\alpha}+\boldsymbol{\beta}\cdot\boldsymbol{\alpha}+\boldsymbol{\alpha}\cdot\boldsymbol{\beta}+\boldsymbol{\beta}\cdot\boldsymbol{\beta}=\boldsymbol{\alpha}\cdot\boldsymbol{\alpha}+2\boldsymbol{\alpha}\cdot\boldsymbol{\beta}+\boldsymbol{\beta}\cdot\boldsymbol{\beta}$

$$\xupertext{|a|=1,|\beta|=2}{\theta=\frac{\pi}{3}}1\times1\times\cos 0+2\times1\times2\times\frac{\cos\pi}{3}+2\times2\times\cos 0=7$$

所以，$|\boldsymbol{\alpha}+\boldsymbol{\beta}|^2=7$，则 $|\boldsymbol{\alpha}+\boldsymbol{\beta}|=\sqrt{7}$

方法 2： 可通过作图来辅助求解。

如解图所示，若设 $\boldsymbol{\beta}=(2,0)$，由于 $\boldsymbol{\alpha}$ 和 $\boldsymbol{\beta}$ 的夹角为 $\frac{\pi}{3}$，则

$\boldsymbol{\alpha}=\left(1\cdot\cos\frac{\pi}{3},1\cdot\sin\frac{\pi}{3}\right)=\left(\cos\frac{\pi}{3},\sin\frac{\pi}{3}\right)$，$\boldsymbol{\beta}=(2,0)$

$\boldsymbol{\alpha}+\boldsymbol{\beta}=\left(2+\cos\frac{\pi}{3},\sin\frac{\pi}{3}\right)$

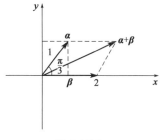

题 7 解图

$$|\boldsymbol{\alpha}+\boldsymbol{\beta}|=\sqrt{\left(2+\cos\frac{\pi}{3}\right)^2+\sin^2\frac{\pi}{3}}=\sqrt{4+2\times2\times\cos\frac{\pi}{3}+\cos^2\frac{\pi}{3}+\sin^2\frac{\pi}{3}}=\sqrt{7}$$

答案： B

8. 解　本题考查简单的二阶常微分方程求解，直接进行两次积分即可。

$y'' = \sin x$，则$y' = \int \sin x \, \mathrm{d}x = -\cos x + C_1$

再次对x进行积分，有：$y = \int (-\cos x + C_1)\mathrm{d}x = -\sin x + C_1 x + C_2$

答案：B

9. 解 本题考查导数的基本应用与计算。

已知$f(x)$，$g(x)$在$[a, b]$上均可导，且恒正，

设$H(x) = f(x)g(x)$，则$H'(x) = f'(x)g(x) + f(x)g'(x)$，

已知$f'(x)g(x) + f(x)g'(x) > 0$，所以函数$H(x) = f(x)g(x)$在$x \in (a, b)$时单调增加，因此有$H(a) < H(x) < H(b)$，即$f(a)g(a) < f(x)g(x) < f(b)g(b)$。

答案：C

10. 解 本题考查定积分的基本几何应用。注意积分变量的选择，是选择x方便，还是选择y方便？

如解图所示，本题所求图形面积即为阴影图形面积，此时选择积分变量y较方便。

$$A = \int_{\ln a}^{\ln b} \varphi(y)\mathrm{d}y$$

因为$y = \ln x$，则$x = e^y$，故：

$$A = \int_{\ln a}^{\ln b} e^y \, \mathrm{d}y = e^y \Big|_{\ln a}^{\ln b} = e^{\ln b} - e^{\ln a} = b - a$$

答案：B

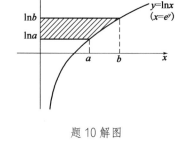

题 10 解图

11. 解 本题考查空间解析几何中平面的基本性质和运算。

方法 1：若某平面π平行于yOz坐标面，则平面π的法向量平行于x轴，可取$\boldsymbol{n} = (1,0,0)$，利用平面$Ax + By + Cz + D = 0$所对应的法向量$\boldsymbol{n} = (A,B,C)$判定选项 D 中，平面方程$x + 1 = 0$的法线向量为$\vec{n} = (1,0,0)$，正确。

方法 2：可通过画出选项 A、B、C 的图形来确定。

答案：D

12. 解 本题考查多元函数微分学的概念性问题，涉及多元函数偏导数与多元函数连续等概念，需记忆解图的关系式方可快速解答：

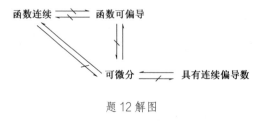

题 12 解图

可知，函数可微可推出一阶偏导数存在，而函数一阶偏导数存在推不出函数可微，故在此点一阶偏导数存在是函数在该点可微的必要条件。

答案： A

13. 解 本题考查级数中常数项级数的敛散性。

利用级数敛散性判定方法以及 p 级数的相关性判定。

选项 A，利用比较法的极限形式，选择级数 $\sum\limits_{n=1}^{\infty} \frac{1}{n^2}$，$p > 1$ 收敛。

而 $\lim\limits_{n \to \infty} \frac{\frac{1}{n(n+1)}}{\frac{1}{n^2}} = \lim\limits_{n \to \infty} \frac{n^2}{n^2+n} = 1$

所以级数收敛。

选项 B，可利用 p 级数的敛散性判断。

p 级数 $\sum\limits_{n=1}^{\infty} \frac{1}{n^p}$（$p > 0$，实数），当 $p > 1$ 时，p 级数收敛；当 $p \leqslant 1$ 时，p 级数发散。

选项 B，$p = \frac{3}{2} > 1$，故级数收敛。

选项 D，可利用交错级数的莱布尼茨定理判断。

设交错级数 $\sum\limits_{n=1}^{\infty} (-1)^{n-1} a_n$，其中 $a_n > 0$，只要：① $a_n \geqslant a_{n+1}(n=1,2,\dots)$，② $\lim\limits_{n \to \infty} a_n = 0$，则 $\sum\limits_{n-1}^{\infty} (-1)^{n-1} a_n$ 就收敛。

选项 D 中 ① $\frac{1}{\sqrt{n}} > \frac{1}{\sqrt{n+1}} (n=1,2,\dots)$，② $\lim\limits_{n \to \infty} \frac{1}{\sqrt{n}} = 0$，故级数收敛。

选项 C，对于级数 $\sum\limits_{n=1}^{\infty} \left(\frac{n}{2n+1}\right)^2$，$\lim\limits_{n \to \infty} u_n = \lim\limits_{n \to \infty} \left(\frac{n}{2n+1}\right)^2 = \left(\frac{1}{2}\right)^2 = \frac{1}{4} \neq 0$

级数收敛的必要条件是 $\lim\limits_{n \to \infty} u_n = 0$，而本选项 $\lim\limits_{n \to \infty} u_n \neq 0$，故级数发散。

答案： C

14. 解 本题考查二阶常系数微分方程解的基本结构。

已知函数 $y = C_1 e^{-x} + C_2 e^{4x}$ 是某微分方程的通解，则该微分方程拥有的特征方程的解分别为 $r_1 = -1$，$r_2 = +4$，则有 $(r+1)(r-4)=0$，展开有 $r^2 - 3r - 4 = 0$，故对应的微分方程为 $y'' - 3y' - 4y = 0$。

答案： B

15. 解 本题考查对弧长曲线积分（也称第一类曲线积分）的相关计算。

依据题意，作解图，知 L 方程为 $y = -x + 1$

L 的参数方程为 $\begin{cases} x = x \\ y = -x + 1 \end{cases} (0 \leqslant x \leqslant 1)$

$dS = \sqrt{1^2 + (-1)^2} dx = \sqrt{2} dx$

$\int_L \cos(x+y) dS = \int_0^1 \cos[x + (-x+1)] \sqrt{2} dx$

$\qquad\qquad = \int_0^1 \sqrt{2} \cos 1 dx = \sqrt{2} \cos 1 \cdot x \Big|_0^1 = \sqrt{2} \cos 1$

题 15 解图

注：写出直线 L 的方程后，需判断 x 的取值范围（对弧长的曲线积分，积分变量应由小变大），从方

程中看可知$x: 0 \to 1$，若考查对坐标的曲线积分（也称第二类曲线积分），则应特别注意路径行走方向，以便判断x的上下限。

答案： C

16. 解 本题考查直角坐标系下的二重积分计算问题。

根据题中所给正方形区域可作图，其中，$D: |x| \leqslant 1$，$|y| \leqslant 1$，即$-1 \leqslant x \leqslant 1$，$-1 \leqslant y \leqslant 1$。有

$$\iint\limits_{D} (x^2 + y^2)\mathrm{d}x\mathrm{d}y = \int_{-1}^{1} \mathrm{d}x \int_{-1}^{1} (x^2 + y^2)\,\mathrm{d}y = \int_{-1}^{1} \left(x^2 y + \frac{y^3}{3}\right)\Big|_{-1}^{1}\,\mathrm{d}x$$

$$= \int_{-1}^{1} \left(2x^2 + \frac{2}{3}\right)\mathrm{d}x = \left(\frac{2}{3}x^3 + \frac{2}{3}x\right)\Big|_{-1}^{1} = \frac{8}{3}$$

或利用对称性，$D = 4D_1$，则

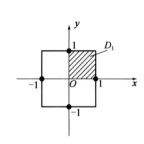

$$\iint\limits_{D} (x^2 + y^2)\mathrm{d}x\mathrm{d}y \xlongequal{\text{利用对称性}} 4\iint\limits_{D_1} (x^2 + y^2)\mathrm{d}x\mathrm{d}y$$

$$= 4\int_{0}^{1} \mathrm{d}x \int_{0}^{1} (x^2 + y^2)\,\mathrm{d}y = 4\int_{0}^{1} \left(x^2 y + \frac{1}{3}y^3\right)\Big|_{0}^{1}\,\mathrm{d}x$$

$$= 4\int_{0}^{1} \left(x^2 + \frac{1}{3}\right)\mathrm{d}x = 4 \times \left[\frac{1}{3}x^3 + \frac{1}{3}x\right]_{0}^{1}$$

$$= 4 \times \left(\frac{1}{3} + \frac{1}{3}\right) = \frac{8}{3}$$

题16解图

答案： B

17. 解 本题考查麦克劳林展开式的基本概念。

麦克劳林展开式的一般形式为

$$f(x) = f(0) + f'(0)x + \frac{f''(0)}{2!}x^2 + \cdots + \frac{f^n(0)}{n!}x^n + R_n(x)$$

其中$R_n(x) = \frac{f^{n+1}(\xi)}{(n+1)!}x^{n+1}$，这里$\xi$是介于0与$x$之间的某个值。

$f'(x) = a^x \ln a$，$f''(x) = a^x(\ln a)^2$，故$f'(0) = \ln a$，$f''(0) = (\ln a)^2$，$f(0) = 1$

$$f(x) = 1 + x\ln a + \frac{(\ln a)^2}{2}x^2$$

答案： C

18. 解 本题考查多元函数的混合偏导数求解。

函数$z = f(x^2 y)$

$$\frac{\partial z}{\partial x} = 2xyf'(x^2 y)$$

$$\frac{\partial^2 z}{\partial x \partial y} = 2x[f'(x^2 y) + yf''(x^2 y)x^2] = 2x[f'(x^2 y) + x^2 yf''(x^2 y)]$$

答案： D

19. 解 本题考查矩阵和行列式的基本计算。

因为A、B均为三阶矩阵，则

$$|-2A^TB^{-1}| = (-2)^3|A^TB^{-1}|$$

$$= -8|A^T| \cdot |B^{-1}| = -8|A| \cdot \frac{1}{|B|} \text{（矩阵乘积的行列式性质）}$$

$$\left(\text{矩阵转置行列式性质，} |BB^{-1}| = |E|, |B| \cdot |B^{-1}| = 1, |B^{-1}| = \frac{1}{|B|}\right)$$

$$= -8 \times 1 \times \frac{1}{-2} = 4$$

答案： D

20.解 本题考查线性方程组$Ax = 0$，有非零解的充要条件。

方程组$\begin{cases} ax_1 + x_2 + x_3 = 0 \\ x_1 + ax_2 + x_3 = 0 \\ x_1 + x_2 + ax_3 = 0 \end{cases}$ 有非零解的充要条件是$\begin{vmatrix} a & 1 & 1 \\ 1 & a & 1 \\ 1 & 1 & a \end{vmatrix} = 0$

$$\begin{vmatrix} a & 1 & 1 \\ 1 & a & 1 \\ 1 & 1 & a \end{vmatrix} \xrightarrow{(-1)c_3+c_2} \begin{vmatrix} a & 0 & 1 \\ 1 & a-1 & 1 \\ 1 & 1-a & a \end{vmatrix} \xrightarrow{(-a)c_3+c_1} \begin{vmatrix} 0 & 0 & 1 \\ 1-a & a-1 & 1 \\ 1-a^2 & 1-a & a \end{vmatrix}$$

$$= \begin{vmatrix} 1-a & a-1 \\ 1-a^2 & 1-a \end{vmatrix} = (1-a)^2 \begin{vmatrix} 1 & -1 \\ 1+a & 1 \end{vmatrix} = (1-a)^2(2+a) = 0$$

所以$a = 1$或-2。

答案： B

21.解 本题考查利用配方法求二次型的标准型，考查的知识点较偏。

方法1： 由矩阵A可写出二次型为$f(x_1, x_2, x_3) = x_1^2 - 2x_1x_2 + 3x_2^2$，利用配方法得到

$$f(x_1, x_2, x_3) = x_1^2 - 2x_1x_2 + x_2^2 + 2x_2^2 = (x_1 - x_2)^2 + 2x_2^2$$

令$x_1 - x_2 = y_1$，$x_2 = y_2$，可得$f = y_1^2 + 2y_2^2$

方法2： 利用惯性定理，选项 A、B、D（正惯性指数为1，负惯性指数为1）可以互化，因此对单选题，一定是错的。不用计算可知，只能选C。

答案： C

22.解 因为A与B独立，所以$\overline{A}$与$\overline{B}$独立。

$$P(A \cup B) = 1 - P(\overline{A \cup B}) = 1 - P(\overline{A}\overline{B}) = 1 - P(\overline{A})P(\overline{B}) = 1 - 0.4 \times 0.5 = 0.8$$

或者$P(A \cup B) = P(A) + P(B) - P(AB)$

由于A与B相互独立，则$P(AB) = P(A)P(B)$

而$P(A) = 1 - P(\overline{A}) = 0.6$，$P(B) = 1 - P(\overline{B}) = 0.5$

故$P(A \cup B) = 0.6 + 0.5 - 0.6 \times 0.5 = 0.8$

答案： C

23. 解 数学期望 $E(X) = \int_{-\infty}^{+\infty} x f(x) \mathrm{d}x$，由已知条件，知

$$f(x) = F'(x) = \begin{cases} 3x^2, & 0 < x < 1 \\ 0, & \text{其他} \end{cases}$$

则 $E(X) = \int_0^1 x \cdot 3x^2 \mathrm{d}x = \int_0^1 3x^3 \mathrm{d}x$

答案： B

24. 解 二维离散型随机变量 X、Y 相互独立的充要条件是 $P_{ij} = P_{i.}P_{.j}$

还有分布律性质 $\sum_i \sum_j P(X = i, Y = j) = 1$

利用上述等式建立两个独立方程，解出 α、β。

下面根据独立性推出一个公式：

因为 $\dfrac{P(X=i, Y=1)}{P(X=i, Y=2)} = \dfrac{P(X=i)P(Y=1)}{P(X=i)P(Y=2)} = \dfrac{P(Y=1)}{P(Y=2)}$ $i = 1,2,3,\cdots$

所以 $\dfrac{P(X=1, Y=1)}{P(X=1, Y=2)} = \dfrac{P(X=2, Y=1)}{P(X=2, Y=2)} = \dfrac{P(X=3, Y=1)}{P(X=3, Y=2)}$

即 $\dfrac{\frac{1}{6}}{\frac{1}{3}} = \dfrac{\frac{1}{9}}{\beta} = \dfrac{\frac{1}{18}}{\alpha}$

选项 D 对。

答案： D

25. 解 分子的平均平动动能公式 $\overline{\omega} = \dfrac{3}{2}kT$，分子的平均动能公式 $\overline{\varepsilon} = \dfrac{i}{2}kT$，刚性双原子分子自由度 $i = 5$，但此题问的是每个分子的平均平动动能而不是平均动能，故正确答案为 C。

答案： C

26. 解 分子无规则运动的平均自由程公式 $\lambda = \dfrac{\overline{v}}{\overline{Z}} = \dfrac{1}{\sqrt{2}\pi d^2 n}$，气体定了，$d$ 就定了，所以容器中分子无规则运动的平均自由程仅取决于 n，即单位体积的分子数。此题给定 1mol 氦气，分子总数定了，故容器中分子无规则运动的平均自由程仅取决于体积 V。

答案： B

27. 解 理想气体和单一恒温热源做等温膨胀时，吸收的热量全部用来对外界做功，既不违反热力学第一定律，也不违反热力学第二定律。因为等温膨胀是一个单一的热力学过程而非循环过程。

答案： C

28. 解 理想气体的功和热量是过程量。内能是状态量，是温度的单值函数。此题给出 $T_2 = T_1$，无论气体经历怎样的过程，气体的内能保持不变。而因为不知气体变化过程，故无法判断功的正负。

答案： D

29. 解 将 $t = 0.1$s，$x = 2$m 代入方程，即

$$y = 0.01\cos 10\pi(25t - x) = 0.01\cos 10\pi(2.5 - 2) = -0.01$$

答案：C

30. 解 $A = 0.02\text{m}$，$T = \dfrac{2\pi}{\omega} = \dfrac{2\pi}{50\pi} = \dfrac{1}{25} = 0.04\text{s}$

答案：A

31. 解 机械波在媒质中传播，一媒质质元的最大形变量发生在平衡位置，此位置动能最大，势能也最大，总机械能亦最大。

答案：D

32. 解 上下缝各覆盖一块厚度为 d 的透明薄片，则从两缝发出的光在原来中央明纹初相遇时，光程差为

$$\delta = r - d + n_2 d - (r - d + n_1 d) = d(n_2 - n_1)$$

答案：A

33. 解 牛顿环的环状干涉条纹为等厚干涉条纹，当平凸透镜垂直向上缓慢平移而远离平面镜时，原 k 级条纹向环中心移动，故这些环状干涉条纹向中心收缩。

答案：D

34. 解 $\Delta\varphi = \dfrac{2\pi}{\lambda}\delta = \dfrac{2\pi}{\lambda}nl = 3\pi$，$l = \dfrac{3\lambda}{2n}$

答案：C

35. 解 反射光的光程差加强条件 $\delta = 2nd + \dfrac{\lambda}{2} = k\lambda$

可见光范围 $\lambda(400\sim760\text{nm})$，取 $\lambda = 400\text{nm}$，$k = 3.5$；取 $\lambda = 760\text{nm}$，$k = 2.1$

k 取整数，$k = 3$，$\lambda = 480\text{nm}$

答案：A

36. 解 玻璃劈尖相邻干涉条纹间距公式为：$l = \dfrac{\lambda}{2n\theta}$

此玻璃的折射率为：$n = \dfrac{\lambda}{2l\theta} = 1.53$

答案：B

37. 解 当原子失去电子成为正离子时，一般是能量较高的最外层电子先失去，而且往往引起电子层数的减少。某元素正二价离子（M^{2+}）的外层电子构型是 $3s^2 3p^6$，所以该元素原子基态核外电子构型为 $1s^2 2s^2 2p^6 3s^2 3p^6 4s^2$。该元素基态核外电子最高主量子数为 4，为第四周期元素；价电子构型为 $4s^2$，为 s 区元素，IIA 族元素。

答案：C

38. 解 离子的极化力是指某离子使其他离子变形的能力。极化率（离子的变形性）是指某离子在电场作用下电子云变形的程度。每种离子都具有极化力与变形性，一般情况下，主要考虑正离子的极化

力和负离子的变形性。极化力与离子半径有关，离子半径越小，极化力越强。

答案： A

39. 解 NH_4Cl 为强酸弱碱盐，水解显酸性；$NaCl$ 不水解；$NaOAc$ 和 Na_3PO_4 均为强碱弱酸盐，水解显碱性，因为 $K_a(HAc) > K_a(H_3PO_4)$，所以 Na_3PO_4 的水解程度更大，碱性更强。

答案： A

40. 解 根据理想气体状态方程 $pV = nRT$，得 $n = \dfrac{pV}{RT}$。所以当温度和体积不变时，反应器中气体（反应物或生成物）的物质的量与气体分压成正比。根据 $2A(g) + B(g) \rightleftharpoons 2C(g)$ 可知，生成物气体C的平衡分压为 $100kPa$，则A要消耗 $100kPa$，B要消耗 $50kPa$，平衡时 $p(A) = 200kPa$，$p(B) = 250kPa$。

$$K^\Theta = \frac{\left(\dfrac{p(C)}{p^\Theta}\right)^2}{\left(\dfrac{p(A)}{p^\Theta}\right)^2\left(\dfrac{p(B)}{p^\Theta}\right)} = \frac{\left(\dfrac{100}{100}\right)^2}{\left(\dfrac{200}{100}\right)^2\left(\dfrac{250}{100}\right)} = 0.1$$

答案： A

41. 解 根据氧化还原反应配平原则，还原剂失电子总数等于氧化剂得电子总数，配平后的方程式为：$2MnO_4^- + 5SO_3^{2-} + 6H^+ == 2Mn^{2+} + 5SO_4^{2-} + 3H_2O$。

答案： B

42. 解 电极电势的大小，可以判断氧化剂与还原剂的相对强弱。电极电势越大，表示电对中氧化态的氧化能力越强。所以题中氧化剂氧化能力最强的是 $HClO$。

答案： C

43. 解 标准状态时，由指定单质生成单位物质的量的纯物质B时反应的焓变（反应的热效应），称为标准摩尔焓变，记作 $\Delta_f H_m^\Theta$。指定单质通常指标准压力和该温度下最稳定的单质，如 C 的指定单质为石墨(s)。选项 A 中 C(金刚石)不是指定单质，选项 D 中不是生成单位物质的量的 $CO_2(g)$。

答案： C

44. 解 发生银镜反应的物质要含有醛基（–CHO），所以甲醛、乙醛、乙二醛等各种醛类、甲酸及其盐（如 $HCOOH$、$HCOONa$）、甲酸酯（如甲酸甲酯 $HCOOCH_3$、甲酸丙酯 $HCOOC_3H_7$ 等）和葡萄糖、麦芽糖等分子中含醛基的糖与银氨溶液在适当条件下可以发生银镜反应。

答案： D

45. 解 蛋白质、橡胶、纤维素都是天然高分子，蔗糖（$C_{12}H_{22}O_{11}$）不是。

答案： A

46. 解 1-戊炔、2-戊炔、1,2-戊二烯催化加氢后产物均为戊烷，3-甲基-1-丁炔催化加氢后产物为 2-甲基丁烷，结构式为 $(CH_3)_2CHCH_2CH_3$。

答案：B

47. 解　根据力的投影公式，$\boldsymbol{F}_x = \boldsymbol{F}\cos\alpha$，故只有当$\alpha = 0°$时$\boldsymbol{F}_x = \boldsymbol{F}$，即力$\boldsymbol{F}$与$x$轴平行；而除力$\boldsymbol{F}$在与$x$轴垂直的$y$轴（$\alpha = 90°$）上投影为 0 外，在其余与$x$轴共面轴上的投影均不为 0。

答案：B

48. 解　主矢$\boldsymbol{F}_R = \boldsymbol{F}_1 + \boldsymbol{F}_2 + \boldsymbol{F}_3 = 30\boldsymbol{j}$N为三力的矢量和；对$O$点的主矩为各力向$O$点取矩及外力偶矩的代数和，即$M_O = F_3 a - M_1 - M_2 = -10$N·m（顺时针）。

答案：A

49. 解　取整体为研究对象，受力如解图所示。

列平衡方程：

$$\sum m_C(F) = 0, \quad F_A \cdot 2r - F_p \cdot 3r = 0, \quad F_A = \frac{3}{2}F_p$$

答案：D

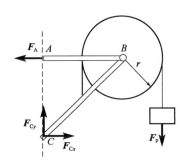

题 49 解图

50. 解　分析节点C的平衡，可知BC杆为零杆。

答案：D

51. 解　当$t = 2$s时，点的速度$v = \dfrac{\mathrm{d}S}{\mathrm{d}t} = 4t^3 - 9t^2 + 4t = 4$m/s

点的加速度$a = \dfrac{\mathrm{d}^2 S}{\mathrm{d}t^2} = 12t^2 - 18t + 4 = 16$m/s^2

答案：C

52. 解　根据点做曲线运动时法向加速度的公式：$a_n = \dfrac{v^2}{\rho} = \dfrac{15^2}{5} = 45$m/s^2。

答案：B

53. 解　因为点A、B两点的速度、加速度方向相同，大小相等，根据刚体做平行移动时的特性，可判断杆AB的运动形式为平行移动，因此，平行移动刚体上M点和A点有相同的速度和加速度，即：$v_M = v_A = r\omega$，$a_M^n = a_A^n = r\omega^2$，$a_M^t = a_A^t = r\alpha$。

答案：C

54. 解　物块与桌面之间最大的摩擦力$F = \mu mg$

根据牛顿第二定律$ma = F$，即$m\dfrac{v^2}{r} = F = \mu mg$，则得$v = \sqrt{\mu gr}$

答案：C

55. 解　重力与水平位移相垂直，故做功为零，摩擦力$F = 10 \times 0.3 = 3$N，所做之功$W = 3 \times 4 = 12$N·m。

答案：C

56. 解　根据动量矩定理：

$$J\alpha_1 = 1 \times r \text{（} J \text{为滑轮的转动惯量）}$$

$$J\alpha_2 + m_2 r^2 \alpha_2 + m_3 r^2 \alpha_2 = (m_2 g - m_3 g) r = 1 \times r$$

$$J\alpha_3 + m_3 r^2 \alpha_3 = m_3 g r = 1 \times r$$

则 $\alpha_1 = \dfrac{1 \times r}{J}$；$\alpha_2 = \dfrac{1 \times r}{J + m_2 r^2 + m_3 r^2}$；$\alpha_3 = \dfrac{1 \times r}{J + m_3 r^2}$

答案：C

57. 解　如解图所示，杆释放瞬时，其角速度为零，根据动量矩定理：$J_O\alpha = mg\dfrac{l}{2}$，$\dfrac{1}{3}ml^2\alpha = mg\dfrac{l}{2}$，$\alpha = \dfrac{3g}{2l}$；施加于杆 OA 上的附加动反力为 $ma_C = m\dfrac{3g}{2l} \cdot \dfrac{l}{2} = \dfrac{3}{4}mg$，方向与质心加速度 a_C 方向相反。

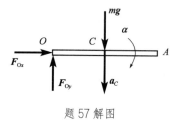

题 57 解图

答案：C

58. 解　根据单自由度质点直线振动固有频率公式，

a）系统：$\omega_a = \sqrt{\dfrac{k}{m}}$；

b）系统：等效的弹簧刚度为 $\dfrac{k}{2}$，$\omega_b = \sqrt{\dfrac{k}{2m}}$。

答案：D

59. 解　用直接法求轴力，可得：左段杆的轴力是 -3kN，右段杆的轴力是 5kN。所以杆的最大轴力是 5kN。

答案：B

60. 解　用直接法求轴力，可得：$N_{AB} = -F$，$N_{BC} = F$

杆 C 截面的位移是：

$$\delta_C = \Delta l_{AB} + \Delta l_{BC} = \frac{-F \cdot l}{E \cdot 2A} + \frac{Fl}{EA} = \frac{Fl}{2EA}$$

答案：A

61. 解　混凝土基座与圆截面立柱的交接面，即圆环形基座板的内圆柱面即为剪切面（如解图所示）：

$$A_Q = \pi dt$$

圆形混凝土基座上的均布压力（面荷载）为：

$$q = \frac{1000 \times 10^3 \text{N}}{\dfrac{\pi}{4} \times 1000^2 \text{mm}^2} = \frac{4}{\pi}\text{MPa}$$

作用在剪切面上的剪力为：

$$Q = q \cdot \frac{\pi}{4}(1000^2 - 500^2) = 750 \text{kN}$$

由剪切强度条件：$\tau = \frac{Q}{A_Q} = \frac{Q}{\pi dt} \leqslant [\tau]$，可得：

$$t \geqslant \frac{Q}{\pi d[\tau]} = \frac{750 \times 10^3 \text{N}}{\pi \times 500 \text{mm} \times 1.5 \text{MPa}} = 318.3 \text{mm}$$

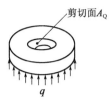

题61解图

答案：C

62. 解 设实心圆轴直径为 d，则：

$$\phi = \frac{Tl}{GI_p} = \frac{Tl}{G\frac{\pi}{32}d^4} = 32\frac{Tl}{\pi d^4 G}$$

若实心圆轴直径减小为 $d_1 = \frac{d}{2}$，则：

$$\phi_1 = \frac{Tl}{GI_{p1}} = \frac{Tl}{G\frac{\pi}{32}\left(\frac{d}{2}\right)^4} = 16\frac{32Tl}{\pi d^4 G} = 16\phi$$

答案：D

63. 解 图示截面对 z 轴的惯性矩等于圆形截面对 z 轴的惯性矩减去矩形对 z 轴的惯性矩。

$$I_z^{矩} = \frac{bh^3}{12} + \left(\frac{h}{2}\right)^2 \cdot bh = \frac{bh^3}{3}$$

$$I_z = I_z^{圆} - I_z^{矩} = \frac{\pi d^4}{64} - \frac{bh^3}{3}$$

答案：A

64. 解 圆轴表面 A 点的剪应力 $\tau = \frac{T}{W_T}$

根据胡克定律 $\tau = G\gamma$，因此 $T = \tau W_T = G\gamma W_T$

答案：A

65. 解 上下梁的挠曲线曲率相同，故有

$$\rho = \frac{M_1}{EI_1} = \frac{M_2}{EI_2}$$

所以 $\frac{M_1}{M_2} = \frac{I_1}{I_2} = \frac{\frac{ba^3}{12}}{\frac{b(2a)^3}{12}} = \frac{1}{8}$，即 $M_2 = 8M_1$

又有 $M_1 + M_2 = m$，因此 $M_1 = \frac{m}{9}$

答案：A

66. 解 图示截面的弯曲中心是两个狭长矩形边的中线交点，形心主轴是 y' 和 z'，因为外力 $\boldsymbol{F}$ 作用线没有通过弯曲中心，故有扭转，还有沿两个形心主轴 y'、z' 方向的双向弯曲。

答案：D

67. 解 本题是拉扭组合变形，轴向拉伸产生的正应力 $\sigma = \frac{F}{A} = \frac{4F}{\pi d^2}$

扭转产生的剪应力 $\tau = \dfrac{T}{W_{\mathrm{T}}} = \dfrac{16T}{\pi d^3}$

$$\sigma_{\mathrm{eq3}} = \sqrt{\sigma^2 + 4\tau^2} = \sqrt{\left(\dfrac{4F}{\pi d^2}\right)^2 + 4\left(\dfrac{16T}{\pi d^3}\right)^2}$$

答案：C

68. 解　A 图：$\sigma_1 = \sigma$，$\sigma_2 = \sigma$，$\sigma_3 = 0$；$\tau_{\max} = \dfrac{\sigma - 0}{2} = \dfrac{\sigma}{2}$

B 图：$\sigma_1 = \sigma$，$\sigma_2 = 0$，$\sigma_3 = -\sigma$；$\tau_{\max} = \dfrac{\sigma - (-\sigma)}{2} = \sigma$

C 图：$\sigma_1 = 2\sigma$，$\sigma_2 = 0$，$\sigma_3 = -\dfrac{\sigma}{2}$；$\tau_{\max} = \dfrac{2\sigma - \left(-\dfrac{\sigma}{2}\right)}{2} = \dfrac{5}{4}\sigma$

D 图：$\sigma_1 = 3\sigma$，$\sigma_2 = \sigma$，$\sigma_3 = 0$；$\tau_{\max} = \dfrac{3\sigma - 0}{2} = \dfrac{3}{2}\sigma$

答案：D

69. 解　图示圆轴是弯扭组合变形，力 F 作用下产生的弯矩在固定端最上缘 A 点引起拉伸正应力 σ，外力偶 T 在 A 点引起扭转切应力 τ，故 A 点单元体的应力状态是选项 C。

答案：C

70. 解　A 图：$\mu l = 1 \times 5 = 5$

B 图：$\mu l = 2 \times 3 = 6$

C 图：$\mu l = 0.7 \times 6 = 4.2$

根据压杆的临界荷载公式 $F_{\mathrm{cr}} = \dfrac{\pi^2 EI}{(\mu l)^2}$

可知：μl 越大，临界荷载越小；μl 越小，临界荷载越大。

所以 F_{crc} 最大，而 F_{crb} 最小。

答案：C

71. 解　压力表测出的是相对压强。

答案：C

72. 解　设第一截面的流速为 $v_1 = \dfrac{Q}{\frac{\pi}{4}d_1^2} = \dfrac{0.015\mathrm{m}^3/\mathrm{s}}{\frac{\pi}{4}0.1^2\mathrm{m}^2} = 1.91\mathrm{m/s}$

另一截面流速 $v_2 = 20\mathrm{m/s}$，待求直径为 d_2，由连续方程可得：

$$d_2 = \sqrt{\dfrac{v_1}{v_2}d_1^2} = \sqrt{\dfrac{1.91}{20} \times 0.1^2} = 0.031\mathrm{m} = 31\mathrm{mm}$$

答案：B

73. 解　层流沿程损失系数 $\lambda = \dfrac{64}{\mathrm{Re}}$，而雷诺数 $\mathrm{Re} = \dfrac{vd}{\nu}$

代入题设数据，得：$\mathrm{Re} = \dfrac{10 \times 5}{0.18} = 278$

沿程损失系数 $\lambda = \dfrac{64}{278} = 0.23$

答案：B

74. 解 圆柱形管嘴出水流量 $Q = \mu A \sqrt{2gH_0}$

代入题设数据，得：$Q = 0.82 \times \frac{\pi}{4}(0.04)^2 \sqrt{2 \times 9.8 \times 7.5} = 0.0125 \text{m}^3/\text{s} \approx 0.013 \text{m}^3/\text{s}$

答案：D

75. 解 在题设条件下，则自由出流孔口与淹没出流孔口的关系应为流量系数相等、流量相等。

答案：D

76. 解 由明渠均匀流谢才公式，知流速 $v = C\sqrt{Ri}$，$C = \frac{1}{n}R^{\frac{1}{6}}$

代入题设数据，得：$C = \frac{1}{0.02} \times 1^{\frac{1}{6}} = 50\sqrt{\text{m}}/\text{s}$

流速 $v = 50\sqrt{1 \times 0.0008} = 1.41 \text{m/s}$

答案：B

77. 解 达西渗流定律适用于均匀土壤层流渗流。

答案：C

78. 解 运动相似是几何相似和动力相似的表象。

答案：B

79. 解 根据恒定磁路的安培环路定律：$\sum HL = \sum NI$

得：$H = \frac{NI}{L} = \frac{NI}{2\pi\gamma}$

磁场方向按右手螺旋关系判断为顺时针方向。

答案：B

80. 解 $U = -2 \times 2 - 2 = -6\text{V}$

答案：D

81. 解 该电路具有 6 条支路，为求出 6 个独立的支路电流，所列方程数应该与支路数相等，即要列出 6 阶方程。

正确的列写方法是：

KCL 独立节点方程=节点数$-1 = 4 - 1 = 3$

KVL 独立回路方程（网孔数）= 支路数 $-$ 独立节点数 $= 6 - 3 = 3$

"网孔"为内部不含支路的回路。

答案：B

82. 解 $i(t) = I_{\text{m}} \sin(\omega t + \psi_{\text{i}})\text{A}$

$t = 0$ 时，$i(t) = I_{\text{m}} \sin\psi_{\text{i}} = 0.5\sqrt{2}\text{A}$

$$\begin{cases} \sin\psi_i = 1, \ \psi_i = 90° \\ I_m = 0.5\sqrt{2}A \\ \omega = 2\pi f = 2\pi\dfrac{1}{T} = 2000\pi \end{cases}$$

$$i(t) = 0.5\sqrt{2}\sin(2000\pi t + 90°)A$$

答案：C

83. 解 图 b）给出了滤波器的幅频特性曲线，U_{i1} 与 U_{i2} 的频率不同，它们的放大倍数是不一样的。从特性曲线查出：

$$U_{o1}/U_{i1} = 1 \Rightarrow U_{o1} = U_{i1} = 10V \Rightarrow U_{o2}/U_{i2} = 0.1 \Rightarrow U_{o2} = 0.1 \times U_{i2} = 1V$$

答案：D

84. 解 画相量图分析，如解图所示。

$$\dot{I}_2 = \dot{I}_N + \dot{I}_{C2}, \ \dot{I}_1 = \dot{I}_N + \dot{I}_{C1}$$

$$|\dot{I}_{C1}| > |\dot{I}_{C2}|$$

$$I_C = \frac{U}{X_C} = \frac{U}{\dfrac{1}{\omega C}} = U\omega C \propto C$$

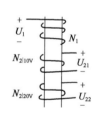

题 84 解图

有 $I_{C1} > I_{C2}$，所以 $C_1 > C_2$

并且功率因数 $\lambda|_{C_1} = -0.866$ 时电路出现过补偿，呈容性性质，一般不采用。

当 $C = C_2$ 时，电路中总电流 $\dot{I}_2$ 落后于电压 $\dot{U}$，为感性性质，不为过补偿。

答案：A

85. 解 如解图所示，由题意可知：

$N_1 = 550$ 匝

当 $U_1 = 100V$ 时，$U_{21} = 10V$，$U_{22} = 20V$

$$\frac{N_1}{N_{2|10V}} = \frac{U_1}{U_{21}}, \ N_{2|10V} = N_1 \cdot \frac{U_{21}}{U_1} = 550 \times \frac{10}{100} = 55 \text{匝}$$

$$\frac{N_1}{N_{2|20V}} = \frac{U_1}{U_{22}}, \ N_{2|20V} = N_1 \cdot \frac{U_{22}}{U_1} = 550 \times \frac{20}{100} = 110 \text{匝}$$

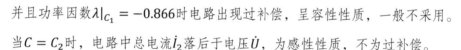

题 85 解图

答案：C

86. 解 为实现对电动机的过载保护，热继电器的热元件串联在电动机的主电路中，测量电动机的主电流，同时将热继电器的常闭触点接在控制电路中，一旦电动机过载，则常闭触点断开，切断电机的供电电路。

答案：C

87. 解 "模拟"是指把某一个量用与它相对应的连续的物理量（电压）来表示；图 d）不是模拟信号，图 c）是采样信号，而非数字信号。对本题的分析可见，图 b）是图 a）的模拟信号。

答案：A

88. 解　周期信号频谱是离散的频谱，信号的幅度随谐波次数的增高而减小。针对本题情况，可知该周期信号的一次谐波分量为：

$$u_1 = U_{1m} \sin \omega_1 t = 5 \sin 10^3 t$$

$$U_{1m} = 5V, \quad \omega_1 = 10^3$$

$$u_3 = U_{3m} \sin 3\omega t$$

$$\omega_3 = 3\omega_1 = 3 \times 10^3$$

$$U_{3m} < U_{1m}$$

答案：B

89. 解　放大器的输入为正弦交流信号，但 $u_1(t)$ 的频率过高，超出了上限频率 f_H，放大倍数小于 A，因此输出信号 u_2 的有效值 $U_2 < AU_1$。

答案：C

90. 解　根据逻辑电路的反演关系，对公式变化可知结果

$$\overline{(AD + \overline{AD})} = \overline{AD} \cdot \overline{(\overline{AD})} = (\overline{A} + \overline{D}) \cdot (A + D) = \overline{A}D + A\overline{D}$$

答案：C

91. 解　本题输入信号A、B与输出信号F为或非逻辑关系，$F = \overline{A + B}$（输入有1输出则0），对齐相位画输出波形如解图所示。

题91解图

结果与选项A的图形一致。

答案：A

92. 解　BCD码是用二进制数表示十进制数。有两种常用形式，压缩BCD码，用4位二进制数表示1位十进制数；非压缩BCD码，用8位二进制数表示1位十进制数，本题的BCD码形式属于第一种。

选项B，0001表示十进制的1，0110表示十进制的6，即$(16)_{BCD}=(0001\ 0110)_B$，正确。

答案：B

93. 解　设二极管D截止，可以判断：

$$U_{D阳} = 1V, \quad U_{D阴} = 5V$$

D为反向偏置状态，可见假设成立，$U_F = U_B = 5V$

答案：B

94. 解 该电路为运算放大器的积分运算电路。

$$u_o = -\frac{1}{RC}\int u_i dt$$

当 $u_i = 1V$ 时，$u_o = -\frac{1}{RC}t$

如解图所示，当 $t < 10s$ 时，

运算放大器工作在线性状态，$u_o = -t$

当 $t \geqslant 10s$ 后，电路出现反向饱和，$u_o = -10V$

答案：D

题 94 解图

95. 解 输出 Q 与输入信号 A 的关系：$Q_{n+1} = D = A \cdot \overline{Q}_n$

输入信号 Q 在时钟脉冲的上升沿触发。

如解图所示，可知 cp 脉冲的两个下降沿时刻 Q 的状态分别是 1 0。

答案：C

题 95 解图

96. 解 由题图可见该电路由 3 个 D 触发器组成，$Q_{n+1} = D$。在时钟脉冲的作用下，存储数据依次向左循环移位。

当 $\overline{R}_D = 0$ 时，系统初始化：$Q_2 = 0$，$Q_1 = 1$，$Q_0 = 0$。

即存储数据是"010"。

答案：A

97. 解 计算机按用途可分为专业计算机和通用计算机。专业计算机是为解决某种特殊问题而设计的计算机，针对具体问题能显示出有效、快速和经济的特性，但它的适应性较差，不适用于其他方面的应用。在导弹和火箭上使用的计算机很大部分就是专业计算机。通用计算机适应性很强，应用范围很广，如应用于科学计算、数据处理和实时控制等领域。

答案：A

98. 解 当前计算机的内存储器多数是半导体存储器。半导体存储器从使用功能上分，有随机存储器（Random Access Memory，简称 RAM，又称读写存储器），只读存储器（Read Only Memory，简称 ROM）。

答案：A

99. 解 批处理操作系统是指将用户的一批作业有序地排列在一起，形成一个庞大的作业流。计算机指令系统会自动地顺序执行作业流，以节省人工操作时间和提高计算机的使用效率。

答案：B

100. 解 杀毒软件能防止计算机病毒的入侵，及时有效地提醒用户当前计算机的安全状况，可以对计算机内的所有文件进行检查，发现病毒时可清除病毒，有效地保护计算机内的数据安全。

答案：D

101. 解 ASCII 码是"美国信息交换标准代码"的简称，是目前国际上最为流行的字符信息编码方案。在这种编码中每个字符用 7 个二进制位表示。这样，从 0000000 到 1111111 可以给出 128 种编码，可以用来表示 128 个不同的字符，其中包括 10 个数字、大小写字母各 26 个、算术运算符、标点符号及专用符号等。

答案：B

102. 解 Windows 特点的是使用方便、系统稳定可靠、有友好的用户界面、更高的可移动性，笔记本用户可以随时访问信息等。

答案：C

103. 解 虚拟存储技术实际上是在一个较小的物理内存储器空间上，来运行一个较大的用户程序。它利用大容量的外存储器来扩充内存储器的容量，产生一个比内存空间大得多、逻辑上的虚拟存储空间。

答案：D

104. 解 通信和数据传输是计算机网络主要功能之一，用来在计算机系统之间传送各种信息。利用该功能，地理位置分散的生产单位和业务部门可通过计算机网络连接在一起进行集中控制和管理。也可以通过计算机网络传送电子邮件，发布新闻消息和进行电子数据交换，极大地方便了用户，提高了工作效率。

答案：D

105. 解 因特网提供的服务有电子邮件服务、远程登录服务、文件传输服务、WWW 服务、信息搜索服务。

答案：D

106. 解 按采用的传输介质不同，可将网络分为双绞线网、同轴电缆网、光纤网、无线网；按网络传输技术不同，可将网络分为广播式网络和点到点式网络；按线路上所传输信号的不同，又可将网络分为基带网和宽带网两种。

答案：A

107. 解 根据等额支付偿债基金公式（已知 F，求 A）：

$$A = F\left[\frac{i}{(1+i)^n - 1}\right] = F(A/F, i, n) = 600 \times (A/F, 5\%, 5) = 600 \times 0.18097 = 108.58 \text{ 万元}$$

答案：B

108. 解 从企业角度进行投资项目现金流量分析时，可不考虑增值税，因为增值税是价外税，不进入企业成本也不进入销售收入。执行新的《中华人民共和国增值税暂行条例》以后，为了体现固定资产进项税抵扣导致企业应纳增值税的降低进而致使净现金流量增加的作用，应在现金流入中增加销项税额，同时在现金流出中增加进项税额以及应纳增值税。

答案：B

109. 解 注意题目问的是第 2 年年末偿还的利息（不包括本金）。

等额本息法每年还款的本利和相等，根据等额支付资金回收公式（已知P求A），每年年末还本付息金额为：

$$A = P\left[\frac{i(1+i)^n}{(1+i)^n - 1}\right] = P(A/P, 8\%, 5) = 150 \times 0.2505 = 37.575 \text{万元}$$

则第 1 年末偿还利息为$150 \times 8\% = 12$万元，偿还本金为$37.575 - 12 = 25.575$万元

第 1 年已经偿还本金25.575万元，尚未偿还本金为$150 - 25.575 = 124.425$万元

第 2 年年末应偿还利息为$(150 - 25.575) \times 8\% = 9.954$万元

答案：A

110. 解 内部收益率是指项目在计算期内各年净现金流量现值累计等于零时的收益率，属于动态评价指标。计算内部收益率不需要事先给定基准收益率i_c，计算出内部收益率后，再与项目的基准收益率i_c比较，以判定项目财务上的可行性。

常规项目投资方案是指除了建设期初或投产期初的净现金流量为负值外，以后年份的净现金流量均为正值，计算期内净现金流量由负到正只变化一次，这类项目只要累计净现金流量大于零，内部收益率就有唯一解，即项目的内部收益率。

答案：D

111. 解 影子价格是能够反映资源真实价值和市场供求关系的价格。

答案：B

112. 解 生产能力利用率的盈亏平衡点指标数值越低，说明较低的生产能力利用率即可达到盈亏平衡，也即说明企业经营抗风险能力较强。

答案：A

113. 解 由于残值可以回收，并没有真正形成费用消耗，故应从费用中将残值减掉。

由甲方案的现金流量图可知：

甲方案的费用现值：

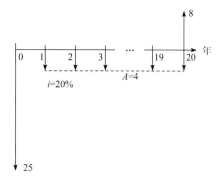

题113解　甲方案现金流量图

$$P = 4(P/A, 20\%, 20) + 25 - 8(P/F, 20\%, 20)$$

$$= 4 \times 4.8696 + 25 - 8 \times 0.02608 = 44.27 \text{ 万元}$$

同理可计算乙方案的费用现值：

$$P = 6(P/A, 20\%, 20) + 12 - 6(P/F, 20\%, 20)$$

$$= 6 \times 4.8696 + 12 - 6 \times 0.02608 = 41.06 \text{ 万元}$$

答案：C

114. **解**　该零件的成本系数 $C = 880 \div 10000 = 0.088$

该零部件的价值指数为 $0.140 \div 0.088 = 1.591$

答案：D

115. **解**　《中华人民共和国建筑法》第三十四条规定，工程监理单位应当根据建设单位的委托，客观、公正地执行监理任务。

选项 C 和 D 明显错误。选项 A 也是错误的，因为监理单位承揽监理业务的范围是根据其单位资质决定的，而不是和甲方签订的合同所决定的。

答案：B

116. **解**　《中华人民共和国安全法》第六十三条规定，负有安全生产监督管理职责的部门依照有关法律、法规的规定，对涉及安全生产的事项需要审查批准（包括批准、核准、许可、注册、认证、颁发证照等，下同）或者验收的，必须严格依照有关法律、法规和国家标准或者行业标准规定的安全生产条件和程序进行审查；不符合有关法律、法规和国家标准或者行业标准规定的安全生产条件的，不得批准或者验收通过。对未依法取得批准或者验收合格的单位擅自从事有关活动的，负责行政审批的部门发现或者接到举报后应当立即予以取缔，并依法予以处理。对已经依法取得批准的单位，负责行政审批的部门发现其不再具备安全生产条件的，应当撤销原批准。

答案：A

117. **解**　《中华人民共和国建筑法》第二十七条规定，大型建筑工程或者结构复杂的建筑工程，可以由两个以上的承包单位联合共同承包。共同承包的各方对承包合同的履行承担连带责任。

两个以上不同资质等级的单位实行联合共同承包的，应当按照资质等级低的单位的业务许可范围承揽工程。

答案： B

118. 解 《中华人民共和国合同法》第六十二条第二款规定，价款或者报酬不明确的，按照订立合同时履行地的市场价格履行。

答案： A

119. 解 《中华人民共和国环境保护法》第三十五条规定，城乡建设应当结合当地自然环境的特点，保护植被、水域和自然景观，加强城市园林、绿地和风景名胜区的建设与管理。

答案： A

120. 解 根据《建筑工程安全生产管理条例》第二十一条规定，施工单位主要负责人依法对本单位的安全生产工作全面负责。施工单位应当建立健全安全生产责任制度和安全生产教育培训制度，制定安全生产规章制度和操作规程，保证本单位安全生产条件所需资金的投入，对所承担的建设工程进行定期和专项安全检查，并做好安全检查记录。故选项 B 对。

主要负责人的职责是"建立"安全生产责任制，不是"落实"，所以选项 A 错。

答案： B

2019 年度全国勘察设计注册工程师

执业资格考试试卷

二〇一九年十月

基础考试
（上）

二〇一九年十月

应考人员注意事项

1. 本试卷科目代码为"1"，考生务必将此代码填涂在答题卡"科目代码"相应的栏目内，否则，无法评分。

2. 书写用笔：**黑色或蓝色钢笔、签字笔或圆珠笔**；

   填涂答题卡用笔：**黑色 2B 铅笔**。

3. 必须用书写用笔将工作单位、姓名、准考证号填写在答题卡和试卷相应的栏目内。

4. 本试卷由 120 题组成，每题 1 分，满分 120 分，本试卷全部为单项选择题，每小题的四个备选项中只有一个正确答案，错选、多选、不选均不得分。

5. 考生作答时，必须按**题号在答题卡上**将相应试题所选选项对应的**字母用 2B 铅笔涂黑**。

6. 在答题卡上书写与题意无关的语言，或在答题卡上作标记的，均按违纪试卷处理。

7. 考试结束时，由监考人员当面将试卷、答题卡一并收回。

8. 草稿纸由各地统一配发，考后收回。

单项选择题（共 120 题，每题 1 分。每题的备选项中只有一个最符合题意。）

1. 极限 $\lim\limits_{x \to 0} \dfrac{3 + e^{\frac{1}{x}}}{1 - e^{\frac{2}{x}}}$ 等于：

   A. 3

   B. -1

   C. 0

   D. 不存在

2. 函数 $f(x)$ 在点 $x = x_0$ 处连续是 $f(x)$ 在点 $x = x_0$ 处可微的：

   A. 充分条件

   B. 充要条件

   C. 必要条件

   D. 无关条件

3. x 趋于 0 时，$\sqrt{1 - x^2} - \sqrt{1 + x^2}$ 与 x^k 是同阶无穷小，则常数 k 等于：

   A. 3

   B. 2

   C. 1

   D. 1/2

4. 设 $y = \ln(\sin x)$，则二阶导数 y'' 等于：

   A. $\dfrac{\cos x}{\sin^2 x}$

   B. $\dfrac{1}{\cos^2 x}$

   C. $\dfrac{1}{\sin^2 x}$

   D. $-\dfrac{1}{\sin^2 x}$

5. 若函数 $f(x)$ 在 $[a, b]$ 上连续，在 (a, b) 内可导，且 $f(a) = f(b)$，则在 (a, b) 内满足 $f'(x_0) = 0$ 的点 x_0：

   A. 必存在且只有一个

   B. 至少存在一个

   C. 不一定存在

   D. 不存在

6. 设 $f(x)$ 在 $(-\infty, +\infty)$ 内连续，其导数 $f'(x)$ 的图形如图所示，则 $f(x)$ 有：

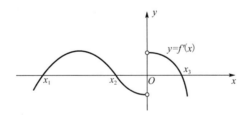

   A. 一个极小值点和两个极大值点

   B. 两个极小值点和两个极大值点

   C. 两个极小值点和一个极大值点

   D. 一个极小值点和三个极大值点

7. 不定积分 $\int \frac{x}{\sin^2(x^2+1)} dx$ 等于：

A. $-\frac{1}{2}\cot(x^2+1) + C$

B. $\frac{1}{\sin(x^2+1)} + C$

C. $-\frac{1}{2}\tan(x^2+1) + C$

D. $-\frac{1}{2}\cot x + C$

8. 广义积分 $\int_{-2}^{2} \frac{1}{(1+x)^2} dx$ 的值为：

A. $\frac{4}{3}$

B. $-\frac{4}{3}$

C. $\frac{2}{3}$

D. 发散

9. 已知向量 $\boldsymbol{\alpha} = (2,1,-1)$，若向量 $\boldsymbol{\beta}$ 与 $\boldsymbol{\alpha}$ 平行，且 $\boldsymbol{\alpha} \cdot \boldsymbol{\beta} = 3$，则 $\boldsymbol{\beta}$ 为：

A. $(2,1,-1)$

B. $\left(\frac{3}{2}, \frac{3}{4}, -\frac{3}{4}\right)$

C. $\left(1, \frac{1}{2}, -\frac{1}{2}\right)$

D. $\left(1, -\frac{1}{2}, \frac{1}{2}\right)$

10. 过点 $(2,0,-1)$ 且垂直于 xOy 坐标面的直线方程是：

A. $\frac{x-2}{1} = \frac{y}{0} = \frac{z+1}{0}$

B. $\frac{x-2}{0} = \frac{y}{1} = \frac{z+1}{0}$

C. $\frac{x-2}{0} = \frac{y}{0} = \frac{z+1}{1}$

D. $\begin{cases} x = 2 \\ z = -1 \end{cases}$

11. 微分方程 $y \ln x \, dx - x \ln y \, dy = 0$ 满足条件 $y(1) = 1$ 的特解是：

A. $\ln^2 x + \ln^2 y = 1$

B. $\ln^2 x - \ln^2 y = 1$

C. $\ln^2 x + \ln^2 y = 0$

D. $\ln^2 x - \ln^2 y = 0$

12. 若 D 是由 x 轴、y 轴及直线 $2x + y - 2 = 0$ 所围成的闭区域，则二重积分 $\iint\limits_{D} dx dy$ 的值等于：

A. 1

B. 2

C. $\frac{1}{2}$

D. -1

13. 函数 $y = C_1 C_2 e^{-x}$（C_1、C_2 是任意常数）是微分方程 $y'' - 2y' - 3y = 0$ 的：

A. 通解

B. 特解

C. 不是解

D. 既不是通解又不是特解，而是解

14. 设圆周曲线 L：$x^2 + y^2 = 1$ 取逆时针方向，则对坐标的曲线积分 $\int_L \frac{y\,dx - x\,dy}{x^2 + y^2}$ 等于：

A. 2π　　　　　　　　　　　B. -2π

C. π　　　　　　　　　　　　D. 0

15. 对于函数 $f(x,y) = xy$，原点 $(0,0)$：

A. 不是驻点　　　　　　　　　B. 是驻点但非极值点

C. 是驻点且为极小值点　　　　D. 是驻点且为极大值点

16. 关于级数 $\sum\limits_{n=1}^{\infty} (-1)^{n-1} \frac{1}{n^p}$ 收敛性的正确结论是：

A. $0 < p \leq 1$ 时发散

B. $p > 1$ 时条件收敛

C. $0 < p \leq 1$ 时绝对收敛

D. $0 < p \leq 1$ 时条件收敛

17. 设函数 $z = \left(\frac{y}{x}\right)^x$，则全微分 $dz \Big|_{\substack{x=1 \\ y=2}} =$

A. $\ln 2\,dx + \frac{1}{2}dy$

B. $(\ln 2 + 1)dx + \frac{1}{2}dy$

C. $2\left[(\ln 2 - 1)dx + \frac{1}{2}dy\right]$

D. $\frac{1}{2}\ln 2\,dx + 2dy$

18. 幂级数 $\sum\limits_{n=1}^{\infty} (-1)^{n-1} \frac{x^{2n-1}}{2n-1}$ 的收敛域是：

A. $[-1, 1]$　　　　　　　　　B. $(-1, 1]$

C. $[-1, 1)$　　　　　　　　　D. $(-1, 1)$

19. 若 n 阶方阵 $\boldsymbol{A}$ 满足 $|\boldsymbol{A}| = b(b \neq 0,\ n \geq 2)$，而 $\boldsymbol{A}^*$ 是 $\boldsymbol{A}$ 的伴随矩阵，则行列式 $|\boldsymbol{A}^*|$ 等于：

A. b^n　　　　　　　　　　　B. b^{n-1}

C. b^{n-2}　　　　　　　　　D. b^{n-3}

20. 已知二阶实对称矩阵 A 的一个特征值为 1，而 A 的对应特征值 1 的特征向量为 $\begin{bmatrix} 1 \\ -1 \end{bmatrix}$，若 $|A| = -1$，则 A 的另一个特征值及其对应的特征向量是：

A. $\begin{cases} \lambda = 1 \\ x = (1,1)^{\mathrm{T}} \end{cases}$ 　　　　　　　 B. $\begin{cases} \lambda = -1 \\ x = (1,1)^{\mathrm{T}} \end{cases}$

C. $\begin{cases} \lambda = -1 \\ x = (-1,1)^{\mathrm{T}} \end{cases}$ 　　　　　　 D. $\begin{cases} \lambda = -1 \\ x = (1,-1)^{\mathrm{T}} \end{cases}$

21. 设二次型 $f(x_1, x_2, x_3) = x_1^2 + t x_2^2 + 3 x_3^2 + 2 x_1 x_2$，要使其秩为 2，则参数 t 的值等于：

A. 3 　　　　　　　　　　　　 B. 2

C. 1 　　　　　　　　　　　　 D. 0

22. 设 A、B 为两个事件，且 $P(A) = \frac{1}{3}$，$P(B) = \frac{1}{4}$，$P(B|A) = \frac{1}{6}$，则 $P(A|B)$ 等于：

A. $\frac{1}{9}$ 　　　　　　　　　　 B. $\frac{2}{9}$

C. $\frac{1}{3}$ 　　　　　　　　　　 D. $\frac{4}{9}$

23. 设随机向量 (X,Y) 的联合分布律为

X＼Y	-1	0
1	1/4	1/4
2	1/6	a

则 a 的值等于：

A. $\frac{1}{3}$ 　　　　　　　　　　 B. $\frac{2}{3}$

C. $\frac{1}{4}$ 　　　　　　　　　　 D. $\frac{3}{4}$

24. 设总体 X 服从均匀分布 $U(1,\theta)$，$\overline{X} = \frac{1}{n} \sum\limits_{i=1}^{n} X_i$，则 θ 的矩估计为：

A. $\overline{X}$ 　　　　　　　　　　 B. $2\overline{X}$

C. $2\overline{X} - 1$ 　　　　　　　　 D. $2\overline{X} + 1$

25. 关于温度的意义,有下列几种说法:

(1)气体的温度是分子平均平动动能的量度;

(2)气体的温度是大量气体分子热运动的集体表现,具有统计意义;

(3)温度的高低反映物质内部分子运动剧烈程度的不同;

(4)从微观上看,气体的温度表示每个气体分子的冷热程度。

这些说法中正确的是:

A.(1)、(2)、(4)

B.(1)、(2)、(3)

C.(2)、(3)、(4)

D.(1)、(3)、(4)

26. 设 $\bar{v}$ 代表气体分子运动的平均速率,v_p 代表气体分子运动的最概然速率,$(\bar{v^2})^{\frac{1}{2}}$ 代表气体分子运动的方均根速率,处于平衡状态下的理想气体,三种速率关系正确的是:

A. $(\bar{v^2})^{\frac{1}{2}} = \bar{v} = v_p$

B. $\bar{v} = v_p < (\bar{v^2})^{\frac{1}{2}}$

C. $v_p < \bar{v} < (\bar{v^2})^{\frac{1}{2}}$

D. $v_p > \bar{v} < (\bar{v^2})^{\frac{1}{2}}$

27. 理想气体向真空做绝热膨胀:

A. 膨胀后,温度不变,压强减小

B. 膨胀后,温度降低,压强减小

C. 膨胀后,温度升高,加强减小

D. 膨胀后,温度不变,压强不变

28. 两个卡诺热机的循环曲线如图所示，一个工作在温度为T_1与T_3的两个热源之间，另一个工作在温度为T_2与T_3的两个热源之间，已知这两个循环曲线所包围的面积相等，由此可知：

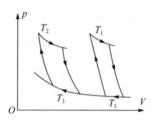

A. 两个热机的效率一定相等

B. 两个热机从高温热源所吸收的热量一定相等

C. 两个热机向低温热源所放出的热量一定相等

D. 两个热机吸收的热量与放出的热量（绝对值）的差值一定相等

29. 刚性双原子分子理想气体的定压摩尔热容量C_p与其定体摩尔热容量C_V之比，C_p/C_V等于：

A. $\dfrac{5}{3}$

B. $\dfrac{3}{5}$

C. $\dfrac{7}{5}$

D. $\dfrac{5}{7}$

30. 一横波沿绳子传播时，波的表达式为$y = 0.05\cos(4\pi x - 10\pi t)$ (SI)，则：

A. 波长为0.5m

B. 波速为5m/s

C. 波速为25m/s

D. 频率为2Hz

31. 火车疾驰而来时，人们听到的汽笛音调，与火车远离而去时人们听到的汽笛音调相比较，音调：

A. 由高变低

B. 由低变高

C. 不变

D. 是变高还是变低不能确定

32. 在波的传播过程中，若保持其他条件不变，仅使振幅增加一倍，则波的强度增加到：

A. 1 倍

B. 2 倍

C. 3 倍

D. 4 倍

33. 两列相干波，其表达式为 $y_1 = A\cos 2\pi\left(vt - \dfrac{x}{\lambda}\right)$ 和 $y_2 = A\cos 2\pi\left(vt + \dfrac{x}{\lambda}\right)$，在叠加后形成的驻波中，波腹处质元振幅为：

A. A

B. $-A$

C. $2A$

D. $-2A$

34. 在玻璃（折射率 $n_1 = 1.60$）表面镀一层 MgF_2（折射率 $n_2 = 1.38$）薄膜作为增透膜，为了使波长为 500nm（$1nm = 10^{-9}m$）的光从空气（$n_1 = 1.00$）正入射时尽可能少反射，MgF_2 薄膜的最小厚度应为：

A. 78.1nm

B. 90.6nm

C. 125nm

D. 181nm

35. 在单缝衍射实验中，若单缝处波面恰好被分成奇数个半波带，在相邻半波带上，任何两个对应点所发出的光在明条纹处的光程差为：

A. λ

B. 2λ

C. $\lambda/2$

D. $\lambda/4$

36. 在双缝干涉实验中，用单色自然光，在屏上形成干涉条纹。若在两缝后放一个偏振片，则：

A. 干涉条纹的间距不变，但明纹的亮度加强

B. 干涉条纹的间距不变，但明纹的亮度减弱

C. 干涉条纹的间距变窄，但明纹的亮度减弱

D. 无干涉条纹

37. 下列元素中第一电离能最小的是：

A. H

B. Li

C. Na

D. K

38. $H_2C{=}HC{-}CH{=}CH_2$ 分子中所含化学键共有：

A. 4 个 σ 键，2 个 π 键

B. 9 个 σ 键，2 个 π 键

C. 7 个 σ 键，4 个 π 键

D. 5 个 σ 键，4 个 π 键

39. 在 $NaCl$，$MgCl_2$，$AlCl_3$，$SiCl_4$ 四种物质的晶体中，离子极化作用最强的是：

A. $NaCl$

B. $MgCl_2$

C. $AlCl_3$

D. $SiCl_4$

40. $pH = 2$ 溶液中的 $c(OH^-)$ 是 $pH = 4$ 溶液中 $c(OH^-)$ 的：

A. 2 倍

B. 1/2

C. 1/100

D. 100 倍

41. 某反应在 298K 及标准状态下不能自发进行，当温度升高到一定值时，反应能自发进行，下列符合此条件的是：

A. $\Delta_r H_m^\ominus > 0$，$\Delta_r S_m^\ominus > 0$

B. $\Delta_r H_m^\ominus < 0$，$\Delta_r S_m^\ominus < 0$

C. $\Delta_r H_m^\ominus < 0$，$\Delta_r S_m^\ominus > 0$

D. $\Delta_r H_m^\ominus > 0$，$\Delta_r S_m^\ominus < 0$

42. 下列物质水溶液 $pH > 7$ 的是：

A. $NaCl$

B. Na_2CO_3

C. $Al_2(SO_4)_3$

D. $(NH_4)_2SO_4$

43. 已知 $E^\ominus(Fe^{3+}/Fe^{2+}) = 0.77V$，$E^\ominus(MnO_4^-/Mn^{2+}) = 1.51V$，当同时提高两电对酸度时，两电对电极电势数值的变化下列正确的是：

A. $E^\ominus(Fe^{3+}/Fe^{2+})$ 变小，$E^\ominus(MnO_4^-/Mn^{2+})$ 变大

B. $E^\ominus(Fe^{3+}/Fe^{2+})$ 变大，$E^\ominus(MnO_4^-/Mn^{2+})$ 变大

C. $E^\ominus(Fe^{3+}/Fe^{2+})$ 不变，$E^\ominus(MnO_4^-/Mn^{2+})$ 变大

D. $E^\ominus(Fe^{3+}/Fe^{2+})$ 不变，$E^\ominus(MnO_4^-/Mn^{2+})$ 不变

44. 分子式为 C_5H_{12} 的各种异构体中，所含甲基数和它的一氯代物的数目与下列情况相符的是：

A. 2 个甲基，能生成 4 种一氯代物

B. 3 个甲基，能生成 5 种一氯代物

C. 3 个甲基，能生成 4 种一氯代物

D. 4 个甲基，能生成 4 种一氯代物

45. 在下列有机物中，经催化加氢反应后不能生成 2-甲基戊烷的是：

A. $CH_2=CCH_2CH_2CH_3$

 CH_3

B. $(CH_3)_2CHCH_2CH=CH_2$

C. $CH_3C=CHCH_2CH_3$

 CH_3

D. $CH_3CH_2CHCH=CH_2$
 CH_3

46. 以下是分子式为 $C_5H_{12}O$ 的有机物，其中能被氧化为含相同碳原子数的醛的化合物是：

① $CH_2CH_2CH_2CH_2CH_3$
 OH

② $CH_3CHCH_2CH_2CH_3$
 OH

③ $CH_3CH_2CHCH_2CH_3$
 OH

④ $CH_3CHCH_2CH_3$
 OH

A. ①②

B. ③④

C. ①④

D. 只有①

47. 图示三角刚架中，若将作用于构件 BC 上的力 F 沿其作用线移至构件 AC 上，则 A、B、C 处约束力的大小：

A. 都不变

B. 都改变

C. 只有 C 处改变

D. 只有 C 处不改变

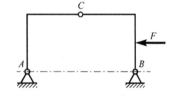

48. 平面力系如图所示，已知：$F_1=160N$，$M=4N\cdot m$，则力系向 A 点简化后的主矩大小应为：

A. $M_A=4N\cdot m$

B. $M_A=1.2N\cdot m$

C. $M_A=1.6N\cdot m$

D. $M_A=0.8N\cdot m$

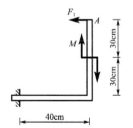

49. 图示承重装置，B、C、D、E处均为光滑铰链连接，各杆和滑轮的重量略去不计，已知：a，r，F_p。

则固定端A的约束力偶为：

A. $M_A = F_p \times \left(\dfrac{a}{2} + r\right)$（顺时针）

B. $M_A = F_p \times \left(\dfrac{a}{2} + r\right)$（逆时针）

C. $M_A = F_p r$（逆时针）

D. $M_A = \dfrac{a}{2} F_p$（顺时针）

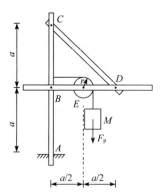

50. 判断图示桁架结构中，内力为零的杆数是：

A. 3

B. 4

C. 5

D. 6

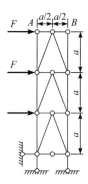

51. 汽车匀加速运动，在 10s 内，速度由 0 增加到5m/s。则汽车在此时间内行驶的距离为：

A. 25m

B. 50m

C. 75m

D. 100m

52. 物体作定轴转动的运动方程为$\varphi = 4t - 3t^2$（φ以rad计，t以s计），则此物体内转动半径$r = 0.5$m 的一点在$t = 1$s时的速度和切向加速度的大小分别为：

A. -2m/s，-20m/s^2

B. -1m/s，-1m/s^2

C. -2m/s，-8.54m/s^2

D. 0，-20.2m/s^2

53. 如图所示机构中，曲柄 $OA = r$，以常角速度 ω 转动。则滑动构件 BC 的速度、加速度的表达式分别为：

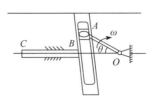

A. $r\omega \sin \omega t$，$r\omega \cos \omega t$

B. $r\omega \cos \omega t$，$r\omega^2 \sin \omega t$

C. $r \sin \omega t$，$r\omega \cos \omega t$

D. $r\omega \sin \omega t$，$r\omega^2 \cos \omega t$

54. 重力为 W 的货物由电梯载运下降，当电梯加速下降、匀速下降及减速下降时，货物对地板的压力分别为 F_1、F_2、F_3，则它们之间的关系正确的是：

A. $F_1 = F_2 = F_3$ 　　　　　　B. $F_1 > F_2 > F_3$

C. $F_1 < F_2 < F_3$ 　　　　　　D. $F_1 < F_2 > F_3$

55. 均质圆盘的质量为 m，半径为 R，在铅垂平面内绕 O 轴转动，图示瞬时角速度为 ω，则其对 O 轴的动量矩大小为：

A. $mR\omega$

B. $\dfrac{1}{2}mR\omega$

C. $\dfrac{1}{2}mR^2\omega$

D. $\dfrac{3}{2}mR^2\omega$

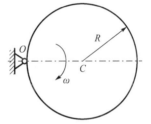

56. 均质圆柱体半径为 R，质量为 m，绕关于对纸面垂直的固定水平轴自由转动，初瞬时静止 $\theta = 0°$，如图所示，则圆柱体在任意位置 θ 时的角速度为：

A. $\sqrt{\dfrac{4g(1-\sin\theta)}{3R}}$

B. $\sqrt{\dfrac{4g(1-\cos\theta)}{3R}}$

C. $\sqrt{\dfrac{2g(1-\cos\theta)}{3R}}$

D. $\sqrt{\dfrac{g(1-\cos\theta)}{2R}}$

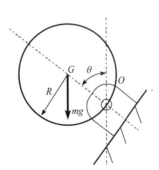

57. 质量为 m 的物体 A，置于水平成 θ 角的倾面 B 上，如图所示，A 与 B 间的摩擦系数为 f，当保持 A 与 B 一起以加速度 a 水平向右运动时，则物块 A 的惯性力是：

A. $ma(\leftarrow)$

B. $ma(\rightarrow)$

C. $ma(\nearrow)$

D. $ma(\swarrow)$

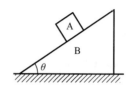

58. 一无阻尼弹簧—质量系统受简谐激振力作用，当激振频率 $\omega_1 = 6\text{rad/s}$ 时，系统发生共振，给质量块增加 1kg 的质量后重新试验，测得共振频率 $\omega_2 = 5.86\text{rad/s}$。则原系统的质量及弹簧刚度系数是：

A. 19.69kg，623.55N/m

B. 20.69kg，623.55N/m

C. 21.69kg，744.84N/m

D. 20.69kg，744.84N/m

59. 图示四种材料的应力-应变曲线中，强度最大的材料是：

A. A

B. B

C. C

D. D

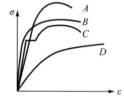

60. 图示等截面直杆，杆的横截面面积为 A，材料的弹性模量为 E，在图示轴向荷载作用下杆的总伸长度为：

A. $\Delta L = 0$

B. $\Delta L = \dfrac{FL}{4EA}$

C. $\Delta L = \dfrac{FL}{2EA}$

D. $\Delta L = \dfrac{FL}{EA}$

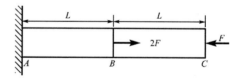

61. 两根木杆用图示结构连接，尺寸如图所示，在轴向外力 F 作用下，可能引起连接结构发生剪切破坏的名义切应力是：

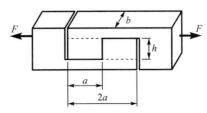

A. $\tau = \dfrac{F}{ab}$

B. $\tau = \dfrac{F}{ah}$

C. $\tau = \dfrac{F}{bh}$

D. $\tau = \dfrac{F}{2ab}$

62. 扭转切应力公式 $\tau_\rho = \rho \dfrac{T}{I_p}$ 适用的杆件是：

A. 矩形截面杆

B. 任意实心截面杆

C. 弹塑性变形的圆截面杆

D. 线弹性变形的圆截面杆

63. 已知实心圆轴按强度条件可承担的最大扭矩为 T，若改变该轴的直径，使其横截面积增加 1 倍，则可承担的最大扭矩为：

A. $\sqrt{2}T$

B. $2T$

C. $2\sqrt{2}T$

D. $4T$

64. 在下列关于平面图形几何性质的说法中，错误的是：

A. 对称轴必定通过圆形形心

B. 两个对称轴的交点必为圆形形心

C. 图形关于对称轴的静矩为零

D. 使静矩为零的轴必为对称轴

65. 悬臂梁的载荷情况如图所示，若有集中力偶 m 在梁上移动，则梁的内力变化情况是：

A. 剪力图、弯矩图均不变

B. 剪力图、弯矩图均改变

C. 剪力图不变，弯矩图改变

D. 剪力图改变，弯矩图不变

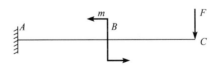

66. 图示悬臂梁，若梁的长度增加 1 倍，则梁的最大正应力和最大切应力与原来相比：

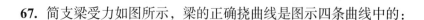

A. 均不变

B. 均为原来的 2 倍

C. 正应力为原来的 2 倍，剪应力不变

D. 正应力不变，剪应力为原来的 2 倍

67. 简支梁受力如图所示，梁的正确挠曲线是图示四条曲线中的：

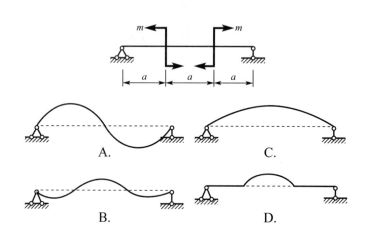

A.

B.

C.

D.

68. 两单元体分别如图 a）、b）所示。关于其主应力和主方向，下列论述正确的是：

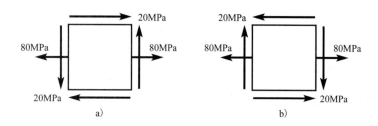

a)   b)

A. 主应力大小和方向均相同

B. 主应力大小相同，但方向不同

C. 主应力大小和方向均不同

D. 主应力大小不同，但方向均相同

69. 图示圆轴截面面积为A，抗弯截面系数为W，若同时受到扭矩T、弯矩M和轴向内力F_N的作用，按第三强度理论，下面的强度条件表达式中正确的是：

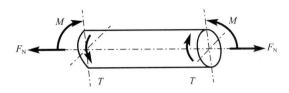

A. $\dfrac{F_N}{A}+\dfrac{1}{W}\sqrt{M^2+T^2}\leqslant[\sigma]$

B. $\sqrt{\left(\dfrac{F_N}{A}\right)^2+\left(\dfrac{M}{W}\right)^2+\left(\dfrac{T}{2W}\right)^2}\leqslant[\sigma]$

C. $\sqrt{\left(\dfrac{F_N}{A}+\dfrac{M}{W}\right)^2+\left(\dfrac{T}{W}\right)^2}\leqslant[\sigma]$

D. $\sqrt{\left(\dfrac{F_N}{A}+\dfrac{M}{W}\right)^2+4\left(\dfrac{T}{W}\right)^2}\leqslant[\sigma]$

70. 图示四根细长（大柔度）压杆，弯曲刚度为EI。其中具有最大临界荷载F_{cr}的压杆是：

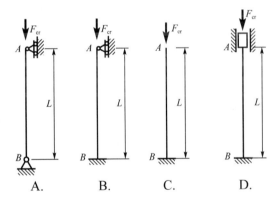

A.　　　　B.　　　　C.　　　　D.

71. 连续介质假设意味着是：

A. 流体分子相互紧连

B. 流体的物理量是连续函数

C. 流体分子间有间隙

D. 流体不可压缩

72. 盛水容器形状如图所示，已知$h_1 = 0.9\text{m}$，$h_2 = 0.4\text{m}$，$h_3 = 1.1\text{m}$，$h_4 = 0.75\text{m}$，$h_5 = 1.33\text{m}$，则下列各点的相对压强正确的是：

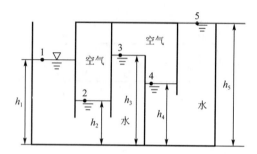

A. $p_1 = 0$，$p_2 = 4.90\text{kPa}$，$p_3 = -1.96\text{kPa}$，$p_4 = -1.96\text{kPa}$，$p_5 = -7.64\text{kPa}$

B. $p_1 = -4.90\text{kPa}$，$p_2 = 0$，$p_3 = -6.86\text{kPa}$，$p_4 = -6.86\text{kPa}$，$p_5 = -19.4\text{kPa}$

C. $p_1 = 1.96\text{kPa}$，$p_2 = 6.86\text{kPa}$，$p_3 = 0$，$p_4 = 0$，$p_5 = -5.68\text{kPa}$

D. $p_1 = 7.64\text{kPa}$，$p_2 = 12.54\text{kPa}$，$p_3 = 5.68\text{kPa}$，$p_4 = 5.68\text{kPa}$，$p_5 = 0$

73. 流体的连续性方程$v_1A_1 = v_2A_2$适用于：

A. 可压缩流体   B. 不可压缩流体

C. 理想流体   D. 任何流体

74. 尼古拉兹实验曲线中，当某管路流动在紊流光滑区时，随着雷诺数 Re 的增大，其沿程损失系数λ将：

A. 增大   B. 减小

C. 不变   D. 增大或减小

75. 正常工作条件下的薄壁小孔口d_1与圆柱形外管嘴d_2相等，作用水头H相等，则孔口与管嘴的流量关系正确的是：

A. $Q_1 > Q_2$ B. $Q_1 < Q_2$

C. $Q_1 = Q_2$ D. 条件不足无法确定

76. 半圆形明渠，半径$r_0 = 4\text{m}$，水力半径为：

A. 4m   B. 3m

C. 2m   D. 1m

77. 有一完全井，半径$r_0 = 0.3$m，含水层厚度$H = 15$m，抽水稳定后，井水深度$h = 10$m，影响半径$R = 375$m，已知井的抽水量是0.0276m³/s，则土壤的渗透系数k为：

A. 0.0005m/s   B. 0.0015m/s

C. 0.0010m/s   D. 0.00025m/s

78. L为长度量纲，T为时间量纲，则沿程损失系数λ的量纲为：

A. L   B. L/T

C. L^2/T D. 无量纲

79. 图示铁芯线圈通以直流电流I，并在铁芯中产生磁通Φ，线圈的电阻为R，那么线圈两端的电压为：

A. $U = IR$

B. $U = N\dfrac{d\Phi}{dt}$

C. $U = -N\dfrac{d\Phi}{dt}$

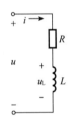

D. $U = 0$

80. 图示电路，如下关系成立的是：

A. $R = \dfrac{u}{i}$

B. $u = i(R + L)$

C. $i = L\dfrac{du}{dt}$

D. $u_L = L\dfrac{di}{dt}$

81. 图示电路，电流I_s为：

A. -0.8A

B. 0.8A

C. 0.6A

D. -0.6A

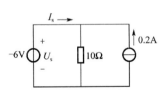

82. 图示电流$i(t)$和电压$u(t)$的相量分别为：

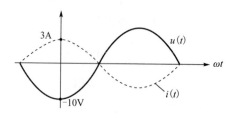

    A. $\dot{I} = j2.12\text{A}$，$\dot{U} = -j7.07\text{V}$

    B. $\dot{I} = 2.12\underline{/90°}\,\text{A}$，$\dot{U} = -7.07\underline{/-90°}\,\text{V}$

    C. $\dot{I} = j3\text{A}$，$\dot{U} = -j10\text{V}$

    D. $\dot{I} = 3\text{A}$，$\dot{U}_\text{m} = -10\text{V}$

83. 额定容量为20kV·A、额定电压为220V的某交流电源，有功功率为8kW、功率因数为0.6的感性负载供电后，负载电流的有效值为：

    A. $\dfrac{20\times10^3}{220} = 90.9\text{A}$

    B. $\dfrac{8\times10^3}{0.6\times220} = 60.6\text{A}$

    C. $\dfrac{8\times10^3}{220} = 36.36\text{A}$

    D. $\dfrac{20\times10^3}{0.6\times220} = 151.5\text{A}$

84. 图示电路中，电感及电容元件上没有初始储能，开关 S 在$t = 0$时刻闭合，那么，在开关闭合瞬间$(t = 0)$，电路中取值为10V的电压是：

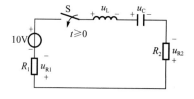

    A. u_L B. u_C

    C. $u_\text{R1}+U_\text{R2}$ D. u_R2

85. 设图示变压器为理想器件，且 $u_s = 90\sqrt{2}\sin\omega t\,\text{V}$，开关 S 闭合时，信号源的内阻 R_1 与信号源右侧电路的等效电阻相等，那么，开关 S 断开后，电压 u_1：

A. 因变压器的匝数比 k、电阻 R_L 和 R_1 未知而无法确定

B. $u_1 = 45\sqrt{2}\sin\omega t\,\text{V}$

C. $u_1 = 60\sqrt{2}\sin\omega t\,\text{V}$

D. $u_1 = 30\sqrt{2}\sin\omega t\,\text{V}$

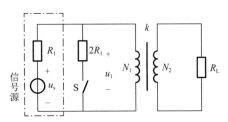

86. 三相异步电动机在满载启动时，为了不引起电网电压的过大波动，则应该采用的异步电动机类型和启动方案是：

A. 鼠笼式电动机和 Y-△ 降压启动

B. 鼠笼式电动机和自耦调压器降压启动

C. 绕线式电动机和转子绕组串电阻启动

D. 绕线式电动机和 Y-△ 降压启动

87. 在模拟信号、采样信号和采样保持信号这几种信号中，属于连续时间信号的是：

A. 模拟信号与采样保持信号   B. 模拟信号和采样信号

C. 采样信号与采样保持信号   D. 采样信号

88. 模拟信号 $u_1(t)$ 和 $u_2(t)$ 的幅值频谱分别如图 a）和图 b）所示，则在时域中：

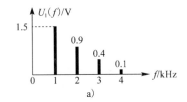

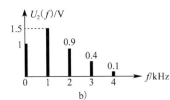

A. $u_1(t)$ 和 $u_2(t)$ 是同一个函数

B. $u_1(t)$ 和 $u_2(t)$ 都是离散时间函数

C. $u_1(t)$ 和 $u_2(t)$ 都是周期性连续时间函数

D. $u_1(t)$ 是非周期性时间函数，$u_2(t)$ 是周期性时间函数

89. 放大器在信号处理系统中的作用是：

    A. 从信号中提取有用信息   B. 消除信号中的干扰信号

    C. 分解信号中的谐波成分   D. 增强信号的幅值以便后续处理

90. 对逻辑表达式$ABC + A\overline{B} + AB\overline{C}$的化简结果是：

    A. A   B. $A\overline{B}$

    C. AB   D. $AB\overline{C}$

91. 已知数字信号A和数字信号B的波形如图所示，则数字信号$F = \overline{A + B}$的波形为：

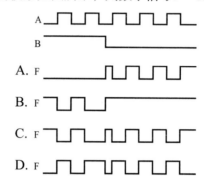

92. 逻辑函数$F = f(A, B, C)$的真值表如下所示，由此可知：

A	B	C	F
0	0	0	0
0	0	1	1
0	1	0	1
0	1	1	0
1	0	0	0
1	0	1	0
1	1	0	0
1	1	1	0

    A. $F = \overline{AB}C + B\overline{C}$

    B. $F = \overline{AB}C + \overline{A}B\overline{C}$

    C. $F = \overline{ABC} + \overline{A}BC$

    D. $F = A\overline{BC} + ABC$

93. 二极管应用电路如图所示，图中，$u_A = 1V$，$u_B = 5V$，$R = 1k\Omega$，设二极管均为理想器件，则电流

$i_R =$

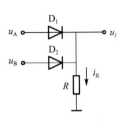

A. 5mA

B. 1mA

C. 6mA

D. 0mA

94. 图示电路中，能够完成加法运算的电路：

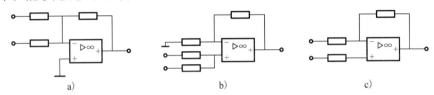

a)　　　　　　　　　b)　　　　　　　　　c)

A. 是图 a）和图 b）　　　　　　B. 仅是图 a）

C. 仅是图 b）　　　　　　　　　D. 是图 c）

95. 图 a）示电路中，复位信号及时钟脉冲信号如图 b）所示，经分析可知，在 t_1 时刻，输出 Q_{JK} 和 Q_D 分别等于：

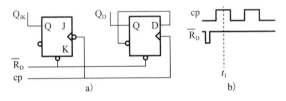

a)　　　　　　　　　　　　b)

A. 0　0　　　　　　　　　　B. 0　1

C. 1　0　　　　　　　　　　D. 1　1

附：D 触发器的逻辑状态表为

D	Q_{n+1}
0	0
1	1

JK 触发器的逻辑状态表为

J	K	Q_{n+1}
0	0	Q_n
0	1	0
1	0	1
1	1	$\overline{Q}_n$

96. 图 a）示时序逻辑电路的工作波形如图 b）所示，由此可知，图 a）电路是一个：

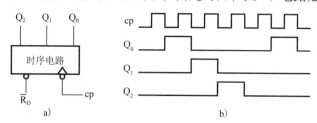

A. 右移寄存器
B. 三进制计数器

C. 四进制计数器
D. 五进制计数器

97. 根据冯·诺依曼结构原理，计算机的 CPU 是由：

A. 运算器、控制器组成
B. 运算器、寄存器组成

C. 控制器、寄存器组成
D. 运算器、存储器组成

98. 在计算机内，为有条不紊地进行信息传输操作，要用总线将硬件系统中的各个部件：

A. 连接起来
B. 串接起来

C. 集合起来
D. 耦合起来

99. 若干台计算机相互协作完成同一任务的操作系统属于：

A. 分时操作系统
B. 嵌入式操作系统

C. 分布式操作系统
D. 批处理操作系统

100. 计算机可以直接执行的程序是用：

A. 自然语言编制的程序
B. 汇编语言编制的程序

C. 机器语言编制的程序
D. 高级语言编制的程序

101. 汉字的国标码是用两个字节码表示的，为与 ASCII 码区别，是将两个字节的最高位：

A. 都置成 0
B. 都置成 1

C. 分别置成 1 和 0
D. 分别置成 0 和 1

102. 下列所列的四条存储容量单位之间换算表达式中，正确的一条是：

A. 1GB = 1024B
B. 1GB = 1024KB

C. 1GB = 1024MB
D. 1GB = 1024TB

103. 下列四条关于防范计算机病毒的方法中，并非有效的一条是：

A. 不使用来历不明的软件　　　　　　B. 安装防病毒软件

C. 定期对系统进行病毒检测　　　　　D. 计算机使用完后锁起来

104. 下面四条描述操作系统与其他软件明显不同的特征中，正确的一条是：

A. 并发性、共享性、随机性　　　　　B. 共享性、随机性、动态性

C. 静态性、共享性、同步性　　　　　D. 动态性、并发性、异步性

105. 构成信息化社会的主要技术支柱有三个，它们是：

A. 计算机技术、通信技术和网络技术

B. 数据库技术、计算机技术和数字技术

C. 可视技术、大规模集成技术、网络技术

D. 动画技术、网络技术、通信技术

106. 为有效防范网络中的冒充、非法访问等威胁，应采用的网络安全技术是：

A. 数据加密技术　　　　　　　　　　B. 防火墙技术

C. 身份验证与鉴别技术　　　　　　　D. 访问控制与目录管理技术

107. 某项目向银行借款，按半年复利计息，年实际利率为8.6%，则年名义利率为：

A. 8%　　　　　　　　　　　　　　　B. 8.16%

C. 8.24%　　　　　　　　　　　　　　D. 8.42%

108. 对于国家鼓励发展的缴纳增值税的经营性项目，可以获得增值税的优惠。在财务评价中，先征后返的增值税应记作项目的：

A. 补贴收入　　　　　　　　　　　　B. 营业收入

C. 经营成本　　　　　　　　　　　　D. 营业外收入

109. 下列筹资方式中，属于项目资本金的筹集方式的是：

A. 银行贷款　　　　　　　　　　　　B. 政府投资

C. 融资租赁　　　　　　　　　　　　D. 发行债券

110. 某建设项目预计第三年息税前利润为200万元，折旧与摊销为30万元，所得税为20万元，项目生产期第三年应还本付息金额为100万元。则该年偿债备付率为：

A. 1.5万元　　　　　　　　　　　　　B. 1.9万元

C. 2.1万元　　　　　　　　　　　　　D. 2.5万元

111. 在进行融资前项目投资现金流量分析时，现金流量应包括：

A. 资产处置收益分配   B. 流动资金

C. 借款本金偿还   D. 借款利息偿还

112. 某拟建生产企业设计年产 6 万 t 化工原料，年固定成本为 1000 万元，单位可变成本、销售税金和单位产品增值税之和为 800 万元/t，单位产品售价为 1000 元/t。销售收入和成本费用均采用含税价格表示。以生产能力利用率表示的盈亏平衡点为：

A. 9.25%   B. 21%   C. 66.7%   D. 83.3%

113. 某项目有甲、乙两个建设方案，投资分别为 500 万元和 1000 万元，项目期均为 10 年，甲项目年收益为 140 万元，乙项目年收益为 250 万元。假设基准收益率为 10%，则两项目的差额净现值为：

[已知：$(P/A, 10\%, 10) = 6.1446$]

A. 175.9 万元   B. 360.24 万元

C. 536.14 万元   D. 896.38 万元

114. 某项目打算采用甲工艺进行施工，但经广泛的市场调研和技术论证后，决定用乙工艺代替甲工艺，并达到了同样的施工质量，且成本下降15%。根据价值工程原理，该项目提高价值的途径是：

A. 功能不变，成本降低

B. 功能提高，成本降低

C. 功能和成本均下降，但成本降低幅度更大

D. 功能提高，成本不变

115. 某投资亿元的建设工程，建设工期 3 年，建设单位申请领取施工许可证，经审查该申请不符合法定条件的是：

A. 已取得该建设工程规划许可证

B. 已依法确定施工单位

C. 到位资金达到投资额的30%

D. 该建设工程设计已经发包由某设计单位完成

116. 根据《中华人民共和国安全生产法》，组织制定并实施本单位的生产安全事故应急救援预案的责任人是：

A. 项目负责人   B. 安全生产管理人员

C. 单位主要负责人   D. 主管安全的负责人

117. 根据《中华人民共和国招标投标法》，下列工程建设项目，项目的勘察、设计、施工、监理以及与工程建设有关的重要设备、材料等的采购，按照国家有关规定可不进行招标的是：

A. 大型基础设施、公用事业等关系社会公共利益、公众安全的项目

B. 全部或者部分使用国有资金投资或者国家融资的项目

C. 使用国际组织或者外国政府贷款、援助基金的项目

D. 利用扶贫资金实行以工代赈、需要使用农民工的项目

118. 订立合同需要经过要约和承诺两个阶段，下列关于要约的说法，错误的是：

A. 要约是希望和他人订立合同的意思表示

B. 要约内容应当具体明确

C. 要约是吸引他人向自己提出订立合同的意思表示

D. 经受要约人承诺，要约人即受该意思表示约束

119. 根据《中华人民共和国行政许可法》，行政机关对申请人提出的行政许可申请，应当根据不同情况分别作出处理。下列行政机关的处理，符合规定的是：

A. 申请事项依法不需要取得行政许可的，应当即时告知申请人向有关行政机关申请

B. 申请事项依法不属于本行政机关职权范围内的，应当即时告知申请人不需申请

C. 申请材料存在可以当场更正的错误的，应当告知申请人3日内补正

D. 申请材料不齐全，应当当场或者在5日内一次告知申请人需要补正的全部内容

120. 根据《建设工程质量管理条例》，下列有关建设单位的质量责任和义务的说法，正确的是：

A. 建设工程发包单位不得暗示承包方以低价竞标

B. 建设单位在办理工程质量监督手续前，应当领取施工许可证

C. 建设单位可以明示或者暗示设计单位违反工程建设强制性标准

D. 建设单位提供的与建设工程有关的原始资料必须真实、准确、齐全

2019年度全国勘察设计注册工程师执业资格考试基础考试（上）
试题解析及参考答案

1. 解　本题考查函数极限的求法以及洛必达法则的应用。

当自变量 $x \to 0$ 时，只有当 $x \to 0^+$ 及 $x \to 0^-$ 时，函数左右极限各自存在并且相等时，函数极限才存在。即当 $\lim\limits_{x \to 0^+} f(x) = \lim\limits_{x \to 0^-} f(x) = A$ 时，$\lim\limits_{x \to 0} f(x) = A$，否则函数极限不存在。

应用洛必达法则：

$$\lim_{x \to 0^+} \frac{3 + e^{\frac{1}{x}}}{1 - e^{\frac{2}{x}}} \xrightarrow[\text{当} x \to 0^+ \text{时}, y \to +\infty]{\text{设} y = \frac{1}{x}} \lim_{y \to +\infty} \frac{3 + e^y}{1 - e^{2y}} \xrightarrow{\frac{\infty}{\infty}} \lim_{y \to +\infty} \frac{e^y}{1 - e^{2y}} = \lim_{y \to +\infty} \frac{1}{-2e^y} = 0$$

$$\lim_{x \to 0^-} \frac{3 + e^{\frac{1}{x}}}{1 - e^{\frac{2}{x}}} \xrightarrow[\text{当} x \to 0^- \text{时}, y \to -\infty]{\text{设} y = \frac{1}{x}} \lim_{y \to -\infty} \frac{3 + e^y}{1 - e^{2y}} \xrightarrow[e^y \to 0]{y \to -\infty} \frac{3}{1} = 3$$

因 $\lim\limits_{x \to 0^+} f(x) \neq \lim\limits_{x \to 0^-} f(x)$，所以 $\lim\limits_{x \to 0} f(x)$ 不存在。

答案：D

2. 解　本题考查函数可微、可导与函数连续之间的关系。

对于一元函数而言，函数可导和函数可微等价。函数可导必连续，函数连续不一定可导（例如 $y = |x|$ 在 $x = 0$ 处连续，但不可导）。因而，$f(x)$ 在点 $x = x_0$ 处连续为函数在该点处可微的必要条件。

答案：C

3. 解　利用同阶无穷小定义计算。

求极限 $\lim\limits_{x \to 0} \frac{\sqrt{1 - x^2} - \sqrt{1 + x^2}}{x^k}$，只要当极限值为常数 C，且 $C \neq 0$ 时，即为同阶无穷小。

$$\lim_{x \to 0} \frac{\sqrt{1 - x^2} - \sqrt{1 + x^2}}{x^k} \xrightarrow{\text{分子有理化}} \lim_{x \to 0} \frac{(\sqrt{1 - x^2} - \sqrt{1 + x^2})(\sqrt{1 - x^2} + \sqrt{1 + x^2})}{x^k(\sqrt{1 - x^2} + \sqrt{1 + x^2})}$$

$$= \lim_{x \to 0} \frac{-2x^2}{x^k(\sqrt{1 - x^2} + \sqrt{1 + x^2})} \xrightarrow{\text{只有} k = 2 \text{时，极限值才满足为常数} C, \text{且} C \neq 0}$$

$$\lim_{x \to 0} \frac{-2x^2}{x^2(\sqrt{1 - x^2} + \sqrt{1 + x^2})} = -1$$

答案：B

4. 解　本题为求复合函数的二阶导数，可利用复合函数求导公式计算。

设 $y = \ln u$，$u = \sin x$，先对中间变量求导，再乘以中间变量 u 对自变量 x 的导数（注意正确使用导数公式）。

$$y' = \frac{1}{\sin x} \cdot \cos x = \cot x, \quad y'' = (\cot x)' = -\frac{1}{\sin^2 x}$$

答案：D

5. 解 本期考查罗尔中值定理。

由罗尔中值定理可知，函数满足：①在闭区间连续；②在开区间可导；③两端函数值相等，则在开区间内至少存在一点ξ，使得$f'(\xi) = 0$。本题满足罗尔中值定理的条件，因而结论 B 成立。

答案：B

6. 解 $x = 0$处导数不存在。x_1和O点两侧导函数符号由负变为正，函数在该点取得极小值，故x_1和O点是函数的极小值点；x_2和x_3点两侧导函数符号由正变为负，函数在该点取得极大值，故x_2和x_3点是函数的极大值点。

答案：B

7. 解 本题可用第一类换元积分方法计算，也可用凑微分方法计算。

方法 1： 设$x^2 + 1 = t$，则有$2x\mathrm{d}x = \mathrm{d}t$，即$x\mathrm{d}x = \frac{1}{2}\mathrm{d}t$

$$\int \frac{x}{\sin^2(x^2+1)}\mathrm{d}x = \int \frac{1}{\sin^2 t}\frac{1}{2}\mathrm{d}t = \frac{1}{2}\int \csc^2 t\,\mathrm{d}t = -\frac{1}{2}\cot t + C = -\frac{1}{2}\cot(x^2+1) + C$$

方法 2：

$$\int \frac{x}{\sin^2(x^2+1)}\mathrm{d}x = \frac{1}{2}\int \frac{1}{\sin^2(x^2+1)}\mathrm{d}(x^2+1) = -\frac{1}{2}\cot(x^2+1) + C$$

答案：A

8. 解 当$x = -1$时，$\lim\limits_{x \to -1}\frac{1}{(1+x)^2} = +\infty$，所以$x = -1$为函数的无穷不连续点。

本题为被积函数有无穷不连续点的广义积分。按照这类广义积分的计算方法，把广义积分在无穷不连续点$x = -1$处分成两部分，只有当每一部分都收敛时，广义积分才收敛，否则广义积分发散。

即：

$$\int_{-2}^{2} \frac{1}{(1+x)^2}\mathrm{d}x = \int_{-2}^{-1} \frac{1}{(1+x)^2}\mathrm{d}x + \int_{-1}^{2} \frac{1}{(1+x)^2}\mathrm{d}x$$

计算第一部分：

$$\int_{-2}^{-1} \frac{1}{(1+x)^2}\mathrm{d}x = \int_{-2}^{-1} \frac{1}{(1+x)^2}\mathrm{d}(x+1) = -\frac{1}{1+x}\Big|_{-2}^{-1} = \lim_{x \to 1^-}\left(-\frac{1}{1+x}\right) - \left(-\frac{1}{-1}\right) = \infty,$$

发散

所以，广义积分发散。

答案：D

9. 解 利用两向量平行的知识以及两向量数量积的运算法则计算。

已知$\boldsymbol{\beta}//\boldsymbol{\alpha}$，则有$\boldsymbol{\beta} = \lambda\boldsymbol{\alpha}$（$\lambda$为任意非零常数）

所以$\boldsymbol{\alpha} \cdot \boldsymbol{\beta} = \boldsymbol{\alpha} \cdot \lambda\boldsymbol{\alpha} = \lambda(\boldsymbol{\alpha} \cdot \boldsymbol{\alpha}) = \lambda[2 \times 2 + 1 \times 1 + (-1) \times (-1)] = 6\lambda$

已知$\boldsymbol{\alpha} \cdot \boldsymbol{\beta} = 3$，即$6\lambda = 3$，$\lambda = \frac{1}{2}$

所以$\boldsymbol{\beta} = \frac{1}{2}\boldsymbol{\alpha} = \left(1, \frac{1}{2}, -\frac{1}{2}\right)$

答案： C

10. 解 因直线垂直于xOy平面，因而直线的方向向量只要选与z轴平行的向量即可，取所求直线的方向向量$\vec{s}=(0,0,1)$，如解图所示，再按照直线的点向式方程的写法写出直线方程：

$$\frac{x-2}{0}=\frac{y-0}{0}=\frac{z+1}{1}$$

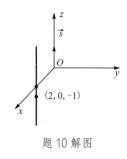

题10解图

答案： C

11. 解 通过分析可知，本题为一阶可分离变量方程，分离变量后两边积分求出方程的通解，再代入初始条件求出方程的特解。

$$y\ln x\mathrm{d}x-x\ln y\mathrm{d}y=0\Rightarrow y\ln x\mathrm{d}x=x\ln y\mathrm{d}y\Rightarrow\frac{\ln x}{x}\mathrm{d}x=\frac{\ln y}{y}\mathrm{d}y$$

$$\Rightarrow\int\frac{\ln x}{x}\mathrm{d}x=\int\frac{\ln y}{y}\mathrm{d}y\Rightarrow\int\ln x\mathrm{d}(\ln x)=\int\ln y\mathrm{d}(\ln y)$$

$$\Rightarrow\frac{1}{2}\ln^2 x=\frac{1}{2}\ln^2 y+C_1\Rightarrow\ln^2 x-\ln^2 y=C_2\quad(其中，C_2=2C_1)$$

代入初始条件$y(x=1)=1$，得$C_2=0$

所以方程的特解：$\ln^2 x-\ln^2 y=0$

答案： D

12. 解 画出积分区域D的图形，如解图所示。

方法 1： 因被积函数$f(x,y)=1$，所以积分$\iint\limits_D\mathrm{d}x\mathrm{d}y$的值即为这三条直线所围成的区域面积，所以$\iint\limits_D\mathrm{d}x\mathrm{d}y=\frac{1}{2}\times 1\times 2=1$。

方法 2： 把二重积分转化为二次积分，可先对y积分再对x积分，也可先对x积分再对y积分。本题先对y积分后再对x积分：

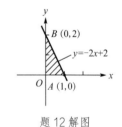

题12解图

$$D:\begin{cases}0\leqslant x\leqslant 1\\0\leqslant y\leqslant -2x+2\end{cases}$$

$$\iint\limits_D\mathrm{d}x\mathrm{d}y=\int_0^1\mathrm{d}x\int_0^{-2x+2}\mathrm{d}y=\int_0^1 y\Big|_0^{-2x+2}\mathrm{d}x$$

$$=\int_0^1(-2x+2)\mathrm{d}x=(-x^2+2x)\Big|_0^1=-1+2=1$$

答案： A

13. 解 $y=C_1C_2e^{-x}$，因C_1、C_2是任意常数，可设$C=C_1\cdot C_2$（C仍为任意常数），即$y=Ce^{-x}$，则有$y'=-Ce^{-x}$，$y''=Ce^{-x}$。

代入得$Ce^{-x}-2(-Ce^{-x})-3Ce^{-x}=0$，可知$y=Ce^{-x}$为方程的解。

因$y=Ce^{-x}$仅含一个独立的任意常数，可知$y=Ce^{-x}$既不是方程的通解，也不是方程的特解，只是方程的解。

答案：D

14. 解 本题考查对坐标的曲线积分的计算方法。

应注意，对坐标的曲线积分与曲线的积分路径、方向有关，积分变量的变化区间应从起点所对应的参数积到终点所对应的参数。

$L: x^2 + y^2 = 1$

参数方程可表示为 $\begin{cases} x = \cos\theta \\ y = \sin\theta \end{cases}$ $(\theta: 0 \to 2\pi)$，则

$$\int_L \frac{y\mathrm{d}x - x\mathrm{d}y}{x^2 + y^2} = \int_0^{2\pi} \frac{\sin\theta(-\sin\theta) - \cos\theta\cos\theta}{\cos^2\theta + \sin^2\theta}\mathrm{d}\theta = \int_0^{2\pi}(-1)\mathrm{d}\theta = -\theta\Big|_0^{2\pi} = -2\pi$$

答案：B

15. 解 本题函数为二元函数，先求出二元函数的驻点，再利用二元函数取得极值的充分条件判定。

$f(x,y) = xy$

求得偏导数 $\begin{cases} f_x(x,y) = y \\ f_y(x,y) = x \end{cases}$，则 $\begin{cases} f_x(0,0) = 0 \\ f_y(0,0) = 0 \end{cases}$，故点$(0,0)$为二元函数的驻点。

求得二阶导数 $f''_{xx}(x,y) = 0$，$f''_{xy}(x,y) = 1$，$f''_{yy}(x,y) = 0$

则有 $A = f''_{xx}(0,0) = 0$，$B = f''_{xy}(0,0) = 1$，$C = f''_{yy}(0,0) = 0$

$AC - B^2 = -1 < 0$，所以在驻点$(0,0)$处取不到极值。

点$(0,0)$是驻点，但非极值点。

答案：B

16. 解 本题考查级数条件收敛、绝对收敛的有关概念，以及级数收敛与发散的基本判定方法。

将级数 $\sum_{n=1}^{\infty}(-1)^{n-1}\frac{1}{n^p}$ 各项取绝对值，得p级数 $\sum_{n=1}^{\infty}\frac{1}{n^p}$。

当$p > 1$时，原级数 $\sum_{n=1}^{\infty}(-1)^{n-1}\frac{1}{n^p}$ 绝对收敛；当$0 < p \leqslant 1$时，级数 $\sum_{n=1}^{\infty}\frac{1}{n^p}$ 发散。所以，选项B、C均不成立。

再判定原级数 $\sum_{n=1}^{\infty}(-1)^{n-1}\frac{1}{n^p}$ 在$0 < p \leqslant 1$时的敛散性。

级数 $\sum_{n=1}^{\infty}(-1)^{n-1}\frac{1}{n^p}$ 为交错级数，记$u_n = \frac{1}{n^p}$。

当$p > 0$时，$n^p < (n+1)p$，则$\frac{1}{n^p} > \frac{1}{(n+1)^p}$，$u_n > u_{n+1}$，又$\lim_{n\to\infty}u_n = 0$，所以级数 $\sum_{n=1}^{\infty}(-1)^{n-1}\frac{1}{n^p}$ 在 $0 < p \leqslant 1$时条件收敛。

答案：D

17. 解 利用二元函数求全微分公式$\mathrm{d}z = \frac{\partial z}{\partial x}\mathrm{d}x + \frac{\partial z}{\partial y}\mathrm{d}y$计算，然后代入$x = 1$，$y = 2$求出$\mathrm{d}z\Big|_{\substack{x=1 \\ y=2}}$ 的值。

（1）计算$\frac{\partial z}{\partial x}$：

$z = \left(\dfrac{y}{x}\right)^x$，两边取对数，得 $\ln z = x \ln\left(\dfrac{y}{x}\right)$，两边对 x 求导，得：

$$\frac{1}{z}z_x = \ln\frac{y}{x} + x\frac{x}{y}\left(-\frac{y}{x^2}\right) = \ln\frac{y}{x} - 1$$

进而得：$z_x = z\left(\ln\dfrac{y}{x} - 1\right) = \left(\dfrac{y}{x}\right)^x\left(\ln\dfrac{y}{x} - 1\right)$

（2）计算 $\dfrac{\partial z}{\partial y}$：

$$\frac{\partial z}{\partial y} = x\left(\frac{y}{x}\right)^{x-1}\frac{1}{x} = \left(\frac{y}{x}\right)^{x-1}$$

$$dz = \frac{\partial z}{\partial x}dx + \frac{\partial z}{\partial y}dy = \left(\frac{y}{x}\right)^x\left(\ln\frac{y}{x} - 1\right)dx + \left(\frac{y}{x}\right)^{x-1}dy$$

$$dz\Big|_{\substack{x=1 \\ y=2}} = 2(\ln 2 - 1)dx + dy = 2\left[(\ln 2 - 1)dx + \frac{1}{2}dy\right]$$

答案： C

18. 解 幂级数只含奇数次幂项，求出级数的收敛半径，再判断端点的敛散性。

方法 1：

$$\lim_{n\to\infty}\left|\frac{u_{n+1}(x)}{u_n(x)}\right| = \lim_{n\to\infty}\left|\frac{\dfrac{x^{2n+1}}{2n+1}}{\dfrac{x^{2n-1}}{2n-1}}\right| = \lim_{n\to\infty}\left|\frac{2n-1}{2n+1}x^2\right| = x^2$$

当 $x^2 < 1$，即 $-1 < x < 1$ 时，级数收敛；当 $x^2 > 1$，即 $x > 1$ 或 $x < -1$ 时，级数发散：

判断端点的敛散性。

当 $x = 1$ 时，$\sum\limits_{n=1}^{\infty}(-1)^{n-1}\dfrac{x^{2n-1}}{2n-1} \Rightarrow \sum\limits_{n=1}^{\infty}(-1)^{n-1}\dfrac{1}{2n-1}$，为交错级数，同时满足 $u_n > u_{n+1}$ 和 $\lim\limits_{n\to\infty}u_n = 0$，

级数收敛。

当 $x = -1$ 时，$\sum\limits_{n=1}^{\infty}(-1)^{n-1}\dfrac{x^{2n-1}}{2n-1} \Rightarrow \sum\limits_{n=1}^{\infty}(-1)^{n-1}\dfrac{1}{2n-1}$，为交错级数，同时满足 $u_n > u_{n+1}$ 和 $\lim\limits_{n\to\infty}u_n = 0$，

级数收敛。

综上，级数 $\sum\limits_{n=1}^{\infty}(-1)^{n-1}\dfrac{x^{2n-1}}{2n-1}$ 的收敛域为 $[-1,1]$。

方法 2： 四个选项已给出，仅在端点处不同，直接判断端点 $x = 1$、$x = -1$ 的敛散性即可。

答案： A

19. 解 利用公式 $|\boldsymbol{A}^*| = \boldsymbol{A}^{n-1}$ 判断。代入 $|\boldsymbol{A}| = b$，得 $|\boldsymbol{A}^*| = b^{n-1}$。

答案： D

20. 解 利用公式 $|\boldsymbol{A}| = \lambda_1\lambda_2\cdots\lambda_n$，当 $\boldsymbol{A}$ 为二阶方阵时，$|\boldsymbol{A}| = \lambda_1\lambda_2$

则有 $\lambda_2 = \dfrac{|\boldsymbol{A}|}{\lambda_1} = \dfrac{-1}{1} = -1$

由"实对称矩阵对应不同特征值的特征向量正交"判断：

$$\begin{pmatrix}1\\1\end{pmatrix}^{\mathrm{T}}\begin{pmatrix}1\\-1\end{pmatrix} = (1,\ 1)\begin{pmatrix}1\\-1\end{pmatrix} = 0$$

所以 $\begin{pmatrix} 1 \\ 1 \end{pmatrix}$ 与 $\begin{pmatrix} 1 \\ -1 \end{pmatrix}$ 正交

答案： B

21. 解 二次型 f 的秩就是对应矩阵 $\boldsymbol{A}$ 的秩。

二次型对应矩阵为 $\boldsymbol{A} = \begin{bmatrix} 1 & 1 & 0 \\ 1 & t & 0 \\ 0 & 0 & 3 \end{bmatrix}$，$R(\boldsymbol{A}) = 2$，则有 $|\boldsymbol{A}| = 0$，即 $3(t-1) = 0$，可以得出 $t = 1$。

答案： C

22. 解

$$P(A|B) = \frac{P(AB)}{P(B)} = \frac{P(A)P(B|A)}{P(B)} = \frac{\frac{1}{3} \times \frac{1}{6}}{\frac{1}{4}} = \frac{2}{9}$$

答案： B

23. 解 由联合分布律的性质：$\sum\limits_i \sum\limits_j p_{ij} = 1$，得 $\frac{1}{4} + \frac{1}{4} + \frac{1}{6} + a = 1$，则 $a = \frac{1}{3}$。

答案： A

24. 解 因为 $X \sim U(1, \theta)$，所以 $E(X) = \frac{1+\theta}{2}$，则 $\theta = 2E(X) - 1$，用 $\overline{X}$ 代替 $E(X)$，得 θ 的矩估计 $\hat{\theta} = 2\overline{X} - 1$。

答案： C

25. 解 温度的统计意义告诉我们：气体的温度是分子平均平动动能的量度，气体的温度是大量气体分子热运动的集体体现，具有统计意义，温度的高低反映物质内部分子运动剧烈程度的不同，正是因为它的统计意义，单独说某个分子的温度是没有意义的。

答案： B

26. 解 气体分子运动的三种速率：

$$v_\mathrm{p} = \sqrt{\frac{2kT}{m}} \approx 1.41\sqrt{\frac{RT}{M}}$$

$$\bar{v} = \sqrt{\frac{8kT}{\pi m}} \approx 1.60\sqrt{\frac{RT}{M}}, \quad \sqrt{\overline{v^2}} = \sqrt{\frac{3kT}{m}} \approx 1.73\sqrt{\frac{RT}{M}}$$

答案： C

27. 解 理想气体向真空作绝热膨胀，注意"真空"和"绝热"。由热力学第一定律 $Q = \Delta E + W$，理想气体向真空作绝热膨胀不做功，不吸热，故内能变化为零，温度不变，但膨胀致体积增大，单位体积分子数 n 减少，根据 $p = nkT$，故压强减小。

答案： A

28. 解 此题考查卡诺循环。

卡诺循环的热机效率为：$\eta = 1 - \dfrac{T_2}{T_1}$

T_1 与 T_2 不同，所以效率不同。

两个循环曲线所包围的面积相等，净功相等，$W = Q_1 - Q_2$，即两个热机吸收的热量与放出的热量（绝对值）的差值一定相等。

答案：D

29. 解 此题考查理想气体分子的摩尔热容。

$$C_V = \frac{i}{2}R, \quad C_p = C_V + R = \frac{i+2}{2}R$$

刚性双原子分子理想气体 $i = 5$，故 $\dfrac{C_p}{C_V} = \dfrac{7}{5}$

答案：C

30. 解 将波动方程化为标准式：$y = 0.05\cos(4\pi x - 10\pi t) = 0.05\cos 10\pi\left(t - \dfrac{x}{2.5}\right)$

$$u = 2.5\text{m/s}, \quad \omega = 2\pi\nu = 10\pi, \quad \nu = 5\text{Hz}, \quad \lambda = \frac{u}{\nu} = \frac{2.5}{5} = 0.5\text{m}$$

答案：A

31. 解 此题考查声波的多普勒效应。

题目讨论的是火车疾驰而来时的过程与火车远离而去时人们听到的汽笛音调比较。

火车疾驰而来时音调（即频率）：$\nu'_{\text{来}} = \dfrac{u}{u - v_s}\nu$

火车远离而去时的音调：$\nu'_{\text{去}} = \dfrac{u}{u + v_s}\nu$

式中，u 为声速，v_s 为火车相对地的速度，ν 为火车发出汽笛声的原频率。

相比，人们听到的汽笛音调应是由高变低的。

答案：A

32. 解 此题考查波的强度公式：$I = \dfrac{1}{2}\rho u A^2 \omega^2$

保持其他条件不变，仅使振幅 A 增加 1 倍，则波的强度增加到原来的 4 倍。

答案：D

33. 解 两列振幅相同的相干波，在同一直线上沿相反方向传播，叠加的结果即为驻波。

叠加后形成的驻波的波动方程为：$y = y_1 + y_2 = \left(2A\cos 2\pi\dfrac{x}{\lambda}\right)\cos 2\pi\nu t$

驻波的振幅是随位置变化的，$A' = 2A\cos 2\pi\dfrac{x}{\lambda}$，波腹处有最大振幅 $2A$。

答案：C

34. 解 此题考查光的干涉。

薄膜上下两束反射光的光程差：$\delta = 2n_2 e$

增透膜要求反射光相消：$\delta = 2n_2 e = (2k+1)\dfrac{\lambda}{2}$

$k = 0$ 时，膜有最小厚度，$e = \dfrac{\lambda}{4n_2} = \dfrac{500}{4 \times 1.38} = 90.6\text{nm}$

答案：B

35. 解 此题考查光的衍射。

单缝衍射明纹条件光程差为半波长的奇数倍，相邻两个半波带对应点的光程差为半个波长。

答案：C

36. 解 此题考查光的干涉与偏振。

双缝干涉条纹间距$\Delta x = \dfrac{D}{d}\lambda$，加偏振片不改变波长，故干涉条纹的间距不变，而自然光通过偏振片光强衰减为原来的一半，故明纹的亮度减弱。

答案：B

37. 解 第一电离能是基态的气态原子失去一个电子形成+1价气态离子所需要的最低能量。变化规律：同一周期从左到右，主族元素的有效核电荷数依次增加，原子半径依次减小，电离能依次增大；同一主族元素从上到下原子半径依次增大，电离能依次减小。

答案：D

38. 解 共价键的类型分σ键和π键。共价单键均为σ键；共价双键中含1个σ键，1个π键；共价三键中含1个σ键，2个π键。

丁二烯分子中，碳氢间均为共价单键，碳碳间含1个碳碳单键，2个碳碳双键。结构式为：

答案：B

39. 解 正负离子相互极化的强弱取决于离子的极化力和变形性，正负离子均具有极化力和变形性。正负离子相互极化的强弱一般主要考虑正离子的极化力和负离子的变形性。正离子的电荷数越多，极化力越大，半径越小，极化力越大。四种化合物中$SiCl_4$是分子晶体。$NaCl$、$MgCl_2$、$AlCl_3$中的阴离子相同，都为Cl^-，阳离子分别为Na^+、Mg^{2+}、Al^{3+}，离子半径逐渐减小，离子电荷逐渐增大，极化力逐渐增强，对Cl^-的极化作用逐渐增强，所以离子极化作用最强的是$AlCl_3$。

答案：C

40. 解 根据$pH = -\lg C_{H^+}$，$K_W = C_{H^+} \times C_{OH^-}$

$pH = 2$时，$C_{H^+} = 10^{-2} mol \cdot L^{-1}$，$C_{OH^-} = 10^{-12} mol \cdot L^{-1}$

$pH = 4$时，$C_{H^+} = 10^{-4} mol \cdot L^{-1}$，$C_{OH^-} = 10^{-10} mol \cdot L^{-1}$

答案：C

41. 解 吉布斯函数变$\Delta G < 0$时化学反应能自发进行。根据吉布斯等温方程，当$\Delta_r H_m^\ominus > 0$，$\Delta_r S_m^\ominus > 0$时，反应低温不能自发进行，高温能自发进行。

答案：A

42. 解 根据盐类的水解理论，NaCl为强酸强碱盐，不水解，溶液显中性；Na_2CO_3 为强碱弱酸盐，水解，溶液显碱性；硫酸铝和硫酸铵均为强酸弱碱盐，水解，溶液显酸性。

答案：B

43. 解 电对对应的半反应中无H^+参与时，酸度大小对电对的电极电势无影响；电对对应的半反应中有H^+参与时，酸度大小对电对的电极电势有影响，影响结果由能斯特方程决定。

电对Fe^{3+}/Fe^{2+}对应的半反应为$Fe^{3+} + e^- = Fe^{2+}$，没有H^+参与，酸度大小对电对的电极电势无影响；电对MnO_4^-/Mn^{2+}对应的半反应为$MnO_4^- + 8H^+ + 7e^- = Mn^{2+} + 4H_2O$，有$H^+$参与，根据能斯特方程，$H^+$浓度增大，电对的电极电势增大。

答案：C

44. 解 C_5H_{12}有三个异构体，每种异构体中，有几种类型氢原子，就有几种一氯代物。

异构体 $H_3C-CH_2-CH_2-CH_2-CH_3$ 中，有2个甲基，3种一氯代物；

异构体 $H_3C-CH-CH_2-CH_3$ 中，有3个甲基，4种一氯代物；
$\qquad\qquad\quad |$
$\qquad\qquad\ CH_3$

异构体 $H_3C-\overset{\overset{\displaystyle CH_3}{|}}{\underset{\underset{\displaystyle CH_3}{|}}{C}}-CH_3$ 中，有4个甲基，1种一氯代物。

答案：C

45. 解 选项 A、B、C 催化加氢均生成 2-甲基戊烷，选项 D 催化加氢生成 3-甲基戊烷。

答案：D

46. 解 与端基碳原子相连的羟基氧化为醛，不与端基碳原子相连的羟基氧化为酮。

答案：C

47. 解 若力F作用于构件BC上，则AC为二力构件，满足二力平衡条件，BC满足三力平衡条件，受力图如解图 a) 所示。

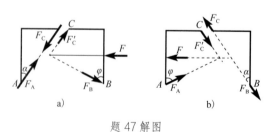

题 47 解图

对BC列平衡方程：

$$\sum F_x = 0, \quad F - F_B \sin\varphi - F_C' \sin\alpha = 0$$

$$\sum F_y = 0, \quad F_C' \cos\alpha - F_B \cos\varphi = 0$$

解得：$F'_C = \dfrac{F}{\sin\alpha + \cos\alpha\tan\varphi} = F_A$，$F_B = \dfrac{F}{\tan\alpha\cos\varphi + \sin\varphi}$

若力 $\boldsymbol{F}$ 移至构件 AC 上，则 BC 为二力构件，而 AC 满足三力平衡条件，受力图如解图 b）所示。

对 AC 列平衡方程：

$$\sum F_x = 0, \quad F - F_A\sin\varphi - F'_C\sin\alpha = 0$$

$$\sum F_y = 0, \quad F_A\cos\varphi - F'_C\cos\alpha = 0$$

解得：$F'_C = \dfrac{F}{\sin\alpha + \cos\alpha\tan\varphi} = F_B$，$F_A = \dfrac{F}{\tan\alpha\cos\varphi + \sin\varphi}$

由此可见，两种情况下，只有 C 处约束力的大小没有改变，而 A、B 处约束力的大小都发生了改变。

答案：D

48. 解　由图可知力 $\boldsymbol{F}_1$ 过 A 点，故向 A 点简化的附加力偶为 0，因此主动力系向 A 点简化的主矩即为 $M_A = M = 4\text{N}\cdot\text{m}$。

答案：A

49. 解　对系统整体列平衡方程：

$$\sum M_A(F) = 0, \quad M_A - F_p\left(\dfrac{a}{2} + r\right) = 0$$

得：$M_A = F_p\left(\dfrac{a}{2} + r\right)$（逆时针）

答案：B

50. 解　分析节点 A 的平衡，可知铅垂杆为零杆，再分析节点 B 的平衡，节点连接的两根杆均为零杆，故内力为零的杆数是 3。

答案：A

51. 解　当 $t = 10\text{s}$ 时，$v_t = v_0 + at = 10a = 5\text{m/s}$，故汽车的加速度 $a = 0.5\text{m/s}^2$。则有：

$$S = \dfrac{1}{2}at^2 = \dfrac{1}{2} \times 0.5 \times 10^2 = 25\text{m}$$

答案：A

52. 解　物体的角速度及角加速度分别为：$\omega = \dot{\varphi} = 4 - 6t\,\text{rad/s}$，$\alpha = \ddot{\varphi} = -6\text{rad/s}^2$，则 $t = 1\text{s}$ 时物体内转动半径 $r = 0.5\text{m}$ 点的速度为：$v = \omega r = -1\text{m/s}$，切向加速度为：$a_\tau = \alpha r = -3\text{m/s}^2$。

答案：B

53. 解　构件 BC 是平行移动刚体，根据其运动特性，构件上各点有相同的速度和加速度，用其上一点 B 的运动即可描述整个构件的运动，点 B 的运动方程为：

$$x_B = -r\cos\theta = -r\cos\omega t$$

则其速度的表达式为 $v_{BC} = \dot{x}_B = r\omega\sin\omega t$，加速度的表达式为 $\alpha_{BC} = \ddot{x}_B = r\omega^2\cos\omega t$

答案：D

54. 解　质点运动微分方程：$\boldsymbol{ma = F}$

当电梯加速下降、匀速下降及减速下降时，加速度分别向下、零、向上，代入质点运动微分方程，分别有：

$$ma = W - F_1, \quad 0 = W - F_2, \quad ma = F_3 - W$$

所以：$F_1 = W - ma$，$F_2 = W$，$F_3 = W + ma$

故 $F_1 < F_2 < F_3$

答案：C

55. 解 定轴转动刚体动量矩的公式：$L_O = J_O \omega$

其中，$J_O = \frac{1}{2} mR^2 + mR^2$

因此，动量矩 $L_O = \frac{3}{2} mR^2 \omega$

答案：D

56. 解 动能定理：$T_2 - T_1 = W_{12}$

其中：$T_1 = 0$，$T_2 = \frac{1}{2} J_O \omega^2$

将 $W_{12} = mg(R - R\cos\theta)$ 代入动能定理：$\frac{1}{2}\left(\frac{1}{2} mR^2 + mR^2\right)\omega^2 - 0 = mg(R - R\cos\theta)$

解得：$\omega = \sqrt{\frac{4g(1-\cos\theta)}{3R}}$

答案：B

57. 解 惯性力的定义为：$\boldsymbol{F}_I = -m\boldsymbol{a}$

惯性力主矢的方向总是与其加速度方向相反。

答案：A

58. 解 当激振频率与系统的固有频率相等时，系统发生共振，即：

$\omega_0 = \sqrt{\frac{k}{m}} = \omega_1 = 6\text{rad/s}$；$\sqrt{\frac{k}{1+m}} = \omega_2 = 5.86\text{rad/s}$

联立求解可得：$m = 20.68\text{kg}$，$k = 744.53\text{N/m}$

答案：D

59. 解 由图可知，曲线 A 的强度失效应力最大，故 A 材料强度最高。

答案：A

60. 解 根据截面法可知，AB 段轴力 $F_{AB} = F$，BC 段轴力 $F_{BC} = -F$

则 $\Delta L = \Delta L_{AB} + \Delta L_{BC} = \frac{Fl}{EA} + \frac{-Fl}{EA} = 0$

答案：A

61. 解 取一根木杆进行受力分析，可知剪力是 F，剪切面是 ab，故名义切应力 $\tau = \frac{F}{ab}$。

答案：A

62. 解　此公式只适用于线弹性变形的圆截面（含空心圆截面）杆，选项 A、B、C 都不适用。

答案：D

63. 解　由强度条件 $\tau_{max} = \dfrac{T}{W_p} \leq [\tau]$，可知直径为 d 的圆轴可承担的最大扭矩为 $T \leq [\tau]W_p = [\tau]\dfrac{\pi d^3}{16}$

若改变该轴直径为 d_1，使 $A_1 = \dfrac{\pi d_1^2}{4} = 2A = 2\dfrac{\pi d^2}{4}$

则有 $d_1^2 = 2d^2$，即 $d_1 = \sqrt{2}d$

故其可承担的最大扭矩为：$T_1 = [\tau]\dfrac{\pi d_1^3}{16} = 2\sqrt{2}[\tau]\dfrac{\pi d^3}{16} = 2\sqrt{2}T$

答案：C

64. 解　在有关静矩的性质中可知，若平面图形对某轴的静矩为零，则此轴必过形心；反之，若某轴过形心，则平面图形对此轴的静矩为零。对称轴必须过形心，但过形心的轴不一定是对称轴。例如，平面图形的反对称轴也是过形心的。所以选项 D 错误。

答案：D

65. 解　集中力偶 m 在梁上移动，对剪力图没有影响，但是受集中力偶作用的位置弯矩图会发生突变，故力偶 m 位置的变化会引起弯矩图的改变。

答案：C

66. 解　若梁的长度增加一倍，最大剪力 F 没有变化，而最大弯矩则增大一倍，由 Fl 变为 $2Fl$，而最大正应力 $\sigma_{max} = \dfrac{M_{max}}{I_z}y_{max}$ 变为原来的 2 倍，最大剪应力 $\tau_{max} = \dfrac{3F}{2A}$ 没有变化。

答案：C

67. 解　简支梁受一对自相平衡的力偶作用，不产生支座反力，左边第一段和右边第一段弯矩为零（无弯曲，是直线），中间一段为负弯矩（挠曲线向上弯曲）。

答案：D

68. 解　图 a）、图 b）两单元体中 $\sigma_y = 0$，用解析法公式：

$$\begin{matrix}\sigma_1 \\ \sigma_3\end{matrix} = \dfrac{\sigma}{2} \pm \sqrt{\left(\dfrac{\sigma}{2}\right)^2 + \tau^2} = \dfrac{80}{2} \pm \sqrt{\left(\dfrac{80}{2}\right)^2 + 20^2} = \begin{matrix}84.72 \\ -4.72\end{matrix}\text{MPa}$$

则 σ_1=84.72MPa，σ_2=0，σ_3= -4.72MPa，两单元体主应力大小相同。

两单元体主应力的方向可以用观察法判断。

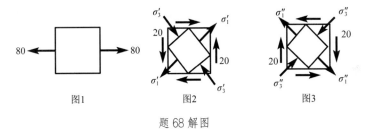

题 68 解图

题图 a）主应力的方向可以看成是图 1 和图 2 两个单元体主应力方向的叠加，显然主应力 σ_1 的方向在第一象限。

题图 b）主应力的方向可以看成是图 1 和图 3 两个单元体主应力方向的叠加，显然主应力 σ_1 的方向在第四象限。

所以两单元体主应力的方向不同。

答案：B

69. 解 轴力 F_N 产生的拉应力 $\sigma' = \dfrac{F_N}{A}$，弯矩产生的最大拉应力 $\sigma'' = \dfrac{M}{W}$，故 $\sigma = \sigma' + \sigma'' = \dfrac{F_N}{A} + \dfrac{M}{W}$

扭矩 T 作用下产生的最大切应力 $\tau = \dfrac{T}{W_p} = \dfrac{T}{2W}$，所以危险截面的应力状态如解图所示。

而 $\begin{aligned}\sigma_1 \\ \sigma_3\end{aligned} = \dfrac{\sigma}{2} \pm \sqrt{\left(\dfrac{\sigma}{2}\right)^2 + \tau^2}$

所以，$\sigma_{r3} = \sigma_1 - \sigma_3 = 2\sqrt{\left(\dfrac{\sigma}{2}\right)^2 + \tau^2} = \sqrt{\sigma^2 + 4\tau^2}$

$$= \sqrt{\left(\dfrac{F_N}{A} + \dfrac{M}{W}\right)^2 + 4\left(\dfrac{T}{2W}\right)^2} = \sqrt{\left(\dfrac{F_N}{A} + \dfrac{M}{W}\right)^2 + \left(\dfrac{T}{W}\right)^2}$$

题 69 解图

答案：C

70. 解 图（A）为两端铰支压杆，其长度系数 $\mu = 1$。

图（B）为一端固定、一端铰支压杆，其长度系数 $\mu = 0.7$。

图（C）为一端固定、一端自由压杆，其长度系数 $\mu = 2$。

图（D）为两端固定压杆，其长度系数 $\mu = 0.5$。

根据临界荷载公式：$F_{cr} = \dfrac{\pi^2 EI}{(\mu l)^2}$，可知 F_{cr} 与 μ 成反比，故图（D）的临界荷载最大。

答案：D

71. 解 根据连续介质假设可知，流体的物理量是连续函数。

答案：B

72. 解 盛水容器的左侧上方为敞口的自由液面，故液面上点 1 的相对压强 $p_1 = 0$，而选项 B、C、D 点 1 的相对压强 p_1 均不等于零，故此三个选项均错误，因此可知正确答案为 A。

现根据等压面原理和静压强计算公式，求出其余各点的相对压强如下：

$p_2 = 1000 \times 9.8 \times (h_1 - h_2) = 9800 \times (0.9 - 0.4) = 4900\text{Pa} = 4.90\text{kPa}$

$p_3 = p_2 - 1000 \times 9.8 \times (h_3 - h_2) = 4900 - 9800 \times (1.1 - 0.4) = -1960\text{Pa} = -1.96\text{kPa}$

$p_4 = p_3 = -1.96\text{kPa}$（微小高度空气压强可忽略不计）

$p_5 = p_4 - 1000 \times 9.8 \times (h_5 - h_4) = -1960 - 9800 \times (1.33 - 0.75) = -7644\text{Pa} = -7.64\text{kPa}$

答案：A

73. 解 流体连续方程是根据质量守恒原理和连续介质假设推导而得的，在此条件下，同一流路上任意两断面的质量流量需相等，即$\rho_1 v_1 A_1 = \rho_2 v_2 A_2$。对不可压缩流体，密度$\rho$为不变的常数，即$\rho_1 = \rho_2$，故连续方程简化为：$v_1 A_1 = v_2 A_2$。

答案：B

74.解 由尼古拉兹实验曲线图可知，在紊流光滑区，随着雷诺数 Re 的增大，沿程损失系数将减小。

答案：B

75.解 薄壁小孔口流量公式：$Q_1 = \mu_1 A_1 \sqrt{2gH_{01}}$

圆柱形外管嘴流量公式：$Q_2 = \mu_2 A_2 \sqrt{2gH_{02}}$

按题设条件：$d_1 = d_2$，即可得$A_1 = A_2$

另有题设条件：$H_{01} = H_{02}$

由于小孔口流量系数$\mu_1 = 0.60\sim0.62$，圆柱形外管嘴流量系数$\mu_2 = 0.82$，即$\mu_1 < \mu_2$

综上，则有$Q_1 < Q_2$

答案：B

76.解 水力半径R等于过流面积除以湿周，即$R = \frac{\pi r_0^2}{2\pi r_0}$

代入题设数据，可得水力半径$R = \frac{\pi \times 4^2}{2 \times \pi \times 4} = 2\text{m}$

答案：C

77.解 普通完全井流量公式：$Q = 1.366 \frac{k(H^2 - h^2)}{\lg \frac{R}{r_0}}$

代入题设数据：$0.0276 = 1.366 \frac{k(15^2 - 10^2)}{\lg \frac{3.75}{0.3}}$

解得：$k = 0.0005\text{m/s}$

答案：A

78.解 由沿程水头损失公式：$h_f = \lambda \frac{L}{d} \cdot \frac{v^2}{2g}$，可解出沿程损失系数$\lambda = \frac{2gdh_f}{Lv^2}$，写成量纲表达式 $\dim\left(\frac{2gdh_f}{Lv^2}\right) = \frac{LT^{-2}LL}{LL^2T^{-2}} = 1$，即$\dim(\lambda) = 1$。故沿程损失系数$\lambda$为无量纲数。

答案：D

79.解 线圈中通入直流电流I，磁路中磁通Φ为常量，根据电磁感应定律：

$$e = -N \frac{d\Phi}{dt} = 0$$

本题中电压—电流关系仅受线圈的电阻R影响，所以$U = IR$。

答案：A

80.解 本题为交流电源，电流受电阻和电感的影响。

电压-电流关系为：

$$u = u_R + u_L = iR + L \frac{di}{dt}$$

即 $u_L = L\dfrac{\mathrm{d}i}{\mathrm{d}t}$

答案：D

81. 解 图示电路分析如下：

$$I_s = I_R - 0.2 = \dfrac{U_s}{R} - 0.2 = \dfrac{-6}{10} - 0.2 = -0.8\text{A}$$

根据直流电路的欧姆定律和节点电流关系分析即可。

题81 解图

答案：A

82. 解 从电压电流的波形可以分析：

最大值：　　$I_m = 3\text{A}$　　　　　　　　　　$U_m = 10\text{V}$

有效值：　　$I = \dfrac{I_m}{\sqrt{2}} = 2.12\text{A}$　　　　　$U = \dfrac{U_m}{\sqrt{2}} = 7.07\text{V}$

初相位：　　$\varphi_i = +90°$　　　　　　　　$\varphi_u = -90°$

$\dot{U}$、$\dot{I}$ 的复数形式为：

$\dot{U} = 7.07\underline{/-90°} = -j7.07\text{V}$　　　　$\dot{U}_m = -j10\text{V}$

$\dot{I} = 2.12\underline{/90°} = j2.12\text{A}$　　　$\dot{I}_m = j3\text{A}$

答案：A

83. 解 交流电路中电压、电流与有功功率的基本关系为：

$$P = UI\cos\varphi \quad (\cos\varphi\text{ 是功率因数})$$

可知，$I = \dfrac{P}{U\cos\varphi} = \dfrac{8000}{220\times0.6} = 60.6\text{A}$

答案：B

84. 解 在开关 S 闭合时刻：

$$U_{C(0+)} = 0\text{V}, \quad I_{L(0+)} = 0\text{A}$$

则　　　　　　　　　　$U_{R_1(0+)} = U_{R_2(0+)} = 0\text{V}$

根据电路的回路电压关系：$\sum U_{(0+)} = -10 + U_{L(0+)} + U_{C(0+)} + U_{R_1(0+)} + U_{R_2(0+)} = 0$

代入数值，得 $U_{L(0+)} = 10\text{V}$

答案：A

85. 解 图示电路可以等效为解图，其中，$R'_L = K^2 R_L$。

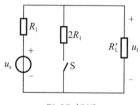

在 S 闭合时，$2R_1 // R'_L = R_1$，可知 $R'_L = 2R_1$

如果开关 S 打开，则 $u_1 = \dfrac{R'_L}{R_1 + R'_L} u_s = \dfrac{2}{3} u_s = 60\sqrt{2}\sin\omega t\ \text{V}$

答案：C

题85 解图

86. 解 三相异步电动机满载启动时必须保证电动机的启动力矩大于电动机的额定力矩。四个选项中，A、B、D 均属于降压启动，电压降低的同时必会导致启动力矩降低。所以应该采用转子绕组串电阻的方案，只有绕线式电动机的转子才能串电阻。

答案：C

87. 解 采样信号是离散时间信号（有些时间点没有定义），而模拟信号和采样保持信号才是时间上的连续信号。

答案：A

88. 解 周期信号的频谱是离散的，各谐波信号的幅值随频率的升高而减小。

信号 $u_1(t)$ 和 $u_2(t)$ 的幅值频谱均符合以上特征。所不同的是图 b) 所示信号含有直流分量，而图 a) 所示信号不包括直流分量。

答案：C

89. 解 放大器是对信号的幅值（电压或电流）进行放大，以不失真为条件，目的是便于后续处理。

答案：D

90. 解 逻辑函数化简：

$$F = ABC + A\overline{B} + AB\overline{C} = AB(C + \overline{C}) + A\overline{B} = AB + A\overline{B} = A(B + \overline{B}) = A$$

答案：A

91. 解 $F = \overline{A + B}$

（F函数与A、B信号为或非关系，可以用口诀"A、B"有1，"F"则0处理）

即如解图所示。

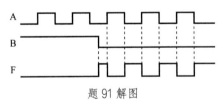

题 91 解图

答案：A

92. 解 从真值表到逻辑表达式的方法：首先在真值表中 F = 1 的项用"或"组合；然后每个 F = 1 的项对应一个输入组合的"与"逻辑，其中输入变量值为 1 的写原变量，取值为 0 的写反变量；最后将输出函数 F"合成"或的逻辑表达式。

根据真值表可以写出逻辑表达式为：$F = \overline{A}B\overline{C} + \overline{A}BC$

答案：B

93. 解 因为二极管 D_2 的阳极电位为 5V，而二极管 D_1 的阳极电位为 1V，可见二极管 D_2 是优先导通的。之后 u_F 电位箝位为 5V，二极管 D_1 可靠截止。i_R 电流通道如解图虚线所示。

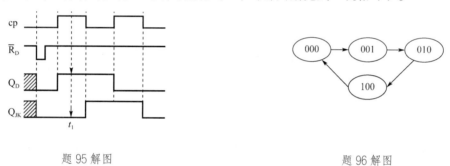

$$i_R = \frac{u_B}{R} = \frac{5}{1000} = 5\text{mA}$$

答案：A

题 93 解图

94. 解 图 a）是反向加法运算电路，图 b）是同向加法运算电路，图 c）是减法运算电路。

答案：A

95. 解 当清零信号 $\overline{R}_D = 0$ 时，两个触发器同时为零。D 触发器在时钟脉冲 cp 的前沿触发，JK 触发器在时钟脉冲 cp 的后沿触发。如解图所示，在 t_1 时刻，$Q_D = 1$，$Q_{JK} = 0$。

答案：B

96. 解 从解图分析可知为四进制计数器（4 个时钟周期完成一次循环）。

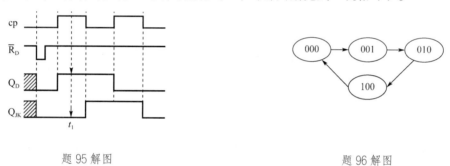

题 95 解图　　　　　　　　　　题 96 解图

答案：C

97. 解 CPU 是分析指令和执行指令的部件，是计算机的核心。它主要是由运算器和控制器组成。

答案：A

98. 解 总线就是一组公共信息传输线路，它能为多个部件服务，可分时地发送与接收各部件的信息。总线的工作方式通常是由发送信息的部件分时地将信息发往总线，再由总线将这些信息同时发往各个接收信息的部件。从总线的结构可以看出，所有设备和部件均可通过总线交换信息，因此要用总线将计算机硬件系统中的各个部件连接起来。

答案：A

99. 解 分时操作系统是在一台计算机系统中可以同时连接多个近程或多个远程终端，允许多个用户同时使用一台计算机运行，系统能及时对用户的请求作出响应。每个用户可随时与计算机系统进行对话，通过终端向系统提交各种服务请求，最终实现自己的预定目标。

答案：A

100.解 计算机可直接执行的是机器语言编制的程序,它采用二进制编码形式,是由 CPU 可以识别的一组由 0、1 序列构成的指令码。其他三种语言都需要编码、编译器。

答案:C

101.解 ASCII 码最高位都置成 0,它是"美国信息交换标准代码"的简称,是目前国际上最为流行的字符信息编码方案。在这种编码方案中每个字符用 7 个二进制位表示。对于两个字节的国标码将两个字节的最高位都置成 1,而后由软件或硬件来对字节最高位做出判断,以区分 ASCII 码与国标码。

答案:B

102.解 GB 是 giga byte 的缩写,其中 G 表示 1024M,B 表示字节,相当于 10 的 9 次方,用二进制表示,则相当于 2 的 30 次方,即 $2^{30} \approx 1024 \times 1024K$。

答案:C

103.解 国家计算机病毒应急处理中心与计算机病毒防治产品检测中心制定了防治病毒策略:①建立病毒防治的规章制度,严格管理;②建立病毒防治和应急体系;③进行计算机安全教育,提高安全防范意识;④对系统进行风险评估;⑤选择经过公安部认证的病毒防治产品;⑥正确配置使用病毒防治产品;⑦正确配置系统,减少病毒侵害事件;⑧定期检查敏感文件;⑨适时进行安全评估,调整各种病毒防治策略;⑩建立病毒事故分析制度;⑪确保恢复,减少损失。

答案:D

104.解 操作系统作为一种系统软件,存在着与其他软件明显不同的特征分别是并发性、共享性和随机性。并发性是指在计算机中同时存在有多个程序,从宏观上看,这些程序是同时向前进行操作的。共享性是指操作系统程序与多个用户程序共用系统中的各种资源。随机性是指操作系统的运行是在一个随机的环境中进行的。

答案:A

105.解 21 世纪是一个以网络为核心技术的信息化时代,其典型特征就是数字化、网络化和信息化。构成信息化社会的主要技术支柱有三个,那就是计算机技术、通信技术和网络技术。

答案:A

106.解 防火墙技术是建立在现代通信网络技术和信息安全技术基础上的应用型安全技术,可控制和监测网络之间的数据,管理进出网络的访问行为,封堵某些禁止行为,记录通过防火墙的信息内容和活动以及对网络攻击进行监测和报警。

答案:B

107.解 根据题意,按半年复利计息,则一年计息周期数 $m = 2$,年实际利率 $i = 8.6\%$,由名义利率r求年实际利率i的公式为：

$$i = \left(1 + \frac{r}{m}\right)^m - 1$$

则$8.6\% = \left(1 + \frac{r}{2}\right)^2 - 1$，解得名义利率$r = 8.42\%$。

答案：D

108. 解　根据建设项目经济评价方法的有关规定，在建设项目财务评价中，对于先征后返的增值税、按销量或工作量等依据国家规定的补助定额计算并按期给予的定额补贴，以及属于财政扶持而给予的其他形式的补贴等，应按相关规定合理估算，记作补贴收入。

答案：A

109. 解　建设项目按融资的性质分为权益融资和债务融资，权益融资形成项目的资本金，债务融资形成项目的债务资金。资本金的筹集方式包括股东投资、发行股票、政府投资等，债务资金的筹集方式包括各种贷款和债券、出口信贷、融资租赁等。

答案：B

110. 解　偿债备付率 = $\dfrac{\text{用于计算还本付息的资金}}{\text{应还本付息金额}}$

式中，用于计算还本付息的资金 = 息税前利润 + 折旧和摊销 − 所得税

本题的偿债备付率为：偿债备付率 = $\dfrac{200 + 30 - 20}{100}$ = 2.1 万元

答案：C

111. 解　融资前项目投资的现金流量包括现金流入和现金流出，其中现金流入包括营业收入、补贴收入、回收固定资产余值、回收流动资金等，现金流出包括建设投资、流动资金、经营成本和税金等。

答案：B

112. 解　以产量表示的盈亏平衡产量为：

$$\text{BEP}_{\text{产量}} = \frac{\text{年固定总成本}}{\text{单位产品销售价格} - \text{单位产品可变成本} - \text{单位产品税金及附加}}$$

$$= \frac{1000}{1000 - 800} = 5 \text{ 万 t}$$

以生产能力利用率表示的盈亏平衡点为：

$$\text{BEP}_{\text{生产能力利用率}} = \frac{\text{盈亏平衡产量}}{\text{设计生产能力}} = \frac{5}{6} \times 100\% = 83.3\%$$

答案：D

113. 解　两项目的差额现金流量：

差额投资$_{\text{乙−甲}}$ = 1000 − 500 = 500万元，差额年收益$_{\text{乙−甲}}$ = 250 − 140 = 110万元

所以两项目的差额净现值为：

差额净现值$_{乙-甲}$＝$-500+110(P/A,10\%,10)=-500+110\times6.1446=175.9$万元

答案：A

114. 解 根据价值工程原理，价值＝功/成本，该项目提高价值的途径是功能不变，成本降低。

答案：A

115. 解 2011年修订的《中华人民共和国建筑法》第八条规定：

申请领取施工许可证，应当具备下列条件：

（一）已经办理该建筑工程用地批准手续；

（二）在城市规划区的建筑工程，已经取得规划许可证；

（三）需要拆迁的，其拆迁进度符合施工要求；

（四）已经确定建筑施工企业；

（五）有满足施工需要的施工图纸及技术资料；

（六）有保证工程质量和安全的具体措施；

（七）建设资金已经落实；

（八）法律、行政法规规定的其他条件。

所以选项A、B都是对的。

另外，按照2014年执行的《建筑工程施工许可管理办法》第（八）条的规定：建设资金已经落实。建设工期不足一年的，到位资金原则上不得少于工程合同价的50%，建设工期超过一年的，到位资金原则上不得少于工程合同价的30%。按照上条规定，选项C也是对的。

只有选项D与《建筑工程施工许可管理办法》第（五）条文字表述不太一致，原条文（五）有满足施工需要的技术资料，施工图设计文件已按规定审查合格。选项D中没有说明施工图审查合格的论述，所以只能选D。

但是，提醒考生注意：

2019年4月23日十三届人大常务委员会第十次会议上对原《中华人民共和国建筑法》第八条做了较大修改，修改后的条文是：

第八条 申请领取施工许可证，应当具备下列条件：

（一）已经办理该建筑工程用地批准手续；

（二）依法应当办理建设工程规划许可证的，已经取得规划许可证；

（三）需要拆迁的，其拆迁进度符合施工要求；

（四）已经确定建筑施工企业；

（五）有满足施工需要的资金安排、施工图纸及技术资料；

（六）有保证工程质量和安全的具体措施。

据此《建筑工程施工许可管理办法》也已做了相应修改。

答案：D

116. 解　《中华人民共和国安全生产法》第二十一条规定，生产经营单位的主要负责人对本单位安全生产工作负有下列职责：

（一）建立健全并落实本单位全员安全生产责任制，加强安全生产标准化建设；

（二）组织制定并实施本单位安全生产规章制度和操作规程；

（三）组织制定并实施本单位安全生产教育和培训计划；

（四）保证本单位安全生产投入的有效实施；

（五）组织建立并落实安全风险分级管控和隐患排查治理双重预防工作机制，督促、检查本单位的安全生产工作，及时消除生产安全事故隐患；

（六）组织制定并实施本单位的生产安全事故应急救援预案；

（七）及时、如实报告生产安全事故。

答案：C

117. 解　《中华人民共和国招标投标法》第三条规定：

在中华人民共和国境内进行下列工程建设项目包括项目的勘察、设计、施工、监理以及与工程建设有关的重要设备、材料等的采购，必须进行招标：

（一）大型基础设施、公用事业等关系社会公共利益、公众安全的项目；

（二）全部或者部分使用国有资金投资或者国家融资的项目；

（三）使用国际组织或者外国政府贷款、援助资金的项目。

选项 D 不在上述法律条文必须进行招标的规定中。

答案：D

118. 解　《中华人民共和国民法典》第四百七十二条规定：

要约是希望和他人订立合同的意思表示，该意思表示应当符合下列规定：

（一）内容具体确定；

（二）表明经受要约人承诺，要约人即受该意思表示约束。

选项 C 不符合上述条文规定。

答案：C

119. 解　《中华人民共和国行政许可法》（2019 年修订）第三十二条规定，行政机关对申请人提出的行政许可申请，应当根据下列情况分别作出处理：

（一）申请事项依法不需要取得行政许可的，应当即时告知申请人不受理；

（二）申请事项依法不属于本行政机关职权范围的，应当即时作出不予受理的决定，并告知申请人向有关行政机关申请；

（三）申请材料存在可以当场更正的错误的，应当允许申请人当场更正；

（四）申请材料不齐全或者不符合法定形式的，应当当场或者在五日内一次告知申请人需要补正的全部内容，逾期不告知的，自收到申请材料之日起即为受理；

选项 A 和 B 都与法规条文不符，两条内容是互相抄错了。

选项 C 明显不符合规定，正确的做法是当场改正。

选项 D 正确。

答案： D

120. 解 《工程质量管理条例》第九条规定，建设单位必须向有关的勘察、设计、施工、工程监理等单位提供与建设工程有关的原始资料。原始资料必须真实、准确、齐全。

所以选项 D 正确。

选项 C 明显错误。

选项 B 也不对，工程质量监督手续应当在领取施工许可证之前办理。

选项 A 的说法不符合原文第十条：建设工程发包单位不得迫使承包方以低于成本的价格竞标。"低价"和"低于成本价"有本质上的不同。

答案： D

2020 年度全国勘察设计注册工程师

执业资格考试试卷

基础考试

（上）

二〇二〇年十月

应考人员注意事项

1. 本试卷科目代码为"1"，考生务必将此代码填涂在答题卡"科目代码"相应的栏目内，否则，无法评分。

2. 书写用笔：**黑色或蓝色钢笔、签字笔或圆珠笔**；

   填涂答题卡用笔：**黑色 2B 铅笔**。

3. 必须用书写用笔将工作单位、姓名、准考证号填写在答题卡和试卷相应的栏目内。

4. 本试卷由 120 题组成，每题 1 分，满分 120 分，本试卷全部为单项选择题，每小题的四个备选项中只有一个正确答案，错选、多选、不选均不得分。

5. 考生作答时，必须按**题号在答题卡上**将相应试题所选选项对应的**字母用 2B 铅笔涂黑**。

6. 在答题卡上书写与题意无关的语言，或在答题卡上作标记的，均按违纪试卷处理。

7. 考试结束时，由监考人员当面将试卷、答题卡一并收回。

8. 草稿纸由各地统一配发，考后收回。

单项选择题（共 120 题，每题 1 分。每题的备选项中只有一个最符合题意。）

1. 当 $x \to +\infty$ 时，下列函数为无穷大量的是：

   A. $\frac{1}{2+x}$

   B. $x\cos x$

   C. $e^{3x} - 1$

   D. $1 - \arctan x$

2. 设函数 $y = f(x)$ 满足 $\lim\limits_{x \to x_0} f'(x) = \infty$，且曲线 $y = f(x)$ 在 $x = x_0$ 处有切线，则此切线：

   A. 与 ox 轴平行

   B. 与 oy 轴平行

   C. 与直线 $y = -x$ 平行

   D. 与直线 $y = x$ 平行

3. 设可微函数 $y = y(x)$ 由方程 $\sin y + e^x - xy^2 = 0$ 所确定，则微分 $\mathrm{d}y$ 等于：

   A. $\frac{-y^2 + e^x}{\cos y - 2xy}\mathrm{d}x$

   B. $\frac{y^2 + e^x}{\cos y - 2xy}\mathrm{d}x$

   C. $\frac{y^2 + e^x}{\cos y + 2xy}\mathrm{d}x$

   D. $\frac{y^2 - e^x}{\cos y - 2xy}\mathrm{d}x$

4. 设 $f(x)$ 的二阶导数存在，$y = f(e^x)$，则 $\frac{\mathrm{d}^2 y}{\mathrm{d}x^2}$ 等于：

   A. $f''(e^x)e^x$

   B. $[f''(e^x) + f'(e^x)]e^x$

   C. $f''(e^x)e^{2x} + f'(e^x)e^x$

   D. $f''(e^x)e^x + f'(e^x)e^{2x}$

5. 下列函数在区间 $[-1,1]$ 上满足罗尔定理条件的是：

   A. $f(x) = \sqrt[3]{x^2}$

   B. $f(x) = \sin x^2$

   C. $f(x) = |x|$

   D. $f(x) = \frac{1}{x}$

6. 曲线 $f(x) = x^4 + 4x^3 + x + 1$ 在区间 $(-\infty, +\infty)$ 上的拐点个数是：

   A. 0

   B. 1

   C. 2

   D. 3

7. 已知函数 $f(x)$ 的一个原函数是 $1 + \sin x$，则不定积分 $\int x f'(x)\mathrm{d}x$ 等于：

   A. $(1 + \sin x)(x - 1) + C$

   B. $x\cos x - (1 + \sin x) + C$

   C. $-x\cos x + (1 + \sin x) + C$

   D. $1 + \sin x + C$

8. 由曲线$y = x^3$，直线$x = 1$和ox轴所围成的平面图形绕ox轴旋转一周所形成的旋转的体积是：

A. $\frac{\pi}{7}$

B. 7π

C. $\frac{\pi}{6}$

D. 6π

9. 设向量$\boldsymbol{\alpha} = (5,1,8)$，$\boldsymbol{\beta} = (3,2,7)$，若$\lambda\boldsymbol{\alpha} + \boldsymbol{\beta}$与$oz$轴垂直，则常数$\lambda$等于：

A. $\frac{7}{8}$

B. $-\frac{7}{8}$

C. $\frac{8}{7}$

D. $-\frac{8}{7}$

10. 过点$M_1(0,-1,2)$和$M_2(1,0,1)$且平行于z轴的平面方程是：

A. $x - y = 0$

B. $\frac{x}{1} = \frac{y+1}{-1} = \frac{z-2}{0}$

C. $x + y - 1 = 0$

D. $x - y - 1 = 0$

11. 过点$(1,2)$且切线斜率为$2x$的曲线$y = f(x)$应满足的关系式是：

A. $y' = 2x$

B. $y'' = 2x$

C. $y' = 2x$，$y(1) = 2$

D. $y'' = 2x$，$y(1) = 2$

12. 设D是由直线$y = x$和圆$x^2 + (y-1)^2 = 1$所围成且在直线$y = x$下方的平面区域，则二重积分$\iint\limits_{D} x\mathrm{d}x\mathrm{d}y$等于：

A. $\int_0^{\frac{\pi}{2}} \cos\theta\mathrm{d}\theta \int_0^{2\cos\theta} \rho^2\mathrm{d}\rho$

B. $\int_0^{\frac{\pi}{2}} \sin\theta\mathrm{d}\theta \int_0^{2\sin\theta} \rho^2\mathrm{d}\rho$

C. $\int_0^{\frac{\pi}{4}} \sin\theta\mathrm{d}\theta \int_0^{2\sin\theta} \rho^2\mathrm{d}\rho$

D. $\int_0^{\frac{\pi}{4}} \cos\theta\mathrm{d}\theta \int_0^{2\sin\theta} \rho^2\mathrm{d}\rho$

13. 已知y_0是微分方程$y'' + py' + qy = 0$的解，y_1是微分方程$y'' + py' + qy = f(x)[f(x) \neq 0]$的解，则下列函数中的微分方程$y'' + py' + qy = f(x)$的解是：

A. $y = y_0 + C_1 y_1$（C_1是任意常数）

B. $y = C_1 y_1 + C_2 y_0$（C_1、C_2是任意常数）

C. $y = y_0 + y_1$

D. $y = 2y_1 + 3y_0$

14. 设 $z = \frac{1}{x}e^{xy}$，则全微分 $\mathrm{d}z\big|_{(1,-1)}$ 等于：

A. $e^{-1}(\mathrm{d}x + \mathrm{d}y)$

B. $e^{-1}(-2\mathrm{d}x + \mathrm{d}y)$

C. $e^{-1}(\mathrm{d}x - \mathrm{d}y)$

D. $e^{-1}(\mathrm{d}x + 2\mathrm{d}y)$

15. 设 L 为从原点 $O(0,0)$ 到点 $A(1,2)$ 的有向直线段，则对坐标的曲线积分 $\int_L -y\mathrm{d}x + x\mathrm{d}y$ 等于：

A. 0

B. 1

C. 2

D. 3

16. 下列级数发散的是：

A. $\sum\limits_{n=1}^{\infty} \dfrac{n^2}{3n^4+1}$

B. $\sum\limits_{n=1}^{\infty} \dfrac{1}{\sqrt[3]{n(n-1)}}$

C. $\sum\limits_{n=1}^{\infty} \dfrac{(-1)^n}{\sqrt{n}}$

D. $\sum\limits_{n=1}^{\infty} \dfrac{5}{3^n}$

17. 设函数 $z = f^2(xy)$，其中 $f(u)$ 具有二阶导数，则 $\dfrac{\partial^2 z}{\partial x^2}$ 等于：

A. $2y^3 f'(xy)f''(xy)$

B. $2y^2[f'(xy) + f''(xy)]$

C. $2y\{[f'(xy)]^2 + f''(xy)\}$

D. $2y^2\{[f'(xy)]^2 + f(xy)f''(xy)\}$

18. 若幂级数 $\sum\limits_{n=1}^{\infty} a_n(x+2)^n$ 在 $x=0$ 处收敛，在 $x=-4$ 处发散，则幂级数 $\sum\limits_{n=1}^{\infty} a_n(x-1)^n$ 的收敛域是：

A. $(-1,3)$

B. $[-1,3)$

C. $(-1,3]$

D. $[-1,3]$

19. 设 $\boldsymbol{A}$ 为 n 阶方阵，$\boldsymbol{B}$ 是只对调 $\boldsymbol{A}$ 的一、二列所得的矩阵，若 $|\boldsymbol{A}| \neq |\boldsymbol{B}|$，则下面结论中一定成立的是：

A. $|\boldsymbol{A}|$ 可能为 0

B. $|\boldsymbol{A}| \neq 0$

C. $|\boldsymbol{A} + \boldsymbol{B}| \neq \boldsymbol{0}$

D. $|\boldsymbol{A} - \boldsymbol{B}| \neq \boldsymbol{0}$

20. 设 $A = \begin{bmatrix} 1 & x & 1 \\ x & 1 & y \\ 1 & y & 1 \end{bmatrix}$，$B = \begin{bmatrix} 0 & 0 & 0 \\ 0 & 1 & 0 \\ 0 & 0 & 2 \end{bmatrix}$，且 A 与 B 相似，则下列结论中成立的是：

A. $x = y = 0$

B. $x = 0$，$y = 1$

C. $x = 1$，$y = 0$

D. $x = y = 1$

21. 若向量组 $\boldsymbol{\alpha}_1 = (a, 1, 1)^{\mathrm{T}}$，$\boldsymbol{\alpha}_2 = (1, a, -1)^{\mathrm{T}}$，$\boldsymbol{\alpha}_3 = (1, -1, a)^{\mathrm{T}}$ 线性相关，则 a 的取值为：

A. $a = 1$ 或 $a = -2$

B. $a = -1$ 或 $a = 2$

C. $a > 2$

D. $a > -1$

22. 设 A、B 是两事件，$P(A) = \frac{1}{4}$，$P(B|A) = \frac{1}{3}$，$P(A|B) = \frac{1}{2}$，则 $P(A \cup B)$ 等于：

A. $\frac{3}{4}$

B. $\frac{3}{5}$

C. $\frac{1}{2}$

D. $\frac{1}{3}$

23. 设随机变量 x 与 y 相互独立，方差 $D(x) = 1$，$D(y) = 3$，则方差 $D(2x - y)$ 等于：

A. 7

B. -1

C. 1

D. 4

24. 设随机变量 X 与 Y 相互独立，且 $X \sim N(\mu_1, \sigma_1^2)$，$Y \sim N(\mu_2, \sigma_2^2)$，则 $Z = X + Y$ 服从的分布是：

A. $N(\mu_1, \sigma_1^2 + \sigma_2^2)$

B. $N(\mu_1 + \mu_2, \sigma_1 \sigma_2)$

C. $N(\mu_1 + \mu_2, \sigma_1^2 \sigma_2^2)$

D. $N(\mu_1 + \mu_2, \sigma_1^2 + \sigma_2^2)$

25. 某理想气体分子在温度 T_1 时的方均根速率等于温度 T_2 时的最概然速率，则两温度之比 $\frac{T_2}{T_1}$ 等于：

A. $\frac{3}{2}$

B. $\frac{2}{3}$

C. $\sqrt{\frac{3}{2}}$

D. $\sqrt{\frac{2}{3}}$

26. 一定量的理想气体经等压膨胀后，气体的：

A. 温度下降，做正功

B. 温度下降，做负功

C. 温度升高，做正功

D. 温度升高，做负功

27. 一定量的理想气体从初态经一热力学过程达到末态，如初、末态均处于同一温度线上，则此过程中的内能变化 ΔE 和气体做功 W 为：

A. $\Delta E = 0$，W 可正可负

B. $\Delta E = 0$，W 一定为正

C. $\Delta E = 0$，W 一定为负

D. $\Delta E > 0$，W 一定为正

28. 具有相同温度的氧气和氢气的分子平均速率之比 $\frac{\bar{v}_{O_2}}{\bar{v}_{H_2}}$ 为：

A. 1

B. $\frac{1}{2}$

C. $\frac{1}{3}$

D. $\frac{1}{4}$

29. 一卡诺热机，低温热源的温度为 27°C，热机效率为 40%，其高温热源温度为：

A. 500K

B. 45°C

C. 400K

D. 500°C

30. 一平面简谐波，波动方程为 $y = 0.02\sin(\pi t + x)$ (SI)，波动方程的余弦形式为：

A. $y = 0.02\cos\left(\pi t + x + \frac{\pi}{2}\right)$ (SI)

B. $y = 0.02\cos\left(\pi t + x - \frac{\pi}{2}\right)$ (SI)

C. $y = 0.02\cos(\pi t + x + \pi)$ (SI)

D. $y = 0.02\cos\left(\pi t + x + \frac{\pi}{4}\right)$ (SI)

31. 一简谐波的频率 $\nu = 2000$Hz，波长 $\lambda = 0.20$m，则该波的周期和波速为：

A. $\frac{1}{2000}$s，400m/s

B. $\frac{1}{2000}$s，40m/s

C. 2000s，400m/s

D. $\frac{1}{2000}$s，20m/s

32. 两列相干波，其表达式分别为 $y_1 = 2A\cos 2\pi\left(\nu t - \frac{x}{2}\right)$ 和 $y_2 = A\cos 2\pi\left(\nu t + \frac{x}{2}\right)$，在叠加后形成的合成波中，波中质元的振幅范围是：

A. $A \sim 0$

B. $3A \sim 0$

C. $3A \sim -A$

D. $3A \sim A$

33. 图示为一平面简谐机械波在t时刻的波形曲线，若此时A点处媒质质元的弹性势能在减小，则：

A. A点处质元的振动动能在减小

B. A点处质元的振动动能在增加

C. B点处质元的振动动能在增加

D. B点处质元在正向平衡位置处运动

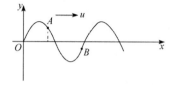

34. 在双缝干涉实验中，设缝是水平的，若双缝所在的平板稍微向上平移，其他条件不变，则屏上的干涉条纹：

A. 向下平移，且间距不变　　　　　　　　B. 向上平移，且间距不变

C. 不移动，但间距改变　　　　　　　　　D. 向上平移，且间距改变

35. 在空气中有一肥皂膜，厚度为$0.32\mu m$（$1\mu m = 10^{-6}m$），折射率$n = 1.33$，若用白光垂直照射，通过反射，此膜呈现的颜色大体是：

A. 紫光（430nm）　　　　　　　　　　　B. 蓝光（470nm）

C. 绿光（566nm）　　　　　　　　　　　D. 红光（730nm）

36. 三个偏振片 P_1、P_2 与 P_3 堆叠在一起，P_1 和 P_3 的偏振化方向相互垂直，P_2 和 P_1 的偏振化方向间的夹角为$30°$，强度为I_0的自然光垂直入射于偏振片 P_1，并依次通过偏振片 P_1、P_2 与 P_3，则通过三个偏振片后的光强为：

A. $I = I_0/4$　　　　　　　　　　　　　B. $I = I_0/8$

C. $I = 3I_0/32$　　　　　　　　　　　　D. $I = 3I_0/8$

37. 主量子数$n = 3$的原子轨道最多可容纳的电子总数是：

A. 10　　　　　B. 8　　　　　C. 18　　　　　D. 32

38. 下列物质中，同种分子间不存在氢键的是：

A. HI　　　　　　　　　　　　　　　　　B. HF

C. NH_3　　　　　　　　　　　　　　　D. C_2H_5OH

39. 已知铁的相对原子质量是 56，测得 100mL 某溶液中含有 112mg 铁，则溶液中铁的浓度为：

A. $2mol \cdot L^{-1}$　　　　　　　　　　　B. $0.2mol \cdot L^{-1}$

C. $0.02mol \cdot L^{-1}$　　　　　　　　　D. $0.002mol \cdot L^{-1}$

40. 已知 $K^\ominus(\text{HOAc})= 1.8 \times 10^{-5}$，$0.1\text{mol} \cdot \text{L}^{-1}\text{NaOAc}$ 溶液的 pH 值为：

A. 2.87　　　　　　　　　　B. 11.13

C. 5.13　　　　　　　　　　D. 8.88

41. 在 298K，100kPa 下，反应 $2\text{H}_2(g) + \text{O}_2(g) \rightleftharpoons 2\text{H}_2\text{O}(l)$ 的 $\Delta_r H_m^\ominus = -572\text{kJ} \cdot \text{mol}^{-1}$，则 $\text{H}_2\text{O}(l)$ 的 $\Delta_f H_m^\ominus$ 是：

A. $572\text{kJ} \cdot \text{mol}^{-1}$　　　　　　B. $-572\text{kJ} \cdot \text{mol}^{-1}$

C. $286\text{kJ} \cdot \text{mol}^{-1}$　　　　　　D. $-286\text{kJ} \cdot \text{mol}^{-1}$

42. 已知 298K 时，反应 $\text{N}_2\text{O}_4(g) \rightleftharpoons 2\text{NO}_2(g)$ 的 $K^\ominus = 0.1132$，在 298K 时，如 $p(\text{N}_2\text{O}_4) = p(\text{NO}_2) = 100\text{kPa}$，则上述反应进行的方向是：

A. 反应向正向进行　　　　　B. 反应向逆向进行

C. 反应达平衡状态　　　　　D. 无法判断

43. 有原电池 $(-)\text{Zn} \mid \text{ZnSO}_4(C_1) \parallel \text{CuSO}_4(C_2) \mid \text{Cu}(+)$，如提高 ZnSO_4 浓度 C_1 的数值，则原电池电动势：

A. 变大　　　　　　　　　　B. 变小

C. 不变　　　　　　　　　　D. 无法判断

44. 结构简式为 $(\text{CH}_3)_2\text{CHCH}(\text{CH}_3)\text{CH}_2\text{CH}_3$ 的有机物的正确命名是：

A. 2-甲基-3-乙基戊烷　　　　B. 2，3-二甲基戊烷

C. 3，4-二甲基戊烷　　　　　D. 1，2-二甲基戊烷

45. 化合物对羟基苯甲酸乙酯，其结构式为 $\text{HO}-\langle\bigcirc\rangle-\text{COOC}_2\text{H}_5$，它是一种常用的化妆品防霉剂。

下列叙述正确的是：

A. 它属于醇类化合物

B. 它既属于醇类化合物，又属于酯类化合物

C. 它属于醚类化合物

D. 它属于酚类化合物，同时还属于酯类化合物

46. 某高聚物分子的一部分为：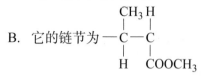 在下列叙述中，正确的是：

A. 它是缩聚反应的产物

B. 它的链节为
$$-\overset{\overset{\displaystyle CH_3}{|}}{\underset{\underset{\displaystyle H}{|}}{C}}-\overset{\overset{\displaystyle H}{|}}{\underset{\underset{\displaystyle COOCH_3}{|}}{C}}-$$

C. 它的单体为 $CH_2{=}CHCOOCH_3$ 和 $CH_2{=}CH_2$

D. 它的单体为 $CH_2{=}CHCOOCH_3$

47. 结构如图所示，杆 DE 的点 H 由水平绳拉住，其上的销钉 C 置于杆 AB 的光滑直槽中，各杆自重均不计。则销钉 C 处约束力的作用线与 x 轴正向所成的夹角为：

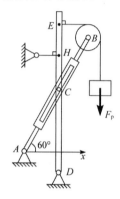

A. $0°$ B. $90°$ C. $60°$ D. $150°$

48. 直角构件受力 $F=150N$，力偶 $M=\frac{1}{2}Fa$ 作用，如图所示，$a=50cm$，$\theta=30°$，则该力系对 B 点的合力矩为：

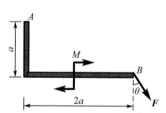

A. $M_B=3750N\cdot cm$（顺时针）

B. $M_B=3750N\cdot cm$（逆时针）

C. $M_B=12990N\cdot cm$（逆时针）

D. $M_B=12990N\cdot cm$（顺时针）

49. 图示多跨梁由AC和CD铰接而成，自重不计。已知$q = 10$kN/m，$M = 40$kN·m，$F = 2$kN作用在AB中点，且$\theta = 45°$，$L = 2$m。则支座D的约束力为：

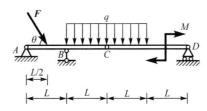

A. $F_D = 10$kN（铅垂向上）

B. $F_D = 15$kN（铅垂向上）

C. $F_D = 40.7$kN（铅垂向上）

D. $F_D = 14.3$ kN（铅垂向下）

50. 图示物块重力$F_p = 100$N处于静止状态，接触面处的摩擦角$\varphi_m = 45°$，在水平力$F = 100$N的作用下，物块将：

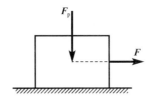

A. 向右加速滑动

B. 向右减速滑动

C. 向左加速滑动

D. 处于临界平衡状态

51. 已知动点的运动方程为$x = t^2$，$y = 2t^4$，则其轨迹方程为：

A. $x = t^2 - t$

B. $y = 2t$

C. $y - 2x^2 = 0$

D. $y + 2x^2 = 0$

52. 一炮弹以初速度和仰角α射出。对于图示直角坐标的运动方程为$x = v_0 \cos \alpha t$，$y = v_0 \sin \alpha t - \frac{1}{2}gt^2$，则当$t = 0$时，炮弹的速度大小为：

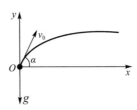

A. $v_0 \cos \alpha$

B. $v_0 \sin \alpha$

C. v_0

D. 0

53. 滑轮半径r = 50mm，安装在发动机上旋转，其皮带的运动速度为20m/s，加速度为6m/s²。扇叶半径R = 75mm，如图所示。则扇叶最高点B的速度和切向加速度分别为：

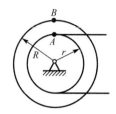

A. 30m/s，9m/s²

B. 60m/s，9m/s²

C. 30m/s，6m/s²

D. 60m/s，18m/s²

54. 质量为m的小球，放在倾角为α的光滑面上，并用平行于斜面的软绳将小球固定在图示位置，如斜面与小球均以加速度**a**向左运动，则小球受到斜面的约束力N应为：

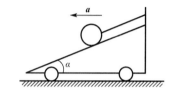

A. $N = mg\cos\alpha - ma\sin\alpha$

B. $N = mg\cos\alpha + ma\sin\alpha$

C. $N = mg\cos\alpha$

D. $N = ma\sin\alpha$

55. 图示质量m = 5kg的物体受力拉动，沿与水平面30°夹角的光滑斜平面上移动 6m，其拉动物体的力为 70N，且与斜面平行，则所有力做功之和是：

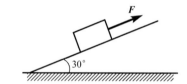

A. 420N·m

B. −147N·m

C. 273N·m

D. 567N·m

56. 在两个半径及质量均相同的均质滑轮A及B上，各绕以不计质量的绳，如图所示。轮B绳末端挂一重力为P的重物，轮A绳末端作用一铅垂向下的力为P，则此两轮绕以不计质量的绳中拉力大小的关系为：

A. $F_A < F_B$

B. $F_A > F_B$

C. $F_A = F_B$

D. 无法判断

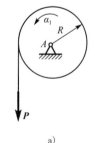 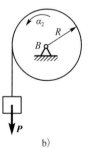

a)   b)

57. 物块A的质量为8kg，静止放在无摩擦的水平面上。另一质量为4kg的物块B被绳系住，如图所示，滑轮无摩擦。若物块A的加速度$a = 3.3\text{m/s}^2$，则物块B的惯性力是：

A. 13.2N（铅垂向上）

B. 13.2N（铅垂向下）

C. 26.4N（铅垂向上）

D. 26.4N（铅垂向下）

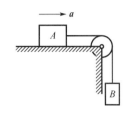

58. 如图所示系统中，$k_1 = 2 \times 10^5\text{N/m}$，$k_2 = 1 \times 10^5\text{N/m}$。激振力$F = 200\sin 50t$，当系统发生共振时，质量$m$是：

A. 80kg

B. 40kg

C. 120kg

D. 100kg

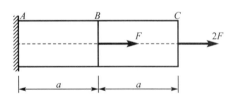

59. 在低碳钢拉伸试验中，冷作硬化现象发生在：

A. 弹性阶段

B. 屈服阶段

C. 强化阶段

D. 局部变形阶段

60. 图示等截面直杆，拉压刚度为EA，杆的总伸长量为：

A. $\dfrac{2Fa}{EA}$

B. $\dfrac{3Fa}{EA}$

C. $\dfrac{4Fa}{EA}$

D. $\dfrac{5Fa}{EA}$

61. 如图所示，钢板用钢轴连接在铰支座上，下端受轴向拉力F，已知钢板和钢轴的许用挤压应力均为$[\sigma_{bs}]$，则钢轴的合理直径d是：

A. $d \geqslant \dfrac{F}{t[\sigma_{bs}]}$

B. $d \geqslant \dfrac{F}{b[\sigma_{bs}]}$

C. $d \geqslant \dfrac{F}{2t[\sigma_{bs}]}$

D. $d \geqslant \dfrac{F}{2b[\sigma_{bs}]}$

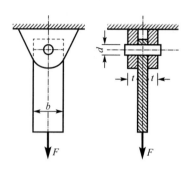

62. 如图所示，空心圆轴的外径为D，内径为d，其极惯性矩I_p是：

A. $I_p = \dfrac{\pi}{16}(D^3 - d^3)$

B. $I_p = \dfrac{\pi}{32}(D^3 - d^3)$

C. $I_p = \dfrac{\pi}{16}(D^4 - d^4)$

D. $I_p = \dfrac{\pi}{32}(D^4 - d^4)$

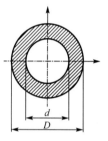

63. 在平面图形的几何性质中，数值可正、可负、也可为零的是：

A. 静矩和惯性矩

B. 静矩和惯性积

C. 极惯性矩和惯性矩

D. 惯性矩和惯性积

64. 若梁ABC的弯矩图如图所示，则该梁上的荷载为：

A. AB段有分布荷载，B截面无集中力偶

B. AB段有分布荷载，B截面有集中力偶

C. AB段无分布荷载，B截面无集中力偶

D. AB段无分布荷载，B截面有集中力偶

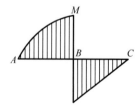

65. 承受竖直向下荷载的等截面悬臂梁，结构分别采用整块材料、两块材料并列、三块材料并列和两块材料叠合（未黏结）四种方案，对应横截面如图所示。在这四种横截面中，发生最大弯曲正应力的截面是：

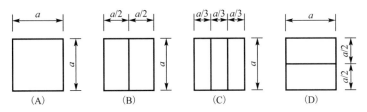

A. 图 A   B. 图 B   C. 图 C   D. 图 D

66. 图示 ACB 用积分法求变形时，确定积分常数的条件是：（式中 V 为梁的挠度，θ 为梁横截面的转角，ΔL 为杆 DB 的伸长变形）

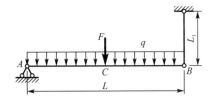

A. $V_A = 0$，$V_B = 0$，$V_{C左} = V_{C右}$，$\theta_C = 0$

B. $V_A = 0$，$V_B = \Delta L$，$V_{C左} = V_{C右}$，$\theta_C = 0$

C. $V_A = 0$，$V_B = \Delta L$，$V_{C左} = V_{C右}$，$\theta_{C左} = \theta_{C右}$

D. $V_A = 0$，$V_B = \Delta L$，$V_C = 0$，$\theta_{C左} = \theta_{C右}$

67. 分析受力物体内一点处的应力状态，如可以找到一个平面，在该平面上有最大切应力，则该平面上的正应力：

A. 是主应力   B. 一定为零

C. 一定不为零   D. 不属于前三种情况

68. 在下面四个表达式中，第一强度理论的强度表达式是：

A. $\sigma_1 \leqslant [\sigma]$

B. $\sigma_1 - \nu(\sigma_2 + \sigma_3) \leqslant [\sigma]$

C. $\sigma_1 - \sigma_3 \leqslant [\sigma]$

D. $\sqrt{\dfrac{1}{2}[(\sigma_1 - \sigma_2)^2 + (\sigma_2 - \sigma_3)^2 + (\sigma_3 - \sigma_1)^2]} \leqslant [\sigma]$

69. 如图所示，正方形截面悬臂梁 AB，在自由端 B 截面形心作用有轴向力 F，若将轴向力 F 平移到 B 截面下缘中点，则梁的最大正应力是原来的：

A. 1 倍

B. 2 倍

C. 3 倍

D. 4 倍

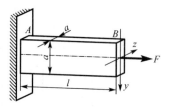

70. 图示矩形截面细长压杆，$h = 2b$（图 a），如果将宽度 b 改为 h 后（图 b，仍为细长压杆），临界力 F_{cr} 是原来的：

A. 16 倍

B. 8 倍

C. 4 倍

D. 2 倍

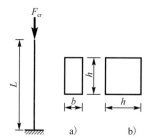

71. 静止流体能否承受切应力？

A. 不能承受

B. 可以承受

C. 能承受很小的

D. 具有黏性可以承受

72. 水从铅直圆管向下流出，如图所示，已知 $d_1 = 10\text{cm}$，管口处水流速度 $v_1 = 1.8\text{m/s}$，试求管口下方 $h = 2\text{m}$ 处的水流速度 v_2 和直径 d_2：

A. $v_2 = 6.5\text{m/s}$，$d_2 = 5.2\text{cm}$

B. $v_2 = 3.25\text{m/s}$，$d_2 = 5.2\text{cm}$

C. $v_2 = 6.5\text{m/s}$，$d_2 = 5.2\text{cm}$

D. $v_2 = 3.25\text{m/s}$，$d_2 = 5.2\text{cm}$

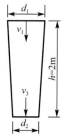

73. 利用动量定理计算流体对固体壁面的作用力时，进、出口截面上的压强应为：

A. 绝对压强

B. 相对压强

C. 大气压

D. 真空度

74. 一直径为 50mm 的圆管,运动黏性系数 $\nu = 0.18\text{cm}^2/\text{s}$、密度 $\rho = 0.85\text{g/cm}^3$ 的油在管内以 $v = 5\text{cm/s}$ 的速度作层流运动,则沿程损失系数是:

A. 0.09

B. 0.461

C. 0.1

D. 0.13

75. 并联长管 1、2,两管的直径相同,沿程阻力系数相同,长度 $L_2 = 3L_1$,通过的流量为:

A. $Q_1 = Q_2$

B. $Q_1 = 1.5Q_2$

C. $Q_1 = 1.73Q_2$

D. $Q_1 = 3Q_2$

76. 明渠均匀流只能发生在:

A. 平坡棱柱形渠道

B. 顺坡棱柱形渠道

C. 逆坡棱柱形渠道

D. 不能确定

77. 均匀砂质土填装在容器中,已知水力坡度 $J = 0.5$,渗透系数 $k = 0.005\text{cm/s}$,则渗流速度为:

A. 0.0025cm/s

B. 0.0001cm/s

C. 0.001cm/s

D. 0.015cm/s

78. 进行水力模型试验,要实现有压管流的相似,应选用的相似准则是:

A. 雷诺准则

B. 弗劳德准则

C. 欧拉准则

D. 马赫数

79. 在图示变压器中,左侧线圈中通以直流电流 I,铁芯中产生磁通 Φ。此时,右侧线圈端口上的电压 u_2 是:

A. 0

B. $\dfrac{N_2}{N_1}\dfrac{\mathrm{d}\Phi}{\mathrm{d}t}$

C. $N_1\dfrac{\mathrm{d}\Phi}{\mathrm{d}t}$

D. $\dfrac{N_1}{N_2}\dfrac{\mathrm{d}\Phi}{\mathrm{d}t}$

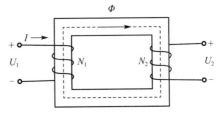

80. 将一个直流电源通过电阻R接在电感线圈两端，如图所示。如果$U = 10V$，$I = 1A$，那么，将直流电源换成交流电源后，该电路的等效模型为：

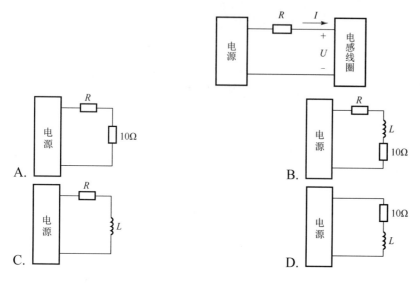

81. 图示电路中，$a\text{-}b$端左侧网络的等效电阻为：

A. $R_1 + R_2$

B. $R_1 /\!/ R_2$

C. $R_1 + R_2 /\!/ R_L$

D. R_2

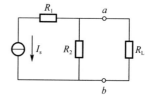

82. 在阻抗$Z = 10\angle 45° \, \Omega$两端加入交流电压$u(t) = 220\sqrt{2}\sin(314t + 30°)V$后，电流$i(t)$为：

A. $22\sin(314t + 75°)A$

B. $22\sqrt{2}\sin(314t + 15°)A$

C. $22\sin(314t + 15°)A$

D. $22\sqrt{2}\sin(314t - 15°)A$

83. 图示电路中，$Z_1 = (6 + j8)\Omega$，$Z_2 = -jX_C\Omega$，为使I取得最大值，X_C的数值为：

A. 6

B. 8

C. -8

D. 0

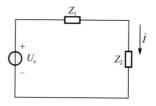

84. 三相电路如图所示，设电灯 D 的额定电压为三相电源的相电压，用电设备 M 的外壳线*a*及电灯 D

另一端线*b*应分别接到：

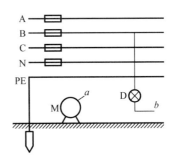

A. PE 线和 PE 线

B. N 线和 N 线

C. PE 线和 N 线

D. N 线和 PE 线

85. 设三相交流异步电动机的空载功率因数为λ_1，20%额定负载时的功率因数为λ_2，满载时功率因数为

λ_3，那么以下关系成立的是：

A. $\lambda_1 > \lambda_2 > \lambda_3$

B. $\lambda_3 > \lambda_2 > \lambda_1$

C. $\lambda_2 > \lambda_1 > \lambda_3$

D. $\lambda_3 > \lambda_1 > \lambda_2$

86. 能够实现用电设备连续工作的控制电路为：

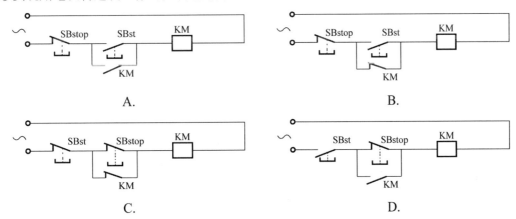

87. 下述四个信号中，不能用来表示信息代码"10101"的图是：

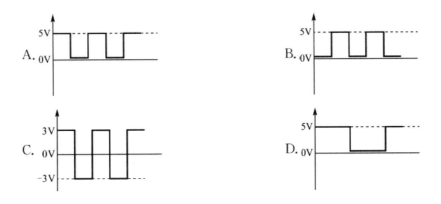

88. 模拟信号$u_1(t)$和$u_2(t)$的幅值频谱分别如图 a）和图 b）所示，则：

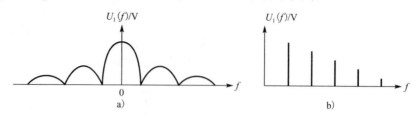

A. $u_1(t)$是连续时间信号，$u_2(t)$是离散时间信号

B. $u_1(t)$是非周期性时间信号，$u_2(t)$是周期性时间信号

C. $u_1(t)$和$u_2(t)$都是非周期时间信号

D. $u_1(t)$和$u_2(t)$都是周期时间信号

89. 以下几种说法中正确的是：

A. 滤波器会改变正弦波信号的频率

B. 滤波器会改变正弦波信号的波形形状

C. 滤波器会改变非正弦周期信号的频率

D. 滤波器会改变非正弦周期信号的波形形状

90. 对逻辑表达式$ABCD + \bar{A} + \bar{B} + \bar{C} + \bar{D}$的简化结果是：

A. 0

B. 1

C. ABCD

D. $\overline{ABCD}$

91. 已知数字电路输入信号 A 和信号 B 的波形如图所示，则数字输出信号$F = \overline{AB}$的波形为：

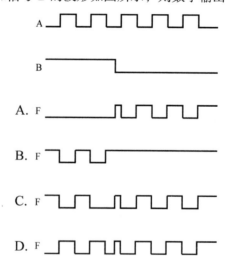

92. 逻辑函数$F = f(A, B, C)$的真值表如下，由此可知：

A	B	C	F
0	0	0	0
0	0	1	0
0	1	0	0
0	1	1	1
1	0	0	0
1	0	1	0
1	1	0	1
1	1	1	1

A. $F = BC + AB + \overline{A}\overline{B}C + B\overline{C}$ B. $F = \overline{A}B\overline{C} + AB\overline{C} + AC + ABC$

C. $F = AB + BC + AC$ D. $F = \overline{A}BC + AB\overline{C} + ABC$

93. 晶体三极管放大电路如图所示，在并入电容C_E后，下列不变的量是：

A. 输入电阻和输出电阻

B. 静态工作点和电压放大倍数

C. 静态工作点和输出电阻

D. 输入电阻和电压放大倍数

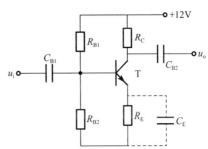

94. 图示电路中，运算放大器输出电压的极限值$\pm U_{oM}$，输入电压$u_i = U_m \sin \omega t$，现将信号电压u_i从电路的"A"端送入，电路的"B"端接地，得到输出电压u_{o1}。而将信号电压u_i从电路的"B"端输入，电路的"A"接地，得到输出电压u_{o2}。则以下正确的是：

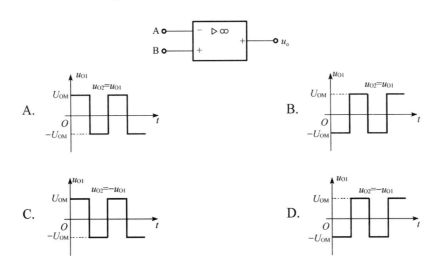

95. 图示逻辑门电路的输出F_1和F_2分别为：

A. A 和 1

B. 0 和 B

C. A 和 B

D. $\overline{A}$ 和 1

96. 图 a）示电路，加入复位信号及时钟脉冲信号如图 b）所示，经分析可知，在t_1时刻，输出 Q_{JK} 和 Q_D 分别等于：

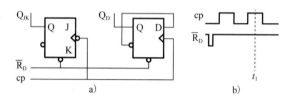

附：D 触发器的逻辑状态表为

D	Q_{n+1}
0	0
1	1

JK 触发器的逻辑状态表为

J	K	Q_{n+1}
0	0	Q_n
0	1	0
1	0	1
1	1	$\overline{Q}_n$

A. 0　0

B. 0　1

C. 1　0

D. 1　1

97. 下面四条有关数字计算机处理信息的描述中，其中不正确的一条是：

A. 计算机处理的是数字信息

B. 计算机处理的是模拟信息

C. 计算机处理的是不连续的离散（0 或 1）信息

D. 计算机处理的是断续的数字信息

98. 程序计数器（PC）的功能是：

    A. 对指令进行译码   B. 统计每秒钟执行指令的数目

    C. 存放下一条指令的地址   D. 存放正在执行的指令地址

99. 计算机的软件系统是由：

    A. 高级语言程序、低级语言程序构成

    B. 系统软件、支撑软件、应用软件构成

    C. 操作系统、专用软件构成

    D. 应用软件和数据库管理系统构成

100. 允许多个用户以交互方式使用计算机的操作系统是：

    A. 批处理单道系统   B. 分时操作系统

    C. 实时操作系统   D. 批处理多道系统

101. 在计算机内，ASSCII 码是为：

    A. 数字而设置的一种编码方案

    B. 汉字而设置的一种编码方案

    C. 英文字母而设置的一种编码方案

    D. 常用字符而设置的一种编码方案

102. 在微机系统内，为存储器中的每一个：

    A. 字节分配一个地址   B. 字分配每一个地址

    C. 双字分配一个地址   D. 四字分配一个地址

103. 保护信息机密性的手段有两种，一是信息隐藏，二是数据加密。下面四条表述中，有错误的一条是：

    A. 数据加密的基本方法是编码，通过编码将明文变换为密文

    B. 信息隐藏是使非法者难以找到秘密信息而采用"隐藏"的手段

    C. 信息隐藏与数据加密所采用的技术手段不同

    D. 信息隐藏与数字加密所采用的技术手段是一样的

104. 下面四条有关线程的表述中，其中错误的一条是：

A. 线程有时也称为轻量级进程

B. 有些进程只包含一个线程

C. 线程是所有操作系统分配 CPU 时间的基本单位

D. 把进程再仔细分成线程的目的是为更好地实现并发处理和共享资源

105. 计算机与信息化社会的关系是：

A. 没有信息化社会就不会有计算机

B. 没有计算机在数值上的快速计算，就没有信息化社会

C. 没有计算机及其与通信、网络等的综合利用，就没有信息化社会

D. 没有网络电话就没有信息化社会

106. 域名服务器的作用是：

A. 为连入 Internet 网的主机分配域名

B. 为连入 Internet 网的主机分配 IP 地址

C. 为连入 Internet 网的一个主机域名寻找所对应的 IP 地址

D. 将主机的 IP 地址转换为域名

107. 某人预计 5 年后需要一笔 50 万元的资金，现市场上正发售期限为 5 年的电力债券，年利率为 5.06%，按年复利计息，5 年末一次还本付息，若想 5 年后拿到 50 万元的本利和，他现在应该购买电力债券：

A. 30.52 万元 　　　　　　　　　　　B. 38.18 万元

C. 39.06 万元 　　　　　　　　　　　D. 44.19 万元

108. 以下关于项目总投资中流动资金的说法正确的是：

A. 是指工程建设其他费用和预备费之和

B. 是指投产后形成的流动资产和流动负债之和

C. 是指投产后形成的流动资产和流动负债的差额

D. 是指投产后形成的流动资产占用的资金

109. 下列筹资方式中，属于项目债务资金的筹集方式是：

A. 优先股

B. 政府投资

C. 融资租赁

D. 可转换债券

110. 某建设项目预计生产期第三年息税前利润为 200 万元，折旧与摊销为 50 万元，所得税为 25 万元，计入总成本费用的应付利息为 100 万元，则该年的利息备付率为：

A. 1.25

B. 2

C. 2.25

D. 2.5

111. 某项目方案各年的净现金流量见表（单位：万元），其静态投资回收期为：

年份	0	1	2	3	4	5
净现金流量	−100	−50	40	60	60	60

A. 2.17 年

B. 3.17 年

C. 3.83 年

D. 4 年

112. 某项目的产出物为可外贸货物，其离岸价格为 100 美元，影子汇率为 6 元人民币/美元，出口费用为每件 100 元人民币，则该货物的影子价格为：

A. 500 元人民币

B. 600 元人民币

C. 700 元人民币

D. 800 元人民币

113. 某项目有甲、乙两个建设方案，投资分别为 500 万元和 1000 万元，项目期均为 10 年，甲项目年收益为 140 万元，乙项目年收益为 250 万元。假设基准收益率为 8%。已知 $(P/A, 8\%, 10) = 6.7101$，则下列关于该项目方案选择的说法中正确的是：

A. 甲方案的净现值大于乙方案，故应选择甲方案

B. 乙方案的净现值大于甲方案，故应选择乙方案

C. 甲方案的内部收益率大于乙方案，故应选择甲方案

D. 乙方案的内部收益率大于甲方案，故应选择乙方案

114. 用强制确定法（FD法）选择价值工程的对象时，得出某部件的价值系数为 1.02，则下列说法正确的是：

A. 该部件的功能重要性与成本比重相当，因此应将该部件作为价值工程对象

B. 该部件的功能重要性与成本比重相当，因此不应将该部件作为价值工程对象

C. 该部件功能重要性较小，而所占成本较高，因此应将该部件作为价值工程对象

D. 该部件功能过高或成本过低，因此应将该部件作为价值工程对象

115. 某在建的建筑工程因故中止施工，建设单位的下列做法符合《中华人民共和国建筑法》的是：

A. 自中止施工之日起一个月内向发证机关报告

B. 自中止施工之日起半年内报发证机关核验施工许可证

C. 自中止施工之日起三个月内向发证机关申请延长施工许可证的有效期

D. 自中止施工之日起满一年，向发证机关重新申请施工许可证

116. 依据《中华人民共和国安全生产法》，企业应当对职工进行安全生产教育和培训，某施工总承包单位对职工进行安全生产培训，其培训的内容不包括：

A. 安全生产知识   B. 安全生产规章制度

C. 安全生产管理能力   D. 本岗位安全操作技能

117. 下列说法符合《中华人民共和国招标投标法》规定的是：

A. 招标人自行招标，应当具有编制招标文件和组织评标的能力

B. 招标人必须自行办理招标事宜

C. 招标人委托招标代理机构办理招标事宜，应当向有关行政监督部门备案

D. 有关行政监督部门有权强制招标人委托招标代理机构办理招标事宜

118. 甲乙双方于 4 月 1 日约定采用数据电文的方式订立合同，但双方没有指定特定系统，乙方于 4 月 8 日下午收到甲方以电子邮件方式发出的要约，于 4 月 9 日上午又收到甲方发出同样内容的传真，甲方于 4 月 9 日下午给乙方打电话通知对方，邀约已经发出，请对方尽快做出承诺，则该要约生效的时间是：

A. 4 月 8 日下午   B. 4 月 9 日上午

C. 4 月 9 日下午   D. 4 月 1 日

119. 根据《中华人民共和国行政许可法》规定，行政许可采取统一办理或者联合办理的，办理的时间不得超过：

A. 10 日

B. 15 日

C. 30 日

D. 45 日

120. 依据《建设工程质量管理条例》，建设单位收到施工单位提交的建设工程竣工验收报告申请后，应当组织有关单位进行竣工验收，参加验收的单位可以不包括：

A. 施工单位

B. 工程监理单位

C. 材料供应单位

D. 设计单位

2020 年度全国勘察设计注册工程师执业资格考试基础考试（上）

试题解析及参考答案

1. 解 本题考查当 $x \to +\infty$ 时，无穷大量的概念。

选项 A，$\lim\limits_{x \to +\infty} \dfrac{1}{2+x} = 0$；

选项 B，$\lim\limits_{x \to +\infty} x\cos x$ 计算结果在 $-\infty$ 到 $+\infty$ 间连续变化，不符合当 $x \to +\infty$ 函数值趋向于无穷大，且函数值越来越大的定义；

选项 D，当 $x \to +\infty$ 时，$\lim\limits_{x \to +\infty}(1 - \arctan x) = 1 - \dfrac{\pi}{2}$。

故选项 A、B、D 均不成立。

选项 C，$\lim\limits_{x \to +\infty}(e^{3x} - 1) = +\infty$。

答案：C

2. 解 本题考查函数 $y = f(x)$ 在 x_0 点导数的几何意义。

已知曲线 $y = f(x)$ 在 $x = x_0$ 处有切线，函数 $y = f(x)$ 在 $x = x_0$ 点导数的几何意义表示曲线 $y = f(x)$ 在 $x = x_0$ 点切线向上，方向和 x 轴正向夹角的正切即斜率 $k = \tan\alpha$，只有当 $\alpha \to \dfrac{\pi}{2}$ 时，才有 $\lim\limits_{x \to x_0} f'(x) = \lim\limits_{\alpha \to \frac{\pi}{2}} \tan\alpha = \infty$，因而在该点的切线与 oy 轴平行。

选项 A、C、D 均不成立。

答案：B

3. 解 本题考查隐函数求导方法。可利用一元隐函数求导方法或二元隐函数求导方法计算，但一般利用二元隐函数求导方法计算更简单。

方法 1：用二元隐函数方法计算。

设 $F(x, y) = \sin y + e^x - xy^2$，$F_x' = e^x - y^2$，$F_y' = \cos y - 2xy$，故

$$\frac{dy}{dx} = -\frac{F_x}{F_y} = -\frac{e^x - y^2}{\cos y - 2xy} = \frac{y^2 - e^x}{\cos y - 2xy}$$

$$dy = \frac{y^2 - e^x}{\cos y - 2xy}dx$$

方法 2：用一元隐函数方法计算。

已知 $\sin y + e^x - xy^2 = 0$，方程两边对 x 求导，得 $\cos y \dfrac{dy}{dx} + e^x - \left(y^2 + 2xy\dfrac{dy}{dx}\right) = 0$，

整理 $(\cos y - 2xy)\dfrac{dy}{dx} = y^2 - e^x$，$\dfrac{dy}{dx} = \dfrac{y^2 - e^x}{\cos y - 2xy}$，故 $dy = \dfrac{y^2 - e^x}{\cos y - 2xy}dx$

选项 A、B、C 均不成立。

答案：D

4. 解 本题考查一元抽象复合函数高阶导数的计算，计算中注意函数的复合层次，特别是求二阶导

时更应注意。

$$Y = f(e^x), \quad \frac{dy}{dx} = f'(e^x) \cdot e^x = e^x \cdot f'(e^x)$$

$$\frac{d^2y}{dx^2} = e^x \cdot f'(e^x) + e^x \cdot f''(e^x) \cdot e^x = e^x \cdot f'(e^x) + e^{2x} \cdot f''(e^x)$$

选项 A、B、D 均不成立。

答案：C

5. 解　本题考查利用罗尔定理判定 4 个选项中，哪一个函数满足罗尔定理条件。首先要掌握定理的条件：①函数在闭区间连续；②函数在开区间可导；③函数在区间两端的函数值相等。三条均成立才行。

选项 A，$\left(x^{\frac{2}{3}}\right)' = \frac{2}{3}x^{-\frac{1}{3}} = \frac{2}{3}\frac{1}{\sqrt[3]{x}}$，在 $x = 0$ 处不可导，因而在 $(-1,1)$ 可导不满足。

选项 C，$f(x) = |x| = \begin{cases} x & x \geq 0 \\ -x & x < 0 \end{cases}$，函数在 $x = 0$ 左导数为 -1，在 $x = 0$ 右导数为 1，因而在 $x = 0$ 处不可导，在 $(-1,1)$ 可导不满足。

选项 D，$f(x) = \frac{1}{x}$，函数在 $x = 0$ 处间断，因而在 $[-1,1]$ 连续不成立。

选项 A、C、D 均不成立。

选项 B，$f(x) = \sin x^2$ 在 $[-1,1]$ 上连续，$f'(x) = 2x \cdot \cos x^2$ 在 $(-1,1)$ 可导，且 $f(-1) = f(1) = \sin 1$，三条均满足。

答案：B

6. 解　本题考查曲线 $f(x)$ 求拐点的计算方法。

$f(x) = x^4 + 4x^3 + x + 1$ 的定义域为 $(-\infty, +\infty)$，

$f'(x) = 4x^3 + 12x^2 + 1$，$f''(x) = 12x^2 + 24x = 12x(x + 2)$

令 $f''(x) = 0$，即 $12x(x + 2) = 0$，得到 $x = 0$，$x = -2$

$x = -2$，$x = 0$，分定义域为 $(-\infty, -2)$，$(-2, 0)$，$(0, +\infty)$，

检验 $x = -2$ 点，在区间 $(-\infty, -2)$，$(-2, 0)$ 上二阶导的符号：

当在 $(-\infty, -2)$ 时，$f''(x) > 0$，凹；当在 $(-2, 0)$ 时，$f''(x) < 0$，凸。

所以 $x = -2$ 为拐点的横坐标。

检验 $x = 0$ 点，在区间 $(-2, 0)$，$(0, +\infty)$ 上二阶导的符号：

当在 $(-2, 0)$ 时，$f''(x) < 0$，凸；当在 $(0, +\infty)$ 时，$f''(x) > 0$，凹。

所以 $x = 0$ 为拐点的横坐标。

综上，函数有两个拐点。

答案：C

7. 解　本题考查函数原函数的概念及不定积分的计算方法。

已知函数 $f(x)$ 的一个原函数是 $1 + \sin x$，即 $f(x) = (1 + \sin x)' = \cos x$，$f'(x) = -\sin x$。

方法 1：

$$\int xf'(x)dx = \int x(-\sin x)dx = \int x d\cos x = x\cos x - \int \cos x dx = x\cos x - \sin x + c$$
$$= x\cos x - \sin x - 1 + C = x\cos x - (1+\sin x) + C \quad (其中 C = 1 + c)$$

方法 2：

$\int xf'(x)dx = \int x df(x) = xf(x) - \int f(x)dx$，因为 $f(x) = (1+\sin x)' = \cos x$，则

原式 $= x\cos x - \int \cos x dx = x\cos x - \sin x + c = x\cos x - (1+\sin x) + C$

答案：B

8. 解 本题考查平面图形绕 x 轴旋转一周所得到的旋转体体积算

法，如解图所示。

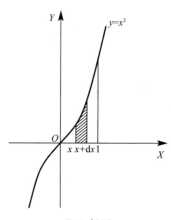

X：$[0,1]$

$[x, x+dx]$：$dV = \pi f^2(x)dx = \pi x^6 dx$

$$V = \int_0^1 \pi \cdot x^6 dx = \pi \cdot \frac{1}{7}x^7 \Big|_0^1 = \frac{\pi}{7}$$

答案：A

题 8 解图

9. 解 本题考查两向量的加法，向量与数量的乘法和运算，以及两

向量垂直与坐标运算的关系。

已知 $\boldsymbol{\alpha} = (5,1,8)$，$\boldsymbol{\beta} = (3,2,7)$

$\lambda\boldsymbol{\alpha} + \boldsymbol{\beta} = \lambda(5,1,8) + (3,2,7) = (5\lambda + 3, \lambda + 2, 8\lambda + 7)$

设 oz 轴的单位正向量为 $\boldsymbol{\tau} = (0,0,1)$

已知 $\lambda\boldsymbol{\alpha} + \boldsymbol{\beta}$ 与 oz 轴垂直，由两向量数量积的运算：

$\boldsymbol{a} \cdot \boldsymbol{b} = a_x b_x + a_y b_y + a_z b_z$，$\boldsymbol{a} \perp \boldsymbol{b}$，则 $\boldsymbol{a} \cdot \boldsymbol{b} = 0$，即 $a_x b_x + a_y b_y + a_z b_z = 0$

所以 $(\lambda\boldsymbol{\alpha} + \boldsymbol{\beta}) \cdot \boldsymbol{\tau} = 0$，$0 + 0 + 8\lambda + 7 = 0$，$\lambda = -\frac{7}{8}$

答案：B

10. 解 本题考查直线与平面平行时，直线的方向向量和平面法向量

间的关系，求出平面的法向量及所求平面方程。

（1）求平面的法向量

设 oz 轴的方向向量 $\vec{r} = (0,0,1)$，$\overrightarrow{M_1M_2} = (1,1,-1)$，则

$$\overrightarrow{M_1M_2} \times \vec{r} = \begin{vmatrix} \vec{i} & \vec{j} & \vec{k} \\ 1 & 1 & -1 \\ 0 & 0 & 1 \end{vmatrix} = \vec{i} - \vec{j}$$

所求平面的法向量 $\vec{n}_{平面} = \vec{i} - \vec{j} = (1,-1,0)$

（2）写出所求平面的方程

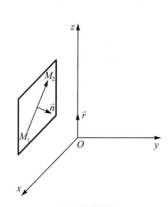

题 10 解图

已知 $M_1(0, -1, 2)$，$\vec{n}_{平面} = (1, -1, 0)$，则

$1 \cdot (x - 0) - 1 \cdot (y + 1) + 0 \cdot (z - 2) = 0$，即 $x - y - 1 = 0$

答案：D

11. 解　本题考查利用题目给出的已知条件，写出曲线微分方程。

设曲线方程为 $y = f(x)$，已知曲线的切线斜率为 $2x$，列式 $f'(x) = 2x$，

又知曲线 $y = f(x)$ 过 $(1, 2)$ 点，满足微分方程的初始条件 $y|_{x=1} = 2$，

即 $f'(x) = 2x$，$y|_{x=1} = 2$ 为所求。

答案：C

12. 解　平面区域 D 是直线 $y = x$ 和圆 $x^2 + (y-1)^2 = 1$ 所围成的在直线 $y = x$ 下方的图形。如解图所示。

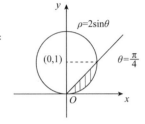

利用直角坐标系和极坐标的关系：$\begin{cases} x = \rho\cos\theta \\ y = \rho\sin\theta \end{cases}$

题12解图

得到圆的极坐标系下的方程为：$x^2 + (y-1)^2 = 1$，即 $x^2 + y^2 = 2y$

则 $\rho^2 = 2\rho\sin\theta$，即 $\rho = 2\sin\theta$

直线 $y = x$ 的极坐标系下的方程为：$\theta = \dfrac{\pi}{4}$

所以积分区域 D 在极坐标系下为：$\begin{cases} 0 \leqslant \theta \leqslant \dfrac{\pi}{4} \\ 0 \leqslant \rho \leqslant 2\sin\theta \end{cases}$

被积函数 x 代换成 $\rho\cos\theta$，极坐标系下面积元素为 $\rho\mathrm{d}\rho\mathrm{d}\theta$，则

$$\iint\limits_{D} x\mathrm{d}x\mathrm{d}y = \int_0^{\frac{\pi}{4}}\mathrm{d}\theta\int_0^{2\sin\theta}\rho\cdot\cos\theta\cdot\rho\mathrm{d}\rho = \int_0^{\frac{\pi}{4}}\cos\theta\mathrm{d}\theta\int_0^{2\sin\theta}\rho^2\mathrm{d}\rho$$

答案：D

13. 解　本题考查微分方程解的基本知识。可将选项代入微分方程，满足微分方程的才是解。

已知 y_1 是微分方程 $y'' + py' + qy = f(x)(f(x) \neq 0)$ 的解，即将 y_1 代入后，满足微分方程 $y_1'' + py_1' + qy_1 = f(x)$，但对任意常数 $C_1(C_1 \neq 0)$，$C_1 y_1$ 得到的解均不满足微分方程，验证如下：

设 $y = C_1 y_1 (C_1 \neq 0)$，求导 $y' = C_1 y_1'$，$y'' = C_1 y_1''$，$y = C_1 y_1$ 代入方程得：

$$C_1 y_1'' + pC_1 y_1' + qC_1 y_1 = C_1(y_1'' + py_1' + qy_1) = C_1 f(x) \neq f(x)$$

所以 $C_1 y_1$ 不是微分方程的解。

因而在选项 A、B、D 中，含有常数 $C_1(C_1 \neq 0)$ 乘 y_1 的形式，即 $C_1 y_1$ 这样的解均不满足方程解的条件，所以选项 A、B、D 均不成立。

可验证选项 C 成立。已知：

$y = y_0 + y_1$，$y' = y_0' + y_1'$，$y'' = y_0'' + y_1''$，代入方程，得：

$$(y_0'' + y_1'') + p(y_0' + y_1') + q(y_0 + y_1) = y_0'' + py_0' + qy_0 + y_1'' + py_1' + qy_1$$
$$= 0 + f(x) = f(x)$$

注意：本题只是验证选项中哪一个解是微分方程的解，不是求微分方程的通解。

答案：C

14.解 本题考查二元函数在一点的全微分的计算方法。

先求出二元函数的全微分，然后代入点$(1,-1)$坐标，求出在该点的全微分。

$$z = \frac{1}{x}e^{xy}, \quad \frac{\partial z}{\partial x} = \left(-\frac{1}{x^2}\right)e^{xy} + \frac{1}{x}e^{xy} \cdot y = -\frac{1}{x^2}e^{xy} + \frac{y}{x}e^{xy} = e^{xy}\left(-\frac{1}{x^2} + \frac{y}{x}\right)$$

$$\frac{\partial z}{\partial y} = \frac{1}{x}e^{xy} \cdot x = e^{xy}, \quad dz = \left(-\frac{1}{x^2} + \frac{y}{x}\right)e^{xy}dx + e^{xy}dy$$

$$dz|_{(1,-1)} = -2e^{-1}dx + e^{-1}dy = e^{-1}(-2dx + dy)$$

答案：B

15.解 本题考查坐标曲线积分的计算方法。

已知$O(0,0)$，$A(1,2)$，过两点的直线L的方程为$y = 2x$，见解图。

直线L的参数方程$\begin{cases} y = 2x, \\ x = x, \end{cases}$

L的起点$x = 0$，终点$x = 1$，$x: 0 \to 1$，

$$\int_L -ydx + xdy = \int_0^1 -2xdx + x \cdot 2dx = \int_0^1 0dx = 0$$

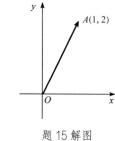

题15解图

答案：A

16.解 本题考查正项级数、交错级数敛散性的判定。

选项 A，$\sum\limits_{n=1}^{\infty} \frac{n^2}{3n^4+1}$，因为$\frac{n^2}{3n^4+1} < \frac{n^2}{3n^4} = \frac{1}{3n^2}$，

级数$\sum\limits_{n=1}^{\infty} \frac{1}{n^2}$，$P = 2 > 1$，级数收敛，$\sum\limits_{n=1}^{\infty} \frac{1}{3n^2}$收敛，

利用正项级数的比较判别法，$\sum\limits_{n=1}^{\infty} \frac{n^2}{3n^4+1}$收敛。

选项 B，$\sum\limits_{n=2}^{\infty} \frac{1}{\sqrt[3]{n(n-1)}}$，因为$n(n-1) < n^2$，$\sqrt[3]{n(n-1)} < \sqrt[3]{n^2}$，$\frac{1}{\sqrt[3]{n(n-1)}} > \frac{1}{\sqrt[3]{n^2}} = \frac{1}{n^{\frac{2}{3}}}$，级数$\sum\limits_{n=2}^{\infty} \frac{1}{n^{\frac{2}{3}}}$，$P < 1$，

级数发散，

利用正项级数的比较判别法，$\sum\limits_{n=2}^{\infty} \frac{1}{\sqrt[3]{n(n-1)}}$发散。

选项 C，$\sum\limits_{n=1}^{\infty} \frac{(-1)^n}{\sqrt{n}}$，级数为交错级数，利用莱布尼兹定理判定：

（1）因为$n < (n+1)$，$\sqrt{n} < \sqrt{n+1}$，$\frac{1}{\sqrt{n}} > \frac{1}{\sqrt{n+1}}$，$u_n > u_{n+1}$，

（2）一般项$\lim\limits_{n\to\infty} \frac{1}{\sqrt{n}} = 0$，所以交错级数收敛。

选项 D，$\sum\limits_{n=1}^{\infty} \frac{5}{3^n} = 5\sum\limits_{n=1}^{\infty} \frac{1}{3^n}$，级数为等比级数，公比$q = \frac{1}{3}$，$|q| < 1$，级数收敛。

答案：B

17.解 本题为抽象函数的二元复合函数，利用复合函数的导数算法计算，注意函数复合的层次。

$$z = f^2(xy), \quad \frac{\partial z}{\partial x} = 2f(xy) \cdot f'(xy) \cdot y = 2y \cdot f(xy) \cdot f'(xy),$$

$$\frac{\partial^2 z}{\partial x^2} = 2y[f'(xy) \cdot y \cdot f'(xy) + f(xy) \cdot f''(xy) \cdot y]$$

$$= 2y^2\{[f'(xy)]^2 + f(xy) \cdot f''(xy)\}$$

答案：D

18. 解 本题考查幂级数 $\sum\limits_{n=1}^{\infty} a_n x^n$ 与幂级数 $\sum\limits_{n=1}^{\infty} a_n(x+x_0)^n$，$\sum\limits_{n=1}^{\infty} a_n(x-x_0)^n$ 收敛域之间的关系。

方法1： 已知幂级数 $\sum\limits_{n=1}^{\infty} a_n(x+2)^n$ 在 $x=0$ 处收敛，把 $x=0$ 代入级数，得到 $\sum\limits_{n=1}^{\infty} a_n 2^n$，收敛。又知 $\sum\limits_{n=1}^{\infty} a_n(x+2)^n$ 在 $x=-4$ 处发散，把 $x=-4$ 代入级数，得到 $\sum\limits_{n=1}^{\infty} a_n(-2)^n$，发散。得到对应的幂级数 $\sum\limits_{n=1}^{\infty} a_n x^n$，在 $x=2$ 点收敛，在 $x=-2$ 点发散，由阿贝尔定理可知 $\sum\limits_{n=1}^{\infty} a_n x^n$ 的收敛域为 $(-2,2]$。

以选项 C 为例，验证选项 C 是幂级数 $\sum\limits_{n=1}^{\infty} a_n(x-1)^n$ 的收敛域：

选项 C，$(-1,3]$，把发散点 $x=-1$，收敛点 $x=3$ 分别代入级数 $\sum\limits_{n=1}^{\infty} a_n(x-1)^n$，得到数项级数 $\sum\limits_{n=1}^{\infty} a_n(-2)^n$，$\sum\limits_{n=1}^{\infty} a_n 2^n$，由题中给出的条件可知 $\sum\limits_{n=1}^{\infty} a_n(-2)^n$ 发散，$\sum\limits_{n=1}^{\infty} a_n 2^n$ 收敛，且当级数 $\sum\limits_{n=1}^{\infty} a_n(x-1)^n$ 在收敛域 $(-1,3]$ 变化时和 $\sum\limits_{n=1}^{\infty} a_n x^n$ 的收敛域 $(-2,2]$ 相对应。

所以级数 $\sum\limits_{n=1}^{\infty} a_n(x-1)^n$ 的收敛域为 $(-1,3]$。

可验证选项 A、B、D 均不成立。

方法2： 在方法1解析过程中得到 $\sum\limits_{n=1}^{\infty} a_n x^n$ 的收敛域为 $-2 < x \le 2$，当把级数中的 x 换成 $x-1$ 时，得到 $\sum\limits_{n=1}^{\infty} a_n(x-1)^n$ 的收敛域为 $-2 < x-1 \le 2$，$-1 < x \le 3$，即 $\sum\limits_{n=1}^{\infty} a_n(x-1)^n$ 的收敛域为 $(-1,3]$。

答案：C

19. 解 由行列式性质可得 $|A| = -|B|$，又因 $|A| \ne |B|$，所以 $|A| \ne -|A|$，$2|A| \ne 0$，$|A| \ne 0$。

答案：B

20. 解 因为 A 与 B 相似，所以 $|A| = |B| = 0$，且 $R(A) = R(B) = 2$。

方法1：

当 $x = y = 0$ 时，$|A| = \begin{vmatrix} 1 & 0 & 1 \\ 0 & 1 & 0 \\ 1 & 0 & 1 \end{vmatrix} = 0$，$A = \begin{bmatrix} 1 & 0 & 1 \\ 0 & 1 & 0 \\ 1 & 0 & 1 \end{bmatrix} \xrightarrow{-r_1+r_3} \begin{bmatrix} 1 & 0 & 1 \\ 0 & 1 & 0 \\ 0 & 0 & 0 \end{bmatrix}$

$R(A) = R(B) = 2$

方法2：

$|A| = \begin{vmatrix} 1 & x & 1 \\ x & 1 & y \\ 1 & y & 1 \end{vmatrix} \xrightarrow[\substack{-xr_1+r_2 \\ -r_1+r_3}]{} \begin{vmatrix} 1 & x & 1 \\ 0 & 1-x^2 & y-x \\ 0 & y-x & 0 \end{vmatrix} = -(y-x)^2$

令 $|A| = 0$，得 $x = y$

当 $x = y = 0$ 时，$|A| = |B| = 0$，$R(A) = R(B) = 2$；

当 $x = y = 1$ 时，$|A| = |B| = 0$，但 $R(A) = 1 \ne R(B)$。

答案：A

21. 解 因为 $\boldsymbol{\alpha}_1, \boldsymbol{\alpha}_2, \boldsymbol{\alpha}_3$ 线性相关的充要条件是行列式 $|\boldsymbol{\alpha}_1, \boldsymbol{\alpha}_2, \boldsymbol{\alpha}_3| = 0$，即

$$|\boldsymbol{\alpha}_1, \boldsymbol{\alpha}_2, \boldsymbol{\alpha}_3| = \begin{vmatrix} a & 1 & 1 \\ 1 & a & -1 \\ 1 & -1 & a \end{vmatrix} \xrightarrow[-r_3+r_2]{-ar_3+r_1} \begin{vmatrix} 0 & 1+a & 1-a^2 \\ 0 & a+1 & -1-a \\ 1 & -1 & a \end{vmatrix} = \begin{vmatrix} 1+a & 1-a^2 \\ 1+a & -1-a \end{vmatrix}$$

$$= (1+a)^2 \begin{vmatrix} 1 & 1-a \\ 1 & -1 \end{vmatrix} = (1+a)^2(a-2) = 0$$

解得 $a=-1$ 或 $a=2$。

答案：B

22. 解 $P(A \cup B) = P(A) + P(B) - P(AB)$

$$P(AB) = P(A)P(B|A) = \frac{1}{4} \times \frac{1}{3} = \frac{1}{12}$$

$$P(B)P(A|B) = P(AB), \quad \frac{1}{2}P(B) = \frac{1}{12}, \quad P(B) = \frac{1}{6}$$

$$P(A \cup B) = \frac{1}{4} + \frac{1}{6} - \frac{1}{12} = \frac{1}{3}$$

答案：D

23. 解 利用方差性质得 $D(2X-Y) = D(2X) + D(Y) = 4D(X) + D(Y) = 7$。

答案：A

24. 解 $E(Z) = E(X) + E(Y) = \mu_1 + \mu_2$；

$$D(Z) = D(X) + D(Y) = {\sigma_1}^2 + {\sigma_2}^2。$$

答案：D

25. 解 气体分子运动的最概然速率：$v_p = \sqrt{\dfrac{2RT}{M}}$

方均根速率：$\sqrt{\overline{v^2}} = \sqrt{\dfrac{3RT}{M}}$

由 $\sqrt{\dfrac{3RT_1}{M}} = \sqrt{\dfrac{2RT_2}{M}}$，可得到 $\dfrac{T_2}{T_1} = \dfrac{3}{2}$

答案：A

26. 解 一定量的理想气体经等压膨胀（注意等压和膨胀），由热力学第一定律 $Q = \Delta E + W$，体积单向膨胀做正功，内能增加，温度升高。

答案：C

27. 解 理想气体的内能是温度的单值函数，内能差仅取决于温差，此题所示热力学过程初、末态均处于同一温度线上，温度不变，故内能变化 $\Delta E = 0$，但功是过程量，题目并未描述过程如何进行，故无法判定功的正负。

答案：A

28. 解 气体分子运动的平均速率：$\bar{v} = \sqrt{\dfrac{8RT}{\pi M}}$，氧气的摩尔质量 $M_{O_2} = 32\text{g}$，氢气的摩尔质量 $M_{H_2} = $

2g，故相同温度的氧气和氢气的分子平均速率之比 $\dfrac{\bar{v}_{O_2}}{\bar{v}_{H_2}} = \sqrt{\dfrac{M_{H_2}}{M_{O_2}}} = \sqrt{\dfrac{2}{32}} = \dfrac{1}{4}$。

答案：D

29. 解 卡诺循环的热机效率 $\eta = 1 - \dfrac{T_2}{T_1} = 1 - \dfrac{273 + 27}{T_1} = 40\%$，$T_1 = 500\text{K}$。

此题注意开尔文温度与摄氏温度的变换。

答案：A

30. 解 由三角函数公式，将波动方程化为余弦形式：

$$y = 0.02\sin(\pi t + x) = 0.02\cos\left(\pi t + x - \dfrac{\pi}{2}\right)$$

答案：B

31. 解 此题考查波的物理量之间的基本关系。

$$T = \dfrac{1}{\nu} = \dfrac{1}{2000}\text{s}, \quad u = \dfrac{\lambda}{T} = \lambda \cdot \nu = 400\text{m/s}$$

答案：A

32. 解 两列振幅不相同的相干波，在同一直线上沿相反方向传播，叠加的合成波振幅为：

$$A^2 = A_1^2 + A_2^2 + 2A_1 A_2 \cos\Delta\varphi$$

当 $\cos\Delta\varphi = 1$ 时，合振幅最大，$A' = A_1 + A_2 = 3A$；

当 $\cos\Delta\varphi = -1$ 时，合振幅最小，$A' = |A_1 - A_2| = A$。

此题注意振幅没有负值，要取绝对值。

答案：D

33. 解 此题考查波的能量特征。波动的动能与势能是同相的，同时达到最大最小。若此时 A 点处媒质质元的弹性势能在减小，则其振动动能也在减小。此时 B 点正向负最大位移处运动，振动动能在减小。

答案：A

34. 解 由双缝干涉相邻明纹（暗纹）的间距公式：$\Delta x = \dfrac{D}{a}\lambda$，若双缝所在的平板稍微向上平移，中央明纹与其他条纹整体向上稍作平移，其他条件不变，则屏上的干涉条纹间距不变。

答案：B

35. 解 此题考查光的干涉。薄膜上下两束反射光的光程差：$\delta = 2ne + \dfrac{\lambda}{2}$

反射光加强：$\delta = 2ne + \dfrac{\lambda}{2} = k\lambda$，$\lambda = \dfrac{2ne}{k - \frac{1}{2}} = \dfrac{4ne}{2k - 1}$

$$k = 2 \text{ 时}, \quad \lambda = \dfrac{4ne}{2k - 1} = \dfrac{4 \times 1.33 \times 0.32 \times 10^3}{3} = 567\text{nm}$$

答案：C

36. 解 自然光 I_0 穿过第一个偏振片后成为偏振光，光强减半，为 $I_1 = \dfrac{1}{2}I_0$。

第一个偏振片与第二个偏振片夹角为30°，第二个偏振片与第三个偏振片夹角为60°，穿过第二个偏

振片后的光强用马吕斯定律计算：$I_2 = \frac{1}{2}I_0\cos^2 30°$

穿过第三个偏振片后的光强为：$I_3 = \frac{1}{2}I_0\cos^2 30°\cos^2 60° = \frac{3}{32}I_0$

答案：C

37. 解　主量子数为n的电子层中原子轨道数为n^2，最多可容纳的电子总数为$2n^2$。主量子数$n = 3$，原子轨道最多可容纳的电子总数为$2 \times 3^2 = 18$。

答案：C

38. 解　当分子中的氢原子与电负性大、半径小、有孤对电子的原子（如 N、O、F）形成共价键后，还能吸引另一个电负性较大原子（如 N、O、F）中的孤对电子而形成氢键。所以分子中存在 N—H、O—H、F—H 共价键时会形成氢键。

答案：A

39. 解　112mg 铁的物质的量$n = \frac{\frac{112}{1000}}{56} = 0.002\text{mol}$

溶液中铁的浓度$C = \frac{n}{V} = \frac{0.002}{\frac{100}{1000}} = 0.02\text{mol} \cdot \text{L}^{-1}$

答案：C

40. 解　NaOAc 为强碱弱酸盐，可以水解，水解常数$K_h = \frac{K_w}{K_a}$

$0.1\text{mol} \cdot \text{L}^{-1}$NaOAc 溶液：

$$C_{OH^-} = \sqrt{C \cdot K_h} = \sqrt{C \cdot \frac{K_w}{K_a}} = \sqrt{0.1 \times \frac{1 \times 10^{-14}}{1.8 \times 10^{-5}}} \approx 7.5 \times 10^{-6}\text{mol} \cdot \text{L}^{-1}$$

$$C_{H^+} = \frac{K_w}{C_{OH^-}} = \frac{1 \times 10^{-14}}{7.5 \times 10^{-6}} \approx 1.3 \times 10^{-9}\text{mol} \cdot \text{L}^{-1}, \text{pH} = -\lg C_{H^+} \approx 8.88$$

答案：D

41. 解　由物质的标准摩尔生成焓$\Delta_f H_m^\ominus$和反应的标准摩尔反应焓变$\Delta_r H_m^\ominus$的定义可知，$H_2O(l)$的标准摩尔生成焓$\Delta_f H_m^\ominus$为反应$H_2(g) + \frac{1}{2}O_2(g) \rightleftharpoons H_2O(l)$的标准摩尔反应焓变$\Delta_r H_m^\ominus$。反应$2H_2(g) + O_2(g) \rightleftharpoons 2H_2O(l)$的标准摩尔反应焓变是反应$H_2(g) + \frac{1}{2}O_2(g) \rightleftharpoons H_2O(l)$的标准摩尔反应焓变的 2 倍，即$H_2(g) + \frac{1}{2}O_2(g) \rightleftharpoons H_2O(l)$的$\Delta_f H_m^\ominus = \frac{1}{2} \times (-572) = -286\text{kJ} \cdot \text{mol}^{-1}$。

答案：D

42. 解　$p(N_2O_4) = p(NO_2) = 100\text{kPa}$时，$N_2O_4(g) \rightleftharpoons 2NO_2(g)$的反应熵$Q = \frac{\left[\frac{p(NO_2)}{p^\ominus}\right]^2}{\frac{p(N_2O_4)}{p^\ominus}} = 1 > K^\ominus = 0.1132$，根据反应熵判据，反应逆向进行。

答案：B

43. 解　原电池电动势$E = \varphi_正 - \varphi_负$，负极对应电对$Zn^{2+}/Zn$的能斯特方程式为$\varphi_{Zn^{2+}/Zn} = \varphi_{Zn^{2+}/Zn}^\ominus + \frac{0.059}{2}\lg C_{Zn^{2+}}$，$ZnSO_4$浓度增加，$C_{Zn^{2+}}$增加，$\varphi_{Zn^{2+}/Zn}$增加，原电池电动势变小。

答案：B

44. 解 $(CH_3)_2CHCH(CH_3)CH_2CH_3$ 的结构式为 $H_3C-\overset{\underset{|}{CH_3}}{CH}-\overset{\underset{|}{CH_3}}{CH}-CH_2-CH_3$，根据有机化合物命名规则，该有机物命名为 2，3-二甲基戊烷。

答案：B

45. 解 对羟基苯甲酸乙酯含有 HO—⟨ ⟩ 部分，为酚类化合物；含有 —$COOC_2H_5$ 部分，为酯类化合物。

答案：D

46. 解 该高聚物的重复单元为 $-CH_2-\overset{\underset{|}{COOCH_3}}{CH}-$，是由单体 $CH_2=CHCOOCH_3$ 通过加聚反应形成的。

答案：D

47. 解 销钉 C 处为光滑接触约束，约束力应垂直于 AB 光滑直槽，由于 F_p 的作用，直槽的左上侧与锁钉接触，故其约束力的作用线与 x 轴正向所成的夹角为 $150°$。

答案：D（此题 2017 年考过）

48. 解 由图可知力 F 过 B 点，故对 B 点的力矩为 0，因此该力系对 B 点的合力矩为：
$$M_B = M = \frac{1}{2}Fa = \frac{1}{2} \times 150 \times 50 = 3750\text{N} \cdot \text{cm}(\text{顺时针})$$

答案：A

49. 解 以 CD 为研究对象，其受力如解图所示。

列平衡方程：$\sum M_C(F) = 0$，$2L \cdot F_D - M - q \cdot L \cdot \frac{L}{2} = 0$

代入数值得：$F_D = 15\text{kN}$（铅垂向上）

答案：B

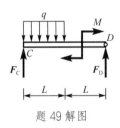

题 49 解图

50. 解 由于主动力 F_p、F 大小均为 100N，故其二力合力作用线与接触面法线方向的夹角为 $45°$，与摩擦角相等，根据自锁条件的判断，物块处于临界平衡状态。

答案：D

51. 解 消去运动方程中的参数 t，将 $t^2 = x$ 代入 y 中，有 $y = 2x^2$，故 $y - 2x^2 = 0$ 为动点的轨迹方程。

答案：C

52. 解 速度的大小为运动方程对时间的一阶导数，即：
$$v_x = \frac{dx}{dt} = v_0 \cos \alpha, \quad v_y = \frac{dy}{dt} = v_0 \sin \alpha - gt$$

则当 $t=0$ 时，炮弹的速度大小为：$v=\sqrt{v_x^2+v_y^2}=v_0$

答案： C

53.解 滑轮上 A 点的速度和切向加速度与皮带相应的速度和加速度相同，根据定轴转动刚体上速度、切向加速度的线性分布规律，可得 B 点的速度 $v_B=20R/r=30\text{m/s}$，切向加速度 $a_{Bt}=6R/r=9\text{m/s}^2$。

答案： A

54.解 小球的运动及受力分析如解图所示。根据质点运动微分方程 $\boldsymbol{F}=m\boldsymbol{a}$，将方程沿着 N 方向投影有：

$$ma\sin\alpha=N-mg\cos\alpha$$

解得：

$$N=mg\cos\alpha+ma\sin\alpha$$

题 54 解图

答案： B

55.解 物体受主动力 $\boldsymbol{F}$、重力 $m\boldsymbol{g}$ 及斜面的约束力 $\boldsymbol{F}_N$ 作用，做功分别为：

$\boldsymbol{W}(\boldsymbol{F})=70\times6=420\text{N}\cdot\text{m}$，$\boldsymbol{W}(m\boldsymbol{g})=-5\times9.8\times6\sin30°=-147\text{N}\cdot\text{m}$，$\boldsymbol{W}(\boldsymbol{F}_N)=0$

故所有力做功之和为：$\boldsymbol{W}=420-147=273\text{N}\cdot\text{m}$

答案： C

56.解 根据动量矩定理，两轮分别有：$J\alpha_1=F_AR$，$J\alpha_2=F_BR$，对于轮 A 有 $J\alpha_1=PR$，对于图 b）系统有 $\left(J+\dfrac{P}{g}R^2\right)\alpha_2=PR$，所以 $\alpha_1>\alpha_2$，故有 $F_A>F_B$。

答案： B

57.解 根据惯性力的定义：$\boldsymbol{F}_I=-m\boldsymbol{a}$，物块 B 的加速度与物块 A 的加速度大小相同，且向下，故物块 B 的惯性力 $F_{BI}=4\times3.3=13.2\text{N}$，方向与其加速度方向相反，即铅垂向上。

答案： A

58.解 当激振力频率与系统的固有频率相等时，系统发生共振，即

$$\omega_0=\sqrt{\frac{k}{m}}=\omega=50\text{ rad/s}$$

系统的等效弹簧刚度 $k=k_1+k_2=3\times10^5\text{N/m}$

代入上式可得：$m=120\text{kg}$

答案： C

59.解 由低碳钢拉伸时 $\sigma\text{-}\varepsilon$ 曲线（如解图所示）可知：在加载到强化阶段后卸载，再加载时，屈服点 C' 明显提高，断裂前变形明显减少，所以"冷作硬化"现象发生在强化阶段。

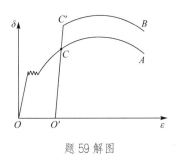

题 59 解图

答案：C

60. 解 AB段轴力是$3F$，$\Delta l_{AB} = \frac{3Fa}{EA}$；$BC$段轴力是$2F$，$\Delta l_{BC} = \frac{2Fa}{EA}$

杆的总伸长$\Delta l = \Delta l_{AB} + \Delta l_{BC} = \frac{3Fa}{EA} + \frac{2Fa}{EA} = \frac{5Fa}{EA}$

答案：D

61. 解 钢板和钢轴的计算挤压面积是dt，由钢轴的挤压强度条件$\sigma_{bs} = \frac{F}{dt} \leqslant [\sigma_{bs}]$，得$d \geqslant \frac{F}{t[\sigma_{bs}]}$。

答案：A

62. 解 根据极惯性矩I_p的定义：$I_p = \int_A \rho^2 \, dA$，可知极惯性矩是一个定积分，具有可加性，所以$I_p = \frac{\pi}{32}D^4 - \frac{\pi}{32}d^4 = \frac{\pi}{32}(D^4 - d^4)$。

答案：D

63. 解 根据定义，惯性矩$I_y = \int_A z^2 \, dA$、$I_z = \int_A y^2 \, dA$和极惯性矩$I_p = \int_A \rho^2 \, dA$的值恒为正，而静矩$S_y = \int_A z \, dA$、$S_z = \int_A y \, dA$和惯性积$I_{yz} = \int_A yz \, dA$的数值可正、可负，也可为零。

答案：B

64. 解 由"零、平、斜，平、斜、抛"的微分规律，可知AB段有分布荷载；B截面有弯矩的突变，故B处有集中力偶。

答案：B

65. 解 A 图看整体：$\sigma_{max} = \frac{M}{W_z} = \frac{M}{\frac{a^3}{6}} = \frac{6M}{a^3}$

B 图看一根梁：$\sigma_{max} = \frac{M}{W_z} = \frac{0.5M}{0.5a^3/6} = \frac{M}{\frac{a^3}{6}} = \frac{6M}{a^3}$

C 图看一根梁：$\sigma_{max} = \frac{M}{W_z} = \frac{\frac{1}{3}M}{\frac{1}{3}a^3/6} = \frac{M}{\frac{a^3}{6}} = \frac{6M}{a^3}$

D 图看一根梁：$\sigma_{max} = \frac{M}{W_z} = \frac{0.5M}{a \times (0.5a)^2/6} = \frac{2M}{\frac{a^3}{6}} = \frac{12M}{a^3}$

答案：D

66. 解 A处为固定铰链支座，挠度总是等于0，即$V_A = 0$

B处挠度等于BD杆的变形量，即$V_B = \Delta L$

C处有集中力F作用，挠度方程和转角方程将发生转折，但是满足连续光滑的要求，即

$$V_{C左} = V_{C右}, \quad \theta_{C左} = \theta_{C右}。$$

答案：C

67. 解 最大切应力所在截面，一定不是主平面，该平面上的正应力也一定不是主应力，也不一定为零，故只能选 D。

答案：D

68. 解 根据第一强度理论（最大拉应力理论）可知：$\sigma_{eq1} = \sigma_1$，所以只能选 A。

答案：A

69. 解 移动前杆是轴向受拉：$\sigma_{max} = \dfrac{F}{A} = \dfrac{F}{a^2}$

移动后杆是偏心受拉，属于拉伸与弯曲的组合受力与变形：

$$\sigma_{max} = \frac{F}{A} + \frac{0.5aF}{a^3/6} = \frac{F}{a^2} + \frac{3F}{a^2} = \frac{4F}{a^2}$$

答案：D

70. 解 压杆总是在惯性矩最小的方向失稳，

对图 a）：$I_a = \dfrac{hb^3}{12}$；对图 b）：$I_b = \dfrac{h^4}{12}$。则：

$$F_{cr}^a = \frac{\pi^2 E I_a}{(\mu L)^2} = \frac{\pi^2 E \dfrac{hb^3}{12}}{(2L)^2} = \frac{\pi^2 E \dfrac{2b \times b^3}{12}}{(2L)^2} = \frac{\pi^2 E b^4}{24L^2}$$

$$F_{cr}^b = \frac{\pi^2 E I_b}{(\mu L)^2} = \frac{\pi^2 E \dfrac{2b \times (2b)^3}{12}}{(2L)^2} = \frac{\pi^2 E b^4}{3L^2} = 8 F_{cr}^a$$

故临界力是原来的 8 倍。

答案：B

71. 解 由流体的物理性质知，流体在静止时不能承受切应力，在微小切力作用下，就会发生显著的变形而流动。

答案：A

72. 解 由于题设条件中未给出计算水头损失的数据，现按不计水头损失的能量方程解析此题。

设基准面 0-0 与断面 2 重合，对断面 1-1 及断面 2-2 写能量方程：

$$Z_1 + \frac{v_1^2}{2g} = Z_2 + \frac{v_2^2}{2g}$$

代入数据 $2 + \dfrac{1.8^2}{2g} = \dfrac{v_2^2}{2g}$，解得 $v_2 = 6.50\text{m/s}$

又由连续方程 $v_1 A_1 = v_2 A_2$，可得 $1.8\text{m/s} \times \dfrac{\pi}{4} 0.1^2 = 6.50\text{m/s} \times \dfrac{\pi}{4} d_2^2$

解得 $d_2 = 5.2\text{cm}$

答案：A

73. 解 利用动量定理计算流体对固体壁的作用力时，进出口断面上的压强应为相对压强。

答案：B

74. 解 有压圆管层流运动的沿程损失系数 $\lambda = \dfrac{64}{Re}$

而雷诺数 $Re = \dfrac{vd}{\nu} = \dfrac{5 \times 5}{0.18} = 138.89$, $\lambda = \dfrac{64}{138.89} = 0.461$

答案：B

75. 解 并联长管路的水头损失相等，即 $S_1 Q_1^2 = S_2 Q_2^2$

式中管路阻抗 $S_1 = \dfrac{8\lambda \frac{L_1}{d_1}}{g\pi^2 d_1^4}$, $S_2 = \dfrac{8\lambda \frac{3L_1}{d_2}}{g\pi^2 d_2^4}$

又因 $d_1 = d_2$，所以得：$\dfrac{Q_1}{Q_2} = \sqrt{\dfrac{S_2}{S_1}} = \sqrt{\dfrac{3L_1}{L_1}} = 1.732$, $Q_1 = 1.732 Q_2$

答案：C

76. 解 明渠均匀流只能发生在顺坡棱柱形渠道。

答案：B

77. 解 均匀砂质土壤适用达西渗透定律：$v = kJ$

代入题设数据，则渗流速度 $v = 0.005 \times 0.5 = 0.0025 \text{cm/s}$

答案：A

78. 解 压力管流的模型试验应选择雷诺准则。

答案：A

79. 解 直流电源作用下，电压 U_1、电流 I 均为恒定值，产生恒定磁通 Φ。根据电磁感应定律，线圈 N_2 中不会产生感应电动势，所以 $U_2 = 0$。

答案：A

80. 解 通常电感线圈的等效电路是 R-L 串联电路。当线圈通入直流电时，电感线圈的感应电压为 0，可以计算线圈电阻为 $R' = \dfrac{U}{I} = \dfrac{10}{1} = 10\Omega$。在交流电源作用下线圈的感应电压不为 0，要考虑线圈中感应电压的影响必须将电感线圈等效为 R-L 串联电路。因此，该电路的等效模型为：10Ω 电阻与电感 L 串联后再与传输线电阻 R 串联。

答案：B

81. 解 求等效电阻时应去除电源作用（电压源短路，电流源断路），将电流源断开后 a-b 端左侧网络的等效电阻为 R_2。

答案：D

82. 解 首先根据给定电压函数 $u(t)$ 写出电压的相量 $\dot{U}$，利用交流电路的欧姆定律计算电流相量：

$$\dot{I} = \frac{\dot{U}}{Z} = \frac{220 \angle 30°}{10 \angle 45°} = 22 \angle -15°$$

最后写出电流 $i(t)$ 的函数表达为 $22\sqrt{2}\sin(314t-15°)$A。

答案：D

83. 解 根据电路可以分析，总阻抗 $Z = Z_1 + Z_2 = 6 + j8 - jX_C$，当 $X_C = 8$ 时，Z 有最小值，电流 I 有最大值（电路出现谐振，呈现电阻性质）。

答案：B

84. 解 用电设备 M 的外壳线 a 应接到保护地线 PE 上，电灯 D 的接线 b 应接到电源中性点 N 上，说明如下：

（1）三相四线制：包括相线 A、B、C 和保护零线 PEN（图示的 N 线）。PEN 线上有工作电流通过，PEN 线在进入用电建筑物处要做重复接地；我国民用建筑的配电方式采用该系统。

（2）三相五线制：包括相线 A、B、C，零线 N 和保护接地线 PE。N 线有工作电流通过，PE 线平时无电流（仅在出现对地漏电或短路时有故障电流）。

零线和地线的根本差别在于一个构成工作回路，一个起保护作用（叫做保护接地），一个回电网，一个回大地，在电子电路中这两个概念要区别开，工程中也要求这两根线分开接。

答案：C

85. 解 三相交流异步电动机的空载功率因数较小，为 0.2～0.3，随着负载的增加功率因数增加，当电机达到满载时功率因数最大，可以达到 0.9 以上。

答案：B

86. 解 控制电路图中所有控制元件均是未工作的状态，同一电器用同一符号注明。要保持电气设备连续工作必须有自锁环节（常开触点）。

图 B 的自锁环节使用了 KM 接触器的常闭触点，图 C 和图 D 中的停止按钮 SBstop 两端不能并入 KM 接触器的常闭触点或常开触点，因此图 B、C、D 都是错误的。

图 A 的电路符合设备连续工作的要求：按启动按钮 SBst（动合）后，接触器 KM 线圈通电，KM 常开触点闭合（实现自锁）；按停止按钮 SBstop（动断）后，接触器 KM 线圈断电，用电设备停止工作。可见四个选项中图 A 符合电气设备连续工作的要求。

答案：A

87. 解 表示信息的数字代码是二进制。通常用电压的高电位表示"1"，低电位表示"0"，或者反之。四个选项中的前三项都可以用来表示二进制代码"10101"，选项 D 的电位不符合"高-低-高-低-高"的规律，则不能用来表示数码"10101"。

答案：D

88. 解 根据信号的幅值频谱关系，周期信号的频谱是离散的，而非周期信号的频谱是连续的。图a）是非周期性时间信号的频谱，图b）是周期性时间信号的频谱。

答案：B

89. 解 滤波器是频率筛选器，通常根据信号的频率不同进行处理。它不会改变正弦波信号的形状，而是通过正弦波信号的频率来识别，保留有用信号，滤除干扰信号。而非正弦周期信号可以分解为多个不同频率正弦波信号的合成，它的频率特性是收敛的。对非正弦周期信号滤波时要保留基波和低频部分的信号，滤除高频部分的信号。这样做虽然不会改变原信号的频率，但是滤除高频分量以后会影响非正弦周期信号波形的形状。

答案：D

90. 解 根据逻辑函数的摩根定理对原式进行分析：

$$ABCD + \overline{A} + \overline{B} + \overline{C} + \overline{D} = ABCD + \overline{\overline{\overline{A} + \overline{B} + \overline{C} + \overline{D}}} = ABCD + \overline{ABCD} = 1$$

答案：B

91. 解 $F = \overline{AB}$ 为与非门，分析波形可以用口诀："A、B"有 0，"F"为 1；"A、B"全 1，"F"为 0，波形见解图。

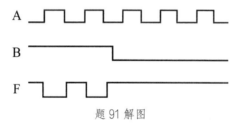

题 91 解图

答案：B

92. 解 根据真值表写出逻辑表达式的方法是：找出真值表输出信号 F=1 对应的输入变量取值组合，每组输入变量取值为一个乘积项（与），输入变量值为 1 的写原变量，输入变量值为 0 的写反变量。最后将这些变量相加（或），即可得到输出函数 F 的逻辑表达式。

根据该给定的真值表可以写出：$F = \overline{A}BC + AB\overline{C} + ABC$。

答案：D

93. 解 电压放大器的耦合电容有隔直通交的作用，因此电容 C_E 接入以后不会改变放大器的静态工作点。对于交变信号，接入电容 C_E 以后电阻 R_E 被短路，根据放大器的交流通道来分析放大器的动态参数，输入电阻 R_i、输出电阻 R_o、电压放大倍数 A_u 分别为：

$$R_i = R_{B1} /\!/ R_{B2} /\!/ [r_{be} + (1+\beta)R_E]$$

$$R_o = R_C$$

$$A_{\mathrm{u}} = \frac{-\beta R'_{\mathrm{L}}}{\gamma_{\mathrm{be}} + (1+\beta)R_{\mathrm{E}}} \quad (R'_{\mathrm{L}} = R_{\mathrm{C}} /\!/ R_{\mathrm{L}})$$

可见，输出电阻R_{o}与R_{E}无关。

所以，并入电容C_{E}后不变的量是静态工作点和输出电阻R_{o}。

答案：C

94. 解　本电路属于运算放大器非线性应用，是一个电压比较电路。A 点是反相输入端，B 点是同相输入端。当 B 点电位高于 A 点电位时，输出电压有正的最大值U_{oM}。当 B 点电位低于 A 点电位时，输出电压有负的最大值$-U_{\mathrm{oM}}$。

解图 a）、b）表示输出端u_{o1}和u_{o2}的波形正确关系。

选项 D 的u_{o1}波形分析正确，并且$u_{\mathrm{o1}} = -u_{\mathrm{o2}}$，符合题意。

答案：D

95. 解　利用逻辑函数分析如下：$F_1 = \overline{A \cdot 1} = \overline{A}$；$F_2 = B + 1 = 1$。

答案：D

96. 解　两个电路分别为 JK 触发器和 D 触发器，逻辑状态表给定，它们有同一触发脉冲和清零信号作用。但要注意到两个触发器的触发时间不同，JK 触发器为下降沿触发，D 触发器为上升沿触发。

结合逻辑表分析输出脉冲波形如解图所示。

JK 触发器：$J=K=1$，$Q_{\mathrm{JK}}^{n+1} = \overline{Q}_{\mathrm{JK}}^{n}$，cp 下降沿触发。

D 触发器：$Q_{\mathrm{D}}^{n+1} = D = \overline{Q}_{\mathrm{D}}^{n}$，cp 上升沿触发。

对应的t_1时刻两个触发器的输出分别是$Q_{\mathrm{JK}}=1$，$Q_{\mathrm{D}}=0$，选项 C 正确。

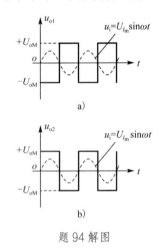

题 94 解图

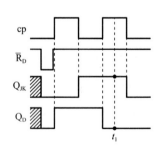

题 96 解图

答案：C

97. 解　计算机分为模拟计算机、数字计算机以及数字模拟混合计算机。模拟计算机主要用于处理模拟信息，如工业控制中的温度、压力等，目前已基本被数字计算机代替。数字计算机采用二进制运算，其特点是解题精度高，便于存储信息，是通用性很强的计算工具。数字模拟混合计算机是取数字、模拟计算机之长，既能高速运算，又便于存储信息，但这类计算机造价昂贵。现在人们所使用的大都属于数字计算机。计算机处理时输入和输出的数值都是数字信息。

答案： B

98.解 程序计数器（PC）又称指令地址计数器，计算机通常是按顺序逐条执行指令的，就是靠程序计数器来实现。每当执行完一条指令，PC 就自动加 1，即形成下一条指令地址。

答案： C

99.解 计算机的软件系统是由系统软件、支撑软件和应用软件构成。系统软件是负责管理、控制和维护计算机软、硬件资源的一种软件，它为应用软件提供了一个运行平台。支撑软件是支持其他软件的编写制作和维护的软件。应用软件是特定应用领域专用的软件。

答案： B

100.解 允许多个用户以交互方式使用计算机的操作系统是分时操作系统。分时操作系统是使一台计算机同时为几个、几十个甚至几百个用户服务的一种操作系统。它将系统处理机时间与内存空间按一定的时间间隔，轮流地切换给各终端用户的。

答案： B

101.解 ASSCII 码是"美国信息交换标准代码"的简称，是目前国际上最为流行的字符信息编码方案。在这种编码中每个字符用 7 个二进制位表示，从 0000000 到 1111111 可以给出 128 种编码，用来表示 128 个不同的常用字符。

答案： D

102.解 计算机系统内的存储器是由一个个存储单元组成的，而每一个存储单元的容量为 8 位二进制信息，称为一个字节。为了对存储器进行有效的管理，给每个单元都编上一个号，也就是给存储器中的每一个字节都分配一个地址码，俗称给存储器地址"编址"。

答案： A

103.解 给数据加密，是隐蔽信息的可读性，将可读的信息数据转换为不可读的信息数据，称为密文。把信息隐藏起来，即隐藏信息的存在性，将信息隐藏在一个容量更大的信息载体之中，形成隐秘载体。信息隐藏和数据加密的方法是不一样的。

答案： D

104.解 线程有时也称为轻量级进程，是被系统独立调度和 CPU 的基本运行单位。有些进程只包含一个线程，也可包含多个线程。线程的优点之一就是资源共享。

答案：C

105. 解 信息化社会是以计算机信息处理技术和传输手段的广泛应用为基础和标志的新技术革命，影响和改造社会生活方式与管理方式。信息化社会指在经济生活全面信息化的进程中，人类社会生活的其他领域也逐步利用先进的信息技术建立起各种信息网络，信息技术在生产、科研教育、医疗保健、企业和政府管理以及家庭中的广泛应用对经济和社会发展产生了巨大而深刻的影响，从根本上改变了人们的生活方式、行为方式和价值观念。计算机则是实现信息社会的必备工具之一，两者相互影响、相互制约、相互推动、相互促进，是密不可分的关系。

答案：C

106. 解 如果要寻找一个主机名所对应的 IP 地址，则需要借助域名服务器来完成。当 Internet 应用程序收到一个主机域名时，它向本地域名服务器查询该主机域名对应的 IP 地址。如果在本地域名服务器中找不到该主机域名对应的 IP 地址，则本地域名服务器向其他域名服务器发出请求，要求其他域名服务器协助查找，并将找到的 IP 地址返回给发出请求的应用程序。

答案：C

107. 解 根据一次支付现值公式（已知 F 求 P）：

$$P = \frac{F}{(1+i)^n} = \frac{50}{(1+5.06\%)^5} = 39.06 \ 万元$$

答案：C

108. 解 项目总投资中的流动资金是指运营期内长期占用并周转使用的营运资金。估算流动资金的方法有扩大指标法或分项详细估算法。采用分项详细估算法估算时，流动资金是流动资产与流动负债的差额。

答案：C

109. 解 资本金（权益资金）的筹措方式有股东直接投资、发行股票、政府投资等，债务资金的筹措方式有商业银行贷款、政策性银行贷款、外国政府贷款、国际金融组织贷款、出口信贷、银团贷款、企业债券、国际债券和融资租赁等。

优先股股票和可转换债券属于准股本资金，是一种既具有资本金性质又具有债务资金性质的资金。

答案：C

110. 解 利息备付率＝息税前利润/应付利息

式中，息税前利润＝利润总额+利息支出

本题已经给出息税前利润，因此该年的利息备付率为：

利息备付率＝息税前利润/应付利息＝200/100＝2

答案：B

111.解 计算各年的累计净现金流量见解表。

题 111 解表

年份	0	1	2	3	4	5
净现金流量	−100	−50	40	60	60	60
累计净现金流量	−100	−150	−110	−50	10	70

静态投资回收期=累计净现金流量开始出现正值的年份数 $-1+\dfrac{\text{上年累计净现金流量的绝对值}}{\text{当年净现金流量}}$

$$=4-1+|-50|\div 60=3.83 \text{ 年}$$

答案：C

112.解 该货物的影子价格为：

直接出口产出物的影子价格（出厂价）= 离岸价（FOB）×影子汇率 − 出口费用

$$=100\times 6-100=500 \text{元人民币}$$

答案：A

113.解 甲方案的净现值为：$\text{NPV}_{甲}=-500+140\times 6.7101=439.414$万元

乙方案的净现值为：$\text{NPV}_{乙}=-1000+250\times 6.7101=677.525$万元

$$\text{NPV}_{乙}>\text{NPV}_{甲}，\text{故应选择乙方案}$$

互斥方案比较不应直接用方案的内部收益率比较，可采用净现值差额投资内部收益率进行比较。

答案：B

114.解 用强制确定法选择价值工程的对象时，计算结果存在以下三种情况：

①价值系数小于1较多，表明该零件相对不重要且费用偏高，应作为价值分析的对象；

②价值系数大于1较多，即功能系数大于成本系数，表明该零件较重要而成本偏低，是否需要提高费用视具体情况而定；

③价值系数接近或等于1，表明该零件重要性与成本适应，较为合理。

本题该部件的价值系数为1.02，接近1，说明该部件功能重要性与成本比重相当，不应将该部件作为价值工程对象。

答案：B

115.解 《中华人民共和国建筑法》第十条规定，在建的建筑工程因故中止施工的，建设单位应当自中止施工之日起一个月内，向发证机关报告，并按照规定做好建筑工程的维护管理工作。

答案：A

116.解 《中华人民共和国安全生产法》第二十八条规定，生产经营单位应当对从业人员进行安全生产教育和培训，保证从业人员具备必要的安全生产知识，熟悉有关的安全生产规章制度和安全操作规程，掌握本岗位的安全操作技能，了解事故应急处理措施，知悉自身在安全生产方面的权利和义务。

答案：C

117. 解 《中华人民共和国招标投标法》第十二条规定，招标人有权自行选择招标代理机构，委托其办理招标事宜。任何单位和个人不得以任何方式为招标人指定招标代理机构。招标人具有编制招标文件和组织评标能力的，可以自行办理招标事宜。任何单位和个人不得强制其委托招标代理机构办理招标事宜。依法必须进行招标的项目，招标人自行办理招标事宜的，应当向有关行政监督部门备案。

从上述条文可以看出选项 A 正确，选项 B 错误，因为招标人可以委托代理机构办理招标事宜。选项 C 错误，招标人自行招标时才需要备案，不是委托代理人才需要备案。选项 D 明显不符合第十二条的规定。

答案：A

118. 解 《中华人民共和国民法典》第一百三十七条规定，以对话方式作出的意思表示，相对人知道其内容时生效。以非对话方式作出的意思表示，到达相对人时生效。以非对话方式作出的采用数据电文形式的意思表示，相对人指定特定系统接收数据电文的，该数据电文进入该特定系统时生效；未指定特定系统的，相对人知道或者应当知道该数据电文进入其系统时生效。当事人对采用数据电文形式的意思表示的生效时间另有约定的，按照其约定。

答案：A

119. 解 依照《中华人民共和国行政许可法》第二十六条的规定，行政许可采取统一办理或者联合办理、集中办理的，办理的时间不得超过四十五日；四十五日内不能办结的，经本级人民政府负责人批准，可以延长十五日，并应当将延长期限的理由告知申请人。

答案：D

120. 解 《建设工程质量管理条例》第十六条规定，建设单位收到建设工程竣工报告后，应当组织设计、施工、工程监理等有关单位进行竣工验收。

答案：C

2021 年度全国勘察设计注册工程师

执业资格考试试卷

基础考试

（上）

二〇二一年十月

应考人员注意事项

1. 本试卷科目代码为"1"，考生务必将此代码填涂在答题卡"科目代码"相应的栏目内，否则，无法评分。

2. 书写用笔：**黑色或蓝色钢笔、签字笔或圆珠笔；**

   填涂答题卡用笔：**黑色 2B 铅笔。**

3. 必须用书写用笔将工作单位、姓名、准考证号填写在答题卡和试卷相应的栏目内。

4. 本试卷由 120 题组成，每题 1 分，满分 120 分，本试卷全部为单项选择题，每小题的四个备选项中只有一个正确答案，错选、多选、不选均不得分。

5. 考生作答时，必须按**题号在答题卡上**将相应试题所选选项对应的**字母用 2B 铅笔涂黑。**

6. 在答题卡上书写与题意无关的语言，或在答题卡上作标记的，均按违纪试卷处理。

7. 考试结束时，由监考人员当面将试卷、答题卡一并收回。

8. 草稿纸由各地统一配发，考后收回。

单项选择题（共 120 题，每题 1 分。每题的备选项中只有一个最符合题意。）

1. 下列结论正确的是：

A. $\lim\limits_{x \to 0} e^{\frac{1}{x}}$存在

B. $\lim\limits_{x \to 0^-} e^{\frac{1}{x}}$存在

C. $\lim\limits_{x \to 0^+} e^{\frac{1}{x}}$存在

D. $\lim\limits_{x \to 0^+} e^{\frac{1}{x}}$存在，$\lim\limits_{x \to 0^-} e^{\frac{1}{x}}$不存在，从而$\lim\limits_{x \to 0} e^{\frac{1}{x}}$不存在

2. 当$x \to 0$时，与x^2为同阶无穷小的是：

A. $1 - \cos 2x$

B. $x^2 \sin x$

C. $\sqrt{1+x} - 1$

D. $1 - \cos x^2$

3. 设$f(x)$在$x = 0$的某个邻域有定义，$f(0) = 0$，且$\lim\limits_{x \to 0} \dfrac{f(x)}{x} = 1$，则在$x = 0$处：

A. 不连续

B. 连续但不可导

C. 可导且导数为 1

D. 可导且导数为 0

4. 若$f\left(\dfrac{1}{x}\right) = \dfrac{x}{1+x}$，则$f'(x)$等于：

A. $\dfrac{1}{x+1}$

B. $-\dfrac{1}{x+1}$

C. $-\dfrac{1}{(x+1)^2}$

D. $\dfrac{1}{(x+1)^2}$

5. 方程$x^3 + x - 1 = 0$：

A. 无实根

B. 只有一个实根

C. 有两个实根

D. 有三个实根

6. 若函数$f(x)$在$x = x_0$处取得极值，则下列结论成立的是：

A. $f'(x_0) = 0$

B. $f'(x_0)$不存在

C. $f'(x_0) = 0$或$f'(x_0)$不存在

D. $f''(x_0) = 0$

7. 若$\int f(x)\,\mathrm{d}x = \int \mathrm{d}g(x)$，则下列各式中正确的是：

A. $f(x) = g(x)$

B. $f(x) = g'(x)$

C. $f'(x) = g(x)$

D. $f'(x) = g'(x)$

8. 定积分 $\int_{-1}^{1}(x^3+|x|)e^{x^2}\mathrm{d}x$ 的值等于：

A. 0

B. e

C. $e-1$

D. 不存在

9. 曲面 $x^2+y^2+z^2=a^2$ 与 $x^2+y^2=2az\ (a>0)$ 的交线是：

A. 双曲线

B. 抛物线

C. 圆

D. 不存在

10. 设有直线 $L:\begin{cases} x+3y+2z+1=0 \\ 2x-y-10z+3=0 \end{cases}$ 及平面 $\pi:4x-2y+z-2=0$，则直线 L：

A. 平行 π

B. 垂直于 π

C. 在 π 上

D. 与 π 斜交

11. 已知函数 $f(x)$ 在 $(-\infty,+\infty)$ 内连续，并满足 $f(x)=\int_0^x f(t)\mathrm{d}t$，则 $f(x)$ 为：

A. e^x

B. $-e^x$

C. 0

D. e^{-x}

12. 在下列函数中，为微分方程 $y''-y'-2y=6e^x$ 的特解的是：

A. $y=3e^{-x}$

B. $y=-3e^{-x}$

C. $y=3e^x$

D. $y=-3e^x$

13. 设函数 $f(x,y)=\begin{cases} \dfrac{1}{xy}\sin(x^2y) & xy\neq 0 \\ 0 & xy=0 \end{cases}$，则 $f_x'(0,1)$ 等于：

A. 0

B. 1

C. 2

D. -1

14. 设函数 $f(u)$ 连续，而区域 $D:x^2+y^2\leqslant 1$，且 $x\geqslant 0$，则二重积分 $\iint\limits_{D} f\left(\sqrt{x^2+y^2}\right)\mathrm{d}x\mathrm{d}y$ 等于：

A. $\pi\int_0^1 f(r)\,\mathrm{d}r$

B. $\pi\int_0^1 rf(r)\,\mathrm{d}r$

C. $\dfrac{\pi}{2}\int_0^1 f(r)\,\mathrm{d}r$

D. $\dfrac{\pi}{2}\int_0^1 rf(r)\,\mathrm{d}r$

15. 设 L 是圆 $x^2 + y^2 = -2x$，取逆时针方向，则对坐标的曲线积分 $\int_L (x-y)\mathrm{d}x + (x+y)\mathrm{d}y$ 等于：

A. -4π　　　　　　　　　　B. -2π

C. 0　　　　　　　　　　　D. 2π

16. 设函数 $z = x^y$，则 $\dfrac{\partial^2 z}{\partial x \partial y}$ 等于：

A. $x^y(1 + \ln x)$　　　　　　B. $x^y(1 + y\ln x)$

C. $x^{y-1}(1 + y\ln x)$　　　　D. $x^y(1 - x\ln x)$

17. 下列级数中，收敛的级数是：

A. $\displaystyle\sum_{n=1}^{\infty} \dfrac{8^n}{7^n}$　　　　　　B. $\displaystyle\sum_{n=1}^{\infty} n\sin\dfrac{1}{n}$

C. $\displaystyle\sum_{n=1}^{\infty} \dfrac{1}{\sqrt{n}}$　　　　　　D. $\displaystyle\sum_{n=1}^{\infty} (-1)^{n-1}\dfrac{1}{\sqrt{n}}$

18. 级数 $\displaystyle\sum_{n=1}^{\infty} n\left(\dfrac{1}{2}\right)^{n-1}$ 的和是：

A. 1　　　　　　　　　　　B. 2

C. 3　　　　　　　　　　　D. 4

19. 若矩阵 $\boldsymbol{A} = \begin{bmatrix} 1 & 0 & 0 \\ 0 & -1 & -1 \\ 0 & 0 & 1 \end{bmatrix}$，$\boldsymbol{I} = \begin{bmatrix} 1 & 0 & 0 \\ 0 & 1 & 0 \\ 0 & 0 & 1 \end{bmatrix}$，则矩阵 $(\boldsymbol{A} - 2\boldsymbol{I})^{-1}(\boldsymbol{A}^2 - 4\boldsymbol{I})$ 为：

A. $\begin{bmatrix} 3 & 0 & 0 \\ 0 & 1 & -1 \\ 0 & 0 & 3 \end{bmatrix}$　　　　　　B. $\begin{bmatrix} 3 & 0 & 0 \\ 0 & 1 & 0 \\ 0 & 0 & 3 \end{bmatrix}$

C. $\begin{bmatrix} 3 & 0 & 0 \\ 0 & 1 & 1 \\ 0 & 0 & 3 \end{bmatrix}$　　　　　　D. $\begin{bmatrix} 2 & 0 & 0 \\ 0 & -2 & -2 \\ 0 & 0 & 2 \end{bmatrix}$

20. 已知矩阵 $\boldsymbol{A} = \begin{bmatrix} 0 & 0 & 1 \\ x & 1 & y \\ 1 & 0 & 0 \end{bmatrix}$ 有三个线性无关的特征向量，则下列关系式正确的是：

A. $x + y = 0$　　　　　　　B. $x + y \neq 0$

C. $x + y = 1$　　　　　　　D. $x = y = 1$

21. 设 n 维向量组 α_1，α_2，α_3 是线性方程组 $\boldsymbol{A}x = \boldsymbol{0}$ 的一个基础解系，则下列向量组也是 $\boldsymbol{A}x = \boldsymbol{0}$ 的基础解系的是：

A. α_1，$\alpha_2 - \alpha_3$

B. $\alpha_1 + \alpha_2$，$\alpha_2 + \alpha_3$，$\alpha_3 + \alpha_1$

C. $\alpha_1 + \alpha_2$，$\alpha_2 + \alpha_3$，$\alpha_1 - \alpha_3$

D. α_1，$\alpha_1 + \alpha_2$，$\alpha_2 + \alpha_3$，$\alpha_1 + \alpha_2 + \alpha_3$

22. 袋子里有 5 个白球，3 个黄球，4 个黑球，从中随机抽取 1 只，已知它不是黑球，则它是黄球的概率是：

A. $\dfrac{1}{8}$

B. $\dfrac{3}{8}$

C. $\dfrac{5}{8}$

D. $\dfrac{7}{8}$

23. 设 X 服从泊松分布 $P(3)$，则 X 的方差与数学期望之比 $\dfrac{D(X)}{E(X)}$ 等于：

A. 3

B. $\dfrac{1}{3}$

C. 1

D. 9

24. 设 $X_1, X_2, \cdots, X_n$ 是来自总体 $X \sim N(\mu, \sigma^2)$ 的样本，$\overline{X}$ 是 $X_1, X_2, \cdots, X_n$ 的样本均值，则 $\displaystyle\sum_{i=1}^{n} \dfrac{(X_i - \overline{X})^2}{\sigma^2}$ 服从的分布是：

A. $F(n)$

B. $t(n)$

C. $\chi^2(n)$

D. $\chi^2(n-1)$

25. 在标准状态下，即压强 $p_0 = 1\,\text{atm}$，温度 $T = 273.15\,\text{K}$，一摩尔任何理想气体的体积均为：

A. 22.4L

B. 2.24L

C. 224L

D. 0.224L

26. 理想气体经过等温膨胀过程，其平均自由程 $\overline{\lambda}$ 和平均碰撞次数 $\overline{Z}$ 的变化是：

A. $\overline{\lambda}$ 变大，$\overline{Z}$ 变大

B. $\overline{\lambda}$ 变大，$\overline{Z}$ 变小

C. $\overline{\lambda}$ 变小，$\overline{Z}$ 变大

D. $\overline{\lambda}$ 变小，$\overline{Z}$ 变小

27. 在一热力学过程中，系统内能的减少量全部成为传给外界的热量，此过程一定是：

A. 等体升温过程

B. 等体降温过程

C. 等压膨胀过程

D. 等压压缩过程

28. 理想气体卡诺循环过程的两条绝热线下的面积大小（图中阴影部分）分别为S_1和S_2，则二者的大小

关系是：

A. $S_1 > S_2$

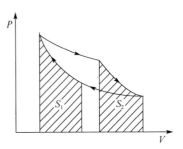

B. $S_1 = S_2$

C. $S_1 < S_2$

D. 无法确定

29. 一热机在一次循环中吸热1.68×10^2J，向冷源放热1.26×10^2J，该热机效率为：

A. 25%   B. 40%

C. 60%   D. 75%

30. 若一平面简谐波的波动方程为$y = A\cos(Bt - Cx)$，式中A、B、C为正值恒量，则：

A. 波速为C B. 周期为$\frac{1}{B}$

C. 波长为$\frac{2\pi}{C}$ D. 角频率为$\frac{2\pi}{B}$

31. 图示为一平面简谐机械波在t时刻的波形曲线，若此时A点处媒质质元的振动动能在增大，则：

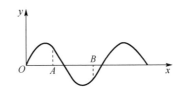

A. A点处质元的弹性势能在减小

B. 波沿x轴负方向传播

C. B点处质元振动动能在减小

D. 各点的波的能量密度都不随时间变化

32. 两个相同的喇叭接在同一播音器上，它们是相干波源，二者到P点的距离之差为$\lambda/2$（λ是声波波长），

则P点处为：

A. 波的相干加强点   B. 波的相干减弱点

C. 合振幅随时间变化的点   D. 合振幅无法确定的点

33. 一声波波源相对媒质不动，发出的声波频率是v_0。设以观察者的运动速度为波速的1/2，当观察者远离波源运动时，他接收到的声波频率是：

A. v_0 B. $2v_0$

C. $v_0/2$ D. $3v_0/2$

34. 当一束单色光通过折射率不同的两种媒质时，光的：

A. 频率不变，波长不变   B. 频率不变，波长改变

C. 频率改变，波长不变   D. 频率改变，波长改变

35. 在单缝衍射中，若单缝处的波面恰好被分成偶数个半波带，在相邻半波带上任何两个对应点所发出的光，在暗条纹处的相位差为：

A. π B. 2π

C. $\dfrac{\pi}{2}$ D. $\dfrac{3\pi}{2}$

36. 一束平行单色光垂直入射在光栅上，当光栅常数$(a+b)$为下列哪种情况时（a代表每条缝的宽度），$k=3、6、9$等级次的主极大均不出现？

A. $a+b=2a$ B. $a+b=3a$

C. $a+b=4a$ D. $a+b=6a$

37. 既能衡量元素金属性又能衡量元素非金属性强弱的物理量是：

A. 电负性   B. 电离能

C. 电子亲和能   D. 极化力

38. 下列各组物质中，两种分子之间存在的分子间力只含有色散力的是：

A. 氢气和氦气   B. 二氧化碳和二氧化硫气体

C. 氢气和溴化氢气体   D. 一氧化碳和氧气

39. 在$BaSO_4$饱和溶液中，加入Na_2SO_4，溶液中$c(Ba^{2+})$的变化是：

A. 增大   B. 减小

C. 不变   D. 不能确定

40. 已知$K^{\ominus}(NH_3 \cdot H_2O) = 1.8 \times 10^{-5}$，浓度均为0.1mol·L^{-1}的NH$_3$·H$_2$O和NH$_4$Cl混合溶液的 pH 值为：

A. 4.74　　　　　　　　　　　　　B. 9.26

C. 5.74　　　　　　　　　　　　　D. 8.26

41. 已知HCl(g)的$\Delta_f H_m^{\ominus} = -92$kJ·mol^{-1}，则反应H$_2$(g) + Cl$_2$(g) $=$ 2HCl(g)的$\Delta_r H_m^{\ominus}$是：

A. 92kJ·mol^{-1}　　　　　　　　　B. -92kJ·mol^{-1}

C. -184kJ·mol^{-1}　　　　　　　　D. 46kJ·mol^{-}

42. 反应A(s) + B(g) $\rightleftharpoons$ 2C(g)在体系中达到平衡，如果保持温度不变，升高体系的总压（减小体积），平衡向左移动，则$K^{\ominus}$的变化是：

A. 增大　　　　　　　　　　　　　B. 减小

C. 不变　　　　　　　　　　　　　D. 无法判断

43. 已知 $E^{\ominus}(Fe^{3+}/Fe^{2+}) = 0.771$V，$E^{\ominus}(Fe^{2+}/Fe) = -0.44$V，$K_{sp}^{\ominus}(Fe(OH)_3) = 2.79 \times 10^{-39}$，$K_{sp}^{\ominus}(Fe(OH)_2) = 4.87 \times 10^{-17}$，有如下原电池(−)Fe | Fe^{2+}(1.0mol·L^{-1}) ‖ Fe^{3+}(1.0mol·L^{-1})，Fe^{2+}(1.0mol·L^{-1}) | Pt(+)，如向两个半电池中均加入 NaOH，最终均使c(OH$^-$) = 1.0mol·L^{-1}，则原电池电动势变化是：

A. 变大　　　　　　　　　　　　　B. 变小

C. 不变　　　　　　　　　　　　　D. 无法判断

44. 下列各组化合物中能用溴水区别的是：

A. 1-己烯和己烷　　　　　　　　　B. 1-己烯和 1-己炔

C. 2-己烯和 1-己烯　　　　　　　　D. 己烷和苯

45. 尼泊金丁酯是国家允许使用的食品防腐剂，它是对羟基苯甲酸与醇形成的酯类化合物。尼泊金丁酯的结构简式为：

A.

$$\begin{array}{c} O \\ \parallel \\ \text{CCH}_2\text{CH}_2\text{CH}_2\text{CH}_3 \end{array}$$ （苯环，邻位带OH）

B. $CH_3CH_2CH_2CH_2O-$〔苯环〕$-\overset{\overset{\displaystyle O}{\parallel}}{C}-OH$

C. $HO-$〔苯环〕$-\overset{\overset{\displaystyle O}{\parallel}}{C}-COCH_2CH_2CH_2CH_3$

D. $H_3CH_2CH_2C\overset{\overset{\displaystyle O}{\parallel}}{C}-O-$〔苯环〕$-OH$

46. 某高分子化合物的结构为：

$$\cdots-CH_2-\underset{\underset{\displaystyle Cl}{|}}{CH}-CH_2-\underset{\underset{\displaystyle Cl}{|}}{CH}-CH_2-\underset{\underset{\displaystyle Cl}{|}}{CH}-\cdots$$

在下列叙述中，不正确的是：

A. 它为线型高分子化合物

B. 合成该高分子化合物的反应为缩聚反应

C. 链节为 $-\underset{\underset{\displaystyle H}{|}}{\overset{\overset{\displaystyle H}{|}}{C}}-\underset{\underset{\displaystyle Cl}{|}}{\overset{\overset{\displaystyle H}{|}}{C}}-$

D. 它的单体为 $CH_2\!=\!CHCl$

47. 三角形板ABC受平面力系作用如图所示。欲求未知力$\boldsymbol{F}_{NA}$、$\boldsymbol{F}_{NB}$和$\boldsymbol{F}_{NC}$，独立的平衡方程组是：

A. $\sum M_C(\boldsymbol{F})=0$，$\sum M_D(\boldsymbol{F})=0$，$\sum M_B(\boldsymbol{F})=0$

B. $\sum F_y=0$，$\sum M_A(\boldsymbol{F})=0$，$\sum M_B(\boldsymbol{F})=0$

C. $\sum F_x=0$，$\sum M_A(\boldsymbol{F})=0$，$\sum M_B(\boldsymbol{F})=0$

D. $\sum F_x=0$，$\sum M_A(\boldsymbol{F})=0$，$\sum M_C(\boldsymbol{F})=0$

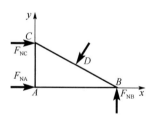

48. 图示等边三角板ABC，边长为a，沿其边缘作用大小均为F的力F_1、F_2、F_3，方向如图所示，则此力系可简化为：

A. 平衡

B. 一力和一力偶

C. 一合力偶

D. 一合力

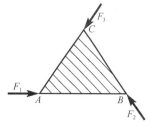

49. 三杆AB、AC及DEH用铰链连接如图所示。已知：$AD = BD = 0.5$m，E端受一力偶作用，其矩$M = 1$kN·m。则支座C的约束力为：

A. $F_C = 0$

B. $F_C = 2$kN（水平向右）

C. $F_C = 2$kN（水平向左）

D. $F_C = 1$kN（水平向右）

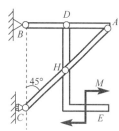

50. 图示桁架结构中，DH杆的内力大小为：

A. F

B. $-F$

C. $0.5F$

D. 0

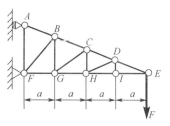

51. 某点按$x = t^3 - 12t + 2$的规律沿直线轨迹运动（其中t以 s 计，x以 m 计），则$t = 3$s时点经过的路程为：

A. 23m

B. 21m

C. -7m

D. -14m

52. 四连杆机构如图所示。已知曲柄O_1A长为r，AM长为l，角速度为ω、角加速度为ε。则固连在AB杆上的物块M的速度和法向加速度的大小为：

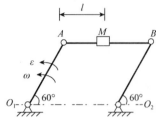

A. $v_M = l\omega$，$a_M^n = l\omega^2$

B. $v_M = l\omega$，$a_M^n = r\omega^2$

C. $v_M = r\omega$，$a_M^n = r\omega^2$

D. $v_M = r\omega$，$a_M^n = l\omega^2$

53. 直角刚杆OAB在图示瞬时角速度$\omega = 2\text{rad/s}$，角加速度$\varepsilon = 5\text{rad/s}^2$，若$OA = 40\text{cm}$，$AB = 30\text{cm}$，则$B$点的速度大小和切向加速度的大小为：

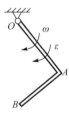

A. 100cm/s；250cm/s^2

B. 80cm/s；200cm/s^2

C. 60cm/s；150cm/s^2

D. 100cm/s；200cm/s^2

54. 设物块A为质点，其重力大小$W = 10\text{N}$，静止在一个可绕y轴转动的平面上，如图所示。绳长$l = 2\text{m}$，取重力加速度$g = 10\text{m/s}^2$。当平面与物块以常角速度2rad/s转动时，则绳中的张力是：

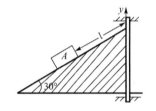

A. 11N

B. 8.66N

C. 5.00N

D. 9.51N

55. 图示均质细杆OA的质量为m，长为l，绕定轴Oz以匀角速度ω转动。设杆与Oz轴的夹角为α，则当杆运动到Oyz平面内的瞬时，细杆OA的动量大小为：

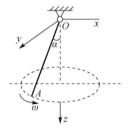

A. $\frac{1}{2}ml\omega$

B. $\frac{1}{2}ml\omega\sin\alpha$

C. $ml\omega\sin\alpha$

D. $\frac{1}{2}ml\omega\cos\alpha$

56. 均质细杆OA，质量为m，长为l。在如图所示水平位置静止释放，当运动到铅直位置时，OA杆的角速度大小为：

A. 0

B. $\sqrt{\dfrac{3g}{l}}$

C. $\sqrt{\dfrac{3g}{2l}}$

D. $\sqrt{\dfrac{g}{3l}}$

57. 质量为m，半径为R的均质圆轮，绕垂直于图面的水平轴O转动，在力偶M的作用下，其常角速度为ω，在图示瞬时，轮心C在最低位置，此时轴承O施加于轮的附加动反力为：

A. $mR\omega/2$(铅垂向上)

B. $mR\omega/2$(铅垂向下)

C. $mR\omega^2/2$(铅垂向上)

D. $mR\omega^2$(铅垂向上)

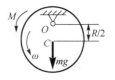

58. 如图所示系统中，四个弹簧均未受力，已知$m = 50\text{kg}$，$k_1 = 9800\text{N/m}$，$k_2 = k_3 = 4900\text{N/m}$，$k_4 = 19600\text{N/m}$。则此系统的固有圆频率为：

A. 19.8rad/s

B. 22.1rad/s

C. 14.1rad/s

D. 9.9rad/s

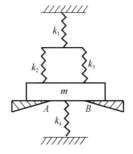

59. 关于铸铁力学性能有以下两个结论：①抗剪能力比抗拉能力差；②压缩强度比拉伸强度高。关于以上结论下列说法正确的是：

A. ①正确，②不正确

B. ②正确，①不正确

C. ①、②都正确

D. ①、②都不正确

60. 等截面直杆DCB，拉压刚度为EA，在B端轴向集中力F作用下，杆中间C截面的轴向位移为：

A. $\dfrac{2Fl}{EA}$

B. $\dfrac{Fl}{EA}$

C. $\dfrac{Fl}{2EA}$

D. $\dfrac{Fl}{4EA}$

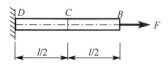

61. 图示矩形截面连杆，端部与基础通过铰链轴连接，连杆受拉力F作用，已知铰链轴的许用挤压应力为$[\sigma_{bs}]$，则轴的合理直径d是：

A. $d \geqslant \dfrac{F}{b[\sigma_{bs}]}$

B. $d \geqslant \dfrac{F}{h[\sigma_{bs}]}$

C. $d \geqslant \dfrac{F}{2b[\sigma_{bs}]}$

D. $d \geqslant \dfrac{F}{2h[\sigma_{bs}]}$

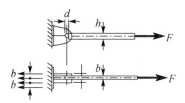

62. 图示圆轴在扭转力矩作用下发生扭转变形，该轴A、B、C三个截面相对于D截面的扭转角间满足：

A. $\varphi_{DA} = \varphi_{DB} = \varphi_{DC}$

B. $\varphi_{DA} = 0$，$\varphi_{DB} = \varphi_{DC}$

C. $\varphi_{DA} = \varphi_{DB} = 2\varphi_{DC}$

D. $\varphi_{DA} = 2\varphi_{DC}$，$\varphi_{DB} = 0$

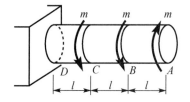

63. 边长为a的正方形，中心挖去一个直径为d的圆后，截面对z轴的抗弯截面系数是：

A. $W_z = \dfrac{a^4}{12} - \dfrac{\pi d^4}{64}$

B. $W_z = \dfrac{a^3}{6} - \dfrac{\pi d^3}{32}$

C. $W_z = \dfrac{a^3}{6} - \dfrac{\pi d^4}{32a}$

D. $W_z = \dfrac{a^3}{6} - \dfrac{\pi d^4}{16a}$

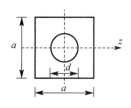

64. 如图所示，对称结构梁在反对称荷载作用下，梁中间C截面的弯曲内力是：

A. 剪力、弯矩均不为零

B. 剪力为零，弯矩不为零

C. 剪力不为零，弯矩为零

D. 剪力、弯矩均为零

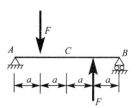

65. 悬臂梁ABC的荷载如图所示，若集中力偶m在梁上移动，则梁的内力变化情况是：

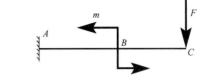

A. 剪力图、弯矩图均不变

B. 剪力图、弯矩图均改变

C. 剪力图不变，弯矩图改变

D. 剪力图改变，弯矩图不变

66. 图示梁的正确挠曲线大致形状是：

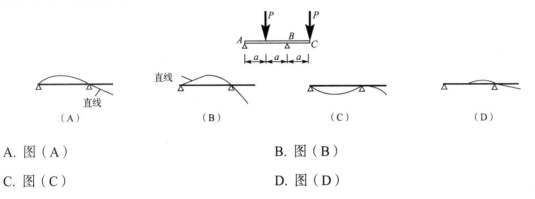

A. 图（A） 　　　　　　　　B. 图（B）

C. 图（C） 　　　　　　　　D. 图（D）

67. 等截面轴向拉伸杆件上 1、2、3 三点的单元体如图所示，以上三点应力状态的关系是：

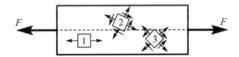

A. 仅 1、2 点相同

B. 仅 2、3 点相同

C. 各点均相同

D. 各点均不相同

68. 下面四个强度条件表达式中，对应最大拉应力强度理论的表达式是：

A. $\sigma_1 \leqslant [\sigma]$

B. $\sigma_1 - v(\sigma_2 + \sigma_3) \leqslant [\sigma]$

C. $\sigma_1 - \sigma_3 \leqslant [\sigma]$

D. $\sqrt{\dfrac{1}{2}[(\sigma_1-\sigma_2)^2 + (\sigma_2-\sigma_3)^2 + (\sigma_3-\sigma_1)^2]} \leqslant [\sigma]$

69. 图示正方形截面杆，上端一个角点作用偏心轴向压力 F，该杆的最大压应力是：

A. 100MPa

B. 150MPa

C. 175MPa

D. 25MPa

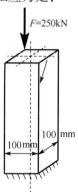

70. 图示四根细长压杆的抗弯刚度 EI 相同，临界荷载最大的是：

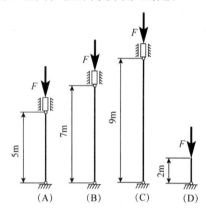

A. 图（A）

B. 图（B）

C. 图（C）

D. 图（D）

71. 用一块平板挡水，其挡水面积为 A，形心斜向淹深为 h，平板的水平倾角为 θ，该平板受到的静水压力为：

A. $\rho g h A \sin \theta$

B. $\rho g h A \cos \theta$

C. $\rho g h A \tan \theta$

D. $\rho g h A$

72. 流体的黏性与下列哪个因素无关？

A. 分子之间的内聚力

B. 分子之间的动量交换

C. 温度

D. 速度梯度

73. 二维不可压缩流场的速度(单位m/s)为：$v_x = 5x^3$，$v_y = -15x^2y$，试求点$x = 1m$，$y = 2m$上的速度：

    A. $v = 30.41m/s$，夹角$\tan\theta = 6$

    B. $v = 25m/s$，夹角$\tan\theta = 2$

    C. $v = 30.41m/s$，夹角$\tan\theta = -6$

    D. $v = -25m/s$，夹角$\tan\theta = -2$

74. 圆管有压流动中，判断层流与湍流状态的临界雷诺数为：

    A. 2000~2320   B. 300~400

    C. 1200~1300   D. 50000~51000

75. A、B为并联管路1、2、3的两连接节点，则A、B两点之间的水头损失为：

    Λ. $h_{fAB} = h_{f1} + h_{f2} + h_{f3}$

    B. $h_{fAB} = h_{f1} + h_{f2}$

    C. $h_{fAB} = h_{f2} + h_{f3}$

    D. $h_{fAB} = h_{f1} = h_{f2} = h_{f3}$

76. 可能产生明渠均匀流的渠道是：

    A. 平坡棱柱形渠道

    B. 正坡棱柱形渠道

    C. 正坡非棱柱形渠道

    D. 逆坡棱柱形渠道

77. 工程上常见的地下水运动属于：

    A. 有压渐变渗流   B. 无压渐变渗流

    C. 有压急变渗流   D. 无压急变渗流

78. 新设计汽车的迎风面积为$1.5m^2$，最大行驶速度为108km/h，拟在风洞中进行模型试验。已知风洞试验段的最大风速为45m/s，则模型的迎风面积为：

    A. $0.67m^2$ B. $2.25m^2$

    C. $3.6m^2$ D. $1m^2$

79. 运动的电荷在穿越磁场时会受到力的作用，这种力称为：

    A. 库仑力   B. 洛伦兹力

    C. 电场力   D. 安培力

80. 图示电路中，电压 U_{ab} 为：

    A. 5V

    B. −4V

    C. 3V

    D. −3V

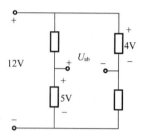

81. 图示电路中，电压源单独作用时，电压 $U = U' = 20V$；则电流源单独作用时，电压 $U = U''$ 为：

    A. $2R_1$

    B. $-2R_1$

    C. $0.4R_1$

    D. $-0.4R_1$

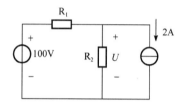

82. 图示电路中，若 $\omega L = \dfrac{1}{\omega C} = R$，则：

    A. $Z_1 = 3R$，$Z_2 = \dfrac{1}{3}R$

    B. $Z_1 = R$，$Z_2 = 3R$

    C. $Z_1 = 3R$，$Z_2 = R$

    D. $Z_1 = Z_2 = R$

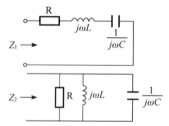

83. 某RL串联电路在 $u = U_m \sin \omega t$ 的激励下，等效复阻抗 $Z = 100 + j100\,\Omega$，那么，如果 $u = U_m \sin 2\omega t$，电路的功率因数 λ 为：

    A. 0.707   B. −0.707

    C. 0.894   D. 0.447

84. 图示电路中，电感及电容元件上没有初始储能，开关 S 在 $t = 0$ 时刻闭合，那么，在开关闭合后瞬间，电路中的电流 i_R、i_L、i_C 分别为：

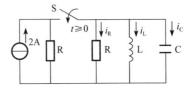

    A. 1A, 1A, 0A

    B. 0A, 2A, 0A

    C. 0A, 0A, 2A

    D. 2A, 0A, 0A

85. 设图示变压器为理想器件，且 u 为正弦电压，$R_{L1} = R_{L2}$，u_1 和 u_2 的有效值为 U_1 和 U_2，开关 S 闭合后，电路中的：

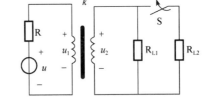

    A. U_1 不变，U_2 也不变

    B. U_1 变小，U_2 也变小

    C. U_1 变小，U_2 不变

    D. U_1 不变，U_2 变小

86. 改变三相异步电动机旋转方向的方法是：

    A. 改变三相电源的大小

    B. 改变三相异步电动机的定子绕组上电流的相序

    C. 对三相异步电动机的定子绕组接法进行 Y-△转换

    D. 改变三相异步电动机转子绕组上电流的方向

87. 就数字信号而言，下列说法正确的是：

    A. 数字信号是一种离散时间信号

    B. 数字信号只能以用来表示数字

    C. 数字信号是一种代码信号

    D. 数字信号直接表示对象的原始信息

88. 模拟信号$u_1(t)$和$u_2(t)$的幅值频谱分别如图(a)和图(b)所示，则：

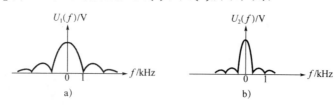

a)

b)

A. $u_1(t)$和$u_2(t)$都是非周期性时间信号

B. $u_1(t)$和$u_2(t)$都是周期性时间信号

C. $u_1(t)$是周期性时间信号，$u_2(t)$是非周期性时间信号

D. $u_1(t)$是非周期性时间信号，$u_2(t)$是周期性时间信号

89. 某周期信号$u(t)$的幅频特性如图(a)所示，某低通滤波器的幅频特性如图(b)所示，当将信号$u(t)$通过该低通滤波器处理以后，则：

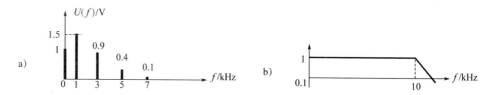

a)

b)

A. 信号的谐波结构改变，波形改变

B. 信号的谐波结构改变，波形不变

C. 信号的谐波结构不变，波形不变

D. 信号的谐波结构不变，波形改变

90. 对逻辑表达式$ABC + \overline{A}D + \overline{B}D + \overline{C}D$的化简结果是：

A. D

B. $\overline{D}$

C. ABCD

D. ABC + D

91. 已知数字信号 A 和数字信号 B 的波形如图所示，则数字信号$F = \overline{A}B + A\overline{B}$的波形为：

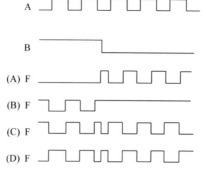

A. 图(A)

B. 图(B)

C. 图(C)

D. 图(D)

92. 逻辑函数F = f(A,B,C)的真值表如下所示，由此可知：

A	B	C	F
0	0	0	0
0	0	1	0
0	1	0	0
0	1	1	0
1	0	0	1
1	0	1	1
1	1	0	0
1	1	1	1

A. $F = A\overline{B}\overline{C} + AB\overline{C}$

B. $F = \overline{A}BC + \overline{A}B\overline{C}$

C. $F = \overline{A}\overline{B}\overline{C} + \overline{A}BC$

D. $F = A\overline{B}\overline{C} + ABC$

93. 二极管应用电路如图a）所示，电路的激励u_i如图b）所示，设二极管为理想器件，则电路的输出电压u_o的平均值U_o为：

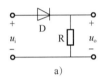 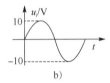

A. 0V

B. 7.07V

C. 3.18V

D. 4.5V

94. 图示电路中，运算放大器输出电压的极限值为$\pm U_{oM}$，当输入电压$u_{i1} = 1V$，$u_{i2} = U_m \sin \omega t$时，输出电压$u_o$的波形为：

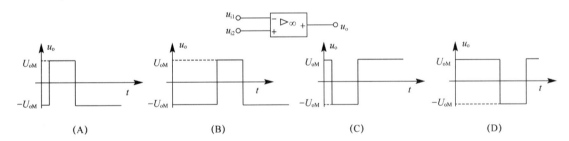

A. 图(A)

B. 图(B)

C. 图(C)

D. 图(D)

95. 图示逻辑门的输出F_1和F_2分别为：

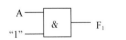 

A. A和1

B. 1和$\overline{B}$

C. A和0

D. 1和B

96. 图示时序逻辑电路是一个：

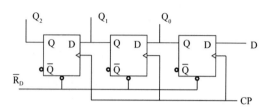

A. 三位二进制同步计数器　　　　　B. 三位循环移位寄存器

C. 三位左移寄存器　　　　　　　　D. 三位右移寄存器

97. 按照目前的计算机的分类方法，现在使用的 PC 机是属于：

A. 专用、中小型计算机　　　　　　B. 大型计算机

C. 微型、通用计算机　　　　　　　D. 单片机计算机

98. 目前，微机系统内主要的、常用的外存储器是：

A. 硬盘存储器　　　　　　　　　　B. 软盘存储器

C. 输入用的键盘　　　　　　　　　D. 输出用的显示器

99. 根据软件的功能和特点，计算机软件一般可分为两大类，它们应该是：

A. 系统软件和非系统软件

B. 应用软件和非应用软件

C. 系统软件和应用软件

D. 系统软件和管理软件

100. 支撑软件是指支撑其他软件的软件，它包括：

A. 服务程序和诊断程序

B. 接口软件、工具软件、数据库

C. 服务程序和编辑程序

D. 诊断程序和编辑程序

101. 下面所列的四条中，不属于信息主要特征的一条是：

A. 信息的战略地位性、信息的不可表示性

B. 信息的可识别性、信息的可变性

C. 信息的可流动性、信息的可处理性

D. 信息的可再生性、信息的有效性和无效性

102. 从多媒体的角度上来看，图像分辨率：

A. 是指显示器屏幕上的最大显示区域

B. 是计算机多媒体系统的参数

C. 是指显示卡支持的最大分辨率

D. 是图像水平和垂直方向像素点的乘积

103. 以下关于计算机病毒的四条描述中，不正确的一条是：

A. 计算机病毒是人为编制的程序

B. 计算机病毒只有通过磁盘传播

C. 计算机病毒通过修改程序嵌入自身代码进行传播

D. 计算机病毒只要满足某种条件就能起破坏作用

104. 操作系统的存储管理功能不包括：

A. 分段存储管理

B. 分页存储管理

C. 虚拟存储管理

D. 分时存储管理

105. 网络协议主要组成的三要素是：

A. 资源共享、数据通信和增强系统处理功能

B. 硬件共享、软件共享和提高可靠性

C. 语法、语义和同步（定时）

D. 电路交换、报文交换和分组交换

106. 若按照数据交换方法的不同，可将网络分为：

A. 广播式网络、点到点式网络

B. 双绞线网、同轴电缆网、光纤网、无线网

C. 基带网和宽带网

D. 电路交换、报文交换、分组交换

107. 某企业向银行贷款 1000 万元,年复利率为 8%,期限为 5 年,每年末等额偿还贷款本金和利息。则每年应偿还:

[已知($P/A,8\%,5$)=3.9927]

A. 220.63 万元　　　　　　　　　　B. 250.46 万元

C. 289.64 万元　　　　　　　　　　D. 296.87 万元

108. 在项目评价中,建设期利息应列入总投资,并形成:

A. 固定资产原值　　　　　　　　　B. 流动资产

C. 无形资产　　　　　　　　　　　D. 长期待摊费用

109. 作为一种融资方式,优先股具有某些优先权利,包括:

A. 先于普通股行使表决权

B. 企业清算时,享有先于债权人的剩余财产的优先分配权

C. 享受先于债权人的分红权利

D. 先于普通股分配股利

110. 某建设项目各年的利息备付率均小于 1,其含义为:

A. 该项目利息偿付的保障程度高

B. 当年资金来源不足以偿付当期债务,需要通过短期借款偿付已到期债务

C. 可用于还本付息的资金保障程度较高

D. 表示付息能力保障程度不足

111. 某建设项目第一年年初投资 1000 万元,此后从第一年年末开始,每年年末将有 200 万元的净收益,方案的运营期为 10 年。寿命期结束时的净残值为零,基准收益率为 12%,则该项目的净年值约为:

[已知($P/A,12\%,10$)=5.6502]

A. 12.34 万元　　　　　　　　　　B. 23.02 万元

C. 36.04 万元　　　　　　　　　　D. 64.60 万元

112. 进行线性盈亏平衡分析有若干假设条件,其中包括:

A. 只生产单一产品

B. 单位可变成本随生产量的增加而成比例降低

C. 单价随销售量的增加而成比例降低

D. 销售收入是销售量的线性函数

113. 有甲、乙两个独立的投资项目，有关数据见表（项目结束时均无残值）。基准折现率为10%。以下关于项目可行性的说法中正确的是：

[已知（$P/A,10\%,10$）=6.1446]

项目	投资（万元）	每年净收益（万元）	寿命期（年）
甲	300	52	10
乙	200	30	10

A. 应只选择甲项目　　　　　　　　　　B. 应只选择乙项目

C. 甲项目与乙项目均可行　　　　　　　D. 甲、乙项目均不可行

114. 在价值工程的一般工作程序中，分析阶段要做的工作包括：

A. 制订工作计划　　　　　　　　　　　B. 功能评价

C. 方案创新　　　　　　　　　　　　　D. 方案评价

115. 依据《中华人民共和国建筑法》，依法取得相应执业资格证书的专业技术人员，其从事建筑活动的合法范围是：

A. 执业资格证书许可的范围内

B. 企业营业执照许可的范围内

C. 建筑工程合同的范围内

D. 企业资质证书许可的范围内

116. 根据《中华人民共和国安全生产法》的规定，下列有关重大危险源管理的说法正确的是：

A. 生产经营单位对重大危险源应当登记建档，并制定应急预案

B. 生产经营单位对重大危险源应当经常性检测评估处置

C. 安全生产监督管理部门应当针对该企业的具体情况制定应急预案

D. 生产经营单位应当提醒从业人员和相关人员注意安全

117. 根据《中华人民共和国招标投标法》的规定，依法必须进行招标的项目，招标公告应当载明的事项不包括：

A. 招标人的名称和地址　　　　　　　　B. 招标项目的性质

C. 招标项目的实施地点和时间　　　　　D. 投标报价要求

118. 某水泥有限责任公司，向若干建筑施工单位发出邀约，以每吨 400 元的价格销售水泥，一周内承诺有效，其后收到若干建筑施工单位的回复，下列回复中属于承诺有效的是：

A.甲施工单位同意 400 元/吨购买 200 吨

B.乙施工单位回复不购买该公司的水泥

C.丙施工单位要求按照 380 元/吨购买 200 吨

D.丁施工单位一周后同意 400 元/吨购买 100 吨

119. 根据《中华人民共和国节约能源法》的规定，节约能源所采取的措施正确的是：

A.可以采取技术上可行、经济上合理以及环境和社会可以承受的措施

B.采取技术上先进、经济上保证以及环境和安全可以承受的措施

C.采取技术上可行、经济上合理以及人身和健康可以承受的措施

D.采取技术上先进、经济上合理以及功能和环境可以保证的措施

120. 工程施工单位完成了楼板钢筋绑扎工作，在浇筑混凝土前，需要进行隐蔽质量验收。根据《建筑工程质量管理条例》规定，施工单位在进行工程隐蔽前应当通知的单位是：

A.建设单位和监理单位

B.建设单位和建设工程质量监督机构

C.监理单位和设计单位

D.设计单位和建设工程质量监督机构

2021年度全国勘察设计注册工程师执业资格考试基础考试（上）

试题解析及参考答案

1. 解 本题考查指数函数的极限 $\lim\limits_{x \to +\infty} e^x = +\infty$，$\lim\limits_{x \to -\infty} e^x = 0$，需熟悉函数 $y = e^x$ 的图像（见解图）。

因为 $\lim\limits_{x \to 0^-} \dfrac{1}{x} = -\infty$，故 $\lim\limits_{x \to 0^-} e^{\frac{1}{x}} = 0$，所以选项 B 正确。

而 $\lim\limits_{x \to 0^+} \dfrac{1}{x} = +\infty$，则 $\lim\limits_{x \to 0^+} e^{\frac{1}{x}} = +\infty$，可知选项 A、C、D 错误。

答案：B

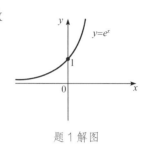

题 1 解图

2. 解 本题考查等价无穷小和同阶无穷小的概念及常用的等阶无穷小的计算。

当 $x \to 0$ 时，$1 - \cos 2x \sim \dfrac{1}{2}(2x)^2 = 2x^2$，所以 $\lim\limits_{x \to 0} \dfrac{1 - \cos 2x}{x^2} = 2$，选项 A 正确。

当 $x \to 0$ 时，$\sin x \sim x$，$\lim\limits_{x \to 0} \dfrac{x^2 \sin x}{x^3} = 1$，所以当 $x \to 0$ 时，$x^2 \sin x$ 与 x^3 为同阶无穷小，选项 B 错误。

当 $x \to 0$ 时，$\sqrt{1+x} - 1 \sim \dfrac{1}{2}x$，$\lim\limits_{x \to 0} \dfrac{\sqrt{1+x}-1}{x} = \dfrac{1}{2}$，所以当 $x \to 0$ 时，$\sqrt{1+x} - 1$ 与 x 为同阶无穷小，选项 C 错误。

当 $x \to 0$ 时，$1 - \cos x^2 \sim \dfrac{1}{2}x^4$，所以当 $x \to 0$ 时，$1 - \cos x^2$ 与 x^4 为同阶无穷小，选项 D 错误。

答案：A

3. 解 本题考查导数的定义及一元函数可导与连续的关系。

由题意 $f(0) = 0$，且 $\lim\limits_{x \to 0} \dfrac{f(x)}{x} = 1$，得 $\lim\limits_{x \to 0} \dfrac{f(x)}{x} = \lim\limits_{x \to 0} \dfrac{f(x)-f(0)}{x-0} = f'(0) = 1$，知选项 C 正确，选项 B、D 错误。而由可导必连续，知选项 A 错误。

答案：C

4. 解 本题考查通过变量代换求函数表达式以及求导公式。

先进行倒代换，设 $t = \dfrac{1}{x}$，则 $x = \dfrac{1}{t}$，代入得 $f(t) = \dfrac{\frac{1}{t}}{1+\frac{1}{t}} = \dfrac{1}{t+1}$

即 $f(x) = \dfrac{1}{1+x}$，则 $f'(x) = -\dfrac{1}{(1+x)^2}$

答案：C

5. 解 本题考查连续函数零点定理及导数的应用。

设 $f(x) = x^3 + x - 1$，则 $f'(x) = 3x^2 + 1 > 0$，$x \in (-\infty, +\infty)$，知 $f(x)$ 单调递增。

又采用特殊值法，有 $f(0) = -1 < 0$，$f(1) = 1 > 0$，$f(x)$ 连续，根据零点定理，知 $f(x)$ 在 $(0,1)$ 上存在零点，且由单调性，知 $f(x)$ 在 $x \in (-\infty, +\infty)$ 内仅有唯一零点，即方程 $x^3 + x - 1 = 0$ 只有一个实根。

答案：B

6. 解 本题考查极值的概念和极值存在的必要条件。

函数 $f(x)$ 在点 $x = x_0$ 处可导，则 $f'(x_0) = 0$ 是 $f(x)$ 在 $x = x_0$ 取得极值的必要条件。同时，导数不存

在的点也可能是极值点，例如$y = |x|$在$x = 0$点取得极小值，但$f'(0)$不存在，见解图。即可导函数的极值点一定是驻点，反之不然。极值点只能是驻点或不可导点。

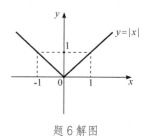

题6解图

答案：C

7. 解 本题考查不定积分和微分的基本性质。

由微分的基本运算$dg(x) = g'(x)dx$，得：$\int f(x)dx = \int dg(x) = \int g'(x)dx$

等式两端对x求导，得：$f(x) = g'(x)$

答案：B

8. 解 本题考查定积分的基本运算及奇偶函数在对称区间积分的性质。

$\int_{-1}^{1}(x^3 + |x|)e^{x^2}dx = \int_{-1}^{1}x^3e^{x^2}dx + \int_{-1}^{1}|x|e^{x^2}dx$，由于$x^3$是奇函数，$e^{x^2}$是偶函数，故$x^3e^{x^2}$是奇函数，奇函数在对称区间的定积分为0，有$\int_{-1}^{1}x^3e^{x^2}dx = 0$，故有$\int_{-1}^{1}(x^3 + |x|)e^{x^2}dx = \int_{-1}^{1}|x|e^{x^2}dx$。

由于$|x|$是偶函数，e^{x^2}是偶函数，故$|x|e^{x^2}$是偶函数，偶函数在对称区间的定积分为2倍半区间积分，有$\int_{-1}^{1}|x|e^{x^2}dx = 2\int_{0}^{1}|x|e^{x^2}dx$。

$x \geqslant 0$，去掉绝对值符号，有

$$2\int_{0}^{1}xe^{x^2}dx = \int_{0}^{1}e^{x^2}dx^2 = e^{x^2}\Big|_{0}^{1} = e - 1$$

答案：C

9. 解 本题考查曲面交线的求法，空间曲线可看作两个空间曲面的交线。

两曲面交线为$\begin{cases}x^2 + y^2 + z^2 = a^2 \\ x^2 + y^2 = 2az\end{cases}$，两式相减，整理可得$z^2 + 2az - a^2 = 0$，解得$z = (\sqrt{2} - 1)a$，$z = -(\sqrt{2} + 1)a$（舍去），由此可知，两曲面的交线位于$z = (\sqrt{2} - 1)a$这个平行于$xoy$面的平面上，再将$z = (\sqrt{2} - 1)a$代入两个曲面方程中的任意一个，可得两曲面交线$\begin{cases}x^2 + y^2 = 2(\sqrt{2} - 1)a^2 \\ z = (\sqrt{2} - 1)a\end{cases}$，由此可知选项C正确。

答案：C

10. 解 本题考查空间直线与平面之间的关系。

平面$F(x, y, z) = x + 3y + 2z + 1 = 0$的法向量为$\vec{n}_1 = (F'_x, F'_y, F'_z) = (1, 3, 2)$；

同理，平面$G(x, y, z) = 2x - y - 10z + 3 = 0$的法向量为$\vec{n}_2 = (G'_x, G'_y, G'_z) = (2, -1, -10)$。

故由直线L的方向向量$\vec{s} = \vec{n}_1 \times \vec{n}_2 = \begin{vmatrix} \vec{i} & \vec{j} & \vec{k} \\ 1 & 3 & 2 \\ 2 & -1 & -10 \end{vmatrix} = -28\vec{i} + 14\vec{j} - 7\vec{k}$，平面$\pi$的法向量$\vec{n}_3 = (4, -2, 1)$，可知$\vec{s} = -7\vec{n}_3$，即直线$L$的方向向量与平面$\pi$的法向量平行，亦即垂直于$\pi$。

答案：B

11. 解 本题考查积分上限函数的导数及一阶微分方程的求解。

对方程$f(x) = \int_0^x f(t)\mathrm{d}t$两边求导，得$f'(x) = f(x)$，这是一个变量可分离的一阶微分方程，可写成$\frac{\mathrm{d}f(x)}{f(x)} = \mathrm{d}x$，两边积分$\int \frac{\mathrm{d}f(x)}{f(x)} = \int \mathrm{d}x$，可得$\ln|f(x)| = x + C_1 \Rightarrow f(x) = Ce^x$，这里$C = \pm e^{C_1}$。代入初始条件$f(0) = 0$，得$C = 0$。所以$f(x) = 0$。

注：本题可以直接观察$f(0) = \int_0^0 f(t)\mathrm{d}t = 0$，只有选项 C 满足。

答案：C

12. 解 本题考查二阶常系数线性非齐次微分方程的特解。

方法 1： 将四个函数代入微分方程直接验证，可得选项 D 正确。

方法 2： 二阶常系数非齐次微分方程所对应的齐次方程的特征方程为$r^2 - r - 2 = 0$，特征根$r_1 = -1$，$r_2 = 2$，由右端项$f(x) = 6e^x$，可知$\lambda = 1$不是对应齐次方程的特征根，所以非齐次方程的特解形式为$y = Ae^x$，A为待定常数。

代入微分方程，得$y'' - y' - 2y = (Ae^x)'' - (Ae^x)' - 2Ae^x = -2Ae^x = 6e^x$，有$A = -3$，所以$y = -3e^x$是微分方程的特解。

答案：D

13. 解 本题考查多元函数在分段点的偏导数计算。

由偏导数的定义知：

$$f_x'(0,1) = \lim_{\Delta x \to 0} \frac{f(0 + \Delta x, 1) - f(0,1)}{\Delta x} = \lim_{\Delta x \to 0} \frac{\frac{1}{\Delta x}\sin(\Delta x)^2 - 0}{\Delta x} = \lim_{\Delta x \to 0} \frac{\sin(\Delta x)^2}{(\Delta x)^2} = 1$$

答案：B

14. 解 本题考查直角坐标系下的二重积分化为极坐标系下的二次积分的方法。

直角坐标与极坐标的关系：$\begin{cases} x = r\cos\theta \\ y = r\sin\theta \end{cases}$，由$x^2 + y^2 \leqslant 1$，得$0 \leqslant r \leqslant 1$，且由$x \geqslant 0$，可得$-\frac{\pi}{2} \leqslant \theta \leqslant \frac{\pi}{2}$，故极坐标系下的积分区域$D$：$\begin{cases} -\frac{\pi}{2} \leqslant \theta \leqslant \frac{\pi}{2} \\ 0 \leqslant r \leqslant 1 \end{cases}$，如解图所示。

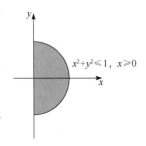

题 14 解图

极坐标系的面积元素$\mathrm{d}x\mathrm{d}y = r\mathrm{d}r\mathrm{d}\theta$，则：

$$\iint\limits_D f\left(\sqrt{x^2 + y^2}\right)\mathrm{d}x\mathrm{d}y = \int_{-\frac{\pi}{2}}^{\frac{\pi}{2}} \mathrm{d}\theta \int_0^1 f(r)r\mathrm{d}r = \pi \int_0^1 rf(r)\,\mathrm{d}r$$

答案：B

15. 解 本题考查第二类曲线积分的计算。应注意，同时采用不同参数方程计算，化为定积分的形式不同，尤其应注意积分的上下限。

方法 1： 按照对坐标的曲线积分计算，把圆L：$x^2 + y^2 = -2x$化为参数方程。

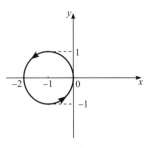

题 15 解图

由 $x^2 + y^2 = -2x$, 得 $(x+1)^2 + y^2 = 1$, 如解图所示。

令 $x + 1 = \cos\theta$, $y = \sin\theta$, 有:

$$dx = d\cos\theta = -\sin\theta d\theta$$
$$dy = d\sin\theta = \cos\theta d\theta$$

θ 从 0 取到 2π, 则:

$$\int_L (x-y)dx + (x+y)dy = \int_0^{2\pi} (-1+\cos\theta-\sin\theta)(-\sin\theta) + (-1+\cos\theta+\sin\theta)\cos\theta\, d\theta$$
$$= \int_0^{2\pi} (\sin\theta - \cos\theta + 1)d\theta = 2\pi$$

方法 2: 圆 L: $x^2 + y^2 = -2x$, 化为极坐标系下的方程为 $r = -2\cos\theta$, 由直角坐标和极坐标的关系, 可得圆的参数方程为 $\begin{cases} x = -2\cos^2\theta \\ y = -2\cos\theta\sin\theta \end{cases}$ $\left(\theta \text{ 从 } \frac{\pi}{2} \text{ 取到 } \frac{3\pi}{2}\right)$, 所以:

$$\int_L (x-y)dx + (x+y)dy$$
$$= \int_{\frac{\pi}{2}}^{\frac{3\pi}{2}} [(-2\cos^2\theta + 2\cos\theta\sin\theta)(4\cos\theta\sin\theta) + (-2\cos^2\theta - 2\cos\theta\sin\theta)(-2\cos^2\theta + 2\sin^2\theta)]d\theta$$
$$= \int_{\frac{\pi}{2}}^{\frac{3\pi}{2}} (-4\cos^3\theta\sin\theta + 4\cos^2\theta\sin^2\theta + 4\cos^4\theta - 4\cos\theta\sin^3\theta)d\theta$$
$$= \int_{\frac{\pi}{2}}^{\frac{3\pi}{2}} (4\cos^2\theta - 4\cos\theta\sin\theta)d\theta = \int_{\frac{\pi}{2}}^{\frac{3\pi}{2}} 2(1 + \cos 2\theta - \sin 2\theta)d\theta$$
$$= 2\pi + \sin 2\theta \Big|_{\frac{\pi}{2}}^{\frac{3\pi}{2}} + \cos 2\theta \Big|_{\frac{\pi}{2}}^{\frac{3\pi}{2}} = 2\pi$$

方法 3: (不在大纲考试范围内) 利用格林公式:

$$\int_L (x-y)dx + (x+y)dy = \iint_D 2\, dxdy = 2\pi$$

这里 D 是 L 所围成的圆的内部区域: $x^2 + y^2 \leqslant -2x$。

答案: D

16. 解 本题考查多元函数偏导数计算。

$$\frac{\partial z}{\partial x} = yx^{y-1}, \quad \frac{\partial^2 z}{\partial x\partial y} = x^{y-1} + yx^{y-1}\ln x = x^{y-1}(1 + y\ln x)$$

答案: C

17. 解 本题考查级数收敛的必要条件, 等比级数和 p 级数的敛散性以及交错级数敛散性的判断。

选项 A, 级数是公比 $q = \frac{8}{7} > 1$ 的等比级数, 故该级数发散。

选项 B, $\lim\limits_{n\to\infty} n\sin\frac{1}{n} = \lim\limits_{n\to\infty} \frac{\sin\frac{1}{n}}{\frac{1}{n}} = 1 \neq 0$, 由级数收敛的必要条件知, 该级数发散。

选项 C, 级数是 p 级数, $p = \frac{1}{2} < 1$, p 级数的性质为: $p > 1$ 时级数收敛, $p \leqslant 1$ 时级数发散, 本选项的 $p = \frac{1}{2} < 1$, 故该级数发散。

选项 D，交错级数 $\sum\limits_{n=1}^{\infty} (-1)^{n-1} \frac{1}{\sqrt{n}}$，满足条件：① $\lim\limits_{n\to\infty} u_n = \lim\limits_{n\to\infty} \frac{1}{\sqrt{n}} = 0$，② $u_n = \frac{1}{\sqrt{n}} > u_{n+1} = \frac{1}{\sqrt{n+1}}$，由莱布尼兹定理知，该级数收敛。

注：交错级数的莱布尼兹判别法为历年考查的重点，应熟练掌握它的判断依据。

答案：D

18. 解 本题考查无穷级数求和。

方法 1： 考虑级数 $\sum\limits_{n=1}^{\infty} nx^{n-1}$，收敛区间 $(-1,1)$，则

$$S(x) = \sum_{n=1}^{\infty} nx^{n-1} = \sum_{n=1}^{\infty} (x^n)' = \left(\sum_{n=1}^{\infty} x^n\right)' = \left(\frac{x}{1-x}\right)' = \frac{1}{(1-x)^2}$$

故 $\sum\limits_{n=1}^{\infty} n\left(\frac{1}{2}\right)^{n-1} = S\left(\frac{1}{2}\right) = 4$

方法 2： 设级数的前 n 项部分为

$$S_n = 1 + 2 \times \frac{1}{2} + 3 \times \frac{1}{2^2} + 4 \times \frac{1}{2^3} + \cdots + (n-1) \times \frac{1}{2^{n-2}} + n \times \frac{1}{2^{n-1}} \qquad ①$$

则

$$\frac{1}{2}S_n = \frac{1}{2} + 2 \times \frac{1}{2^2} + 3 \times \frac{1}{2^3} + \cdots + (n-1) \times \frac{1}{2^{n-1}} + n \times \frac{1}{2^n} \qquad ②$$

式①−式②，得：

$$\frac{1}{2}S_n = 1 + \frac{1}{2} + \frac{1}{2^2} + \frac{1}{2^3} + \cdots \frac{1}{2^{n-1}} - n\frac{1}{2^n} = \frac{1 \times \left[1 - \left(\frac{1}{2}\right)^n\right]}{1 - \frac{1}{2}} - n\frac{1}{2^n} \xrightarrow{n\to\infty时，有\left(\frac{1}{2}\right)^n \to 0,\ n\frac{1}{2^n} \to 0} 2$$

解得：$S = \lim\limits_{n\to\infty} S_n = 4$

注：方法 2 主要利用了等比数列求和公式：$S_n = a_1 + a_1 q + a_1 q^2 + \cdots + a_1 q^{n-1} = \frac{a_1(1-q^n)}{1-q}$ 以及基本的极限结果：$\lim\limits_{n\to\infty} n\frac{1}{2^n} = 0$。本题还可以列举有限项的求和来估算，例如 $S_4 = 1 + 2 \times \frac{1}{2} + 3 \times \frac{1}{2^2} + 4 \times \frac{1}{2^3} = 3.25 > 3$，$\{S_n\}$ 单调递增，所以 $S > 3$，故选项 A、B、C 均错误，只有选项 D 正确。

答案：D

19. 解 本题考查矩阵的基本变换与计算。

方法 1： $A - 2I = \begin{bmatrix} -1 & 0 & 0 \\ 0 & -3 & -1 \\ 0 & 0 & -1 \end{bmatrix}$

$$(A - 2I \mid I) = \begin{bmatrix} -1 & 0 & 0 & | & 1 & 0 & 0 \\ 0 & -3 & -1 & | & 0 & 1 & 0 \\ 0 & 0 & -1 & | & 0 & 0 & 1 \end{bmatrix} \xrightarrow{-r_1} \begin{bmatrix} 1 & 0 & 0 & | & -1 & 0 & 0 \\ 0 & -3 & -1 & | & 0 & 1 & 0 \\ 0 & 0 & -1 & | & 0 & 0 & 1 \end{bmatrix}$$

$$\xrightarrow{(-1)r_3 + r_2} \begin{bmatrix} 1 & 0 & 0 & | & -1 & 0 & 0 \\ 0 & -3 & 0 & | & 0 & 1 & -1 \\ 0 & 0 & -1 & | & 0 & 0 & 1 \end{bmatrix} \xrightarrow{-\frac{1}{3}r_2} \begin{bmatrix} 1 & 0 & 0 & | & -1 & 0 & 0 \\ 0 & 1 & 0 & | & 0 & -\frac{1}{3} & \frac{1}{3} \\ 0 & 0 & -1 & | & 0 & 0 & 1 \end{bmatrix}$$

$$\xrightarrow{-r_3} \begin{bmatrix} 1 & 0 & 0 & | & -1 & 0 & 0 \\ 0 & 1 & 0 & | & 0 & -\frac{1}{3} & \frac{1}{3} \\ 0 & 0 & 1 & | & 0 & 0 & -1 \end{bmatrix},\ 可得 (A-2I)^{-1} = \begin{bmatrix} -1 & 0 & 0 \\ 0 & -\frac{1}{3} & \frac{1}{3} \\ 0 & 0 & -1 \end{bmatrix}$$

$$A^2 - 4I = \begin{bmatrix} 1 & 0 & 0 \\ 0 & -1 & -1 \\ 0 & 0 & 1 \end{bmatrix} \cdot \begin{bmatrix} 1 & 0 & 0 \\ 0 & -1 & -1 \\ 0 & 0 & 1 \end{bmatrix} - \begin{bmatrix} 4 & 0 & 0 \\ 0 & 4 & 0 \\ 0 & 0 & 4 \end{bmatrix} = \begin{bmatrix} -3 & 0 & 0 \\ 0 & -3 & 0 \\ 0 & 0 & -3 \end{bmatrix}$$

$$(A-2I)^{-1}(A^2-4I)=\begin{bmatrix}-1&0&0\\0&-\frac{1}{3}&\frac{1}{3}\\0&0&-1\end{bmatrix}\begin{bmatrix}-3&0&0\\0&-3&0\\0&0&-3\end{bmatrix}=\begin{bmatrix}3&0&0\\0&1&-1\\0&0&3\end{bmatrix}$$

方法 2：本题按方法 1 直接计算逆矩阵会很麻烦，可考虑进行变换化简，有：

$$(A-2I)^{-1}(A^2-4I)=(A-2I)^{-1}(A-2I)(A+2I)=A+2I=\begin{bmatrix}3&0&0\\0&1&-1\\0&0&3\end{bmatrix}$$

答案： A

20. 解 本题考查特征值和特征向量的基本概念与性质。

求矩阵 A 的特征值

$$|A-\lambda I|=\begin{vmatrix}-\lambda&0&1\\x&1-\lambda&y\\1&0&-\lambda\end{vmatrix}=-\lambda\begin{vmatrix}1-\lambda&y\\0&-\lambda\end{vmatrix}-0+1\begin{vmatrix}x&1-\lambda\\1&0\end{vmatrix}$$

$$=\lambda^2(1-\lambda)-(1-\lambda)=-(1+\lambda)(1-\lambda)^2=0$$

解得：$\lambda_1=\lambda_2=1$，$\lambda_3=-1$。

因为属于不同特征值的特征向量必定线性无关，故只需讨论 $\lambda_1=\lambda_2=1$ 时的特征向量，有：

$$A-I=\begin{bmatrix}-1&0&1\\x&0&y\\1&0&-1\end{bmatrix}\xrightarrow{r_1+r_3}\begin{bmatrix}1&0&-1\\x&0&y\\0&0&0\end{bmatrix}\xrightarrow{-xr_1+r_2}\begin{bmatrix}1&0&-1\\0&0&x+y\\0&0&0\end{bmatrix}$$ 的秩为 1，可得 $x+y=0$。

答案： A

21. 解 本题考查基础解系的基本性质。

$Ax=0$ 的基础解系是所有解向量的最大线性无关组。根据已知条件，α_1，α_2，α_3 是线性方程组 $Ax=0$ 的一个基础解系，故 α_1，α_2，α_3 线性无关，$Ax=0$ 有三个线性无关的解向量，而选项 A、D 分别有两个和四个解向量，故错误。

由已知 n 维向量组 α_1，α_2，α_3 线性无关，易知向量组 $\alpha_1+\alpha_2$，$\alpha_2+\alpha_3$，$\alpha_3+\alpha_1$ 线性无关，且每个向量 $\alpha_1+\alpha_2$，$\alpha_2+\alpha_3$，$\alpha_3+\alpha_1$ 均为线性方程组 $Ax=0$ 的解，选项 B 正确。

选项 C 中，因 $\alpha_1-\alpha_3=(\alpha_1+\alpha_2)-(\alpha_2+\alpha_3)$，所以向量组线性相关，不满足基础解系的定义，故错误。

答案： B

22. 解 本题考查古典概型的概率计算。

已知不是黑球，缩减样本空间，只须考虑 5 个白球、3 个黄球，则随机抽取黄球的概率是：

$$P=\frac{3}{5+3}=\frac{3}{8}$$

答案： B

23. 解 本题考查常见分布的期望和方差的概念。

已知 X 服从泊松分布：$X\sim P(\lambda)$，有 $\lambda=3$，$E(X)=\lambda$，$D(X)=\lambda$，故 $\frac{D(X)}{E(X)}=\frac{3}{3}=1$。

注：应掌握常见随机变量的期望和方差的基本公式。

答案： C

24. 解 本题考查样本方差和常用统计抽样分布的基本概念。

样本方差$S^2 = \frac{1}{n-1}\sum\limits_{i=1}^{n}(X_i - \overline{X})^2$，因为总体$X \sim N(\mu, \sigma^2)$，有以下结论：

$\overline{X}$与S^2相互独立，且有$\frac{(n-1)S^2}{\sigma^2} \sim \chi^2(n-1)$，则$\sum\limits_{i=1}^{n}\frac{(X_i - \overline{X})^2}{\sigma^2} = \frac{(n-1)S^2}{\sigma^2} \sim \chi^2(n-1)$。

注：若将样本均值$\overline{X}$改为正态分布的均值μ，则有$\sum\limits_{i=1}^{n}\frac{(X_i - \mu)^2}{\sigma^2} \sim \chi^2(n)$。

答案： D

25. 解 由理想气体状态方程$pV = \frac{m}{M}RT$，可以得到理想气体的标准体积（摩尔体积），即在标准状态下（压强$p_0 = 1atm$，温度$T = 273.15K$），一摩尔任何理想气体的体积均为22.4L。

答案： A

26. 解 $\overline{\lambda} = \frac{\overline{v}}{\overline{Z}} = \frac{kT}{\sqrt{2}\pi d^2 p}$，$\overline{v} = 1.6\sqrt{\frac{RT}{M}}$

等温膨胀过程温度不变，压强降低，$\overline{\lambda}$变大，而温度不变，$\overline{v}$不变，故$\overline{Z}$变小。

答案： B

27. 解 由热力学第一定律$Q = \Delta E + W$，知做功为零（$W = 0$）的过程为等体过程；内能减少，温度降低为等体降温过程。

答案： B

28. 解 卡诺正循环由两个准静态等温过程和两个准静态绝热过程组成。

由热力学第一定律$Q = \Delta E + W$，绝热过程$Q = 0$，两个绝热过程高低温热源温度相同，温差相等，内能差相同。一个过程为绝热膨胀，另一个过程为绝热压缩，$W_2 = -W_1$，一个内能增大，一个内能减小，$\Delta E_2 = -\Delta E_1$。热力学的功等于曲线下的面积，故$S_1 = S_2$。

答案： B

29. 解 热机效率：$\eta = 1 - \frac{Q_2}{Q_1} = 1 - \frac{1.26 \times 10^2}{1.68 \times 10^2} = 25\%$

答案： A

30. 解 此题考查波动方程的基本关系。

$y = A\cos(Bt - Cx) = A\cos B\left(t - \frac{x}{B/C}\right)$

$u = \frac{B}{C}$，$\omega = B$，$T = \frac{2\pi}{\omega} = \frac{2\pi}{B}$

$\lambda = u \cdot T = \frac{B}{C} \cdot \frac{2\pi}{B} = \frac{2\pi}{C}$

答案： C

31. 解 由波动的能量特征得知：质点波动的动能与势能是同相的，动能与势能同时达到最大、最小。题目给出A点处媒质元的振动动能在增大，则A点处媒质元的振动势能也在增大，故选项 A 不正确；同样，由于A点处媒质元的振动动能在增大，由此判定A点向平衡位置运动，波沿x负向传播，故选项 B 正确；此时B点向上运动，振动动能在增加，故选项 C 不正确；波的能量密度是随时间做周期性变化的，$w = \frac{\Delta w}{\Delta v} = \rho \omega^2 A^2 \sin^2\left[\omega\left(t - \frac{x}{u}\right)\right]$，故选项 D 不正确。

答案： B

32. 解 由波动的干涉特征得知：同一播音器初相位差为零。

$$\Delta \varphi = \alpha_2 - \alpha_1 - \frac{2\pi(r_2 - r_1)}{\lambda} = -\frac{2\pi \frac{\lambda}{2}}{\lambda} = \pi$$

相位差为π的奇数倍，为干涉相消点。

答案： B

33. 解 本题考查声波的多普勒效应公式。注意波源不动，$v_S = 0$，观察者远离波源运动，v_0前取负号。设波速为u，则：

$$v' = \frac{u - v_0}{u} v_0 = \frac{u - \frac{1}{2}u}{u} v_0 = \frac{1}{2} v_0$$

答案： C

34. 解 一束单色光通过折射率不同的两种媒质时，光的频率不变，波速改变，波长$\lambda = uT = \frac{u}{v}$。

答案： B

35. 解 在单缝衍射中，若单缝处的波面恰好被分成偶数个半波带，屏上出现暗条纹。相邻半波带上任何两个对应点所发出的光，在暗条纹处的光程差为$\frac{\lambda}{2}$，相位差为π。

答案： A

36. 解 光栅衍射是单缝衍射和多缝干涉的和效果。当多缝干涉明纹与单缝衍射暗纹方向相同时，将出现缺级现象。

单缝衍射暗纹条件：$a \sin \phi = k\lambda$

光栅衍射明纹条件：$(a + b) \sin \phi = k'\lambda$

$$\frac{a \sin \phi}{(a + b) \sin \phi} = \frac{k\lambda}{k'\lambda} = \frac{1}{3}, \frac{2}{6}, \frac{3}{9}, \cdots$$

故$a + b = 3a$

答案： B

37. 解 电离能可以衡量元素金属性的强弱，电子亲和能可以衡量元素非金属性的强弱，元素电负性可较全面地反映元素的金属性和非金属性强弱，离子极化力是指某离子使其他离子变形的能力。

答案： A

38.解 分子间力包括色散力、诱导力、取向力。非极性分子和非极性分子之间只存在色散力，非极性分子和极性分子之间存在色散力和诱导力，极性分子和极性分子之间存在色散力、诱导力和取向力。题中，氢气、氮气、氧气、二氧化碳是非极性分子，二氧化硫、溴化氢和一氧化碳是极性分子。

答案：A

39.解 在 $BaSO_4$ 饱和溶液中，存在 $BaSO_4 \rightleftharpoons Ba^{2+}+SO_4^{2-}$ 平衡，加入 Na_2SO_4，溶液中 SO_4^{2-} 浓度增加，平衡向左移动，Ba^{2+} 的浓度减小。

答案：B

40.解 根据缓冲溶液pH值的计算公式：

$$pH = 14 - pK_b + \lg\frac{c_碱}{c_盐} = 14 + \lg1.8\times10^{-5} + \lg\frac{0.1}{0.1} = 14 - 4.74 - 0 = 9.26$$

答案：B

41.解 由物质的标准摩尔生成焓 $\Delta_f H_m^\Theta$ 和反应的标准摩尔反应焓变 $\Delta_r H_m^\Theta$ 定义可知，$HCl(g)$ 的 $\Delta_f H_m^\Theta$ 为反应 $\frac{1}{2}H_2(g) + \frac{1}{2}Cl_2(g) == HCl(g)$ 的 $\Delta_r H_m^\Theta$。反应 $H_2(g) + Cl_2(g) == 2HCl(g)$ 的 $\Delta_r H_m^\Theta$ 是反应 $\frac{1}{2}H_2(g) + \frac{1}{2}Cl_2(g) == HCl(g)$ 的 $\Delta_r H_m^\Theta$ 的 2 倍，即 $H_2(g) + Cl_2(g) == 2HCl(g)$ 的 $\Delta_r H_m^\Theta = 2\times(-92) = -184kJ\cdot mol^{-1}$。

答案：C

42.解 对于指定反应，平衡常数 K^Θ 的值只是温度的函数，与参与平衡的物质的量、浓度、压强等无关。

答案：C

43.解 原电池 $(-)Fe \mid Fe^{2+}(1.0mol\cdot L^{-1}) \parallel Fe^{3+}(1.0mol\cdot L^{-1})$，$Fe^{2+}(1.0mol\cdot L^{-1}) \mid Pt(+)$ 的电动势

$$E^\Theta = E^\Theta(Fe^{3+}/Fe^{2+}) - E^\Theta(Fe^{2+}/Fe) = 0.771 - (-0.44) = 1.211V$$

两个半电池中均加入 NaOH 后，Fe^{3+}、Fe^{2+} 的浓度：

$$c_{Fe^{3+}} = \frac{K_{sp}^\Theta(Fe(OH)_3)}{(c_{OH^-})^3} = \frac{2.79\times10^{-39}}{1.0^3} = 2.79\times10^{-39}\ mol\cdot L^{-1}$$

$$c_{Fe^{2+}} = \frac{K_{sp}^\Theta(Fe(OH)_2)}{(c_{OH^-})^2} = \frac{4.87\times10^{-17}}{1.0^2} = 4.87\times10^{-17} mol\cdot L^{-1}$$

根据能斯特方程式，正极电极电势：

$$E(Fe^{3+}/Fe^{2+}) = E^\Theta(Fe^{3+}/Fe^{2+}) + \frac{0.0592}{1}\lg\frac{c_{Fe^{3+}}}{c_{Fe^{2+}}} = 0.771 + 0.0592\times\lg\frac{2.79\times10^{-39}}{4.87\times10^{-17}} = -0.546V$$

负极电极电势：

$$E(Fe^{2+}/Fe) = E^\Theta(Fe^{2+}/Fe) + \frac{0.0592}{2}\lg c_{Fe^{2+}} = 0.44 + \frac{0.0592}{2}\lg4.87\times10^{-17} = -0.0428V$$

则电动势 $E = E(Fe^{3+}/Fe^{2+}) - E(Fe^{2+}/Fe) = -0.503V$

答案： B

44. 解 烯烃和炔烃都可以与溴水反应使溴水褪色，烷烃和苯不与溴水反应。选项 A 中 1-己烯可以使溴水褪色，而己烷不能使溴水褪色。

答案： A

45. 解 尼泊金丁酯是由对羟基苯甲酸的羧基与丁醇的羟基发生酯化反应生成的。

答案： C

46. 解 该高分子化合物由单体 $CH_2{=}CHCl$ 通过加聚反应形成的。

答案： B

47. 解 根据平面任意力系独立平衡方程组的条件，三个平衡方程中，选项 A 不满足三个矩心不共线的三矩式要求，选项 B、D 不满足两矩心连线不垂直于投影轴的二矩式要求。

答案： C

48. 解 三个力合成后可形成自行封闭的三角形，说明此力系主矢为零；将三力对 A 点取矩，F_1、F_3 对 A 点的力矩为零，F_2 对 A 点的力矩不为零，说明力系的主矩不为零。根据力系简化结果的分析，主矢为零，主矩不为零，力系可简化为一合力偶。

答案： C

49. 解 以整体为研究对象，其受力如解图所示。

列平衡方程：$\sum M_B = 0$，$F_C \cdot 1 - M = 0$

代入数值得：$F_C = 1\text{kN}$（水平向右）

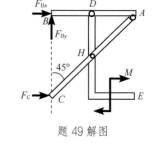

题 49 解图

答案： D

50. 解 根据零杆的判断方法，凡是三杆铰接的节点上，有两根杆在同一直线上，那么第三根不在这条直线上的杆必为零杆。先分析节点 I，知 DI 杆为零杆，再分析节点 D，此时 D 节点实际铰接的是 CD、DE 和 DH 三杆，由此可判断 DH 杆内力为零。

答案： D

51. 解 $t = 0$ 时，$x = 2\text{m}$，点在运动过程中其速度 $v = \dfrac{dx}{dt} = 3t^2 - 12$。即当 $0 < t < 2\text{s}$ 时，点的运动方向是 x 轴的负方向；当 $t = 2\text{s}$ 时，点的速度为零，此时 $x = -14\text{m}$；当 $t > 2\text{s}$ 时，点的运动方向是 x 轴的正方向；当 $t = 3\text{s}$ 时，$x = -7\text{m}$。所以点经过的路程是：$2 + 14 + 7 = 23\text{m}$。

答案： A

52. 解 四连杆机构在运动过程中，O_1A、O_2B 杆为定轴转动刚体，AB 杆为平行移动刚体。根据平行移动刚体的运动特性，其上各点有相同的速度和加速度，所以有：

$$v_A = r\omega = v_M, \quad a_A^n = r\omega^2 = a_M^n$$

答案：C

53. 解 定轴转动刚体上一点的速度、加速度与转动角速度、角加速度的关系为：

$$v_B = OB \cdot \omega = 50 \times 2 = 100\text{cm/s}, \quad a_B^t = OB \cdot \alpha = 50 \times 5 = 250\text{cm/s}^2$$

答案：A

54. 解 物块围绕 y 轴做匀速圆周运动，其加速度为指向 y 轴的法向加速度 a_n，其运动及受力分析如解图所示。

根据质点运动微分方程 $m\boldsymbol{a} = \boldsymbol{F}$，将方程沿着斜面方向投影有：

$$\frac{W}{g} a_n \cos 30° = F_T - W \sin 30°$$

将 $a_n = \omega^2 l \cos 30°$ 代入，解得：$F_T = 6 + 5 = 11\text{N}$

题 54 解图

答案：A

55. 解 根据刚体动量的定义：$p = m v_c = \frac{1}{2} m l \omega \sin \alpha$（其中 $v_c = \frac{1}{2} l \omega \sin \alpha$）

答案：B

56. 解 根据动能定理，$T_2 - T_1 = W_{12}$。杆初始水平位置和运动到铅直位置时的动能分别为：$T_1 = 0$，$T_2 = \frac{1}{2} \cdot \frac{1}{3} m l^2 \omega^2$，运动过程中重力所做之功为：$W_{12} = mg \frac{1}{2} l$，代入动能定理，可得：$\frac{1}{6} m l^2 \omega^2 - 0 = \frac{l}{2} mg$，则 $\omega = \sqrt{\frac{3g}{l}}$。

答案：B

57. 解 施加于轮的附加动反力 $m\boldsymbol{a}_c$ 是由惯性力引起的约束力，大小与惯性力大小相同，其中 $a_c = \frac{1}{2} R\omega^2$，方向与惯性力方向相反。

答案：C

58. 解 根据系统固有圆频率公式：$\omega_0 = \sqrt{\frac{k}{m}}$。系统中 k_2 和 k_3 并联，等效弹簧刚度 $k_{23} = k_2 + k_3$；k_1 和 k_{23} 串联，所以 $\frac{1}{k_{123}} = \frac{1}{k_1} + \frac{1}{k_2 + k_3}$；$k_4$ 和 k_{123} 并联，故系统总的等效弹簧刚度为 $k = k_4 + (\frac{1}{k_1} + \frac{1}{k_2 + k_3})^{-1} = 19600 + 4900 = 24500\text{N/m}$，代入固有圆频率的公式，可得：$\omega_0 = 22.1\text{rad/s}$。

答案：B

59. 解 铸铁的力学性能中抗拉能力最差，在扭转试验中沿 45° 最大拉应力的截面破坏就是明证，故①不正确；而铸铁的压缩强度比拉伸强度高得多，所以②正确。

答案：B

60. 解 由于左端 D 固定没有位移，所以 C 截面的轴向位移就等于 CD 段的伸长量 $\Delta l_{CD} = \frac{F \cdot \frac{l}{2}}{EA}$。

答案：C

61.解 此题挤压力是F，计算挤压面积是db，根据挤压强度条件：$\dfrac{P_{bs}}{A_{bs}} = \dfrac{F}{db} \leqslant [\sigma_{bs}]$，可得：$d \geqslant \dfrac{F}{b[\sigma_{bs}]}$。

答案：A

62.解 根据该轴的外力和反力可得其扭矩图如解图所示：

故 $\varphi_{DA} = \varphi_{DC} + \varphi_{CB} + \varphi_{BA} = \dfrac{ml}{GI_p} + 0 - \dfrac{ml}{GI_p} = 0$

$\varphi_{DB} = \varphi_{DC} + \varphi_{CB} = \varphi_{DC} + 0$

答案：B

题 62 解图

63.解 $I_z = \dfrac{a^4}{12} - \dfrac{\pi d^4}{64}$，$W_z = \dfrac{I_z}{a/2} = \dfrac{a^3}{6} - \dfrac{\pi d^4}{32a}$

答案：C

64.解 对称结构梁在反对称荷载作用下，其弯矩图是反对称的，其剪力图是对称的。在对称轴C截面上，弯矩为零，剪力不为零，是$-\dfrac{F}{2}$。

答案：C

65.解 根据"突变规律"可知，在集中力偶作用的截面上，左右两侧的弯矩将产生突变，所以若集中力偶m在梁上移动，则梁的弯矩图将改变，而剪力图不变。

答案：C

66.解 梁的挠曲线形状由荷载和支座的位置来决定。由图中荷载向下的方向可以判定：只有图（C）是正确的。

答案：C

67.解 等截面轴向拉伸杆件中只能产生单向拉伸的应力状态，在各个方向的截面上应力可以不同，但是主应力状态都归结为单向应力状态。

答案：C

68.解 最大拉应力理论就是第一强度理论，其相当应力就是σ_1，故选 A。

答案：A

69.解 把作用在角点的偏心压力F，经过两次平移，平移到杆的轴线方向，形成一轴向压缩和两个平面弯曲的组合变形，其最大压应力的绝对值为：

$$|\sigma_{max}^-| = \dfrac{F}{a^2} + \dfrac{M_z}{W_z} + \dfrac{M_y}{W_y}$$

$$= \dfrac{250 \times 10^3 N}{100^2 mm^2} + \dfrac{250 \times 10^3 \times 50 N \cdot mm}{\frac{1}{6} \times 100^3 mm^3} + \dfrac{250 \times 10^3 N \times 50 mm}{\frac{1}{6} \times 100^3 mm^3}$$

$$= 25 + 75 + 75 = 175 MPa$$

答案：C

70.解 由临界荷载的公式$F_{cr} = \dfrac{\pi^2 EI}{(\mu l)^2}$可知，当抗弯刚度相同时，$\mu l$越小，临界荷载越大。

图（A）是两端铰支：$\mu l = 1 \times 5 = 5$

图（B）是一端铰支、一端固定：$\mu l = 0.7 \times 7 = 4.9$

图（C）是两端固定：$\mu l = 0.5 \times 9 = 4.5$

图（D）是一端固定、一端自由：$\mu l = 2 \times 2 = 4$

所以图（D）的μl最小，临界荷载最大。

答案：D

71. 解　平板形心处的压强为$p_c = \rho g h_c$，而平板形心处垂直水深$h_c = h \sin\theta$，因此，平板受到的静水压力$P = p_c A = \rho g h_c A = \rho g h A \sin\theta$。

答案：A

72. 解　流体的黏性是指流体在运动状态下具有抵抗剪切变形并在内部产生切应力的性质。流体的黏性来源于流体分子之间的内聚力和相邻流动层之间的动量交换，黏性的大小与温度有关。根据牛顿内摩擦定律，切应力与速度梯度的n次方成正比，而牛顿流体的切应力与速度梯度成正比，流体的动力黏性系数是单位速度梯度所需的切应力。

答案：B

73. 解　根据已知条件，$v_x = 5 \times 1^3 = 5\text{m/s}$，$v_y = -15 \times 1^2 \times 2 = 30\text{m/s}$，从而，$v = \sqrt{v_x^2 + v_y^2} = \sqrt{5^2 + (-30)^2} = 30.41\text{m/s}$，如解图所示。

$$\tan\theta = \frac{v_y}{v_x} = \frac{-15x^2 y}{5x^3} = \frac{-3y}{x} = \frac{-3 \times 2}{1} = -6$$

答案：C

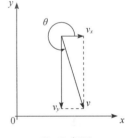

题 73 解图

74. 解　圆管有压流动中，若用水力直径表征层流与紊流的临界雷诺数Re，则Re =2000~2320；若用水力半径表征临界雷诺数Re，则Re =500~580。

答案：A

75. 解　对于并联管路，A、B两节点之间的水头损失等于各支路的水头损失，流量等于各支路的流量之和：$h_{fAB} = h_{f1} = h_{f2} = h_{f3}$，$Q_{AB} = Q_1 + Q_2 + Q_3$

对于串联管路，$h_{fAB} = h_{f1} + h_{f2} + h_{f3}$，$Q_{AB} = Q_1 = Q_2 = Q_3$

无论是并联管路，还是串联管路，总的功率损失均为：

$$N_{AB} = N_1 + N_2 + N_3 = \rho g Q_1 h_{f1} + \rho g Q_2 h_{f2} + \rho g Q_3 h_{f3}$$

答案：D

76. 解　明渠均匀流动的形成条件是：流动恒定，流量沿程不变；渠道是长直棱柱形顺坡（正坡）渠道；渠道表面粗糙系数沿程不变；渠道沿程流动无局部干扰。

答案：B

77. 解 工程上常见的地下水运动，大多是在底宽很大的不透水层基底上的重力流动，流线簇近乎于平行的直线，属于无压恒定渐变渗流。

答案：B

78. 解 模型在风洞中用空气进行试验，则黏滞阻力为其主要作用力，应按雷诺准则进行模型设计，即

$$(Re)_p = (Re)_m \quad \text{或} \quad \frac{\lambda_v \lambda_l}{\lambda_v} = 1$$

因为模型与原型都是使用空气，假定空气温度也相同，则可以认为运动黏度 $\nu_p = \nu_m$

所以，$\lambda_v = 1$，$\lambda_v \lambda_l = 1$

已知汽车原型最大速度 $\nu_p = 108\text{km/h} = 30\text{m/s}$，模型最大风速 $\nu_m = 45\text{m/s}$

于是，线性比尺为 $\lambda_l = \frac{1}{\lambda_v} = \frac{1}{\nu_p/\nu_m} = \frac{\nu_m}{\nu_p} = \frac{45}{30} = 1.5$

面积比尺为 $\lambda_A = \lambda_l^2 = 1.5^2 = 2.25$

已知汽车迎风面积 $A_p = 1.5\text{m}^2$，$\lambda_A = A_p/A_m$，可求得模型的迎风面积为：

$$A_m = \frac{A_p}{\lambda_A} = \frac{1.5}{2.25} = 0.667\text{m}^2$$

由上述计算可知，线性比尺大于1，模型的迎风面积应小于原型汽车的迎风面积，所以选项 B 和 C 可以被排除。若选择选项 D，模型面积过小，原型与模型的面积比尺及线性比尺均增大，则速度比尺减小，所需的风洞风速会过大，超过风洞所能提供的最大风速，因此，可使得模型的迎风面积略大于计算值 0.667m^2，选择选项 A 较为合理。

答案：A

79. 解 洛伦兹力是运动电荷在磁场中所受的力。这个力既适用于宏观电荷，也适用于微观电荷粒子。电流元在磁场中所受安培力就是其中运动电荷所受洛伦兹力的宏观表现。

库仑力指在真空中两个静止的点电荷之间的作用力。

电场力是指电荷之间的相互作用，只要有电荷存在就会有电场力。

安培力是通电导线在磁场中受到的作用力。

答案：B

80. 解 首先假设 12V 电压源的负极为参考点位点，计算a、b点位：

$U_a = 5\text{V}$，$U_b = 12 - 4 = 8\text{V}$，故 $U_{ab} = U_a - U_b = -3\text{V}$

答案：D

81. 解 当电压源单独作用时，电流源断路，电阻R_2与R_1串联分压，R_2与R_1的数值关系为：

$$\frac{U'}{100} = \frac{R_2}{R_1 + R_2} = \frac{20}{100} = \frac{1}{4+1}; \quad R_2 = R_1/4$$

电流源单独作用时，电压源短路，电阻R_2压电压U''为：

$$U'' = -2\frac{R_1 \cdot R_2}{R_1 + R_2} = -0.4R_1$$

答案： D

82. 解 $Z_1 = R + j\omega L + \frac{1}{j\omega C} = R + j\left(\omega L - \frac{1}{\omega C}\right) = R$

$\dfrac{1}{Z_2} = \dfrac{1}{R} + \dfrac{1}{j\omega L} + \dfrac{1}{\dfrac{1}{j\omega C}} = \dfrac{1}{R}$

$Z_1 = Z_2 = R$

答案： D

83. 解 已知 $Z = R + j\omega L = 100 + j100\,\Omega$

当 $u = U_{\mathrm{m}}\sin 2\omega t$，频率增加时 $\omega' = 2\omega$

感抗随之增加： $Z' = R + j\omega'$，$L = 100 + j200\,\Omega$

功率因数： $\lambda = \dfrac{R}{|Z'|} = \dfrac{100}{\sqrt{100^2+200^2}} = 0.447$

答案： D

84. 解 由于电感及电容元件上没有初始储能，可以确定 $t = 0_-$ 时：

$$I_{\mathrm{L}(0-)} = 0\mathrm{A}, \quad U_{\mathrm{C}(0-)} = 0\mathrm{V}$$

$t = 0_+$ 时，利用储能元件的换路定则，可知

$$I_{\mathrm{L}(0+)} = I_{\mathrm{L}(0-)} = 0\mathrm{A}, \quad U_{\mathrm{C}(0+)} = U_{\mathrm{C}(0-)} = 0\mathrm{V}$$

两条电阻通道电压为零、电流为零。

$$I_{\mathrm{R}(0+)} = 0\mathrm{A}, \quad I_{\mathrm{C}(0+)} = 2 - I_{\mathrm{R}(0+)} - I_{\mathrm{R}(0+)} - I_{\mathrm{L}(0+)} = 2\mathrm{A}$$

答案： C

85. 解 当 S 分开时，变压器负载电阻 $R_{\mathrm{L}(\mathrm{S}\,分)} = R_{\mathrm{L1}}$

原边等效负载电阻 $R'_{\mathrm{L}(\mathrm{S}\,分)} = k^2 R_{\mathrm{L}(\mathrm{S}\,分)} = k^2 R_{\mathrm{L1}}$

当 S 闭合以后，变压器负载电阻 $R_{\mathrm{L}(\mathrm{S}\,合)} = R_{\mathrm{L1}} /\!/ R_{\mathrm{L2}} < R_{\mathrm{L1}}$

原边等效负载电阻 $R'_{\mathrm{L}(\mathrm{S}\,合)} < R'_{\mathrm{L}(\mathrm{S}\,分)}$ 减小，变压器原边电压 U_1' 减小，$U_2 = U_1/k$，所以 U_2 随之变小。

答案： B

86. 解 三相异步电动机的转动方向与定子绕组电流产生的旋转磁场的方向一致，那么改变三相电源的相序就可以改变电动机旋转磁场的方向。改变电源的大小、对定子绕组接法进行 Y-△ 转换以及改变转子绕组上电流的方向都不会变化三相异步电动机的转动方向。

答案： B

87. 解 数字信号是一种代码信号，不是时间信号，也不仅用来表示数字的大小。数字信号幅度的取值是离散的，被限制在有限个数值之内，不能直接表示对象的原始信息。

答案：C

88. 解　周期信号频谱是离散频谱，其幅度频谱的幅值随着谐波次数的增高而减小；而非周期信号的频谱是连续频谱。图 a）和图 b）所示$u_1(t)$和$u_2(t)$的幅值频谱均是连续频谱，所以$u_1(t)$和$u_2(t)$都是非周期性时间信号。

答案：A

89. 解　从周期信号$u(t)$的幅频特性图 a）可见，其频率范围均在低通滤波器图 b）的通频段以内，这个区间放大倍数相同，各个频率分量得到同样的放大，则该信号通过这个低通滤波以后，其结构和波形的形状不会变化。

答案：C

90. 解　$ABC + \overline{A}D + \overline{B}D + \overline{C}D = ABC + (\overline{A} + \overline{B} + \overline{C})D = ABC + \overline{ABC}D = ABC + D$

这里利用了逻辑代数的反演定理和部分吸收关系，即：$A + \overline{A}B = A + B$

答案：D

91. 解　数字信号$F = \overline{A}B + A\overline{B}$为异或门关系，信号 A、B 相同为 0，相异为 1，分析波形如解图所示，结果与选项 C 一致。

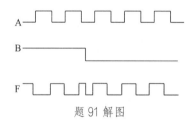
题 91 解图

答案：C

92. 解　本题是利用函数的最小项关系表达。从真值表写出逻辑表达式主要有三个步骤：首先，写出真值表中对应$F=1$的输入变量 A、B、C 组合；然后，将输入量写成与逻辑关系（输入变量取值为 1 的写原变量，取值为 0 的写反变量）；最后将函数 F 用或逻辑表达：$F = A\overline{B}\overline{C} + ABC$。

答案：D

93. 解　该电路是二极管半波整流电路。

当$u_i > 0$时，二极管导通，$u_o = u_i$；

当$u_i < 0$时，二极管 D 截止，$u_o = 0V$。

输出电压U_o的平均值可用下面公式计算：

$$U_o = 0.45U_i = 0.45\frac{10}{\sqrt{2}} = 3.18V$$

答案：C

94. 解　该电路为运算放大器构成的电压比较电路，分析过程如解图所示。

当 $u_{i1} > u_{i2}$ 时，$u_o = -U_{oM}$；

当 $u_{i1} < u_{i2}$ 时，$u_o = +U_{oM}$。

结果与选项 A 一致。

答案：A

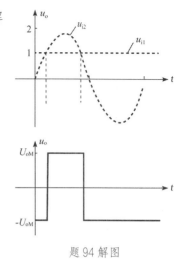

题 94 解图

95. 解　写出输出端的逻辑关系式为：

与门　$F_1 = A \cdot 1 = A$

或非门　$F_2 = \overline{B + 1} = \overline{1} = 0$

答案：C

96. 解　数据由 D 端输入，各触发器的Q端输出数据。在时钟脉冲cp的作用下，根据触发器的关系 $Q_{n+1} = D_n$ 分析。

假设：清零后Q_2、Q_1、Q_0均为零状态，右侧 D 端待输入数据为D_2、D_1、D_0，在时钟脉冲cp作用下，各输出端Q的关系列解表说明，可见数据输出顺序向左移动，因此该电路是三位左移寄存器。

题 96 解表

cp	Q_2	Q_1	Q_0
0	0	0	0
1	0	0	D_2
2	0	D_2	D_1
3	D_2	D_1	D_0

答案：C

97. 解　个人计算机（Personal Computer），简称PC，指在大小、性能以及价位等多个方面适合于个人使用，并由最终用户直接操控的计算机的统称。它由硬件系统和软件系统组成，是一种能独立运行，完成特定功能的设备。台式机、笔记本电脑、平板电脑等均属于个人计算机的范畴。

答案：C

98. 解　微机常用的外存储器通常是磁性介质或光盘，像硬盘、软盘、光盘和 U 盘等，能长期保存信息，并且不依赖于电来保存信息，但是由机械部件带动，速度与 CPU 相比就显得慢的多。在老式微机中使用软盘。

答案：A

99. 解　通常是将软件分为系统软件和应用软件两大类。系统软件是生成、准备和执行其他程序所需要的一组程序。应用软件是专业人员为各种应用目的而编制的程序。

答案：C

100. 解 支撑软件是指支撑其他软件的编写制作和维护的软件。主要包括环境数据库、各种接口软件和工具软件。三者形成支撑软件的整体，协同支撑其他软件的编制。

答案：B

101. 解 信息的主要特征表现为：①信息的可识别性；②信息的可变性；③信息的流动性和可存储性；④信息的可处理性和再生性；⑤信息的有效性和无效性；⑥信息的属性和使用性。

答案：A

102. 解 点阵中行数和列数的乘积称为图像的分辨率。例如，若一个图像的点阵总共有 480 行，每行 640 个点，则该图像的分辨率为 640×480=307200 个像素。

答案：D

103. 解 计算机病毒是指编制或者在计算机程序中插入的破坏计算机功能和破坏计算机中的数据，影响计算机使用并且能够自我复制的一组计算机指令或者程序代码，只要满足某种条件即可起到破坏作用，严重威胁着计算机信息系统的安全。

答案：B

104. 解 计算机操作系统的存储管理功能主要有：①分段存储管理；②分页存储管理；③分段分页存储管理；④虚拟存储管理。

答案：D

105. 解 网络协议主要由语法、语义和同步（定时）三个要素组成。语法是数据与控制信息的结构或格式。语义是定义数据格式中每一个字段的含义。同步是收发双方或多方在收发时间和速度上的严格匹配，即事件实现顺序的详细说明。

答案：C

106. 解 按照数据交换的功能将网络分类，常用的交换方法有电路交换、报文交换和分组交换。电路交换方式是在用户开始通信前，先申请建立一条从发送端到接收端的物理信道，并且在双方通信期间始终占用该信道。报文交换是一种数字化交换方式。分组交换也采用报文传输，但它不是以不定长的报文做传输的基本单位，而是将一个长的报文划分为许多定长的报文分组，以分组作为传输的基本单位。

答案：D

107. 解 根据等额支付资金回收公式（已知 P 求 A）：

$$A = P\left[\frac{i(1+i)^n}{(1+i)^n-1}\right] = 1000 \times \left[\frac{8\%(1+8\%)^5}{(1+8\%)^5-1}\right] = 1000 \times 0.25046 = 250.46 \text{ 万元}$$

或根据题目给出的已知条件 $(P/A, 8\%, 5) = 3.9927$ 计算：

$1000 = A(P/A, 8\%, 5) = 3.9927A$

$A = 1000/3.9927 = 250.46$ 万元

答案：B

108. 解 建设投资中各分项分别形成固定资产原值、无形资产原值和其他资产原值。按现行规定，建设期利息应计入固定资产原值。

答案：A

109. 解 优先股的股份持有人优先于普通股股东分配公司利润和剩余财产，但参与公司决策管理等权利受到限制。公司清算时，剩余财产先分给债权人，再分给优先股股东，最后分给普通股股东。

答案：D

110. 解 利息备付率从付息资金来源的充裕性角度反映企业偿付债务利息的能力，表示企业使用息税前利润偿付利息的保证倍率。利息备付率高，说明利息支付的保证度大，偿债风险小。正常情况下，利息备付率应当大于1，利息备付率小于1表示企业的付息能力保障程度不足。

答案：D

111. 解 注意题干问的是该项目的净年值。等额资金回收系数与等额资金现值系数互为倒数：

等额资金回收系数：$(A/P, i, n) = \dfrac{i(1+i)^n}{(1+i)^n - 1}$

等额资金现值系数：$(P/A, i, n) = \dfrac{(1+i)^n - 1}{i(1+i)^n}$

所以 $(A/P, i, n) = \dfrac{1}{(P/A, i, n)}$

方法 1： 该项目的净年值 $\text{NAV} = -1000(A/P, 12\%, 10) + 200$

$$= -1000/(P/A, 12\%, 10) + 200$$

$$= -1000/5.6502 + 200 = 23.02 \text{ 万元}$$

方法 2： 该项目的净现值 $\text{NPV} = -1000 + 200 \times (P/A, 12\%, 10)$

$$= -1000 + 200 \times 5.6502 = 130.04 \text{ 万元}$$

该项目的净年值为：$\text{NAV} = \text{NPV}(A/P, 12\%, 10) = \text{NPV}/(P/A, 12\%, 10)$

$$= 130.04/5.6502 = 23.02 \text{ 万元}$$

答案：B

112. 解 线性盈亏平衡分析的基本假设有：①产量等于销量；②在一定范围内产量变化，单位可变成本不变，总生产成本是产量的线性函数；③在一定范围内产量变化，销售单价不变，销售收入是销售量的线性函数；④仅生产单一产品或生产的多种产品可换算成单一产品计算。

答案：D

113. 解 根据净现值判定项目的可行性。

甲项目的净现值：

$$\text{NPV}_{\text{甲}} = -300 + 52(P/A, 10\%, 10) = -300 + 52 \times 6.1446 = 19.52 \text{ 万元}$$

$\text{NPV}_{\text{甲}} > 0$，故甲方案可行。

乙项目的净现值：

$$\text{NPV}_{\text{乙}} = -200 + 30(P/A, 10\%, 10) = -200 + 30 \times 6.1446 = -15.66 \text{ 万元}$$

$\text{NPV}_{\text{乙}} < 0$，故乙方案不可行。

答案：A

114. 解 价值工程的一般工作程序包括准备阶段、功能分析阶段、创新阶段和实施阶段。功能分析阶段包括的工作有收集整理信息资料、功能系统分析、功能评价。

答案：B

115. 解 《中华人民共和国注册建筑师条例》第二十一条规定，注册建筑师执行业务，应当加入建筑设计单位。建筑设计单位的资质等级及其业务范围，由国务院建设行政主管部门规定。

《注册结构工程师执业资格制度暂行规定》第十九条规定，注册结构工程师执行业务，应当加入一个勘察设计单位。第二十条规定，注册结构工程师执行业务，由勘察设计单位统一接受委托并统一收费。所以注册建筑师、注册工程师均不能以个人名义承接建筑设计业务，必须加入一个设计单位，以单位名义承接任务，因此必须按照该设计单位的资质证书许可的业务范围承接任务。

答案：D

116. 解 《中华人民共和国安全生产法》第四十条规定，生产经营单位对重大危险源应当登记建档，进行定期检测、评估、监控，并制定应急预案，告知从业人员和相关人员在紧急情况下应当采取的应急措施。

答案：A

117. 解 《中华人民共和国招标投标法》第十六条规定，招标人采用公开招标方式的，应当发布招标公告。依法必须进行招标的项目的招标公告，应当通过国家指定的报刊、信息网络或者其他媒介发布。招标公告应当载明招标人的名称和地址，招标项目的性质、数量、实施地点和时间以及获取招标文件的办法等事项。

答案：D

118. 解 选项 B 乙施工单位不买，选项 C 丙施工单位不同意价格，选项 D 丁施工单位回复过期，承诺均为无效，只有选项 A 甲施工单位的回复属承诺有效。

答案：A

119. 解 《中华人民共和国节约能源法》第三条规定，本法所称节约能源（以下简称节能），是指加强用能管理，采取技术上可行、经济上合理以及环境和社会可以承受的措施，从能源生产到消费的各个环节，降低消耗、减少损失和污染物排放、制止浪费，有效、合理地利用能源。

答案：A

120. 解 《建筑工程质量管理条例》第三十条规定，施工单位必须建立、健全施工质量的检验制度，严格工序管理，做好隐蔽工程的质量检查和记录。隐蔽工程在隐蔽前，施工单位应当通知建设单位和建设工程质量监督机构。

答案：B

全国勘察设计注册工程师执业资格考试
公共基础考试大纲

I.工程科学基础

一、数学

1.1 空间解析几何

向量的线性运算；向量的数量积、向量积及混合积；两向量垂直、平行的条件；直线方程；平面方程；平面与平面、直线与直线、平面与直线之间的位置关系；点到平面、直线的距离；球面、母线平行于坐标轴的柱面、旋转轴为坐标轴的旋转曲面的方程；常用的二次曲面方程；空间曲线在坐标面上的投影曲线方程。

1.2 微分学

函数的有界性、单调性、周期性和奇偶性；数列极限与函数极限的定义及其性质；无穷小和无穷大的概念及其关系；无穷小的性质及无穷小的比较极限的四则运算；函数连续的概念；函数间断点及其类型；导数与微分的概念；导数的几何意义和物理意义；平面曲线的切线和法线；导数和微分的四则运算；高阶导数；微分中值定理；洛必达法则；函数的切线及法平面和切平面及法线；函数单调性的判别；函数的极值；函数曲线的凹凸性、拐点；偏导数与全微分的概念；二阶偏导数；多元函数的极值和条件极值；多元函数的最大、最小值及其简单应用。

1.3 积分学

原函数与不定积分的概念；不定积分的基本性质；基本积分公式；定积分的基本概念和性质（包括定积分中值定理）；积分上限的函数及其导数；牛顿-莱布尼兹公式；不定积分和定积分的换元积分法与分部积分法；有理函数、三角函数的有理式和简单无理函数的积分；广义积分；二重积分与三重积分的概念、性质、计算和应用；两类曲线积分的概念、性质和计算；求平面图形的面积、平面曲线的弧长和旋转体的体积。

1.4 无穷级数

数项级数的敛散性概念；收敛级数的和；级数的基本性质与级数收敛的必要条件；几何级数与p级数及其收敛性；正项级数敛散性的判别法；任意项级数的绝对收敛与条件收敛；幂级数及其收敛半径、收敛区间和收敛域；幂级数的和函数；函数的泰勒级数展开；函数的傅里叶系数与傅里叶级数。

1.5 常微分方程

常微分方程的基本概念；变量可分离的微分方程；齐次微分方程；一阶线性微分方程；全微分方程；可降阶的高阶微分方程；线性微分方程解的性质及解的结构定理；二阶常系数齐次线性微分方程。

1.6 线性代数

行列式的性质及计算；行列式按行展开定理的应用；矩阵的运算；逆矩阵的概念、性质及求法；矩阵的初等变换和初等矩阵；矩阵的秩；等价矩阵的概念和性质；向量的线性表示；向量组的线性相关和线性无关；线性方程组有解的判定；线性方程组求解；矩阵的特征值和特征向量的概念与性质；相似矩阵的概念和性质；矩阵的相似对角化；二次型及其矩阵表示；合同矩阵的概念和性质；二次型的秩；惯性定理；二次型及其矩阵的正定性。

1.7 概率与数理统计

随机事件与样本空间；事件的关系与运算；概率的基本性质；古典型概率；条件概率；概率的基本公式；事件的独立性；独立重复试验；随机变量；随机变量的分布函数；离散型随机变量的概率分布；连续型随机变量的概率密度；常见随机变量的分布；随机变量的数学期望、方差、标准差及其性质；随机变量函数的数学期望；矩、协方差、相关系数及其性质；总体；个体；简单随机样本；统计量；样本均值；样本方差和样本矩；χ^2分布；t分布；F分布；点估计的概念；估计量与估计值；矩估计法；最大似然估计法；估计量的评选标准；区间估计的概念；单个正态总体的均值和方差的区间估计；两个正态总体的均值差和方差比的区间估计；显著性检验；单个正态总体的均值和方差的假设检验。

二、物理学

2.1 热学

气体状态参量；平衡态；理想气体状态方程；理想气体的压强和温度的统计解释；自由度；能量按自由度均分原理；理想气体内能；平均碰撞频率和平均自由程；麦克斯韦速率分布律；方均根速率；平均速率；最概然速率；功；热量；内能；热力学第一定律及其对理想气体等值过程的应用；绝热过程；气体的摩尔热容量；循环过程；卡诺循环；热机效率；净功；制冷系数；热力学第二定律及其统计意义；可逆过程和不可逆过程。

2.2 波动学

机械波的产生和传播；一维简谐波表达式；描述波的特征量；波面，波前，波线；波的能量、能流、能流密度；波的衍射；波的干涉；驻波；自由端反射与固定端反射；声波；声强级；多普勒效应。

2.3 光学

相干光的获得；杨氏双缝干涉；光程和光程差；薄膜干涉；光疏介质；光密介质；迈克尔逊干涉仪；惠更斯-菲涅尔原理；单缝衍射；光学仪器分辨本领；衍射光栅与光谱分析；X射线衍射；布拉格公式；自然光和偏振光；布儒斯特定律；马吕斯定律；双折射现象。

三、化学

3.1 物质的结构和物质状态

原子结构的近代概念；原子轨道和电子云；原子核外电子分布；原子和离子的电子结构；原子结构和元素周期律；元素周期表；周期族；元素性质及氧化物及其酸碱性。离子键的特征；共价键的特征和类型；杂化轨道与分子空间构型；分子结构式；键的极性和分子的极性；分子间力与氢键；晶体与非晶体；晶体类型与物质性质。

3.2 溶液

溶液的浓度；非电解质稀溶液通性；渗透压；弱电解质溶液的解离平衡；分压定律；解离常数；同离子效应；缓冲溶液；水的离子积及溶液的 pH 值；盐类的水解及溶液的酸碱性；溶度积常数；溶度积规则。

3.3 化学反应速率及化学平衡

反应热与热化学方程式；化学反应速率；温度和反应物浓度对反应速率的影响；活化能的物理意义；催化剂；化学反应方向的判断；化学平衡的特征；化学平衡移动原理。

3.4 氧化还原反应与电化学

氧化还原的概念；氧化剂与还原剂；氧化还原电对；氧化还原反应方程式的配平；原电池的组成和符号；电极反应与电池反应；标准电极电势；电极电势的影响因素及应用；金属腐蚀与防护。

3.5 有机化学

有机物特点、分类及命名；官能团及分子构造式；同分异构；有机物的重要反应：加成、取代、消除、氧化、催化加氢、聚合反应、加聚与缩聚；基本有机物的结构、基本性质及用途：烷烃、烯烃、炔烃、芳烃、卤代烃、醇、苯酚、醛和酮、羧酸、酯；合成材料：高分子化合物、塑料、合成橡胶、合成纤维、工程塑料。

四、理论力学

4.1 静力学

平衡；刚体；力；约束及约束力；受力图；力矩；力偶及力偶矩；力系的等效和简化；力的平移定理；平面力系的简化；主矢；主矩；平面力系的平衡条件和平衡方程式；物体系统（含平面静定桁架）的平衡；摩擦力；摩擦定律；摩擦角；摩擦自锁。

4.2 运动学

点的运动方程；轨迹；速度；加速度；切向加速度和法向加速度；平动和绕定轴转动；角速度；角加速度；刚体内任一点的速度和加速度。

4.3 动力学

牛顿定律；质点的直线振动；自由振动微分方程；固有频率；周期；振幅；衰减振动；阻尼对自由振动振幅的影响——振幅衰减曲线；受迫振动；受迫振动频率；幅频特性；共振；动力学普遍定理；动量；质心；动量定理及质心运动定理；动量及质心运动守恒；动量矩；动量矩定理；动量矩守恒；刚体定轴转动微分方程；转动惯量；回转半径；平行轴定理；功；动能；势能；动能定理及机械能守恒；达朗贝尔原理；惯性力；刚体作平动和绕定轴转动（转轴垂直于刚体的对称面）时惯性力系的简化；动静法。

五、材料力学

5.1 材料在拉伸、压缩时的力学性能

低碳钢、铸铁拉伸、压缩试验的应力-应变曲线；力学性能指标。

5.2 拉伸和压缩

轴力和轴力图；杆件横截面和斜截面上的应力；强度条件；虎克定律；变形计算。

5.3 剪切和挤压

剪切和挤压的实用计算；剪切面；挤压面；剪切强度；挤压强度。

5.4 扭转

扭矩和扭矩图；圆轴扭转切应力；切应力互等定理；剪切虎克定律；圆轴扭转的强度条件；扭转角计算及刚度条件。

5.5 截面几何性质

静矩和形心；惯性矩和惯性积；平行轴公式；形心主轴及形心主惯性矩概念。

5.6 弯曲

梁的内力方程；剪力图和弯矩图；分布荷载、剪力、弯矩之间的微分关系；正应力强度条件；切应力强度条件；梁的合理截面；弯曲中心概念；求梁变形的积分法、叠加法。

5.7 应力状态

平面应力状态分析的解析法和应力圆法；主应力和最大切应力；广义虎克定律；四个常用的强度理论。

5.8 组合变形

拉/压-弯组合、弯-扭组合情况下杆件的强度校核；斜弯曲。

5.9 压杆稳定

压杆的临界荷载；欧拉公式；柔度；临界应力总图；压杆的稳定校核。

六、流体力学

6.1 流体的主要物性与流体静力学

流体的压缩性与膨胀性；流体的黏性与牛顿内摩擦定律；流体静压强及其特性；重力作用下静水压强的分布规律；作用于平面的液体总压力的计算。

6.2 流体动力学基础

以流场为对象描述流动的概念；流体运动的总流分析；恒定总流连续性方程、能量方程和动量方程的运用。

6.3 流动阻力和能量损失

沿程阻力损失和局部阻力损失；实际流体的两种流态——层流和紊流；圆管中层流运动；紊流运动的特征；减小阻力的措施。

6.4 孔口管嘴管道流动

孔口自由出流、孔口淹没出流；管嘴出流；有压管道恒定流；管道的串联和并联。

6.5 明渠恒定流

明渠均匀水流特性；产生均匀流的条件；明渠恒定非均匀流的流动状态；明渠恒定均匀流的水力计算。

6.6 渗流、井和集水廊道

土壤的渗流特性；达西定律；井和集水廊道。

6.7 相似原理和量纲分析

力学相似原理；相似准数；量纲分析法。

II.现代技术基础

七、电气与信息

7.1 电磁学概念

电荷与电场；库仑定律；高斯定理；电流与磁场；安培环路定律；电磁感应定律；洛仑兹力。

7.2 电路知识

电路组成；电路的基本物理过程；理想电路元件及其约束关系；电路模型；欧姆定律；基尔霍夫定律；支路电流法；等效电源定理；叠加原理；正弦交流电的时间函数描述；阻抗；正弦交流电的相量描述；复数阻抗；交流电路稳态分析的相量法；交流电路功率；功率因数；三相配电电路及用电安全；电路暂态；R-C、R-L电路暂态特性；电路频率特性；R-C、R-L电路频率特性。

7.3 电动机与变压器

理想变压器；变压器的电压变换、电流变换和阻抗变换原理；三相异步电动机接线、启动、反转及调速方法；三相异步电动机运行特性；简单继电-接触控制电路。

7.4 信号与信息

信号；信息；信号的分类；模拟信号与信息；模拟信号描述方法；模拟信号的频谱；模拟信号增强；模拟信号滤波；模拟信号变换；数字信号与信息；数字信号的逻辑编码与逻辑演算；数字信号的数值编码与数值运算。

7.5 模拟电子技术

晶体二极管；极型晶体三极管；共射极放大电路；输入阻抗与输出阻抗；射极跟随器与阻抗变换；运算放大器；反相运算放大电路；同相运算放大电路；基于运算放大器的比较器电路；二极管单相半波整流电路；二极管单相桥式整流电路。

7.6 数字电子技术

与、或、非门的逻辑功能；简单组合逻辑电路；D 触发器；JK 触发器数字寄存器；脉冲计数器。

7.7 计算机系统

计算机系统组成；计算机的发展；计算机的分类；计算机系统特点；计算机硬件系统组成；CPU；存储器；输入/输出设备及控制系统；总线；数模/模数转换；计算机软件系统组成；系统软件；操作系统；操作系统定义；操作系统特征；操作系统功能；操作系统分类；支撑软件；应用软件；计算机程序设计语言。

7.8 信息表示

信息在计算机内的表示；二进制编码；数据单位；计算机内数值数据的表示；计算机内非数值数据的表示；信息及其主要特征。

7.9 常用操作系统

Windows 发展；进程和处理器管理；存储管理；文件管理；输入/输出管理；设备管理；网络服务。

7.10 计算机网络

计算机与计算机网络；网络概念；网络功能；网络组成；网络分类；局域网；广域网；因特网；网络管理；网络安全；Windows 系统中的网络应用；信息安全；信息保密。

III.工程管理基础

八、法律法规

8.1 中华人民共和国建筑法

总则；建筑许可；建筑工程发包与承包；建筑工程监理；建筑安全生产管理；建筑工程质量管理；法律责任。

8.2 中华人民共和国安全生产法

总则；生产经营单位的安全生产保障；从业人员的权利和义务；安全生产的监督管理；生产安全事故的应急救援与调查处理。

8.3 中华人民共和国招标投标法

总则；招标；投标；开标；评标和中标；法律责任。

8.4 中华人民共和国合同法

一般规定；合同的订立；合同的效力；合同的履行；合同的变更和转让；合同的权利义务终止；违约责任；其他规定。

8.5 中华人民共和国行政许可法

总则；行政许可的设定；行政许可的实施机关；行政许可的实施程序；行政许可的费用。

8.6 中华人民共和国节约能源法

总则；节能管理；合理使用与节约能源；节能技术进步；激励措施；法律责任。

8.7 中华人民共和国环境保护法

总则；环境监督管理；保护和改善环境；防治环境污染和其他公害；法律责任。

8.8 建设工程勘察设计管理条例

总则；资质资格管理；建设工程勘察设计发包与承包；建设工程勘察设计文件的编制与实施；监督管理。

8.9 建设工程质量管理条例

总则；建设单位的质量责任和义务；勘察设计单位的质量责任和义务；施工单位的质量责任和义务；工程监理单位的质量责任和义务；建设工程质量保修。

8.10 建设工程安全生产管理条例

总则；建设单位的安全责任；勘察设计工程监理及其他有关单位的安全责任；施工单位的安全责任；监督管理；生产安全事故的应急救援和调查处理。

九、工程经济

9.1 资金的时间价值

资金时间价值的概念；利息及计算；实际利率和名义利率；现金流量及现金流量图；资金等值计算的常用公式及应用；复利系数表的应用。

9.2 财务效益与费用估算

项目的分类；项目计算期；财务效益与费用；营业收入；补贴收入；建设投资；建设期利息；流动资金；总成本费用；经营成本；项目评价涉及的税费；总投资形成的资产。

9.3 资金来源与融资方案

资金筹措的主要方式；资金成本；债务偿还的主要方式。

9.4 财务分析

财务评价的内容；盈利能力分析（财务净现值、财务内部收益率、项目投资回收期、总投资收益率、项目资本金净利润率）；偿债能力分析（利息备付率、偿债备付率、资产负债率）；财务生存能力分析；财务分析报表（项目投资现金流量表、项目资本金现金流量表、利润与利润分配表、财务计划现金流量表）；基准收益率。

9.5 经济费用效益分析

经济费用和效益；社会折现率；影子价格；影子汇率；影子工资；经济净现值；经济内部收益率；经济效益费用比。

9.6 不确定性分析

盈亏平衡分析（盈亏平衡点、盈亏平衡分析图）；敏感性分析（敏感度系数、临界点、敏感性分析图）。

9.7 方案经济比选

方案比选的类型；方案经济比选的方法（效益比选法、费用比选法、最低价格法）；计算期不同的互斥方案的比选。

9.8 改扩建项目经济评价特点

改扩建项目经济评价特点。

9.9 价值工程

价值工程原理；实施步骤。

全国勘察设计注册工程师执业资格考试
公共基础试题配置说明

I.工程科学基础（共 78 题）

数学基础	24 题	理论力学基础	12 题
物理基础	12 题	材料力学基础	12 题
化学基础	10 题	流体力学基础	8 题

II.现代技术基础（共 28 题）

电气技术基础	12 题	计算机基础	10 题
信号与信息基础	6 题		

III.工程管理基础（共 14 题）

工程经济基础	8 题	法律法规	6 题

注：试卷题目数量合计 120 题，每题 1 分，满分为 120 分。考试时间为 4 小时。

2022 全国勘察设计注册工程师
执业资格考试用书

Zhuce Gongyong Shebei Gongchengshi(Jishui Paishui) Zhiye Zige Kaoshi
Jichu Kaoshi Linian Zhenti Xiangjie

注册公用设备工程师（给水排水）执业资格考试
基础考试历年真题详解
专业基础

注册工程师考试复习用书编委会/编
徐洪斌　曹纬浚/主编

人民交通出版社股份有限公司
北京

内 容 提 要

　　本书分公共基础、专业基础两册，分别为公共基础 2009~2021 年考试真题，给水排水专业基础 2007~2021 年考试真题。每套试题后均附有解析和参考答案。本书还配有在线电子题库，部分真题有视频解析，可微信扫描封面二维码免费领取，有效期一年。

　　本书可供参加 2022 年注册公用设备工程师（给水排水）执业资格考试基础考试的考生检验复习效果、准备考试使用。

图书在版编目（CIP）数据

2022注册公用设备工程师（给水排水）执业资格考试
基础考试历年真题详解/徐洪斌，曹纬浚主编. — 北京：
人民交通出版社股份有限公司，2022.4
2022 全国勘察设计注册工程师执业资格考试用书
ISBN 978-7-114-17778-1

I. ①2… II. ①徐…②曹… III. ①城市公用设施 – 给水排水系统 –
资格考试 – 题解 IV. ①TU991-44

中国版本图书馆 CIP 数据核字（2021）第 029571 号

书　　　名：	**2022 注册公用设备工程师（给水排水）执业资格考试基础考试历年真题详解**
著 作 者：	徐洪斌　曹纬浚
责任编辑：	刘彩云
责任印制：	刘高彤
出版发行：	人民交通出版社股份有限公司
地　　址：	（100011）北京市朝阳区安定门外外馆斜街 3 号
网　　址：	http://www.ccpcl.com.cn
销售电话：	（010）59757973
总 经 销：	人民交通出版社股份有限公司发行部
经　　销：	各地新华书店
印　　刷：	北京市密东印刷有限公司
开　　本：	889×1194　1/16
印　　张：	53.5
字　　数：	1088 千
版　　次：	2022 年 4 月　第 1 版
印　　次：	2022 年 4 月　第 1 次印刷
书　　号：	ISBN 978-7-114-17778-1
定　　价：	168.00 元（含两册）

（有印刷、装订质量问题的图书，由本公司负责调换）

版权声明

目　录

（专业基础）

2007 年度全国勘察设计注册公用设备工程师

（给水排水）执业资格考试试卷

基础考试
（下）

二〇〇七年九月

应考人员注意事项

1. 本试卷科目代码为"2"，考生务必将此代码填涂在答题卡"科目代码"相应的栏目内，否则，无法评分。

2. 书写用笔：**黑色或蓝色钢笔、签字笔或圆珠笔**；

   填涂答题卡用笔：**黑色 2B 铅笔**。

3. 必须用书写用笔将工作单位、姓名、准考证号填写在答题卡和试卷相应的栏目内。

4. 本试卷由 60 题组成，每题 2 分，满分 120 分，本试卷全部为单项选择题，每小题的四个备选项中只有一个正确答案，错选、多选、不选均不得分。

5. 考生作答时，必须按**题号在答题卡上**将相应试题所选选项对应的**字母用 2B 铅笔涂黑**。

6. 在答题卡上书写与题意无关的语言，或在答题卡上作标记的，均按违纪试卷处理。

7. 考试结束时，由监考人员当面将试卷、答题卡一并收回。

8. 草稿纸由各地统一配发，考后收回。

单项选择题（共60题，每题2分，每题的备选项中，只有一个最符合题意。）

1. 水文现象在时程变化方面存在随机性，与下列哪一项对立统一？

   A. 必然性
   B. 偶然性
   C. 突发性
   D. 周期性

2. 悬移质输沙率的计量单位是：

   A. m^3/s
   B. kg/m^3
   C. kg/s
   D. L/s

3. 水文分析中，一般认为回归直线的误差S_y不大于均值$\bar{y}$的某个百分值，其成果方可应用于实际，这个百分值是：

   A. （1~5）%
   B. （5~10）%
   C. （8~12）%
   D. （10~15）%

4. n年实测连续系列之前若干年，调查到一个重现期为N年的特大值，它们共同组成一个长系列，其中特大值的经验频率用下列哪种公式计算？

   A. $\dfrac{1}{N-n+1}$
   B. $\dfrac{1}{N+1}$
   C. $\dfrac{1}{N+n}$
   D. $\dfrac{1}{N-n}$

5. 有点雨量资料系列（mm）为：140、180、220，作为样本，其变差系数C_v为：

   A. 0.25
   B. 0.22
   C. 0.20
   D. 0.18

6. 水科院水文所求暴雨洪峰流量的公式适用的流域面积为下列哪一项？

   A. 300~500km²
   B. 200~300km²
   C. 100~200km²
   D. 50~100km²

7. 沉积岩常见的结构有泥质结构、化学结构、生物结构以及：

   A. 晶质结构
   B. 斑状结构
   C. 玻璃质结构
   D. 碎屑结构

8. 给水性愈强的岩石，其下列哪项特性愈强？

    A. 持水性
                    B. 溶水性

    C. 毛细性
                    D. 透水性

9. 某厂打一取水井，井径为 530mm，井深 40m，初见水位为地面下 5.00m。由地表至 24.00m 深处地层岩性分别是亚砂土、粗砂和较纯的砂砾卵石；24.00~25.00m 深处为一亚黏土透镜体；25.00~34.00m 处为中粗砂夹小砾；34.00~40.00m 处为黏土层。经稳定流抽水试验知含水层渗透系数为120m/d，影响半径为 548m。若该厂每天需水 4300m³，则取水时井中水位必须下降多少米时方可满足要求？

    A. 1.41m
                    B. 1.55m

    C. 1.70m
                    D. 2.10m

10. 河曲是由于河流侧向侵蚀的结果。河流受冲刷的一岸，弧形内侧朝向河床，称为凹岸，河水对凹岸的冲刷是由于：

    A. 岸边为软岩
                    B. 地表水流速大

    C. 河水的横向环流作用
          D. 河水携泥沙对岸边的磨蚀作用

11. 总溶解固体（TDS）是反映地下水水质的主要指标之一，一般情况下，地下水所含离子的种类直接影响 TDS 测定值的大小。TDS 含量低的水常以下列哪项为主？

    A. HCO_3^-
                    B. SO_4^{2-}

    C. Cl^-
                    D. K^+

12. 由于大区域内水文地质条件比较复杂，用地下水动力学方法评价区域内允许开采量常有较大的困难，但采用下列哪种方法，则相对简单和切实可行，且该方法主要适用于地下水埋藏较浅、地下水的补给和消耗条件比较单一地区？

    A. 试验推断法
                    B. 水量均衡法

    C. 数值法
                    D. 稳定流公式

13. 细菌活菌数最大的时期是：

    A. 延迟期
                    B. 对数期

    C. 稳定期
                    D. 衰亡期

14. 营养琼脂培养基常用的灭菌方法是：

A. 煮沸消毒

B. 间歇灭菌法

C. 高压蒸汽法

D. 巴氏消毒法

15. 不属于细菌特殊结构的是：

A. 核糖体

B. 荚膜

C. 芽孢

D. 鞭毛

16. 不属于大肠杆菌群特性的是：

A. 革兰氏染色阳性

B. 能发酵乳糖产生有机酸

C. 能在品红亚硫酸钠培养基上生长

D. 细胞壁含少量肽聚糖

17. 自然界中亚硝酸菌和硝酸菌构成的关系是：

A. 竞争

B. 互生

C. 共生

D. 拮抗

18. 催化 A+B+ATP→AB+ADP+Pi 的酶属于：

A. 合成酶

B. 裂解酶

C. 转移酶

D. 异构酶

19. 分子葡萄糖完全氧化所产生的 ATP 分子数是：

A. 12

B. 24

C. 38

D. 46

20. 反硝化细菌属于哪一类微生物？

A. 光能自养型微生物

B. 化能自养型微生物

C. 光能异养型微生物

D. 化能异养型微生物

21. 不属于细菌基本形态的是：

A. 球状

B. 杆状

C. 螺旋状

D. 丝状

22. 活性污泥的主要成分是：

    A. 原生动物   B. 有机污染物

    C. 菌胶团   D. 无机物

23. 牛顿内摩擦力的大小与液体流下列何种物理量成正比？

    A. 速度   B. 温度

    C. 角变形速率   D. 压力

24. 一弧形闸门，宽度 $b = 2m$，圆心角 $\alpha = 30°$，半径 $r = 3m$，闸门转轴与水面齐平，作用在闸门上的静水总压力的水平分力 P_x 为：

    A. 22.05kN   B. 10kN

    C. 15kN   D. 19kN

25. 能量方程中 $z + \dfrac{p}{\rho g} + \dfrac{\alpha v^2}{2g}$ 表示：

    A. 单位重量液体具有的机械能

    B. 单位质量液体具有的机械能

    C. 单位体积液体具有的机械能

    D. 通过过流断面液体的总机械能

26. 圆管紊流粗糙区的沿程阻力系数 λ：

    A. 只与雷诺数 Re 有关

    B. 只与管壁的相对粗糙度 $\dfrac{k_s}{d}$ 有关

    C. 与 Re 及 $\dfrac{k_s}{d}$ 有关

    D. 与 Re 和管长 L 有关

27. 水泵的扬程为：

    A. 水泵的提水高度

    B. 管路的水头损失

    C. 水泵的功率

    D. 水泵的提水高度加管路水头损失

28. 水力最优断面是：

    A. 造价最低的渠道断面

    B. 壁面粗糙度最小的断面

    C. 对一定的流量具有最大面积的断面

    D. 对一定的面积具有最小湿周的断面

29. 明渠水流由急流过渡到缓流时发生：

    A. 水跃   B. 水跌

    C. 连续过渡   D. 都可能

30. 实用断面堰的淹没系数：

    A. $\sigma < 1$ B. $\sigma > 1$

    C. $\sigma = 1$ D. 都有可能

31. 水泵是输送和提升液体的机器，它把原动机的机械能转化为被输送液体的能量，使液体获得：

    A. 动能   B. 势能

    C. 动能或势能   D. 压能

32. 水泵铭牌上的数值只是反映：

    A. 水泵的性能参数值

    B. 水泵在设计转速下的性能参数值

    C. 水泵在特性曲线上效率最高时的各性能参数值

    D. 水泵在设计转速下，特性曲线上效率最高时的各性能参数值

33. 比转数：

    A. 是无因次数   B. 是有因次数，但可略去

    C. 可作为任意两台泵的相似判据   D. 与重度无关

34. 折引特性曲线上各点的纵坐标表示水泵下列哪项所需的能量？

    A. 把水提升到 H（扬程）高度上

    B. 把水提升到 H_{ST}（静扬程）高度上

    C. 改变水的动能和位能

    D. 克服管道水头损失

35. 四台同型号并联工作的水泵，采用下面哪一种调速方案节能效果较好？

    A. 一定三调

    B. 二定二调

    C. 三定一调

    D. 四台均可调

36. 在实际使用中，水泵进口处的真空表读数不大于样本给出的H_s值，则：

    A. 水泵不会发生气蚀

    B. 水泵能正常运行

    C. 水泵会发生气蚀

    D. 不能立即判定水泵是否会发生气蚀

37. 射流泵吸水口处被吸水的流速不能太大，务使吸入室内真空值H_s小于：

    A. $7mH_2O$

    B. $8mH_2O$

    C. $5mH_2O$

    D. $10mH_2O$

38. 在给排水泵站中，若采用往复泵，则应采用下列哪一种启动方式？

    A. 必须开闸启动

    B. 必须闭闸启动

    C. 可以开闸启动，也可以闭闸启动

    D. 真空引水启动

39. 当采用真空泵引水启动水泵时，水泵引水时间一般应小于：

    A. 3min

    B. 4min

    C. 5min

    D. 10min

40. 泵站内吸水管路敷设应有沿水流方向大于0.5%的连续上升坡度，其目的是保证水泵吸水管路：

    A. 不漏气

    B. 不积气

    C. 不吸气

    D. 不产生水锤

41. 给水泵站按照操作条件及方式分为：

    A. 地面式泵站、地下式泵站、半地下式泵站

    B. 人工手动控制泵站、半自动化泵站、全自动化泵站、遥控泵站

    C. 取水泵站、送水泵站、加压泵站、循环泵站

    D. 合建式泵站、分建式泵站

42. 从离心泵的基本方程可知，为了获得正值扬程($H_T > 0$)，必须使：

A. $\alpha_1 < 90°$　　　　　　　　　　　　B. $\alpha_2 < 90°$

C. $\beta_1 < 90°$　　　　　　　　　　　　D. $\beta_2 < 90°$

43. 如果要求分析结果达到0.1%的准确度，常用滴定管的滴定误差为0.01mL，则滴定时消耗标准溶液的体积至少为：

A. 2mL　　　　　　　　　　　　B. 10mL

C. 8mL　　　　　　　　　　　　D. 5mL

44. 下列情况属于系统误差的是：

A. 砝码未经校正

B. 试样未混合均匀

C. 滴定液从滴定管损失半滴

D. 滴定操作者偶然从锥形瓶溅失少许试液

45. 已知下列各物质的K_b：①Ac^-(5.9×10^{-10})，②NH_2NH_2(3.0×10^{-8})，③NH_3(1.8×10^{-5})，④S^{2-}($K_{b1} = 1.41$，$K_{b2} = 7.7 \times 10^{-8}$)，则其共轭酸最强者为：

A. Ac^-　　　　　　　　　　　　B. NH_2NH_2

C. S^{2-}　　　　　　　　　　　　D. NH_3

46. 用下列四种不同浓度的 HCl 标准溶液①$c_{HCl} = 1.000mol/L$，②$c_{HCl} = 0.5000mol/L$，③$c_{HCl} = 0.1000mol/L$，④$c_{HCl} = 0.01000mol/L$，滴定相应浓度的 NaOH 标准溶液，得到四条滴定曲线，其中滴定突跃最长，可供选择的指示剂最多的是：

A. ①　　　　　　　　　　　　B. ④

C. ③　　　　　　　　　　　　D. ②

47. $K_2Cr_2O_7$是一种强氧化剂，在酸性溶液中，$K_2Cr_2O_7$与还原性物质作用后，$Cr_2O_7^{2-}$中的铬离子被还原为：

A. CrO_4^{2-}　　　　　　　　　　　　B. Cr^{6+}

C. Cr^{3+}　　　　　　　　　　　　D. $Cr_2O_7^{2-}$不起变化

48. 络合滴定中，找出滴定各种金属离子时所允许的最小 pH 值的依据是：

A. $\lg K'_稳 \geqslant 6$

B. $\lg \alpha_H \leqslant \lg K_稳 - 8$

C. $K'_稳 = \dfrac{K_稳}{\alpha_H}$

D. $\lg K'_稳 = \lg K_稳 - \lg \alpha_H$

49. 分光光度法中选择测定波长 λ 的重要依据是：

A. 吸收曲线

B. 标准曲线

C. 吸光度与显色剂浓度的曲线

D. 吸光度与 pH 值关系曲线

50. 原子吸收分光光度计的光源为：

A. 钨丝灯

B. 空心阴极灯

C. 氢灯

D. 辉光灯

51. 利用气相色谱仪测定污水中的酚类化合物，在记录仪上依次出现的是：①邻氯苯酚，②苯酚，③间甲酚，④对氯苯酚。则酚类化合物在色谱柱中分配系数最大者为：

A. 对氯苯酚

B. 苯酚

C. 邻氯苯酚

D. 间甲酚

52. 化学需氧量是水中有机污染物的综合指标之一，在测定 COD 时，氧化水样中有机污染物时所用的强氧化剂为：

A. $KMnO_4$

B. $Ce(SO_4)_2$

C. I_2

D. $K_2Cr_2O_7$

53. 水准仪主要几何轴线间应满足的几何关系是：

A. 圆水准器轴平行于竖轴，视准轴平行于水准管轴

B. 水准管轴垂直于竖轴，视准轴垂直于横轴

C. 圆水准器轴垂直于横轴，视准轴垂直于竖轴

D. 水准管轴平行于横轴，视准轴平行于竖轴

54. 用钢尺进行精密量距时，需要进行若干项目改正，试判别下列改正中哪个项目不需进行？

A. 尺长改正

B. 拉力改正

C. 温度改正

D. 倾斜改正

55. 经纬仪的安置工作包括：

    A. 对中，读数　　　　　　　　　　B. 整平，瞄准

    C. 对中，整平　　　　　　　　　　D. 整平，读数

56. 已知直线 AB 的坐标方位角 $\alpha = 210°30'40''$，则该直线所在象限及坐标增量的符号为：

    A. 第 III 象限，$-\Delta X$，$-\Delta Y$　　　　B. 第 III 象限，$-\Delta X$，$+\Delta Y$

    C. 第 IV 象限，$-\Delta X$，$+\Delta Y$　　　　D. 第 II 象限，$+\Delta X$，$-\Delta Y$

57. 已知控制点 A、B 的坐标为：$X_A = 100\text{m}$，$Y_A = 100\text{m}$；$X_B = 100\text{m}$，$Y_B = 200\text{m}$。测设点 P 的坐标为：

$X_P = 200\text{m}$，$Y_P = 150\text{m}$，按极坐标法测设 P 点，则其测设数据为：

    A. $\beta_{AP} = 26°33'54''$，$D_{AP} = 111.803\text{m}$

    B. $\beta_{AP} = 63°26'06''$，$D_{AP} = 111.803\text{m}$

    C. $\beta_{AP} = 63°26'06''$，$D_{AP} = 150.000\text{m}$

    D. $\beta_{AP} = 26°33'54''$，$D_{AP} = 150.000\text{m}$

58. 下列哪一个部门应负责采取措施，控制和处理施工现场对环境可能造成的污染和危害？

    A. 建设单位　　　　　　　　　　B. 城监部门

    C. 主管部门　　　　　　　　　　D. 施工企业

59. 跨行政区的环境污染和环境破坏的防治工作：

    A. 由有关地方人民政府协商解决，或者由上级人民政府协调解决，做出决定

    B. 应由上级人民政府协调解决，做出决定

    C. 应由受环境污染和环境破坏严重的行政区决定防治工作

    D. 应由国务院行政主管部门做出决定

60. 依照《中华人民共和国城市房地产管理法》的规定，土地使用者转让土地使用权须具备下列条件：

属于房屋建设工程的，完成开发投资总额的：

    A. 15%以上　　　　　　　　　　B. 20%以上

    C. 25%以上　　　　　　　　　　D. 30%以上

2007年度全国勘察设计注册公用设备工程师（给水排水）
执业资格考试基础考试（下）试题解析及参考答案

1. 解 水文现象在时程上具有周期性和随机性，在地区上具有相似性和特殊性。

答案：D

2. 解 输沙率是指单位时间内流过河流某断面的干沙质量，单位为kg/s。

答案：C

3. 解 在相关分析计算中，回归线的均方误差S_y不应大于y均值$\overline{y}$的10%~15%。

答案：D

4. 解 不连续N年系列中特大洪水的经验频率计算公式为

$$P_M = \frac{M}{N+1}$$

式中：P_M——不连续N年系列第M序号的经验频率；

      M——特大洪水由大到小排列的序号，此处为特大值$M=1$；

      N——调查考证的年数。

答案：B

5. 解 **方法1**，分别求得系列的均方差σ和均值$\overline{x}$：

$$\overline{x} = \frac{140 + 180 + 220}{3} = 180$$

$$\sigma = \sqrt{\frac{\sum(x_i - \overline{x})^2}{n}} = \sqrt{\frac{(140-180)^2 + (180-180)^2 + (220-180)^2}{3}} \approx 32.65$$

$$C_V = \frac{\sigma}{\overline{x}} = \frac{32.65}{180} \approx 0.18$$

方法2，求出系列的模比系数K_i：

$$K_1 = \frac{140}{180} \approx 0.78, \quad K_2 = \frac{180}{180} = 1, \quad K_3 = \frac{220}{180} \approx 1.22$$

$$C_V = \sqrt{\frac{\sum(K_i - 1)^2}{n}} = \sqrt{\frac{(0.78-1)^2 + (1-1)^2 + (1.22-1)^2}{3}} \approx 0.18$$

答案：D

6. 解 水科院水文所求暴雨洪峰流量的公式适用于流域面积小于$500km^2$，在$400\sim500km^2$较为适宜。

答案：A

7. 解 沉积岩的结构是指沉积岩组成物质的形状、大小和结晶程度。它又可分为碎屑结构、泥质结构、化学结构和生物结构。

答案：D

8. 解　含水岩土在重力作用下能自由释出一定水量的性能，称为给水性。用给水度来衡量给水性能，它是指饱水岩土在重力作用下释出的水体积与岩土总体积之比，在数值上等于容水度（孔隙度）减去持水度。所以给水性愈强的岩石，溶水性愈强。

　　答案：B

9. 解　凡透水性能好、孔隙大的岩石，以及卵石、粗砂、疏松的沉积物、富有裂隙的岩石，岩溶发育的岩石均可为含水层。由该题所述的水井周围的地质结构，可知该水井为承压水井（承压水是充满于两个隔水层之间的含水层中承受着水压力的重力水）。本题给出的已知条件：渗透系数 $k = 120\text{m/d}$，井的半径 $r_w = 530\text{mm}$，抽水井流量 $Q = 4300\text{m}^3/\text{d}$，含水层厚度（包括两种埋藏类型，埋藏在第一个稳定隔水层之上的潜水和埋藏在上下两个稳定隔水层之间的承压水，即初见水位地面下 5.00m 处到 24.00m 深处和 25.00~34.00m 处为含水层）$h_0 = 19 + 9 = 28\text{m}$，影响半径 $R = 548\text{m}$。由承压井的裘布依公式 $S_w = \dfrac{Q}{2\pi k h_0}\ln\dfrac{R}{r_w}$，得井中水位降深 $S_w = \dfrac{4300}{2\pi \times 120 \times 28}\ln\dfrac{548}{0.53} = 1.41\text{m}$。

　　答案：A

10. 解　侧蚀作用主要发生在河床弯曲处，因为主流线迫近凹岸，由于横向环流作用，使凹岸受流水冲蚀，这种作用的结果，加宽了河床，使河道更弯曲，形成曲流。

　　答案：C

11. 解　TDS升高，矿化度增高，水化学类型由重碳酸盐型过渡为硫酸盐型及氯化物型。低矿化度的淡水常以 HCO_3^- 为主要成分，中矿化度的盐质水常以 SO_4^{2-} 为主要成分，高矿化度的盐水和卤水常以 Cl^- 为主要成分。

　　答案：A

12. 解　水量均衡法是区域性地下水资源评价的最基本方法。因为大区域内水文地质条件比较复杂，用其他地下水动力学方法评价区域内允许开采量常有较大的困难，而采用水量均衡法则相对简单和切实可行，当然用这种方法评价的结果比较粗略。而且此方法主要适用于地下水埋藏较浅、地下水的补给和消耗条件比较单一地区，如山前冲洪积平原和岩溶地区等。

　　答案：B

13. 解　在稳定期，细菌活菌数最大。随着营养物质的消耗和有毒代谢产物的积累，部分细菌开始死亡，新生细菌数和死亡数基本相等。

　　答案：C

14. 解　高压蒸汽灭菌法是灭菌效果最好、目前应用最广的灭菌方法，此法适用于高温和不怕潮湿物品的灭菌。

　　答案：C

15. 解 细菌常见的特殊结构，包括荚膜、鞭毛、菌毛和芽孢等。

答案：A

16. 解 大肠菌群是指一群以大肠埃希氏菌为主的需氧及兼性厌氧的革兰氏阴性无芽孢杆菌，在 32~37℃，24h 内，能发酵乳糖，使产酸产气，可在品红亚硫酸钠培养基或伊红美蓝培养基上生长。

答案：A

17. 解 水体中的氨化菌、氨氧化菌（亚硝化细菌）和亚硝酸菌氧化菌（硝化细菌）之间存在着单方面有利的互生关系。氨对硝化细菌有抑制作用，但由于亚硝化细菌可把氨氧化成亚硝酸，不仅为硝化细菌解了毒，还提供了养料。

答案：B

18. 解 该酶促使 A 与 B 合成 AB，应为合成酶。

答案：A

19. 解 1 分子葡萄糖完全氧化产生 38 个 ATP。第一阶段产生 2 个，第二阶段产生 2 个，第三阶段产生 34 个，所以总共产生了 38 个 ATP。$C_6H_{12}O_6 + 6H_2O + 6O_2 \xrightarrow{\text{酶}} 6CO_2 + 12H_2O + $ 大量能量$(38ATP)$。

答案：C

20. 解 化能异养型：利用有机物作为生长所需的碳源和能源，来合成自身物质。大部分细菌都是这种营养方式。反硝化细菌在反硝化过程中需要消耗有机物，属于化能异养型微生物。

答案：D

21. 解 细菌基本形态分为球状、杆状和螺旋状这三种。

答案：D

22. 解 活性污泥是微生物群体及它们所依附的有机物质和无机物质的总称。微生物群体主要包括细菌、原生动物和藻类等。优良运转的活性污泥，是以丝状菌为骨架由球状菌组成的菌胶团。

答案：C

23. 解 牛顿内摩擦定律表达式为 $\tau = \mu du/dy$，即剪应力与剪切变形速度梯度成正比。

答案：C

24. 解 水平分力就是液体对曲面做的铅垂投影面的压力。

$$P_x = \frac{1}{2}\rho gh \cdot bh = \frac{1}{2}\rho gb(r \cdot \sin 30°)^2$$
$$= 0.5 \times 1000 \times 9.8 \times 2 \times (3 \times \sin 30°)^2$$
$$= 22.05\text{kN}$$

答案：A

25. 解 该式表示单位重量液体具有的机械能。

答案：A

26. 解 层流区λ和紊流光滑区λ都只是 Re 的函数，只跟相应的 Re 有关；紊流光滑区λ既和 Re 有关，又和相对粗糙度有关；紊流粗糙区的沿程阻力系数λ只与管壁的相对粗糙度有关。

答案：B

27. 解 水泵的扬程是指单位重量流体经泵所获得的能量，也就是水泵的提水高度与管路水头损失之和。

答案：D

28. 解 当过水断面面积、粗糙系数及渠道底坡一定时，使流量达到最大值的断面称为水力最优断面。即湿周最小时，渠道断面最优。而水力最优不一定经济最优。

答案：D

29. 解 水跃是明渠水流从急流过渡到缓流时发生的一种水面突然跃起的局部水力现象。水跌是明渠水流从缓流过渡到急流，水面急剧降落的局部水力现象。

答案：A

30. 解 可查《水力计算手册》，$\sigma < 1$。

答案：A

31. 解 泵是输送和提升液体的机器，它把原动机的机械能转化为被输送液体的能量，使液体获得动能或势能。

答案：C

32. 解 铭牌所列数值，是该泵设计工况下的参数值，它只是反映在特性曲线上效率最高那个点的各参数值。

答案：D

33. 解 对于任一台泵而言，比转数不是无因次数，它的单位是"r/min"，可它并不是一个实际的转速，只是用来比较各种泵性能的一个共同标准，因此它本身的单位含义无多大用处。其是由相似条件得出的一个综合性参数，但它本身不是相似准则。保持相似的两台机器，比转数相等；然而两机器比转数相等却不一定相似。故不能作为任意两台泵的相似判据。

答案：B

34. 解 折引特性曲线上各点的纵坐标值，表示泵在扣除了管道中相应流量时的水头损失以后，尚剩的能量。该能量仅用来改变被抽升水的位能，即它把水提升到 H_{ST} 高度上去。

答案：B

35. 解 调速泵与定速泵台数的比例，应充分发挥每台调速泵的调速范围，体现较高的节能效果。二定二调的效果最好，并不是调速泵配置越多越好。

答案：B

36. 解 水泵的允许吸上真空高度是水泵厂在标准状况下通过实测给出的偏于安全的数值，即样本中 $H_s = \max H_{v\text{实测}} - 0.3$，因此，如果水泵在标准状况下运行则一定不会生气蚀。但是，如果水泵不是在标准状况下运行，其吸水性能参数要根据实际大气压和饱和蒸汽压进行修正后再用于判断，即 $H'_s = H_s - (10.33 - h_a) - (h_{va} - 0.24)$，水泵是否会发生气蚀需要通过此修正值进行判断，因此，水泵是否会发生气蚀不能简单根据水泵进口的真空表读数与水泵样本中的允许吸上真空高度值直接判断。

答案：D

37. 解 射流泵吸入口处被吸水的流速不能太大，务使吸入室内真空值 $H_s < 7\text{mH}_2\text{O}$。

答案：A

38. 解 往复泵的性能特点之一：必须开闸启动。

答案：A

39. 解 真空泵引水启动水泵时，水泵引水时间在 3min 之内。

答案：A

40. 解 不积气：为使泵能及时排走吸水管路内的空气，吸水管应有沿水流方向连续上升的坡度 i，一般大于 0.005，以免形成气囊。

相关知识点 对吸水管路的要求：

（1）不漏气。

（2）不积气：为使泵能及时排走吸水管路内的空气，吸水管应有沿水流方向连续上升的坡度 i，一般大于 0.005，以免形成气囊。

（3）不吸气：为避免吸水井水面产生漩涡，使泵吸入空气，吸水管进口在最低水位下的淹没深度 h 不应小于 0.5~1.0m。

答案：B

41. 解 按照操作条件及方式，泵站可分为人工手动控制、半自动化、全自动化和遥控泵站四种。

答案：B

42. 解 为获得正值扬程（$H_T > 0$），必须使 $\alpha_2 < 90°$，α_2 愈小，泵的理论扬程愈大。

答案：B

43. 解　根据公式，$0.1\% = \dfrac{0.01\text{mL}}{\overline{X}} \times 100\%$，得滴定时至少耗用标准溶液的体积为 10mL。

答案：B

44. 解　选项 A 中砝码未经校正，属于仪器误差，引起系统误差；选项 B 中试样未混合均匀属于过失误差；选项 C 中滴定液从滴定管损失半滴属于随机误差，无法避免；选项 D 属于过失误差。

误差共分为三类，分别为系统误差、随机误差和过失误差。系统误差又叫可测误差，由某些经常的原因引起的误差，使测定结果系统偏高或偏低。其大小、正负也有一定规律；具有重复性和可测性。系统误差包括：

（1）方法误差：由于某一分析方法本身不够完善或有缺陷而造成的；

（2）仪器和试剂误差：由于仪器本身不够精确和试剂或蒸馏水不纯造成的；

（3）操作误差：由于操作人员一些生理上或习惯上的原因而造成的。

答案：A

45. 解　根据公式 $K_a \cdot K_b = [\text{H}^+][\text{OH}^-] = K_W = 1.0 \times 10^{-14}(25℃)$，计算 K_a，经比较得 Ac^- 最强。

对于 S^{2-}：$\text{HS}^- \rightleftharpoons \text{H}^- + \text{S}^{2-}$（二元弱酸 H_2S 的二级解离），其共轭酸为 HS^-，计算 K_{a2} 比较，$K_{a1} \cdot K_{b2} = K_{a2} \cdot K_{b1} = K_W$。

答案：A

46. 解　在化学计量点前后 $\pm 0.1\%$（滴定分析允许误差）范围内，溶液参数将发生急剧变化，这种参数（如酸碱滴定中的 pH）的突然改变就是滴定突跃，突跃所在的范围称为突跃范围。突跃的大小受滴定剂浓度（c）和酸（或碱）的解离常数影响，c 越大，突跃越大，解离常数越大，突跃越大。

答案：A

47. 解　$\text{K}_2\text{Cr}_2\text{O}_7$ 是一强氧化剂，在酸性溶液中，$\text{K}_2\text{Cr}_2\text{O}_7$ 与还原性物质作用时，被还原为 Cr^{3+}。

答案：C

48. 解　最小 pH 值的计算：

由 $\lg K'_{MY} \geqslant 8$ 得：

$$\lg K_{MY} - \lg \alpha_{Y(H)} \geqslant 8$$

即 $\lg \alpha_{Y(H)} \leqslant \lg K_{MY} - 8$

$$\lg \alpha_{Y(H)} = \lg K_{MY} - 8 \text{ 即为最小 pH 值}$$

答案：B

49. 解　吸收曲线是定量分析中选择入射光波长的重要依据。

答案：A

50. 解 光源：常用待测元素作为阴极的空心阴极灯。

答案： B

51. 解 气相色谱分离法的原理是：色谱柱中不同组分能够分离是由于其分配系数不等。分配系数 K 小的组分：在气相中停留时间短，较早流出色谱柱。分配系数大的组分：在气相中的浓度较小，移动速度慢，在柱中停留时间长，较迟流出色谱柱。两组分分配系数相差越大，两峰分离的就越好。不同物质的分配系数相同时，它们不能分离。

答案： A

52. 解 化学需氧量：在一定条件下，一定体积水样中有机物（还原性物质）被 $K_2Cr_2O_7$ 氧化，所消耗 $K_2Cr_2O_7$ 的量，以 mgO_2/L 表示。

答案： D

53. 解 水准仪主要轴线应满足以下几何条件：

①圆水准器轴应平行于仪器竖轴，即 $L_0L_0 /\!/ VV$。

②十字丝横丝应垂直于竖轴，即 $II \perp VV$。

③水准管轴应平行于视准轴，即 $LL /\!/ CC$。

答案： A

54. 解 钢尺量长度时，需要对尺长、温度和倾斜进行修正。

答案： B

55. 解 经纬仪的安置工作包括对中、整平。

答案： C

56. 解 方位角是从正北方起算，顺时针方向计算角度。象限角是分别从北、东、南、西计算。方位角 $\alpha = 210°30'40''$ 时，直线 AB 位于第 III 象限。X、Y 方向差值都小于 0。

答案： A

57. 解 极坐标法公式：

$$\beta_{AP} = \arctan\left(\frac{Y_P - Y_A}{X_P - X_A}\right) = \arctan\frac{50}{100} = 26°33'54''$$

$$D_{AP} = \sqrt{(X_P - X_A)^2 + (Y_P - Y_A)^2} = 111.803\text{m}$$

答案： A

58. 解 见《中华人民共和国建筑法》。

第四十一条 建筑施工企业应当遵守有关环境保护和安全生产的法律、法规的规定，采取控制和处理施工现场的各种粉尘、废气、废水、固体废物以及噪声、振动对环境的污染和危害的措施。

答案：A

59. 解 见《中华人民共和国环境保护法》（2015年1月1日起施行）。

第二十条　国家建立跨行政区域的重点区域、流域环境污染和生态破坏联合防治协调机制，实行统一规划、统一标准、统一监测、统一的防治措施。

前款规定以外的跨行政区域的环境污染和生态破坏的防治，由上级人民政府协调解决，或者由有关地方人民政府协商解决。

答案：A

60. 解 依照《城市房地产管理法》的规定，土地使用者转让土地使用权需具备下列条件：属于房屋建设工程的，完成开发投资总额的20%以上。

答案：B

2008 年度全国勘察设计注册公用设备工程师

（给水排水）执业资格考试试卷

基础考试
（下）

二〇〇八年九月

应考人员注意事项

1. 本试卷科目代码为"2"，考生务必将此代码填涂在答题卡"科目代码"相应的栏目内，否则，无法评分。

2. 书写用笔：**黑色或蓝色钢笔、签字笔或圆珠笔；**

   填涂答题卡用笔：**黑色 2B 铅笔。**

3. 必须用书写用笔将工作单位、姓名、准考证号填写在答题卡和试卷相应的栏目内。

4. 本试卷由 60 题组成，每题 2 分，满分 120 分，本试卷全部为单项选择题，每小题的四个备选项中只有一个正确答案，错选、多选、不选均不得分。

5. 考生作答时，必须按**题号在答题卡上**将相应试题所选选项对应的**字母用 2B 铅笔涂黑。**

6. 在答题卡上书写与题意无关的语言，或在答题卡上作标记的，均按违纪试卷处理。

7. 考试结束时，由监考人员当面将试卷、答题卡一并收回。

8. 草稿纸由各地统一配发，考后收回。

单项选择题（共 60 题，每题 2 分，每题的备选项中，只有一个最符合题意。）

1. 水文现象在地区分布方面是相似性与下列哪一项的对立统一？

   A. 特殊性
   B. 普遍性
   C. 绝对性
   D. 相对性

2. 流域水量平衡方程式是建立在下列哪个范围上的？

   A. 内陆河流域
   B. 外陆河流域
   C. 相邻流域
   D. 闭合流域

3. 直线回归方程式的简单相关式是：

   A. $y = ax + b$
   B. $y = ax + bx^2 + c$
   C. $y = ax^b$
   D. $y = ae^{bx}$

4. 调查所得历史洪水特大值与当代实测洪水值共同组成的系列称作：

   A. 含有极大值系列
   B. 含有缺测项系列
   C. （排号）连续系列
   D. （排号）不连续系列

5. 某点雨量资料系列（mm）为 600、800、1000，作为样本，其变差系数 C_v 为：

   A. 0.18
   B. 0.20
   C. 0.25
   D. 0.28

6. 铁一局两所求暴雨洪峰流量的公式适用于我国哪一地区？

   A. 东北地区
   B. 西北地区
   C. 东南地区
   D. 西南地区

7. 地貌上有时可见呈带状分布的陡崖、湖泊、泉水或水系的突然转向，则该地貌景观常指示可能存在：

   A. 断层带
   B. 软弱夹层
   C. 不整合面
   D. 褶皱

8. 岩石的空隙性为地下水的储存和运动提供了空间条件，非可溶性坚硬岩石的容水空间主要是岩石的：

   A. 孔隙
   B. 裂隙和断层
   C. 岩溶
   D. 孔隙和溶隙

9. 在无越流含水层中作非稳定流抽水试验时，当抽水井带有一个观测孔时，可选用下列哪个方法求含水层的水文地质参数？

A. 达西公式
B. 裘布依公式
C. 降深—时间配线法
D. 降深距离—时间配线法

10. 在黄土层中寻找地下水的富集地段，除了近河谷地带，首先要考虑以下哪项？并应注意厚层黄土中的钙质结核层及黄土下伏基岩剥蚀面的凹陷部位，以及黄土覆盖下的其他成因的沉积物和基岩中的地下水。

A. 沟谷地带
B. 裂隙的发育程度
C. 古河床
D. 平坦地形中的洼地

11. 地下水一般是透明的，当含有大量有机质、固体矿物质及胶体悬浮物时，才呈混浊现象。当水体厚度为 65cm 时可清楚地看清桶底多粗的黑线？则该水为透明的。

A. 2.5mm
B. 2.8mm
C. 3.2mm
D. 3.0mm

12. 某地区第二个承压含水层自顶板算起压力水头高度为 30m，承压含水层面积为 $1000km^2$，经试验确定该含水层的释水系数为 6.0×10^{-5}，则该承压含水层的储存量为：

A. $1.8 \times 10^6 m^3$
B. $2.0 \times 10^6 m^3$
C. $1.8 \times 10^7 m^3$
D. $2.0 \times 10^7 m^3$

13. 维持酶活性中心的空间构型是：

A. 结合基团
B. 催化基团
C. 多肽链
D. 底物

14. 污水净化过程中，指示生物出现的顺序是：

A. 细菌、轮虫、植物性鞭毛虫
B. 植物性鞭毛虫、细菌、轮虫
C. 轮虫、细菌、植物性鞭毛虫
D. 细菌、植物性鞭毛虫、轮虫

15. 能产生抗生素的种类是：

A. 细菌
B. 放线菌
C. 酵母菌
D. 病毒

16. 营养琼脂培养基常用的灭菌方法是：

    A. 煮沸消毒
                       B. 间歇灭菌法

    C. 高压蒸汽灭菌法
              D. 巴士消毒法

17. 以破坏核酸而使病毒失活的因素是：

    A. 高温
                           B. 紫外线

    C. 臭氧
                           D. 液氧

18. 以下为异养型微生物的是：

    A. 硝化菌
                           B. 硫细菌

    C. 啤酒酵母
                       D. 衣藻

19. 细菌的特殊结构是：

    A. 细胞壁
                           B. 核糖体

    C. 中体
                           D. 荚膜

20. 细菌形成荚膜主要在：

    A. 延迟期
                           B. 对数期

    C. 稳定期
                           D. 衰亡期

21. 噬菌体与细菌的关系是：

    A. 互生关系
                         B. 共生关系

    C. 拮抗关系
                         D. 寄生关系

22. 催化 A→B+C 的酶属于：

    A. 水解酶类
                         B. 转移酶类

    C. 裂解酶类
                         D. 合成酶类

23. 与牛顿内摩擦定律直接有关的因素是：

    A. 切应力和压强
                  B. 切应力和剪切变形速度

    C. 切应力和剪切变形
            D. 切应力和流速

24. 用 U 形水银压差计测量水管内 A、B 两点的压强差，水银面高差 $\Delta h = 10cm$，则 $p_A - p_B$ 为：

    A. 13.33kPa
                         B. 9.8kPa

    C. 12.35kPa
                         D. 6.4kPa

25. 在同一管流断面上，动能校正系数 α 与动量校正系数 β 的比较是：

A. $\alpha > \beta$ B. $\alpha = \beta$

C. $\alpha < \beta$ D. 不能确定

26. A、B 两根管道，A 管输水，B 管输油，其长度 L、管径 d、壁面粗糙度 k 和雷诺数 Re 都相同，则沿程水头损失之间的关系为：

A. $h_{lA} = h_{出}$ B. $h_{lA} > h_{lB}$

C. $h_{lA} < h_{lB}$ D. 不能确定

27. 某管道自水塔输水至大气中，已知管道全长 $l = 500$m，管径 $d = 200$mm，沿程阻力系数 $\lambda = 0.32$，局部损失可以忽略不计，为保证输水流量 $Q = 0.022\text{m}^3/\text{s}$，所需水塔自由面与管道出口断面高差约为：

A. 20m   B. 18m

C. 16m   D. 14m

28. 设计明渠时选用的糙率 n 小于实际的糙率，则明渠设计水深 h_J 与实际水深 h 的比较是：

A. $h_J > h$ B. $h_J < h$

C. $h_J = h$ D. 不能确定

29. 缓坡明渠中的均匀流：

A. 只能是急流   B. 只能是缓流

C. 可以是急流或缓流   D. 可以是层流或紊流

30. 自由式宽顶堰的堰顶水深 h_{c0} 与临界水深 h_c 的关系为：

A. $h_{c0} < h_c$ B. $h_{c0} > h_c$

C. $h_{c0} = h_c$ D. 不能确定

31. 离心泵的基本性能参数包括：

A. 流量、扬程、有效功率、效率、比转率、允许吸上真空高度或汽蚀余量

B. 流量、扬程、轴功率、效率、转速、允许吸上真空高度或汽蚀余量

C. 流量、扬程、有效功率、转速、允许吸上真空高度或汽蚀余量

D. 流量、扬程、轴功率、比转数、允许吸上真空高度或汽蚀余量

32. 比转数相等的两台泵：

A. 一定相似   B. 可归为同一类型

C. 可能相似   D. 转速一样

33. 切削抛物线上的各点：

A. 效率相同，但工况不相似

B. 工况相似，但效率不同

C. 工况相似，效率相同

D. 工况不相似，效率不相同

34. 当水泵抽升的液体重度不同时，水泵样本中的：

A. $Q\text{-}N$、$Q\text{-}H$曲线都不变

B. $Q\text{-}N$曲线不变、$Q\text{-}H$曲线要变

C. $Q\text{-}N$、$Q\text{-}H$曲线都要变

D. $Q\text{-}N$曲线要变、$Q\text{-}H$曲线不变

35. 水泵的静扬程即是指：

A. 水泵吸水池地面与水塔地面之间的垂直距离

B. 水泵吸水池地面与水塔水面之间的高差

C. 水泵吸水池设计水面与水塔最高水位之间的测管高差

D. 水泵吸水池水面与水塔地面之间的垂直距离

36. 当管网中实际流量、扬程不在泵的原特性曲线上时，若采用调速运行方式调节离心泵工况，则调速后转速的计算方法为：

A. 在泵的原特性曲线上任取一点与实际工况一起代入比例律，计算调速后的转速

B. 在管道特性曲线上任取一点与实际工况一起代入比例律，计算调速后的转速

C. 通过等效率曲线，在泵的原特性曲线上找到与实际工况相似的工况点后，代入比例律，计算调速后的转速

D. 在泵的原特性曲线上任取两点代入比例律，计算调速后的转速

37. 往复泵的性能特点是：

A. 高扬程、小流量的容积式水泵

B. 高扬程、小流量的混流泵

C. 高扬程、大流量的容积式水泵

D. 低扬程、大流量的混流泵

38. 某射流泵工作液体流量为4.5L/s，被抽吸液体流量为5.0L/s，则该射流泵的流量比是：

A. 0.9

B. 1.11

C. 0.53

D. 1.9

39. 为了使水泵能及时排走吸水管路内的空气，吸水管应沿水流方向：

A. 有连续上升的坡度

B. 有连续下降的坡度

C. 没有具体要求

D. 保持绝对水平

40. 给水泵站设计时，选泵的主要依据是：

A. 水泵的 Q-H 曲线

B. 管路的特性曲线

C. 所需要的流量、扬程及变化规律

D. 消防流量与扬程

41. 在实际使用中，水泵进口处的真空表读数不大于样本给出的 H_s 值，则：

A. 水泵不会发生气蚀

B. 水泵能正常运行

C. 水泵会发生气蚀

D. 不能立即判定水泵是否会发生气蚀

42. 排水泵站设计中，规范建议的压水管（出水管）设计流速为：

A. 0.8~2.5m/s

B. 1.0~2.0m/s

C. 直径小于 250mm 时，为1.0~1.2m/s；直径 250~1000mm 时，为1.2~1.6m/s；直径大于 1000mm 时，为1.5~2.0m/s

D. 直径小于 250mm 时，为1.5~2.0m/s；直径 250~1600mm 时，为2.0~2.5m/s；直径大于 1600mm 时，为2.0~3.0m/s

43. 甲、乙、丙三人同时分析某矿物中硫含量，每次均取样 3.5g，分析结果报告为：甲，0.041%、0.042%；乙，0.0419%、0.0421%；丙，0.04199%、0.04208%。试指出合理的报告为：

A. 甲   B. 乙

C. 甲乙   D. 乙丙

44. 用下列四种不同浓度的 NaOH 标准溶液①$c_{NaOH} = 0.5000\text{mol/L}$，②$c_{NaOH} = 0.1000\text{mol/L}$，③$c_{NaOH} = 0.05000\text{mol/L}$，④$c_{NaOH} = 0.01000\text{mol/L}$，滴定相应浓度的 HCl 标准溶液 20.00mL，得到四条滴定曲线，其中滴定突跃最短者为：

A. ①

B. ②

C. ③

D. ④

45. 下列物质中：①NH_4^+，②Ac^-，③CN^-，④F^-，从质子理论看，属于酸的物质是：

A. ②

B. ①

C. ④

D. ③

46. 测定自来水中的 Ca^{2+}、Mg^{2+}时，常用的指示剂为：

A. 磺基水杨酸

B. 铬黑 T

C. 酸性铬蓝 K

D. 二甲酚橙

47. 莫尔法测定水中 Cl^-时要求试样溶液呈中性或弱碱性。若在酸性条件下，指示剂发生下列反应：$2CrO_4^{2-} + 2H^+ = Cr_2O_7^{2-} + 2H_2O$；若在碱性条件下，$2Ag^+ + 2OH^- = 2AgOH = Ag_2O + H_2O$。在这两种情况下，用 $AgNO_3$标准溶液滴定 Cl^-时，测定结果会：

A. 偏高

B. 偏低

C. 正常

D. 不高

48. 测定水样 BOD_5时，用 $Na_2S_2O_3$标准溶液滴定当日和五日后的溶解氧，当滴定到锥形瓶中溶液呈淡黄色时加入的指示剂为：

A. 试亚铁灵

B. 二苯胺

C. 淀粉溶液

D. 甲基蓝

49. 分光光度法选择测定波长的重要依据是：

A. 标准曲线

B. 吸收曲线或吸收光谱

C. 吸光度A与显色剂浓度的关系曲线

D. 吸光度A与 pH 值的关系曲线

50. 用 $KMnO_4$滴定草酸 $H_2C_2O_4$，开始时，即使加热反应速度仍较小，当加入几滴高锰酸钾溶液待红色消失后，该反应速度大大提高，试分析出 $KMnO_4$与 $H_2C_2O_4$反应加快的催化剂为：

A. $C_2O_4^{2-}$

B. MnO_4^{2-}

C. Mn^{2+}

D. Mn^{6+}

51. 用气相色谱仪分析含有四种物质：①邻氯苯酚；②苯酚；③间甲酚；④对氯苯酚的混合工业污水试样。已知它们在色谱柱中的分配系数为$K_① < K_② < K_③ < K_④$，试分析最先在记录仪上出现的是：

A. ①
B. ③
C. ④
D. ②

52. 标准氢电极是目前最准确的参比电极，但由于种种原因，很少使用，那么电位分析中最常用的参比电极是：

A. 饱和甘汞电极
B. 金属基电极
C. 膜电极
D. 离子选择电极

53. 测量学的基本内容包括水平角测量及：

A. 距离测量与方位测量
B. 高程测量与方位测量
C. 距离测量与高程测量
D. 高程测量与弧度测量

54. 经纬仪主要几何轴线间应满足三个几何条件，下列选项中错误的是：

A. 视准轴平行于水准管轴
B. 水准管轴垂直于竖轴
C. 视准轴垂直于横轴
D. 横轴垂直于竖轴

55. 闭合导线角度闭合差检核公式是：

A. $\sum \beta_i - 360° \leqslant$ 容许值
B. $\sum \beta_i - (n-1) \times 180° \leqslant$ 容许值
C. $\sum \beta_i - 180° \leqslant$ 容许值
D. $\sum \beta_i - (n-2) \times 180° \leqslant$ 容许值

56. 试判别下述关于等高线平距概念中，错误的是：

A. 等高线平距的大小直接与地面坡度有关
B. 等高线平距越大，地面坡度越大
C. 等高线平距越小，地面坡度越大
D. 等高线平距越大，地面坡度越小

57. 已知控制点A、B的坐标为：$X_A = 100m$，$Y_A = 50m$；$X_B = 100m$，$Y_B = 150m$，拟测设点P的坐标为：$X_P = 150m$，$Y_P = 100m$。试按角度交会法计算测设数据为：

A. $\beta_A = 45°$，$\beta_B = 90°$
B. $\beta_A = 45°$，$\beta_B = 135°$
C. $\beta_A = 45°$，$\beta_B = 45°$
D. $\beta_A = 90°$，$\beta_B = 45°$

58. 在建筑施工中，负责建筑安全生产、安全生产指导和监督的管理部门是：

A. 劳动行政主管部门
B. 施工企业
C. 建设行政主管部门
D. 建设单位

59. 建设与环境保护法规中的"三同时"制度，指的是防治污染的设施应当与主体工程：

A. 同时立项、同时建设、同时验收

B. 同时设计、同时施工、同时投产

C. 同时审批、同时设计、同时施工

D. 同时规划、同时建设、同时投产

60. 《中华人民共和国城市规划法》所称城市规划区是指：

A. 城市建设区及因城市建设和发展需要实行规划控制的区域

B. 城市市区及因城市建设和发展需要实行规划控制的区域

C. 城市市区、近郊区以及因城市建设和发展需要实行规划控制的区域

D. 城市市区、近郊区以及城市行政区域内因城市建设和发展需要实行规划控制的区域

2008 年度全国勘察设计注册公用设备工程师（给水排水）执业资格考试基础考试（下）试题解析及参考答案

1. 解 水文现象在地区分布方面既有相似性又有特殊性，任何水文现象无论在时间或是空间上均同时存在确定性和不确定性这两方面的性质。

答案： A

2. 解 闭合流域即该流域的地面分水线明确，且地面与地下水分水线又相互重合，没有补给相邻流域的水量。流域水量平衡方程是建立在闭合流域范围基础上的。

答案： D

3. 解 最简单的相关关系就是直线回归方程。

答案： A

4. 解 将通过文献考证和实地勘测获得的特大洪水、古洪水研究获得的特大洪水与实测洪水系列组成为一个不连续系列，可增加资料的代表性。

答案： D

5. 解 方法 1，分别求得系列的均方差 σ 和均值 $\overline{x}$：

$$\overline{x} = \frac{600 + 800 + 1000}{3} = 800$$

$$\sigma = \sqrt{\frac{\sum (x_i - \overline{x})^2}{n}} = \sqrt{\frac{(600 - 800)^2 + (800 - 800)^2 + (1000 - 800)^2}{3}} \approx 163.30$$

$$C_V = \frac{\sigma}{\overline{x}} = \frac{163.30}{800} \approx 0.20$$

方法 2，求出系列的模比系数 K_i：

$$K_1 = \frac{600}{800} \approx 0.75, \quad K_2 = \frac{800}{800} = 1, \quad K_3 = \frac{1000}{800} \approx 1.25$$

$$C_V = \sqrt{\frac{\sum (K_i - 1)^2}{n}} = \sqrt{\frac{(0.75 - 1)^2 + (1 - 1)^2 + (1.25 - 1)^2}{3}} \approx 0.20$$

答案： B

6. 解 该计算洪峰流量的公式适用于西北各省、区以及流域面积小于 100km^2 的小流域。

答案： B

7. 解 地貌上断层带的识别标志有沿断层常形成沟谷、洼地、湖泊，并呈直线分布；断层使山脊错断成为陡崖或三角面山，也能使山脊急剧地转折或突变为平原。

答案： A

8. 解 坚硬岩石主要发育在各种应力作用下岩石破裂变形产生的裂隙，其容水度一般与裂隙度相等。

答案： B

9. 解 利用非稳定流抽水试验计算水文地质参数常用的方法有配线法、直线图解法、恢复水位法和试算法，其中配线法包括降深—时间配线法、降深—距离配线法、降深—时间距离配线法。

答案： C

10. 解 在黄土层中寻找地下水的富集地段，除了近河谷地带，首先要考虑平坦地形中的洼地。黄土层中地下水的富水性取决于地形、裂隙发育程度等，一般洼地的富水性相对最好，而地形破碎、沟谷深切的地段最差。

答案： D

11. 解

地下水透明度分级表   题11解表

分 级	鉴 定 特 征
透明	无悬浮物及胶体，大于60cm水深可见3mm粗线
微浊	有少量悬浮物，30~60cm水深可见图像
浑浊	有较多悬浮物，半透明状，小于30cm水深可见图像
极浊	有大量悬浮物或胶体，似乳状，水很浅也看不清图像

答案： D

12. 解 $Q = \mu FA = 6.0 \times 10^{-5} \times 1000 \times 30 = 1.8 \times 10^6 \mathrm{m}^3$。

答案： A

13. 解 酶活性中心包括结合部位和催化部位，结合部位的作用是识别并结合底物分子，催化部位的作用是打开和形成化学键。选项 A、B 错误；D 显然不对，与底物无关。通过肽链的盘绕折叠，在空间构象上相互靠近，维持空间构型的就是多肽链。

答案： C

14. 解 污水净化过程中，微生物出现顺序：细菌、植物性鞭毛虫、变形虫、动物性鞭毛虫、游泳型纤毛虫、固着型纤毛虫、轮虫。

答案： D

15. 解 放线菌绝大多数为有益菌，对人类健康贡献突出，有70%的抗生素由放线菌产生。

答案： B

16. 解 高压蒸汽灭菌法是灭菌效果最好、目前应用最广的灭菌方法，此法适用于高温和不怕潮湿物品的灭菌。

答案： C

17. 解 紫外线杀菌消毒的原理是破坏其体内 DNA 的结构，使其立即死亡或丧失繁殖能力。

答案：B

18. 解 硝化菌、硫细菌属化能自养微生物，衣藻属光能自养微生物，啤酒酵母属化能异养菌。

答案：C

19. 解 细菌常见的特殊结构包括荚膜、鞭毛、菌毛和芽孢等。

答案：D

20. 解 稳定期特点：细菌新生数等于死亡数；生长速度为零；芽孢、荚膜形成，内含物开始储存等。

答案：C

21. 解 噬菌体是病毒，寄生在细菌内。

答案：D

22. 解 该酶催化 A 断裂为 B 和 C，为裂解酶。

答案：C

23. 解 牛顿内摩擦定律表达式为 $\tau = \mu \mathrm{d}u/\mathrm{d}y$，可知其直接有关因素为切应力与剪切变形速度。

答案：B

24. 解 $p = (\rho_{汞} - \rho_{水})gh = (13.6 - 1) \times 10^3 \times 9.8 \times 0.1 = 12.35 \mathrm{kPa}$。

答案：C

25. 解 参见《水力学》，主要考查 α 与 β 的定义。

答案：D

26. 解 $\lambda = \dfrac{64}{\mathrm{Re}}$，$\mathrm{Re} = \dfrac{du\rho}{\mu}$，由于油的动力黏度比水大，密度比水小，Re 相同，可知输油管的流速比水大，沿程水头损失 $h_\mathrm{f} = \lambda \dfrac{l}{d} \dfrac{v^2}{2g}$，故输油管沿程水头损失较大。

答案：C

27. 解

$$Q = vA = v\frac{\pi d^2}{4}, \quad v = \frac{4Q}{\pi d^2} = \frac{4 \times 0.022}{3.14 \times 0.2^2} = 0.7 \mathrm{m/s}$$

$$H = \lambda \frac{l}{d} \frac{v^2}{2g} = 0.32 \times \frac{500}{0.2} \times \frac{0.7^2}{2 \times 9.8} = 20\mathrm{m}$$

答案：A

28. 解 根据明渠均匀流基本公式可知 $Q = \dfrac{1}{n} A R^{\frac{2}{3}} i^{\frac{1}{2}}$，设计糙率 n 偏小，则实际 Q 可能达不到设计 Q，实际水深 h 要高于设计水深。

答案：B

29. 解 缓坡明渠中，渠底坡的 $i < i_k$，但水流的水深在大于 h_k 时为缓流，水深小于 h_k 时为急流。

答案：B

30. 解 自由式宽顶堰的堰顶水深小于临界水深 h_c，属于急流。

答案：A

31. 解 离心泵的基本性能，通常用 6 个性能参数来表示：①流量 Q；②扬程 H；③轴功率 N；④效率 η；⑤转速 n；⑥允许吸上真空高度 H_s 或汽蚀余量 Δh。

答案：B

32. 解 两台泵相似，则比转数一定相等；两台泵比转数相等，但不一定相似。

答案：C

33. 解 沿外径切小离心泵或混流泵的叶轮，从而调整了水泵的工作点，改变了水泵的性能曲线，称为切削调节。水泵叶轮外径切削以后，其流量、扬程、功率都要发生变化，这些变化规律与外径的关系，称为切削相似定律。为保证叶轮切削后水泵仍处于高效范围，应将叶轮的切削量控制在一定的范围内，则切削后水泵的效率可视为不变，即仅显示与流量、扬程、功率、叶轮直径的关系。

答案：C

34. 解 比转数是根据所抽升液体的密度 $\rho = 1000 \text{kg/m}^3$ 时得出的，也即根据 20℃左右的清水时得出的。由此可见比转数与液体的密度（容重）有关，比转数不同，反映泵的特性曲线也不同。泵的特性曲线包括 Q-H、Q-N、Q-η 曲线等。因此 Q-N、Q-H 曲线都要变。

相关知识点： 离心泵的理论扬程与液体的容重即密度无关，但当输送不同容重的液体时，水泵所消耗的功率是不同的。水泵所输送液体的黏度越大，泵体内部的能量损失越大，水泵的扬程 H 和流量 Q 都要减小，效率要下降，而轴功率增大，也即水泵的特性曲线将发生改变。

答案：C

35. 解 静扬程是指水泵吸水井设计水面与水塔最高水位之间的测管高差，即水泵的吸入点和高位控制点之间的高差。

答案：C

36. 解 应用比例律的前提是对应点工况相似，工况相似的点均分布在相似工况抛物线上，该抛物线的方程可依据比例律写为 $H = kQ^2$。此时需利用等效率曲线 $H = kQ^2$，求出工况相似点，进而利用比例律公式 $\dfrac{Q_1}{Q_2} = \dfrac{n_1}{n_2}$ 得出转速 n_2。

答案：C

37. 解 往复泵的性能特点是高扬程、小流量的容积式泵。

答案：A

38. 解

$$该射流泵的流量比\alpha = \frac{被抽液体流量}{工作液体流量} = \frac{5.0}{4.5} = 1.11$$

射流泵的工作性能一般可用下列参数表示：

$$流量比 = 被抽液体流量/工作液体流量$$

$$压头比 = 射流泵扬程/工作压力$$

$$断面比 = 喷嘴断面/混合室断面$$

答案：B

39. 解 不积气：为使泵能及时排走吸水管路内的空气，吸水管应有沿水流方向连续上升的坡度i，一般大于 0.005，以免形成气囊。

答案：A

40. 解 在给水泵站的设计中，选泵的主要依据是所需的流量、扬程以及其变化规律。

答案：C

41. 解 水泵的允许吸上真空高度是水泵厂在标准状况下通过实测给出的偏于安全的数值，即样本中$H_s = \max H_{v\,实测} - 0.3$，因此，如果水泵在标准状况下运行则一定不会生气蚀。但是，如果水泵不是在标准状况下运行，其吸水性能参数要根据实际大气压和饱和蒸汽压进行修正后再用于判断，即$H_s' = H_s - (10.33 - h_a) - (h_{va} - 0.24)$，水泵是否会发生气蚀需要通过此修正值进行判断，因此，水泵是否会发生气蚀不能简单根据水泵进口的真空标读数与水泵样本中的允许吸上真空高度值直接判断。

答案：D

42. 解 在排水泵站设计中，压水管的流速为0.8~2.5m/s，不能小于0.7m/s，以免管内产生沉淀；吸水管的设计流速一般为0.7~1.5m/s。

相关知识点： 在给水泵站设计中，吸水管中的设计流速建议采用以下数值：管径小于 250mm 时，为1.0~1.2m/s；管径等于或大于 250mm 时，为1.2~1.6m/s。压水管路的设计流速：管径小于 250mm 时，为1.5~2.0m/s；管径等于或大于 250mm 时，为2.0~2.5m/s。

答案：A

43. 解 甲的报告是合理的。因为取样时称量结果为 2 位有效数字，结果最多保留 2 位有效数字。甲的分析结果是 2 位有效数字，正确反映了测量的精确程度；乙和丙的分析结果分别保留了 3 位和 4 位有效数字，人为夸大了测量的精确程度，不合理。

答案：A

44. 解　在化学计量点前后±0.1%（滴定分析允许误差）范围内，溶液参数将发生急剧变化，这种参数（如酸碱滴定中的 pH 值）的突然改变就是滴定突跃，突跃所在的范围称为突跃范围。突跃的大小受滴定剂浓度（c）和酸（或碱）的解离常数影响，c 越大，突跃越大，解离常数越大，突跃越大。

答案：D

45. 解　布朗斯特德-劳莱的酸碱质子概念，凡给出质子的物质是酸，能接受质子的物质是碱。

$$HB \rightleftharpoons H^+ + B^-$$

酸（HB）给出一个质子（H^+）而形成碱（B^-），碱（B^-）接受一个质子（H^+）便成为酸（HB）；此时碱（B^-）称为酸（HB）的共轭碱，酸（HB）称为碱（B^-）的共轭酸。这种因质子得失而互相转变的一对酸碱称为共轭酸碱对。NH_4^+ 能提供一个质子，因此属于酸。

答案：B

46. 解　总硬度测定：$[Ca^{2+}+Mg^{2+}]$ 的测定

在一定体积的水样中，加入一定量的 NH_3-NH_4Cl 缓冲溶液，调节 pH=10.0（加入三乙醇胺，掩蔽 Fe^{3+}、Al^{3+}），加入铬黑 T 指示剂，溶液呈红色，用 EDTA 标准溶液滴定至由红色变为蓝色。

答案：B

47. 解　当 pH 值偏低，呈酸性时，平衡向右移动，$[CrO_4^{2-}]$ 减少，导致终点拖后而引起滴定误差较大（正误差）。当 pH 值增大，呈碱性时，Ag^+ 将生成 Ag_2O 沉淀。两种情况均使测定结果偏高。

答案：A

48. 解　碘量法测定溶解氧。用 $Na_2S_2O_3$ 标准溶液进行标定即滴定至淡黄色，再加淀粉溶液继续滴定至蓝色刚好褪去为止；记录其消耗 $Na_2S_2O_3$ 标准溶液的体积。

答案：C

49. 解　吸收曲线（吸收光谱）是定量分析中选择入射光波长的重要依据。

答案：B

50. 解　草酸溶液与高锰酸钾溶液反应生成了 Mn^{2+}，Mn^{2+} 作为该反应的催化剂，可加快化学反应速率，在滴定终点，滴入微过量高锰酸钾，利用自身的粉红色指示终点（30s 不褪色）。

答案：C

51. 解　气相色谱分离法的原理是：色谱柱中不同组分能够分离是由于其分配系数不等。分配系数 K 小的组分：在气相中停留时间短，较早流出色谱柱。分配系数大的组分：在气相中的浓度较小，移动速度慢，在柱中停留时间长，较迟流出色谱柱。两组分分配系数相差越大，两峰分离的就越好。不同物质的分配系数相同时，它们不能分离。

答案： A

52. 解 电位分析法中要求参比电极装置简单，在测量的条件下电极电位恒定，且再现性好。常用的参比电极是饱和甘汞电极，其原理与 Ag-AgCl 电极相同。电极电位取决于饱和 KCl 的浓度。甘汞电极由金属汞、甘汞（Hg_2Cl_2）及饱和 KCl 溶液组成。

答案： A

53. 解 测量学的基本内容包括水平角测量、距离测量和高程测量。

答案： C

54. 解 经纬仪主要轴线应满足下列条件：

①视准轴应垂直于水平轴；

②水准管轴应垂直于竖轴；

③水平轴应垂直于竖轴。

答案： A

55. 解 闭合导线角度闭合差的计算公式：$\sum \beta_i - (n-2) \times 180°$

答案： D

56. 解 等高线平距：相邻等高线之间的水平距离称为等高线平距，用 d 表示。设地面两点的水平距离为 D，高差是 h，则高差与水平距离之比称为坡度，用 i 表示，即

$$i = \frac{h}{dM}$$

式中：d——两点间图上长度（m）；

M——比例尺分母。

地面坡度 i 与等高线平距 d 成反比。地面坡度较缓，其等高线平距较大，等高线显得稀疏；地面坡度较陡，其等高线平距较小，等高线十分密集。

答案： B

57. 解 角度交会法是根据两个角度测设点的平面位置的方法。此法适用于待测点与控制点距离较远或量距比较困难的情况。设 $\angle PAB = \beta_1$，$\angle PBA = \beta_2$。

（1）首先计算 α_{AB}、α_{AP}、α_{BP}，则：

$$\beta_1 = \alpha_{AP} - \alpha_{AB}, \quad \beta_2 = \alpha_{BP} - \alpha_{AB}$$

（2）在测站 A 测设 β_1，得 AP 方向；在测站 B 测设 β_2，得 BP 方向，相交得 P 点，定 P 点标志。

答案： C

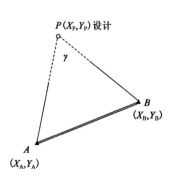

题 57 解图

58.解 建设行政主管部门负责建筑安全生产的管理，并依法接受劳动行政主管部门对建筑安全生产的指导和监督。

答案：C

59.解 见《中华人民共和国环境保护法》（2015年1月1日起施行）。

第四十一条 建设项目中防治污染的设施，应当与主体工程同时设计、同时施工、同时投产使用。

答案：B

60.解 本法所称城市规划区、近郊区以及城市行政区域内因城市建设和发展需要实行规划控制的区域，城市规划区的具体范围，由城市人民政府在编制的城市总体规划中划定。城市规划区：指城市的建设区以及因城乡建设和发展需要必须实行规划控制的区域。而城市建成区：城市行政区内实际已成片开发建设，市政公用设施和公共设施基本具备的地区。

答案：A

2009 年度全国勘察设计注册公用设备工程师

（给水排水）执业资格考试试卷

基础考试
（下）

二〇〇九年九月

应考人员注意事项

1. 本试卷科目代码为"2"，考生务必将此代码填涂在答题卡"科目代码"相应的栏目内，否则，无法评分。

2. 书写用笔：**黑色或蓝色钢笔、签字笔或圆珠笔；**

   填涂答题卡用笔：**黑色 2B 铅笔。**

3. 必须用书写用笔将工作单位、姓名、准考证号填写在答题卡和试卷相应的栏目内。

4. 本试卷由 60 题组成，每题 2 分，满分 120 分，本试卷全部为单项选择题，每小题的四个备选项中只有一个正确答案，错选、多选、不选均不得分。

5. 考生作答时，必须按**题号在答题卡上**将相应试题所选选项对应的**字母用 2B 铅笔涂黑。**

6. 在答题卡上书写与题意无关的语言，或在答题卡上作标记的，均按违纪试卷处理。

7. 考试结束时，由监考人员当面将试卷、答题卡一并收回。

8. 草稿纸由各地统一配发，考后收回。

单项选择题（共 60 题，每题 2 分，每题的备选项中，只有一个最符合题意。）

1. 对水文现象进行地理综合分析时常用：

A. 高程平均法
B. 纵横剖面法
C. 经纬分度法
D. 经验公式法

2. 径流总量的计量单位是：

A. L/s
B. kg
C. m^3
D. t

3. 设计标准所采用的频率是：

A. 概率
B. 累积频率
C. 事先概率
D. 经验频率

4. 与枯水流量值并没有密切关系的工程是：

A. 农业灌溉
B. 河流航道
C. 道路桥涵
D. 河港码头

5. 有点雨量资料系列（mm）为 40、80、120，作为样本，其变差系数 C_v 为：

A. 0.40
B. 0.5
C. 0.55
D. 0.60

6. 下渗曲线和下渗量累积曲线之间存在的关系是：

A. 积分和微分的关系
B. 累加和递减的关系
C. 累乘和连除的关系
D. 微分和积分的关系

7. 岩石根据成因可分为三种类型，下列岩石中是沉积岩的为：

A. 石英岩
B. 玄武岩
C. 页岩
D. 大理岩

8. 在干旱的广大沙漠地区，地下水的主要补给来源形式是：

A. 大气降水渗入补给
B. 地表水系渗入补给
C. 凝结水补给
D. 人工补给

9. 为了得到较大的取水量，设计人员常将井布置在河流附近。当抽水时，河流与地下水都会向井内运动，此时井距河边的距离b与抽水影响半径R应满足条件为：

A. $b < 0.5R$ B. $b < 2R$

C. $b > 0.5R$ D. $b < R$

10. 在可溶解性岩石分布地区寻水，实质上就是调查岩液的发育程度和分布规律，并结合补给条件寻找其富水部分。一般情况下，岩溶水的分布：

A. 极不均匀，具有向深部逐渐减弱的规律，且在水力联系上具有明显的各向异性

B. 均匀，具有向深部逐渐减弱的规律，且在水力联系上具有明显的各向异性

C. 均匀，水质好，水量丰富，具有各向异性

D. 极不均匀，且水质差，在水力联系上具有明显的各向异性

11. 地下水的总硬度是反映地下水下列哪个选项成分含量高低的指标？

A. Ca 和 Mg   B. $CaCO_3$ 和 $MgCO_3$

C. Ca^{2+} 和 Mg^{2+} D. $CaSO_4$ 和 $MgSO_4$

12. 地下水资源储存量计算，一般根据埋藏条件不同而计算其：

A. 调节储存量   B. 固定储存量

C. 天然储存量   D. 容积储存量和弹性储存量

13. 1mol 葡萄糖完全氧化可产生 CO_2 的摩尔数为：

A. 6   B. 12

C. 24   D. 38

14. 细菌纯培养的生长曲线上新产生菌数的速度和细菌死亡的速度大致相等的时期称为：

A. 延迟期   B. 对数期

C. 稳定期   D. 衰亡期

15. 饮用水液氯消毒过程中，下列哪项成分更易于杀死细菌？

A. Cl_2 B. HClO

C. ClO   D. HCl

16. 营养琼脂培养基常用的灭菌温度为：

A. 100℃   B. 110℃

C. 120℃   D. 130℃

17. 硫细菌的营养类型属于：

 A. 光能自养型 B. 化能自养型

 C. 光能异养型 D. 化能异养型

18. 蛋白质合成的部位是：

 A. 核糖体 B. 线粒体

 C. 叶绿体 D. 细胞核

19. 自然界中亚硝酸菌和硝酸菌构成：

 A. 竞争关系 B. 互生关系

 C. 寄生关系 D. 捕食关系

20. 溶解氧在下列哪个污染带含量最低？

 A. 多污带 B. α-中污带

 C. β-中污带 D. 寡污带

21. 我国生活饮用水的卫生标准规定菌落总数不超过的值为：

 A. 100CFU/mL B. 100CFU/L

 C. 1000CFU/mL D. 1000CFU/L

22. 脱氢酶属于下列哪一类？

 A. 氧化还原酶 B. 水解酶

 C. 转移酶 D. 合成酶

23. 作用于液体的质量力包括：

 A. 压力 B. 摩擦力

 C. 重力 D. 表面张力

24. 某点的真空度为65000Pa，当地的大气压为0.1MPa，该点的绝对压强为：

 A. 65000Pa B. 55000Pa

 C. 35000Pa D. 165000Pa

25. 在恒定流中：

 A. 流线一定互相平行

 B. 断面平均流速必定沿程不变

 C. 不同瞬时流线有可能相交

 D. 同一点处不同时刻的动水压强相等

26. 一水箱侧壁接两根相同直径的管道 1 和 2，已知管 1 的流量为 Q_1，雷诺数为 Re_1，管 2 的流量为 Q_2，雷诺数为 Re_2，若 $Q_1/Q_2 = 2$，则 Re_1/Re_2 等于：

    A. 2   B. 1/2

    C. 1   D. 4

27. 黏性液体测压管总水头线的沿程变化是：

    A. 沿程下降   B. 沿程上升

    C. 保持水平   D. 前三种情况都有可能

28. 在流量一定时，渠道断面的形状、尺寸和壁面粗糙一定时，随陡坡的增大，正常水深将：

    A. 增大   B. 减小

    C. 不变   D. 不定

29. 满足断面单位能量沿程不变这一条件的流动是：

    A. 均匀渐变缓流   B. 非均匀渐变缓流

    C. 均匀流   D. 临界流

30. 符合以下哪个条件的堰流是宽顶堰溢度？

    A. $\frac{\delta}{H} < 0.57$ B. $0.67 < \frac{\delta}{H} < 2.5$

    C. $2.5 < \frac{\delta}{H} < 10$ D. $\frac{\delta}{H} < 10$

31. 离心泵的工作过程实际上是一个能量传递和转化的过程，它把电动机的机械能转化为被抽升液体的能量类型是：

    A. 动能   B. 势能

    C. 动能和势能   D. 压能

32. 折引特性曲线上各点的纵坐标表示水泵用于下列何处所需的能量？

    A. 把水提到泵的扬程（H）高度上

    B. 把水提升到泵的静扬程（H_{ST}）高度上

    C. 改变水的动能和位能

    D. 克服管道水头损失

33. 台同型号并联工作的水泵，采用下面哪种调速方案节能效果较好？

    A. 一定三调   B. 二定二调

    C. 三定一调   D. 四台均可调

34. 在实际使用中，水泵进口处的真空表读数不大于样本给出的 H_s 值，则：

   A. 水泵不会发生气蚀

   B. 水泵能正常运行

   C. 水泵会发生气蚀

   D. 不能立即判断水泵是否会发生气蚀

35. 低比转数水泵的特点是：

   A. 扬程低，流量大，常采用闭闸启动

   B. 流量小，扬程大，常采用闭闸启动

   C. 扬程低，流量大，常采用开闸启动

   D. 流量小，扬程大，常采用开闸启动

36. 当管网中实际流量、扬程不在泵的原特性曲线上时，若采用换轮运行方式调节离心泵工况，则切削后叶轮直径的计算方法为：

   A. 在泵的原特性曲线上任取一点与实际工况一起代入切削律，计算切削后叶轮直径

   B. 在管道特性曲线上任取一点与实际工况一起代入切削律，计算切削后叶轮直径

   C. 通过切削抛物线，在泵的原特性曲线上找到与实际工况同时满足切削律的工况点后，计算切削后的叶轮直径

   D. 在泵的原特性曲线上任取两点代入切削律，计算切削后的叶轮直径

37. 射流泵的工作性能一般可用流量比、压力比、断面比等参数表示，压力比是指：

   A. $\dfrac{\text{射流泵扬程}}{\text{工作压力}}$ B. $\dfrac{\text{喷嘴前工作液体具有的比能}}{\text{射流泵扬程}}$

   C. $\dfrac{\text{工作压力}}{\text{射流泵扬程}}$ D. $\dfrac{\text{射流泵扬程}}{\text{喷嘴前工作液体具有的比能}}$

38. 某气升泵淹没系数为2，支管中静水位与扬水管口的高差为30m，升水高度为60m，则该气升泵压缩空气工作压力为：

   A. 9.2atm   B. 6.5atm

   C. 6.2atm   D. 3.5atm

39. 排水泵站设计中，规范建议的吸水管设计流速为：

A. 直径小于 250mm 时，为 1.0~1.2m/s；直径为 250~1000mm 时，为 1.2~1.6m/s；直径大于 1000mm 时，为 1.5~2.0m/s

B. 直径小于 250mm 时，为 1.5~2.0m/s；直径为 250~1000mm 时，为 2.0~2.5m/s；直径大于 1000mm 时，为 2.0~3.0m/s

C. 0.7~1.5m/s

D. 1.0~1.2m/s

40. 污水排水泵的设计流量，一般按以下哪项的污水量决定？

A. 平均日平均时　　　　　　　　　　B. 最高日最高时

C. 最高日平均时　　　　　　　　　　D. 最大秒流量

41. 水泵装置的实际气蚀余量可按下列哪个公式算出？

A. $H_{sv} = \dfrac{p_a}{\gamma} - \dfrac{p_{va}}{\gamma} + \dfrac{v_1^2}{2g}$　　　　　　B. $H_{sv} = \dfrac{p_1}{\gamma} - \dfrac{p_{va}}{\gamma} + \dfrac{v_1^2}{2g}$

C. $H_{sv} = \dfrac{p_1}{\gamma} - \dfrac{p_{va}}{\gamma} - \dfrac{v_1^2}{2g}$　　　　　　D. $H_{sv} = \dfrac{p_1}{\gamma} - \dfrac{p_{va}}{\gamma}$

42. 螺旋泵的理论流量与下述哪些因素有关？

A. 螺旋叶片外径、泵轴直径、螺距、转速、扬水断面率

B. 螺旋叶片外径、螺距、转速、倾角、扬水断面率

C. 螺旋叶片外径、螺距、转速、扬程、倾角

D. 螺旋叶片外径、泵轴直径、转速、扬水断面率

43. 现欲采集四种地面水水样，分别监测项目为：①水温；②总氮；③硬度；④COD。试指出要求现场测定的水样是：

A. 水温　　　　　　　　　　　　　　B. 硬度

C. 总氮　　　　　　　　　　　　　　D. COD

44. 已知下列各物质的 K_b：①Ac$^-$ (5.9×10^{-10})，②NH$_3$ (1.8×10^{-5})，③S^{2-} ($K_{b1} = 1.41$，$K_{b2} = 7.7 \times 10^{-8}$)，④NH$_2NH_2$ (3.0×10^{-8})，试判断出其共轭酸最弱者为：

A. S^{2-}　　　　　　　　　　　　　　B. Ac$^-$

C. NH$_2$NH$_2$　　　　　　　　　　　　D. NH$_3$

45. 若用$c_{NaOH} = 0.1000mol/L$标准溶液滴定①$K_a = 10^{-3}$、②$K_a = 10^{-5}$、③$K_a = 10^{-7}$、④$K_a = 10^{-9}$的四种弱酸得到四条滴定曲线，其中没有确定突跃的为：

A. ④

B. ①

C. ③

D. ②

46. 利用络合滴定法测定Mg^{2+}时，要控制$pH = 10$，试判断判定Mg^{2+}时所允许$pH = 10$的依据是：

A. $\lg K'_{稳} \geqslant 6$

B. $\lg K_{稳} = \lg K_{稳} - \lg \alpha_H$

C. $K'_{稳} = \dfrac{K_{稳}}{\alpha_H}$

D. $\lg \alpha_H \leqslant \lg K_{稳} - 8$

47. 应用莫尔法测定水样中 Cl^-，以 K_2CrO_4 为指示剂，用 $AgNO_3$ 标准溶液滴定为计量点时，稍过量的 Ag^+ 与 CrO_4^{2-} 生成 Ag_2CrO_4 沉淀，Ag_2CrO_4 的颜色为：

A. 紫红色

B. 砖红色

C. 蓝色

D. 白色

48. 室温下，高锰酸钾 $KMnO_4$ 与草酸 $H_2C_2O_4$ 反应速度缓慢，在加热条件下，反应速度加快，通常加热温度要控制在：

A. 90℃

B. 75~85℃

C. 60℃

D. 110℃

49. 要求滴定误差在 0.1% 的条件下，对$n_1 = n_2 = 1$的氧化还原反应，用于滴定分析时，要求两电对的条件电极电位之差应为：

A. $\varphi_1^{\Theta'} - \varphi_2^{\Theta'} \geqslant 0.2V$

B. $\varphi_1^{\Theta'} - \varphi_2^{\Theta'} \geqslant 0.25V$

C. $\varphi_1^{\Theta'} - \varphi_2^{\Theta'} \geqslant 0.4V$

D. $\varphi_1^{\Theta'} - \varphi_2^{\Theta'} \geqslant 0.6V$

50. 最常用的朗伯-比耳定律的数学表达式为：

A. $A = Kbc$

B. $A = KC$

C. $A = KL$

D. $A = \dfrac{I_0}{I}$

51. 原子吸收光谱中，待测元素的原子从基态到第一激发态时吸收的谱线是：

A. 共振发射线

B. 共振吸收线

C. 共振发射线和共振吸收线

D. 一般谱线

52. 采用滴定剂的电位分析法，滴定终点的确定是用：

A. 酸碱指示剂

B. 氧化还原指示剂

C. 电位电极突跃

D. Ag-AgCl 电极

53. 下面关于"水准面"特性的叙述，不正确的为：

A. 水准面是海水受重力影响而成

B. 静止的海水面无限延展包围整个地球

C. 水准面只有一个，是唯一的

D. 水准面上处处与重力方向垂直

54. "视差"在测量时应该将其消除，下面关于其成因的叙述中正确的为：

A. 因目标成像平面与十字丝平面不重合

B. 因观测者视力不好

C. 因观测者眼睛所处的位置不正确

D. 因光线不好

55. 用经纬仪测量水平角时，可能有以下误差产生，试指出系统误差是：

A. 读数误差   B. 瞄目标误差

C. 度盘刻划误差   D. 度盘偏心误差

56. 使用1：500比例尺地形图时，在图上量测的精度为：

A. 0.05m   B. 0.5m

C. 5m   D. 0.005m

57. 测量的基本工作有三项，下列项目中不包括的一项是：

A. 距离测设   B. 点位测设

C. 角度测设   D. 高程测设

58. 在建设单位实施招标发包时，建设工程招标的开标、评标、定标：

A. 由建设单位的行政主管部门依法组织实施

B. 由建设单位依法组织实施，并接受有关行政主管部门的监督

C. 由所在地区的招投标中心依法组织实施，并接受有关行政主管部门的监督

D. 以上A、B、C选择任一种办法都可以

59. 城市详细规划应当包括：

A. 规划地段各项建设的具体用地范围

B. 建设密度和高度等控制指标

C. 总平面布置、工程管线综合规划和竖向规划

D. 以上A、B、C

60. 勘察设计职工在对勘察设计收费时：

A. 应当遵守市场管理，平等竞争，严格按规定的收费

B. 应随行就市，尽量降低收费标准，提高在市场的竞争力

C. 应根据当地政府行政主管部门的规定收费

D. 应根据当地的经济情况及勘察设计实际工作量收费

2009年度全国勘察设计注册公用设备工程师（给水排水）执业资格考试基础考试（下）试题解析及参考答案

1. 解 水文学研究方法：①地理综合法。按照水文现象地带规律和非地带性的地域差异，用各种水文等值线图表示水文特征的分布规律，或建立地区经验公式以揭示地区水文特征。②成因分析法。根据水文变化的成因规律，由其影响因素预报、预测水文情势的方法。③数理统计法：根据水文现象的统计规律，对水文观测资料统计分析，进行水文情势预测、预报的方法。

答案： D

2. 解 径流总量W：一段时间（T）内通过河流过水断面的总流量，单位为 m³。其公式为$W = QT$。

答案： C

3. 解 样本系列各项的经验频率初算确定之后，在几率格纸上绘出经验频率点据的位置，目估绘出一条平滑的曲线，就称为经验频率曲线。我国一直采用皮尔逊型-III型曲线，作为洪水频率计算的依据，检查曲线与经验频率点据的配合情况。若配合得不好，应适当调整参数值，直到配合较好为止。

答案： D

4. 解 枯水流量也称为最小流量，是河川径流的一种特殊形态。其制约着城市的发展规模、灌溉面积、通航的容量和时间。

答案： C

5. 解 **方法1**，分别求得系列的均方差 σ 和均值$\overline{x}$：

$$\overline{x} = \frac{40 + 80 + 120}{3} = 80$$

$$\sigma = \sqrt{\frac{\sum(x_i - \overline{x})^2}{n}} = \sqrt{\frac{(40 - 80)^2 + (80 - 80)^2 + (120 - 80)^2}{3}} \approx 32.66$$

$$C_V = \frac{\sigma}{\overline{x}} = \frac{32.66}{80} \approx 0.40$$

方法2，求出系列的模比系数K_i：

$$K_1 = \frac{40}{80} \approx 0.5, \quad K_2 = \frac{80}{80} = 1, \quad K_3 = \frac{120}{80} \approx 1.5$$

$$C_V = \sqrt{\frac{\sum(K_i - 1)^2}{n}} = \sqrt{\frac{(0.5 - 1)^2 + (1 - 1)^2 + (1.5 - 1)^2}{3}} \approx 0.40$$

答案： A

6. 解 下渗曲线和下渗量累积曲线之间是微分和积分的关系。下渗量累积曲线上任一点的切线斜率表示该时刻的下渗率，t时段内下渗曲线下面所包围的面积则表示该时段内的下渗量。

答案： D

7. 解 沉积岩是在地表及地表以下不太深处形成的岩体，它在常温常压下由风化作用及某些火山作用所形成的沉积物，再经改造而成的。沉积岩主要包括石灰岩、砂岩、页岩等。

答案：C

8. 解 在广阔的沙漠地区，大气降水和地表水对地下水的补给都很少，而凝结水往往是地下水的重要补给来源。

答案：C

9. 解 当井布置在河流附近，井距河边的距离b小于$0.5R$。

答案：A

10. 解 岩溶水的独特性在于不断改造其赋存环境，通过溶蚀的分异作用，使含水空间及本身的赋存趋于不均一性，常造成岩溶区地表严重缺水，而深部地下水富集并趋于"地下河系化"的现象。岩溶水的不均一性是指岩溶含水系统中不同地段富水的差异性和水力联系的各向异性。它是由于岩溶发育过程中的分异作用造成的，而且其不均一程度取决于岩溶发育程度。

答案：D

11. 解 水的总硬度是指水中钙、镁离子的总浓度，其中包括碳酸盐硬度（即通过加热能以碳酸盐形式沉淀下来的钙、镁离子，故又叫暂时硬度）和非碳酸盐硬度（即加热后不能沉淀下来的那部分钙、镁离子，又称永久硬度）。

答案：C

12. 解 地下水储存量指储存于含水层内的水的体积。根据储存量的埋藏条件不同，又可分为容积储存量和弹性储存量。地下水的补给和排泄保持相对稳定时，储存量是常量；当补给量减少，会消耗储存量；当补给量增加，储存量也相应增加。查明含水层的体积、给水度和弹性释水系数，是准确计算储存量的首要条件。

答案：D

13. 解 葡萄糖的化学式为$C_6H_{12}O_6$，1mol葡萄糖完全氧化可产生6mol的CO_2。

答案：A

14. 解 稳定期特点：细菌新生数等于死亡数；生长速度为零；芽孢、荚膜形成，内含物开始储存等。

答案：C

15. 解 液氯消毒作用主要是靠其与水反应生成的次氯酸，因为它是体积很小的中性分子，能扩散到带有负电荷的细菌表面，具有较强的渗透力，能够穿透细胞壁进入细菌内部。

答案：B

16. 解 培养基通常应在高压蒸汽灭菌锅内，在气相120℃条件下，灭菌20min。

答案：C

17. 解 硫细菌可氧化可溶性硫化合物，从中获得能量，属于化能自养型。

答案：B

18. 解 细胞中的蛋白质是在核糖体上合成的。

答案：A

19. 解 两种不同的生物，可以单独生存，但当其生活在一起时，可以由一方为另一方提供有利的生活条件，这种关系叫互生关系。水体中的氨化菌、氨氧化菌（亚硝化细菌）和亚硝酸菌氧化菌（硝化细菌）之间存在着单方面有利的互生关系。

答案：B

20. 解 在河流水体自净过程中，形成一系列污化带：多污带、α-中污带、β-中污带、寡污带。多污带靠近排污口，含有大量有机物，溶解氧极低，甚至没有。寡污带自净作用基本完成，溶解氧恢复到正常水平。

答案：A

21. 解 我国生活饮用水卫生标准中规定，每毫升水中菌落总数不超过100CFU（CFU是菌落形成单位）。

答案：A

22. 解 脱氢酶是一类催化物质氧化还原反应的酶。

答案：A

23. 解 质量力是作用在脱离体内每个液体质点上的力，其大小与液体的质量成正比。最常见的质量力就是重力。

答案：C

24. 解 真空度表示低于标准大气压强的压力值大小，数值上等于绝对压强与当地大气压之差的负数。该点的绝对压强=100000−65000=35000Pa。

答案：C

25. 解 恒定流是不随时间变化的流动，即流场中任意点的水深流速等是恒定的。恒定流同一点处不同时刻流线不变，但不一定平行，动水压强相等。

答案：D

26. 解 管径相同，$Re = \dfrac{du\rho}{\nu}$，$Re \propto u$，$Q = u\dfrac{\pi d^2}{4}$，$Q \propto u$，因此，$\dfrac{Re_1}{Re_2} = \dfrac{u_1}{u_2} = \dfrac{Q_1}{Q_2} = 2$。

答案：A

27. 解 黏性液体测压管水头线沿程可能下降、上升或不变，但总水头线只能下降。

答案：D

28. 解 根据明渠均匀流的基本公式$Q = \frac{1}{n}AR^{\frac{2}{3}}i^{\frac{1}{2}}$可知，坡度增大，过水断面面积减小，正常水深减小，临界水深不变。

答案：B

29. 解 均匀流断面单位能沿程不变。

答案：C

30. 解 根据定义，薄壁堰的$\delta/H < 0.67$，实用堰的$0.67 < \delta/H < 2.5$，宽顶堰的$2.5 < \delta/H < 10$。

答案：C

31. 解 泵是输送和提升液体的机器，它把原动机的机械能转化为被输送液体的能量，使液体获得动能和势能。

答案：C

32. 解 折引特性曲线上各点的纵坐标值，表示泵在扣除了管道中相应流量时的水头损失以后尚剩的能量。该能量仅用来改变被抽升水的位能，即它把水提升到H_{ST}高度上去。

答案：B

33. 解 调速泵与定速泵台数的比例，应充分发挥每台调速泵的调速范围，体现较高的节能效果。二定二调的效果最好，并不是调速泵配置越多越好。

答案：B

34. 解 水泵的允许吸上真空高度是水泵厂在标准状况下通过实测给出的偏于安全的数值，即样本中$H_s = \max H_{v实测} - 0.3$，因此，如果水泵在标准状况下运行则一定不会生气蚀。但是，如果水泵不是在标准状况下运行，其吸水性能参数要根据实际大气压和饱和蒸汽压进行修正后再用于判断，即$H'_s = H_s - (10.33 - h_a) - (h_{va} - 0.24)$，水泵是否会发生气蚀需要通过此修正值进行判断，因此，水泵是否会发生气蚀不能简单根据水泵进口的真空标读数与水泵样本中的允许吸上真空高度值直接判断。

答案：D

35. 解 低比转数的泵：扬程高、流量小。使用比转数对叶片泵进行分类，低比转数的泵是离心泵，凡使用离心泵的，通常采用"闭闸启动"。

答案：B

36. 解 依据切削律写成抛物线方程$H = kQ^2$（实践资料证明，在切削限度以内，叶轮切削前后的泵效率变化是不大的,因此称等效率曲线)。此时需利用等效率曲线 $H = kQ^2$,求出工况相似点,进而利用切削律公式 $\frac{Q_1}{Q_2} = \frac{D_1}{D_2}$ 得出叶轮直径 D_2。

答案: C

37. 解 射流泵的工作性能一般可用下列参数表示:

$$流量比 = 被抽液体流量/工作液体流量$$

$$压头(力)比 = 射流泵扬程/工作压力$$

$$断面比 = 喷嘴断面/混合室断面$$

答案: A

38. 解 气升泵压缩空气的工作压力

$$p_2 = 0.1[h(K-1)+5] = 0.1 \times [30 \times (2-1)+5] = 3.5 \quad (atm)$$

相关知识点: 气升泵压缩空气的启动压力

$$p_1 = 0.1[(Kh - h_0) + 2] \quad (atm)$$

式中:h_0——静水位与扬水管口之间的高差(m);

$\quad K$——淹没系数;

$\quad h$——升水高度(m)。

气升泵正常运行时的风压称为压缩空气的工作压力 p_2,它等于喷嘴至动水位之间的水柱压力与空气管路内压头损失之和(在空气压缩机距管井不远时压头损失不超过5m),所以

$$p_2 = 0.1[h(K-1)+5] \quad (atm)$$

答案: D

39. 解 在排水泵站设计中,吸水管的设计流速一般为0.7~1.5m/s;压水管的流速为0.8~2.5m/s,不能小于0.7m/s,以免管内产生沉淀。

答案: C

40. 解 排水泵站的设计流量一般均按最高日最高时污水流量决定。

答案: B

41. 解 水泵装置的实际气蚀余量为:

$$H_{sv} = \frac{p_1}{\rho g} - \frac{p_{va}}{\rho g} + \frac{v_1^2}{2g} \quad (\gamma = \rho g)$$

答案: B

42. 解 泵的流量取决于泵的直径。一般资料认为:泵直径越大,效率越高。泵的直径与泵轴直径之比以2:1为宜。螺旋泵的流量与螺旋叶片外径 D、螺距 S、转速 n、叶片的扬水断面率有关,见公式:

$$Q = \frac{\pi}{4}(D^2 - d^2)\alpha Sn$$

答案： A

43. 解 有些项目特别容易发生变化，如水温、溶解氧、二氧化碳等，必须在采样现场进行测定。

答案： A

44. 解 根据公式 $K_a \cdot K_b = [H^+][OH^-] = K_W = 1.0 \times 10^{-14}(25℃)$，计算 K_a 经比较得 S^{2-} 最弱。

对于 S^{2-}：$HS^- \rightleftharpoons H^- + S^{2-}$（二元弱酸 H_2S 的二级解离），其共轭酸为 HS^-，计算 K_{a2} 比较，$K_{a1} \cdot K_{b2} = K_{a2} \cdot K_{b1} = K_W$。

答案： A

45. 解 弱酸或弱碱能被准确直接滴定条件（误差 $\leq \pm 0.1\%$）

$$cK_a \geq 10^{-8}；cK_b \geq 10^{-8}$$

由此可以看出④没有确定突跃。

答案： A

46. 解 当某 pH 时，条件稳定常数能够满足滴定要求，同时金属离子也不发生水解，则此时的 pH 即为最小 pH。

最小 pH 的计算：

由 $\lg K'_{MY} \geq 8$ 得：

$$\lg K_{MY} - \lg \alpha_{Y(H)} \geq 8$$

即 $\lg \alpha_{Y(H)} \leq \lg K_{MY} - 8$

$$\lg \alpha_{Y(H)} = \lg K_{MY} - 8 \rightarrow 最小 pH$$

将各种金属离子的 $\lg K_{MY}$ 与其最小 pH 值绘成曲线，最小 pH 值~$\lg K_{MY}$ 称为 EDTA 的酸效应曲线或林旁曲线。

答案： D

47. 解 Ag_2CrO_4 是砖红色沉淀。

答案： B

48. 解 高锰酸钾 $KMnO_4$ 与草酸 $H_2C_2O_4$ 反应温度为水浴加热 75~85℃，温度大于 90℃ 会造成草酸分解。

答案： B

49. 解 按滴定分析要求，所允许的误差 $\leq 0.1\%$，设两反应物的分析浓度均为 c_x。氧化还原反应：$n_2Ox_1 + n_1Red_2 = n_2Red_1 + n_1Ox_2$。这就要求反应达到平衡时，反应产物必须大于或等于 $c_x \times 99.9\%$，

即 $c(Ox_2) \geq c_x \times 99.9\%$，$c(Red_1) \geq c_x \times 99.9\%$；反应物剩余浓度不能高于 $c_x \times 0.1\%$，即 $c(Ox_1) \geq c_x \times 0.1\%$，$c(Red_2) \geq c_x \times 0.1\%$

将数据代入平衡常数式，得：

$$K^{\Theta} = \frac{c^{n_2}(Red_1)c^{n_1}(Ox_2)}{c^{n_2}(Ox_1)c^{n_1}(Red_2)} = \frac{(c_x \times 99.9\%)^{n_2}(c_x \times 99.9\%)^{n_1}}{(c_x \times 0.1\%)^{n_2}(c_x \times 0.1\%)^{n_1}}$$

当 $n_1 = n_2 = 1$ 时，$K^{\Theta} = \frac{(99.9\%)^1(99.9\%)^1}{(0.1\%)^1(0.1\%)^1} \geq 10^6$

又 $\lg K^{\Theta} = \frac{\Delta\varphi n_1 n_2}{0.059} = \frac{\Delta\varphi}{0.059}$，因此 $\frac{\Delta\varphi}{0.059} \geq 6$，即 $\Delta\varphi \geq 0.354V$

答案：C

50. 解　朗伯-比耳定律：当一束平行的单色光通过均匀溶液时，溶液的吸光度与溶液浓度（c）和液层厚度（b）的乘积成正比，是吸光光度法定量分析的依据。其数学表达式为：$A = Kbc$。

答案：A

51. 解　（1）共振发射线：电子从基态跃迁到能量最低的激发态时要吸收一定频率的光，它再跃迁回基态时，则发射出同样频率的光（谱线），这种谱线称为共振发射线。

（2）共振吸收线：电子从基态跃迁至第一激发态所产生的吸收谱线称为共振吸收线。

（3）共振发射线和共振吸收线都简称为共振线。广义上说，凡涉及基态跃迁的谱线统称为共振线。

答案：B

52. 解　电位滴定法是向水样中滴加能与被测物质进行化学反应的滴定剂，利用化学计量点时电极电位的突跃来确定滴定终点；根据滴定剂的浓度和用量，求出水样中被测物质的含量和浓度。它与滴定分析法不同的是，不需要指示剂来确定滴定终点，而是根据指示电极的电位"突跃"指示终点。

答案：C

53. 解　就是设想有一个静止的水面，向陆地延伸而形成的一个封闭的曲面，这个曲面称为水准面。水准面的特性是它处处与铅垂线相垂直。测量学上还有：大地水准面，似大地水准面，平均海水面，参考椭球面。

答案：C

54. 解　视差是指眼睛在目镜端上下移动，所看见的目标有移动。原因是物像与十字丝分划板不共面。消除方法是同时仔细调节目镜调焦螺旋和物镜调焦螺旋。

答案：A

55. 解　系统误差又称为规律误差。它是在一定的测量条件下，对同一个被测尺寸进行多次重复测量时，误差值的大小和符号（正值或负值）保持不变；或者在条件变化时，按一定规律变化的误差。读数误差、瞄目标误差、度盘刻划误差属于偶然误差。

答案：D

56. 解 比例尺精度：相当于图上 0.1mm 的实地水平距离。根据比例尺精度的定义知 0.1mm×500=50mm=0.05m。

答案：A

57. 解 基础知识，需记忆。

答案：B

58. 解 见《中华人民共和国建筑法》。

第二十一条 建筑工程招标的开标、评标、定标由建设单位依法组织实施，并接受有关行政主管部门的监督。

答案：B

59. 解 城市详细规划是以城市总体规划或分区规划为依据，对一定时期内城市局部地区的土地利用、空间环境和各项建设用地所作的具体安排，是按城市总体规划要求，对城市局部地区近期需要建设的房屋建筑、市政工程、公用事业设施、园林绿化、城市人防工程和其他公共设施作出具体布置的规划。

答案：D

60. 解 发包人和勘察人、设计人应当遵守国家有关价格法律、法规的规定，维护正常的价格秩序，接受政府价格主管部门的监督、管理。工程勘察和工程设计收费根据建设项目投资额的不同情况，分别实行政府指导和市场调节价。建设项目总投资估算额 500 万元及以上的工程勘察和工程设计收费实行政府指导价；建设项目总投资估算额 500 万元以下的工程勘察和工程设计收费实行市场调节价。

答案：A

2010 年度全国勘察设计注册公用设备工程师

（给水排水）执业资格考试试卷

基础考试
（下）

二〇一〇年九月

应考人员注意事项

1. 本试卷科目代码为"2"，考生务必将此代码填涂在答题卡"科目代码"相应的栏目内，否则，无法评分。

2. 书写用笔：黑色或蓝色钢笔、签字笔或圆珠笔；

   填涂答题卡用笔：黑色 2B 铅笔。

3. 必须用书写用笔将工作单位、姓名、准考证号填写在答题卡和试卷相应的栏目内。

4. 本试卷由 60 题组成，每题 2 分，满分 120 分，本试卷全部为单项选择题，每小题的四个备选项中只有一个正确答案，错选、多选、不选均不得分。

5. 考生作答时，必须按题号在答题卡上将相应试题所选选项对应的字母用 2B 铅笔涂黑。

6. 在答题卡上书写与题意无关的语言，或在答题卡上作标记的，均按违纪试卷处理。

7. 考试结束时，由监考人员当面将试卷、答题卡一并收回。

8. 草稿纸由各地统一配发，考后收回。

单项选择题（共 60 题，每题 2 分，每题的备选项中，只有一个最符合题意。）

1. 某水文站的水位流量关系曲线，当受洪水涨落影响时，则：

   A. 水位流量关系曲线向上抬

   B. 水位流量关系曲线下降

   C. 水位流量关系曲线呈顺时针绳套状

   D. 水位流量关系曲线呈逆时针绳套状

2. 河流河段的纵比降是：

   A. 河流长度与两端河底高程之差的比值

   B. 河段沿坡度的长度与两端河底高程之差的比值

   C. 河段两端河底高程之差与河长的比值

   D. 河段两端河底高程之差与河段沿坡度长度的比值

3. 百年一遇的洪水，是指：

   A. 大于等于这样的洪水每隔 100 年必然出现一次

   B. 大于等于这样的洪水平均 100 年可能出现一次

   C. 小于等于这样的洪水正好每隔 100 年出现一次

   D. 小于等于这样的洪水平均 100 年可能出现一次

4. 某一历史洪水从发生年份以来为最大，则该特大洪水的重现期为：

   A. $N = $ 设计年份 $-$ 发生年份　　　　　B. $N = $ 发生年份 $-$ 设计年份 $+ 1$

   C. $N = $ 设计年份 $-$ 发生年份 $+ 1$　　　D. $N = $ 设计年份 $-$ 发生年份 $- 1$

5. 某河流断面枯水年平均流量为23m³/s，发生的频率为 95%，其重现期为：

   A. 10 年　　　　　　　　　　　　　B. 20 年

   C. 80 年　　　　　　　　　　　　　D. 90 年

6. 降水三要素是指：

   A. 降水量、降水历时和降水强度

   B. 降水面积、降水历时和重现期

   C. 降水量、降水面积和降水强度

   D. 降水量、重现期和降水面积

7. 暴雨强度公式主要表征的三个要素是：

A. 降水量、降水历时和降水强度

B. 降水量、降水历时和重现期

C. 降水历时、降水强度和重现期

D. 降水量、重现期和降水面积

8. 研究地下水运动规律时，不属于用假想水流代替真正水流的条件是：

A. 水头   B. 流量

C. 流速   D. 阻力

9. 按照地下水的埋藏条件可把地下水分为：

A. 上层滞水、潜水、承压水   B. 空隙水、裂隙水、岩溶水

C. 吸着水、薄膜水、毛细管水   D. 重力水、气态水、固态水

10. 承压水完整井稳定运动涌水量计算和潜水完整井稳定运动涌水量计算主要区别在于：

A. 潜水完整井的出水量Q与水位下降值s的二次方成正比，承压井的出水量Q与下降值s的一次方成正比

B. 潜水完整井的出水量Q与水位下降值s的一次方成正比，承压井的出水量Q与下降值s的二次方成正比

C. 潜水完整井的出水量Q与水位下降值s的三次方成正比，承压井的出水量Q与下降值s的一次方成正比

D. 潜水完整井的出水量Q与水位下降值s的一次方成正比，承压井的出水量Q与下降值s的三次方成正比

11. 不属于地下水运动特点的是：

A. 曲折复杂的水流通道   B. 迟缓的流速

C. 非稳定、缓变流运动   D. 稳定、平面流

12. 某承压含水层厚度为 100m，渗透系数为 10m/d，其完整半径为 1m，井中水位 120m，观测井水位为 125m，两井相距 100m，则该井稳定的日出量为：

A. 3410.9m³   B. 4514.8m³

C. 6824.8m³   D. 3658.7m³

13. 下列结构中，属于细菌特殊结构的是：

    A. 细胞壁
    B. 鞭毛

    C. 核糖体
    D. 淀粉粒

14. 下列物质中，不属于微生物营养物质的是：

    A. 水
    B. 无机盐

    C. 氮源
    D. 空气

15. 下列辅酶中哪一种是产甲烷菌特有的？

    A. F_{420}
    B. 辅酶 M

    C. F_{430}
    D. MPT

16. 细菌好氧呼吸与厌氧呼吸划分依据是：

    A. 供氢体的不同
    B. 受氢体的不同

    C. 需氧情况的不同
    D. 产能形式的不同

17. 下列各项中，不是微生物特点的是：

    A. 个体微小
    B. 不易变形

    C. 种类繁多
    D. 分布广泛

18. 细菌衰亡期的特征有：

    A. 世代时间短
    B. 生长速度为零

    C. 荚膜形成
    D. 细菌进行内源呼吸

19. 下列微生物中，在显微镜下看到形状不是丝状的是：

    A. 链霉菌
    B. 贝日阿托氏菌

    C. 枯草杆菌
    D. 铁细菌

20. 当水处理效果变好时，将出现以下哪种类型的微生物？

    A. 植物性鞭毛虫
    B. 动物性鞭毛虫

    C. 游泳型纤毛虫
    D. 固着型纤毛虫

21. 划分各类呼吸类型的根据是：

    A. 需要氧气的情况不同
    B. 放出二氧化碳的不同

    C. 最终受氢体的不同
    D. 获得能量的不同

22. 废水生物处理中的细菌适宜温度为：

A. 10~20℃   B. 25~40℃

C. 30~50℃   D. 5~25℃

23. 下列与液体运动黏度有关的因素是：

A. 液体的内摩擦力   B. 液体的温度

C. 液体的速度梯度   D. 液体的动力黏度

24. 垂直放置的挡水矩形平板，若水深 $h = 3$m，静水压力 P 的作用点到水面距离为：

A. 1m   B. 1.5m

C. 2m   D. 2.5m

25. 从物理意义上看，能量方程表示的是：

A. 势能守恒   B. 机械能守恒

C. 动能守恒   D. 压能守恒

26. A、B 两根管道，A 管输水，B 管输油，其长度 L，管径 D 及壁面绝对粗糙度 K_s 相同，两管流速相同，则沿程水头损失：

A. $h_A = h_B$ B. $h_A < h_B$

C. $h_A > h_B$ D. 不能确定

27. 比较在正常工作条件下，作用水头 H、直径 d 相等时，小孔口流量 Q 与圆柱形外伸嘴流量 Q_n 的大小关系为：

A. $Q = Q_n$ B. $Q < Q_n$

C. $Q > Q_n$ D. 不能确定

28. 明渠均匀流只能出现在下列哪种渠道？

A. 顺坡   B. 逆坡

C. 平坡   D. 以上均可

29. A、B 两渠满足临界水深 $h_{ka} > h_{kb}$ 的渠道情况是：

A. 两渠道的 m、b、n、i 相同，而 $Q_a > Q_b$

B. 两渠道的 m、b、n、Q 相同，而 $i_a > i_b$

C. 两渠道的 m、n、Q、i 相同，而 $b_a > b_b$

D. 两渠道的 m、b、Q、i 相同，而 $n_a > n_b$

30. 堰流水力计算特点是：

    A. 仅考虑局部损失   B. 仅考虑沿程损失

    C. 两种损失都要考虑   D. 上述都可以

31. 水泵有各种分类方法，按其工作原理可分为：

    A. 叶片式水泵、容积式水泵、其他水泵

    B. 大流量水泵、中流量水泵、小流量水泵

    C. 高压水泵、中压水泵、低压水泵

    D. 给水泵、污水泵、其他液体泵大类

32. 当水泵叶片的进水角β_1和叶片的出水角β_2小于90℃时，叶片与旋转方向呈：

    A. 径向式   B. 前弯式

    C. 水平式   D. 后弯式

33. 低比转数的水泵是：

    A. 高效率低转数   B. 高扬程小流量

    C. 大流量小扬程   D. 高扬程大流量

34. 管道水头损失特性曲线表示流量与以下哪一种的关系？

    A. 静扬程   B. 管道沿程摩阻损失

    C. 管道局部水头损失   D. 管道沿程和局部水头损失

35. 两台同型号水泵并联工作后工况点的流量和扬程，与第二台水泵停车，只开一台泵时的单台泵相比：

    A. 流量增加，扬程不变   B. 流量和扬程都不变

    C. 扬程增加，流量不变   D. 流量和扬程都增加

36. 水泵工况相似的条件必须是两台水泵满足几何相似和：

    A. 性状相似   B. 动力相似

    C. 水流相似   D. 运动相似

37. 泵壳内发生气穴汽蚀现象是由于水泵叶轮中的最低压力降低到被抽升液体工作温度下的：

    A. 饱和蒸汽压力   B. 不饱和蒸汽压力

    C. 水面大气压力   D. 环境压力

38. 按在给水系统中的作用，给水泵站一般分为一级泵站、二级泵站、循环泵站和：

    A. 取水泵站   B. 加压泵站

    C. 清水泵站   D. 终点泵站

39. 一般情况下，当 $D < 250mm$ 时，水泵吸水管的设计流速应在：

A. 0.8~1.0m/s

B. 1.0~1.2m/s

C. 1.2~1.6m/s

D. 1.5~2.5m/s

40. 当管路中某处的压力降到当时水温的饱和蒸汽压以下时，水将发生汽化，破坏了水流的连续性，会造成：

A. 断流水锤

B. 弥合水锤

C. 水柱分离

D. 空腔分离

41. 污水泵站内最大一台泵的出水量为112L/s，则5min出水量的集水池容积为：

A. 13.2m³

B. 22.4m³

C. 33.6m³

D. 56.0m³

42. 对于雨水泵站分类，其基本类型之一是：

A. 干室式

B. 半地下室

C. 自灌式

D. 非自灌式

43. 待测苯酚溶液中，加入适量 $CuSO_4$ 溶液的目的是：

A. 控制溶液 pH 值

B. 防止生物作用

C. 降低反应速率

D. 减少挥发

44. 从精密度好就能断定分析结果可靠的前提是：

A. 无过失误差

B. 随机误差小

C. 增加实验次数

D. 系统误差小

45. 已知下列各物质的 K_b：①Ac^-（5.9×10^{-10}），②NH_2NH_2（3.0×10^{-8}），③NH_3（1.8×10^{-5}），④S^{2-}（$K_{b1} = 1.41$，$K_{b2} = 7.7 \times 10^{-8}$），试判断出其共轭酸最弱者为：

A. ①

B. ②

C. ③

D. ④

46. 用 HCl 滴定 NaOH 和 Na_2CO_3 混合液，首先加入酚酞指示剂，消耗 HCl 体积 V_1，之后用甲基橙指示剂，消耗 HCl 体积 V_2，则 V_1 和 V_2 的关系是：

A. $V_1 > V_2$

B. $V_1 < V_2$

C. $V_1 = V_2$

D. 不能确定

47. 用 EDTA 滴定法测水样总硬度时选用的指示剂为：

A. 磺基水杨酸

B. 酸性铬蓝 K

C. 铬黑 T

D. 二甲酚橙

48. 下列适合测定海水中 Cl^- 的分析法为：

A. 莫尔法

B. 佛尔哈德法

C. $AgNO_3$ 沉淀-电解法

D. 法扬司法

49. 下列选项中不属于碘量法的误差主要来源的是：

A. 碘容易挥发

B. pH 的干扰

C. I^- 容易被氧化

D. 指示剂不灵敏

50. 某地地表水颜色发黄，氯化物超标，预知其是否被有机物污染，最合适的分析方法是：

A. 酸性高锰酸钾法

B. 碱性高锰酸钾法

C. 重铬酸钾法

D. 碘量法

51. 吸光度法测符合比尔定律的 $KMnO_4$ 液，浓度为 C_0 时透光率 T_c，则 $C_0/2$ 时透光率为：

A. T_c^2

B. $1/2T_c$

C. $2T_c$

D. $4T_c$

52. 测定水中 pH 时，下列有关说法正确的是：

A. 应该预先在待测溶液中加入 TISAB，以保持溶液的 pH 值恒定

B. 应该预先用 pH 值与待测溶液相近的 HCl 溶液校正系统

C. 测量 pH 的玻璃电极应预先在纯水中浸泡活化

D. 溶液的 H^+ 浓度越大，测得 pH 的准确度越高

53. 测量误差按性质分为系统误差及：

A. 观测误差

B. 偶然误差

C. 仪器误差

D. 随机误差

54. 国家高斯平面直角坐标系 x 轴指向：

A. 东

B. 南

C. 西

D. 北

55. 下面四种比例尺地形图，比例尺最大的是：

A. 1：5000

B. 1：2000

C. 1：1000

D. 1：500

56. 山脊线又称为：

    A. 集水线　　　　　　　　　　　　　B. 分水线

    C. 示坡线　　　　　　　　　　　　　D. 山谷线

57. 施工测量中测设点的平面位置的方法有：

    A. 激光准直法、极坐标法、角度交会法、直角坐标法

    B. 角度交会法、距离交会法、极坐标法、直角坐标法

    C. 平板仪测设法、距离交会法、极坐标法、激光准直法

    D. 激光准直法、角度交会法、平板仪测设法、距离交会法

58. 在建筑工程实际招标发包时，建筑工程招标的开标、评标、定标：

    A. 由建设单位的行政主管部门依法组织实施

    B. 由建设单位依法组织实施，并接受有关行政主管部门的监督

    C. 由所在地区的招投标中心依法组织实施，并接受有关行政主管部门的监督

    D. 以上 A、B、C 中选择任何一种办法都可以

59. 下列说法中正确的是：

    A. 地方污染物排放标准必须报省级环境保护行政主管部门备案

    B. 地方污染物排放标准必须报市级环境保护行政主管部门备案

    C. 地方污染物排放标准的各个项目一般与国家污染物排放标准没有重复

    D. 地方污染物排放标准严于相同项目的国家污染物排放标准

60. 编制镇总体规划机构是：

    A. 县政府　　　　　　　　　　　　　B. 镇政府

    C. 省人民政府　　　　　　　　　　　D. 县规划局

2010 年度全国勘察设计注册公用设备工程师（给水排水）
业资格考试基础考试（下）试题解析及参考答案

1. 解 在一般洪水涨落过程中，由于洪水波附加比降的影响，使水位流量关系曲线一般呈逆时针绳套形曲线。

答案：D

2. 解 任意河段首尾两端的高程差与其长度之比，称为河段的纵比降。

答案：C

3. 解 百年一遇是指在相当长的时间里平均 100 年出现一次。是概率统计，没有绝对的意思。

答案：B

4. 解 特大洪水重现期确定，从发生年代至今为最大 $N = $ 设计年份 $-$ 发生年份 $+ 1$，从调查考证的最远年份至今为最大 $N = $ 设计年份 $-$ 调查考证期最远年份 $+ 1$。

答案：C

5. 解 $T = 1/(1 - 0.95) = 20$ 年。

答案：B

6. 解 降水三要素：降水量、降水历时和降水强度。

答案：A

7. 解 暴雨强度公式主要表征的三要素：降水历时、降水强度和重现期。

答案：C

8. 解 为了便于研究，我们用一种假想水流来代替真实的地下水流。这种假想水流性质如下：①它通过任意断面的流量应等于真实水流通过同一断面的流量；②它在任意断面的压力或水头必须等于真实水流在同一断面的压力或水头；③它通过岩石所受到的阻力必须等于真实水流所受到的阻力。

答案：C

9. 解 按照埋藏条件可把地下水分为包气带水、潜水、承压水。上层滞水属于包气带水。

答案：A

10. 解 潜水完整井公式里是 $s(s + L)$，因此 Q 与 s 的二次方成正比。

承压完整井涌水量公式：

$$Q = 2.73K \frac{Ms}{\lg \dfrac{R}{r_0}}$$

Q 与 s 的一次方成正比。

答案：A

11. 解 地下水运动具有曲折复杂的水流通道、流速慢、流态大多为层流、多呈非稳定流,缓变流动。

答案: D

12. 解 代入承压完整井的出水量公式计算得6825m³。

答案: C

13. 解 细菌的基本结构,包括细胞壁、细胞膜、细胞质、核质、内含物,其中内含物有异染颗粒、硫粒、淀粉粒等。特殊结构有荚膜、鞭毛、菌毛和芽孢等。

答案: B

14. 解 微生物所需营养物质有碳源、能源、氮源、生长因子、无机盐和水6大类。

答案: D

15. 解 辅酶M是产甲烷菌特有的一种辅酶。

答案: B

16. 解 根据基质脱氢后其最终受氢体的不同,微生物的呼吸作用可分为好氧呼吸、厌氧呼吸和发酵。

答案: B

17. 解 微生物特点:个体微小,结构简单;分布广泛,种类繁多;繁殖迅速,容易变异;代谢活跃,类型多样。

答案: B

18. 解 衰亡期:大部分细菌死亡,只有少数菌体繁殖,进入内源呼吸期。世代时间短是对数期特征;生长速度为零和荚膜形成是稳定期的特征。

答案: D

19. 解 有丝状铁细菌,如浮游球衣菌、泉发菌属即原铁细菌属及纤发菌属。丝状硫细菌,如发硫菌属、贝日阿托氏菌属、透明颤菌属、亮发菌属等多种丝状菌。霉菌是丝状真菌。

答案: C

20. 解 运行初期以植物性鞭毛虫、肉足虫为主;中期以动物性鞭毛虫、游泳型纤毛虫为主;后期以固着型纤毛虫为主。

答案: D

21. 解 根据基质脱氢后其最终受氢体的不同,微生物的呼吸作用可分为好氧呼吸、厌氧呼吸和发酵。

答案: C

22. 解 绝大多数细菌包括废水处理中的细菌属于中温菌,25~40℃是其适宜温度。

答案: B

23. 解 与液体运动黏度有关的是液体温度，温度越高，黏度越小。

答案： B

24. 解 考查作用在平面上的静水压力的作用点，矩形挡板为压力作用线的重心处，即距水面2m处。

答案： C

25. 解 恒定流能量方程表示的是单位重量液体的机械能守恒方程式。

答案： B

26. 解 $\lambda = \frac{64}{Re}$，$Re = \frac{du\rho}{\nu}$，由于油的动力黏度比水大，密度比水小，Re相同，可知输油管的流速比水大，沿程水头损失$h_f = \lambda \frac{l}{d} \cdot \frac{v^2}{2g}$，故输油管沿程水头损失较大。

答案： B

27. 解 $Q = \mu A \sqrt{2gH}$，圆柱形外伸管嘴出流的流量系数比孔口出流大。

答案： B

28. 解 明渠均匀流的四个条件：流量沿程不变；顺坡且沿程坡度不变；粗糙系数沿程不变；渠道上没有障碍物。

答案： A

29. 解 在两渠道的断面形式及流量相同的情况下，水面越宽临界水深越小。而当临界水深越大时，在相应的断面形式相同的条件下，流量越大。

答案： A

30. 解 堰流的水力特性在于，水流经过障碍物时，发生水面连续的光滑跌落现象，在重力作用下势能转化为动能，属于急变流，计算中只考虑局部水头损失。

答案： A

31. 解 泵按其工作原理可分为以下三类：

（1）叶片式泵：它对液体的压送是靠装有叶片的叶轮高速旋转而完成的，属于这一类的有离心泵、轴流泵、混流泵等。

（2）容积式泵：它对液体的压送是靠泵体工作容积的改变来完成的。属于这一类的有活塞式往复泵、柱塞式往复泵、转子泵等。

（3）其他类型泵：属于这一类的泵主要有螺旋泵、射流泵、水锤泵、水轮泵以及气升泵。

答案： A

32. 解 当β_1和β_2均小于90°时，叶片与旋转方向呈后弯式叶片；当$\beta_2 = 90$°时，叶片出口是径向的；当β_2大于90°时，叶片与旋转方向呈前弯式叶片。因此，出水角β_2的大小反映了叶片的弯度，是构成叶片形状和叶轮性能的一个重要数据。实际工程中离心泵的叶轮，大部分是后弯式叶片。后弯式叶片的流道比较平缓，弯度小，叶槽内水力损失较小，有利于提高泵的效率。

答案：D

33. 解 低比转数：扬程高、流量小；高比转数：扬程低、流量大。

答案：B

34. 解 按公式 $H = H_{ST} + \sum h$ 画出的曲线，称为泵装置的管道系统特性曲线。管道水头损失特性曲线只表示在泵装置系统中，当 $H_{ST} = 0$ 时，管道中水头损失与流量之间的关系曲线，此情况为管道系统特性曲线的一个特例。$\sum h = SQ^2$ 即曲线 Q-$\sum h$，称为管道水头损失特性曲线。管道中水头损失包括沿程阻力损失和局部阻力损失。

答案：D

35. 解 同型号、同水位的两台水泵并联工作，如解图所示。

图中 M 点为并联工况点，N 点为并联工作时各单泵的工况点。如果将第二台泵停车，只开一台泵时，则图中 S 点，可以近似视为单泵的工况点。比较 M 点和 S 点，流量和扬程均增加。

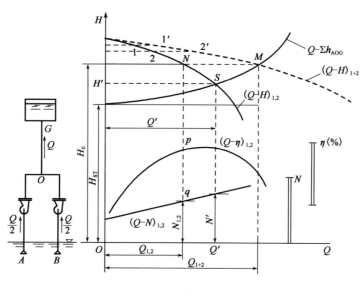

题 35 解图

答案：D

36. 解 泵叶轮的相似定律是基于几何相似和运动相似的基础上的，凡是两台泵能满足几何相似和运动相似的条件，称为工况相似泵。

答案：D

37. 解 泵中最低压力 P_K 如果降低到被抽液体工作温度下的饱和蒸汽压力（即汽化压力），泵壳内即发生气穴和气蚀现象。

答案：A

38. 解 在给水工程中，常见的分类是按泵站在给水系统中的作用分为：取水泵站（一级泵站）、送水泵站（二级泵站）、加压泵站及循环泵站。

答案：B

39. 解 在给水泵站设计中，吸水管中的设计流速建议采用以下数值：管径小于 250mm 时，为 1.0~1.2m/s；管径等于或大于 250mm 时，为 1.2~1.6m/s。在排水泵站设计中，吸水管的设计流速一般为 0.7~1.5m/s。

答案：B

40. 解 当管路中某处的压力降到当时水温的饱和蒸汽压以下时，水将发生汽化，破坏了水流的连续性，造成水柱分离（又称水柱拉断），而在该处形成"空管段"。当分离开的水柱重新弥合时或"空管段"重新被水充满时，由于两股水柱的剧烈碰撞会产生很高的"断流水锤"。

答案：C

41. 解 对于污水泵站，集水池容积一般采用不小于泵站中最大一台泵 5min 出水量的体积。因此集水池容积 $W = 112 \times 10^{-3} \times 60 \times 5 \mathrm{m^3} = 33.6 \mathrm{m^3}$。

答案：C

42. 解 雨水泵站的特点是流量大、扬程小。因此，大都采用轴流泵，有时也用混流泵。其基本形式有"干室式"与"湿室式"。

答案：A

43. 解 对测定酚的水样，用 H_3PO_4 调至 pH 为 4 时，加入适量 $CuSO_4$，即可抑制苯酚菌的分解活动。

相关知识点：测水样中的酚类，水样保存方法

用玻璃仪器采集水样。水样采集后应及时检查有无氧化剂存在。必要时加入过量的硫酸亚铁，立即加磷酸酸化至 pH = 4.0，并加入适量硫酸铜（1g/L）以抑制微生物对酚类的生物氧化作用，同时应冷藏（5~10℃），在采集后 24h 内进行测定。

答案：B

44. 解 分析结果的衡量指标是准确度和精密度。精密度高，不一定准确度就高。因此在精密度好的情况下，断定分析结果可靠，还需准确度高。系统误差影响准确度。

准确度与精密度的关系：精密度是保证准确度的前提，准确度高一定要精密度高。精密度是保证准确度的必要条件，但不是充分条件。精密度高，不一定准确度就高。系统误差影响准确度，随机误差影响精密度和准确度。

答案：B

45. 解 根据公式$K_a \cdot K_b = [H^+][OH^-] = K_W = 1.0 \times 10^{-14}(25℃)$，计算$K_a$经比较得$S^{2-}$最弱。

对于S^{2-}：$HS^- \rightleftharpoons H^- + S^{2-}$（二元弱酸$H_2S$的二级解离），其共轭酸为$HS^-$，计算$K_{a2}$比较，$K_{a1} \cdot K_{b2} = K_{a2} \cdot K_{b1} = K_W$。

答案：D

46. 解 取一定体积水样，首先以酚酞为指示剂，用酸标准溶液滴定至终点（由红色变为无色），消耗酸标准溶液的量为$P(\text{mL})$，接着以甲基橙为指示剂，再用酸标准溶液滴定至终点（由黄色变为橙红色），消耗酸标准溶液的量为$M(\text{mL})$。

水样中有OH^-和CO_3^{2-}碱度：一般$pH > 10$

$$\begin{array}{c} OH^- \\ CO_3^{2-} \end{array} + H^+ \xrightarrow[P]{酚酞} \begin{array}{c} H_2O \\ HCO_3^- \end{array} + H^+ \xrightarrow[M]{甲基橙} H_2CO_3$$

则$P > M$，$OH^- = P - M$；$CO_3^{2-} = 2M$；$T = P + M$。

因此本题$V_1 > V_2$。

答案：A

47. 解 总硬度测定：$[Ca^{2+} + Mg^{2+}]$的测定

在一定体积的水样中，加入一定量的NH_3-NH_4Cl缓冲溶液，调节$pH = 10.0$（加入三乙醇胺，掩蔽Fe^{3+}、Al^{3+}），加入铬黑T指示剂，溶液呈红色，用EDTA标准溶液滴定至由红色变为蓝色。

答案：C

48. 解 海水氯度的测定方法常用莫尔-克努森法（Mohr-Knudsen）和法扬司法（Fajans）。

莫尔-克努森法使用专用的克努森滴定管和移液管，采用已准确测定过氯度值（准确度为$0.001Cl‰$）的一种天然海水为标准海水，用它标定硝酸银标准溶液，制成数据换算表，滴定到终点时，从滴定管的读数，可查表求出试样的氯度。

法扬司法是以吸附指示剂指示终点的银量法。用$AgNO_3$标准溶液为滴定剂测定氯离子或者用NaCl标准溶液测定银离子用吸附指示剂。吸附指示剂因吸附到沉淀上的颜色与其在溶液中的颜色不同而指示滴定终点。

答案：D

49. 解 碘量法产生误差的原因：

（1）溶液中H^+的浓度：碘量法必须在中性或弱酸性溶液中进行。在碱性溶液中发生副反应：①I_2的歧化反应；②$S_2O_3^{2-} + 4I_2 + 10OH^- = 2SO_4^{2-} + 8I^- + 5H_2O$。在强酸性溶液中发生副反应：$S_2O_3^{2-} + 2H^+ = S + SO_2\uparrow + H_2O$。

（2）I_2的挥发和I^-的氧化：I_2的挥发和I^-被空气中O_2氧化成I_2是碘量法产生误差的主要原因。

答案：D

50. 解 碘量法可用于氯离子的测定，其中碘的氧化性较弱，无法氧化有机物。重铬酸钾和酸性高锰酸钾法中，由于溶液酸性太强，氯离子容易被氧化，造成误差，所以对于氯离子浓度较高的还原性物质的测定，可采用碱性高锰酸钾法。

答案：B

51. 解 由公式 $A = -\lg T = kbc$，得 $\lg T = 2\lg T_c$，即 $T = T_c^2$。

答案：A

52. 解 TISAB 是总离子强度调节缓冲溶液，是为了保持溶液的离子强度相对稳定，缓冲和掩蔽干扰离子，适用于某一特定离子活度的测定；在测量水溶液的 pH 值时，当水样碱性过强时，pH 在 10 以上，会产生"钠差"，使 pH 读数偏低，因此需选用特制的"低钠差"玻璃电极或使用与水样的 pH 值接近的标准缓冲溶液校正系统；玻璃电极在使用前，需在去离子水中浸泡 24h 以上；溶液的 H^+ 浓度与测得的 pH 的准确度没有必然的联系。

答案：C

53. 解 测量误差按性质不同可分为三类。

（1）系统误差：在相同条件下，多次测量同一量时，误差的绝对值和符号保持恒定或遵循一定规律变化的误差。产生系统误差的主要原因有仪器误差、使用误差、影响误差、方法和理论误差，消除系统误差主要应从消除产生误差的来源着手，多用零示法、替代法等，用修正值是减小系统误差的一种好方法。

（2）随机误差：在相同条件下进行多次测量，每次测量结果出现无规则的随机性变化的误差。随机误差主要由外界干扰等原因引起，可以采用多次测量取算术平均值的方法来消除随机误差。

（3）粗大误差：在一定条件下，测量结果明显偏离真值时所对应的误差。产生粗大误差的原因有读错数、测量方法错误、测量仪器有缺陷等，其中人身误差是主要的，这可通过提高测量者的责任心和加强测量者的培训等方法来解决。

答案：D

54. 解 高斯平面直角坐标系的建立中以中央子午线和赤道投影后的交点 O 作为坐标原点，以中央子午线的投影为纵坐标轴 x，规定 x 轴向北为正，从而确定了 x 轴。

答案：D

55. 解 地图比例尺的大小可以通过比较比例尺比值的大小来确定。比例尺都是以 $1:X$ 的形式来表示的，如果比例尺的分母较大则比例尺较小，如果分母较小则比例尺较大。比如，比例尺 $1:100$ 就比 $1:1000$ 大。

答案： D

56. 解 山脊线是指沿山脊走向布设的路线。山脊的最高棱线称为山脊线，山脊线等高线表现为一凸向低处的曲线。山脊线就是大体上沿分水岭布设的路线。

答案： B

57. 解 点的平面布置测设方法

（1）直角坐标法：根据直角坐标原理，利用纵横坐标之差，测设点的平面位置。

（2）极坐标法：根据一个水平角和一段水平距离，测设点的平面位置。

（3）角度交会法：在两个或多个控制点上安置经纬仪，通过测设两个或多个已知水平角角度，交会出点的平面布置。

（4）距离交会法：由两个控制点测设两段已知水平距离，交会定出点的平面位置。

答案： B

58. 解 见《中华人民共和国建筑法》。

第二十一条 建筑工程招标的开标、评标、定标由建设单位依法组织实施，并接受有关行政主管部门的监督。

答案： B

59. 解 （1）国家污染物排放标准和地方污染物排放标准可分为强制性和推荐执行标准，分别由国家和地方政府人大批准。

（2）地方污染物排放标准的设立是建立在国家污染物排放标准的基础之上的，其标准值要严格于国家排放标准。省、自治区、直辖市人民政府对国家环境质量标准中未作规定的项目，可以制定地方环境标准，并报国务院环境保护行政主管部门备案。

（3）在本区域内，有地方标准的执行地方标准，没有地方标准的执行国家标准。也就是说地方标准严于国家标准，并优先执行。

答案： D

60. 解 根据《村镇规划编制办法》第四条：村镇规划由乡（镇）人民政府负责组织编制。

答案： B

2011 年度全国勘察设计注册公用设备工程师

（给水排水）执业资格考试试卷

基础考试

（下）

二〇一一年九月

应考人员注意事项

1. 本试卷科目代码为"2"，考生务必将此代码填涂在答题卡"科目代码"相应的栏目内，否则，无法评分。

2. 书写用笔：**黑色或蓝色钢笔、签字笔或圆珠笔**；

   填涂答题卡用笔：**黑色 2B 铅笔**。

3. 必须用书写用笔将工作单位、姓名、准考证号填写在答题卡和试卷相应的栏目内。

4. 本试卷由 60 题组成，每题 2 分，满分 120 分，本试卷全部为单项选择题，每小题的四个备选项中只有一个正确答案，错选、多选、不选均不得分。

5. 考生作答时，必须按**题号在答题卡上**将相应试题所选选项对应的**字母用 2B 铅笔涂黑**。

6. 在答题卡上书写与题意无关的语言，或在答题卡上作标记的，均按违纪试卷处理。

7. 考试结束时，由监考人员当面将试卷、答题卡一并收回。

8. 草稿纸由各地统一配发，考后收回。

单项选择题（共60题，每题2分，每题的备选项中，只有一个最符合题意。）

1. 某流域的集水面积为600km²，其多年平均径流总量为$5 \times 10^8 m^3$，其多年平均径流深为：

   A. 1200mm
   B. 833mm
   C. 3000mm
   D. 120mm

2. 多年平均的大洋水量平衡方程为：

   A. 降水量+径流量=蒸发量

   B. 降水量−径流量=蒸发量

   C. 降水量+径流量+蓄水量=蒸发量

   D. 降水量+径流量−蓄水量=蒸发量

3. 水文统计的任务是研究和分析水文随机现象的：

   A. 必然变化特性
   B. 自然变化特性
   C. 统计变化特性
   D. 可能变化特性

4. 频率$p = 2\%$的设计洪水，是指：

   A. 大于等于这样的洪水每隔50年必然出现一次

   B. 大于等于这样的洪水平均50年可能出现一次

   C. 大于等于这样的洪水正好每隔20年出现一次

   D. 大于等于这样的洪水平均20年可能出现一次

5. 减少抽样误差的途径有：

   A. 提高资料的一致性
   B. 提高观测精度
   C. 改进测量仪器
   D. 增大样本容量

6. 水文资料的三性审查中的三性是指：

   A. 可行性、一致性、统一性
   B. 可靠性、代表性、一致性
   C. 可靠性、代表性、统一性
   D. 可行性、代表性、一致性

7. 在某一降雨历时下，随着重现期的增大，暴雨强度将会：

   A. 减小
   B. 增大
   C. 不变
   D. 不一定

8. 达西公式并不是对所有的地下水层流运动都适用，其适用的雷诺数范围为：

A. 0~1   B. 1~10

C. 10~20   D. >20

9. 泉水排泄是地下水排泄的主要方式，关于泉水叙述错误的是：

A. 泉的分布反映了含水层或含水通道的分布

B. 泉的分布反映了补给区和排泄区的位置

C. 泉的高程反映出该处地下水位的高程

D. 泉水的化学成分和物理成分反映了该处地表水的水质特点

10. 某潜水水源地分布面积为 12km²，年内地下水位变幅为 1m，含水层变幅内平均给水度为 0.3，该水源地的可变储量为：

A. $3.6 \times 10^5 \text{m}^3$ B. $4.0 \times 10^5 \text{m}^3$

C. $4.0 \times 10^6 \text{m}^3$ D. $3.6 \times 10^6 \text{m}^3$

11. 地下水以10m/d的流速在粒径为 20mm 的卵石层中运动，卵石间的空隙直径为 3mm，地下水温为 15℃时，运动黏度系数为0.1m²/d，则雷诺数为：

A. 0.6   B. 0.3

C. 0.4   D. 0.5

12. 不属于承压水基本特点的是：

A. 没有自由表面

B. 受水文气象因素、人文因素及季节变换的影响较大

C. 分布区与补给区不一致

D. 水质类型多样

13. 单个的细菌细胞在固体培养基上生长，形成肉眼可见的，具有一定形态特征的群体，称为：

A. 菌落   B. 真菌

C. 芽孢   D. 荚膜

14. 下列结构中，不属于细菌特殊结构的是：

A. 芽孢   B. 核质

C. 鞭毛   D. 荚膜

15. 酶的化学组成中不包括：

    A. 蛋白质   B. 金属离子

    C. 有机物   D. 核酸

16. 在葡萄糖的发酵过程中，获得 ATP 的途径是：

    A. 底物水平磷酸化   B. 氧化磷酸化

    C. 光和磷酸化   D. 还原硝酸化

17. 测定细菌世代时间的最佳时期是：

    A. 缓慢期   B. 对数期

    C. 稳定期   D. 衰亡期

18. 在细菌基因重组中，转化过程发生转移的是：

    A. 细胞器   B. 蛋白质

    C. DNA 片段   D. mRNA

19. 原生动物在环境比较差的时候，会出现：

    A. 鞭毛   B. 纤毛

    C. 孢囊   D. 芽孢

20. 氧化塘中藻类与细菌的关系是：

    A. 共生关系   B. 互生关系

    C. 拮抗关系   D. 寄生关系

21. 加氯消毒的特点是：

    A. 价格便宜，杀菌效果好，不会产生有害的副产物

    B. 价格便宜，杀菌效果好，会产生有害的副产物

    C. 价格便宜，杀菌效果不好，不会产生有害的副产物

    D. 价格便宜，杀菌效果不好，会产生有害的副产物

22. 利用生物方法去除水体中的磷，是利用了聚磷菌在厌氧的条件下所发生的作用和在好氧的条件下所发生的作用，再通过排泥达到将磷去除的目的，这两个作用过程分别是：

    A. 吸磷和放磷   B. 放磷和吸磷

    C. 吸磷和吸磷   D. 放磷和放磷

23. 已知某液体的密度 $\rho = 800\text{kg/m}^3$，动力黏度系数 $\mu = 1.52 \times 10^{-2}\text{N/(m}^2 \cdot \text{s)}$，则该液体的运动黏度系数 ν 为

　　A. $12.16\text{m}^2/\text{s}$　　　　　　　　　　B. $1.90 \times 10^{-5}\text{m}^2/\text{s}$

　　C. $1.90 \times 10^{-3}\text{m}^2/\text{s}$　　　　　　　D. $12.16 \times 10^{-5}\text{m}^2/\text{s}$

24. 图示密闭容器中，点 1、2、3 位于同一水平面上，则压强关系为：

　　A. $p_1 > p_2 > p_3$

　　B. $p_2 > p_1 > p_3$

　　C. $p_1 = p_2 < p_3$

　　D. $p_1 < p_2 < p_3$

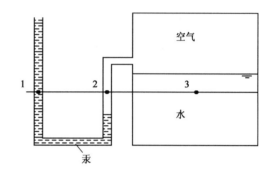

25. 下列相互之间可以列总流量方程的断面是：

　　A. 1-1 断面和 2-2 断面

　　B. 2-2 断面和 3-3 断面

　　C. 1-1 断面和 3-3 断面

　　D. 3-3 断面和 4-4 断面

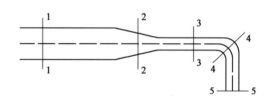

26. 圆管流的临界雷诺数（下临界雷诺数）：

　　A. 随管径变化　　　　　　　　　　B. 随液体的密度变化

　　C. 随液体的黏度变化　　　　　　　D. 不随以上各量变化

27. 长度相等，管道比阻分别为 S_{01} 和 $S_{02} = 4S_{01}$ 的两条管道并联，如果用一条长度相同的管段替换并联管道，要保证总流量相等时水头损失相等，等效管段的比阻等于：

　　A. $2.5S_{01}$　　　　　　　　　　　B. $0.8S_{01}$

　　C. $0.44S_{01}$　　　　　　　　　　D. $0.4S_{01}$

28. 流量一定，渠道断面的形状、尺寸和粗糙系数一定时，随底坡的减少，正常水深：

　　A. 不变　　　　　　　　　　　　　B. 减小

　　C. 变大　　　　　　　　　　　　　D. 不定

29. 下面流动中，不可能存在的是：

　　A. 缓坡上的非均匀急流　　　　　　B. 平坡上的均匀缓流

　　C. 急坡上的非均匀缓流　　　　　　D. 逆坡上的非均匀急流

30. 相同情况下，宽顶堰的自由式出流流量Q与淹没式出流流量Q'比较为：

    A. $Q > Q'$ B. $Q = Q'$

    C. $Q < Q'$ D. 无法确定

31. 水泵铭牌上标出的流量、扬程、轴功率及允许吸上真空高度是指水泵特性曲线上的哪一点的值？

    A. 转速最高   B. 流量最大

    C. 扬程最高   D. 效率最高

32. 实际工程中，使用的离心泵叶轮，大部分是：

    A. 前弯式叶片   B. 后弯式叶片

    C. 径向式叶片   D. 轴向式叶片

33. 混流泵、离心泵、轴流泵的比转数大小顺序为：

    A. 离心泵>轴流泵>混流泵

    B. 轴流泵>混流泵>离心泵

    C. 离心泵>混流泵>轴流泵

    D. 混流泵>轴流泵>离心泵

34. 流量相差大的大小两台离心式水泵串联工作时，小泵容易：

    A. 流量过大   B. 转速过快

    C. 流量过小   D. 扬程太低

35. 实际水泵与模型水泵的尺寸相差不大，其工况相似时，第一相似定律表示为：

    A. $\dfrac{Q}{Q_m} = \lambda \dfrac{n}{n_m}$ B. $\dfrac{H}{H_m} = \lambda \dfrac{n^2}{n_m^2}$

    C. $\dfrac{Q}{Q_m} = \lambda^3 \dfrac{n}{n_m}$ D. $\dfrac{N}{N_m} = \lambda^5 \dfrac{n^3}{n_m^3}$

36. 从作用原理上讲，混流泵实现对液体的输送和提升是利用叶轮旋转时产生的：

    A. 速度与压力变化

    B. 作用力与反作用力

    C. 离心力和升力

    D. 流动速度与流动方向的变化

37. 按在给水系统中的作用，给水泵站一般分为送水泵站、加压泵站、循环泵站和：

    A. 一级泵站   B. 中途泵站

    C. 二级泵站   D. 终点泵站

38. 两个以上水厂的多水源联网供水,可在突然断电时避免发生水泵等主要设备损坏事故的电力负荷属:

A. 一级负荷   B. 二级负荷

C. 三级负荷   D. 四级负荷

39. 水泵机组振动所产生的噪声属于:

A. 空气噪声   B. 固体噪声

C. 波动噪声   D. 电磁噪声

40. 按泵站在排水系统中的作用,可分为中途泵站和:

A. 加压泵站   B. 污泥泵站

C. 终点泵站   D. 循环泵站

41. 确定排水泵站的设计流量一般按:

A. 平均日平均时污水量

B. 最高日平均时污水量

C. 平均日最高时污水量

D. 最高日最高时污水量

42. 螺旋泵排水量Q与叶片外径D的关系是:

A. Q与D成正比

B. Q与D成反比

C. Q与D的平方成正比

D. Q与D的立方成正比

43. 要减少测定结果的偶然误差,有效的方法是:

A. 增加测定次数   B. 进行对比试验

C. 进行空白试验   D. 对结果进行校正

44. 一支滴定管的精度标为±0.01ml,若要求测定的相对误差小于 0.05%,则测定时至少耗用滴定剂体积:

A. 5ml   B. 10ml

C. 20ml   D. 50ml

45. 已知下列各物质的K_b: ①Ac^-(5.9×10^{-10}),②NH_2NH_2(3.0×10^{-8}),③NH_3(1.8×10^{-5}),④S^{2-}($K_{b1} = 1.41$,$K_{b2} = 7.7 \times 10^{-8}$),其共轭酸酸性由强至弱的次序为:

A. ①>②>③>④   B. ④>③>②>①

C. ①>②≈④>③   D. ③>②≈④>①

46. 用同浓度的 NaOH 溶液分别滴定同体积的 $H_2C_2O_4$（草酸）和 HCl 溶液，消耗的 NaOH 体积数相同，说明：

A. 两种酸浓度相同

B. 两种酸的电离度相同

C. $H_2C_2O_4$（草酸）的浓度是 HCl 的 2 倍

D. HCl 的浓度是 $H_2C_2O_4$ 的 2 倍

47. 测定总硬度时，溶液终点颜色为蓝色，这种蓝色化合物是：

A. MIn   B. H_4Y

C. MY   D. In

48. 莫尔法适用的 pH 范围一般为 6.5~10.5，若酸度过高，则：

A. AgCl 沉淀不完全

B. Ag_2CrO_4 沉淀滞后形成

C. 终点提前出现

D. AgCl 沉淀吸附 Cl^- 增多

49. 含 Cl^- 介质中，用 $KMnO_4$ 法测定 Fe^{2+}，加入 $MnSO_4$ 的主要目的是：

A. 抑制 MnO_4^- 氧化 Cl^- 的副反应发生

B. 作为滴定反应的指示剂

C. 增大滴定的突跃区间

D. 同时测定 Mn^{2+} 和 Fe^{2+}

50. 测定化学耗氧量的水样，该如何保存？

A. 加碱   B. 加酸

C. 过滤   D. 蒸馏

51. 某符合比尔定律的有色溶液，当浓度为 c 时，其透光率为 T_0，若浓度增大一倍，则溶液的吸光度为：

A. $T_0/2$ B. $2T_0$

C. T_0^2 D. $-2\lg T_0$

52. 测量水溶液的 pH 值，有关说法正确的是：

A. 应该预先在待测溶液中加入 TISAB，以保持溶液的 pH 恒定

B. 应该预先用 pH 值与待测溶液相近的 HCl 溶液校正系统

C. 测定 pH 值的玻璃电极应预先在纯水中浸泡活化

D. 溶液的 H^+ 浓度越大，测得的 pH 值的准确度越高

53. 设经纬仪一个测回水平角观测的中误差为 $\pm 3''$，则观测 9 个测回所取平均值的中误差为：

A. $\pm 9''$ B. $\pm 27''$

C. $\pm 1''$ D. $\pm 1/3''$

54. 精度罗盘指北针所指的北方向是：

A. 平面直角坐标系的 X 轴   B. 地球自转轴方向

C. 该点磁力线北方向   D. 椭球子午线北方向

55. 地形图中的等高距是指：

A. 相邻等高线之间的高差   B. 相邻等高线之间的距离

C. 等高线之周长   D. 等高线之高程

56. 同一幅地形图中，等高线密集处表示地势坡度较：

A. 深   B. 高

C. 陡   D. 缓

57. 地球有时可看作是一个圆球体，半径大致为：

A. 6371km   B. 637km

C. 63714km   D. 10000km

58. 下列说法中正确的是：

A. 施工总承包单位可将建筑工程主体结构的施工发包给具有相应资质条件的分包单位

B. 根据具体情况，分包单位可将所承包的工程进一步分包给具有相应资质条件的其他施工单位

C. 承包单位可将其承包的全部建筑工程转包给具有相应资质条件的其他分包单位

D. 建筑工程可以由两个以上的承包单位共同承包

59. 下列说法中正确的是：

    A. 地方污染物排放标准必须报省级环境保护行政主管部门备案

    B. 地方污染物排放标准必须报市级环境保护行政主管部门备案

    C. 地方污染物排放标准的各个项目一般与国家污染物排放标准没有重复

    D. 地方污染物排放标准严于相同项目的国家污染物排放标准

60. 下列内容不一定包含在城镇总体规划之中的是：

    A. 环境保护   B. 文物遗产保护

    C. 防灾   D. 教育

2011年度全国勘察设计注册公用设备工程师（给水排水）
执业资格考试基础考试（下）试题解析及参考答案

1. 解 由径流深度公式 $R = \dfrac{W}{1000F}$，可得

$$R = \frac{W}{1000F} = \frac{5 \times 10^8 \text{m}^3}{1000 \times 600 \text{km}^2} = 833\text{mm}$$

该题计算时，注意单位！流域面积单位为 km²。

答案：B

2. 解 径流是一个地区（流域）的降水量与蒸发量的差值。多年平均的大洋水量平衡方程为：蒸发量=降水量+径流量；多年平均的陆地水量平衡方程是：降水量=径流量+蒸发量。

答案：A

3. 解 水文统计的任务是研究和分析水文随机现象的统计变化特性。

答案：C

4. 解 由特大洪水的经验频率计算公式

$$p = \frac{m}{n+1}$$

$$n \approx \frac{m}{p} = \frac{1}{0.02} = 50$$

表示大于等于这样的洪水平均 50 年可能出现一次。

答案：B

5. 解 抽样误差是指由于抽样的随机性而带来的偶然的代表性误差，常通过增大样本容量来减小。

答案：D

6. 解 水文资料的三性审查中的"三性"是指可靠性、一致性、代表性。

答案：B

7. 解 由暴雨强度公式

$$q = \frac{167A_1(1 + C\lg T)}{(t+b)^n}$$

知 q 与 T 成正比，即重现期增大，暴雨强度增大。

答案：B

8. 解 达西公式的适用范围：只有当雷诺数小于 1~10 时地下水运动才服从达西公式，大多情况下地下水的雷诺数一般不超过 1。

答案：B

9. 解 泉是地下水的天然集中地表出露，是地下含水层或含水通道呈点状出露地表的地下水涌出

现象，为地下水集中排泄形式。它是在一定的地形、地质和水文地质条件的结合下产生的。适宜的地形、地质条件下，潜水和承压水集中排出地面成泉。

答案： C

10. 解 利用可变储存量（调节储量）公式：

$$W_{调} = \mu_e F \Delta H = 0.3 \times 12 \times 10^6 \times 1 = 3.6 \times 10^6 \text{m}^3$$

答案： D

11. 解 雷诺数公式计算如下：

$$Re = \frac{vd}{\nu} = \frac{10 \times 3 \times 10^{-3}}{0.1} = 0.3$$

答案： B

12. 解 承压水是充满于两个隔水层之间的含水层中承受着水压力的重力水。其特征为：不具自由水面，承受一定的水头压力；分布区和补给区不一致；动态变化稳定，受气候、水文因素影响小；不易受地面污染，一旦污染不易自净；富水性好的承压水层是理想的供水水源。

答案： B

13. 解 将单个或少量同种细菌细胞接种于固体培养基表面，在适当的培养条件下，该细胞会迅速生长繁殖，形成许多细胞聚集在一起且肉眼可见的细胞集合体，称为菌落。

答案： A

14. 解 细菌常见的特殊结构包括荚膜、鞭毛、菌毛和芽孢等。

答案： B

15. 解 酶分为单成分酶和双成分酶（又称全酶）。单成分酶完全由蛋白质组成，如多数水解酶、蛋白酶。而全酶不但具有蛋白质，还有非蛋白质部分，非蛋白质部分为辅助因子，起传递电子、化学基团等作用。酶的辅助因子可以是金属离子，也可以是小分子有机化合物。

答案： D

16. 解 底物水平磷酸化、氧化磷酸化、光合磷酸化都是 ATP 的形成方式。底物水平磷酸化指底物脱氢（或脱水），可生成某些高能中间代谢物，再通过酶促磷酸基团转移反应直接偶联 ATP 的生成，但不与电子传递偶联，是发酵的唯一产能方式。氧化磷酸化是指 ADP 和 Pi 生成 ATP 与电子传递相偶联的过程，是需氧生物合成 ATP 的主要途径。光合磷酸化是由光照引起的电子传递与磷酸化作用相偶联而生成 ATP 的过程称光合磷酸化，发生于光能营养微生物的光合作用产能。

答案： A

17. 解 对数期特点：细菌数呈指数增长，极少有细菌死亡；世代时间最短；生长速度最快。对数期是测定细菌世代时间的最佳时期。

答案：B

18. 解 转化是活的受体细菌吸收供体细胞释放的 DNA 片段，受体细胞获得供体细胞的部分遗传性状，受体细胞必须处于感受态（细胞处于易接受外源 DNA 转化时的生理状态）才能被转化。

答案：C

19. 解 原生动物在环境较差情况时，会形成孢囊以保卫其身体。

答案：C

20. 解 氧化塘中藻类与细菌可以独立生存，在一起时又互利，所以是互生关系。藻类利用光能，并以水中二氧化碳进行光合作用，放出氧气。它既除去了对好氧菌有害的二氧化碳，又将产物氧供给好氧菌。好氧菌利用氧去除有机污染物，同时放出二氧化碳供给藻类。

答案：B

21. 解 液氯消毒的优点是价格便宜、工艺成熟、杀菌效果好。但是也有缺点：易与某些物质生成有机氯化物，会致癌、致突变，危害人体健康。

答案：B

22. 解 除磷过程是先在厌氧条件下，聚磷菌分解聚磷酸盐，释放磷酸，产生 ATP，并利用 ATP 将污水中的脂肪等有机物摄入细胞以 PHB 及糖原等形式存于细胞内。再进入好氧环境，PHB 分解释放能量，用于过量地吸收环境中的磷，合成聚磷酸盐存于细胞，沉淀后随污泥排走。

答案：B

23. 解 运动黏度 $\nu = \mu/\rho = 1.90 \times 10^{-5} \mathrm{m^2/s}$。

答案：B

24. 解 做此类题目，需要找一些关键点，即等压强点。如解图所示，A、B、C 三点的压强相等，且等于 2 点的压强，1 点压强小于 A 点，3 点压强大于 C 点。所以，$p_1 < p_2 < p_3$。

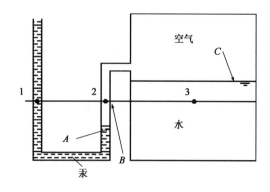

题 24 解图

答案： D

25. 解 总流的伯努利方程适用条件：恒定流，质量力只有重力，不可压缩流体，所取断面为渐变流（渐变流是指各流线接近于平行直线的流动。两断面之间可以是急变流），两断面无分流和汇流（即流量沿程不变）。故只有1-1和3-3断面符合要求。

答案： C

26. 解 下临界雷诺数不随以上各量变化。

答案： D

27. 解 $H = S_{01}LQ_1^2 = S_{02}LQ_2^2$，$S_{02} = 4S_{01}$，可知$Q_1 = 2Q_2$

替换管道后，$H = SL(Q_1 + Q_2)^2 = 9SLQ_2^2$，$H = 4S_{01}LQ_2^2$

可得$9S = 4S_{01}$，$S = 0.44S_{01}$

答案： C

28. 解 根据明渠均匀流的基本公式$Q = \frac{1}{n}AR^{\frac{2}{3}}i^{\frac{1}{2}}$可知，流量一定，渠道断面的形状、尺寸和粗糙系数一定时，随底坡的减少，正常水深变大，临界水深不变。

答案： C

29. 解 明渠非均匀流是不等深、不等速流动，而均匀流沿程减少的位能等于沿程水头损失，只能发生在顺坡上。

答案： B

30. 解 当下游水深增加，流速减小，会发生淹没出流。计算流量需再乘上淹没系数，宽顶堰的淹没系数≤1。

答案： A

31. 解 每台泵的泵壳上钉有一块铭牌，铭牌上简明地列出了该泵在设计转速下运转效率为最高时的流量、扬程、轴功率及允许吸上真空高度或气蚀余量值。

答案： D

32. 解 实际工程中离心泵的叶轮，大部分是后弯式叶片。后弯式叶片的流道比较平缓，弯度小，叶槽内水力损失较小，有利于提高泵的效率。

答案： B

33. 解 如解图所示。

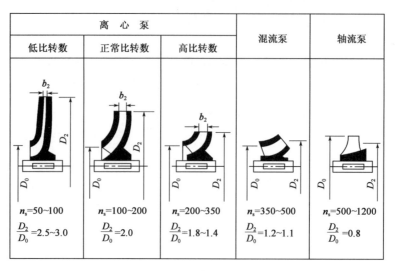

离 心 泵			混流泵	轴流泵
低比转数	正常比转数	高比转数		
$n_s=50\sim100$	$n_s=100\sim200$	$n_s=200\sim350$	$n_s=350\sim500$	$n_s=500\sim1200$
$\dfrac{D_2}{D_0}=2.5\sim3.0$	$\dfrac{D_2}{D_0}=2.0$	$\dfrac{D_2}{D_0}=1.8\sim1.4$	$\dfrac{D_2}{D_0}=1.2\sim1.1$	$\dfrac{D_2}{D_0}=0.8$

题 33 解图

答案：B

34. 解　串联水泵的流量相等，故串联时应选择额定流量接近的泵。

答案：A

35. 解　第一相似定律——确定两台在相似工况下运行泵的流量之间的关系：

$$\frac{Q}{Q_m}=\lambda^3\frac{n}{n_m}$$

相关知识点：叶轮相似定律有三个方面

（1）第一相似定律——确定两台在相似工况下运行泵的流量之间的关系。

$$\frac{Q}{Q_m}=\lambda^3\frac{n}{n_m}$$

（2）第二相似定律——确定两台在相似工况下运行泵的扬程之间的关系。

$$\frac{H}{H_m}=\lambda^2\frac{n^2}{n_m^2}$$

（3）第三相似定律——确定两台在相似工况下运行泵的轴功率之间的关系。

$$\frac{N}{N_m}=\lambda^5\frac{n^3}{n_m^3}$$

答案：C

36. 解　根据作用原理，叶片泵可以分为离心泵、混流泵、轴流泵。对于不同类型泵，液体质点在叶轮中流动时所受的作用力不同、流出叶轮的方向不同，离心泵主要受离心力作用、沿径向流出叶轮，轴流泵主要受轴向升力作用、沿轴向流出叶轮，混流泵介于离心泵和轴流泵之间，既受离心力作用，又受轴向升力作用，流出叶轮的方向是斜向。

答案：C

37. 解　在给水工程中，常见的分类是按泵站在给水系统中的作用分：取水泵站、送水泵站、加压泵站及循环泵站。取水泵站又称一级泵站。

答案：A

38.解 电力负荷一般分为三级。一级负荷是指突然停电将造成人身伤亡危险，或重大设备损坏且长期难以修复，因而给国民经济带来重大损失的电力负荷，大中城市的水厂及钢铁厂、炼油厂等重要工业企业的净水厂均应按一级电力负荷考虑；二级负荷是指突然停电产生大量废品，大量原材料报废或将发生主要设备损坏事故，但采用适当措施后能够避免的电力负荷，例如有一个以上水厂的多水源联网供水的系统或备用蓄电池的泵站，或有大容量高地水池的城市水厂；三级负荷是指所有不属一级及二级负荷的电力负荷。

答案：B

39.解 水泵机组振动所产生的噪声是由于固体振动而产生的，属于固体噪声。

答案：B

40.解 排水泵站按其在排水系统中的作用，可分为中途泵站（或叫区域泵站）和终点泵站（又叫总泵站）。

相关知识点：

排水泵站按其排水的性质，一般分为污水泵站、雨水泵站、合流泵站和污泥泵站。

按其在排水系统中的作用，可分为中途泵站（或叫区域泵站）和终点泵站（又叫总泵站）。

按泵启动前能否自流充水分为自灌式泵站和非自灌式泵站。

按泵房的平面形状，可以分为圆形泵站和矩形泵站。

按集水池与机器间的组合情况，可分为合建式泵站和分建式泵站。

按采用泵的特殊性又可分为潜水泵站和螺旋泵站。

按照控制的方式又可分为人工控制、自动控制和遥控三类。

答案：C

41.解 排水泵站的设计流量一般均按最高日最高时污水流量决定。

答案：D

42.解 螺旋泵的流量与螺旋叶片外径D、螺距S、转速n、叶片的扬水断面率有关，见公式$Q = \frac{\pi}{4}(D^2 - d^2)\alpha S n$。

答案：C

43.解 偶然误差又叫随机误差，由于某些偶然原因引起的误差，其大小、正负无法测量，也不能加以校正。做空白试验、对照试验均减少系统误差。增加测定次数可减少随机误差。

答案：A

44. 解 根据相对误差公式，$0.05\% = \frac{0.01\text{mL}}{\bar{X}} \times 100\%$，得滴定时至少耗用滴定剂体积20mL。

答案：C

45. 解 根据公式 $K_a \cdot K_b = [\text{H}^+][\text{OH}^-] = K_W = 1.0 \times 10^{-14}(25℃)$，计算 K_a 比较。对于 S^{2-}：$\text{HS}^- = \text{H}^- + \text{S}^{2-}$（二元弱酸 H_2S 的二级解离），其共轭酸为 HS^-，计算 K_{a2} 比较，$K_{a1} \cdot K_{b2} = K_{a2} \cdot K_{b1} = K_W$。

答案：A

46. 解 滴定所用的 NaOH 的体积数相同，说明两种酸的 H⁺ 相同。HCl 完全电离，草酸部分电离，所以两种酸浓度不同，电离度不同，选项 A、B 错误。NaOH 滴定草酸、盐酸时，1mol 草酸与 2mol NaOH 反应完全，1mol 盐酸与 1mol 的 NaOH 反应完全，与同体积 NaOH 反应的草酸与盐酸的摩尔的量比为 1：2，所以盐酸浓度是草酸的 2 倍。

答案：D

47. 解 测定总硬度的方法为：在 pH＝10 的条件下，以络黑 T 为指示剂，用 EDTA 溶液络合滴定钙和镁离子。加入络黑 T 后，与钙和镁生成紫红或紫色溶液。用 EDTA 滴定，游离的钙和镁离子首先与 EDTA 反应形成无色配合物，化学计量点时，跟指示剂络合的钙和镁离子与 EDTA 反应被夺取，指示剂游离出来，溶液颜色由紫变为天蓝色。此时的溶液中呈现蓝色的化合物是钙和镁与 EDTA 的络合物，用 MY 表示，M 是金属阳离子，Y 是 EDTA 的阴离子表示形式。

答案：C

48. 解 当 pH 值偏低，呈酸性时，平衡向右移动，$[\text{CrO}_4^-]$ 减少，Ag_2CrO_4 沉淀滞后形成，导致终点拖后而引起滴定误差较大（正误差）。

答案：B

49. 解 诱导反应与催化反应不同。催化反应中，催化剂参加反应后恢复到原来的状态。而在诱导反应中，诱导体参加反应后变成其他物质，受诱体也参加反应，以致增加了作用体的消耗量。用 KMnO_4 法滴定 Fe^{2+} 时，若有 Cl^- 存在，由于 MnO_4^- 和 Cl^- 发生反应，将使 KMnO_4 溶液消耗量增加，而使测定结果产生误差。此时，在溶液中加 MnSO_4，可防止 Cl^- 对 MnO_4^- 的还原作用，能获得准确的滴定结果。

答案：A

50. 解 最理想的是取样后立即分析，测量 COD 时，加 H_2SO_4 至 $\text{pH} < 2$。

答案：B

51. 解 $A = \lg\frac{1}{T_0} = -\lg T_0 = kbc$，浓度增大一倍，溶液的吸光度与溶液浓度（$c$）成正比，所以吸光度同比增大。$A = -2\lg T_0$。

答案：D

52. 解　TISAB 是总离子强度调节缓冲溶液，是为了保持溶液的离子强度相对稳定，缓冲和掩蔽干扰离子，适用于某一特定离子活度的测定；在测量水溶液的 pH 值时，当水样碱性过强时，pH 在 10 以上，会产生"钠差"，使 pH 读数偏低，因此需选用特制的"低钠差"玻璃电极或使用与水样的 pH 值接近的标准缓冲溶液校正系统；玻璃电极在使用前，需在去离子水中浸泡 24h 以上；溶液的 H^+ 浓度与测得的 pH 的准确度没有必然的联系。

答案：C

53. 解　根据公式 $m_x = \pm \frac{m}{\sqrt{n}}$，可得：$m_x = \pm \frac{m}{\sqrt{n}} = \pm \frac{3''}{\sqrt{9}} = \pm 1''$

答案：C

54. 解　磁子午线方向是磁针在地球磁场的作用下，磁针自由静止时其轴线所指的方向，可用罗盘仪测定。

答案：C

55. 解　等高距：相邻等高线之间的高差称为等高距，也称为等高线间隔。

答案：A

56. 解　在同一幅图上，平距小表示坡度陡，平距大表示坡度缓，平距相等表示坡度相同。换句话说，坡度陡的地方等高线就密，坡度缓的地方等高线就稀。

答案：C

57. 解　地球平均半径 6371.004km，地球赤道半径 6378.140km，地球极地半径 6356.755km。

答案：A

58. 解　见《中华人民共和国建筑法》。

第二十七条　大型建筑工程或者结构复杂的建筑工程，可以由两个以上的承包单位联合共同承包。共同承包的各方对承包合同的履行承担连带责任。两个以上不同资质等级的单位实行联合共同承包的，应当按照资质等级低的单位的业务许可范围承揽工程。

第二十八条　禁止承包单位将其承包的全部建筑工程转包给他人，禁止承包单位将其承包的全部建筑工程肢解以后以分包的名义分别转包给他人。

第二十九条　建筑工程总承包单位可以将承包工程中的部分工程发包给具有相应资质条件的分包单位；但是，除总承包合同中约定的分包外，必须经建设单位认可。施工总承包的，建筑工程主体结构的施工必须由总承包单位自行完成。

答案：D

59. 解　（1）国家污染物排放标准和地方污染物排放标准可分为强制性和推荐执行标准，分别由国家和地方政府人大批准。

（2）地方污染物排放标准的设立是建立在国家污染物排放标准的基础之上的，其标准值要严格于国家排放标准。省、自治区、直辖市人民政府对国家环境质量标准中未作规定的项目，可以制定地方环境标准，并报国务院环境保护行政主管部门备案。

（3）在本区域内，有地方标准的执行地方标准，没有地方标准的执行国家标准。也就是说地方标准严于国家标准，并优先执行。

答案： D

60. 解 见《中华人民共和国城乡规划法》。

第十七条 城市总体规划、镇总体规划的内容应当包括：城市、镇的发展布局，功能分区，用地布局，综合交通体系，禁止、限制和适宜建设的地域范围，各类专项规划等。

规划区范围、规划区内建设用地规模、基础设施和公共服务设施用地、水源地和水系、基本农田和绿化用地、环境保护、自然与历史文化遗产保护以及防灾减灾等内容，应当作为城市总体规划、镇总体规划的强制性内容。

答案： D

2012 年度全国勘察设计注册公用设备工程师

（给水排水）执业资格考试试卷

基础考试
（下）

二〇一二年九月

应考人员注意事项

1. 本试卷科目代码为"2"，考生务必将此代码填涂在答题卡"科目代码"相应的栏目内，否则，无法评分。

2. 书写用笔：**黑色或蓝色钢笔、签字笔或圆珠笔；**

   填涂答题卡用笔：**黑色 2B 铅笔。**

3. 必须用书写用笔将工作单位、姓名、准考证号填写在答题卡和试卷相应的栏目内。

4. 本试卷由 60 题组成，每题 2 分，满分 120 分，本试卷全部为单项选择题，每小题的四个备选项中只有一个正确答案，错选、多选、不选均不得分。

5. 考生作答时，必须按**题号在答题卡上**将相应试题所选选项对应的**字母用 2B 铅笔涂黑。**

6. 在答题卡上书写与题意无关的语言，或在答题卡上作标记的，均按违纪试卷处理。

7. 考试结束时，由监考人员当面将试卷、答题卡一并收回。

8. 草稿纸由各地统一配发，考后收回。

单项选择题（共60题，每题2分，每题的备选项中，只有一个最符合题意。）

1. 某水文站控制面积为480km²，年径流深度为82.31mm，其多年平均径流模数为：

   A. 2.61L/(s·km²)　　　　　　　　B. 3.34L/(s·km²)

   C. 1.30L/(s·km²)　　　　　　　　D. 6.68L/(s·km²)

2. 水的大循环是指：

   A. 从海洋蒸发的水分再降落到海洋

   B. 海洋蒸发的水凝结降落到陆地，再由陆地径流或蒸发形式返回到海洋

   C. 从陆地蒸发的水分再降落到海洋

   D. 地表水补充到地下水

3. 地下水的循环包括：

   A. 补给、径流、排泄　　　　　　　B. 入渗、补给、排泄

   C. 入渗、补给、排泄　　　　　　　D. 补给、入渗、排泄

4. 关于渗流，下列描述中错误的是：

   A. 地下水在曲折的通道中缓慢地流动称为渗流

   B. 渗流通过的含水层横断面称为过水断面

   C. 地下水的渗流速度大于实际平均流速

   D. 渗透速度与水力坡度的一次方成正比

5. 相关分析在水文分析计算中主要用于：

   A. 计算相关系数　　　　　　　　　B. 插补、延长水文系列

   C. 推求频率曲线　　　　　　　　　D. 推求设计值

6. 对年径流量系列进行水文资料的三性审查，其中不包括：

   A. 对径流资料的可靠性进行审查

   B. 对径流资料的一致性进行审查

   C. 对径流资料的代表性进行审查

   D. 对径流资料的独立性进行审查

7. 保证率 $P = 90\%$ 的设计枯水是指：

    A. 小于等于这个枯水量的平均 10 年发生一次

    B. 大于等于这样的枯水平均 10 年可能发生一次

    C. 小于等于这样的枯水平均 12.5 年可能发生一次

    D. 小于或等于这个枯水量的平均 10 年可能出现一次

8. 在某一降雨历时下，随着重现期的增大，暴雨强度将会：

    A. 减小   B. 增大   C. 不变   D. 不一定

9. 偏态系数 $C_s > 0$ 说明随机变量：

    A. 出现大于均值的机会比出现小于均值的机会多

    B. 出现大于均值的机会比出现小于均值的机会少

    C. 出现大于均值的机会和出现小于均值的机会相等

    D. 出现小于均值的机会为 0

10. 某潜水水源地分布面积为 $12 km^2$，年内地下水位变幅为 $1m$，含水层变幅内平均给水度为 0.3，该水源地的可变储量为：

    A. $3.6 \times 10^5 m^3$ B. $4.0 \times 10^5 m^3$

    C. $4.0 \times 10^6 m^3$ D. $3.6 \times 10^6 m^3$

11. 下面有关裂隙水特征的论述错误的是：

    A. 裂隙水与孔隙水相比，表现出更明显的不均匀性和各向异性

    B. 裂隙岩层一般并不形成具有统一水力联系、水量分布均匀的含水层，而通常由部分裂隙在岩层中某些局部范围内连通构成若干个带状或脉状裂隙含水系统

    C. 裂隙含水系统的水量大小取决于裂隙的成因与含水系统规模的大小

    D. 大多数情况下裂隙水的运动不符合达西定律

12. 下面关于井的说法错误的是：

    A. 根据井的结构和含水层的关系可将井分为完整井和非完整井

    B. 完整井是指打穿了整个含水层的井

    C. 只打穿了部分含水层的水井是非完整井

    D. 打穿了整个含水层但只在部分含水层上安装有滤水管的水井是非完整井

13. 下列具有非细胞结构的是：

    A. 细菌   B. 噬菌体   C. 蓝藻   D. 真菌

14. 鞭毛的着生点和支生点是在：

A. 荚膜和细胞壁   B. 细胞膜和细胞壁

C. 芽孢和细胞膜   D. 细胞膜和荚膜

15. 培养大肠杆菌最适宜的温度是：

A. 25℃   B. 30℃

C. 37℃   D. 40℃

16. 下列有关微生物的命名，写法正确的是：

A. *Bacillus subtitlis*   B. *Bacillus subtitlis*

C. *bacillus subtitlis*   D. *Bacillus Subtitlis*

17. 能够分解葡萄糖的微生物，在好氧条件下，分解葡萄糖的最终产物为：

A. 乙醇和二氧化碳   B. 乳酸

C. 二氧化碳和水   D. 丙酮酸

18. 培养基常用的灭菌温度为：

A. 100℃   B. 120℃

C. 150℃   D. 200℃

19. 利用无机碳和光能生长的微生物，其营养类型属于：

A. 光能自养型   B. 光能异养型

C. 化能自养型   D. 化能异养型

20. 酶是生物细胞中自己制成的一种催化剂，它除具有高效催化作用外，还具有以下特点，这些特点中错误的是：

A. 高度专一性   B. 不可逆性

C. 反应条件温和   D. 活力可调节性

21. 活性污泥中主要存在的是：

A. 菌胶团   B. 有机物和细菌的混合物

C. 无机物和细菌的混合物   D. 细菌和微生物

22. 有机污染物排入河道后，排污点下游进行着正常自净过程，沿着河流方向形成一系列连续的污化带，根据指示生物的种群、数量及水质划分为：

A. 多污带、中污带、寡污带   B. 多污带、α-中污带、寡污带

C. 多污带、β-中污带、寡污带   D. α-中污带、β-中污带、寡污带

23. 按连续介质的概念，液体的质点是指：

　　A. 液体的分子

　　B. 液体内的固体颗粒

　　C. 几何的点

　　D. 几何尺寸同流动空间相比是极小量，又含有大量的微元体

24. 右图所示容器中，有重度不同的两种液体，2点位于界面上，正确结论是：

　　A. $p_2 = p_1 + \gamma_1(z_1 - z_2)$

　　B. $p_3 = p_2 + \gamma_2(z_1 - z_3)$

　　C. 两式都不对

　　D. 两式都对

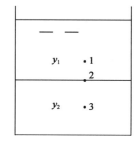

25. 水力最优的矩形明渠均匀流的水深增大一倍，渠宽缩小到原来的一半，其他条件不变，渠道中的流量：

　　A. 增大　　　　　　　　　　　　　　B. 减小

　　C. 不变　　　　　　　　　　　　　　D. 随渠道具体尺寸的不同都有可能

26. 实际流体在流动过程中，其沿程测压管水头线：

　　A. 沿程降低　　　　　　　　　　　　B. 沿程升高

　　C. 沿程不变　　　　　　　　　　　　D. 都有可能

27. 两明渠均匀流，断面面积、流量、渠底坡度都相同，1号粗糙系数是2号粗糙系数的2倍，则两者水力半径的比值为：

　　A. 2　　　　　　　　　　　　　　　　B. 0.5

　　C. 2.83　　　　　　　　　　　　　　D. 1.41

28. 变直径圆管流，细断面直径为d_1，粗断面直径$d_2 = 2d_1$，粗细断面雷诺数的关系是：

　　A. $Re_1 = 0.5Re_2$　　　　　　　　　B. $Re_1 = Re_2$

　　C. $Re_1 = 1.5Re_2$　　　　　　　　　D. $Re_1 = 2Re_2$

29. 在薄壁堰、多边形实用堰、曲线形实用堰、宽顶堰中流量系数最大的是：

　　A. 薄壁堰　　　　　　　　　　　　　B. 多边形实用堰

　　C. 曲线形实用堰　　　　　　　　　　D. 宽顶堰

30. 在管路系统中，从四分之一管长的1点到四分之三的2点并联一条长度等于原管路长度一半的相同的管段，如果按照长管计算，系统总流量增加：

A. 15.4%
B. 25.0%
C. 26.5%
D. 33.3%

31. 叶轮出水是径向的泵是：

A. 轴流泵
B. 离心泵
C. 混流泵
D. 水轮泵

32. 混流泵的作用原理是：

A. 液体质点在叶轮中流动时主要受到的是离心力作用

B. 液体质点在叶轮中流动时主要受到的是轴向升力的作用

C. 液体质点在叶轮中流动时既受到离心力作用又受到轴向升力作用

D. 液体质点在叶轮中流动时受到混合升力的作用

33. 离心泵的基本性能参数包括：

A. 流量、扬程、有效功率、效率、转数、允许吸上真空高度或汽蚀余量

B. 流量、扬程、轴功率、效率、转数、允许吸上真空高度或汽蚀余量

C. 流量、扬程、轴功率、效率、转速、允许吸上真空高度或汽蚀余量

D. 流量、扬程、轴功率、效率、比转数、允许吸上真空高度或汽蚀余量

34. 水泵装置运行时管道的所有阀门为全开状态，则水泵特性曲线和管道系统特性曲线的交点 M 就称为水泵的：

A. 出流工况点
B. 极限工况点
C. 平衡工况点
D. 相对工况点

35. 水泵叶轮的相似定律是基于几何相似的基础上的，凡是两台水泵满足几何相似和下列哪项条件，就称为工况相似水泵？

A. 形状相似
B. 条件相似
C. 水流相似
D. 运动相似

36. 高比转数的水泵具有：

A. 流量小、扬程高
B. 流量小、扬程低
C. 流量大、扬程低
D. 流量大、扬程高

37. 按水泵启动前是否自流充水分为：

A. 自灌式泵站和非自灌式泵站

B. 合建式泵站和分建式泵站

C. 干式泵站和湿式泵站

D. 雨水泵站和污水泵站

38. 水泵的吸水管的流速在确定时应根据管径的不同来考虑，当 $D \geqslant 250mm$ 时，规范规定管道流速应为：

A. 1.0~1.2m/s

B. 1.2~1.6m/s

C. 1.6~2.0m/s

D. 1.5~2.5m/s

39. 水泵管路系统中预防水锤的措施很多，防止水柱分离可采取的措施是：

A. 设置水锤消除器

B. 补气稳压装置

C. 设置旁通管

D. 缓闭式止回阀

40. 分建式泵站的特点之一是：

A. 工程造价高

B. 工程造价低

C. 施工困难

D. 施工方便

41. 合流泵站设置是用于：

A. 提升和排除服务区内的污水和雨水的泵站

B. 提升合流制污水系统中的污水

C. 提升合流制污水系统中雨水

D. 提升截留干管中的混合污水至污水处理厂

42. 离心泵装置最常见的调节是阀调节，就是通过改变水泵出水阀门的开启度进行调节。关小阀门，管道局部阻力增大，以及出现下列哪种情况，出水量逐渐减小？

A. 管道特性曲线变陡

B. 水泵特性曲线变陡

C. 相似抛物线变陡

D. 效率曲线变陡

43. 下面不能用滴定法分析测量的是：

A. 血液、细胞里的 Ca^{2+}

B. 化学需氧量

C. 水样中的 F^- 浓度

D. 溶液的 pH

44. 在 Ca^{2+}、Mg^{2+} 的混合液中，用 EDTA 法测定 Ca^{2+}，要消除 Mg^{2+} 的干扰宜用：

    A. 控制酸度法   B. 沉淀掩蔽法

    C. 氧化还原掩蔽法   D. 络合掩蔽法

45. 碘量法测定时，淀粉指示剂在接近终点前加入的原因是：

    A. 防止淀粉吸附包藏溶液中的碘

    B. 防止碘氧化淀粉

    C. 防止碘还原淀粉

    D. 防止硫代硫酸钠被淀粉吸附

46. 标定 NaOH 溶液浓度时所用的邻苯二甲酸氢钾中含有少量的邻苯二甲酸，将使标出的 NaOH 浓度较实际浓度：

    A. 偏低   B. 偏高

    C. 无影响   D. 不确定

47. 测定总硬度时，用缓冲溶液控制 pH 值为：

    A. 10.0   B. 9.0

    C. 11.0   D. 12.0

48. 原子吸收分光光度计的光源是：

    A. 钨丝灯   B. 空心阴极灯

    C. 氢灯   D. 辉光灯

49. pH = 11.20 的有效数字位数为：

    A. 四位   B. 三位

    C. 两位   D. 任意位

50. 某酸碱指示剂的 $K = 1.0 \times 10^{-5}$，则从理论上推断其变色点是：

    A. 5~7   B. 5~6

    C. 4~6   D. 3~5

51. 耗氧量为每升水中下列哪种物质在一定条件下被氧化剂氧化时消耗氧化剂的量？（折算成氧的毫克数表示）

    A. 氧化性物质   B. 无机物

    C. 有机物   D. 还原性物质

52. 闭合导线和附和导线在计算下列哪项参数时，计算公式有所不同？

    A. 角度闭合差和坐标增量闭合差

    B. 方位角闭合差和坐标增量闭合差

    C. 角度闭合差和导线全长闭合差

    D. 纵坐标增量闭合差和横坐标增量闭合差

53. 地形是指下列哪项的总称？

    A. 天然地物和人工地物   B. 地貌和天然地物

    C. 地貌   D. 地貌和地物

54. 在一幅地图上，等高线间距大，则表示地面坡度较：

    A. 深   B. 高

    C. 陡   D. 缓

55. 全站仪通过一次性安装就可以实现全部测量工作，因此能实现地面点位精确测量的是：

    A. 距离、角度和坐标   B. 距离、角度和高差

    C. 距离、角度和高程   D. 角度、高差和高程

56. 设观测一个角的中误差为 $\pm 9''$，则三角形内角和的中误差应为：

    A. $\pm 10.856''$ B. $\pm 12.556''$

    C. $\pm 13.856''$ D. $\pm 15.588''$

57. 在地形图上，用来表示地势详细程度的是：

    A. 等高线   B. 坡度

    C. 分水线   D. 山脊线

58. 依据《建设工程安全生产管理条例》，下列关于建设工程承包中属于总承包单位和分包单位安全责任的说法中，正确的是：

    A. 建设工程实行施工总承包的，由建设单位和总承包单位对现场的安全生产负总责

    B. 分包单位应当服从总承包单位的安全管理，分包单位不服从管理导致生产安全事故的，由分包单位承担主要责任

    C. 总承包单位依法将建设工程分包给其他单位的，分包单位对分包工程的安全生产承担主要责任

    D. 分包单位不服从管理导致生产安全事故的，分包单位和总承包单位对分包工程的安全生产承担连带责任

59. 《中华人民共和国城市房地产管理法》规定下列哪几种房地产不得转让？

①以出让方式取得土地使用权的不得出让，只能使用；②司法机关和行政机关依法裁定，决定查封或以其他形式限制房地产权利的，以及依法收回土地使用权的；③共有房地产；④权属有争议的及未依法登记领取权属证书；⑤法律、行政法规规定禁止转让的其他情形。

A. ①②③

B. ②③④⑤

C. ②④⑤

D. ③④⑤

60. 城市总体规划、镇总体规划的规划期限一般为：

A. 10 年

B. 20 年

C. 30 年

D. 50 年

2012年度全国勘察设计注册公用设备工程师（给水排水）
执业资格考试基础考试（下）试题解析及参考答案

1. 解　由径流深度公式$R = \frac{W}{1000F}$，$W = QT$（其中$T = 365 \times 24 \times 3600s$），径流模数公式$M = \frac{1000Q}{F}$，可得

$$M = \frac{10^6 R}{T} = \frac{10^6 \times 82.31}{365 \times 24 \times 3600} = 2.61 \text{L/(s} \cdot \text{km}^2)$$

答案：A

2. 解　水分循环即水的三态互变，由水文四要素构成：蒸发、降水、入渗、径流。

大循环即海陆间循环。海洋蒸发的水汽，被气流带到大陆上空，凝结后以降水形式降落到地表。其中一部分渗入地下转化为地下水；一部分又被蒸发进入天空；余下的水分则沿地表流动形成江河而注入海洋。

小循环即海洋或大陆上的降水同蒸发之间的垂向交换过程。其中包括海洋小循环（海上内循环）和陆地小循环（内陆循环）两个局部水循环过程。

答案：B

3. 解　地下水循环是指地下水的补给、径流与排泄过程。地下水以大气降水、地表水、人工补给等各种形式获得补给，在含水层的岩土介质中流过一段路程，然后又以泉水、蒸发等形式排出地表，如此周而复始。

答案：A

4. 解　渗流是一种假想。水在岩石空隙间的运动非常复杂，研究起来非常困难且意义不大，人们就用一种假想水流来代替在岩石空隙运动的真实水流，这种假想水流具有下列性质：①通过任一断面流量与真实水流相等；②在某一断面的水头和压力与真实水流一样。这一假想水流就称渗流。渗流的基本定律是达西定律，公式为$v = kJ$（v-渗流速度，k-渗透系数，J-水力坡度）。该式表明渗流速度与水力坡度的一次方成正比。

答案：A

5. 解　在水文分析计算中，经常会遇到某一变量的实测资料系列较短，而与其有关的另一变量的实测资料较长。在这种情况下，可用相关分析法，首先鉴定两变量间的关系密切程度，然后建立两变量的相关关系，便可利用系列长的变量值去延长或插补系列较短的变量的可能值。

答案：B

6. 解　水文资料的三性审查中的"三性"是指可靠性、一致性、代表性。

答案：D

7. 解 枯水流量常用小于等于设计流量的频率表示，$p = 1 - P = 10\%$，由枯水经验频率公式计算得

$$p = \frac{m}{n+1}, \quad n \approx \frac{m}{p} = \frac{1}{0.1} = 10$$

即小于等于此流量的每隔10年可能发生一次。

答案：D

8. 解 由暴雨强度公式

$$q = \frac{167 A_1 (1 + C \lg T)}{(t + b)^n}$$

知q与T成正比，即重现期增大，暴雨强度增大。

答案：B

9. 解 偏态系数C_s用于衡量系列在均值的两侧分布对称程度的参数。$C_s > 0$是正偏分布，均值在众数之右。所以出现大于均值的机会比出现小于均值的机会少。

答案：B

10. 解 利用可变储存量（调节储量）公式：

$$W_{调} = \mu_e F \Delta H = 0.3 \times 12 \times 10^6 \times 1 = 3.6 \times 10^6 \, \text{m}^3$$

答案：D

11. 解 裂隙水是指存在于岩石裂隙中的地下水。与孔隙水相比较，它分布不均匀，往往无统一的水力联系。岩性、地质构造控制了裂隙的性质和发育特点，从而也就控制了裂隙水的赋存规律。大多数情况下裂隙水的运动符合达西定律。只有在少数巨大的裂隙中水的运动不符合达西定律，甚至属紊流运动。

答案：D

12. 解 根据揭露含水层的程度和进水条件，抽水井可分为以下两种。

（1）完整井：揭露整个含水层，井一直打到含水层底板隔水层时的潜水井或承压水井，称为完整井。

（2）非完整井：没有打到含水层底板隔水层的潜水井或承压水井。

根据揭露含水层的类型来划分，抽水井分为以下两种。

（3）潜水井：当井揭露潜水含水层，由含水层中吸取无压地下水的井称为潜水井或普通井。

（4）承压水井：当井揭露承压水含水层时，称为承压水井。

答案：D

13. 解 噬菌体是病毒，病毒没有细胞结构，只有蛋白质外壳和内部遗传物质。

答案：B

14. 解 细胞膜是鞭毛的生长点和附着点，细胞壁为鞭毛提供支点。

答案：B

15. 解 大肠杆菌的最适宜温度为37℃。

答案：C

16. 解 属名+种名，属名字首大写，种名小写，用拉丁文，印刷时采用斜体字。

答案：A

17. 解 在好氧条件下，葡萄糖彻底氧化分解，最终产物为二氧化碳和水。

答案：C

18. 解 培养基通常应在高压蒸汽灭菌锅内，在气相120℃条件下，灭菌20min。

答案：B

19. 解 光能自养型微生物：以光为能源，二氧化碳作为主要或唯一碳源，通过光合作用来合成细胞物质。

答案：A

20. 解 酶的特性：高效、高度专一性、可调节性、反应条件温和、对环境敏感。抑制剂对酶的作用分为可逆和不可逆两类，前者又分为竞争性抑制和非竞争性抑制，竞争性抑制可通过增加底物浓度最终可解除抑制，恢复酶的活性。

答案：B

21. 解 有些细菌由于其遗传特性决定，细菌之间按一定的排列方式互相黏结在一起，被一个公共荚膜包围形成一定形状的细菌基团，称为菌胶团。菌胶团是活性污泥的重要组成部分，有较强的吸附和氧化有机物的能力，在水生物处理中具有重要作用。

答案：A

22. 解 在河流水体自净过程中，形成一系列污化带：多污带、α-中污带、β-中污带、寡污带。

答案：A

23. 解 连续介质假说认为，质点在空间是连续而无间隙地分布的，所谓的质点是指微观充分大、宏观充分小的微团。

答案：D

24. 解 考查静水压强概念。$p_2 = p_1 + \gamma_1(z_1 - z_2)$，$p_3 = p_2 + \gamma_2(z_2 - z_3)$。

答案：A

25. 解 从明渠均匀流公式$Q = AC\sqrt{Ri} = \frac{1}{n}AR^{\frac{2}{3}}i^{\frac{1}{2}}$可知，水深增大1倍，渠宽缩小到原来的一半，其他条件不变，面积不变，水力半径变小，流量减小。

答案：B

26. 解 实际流体，测压管水头线沿程可能下降、上升或不变，但总水头线只能下降。

答案：D

27. 解 从明渠均匀流公式 $Q = AC\sqrt{Ri} = \frac{1}{n}AR^{\frac{2}{3}}i^{\frac{1}{2}}$ 可知，当 A、Q、i 一定时，粗糙系数 n 比值为 2，

$$\frac{1}{n_1}AR_1^{\frac{2}{3}}i^{\frac{1}{2}} = \frac{1}{n_2}AR_2^{\frac{2}{3}}i^{\frac{1}{2}}, \quad \frac{R_1^{\frac{2}{3}}}{n_1} = \frac{R_2^{\frac{2}{3}}}{n_2}, \quad \frac{n_1}{n_2} = 2$$

则水力半径 R 比值为 $2^{3/2} = 2.83$。

答案：C

28. 解 考查雷诺数概念。变直径圆管流，管径不同，流量相同，$\frac{d_1}{d_2} = \frac{1}{2}$，$\frac{A_1}{A_2} = \frac{1}{4}$，$Q = uA$，$\frac{u_1}{u_2} = \frac{4}{1}$，

$Re = \frac{du\rho}{\nu}$，$\frac{Re_1}{Re_2} = \frac{d_1 u_1}{d_2 u_2} = 2$。

答案：D

29. 解 查《水力计算手册》可知。

答案：C

30. 解 若 1/4 管长的阻抗为 S，则原总阻抗为 $4S$，$H = 4SQ_0^2$，加上一段管后，1、2 点间的阻抗 S'，

$\frac{1}{\sqrt{S'}} = \frac{1}{\sqrt{2S}} + \frac{1}{\sqrt{2S}} = \frac{2}{\sqrt{2S}}$，$S' = \frac{1}{2}S$，$H = \frac{5}{2}SQ_1^2$，$\frac{Q_1}{Q_0} = \sqrt{\frac{8}{5}} = 1.265$。

答案：C

31. 解 离心泵叶轮的出水方向为径向。按出水方向不同，泵可分为三种：受离心作用的径向流的叶轮为离心泵，受轴向提升力作用的轴向流的叶轮为轴流泵，同时受两种力作用的斜向流的叶轮为混流泵。

答案：B

32. 解 混流泵是叶片式泵中比转数较高的一种泵，特点是属于中、大流量，中、低扬程。就其工作原理来说，它是在叶轮旋转对液体产生轴向推力和离心力的双重作用下来工作的。

答案：C

33. 解 离心泵的基本性能，通常用 6 个性能参数来表示：①流量 Q；②扬程 H；③轴功率 N；④效率 η；⑤转速 n；⑥允许吸上真空高度 H_s 或汽蚀余量 Δh。

答案：C

34. 解 水泵在供水的总比能与管道要求的总比能平衡的工况点工作时，若管道上闸阀全开，则该工况点即为水泵装置的极限工况点。

答案：B

35. 解 泵叶轮的相似定律是基于几何相似和运动相似的基础上的，凡是两台泵能满足几何相似和运动相似的条件，称为工况相似泵。

答案： D

36. 解 低比转数：扬程高、流量小；高比转数：扬程低、流量大。

答案： C

37. 解 按泵启动前能否自流充水分为自灌式泵站和非自灌式泵站。

答案： A

38. 解 在给水泵站设计中，吸水管中的设计流速建议采用以下数值：管径小于 250mm 时，为 1.0~1.2m/s；管径等于或大于 250mm 时，为1.2~1.6m/s。

答案： B

39. 解 停泵水锤防护措施如下。

（1）防止水柱分离：①主要从管路布置上考虑；②如果由于地形条件所限，不能变更管路布置，可考虑在管路的适当地点设置调压塔。

（2）防止升压过高的措施：①设置水锤消除器；②设空气缸；③采用缓闭阀；④取消止回阀。

答案： B

40. 解 分建式泵站的主要优点是，结构上处理比合建式简单，施工较方便，机器间没有污水渗透和被污水淹没的危险；它的最大缺点是要抽真空启动，为了满足排水泵站来水的不均匀，启动泵较频繁，给运行操作带来困难。

答案： D

41. 解 在合流制或截流式合流污水系统设置的用以提升或排除服务区域内的污水和雨水的泵站为合流泵站。合流泵站的工艺设计、布置、构造等具有污水泵站和雨水泵站两者的特点。

答案： A

42. 解 对于出水管路安装闸阀的水泵装置来说，把闸阀关小时，在管路中增加了局部阻力，则管路特性曲线变陡，其工况点就沿着水泵的 $Q\text{-}H$ 曲线向左上方移动。闸阀关得越小，增加的阻力越大，流量就变得越小。这种通过关小闸阀来改变水泵工况点的方法，称为节流调节或变阀调节。

关小闸阀，管路局部水头损失增加，管路系统特性曲线向左上方移动，水泵工况点也向左上方移动。闸阀关得越小，局部水头损失越大，流量也就越小。由此可见节流调节不仅增加局部水头损失，而且减少了出水量，很不经济。但由于其简便易行，在小型水泵装置和水泵性能试验中应用较多。

答案： A

43. 解 血液、细胞里的 Ca^{2+} 不能使用滴定法分析测量，无法判断滴定终点（依据颜色变化）。

答案： A

44. 解 加入 NaOH 溶液，Mg^{2+} 以沉淀形式被掩蔽，此为沉淀掩蔽法。

答案：B

45. 解 指示剂应在接近终点前加入，以防止淀粉吸附包藏溶液中的碘。

答案：A

46. 解 1mol 邻苯二甲酸氢钾可以电离出 1mol 的氢离子，1mol 邻苯二甲酸可以电离 2mol 氢离子。如果标定溶液混有邻苯二甲酸，那么用少量的标定溶液就可以到达终点，将使测量结果偏低。

答案：A

47. 解 总硬度测定：$[Ca^{2+} + Mg^{2+}]$的测定

在一定体积的水样中，加入一定量的 NH_3-NH_4Cl 缓冲溶液，调节 $pH = 10.0$（加入三乙醇胺，掩蔽 Fe^{3+}、Al^{3+}），加入铬黑 T 指示剂，溶液呈红色，用 EDTA 标准溶液滴定至由红色变为蓝色。

答案：A

48. 解 光源：常用待测元素作为阴极的空心阴极灯。

答案：B

49. 解 pH 及对数值计算，有效数字按小数点后的位数保留。因此 $pH = 11.20$ 有两位有效数字。

答案：C

50. 解 指示剂的理论变色点：$pH = pK = -\lg 1.0 \times 10^{-5} = 5$；指示剂的理论变色范围：$pH = pK \pm 1$，即 4~6；指示剂的实际变色范围比理论变色范围略小。

答案：C

51. 解 耗氧量为每升水中还原性物质在一定条件下被氧化剂氧化时消耗的氧化剂量，折算为氧的毫克数表示，即水样中可氧化物从氧化剂高锰酸钾所吸收的氧量。

答案：D

52. 解 闭合导线是特殊情况的附和导线，因此闭合导线与附和导线的平差计算方法相同，只有在计算角度闭合差和坐标增量闭合差时，计算公式有所不同。

答案：A

53. 解 考查地形的定义。地形是地物和地貌的总称。

答案：D

54. 解 在同一幅图上，平距小表示坡度陡，平距大表示坡度缓，平距相等表示坡度相同。换句话说，坡度陡的地方等高线就密，坡度缓的地方等高线就稀。

答案：D

55.解 全站仪的基本操作与使用方法：

（1）水平角测量：

①按角度测量键，使全站仪处于角度测量模式，照准第一个目标A。

②设置A方向的水平度盘读数为$0°00'00''$。

③照准第二个目标B，此时显示的水平度盘读数即为两方向间的水平夹角。

（2）距离测量：

①设置棱镜常数。

测距前须将棱镜常数输入仪器中，仪器会自动对所测距离进行改正。

②设置大气改正值或气温、气压值。

光在大气中的传播速度会随大气的温度和气压而变化，15℃和 760mmHg 是仪器设置的一个标准值，此时的大气改正值为 0ppm。实测时，可输入温度和气压值，全站仪会自动计算大气改正值（也可直接输入大气改正值），并对测距结果进行改正。

③量仪器高、棱镜高并输入全站仪。

④距离测量：照准目标棱镜中心，按测距键，距离测量开始，测距完成时显示斜距、平距、高差。

（3）坐标测量：

①设定测站点的三维坐标。

②设定后视点的坐标或设定后视方向的水平度盘读数为其方位角。当设定后视点的坐标时，全站仪会自动计算后视方向的方位角，并设定后视方向的水平度盘读数为其方位角。

③设置棱镜常数。

④设置大气改正值或气温、气压值。

⑤量仪器高、棱镜高并输入全站仪。

⑥照准目标棱镜，按坐标测量键，全站仪开始测距并计算显示测点的三维坐标。

答案：A

56.解 三角形平均中误差$m_x = \pm\sqrt{3}m = \pm\sqrt{3} \times 9'' = \pm 15.588''$。

答案：D

57.解 等高线指的是地形图上高程相等的相邻各点所连成的闭合曲线。把地面上海拔高度相同的点连成的闭合曲线，垂直投影到一个水平面上，并按比例缩绘在图纸上，就得到等高线。用等高线来表示地势详细程度。坡度是地表单元陡缓的程度，通常把坡面的垂直高度h和水平距离l的比叫作坡度（或称为坡比）用字母i表示。分水线，是分水岭最高点的连线。山脊线指的是沿山脊走向布设的路线。山脊的最高棱线称为山脊线，山脊线等高线表现为一凸向低处的曲线。

答案：A

58.解 见《建设工程安全生产管理条例》。

第二十四条 建设工程实行施工总承包的，由总承包单位对施工现场的安全生产负总责。总承包单位应当自行完成建设工程主体结构的施工。

总承包单位依法将建设工程分包给其他单位的，分包合同中应当明确各自的安全生产方面的权利、义务。总承包单位和分包单位对分包工程的安全生产承担连带责任。

分包单位应当服从总承包单位的安全生产管理，分包单位不服从管理导致生产安全事故的，由分包单位承担主要责任。

答案：B

59.解 见《中华人民共和国城市房地产管理法》。

第三十七条 下列房地产，不得转让：

（1）以出让方式取得土地使用权的，不符合本法第三十八条规定的条件的。

（2）司法机关和行政机关依法裁定、决定查封或者以其他形式限制房地产权利的。

（3）依法收回土地使用权的。

（4）共有房地产，未经其他共有人书面同意的。

（5）权属有争议的。

（6）未依法登记领取权属证书的。

（7）法律、行政法规规定禁止转让的其他情形。

答案：C

60.解 见《中华人民共和国城乡规划法》。

第十七条第三款 城市总体规划、镇总体规划的规划期限一般为二十年。城市总体规划还应当对城市更长远的发展做出预测性安排。

答案：B

2013 年度全国勘察设计注册公用设备工程师

（给水排水）执业资格考试试卷

基础考试

（下）

二〇一三年九月

应考人员注意事项

1. 本试卷科目代码为"2"，考生务必将此代码填涂在答题卡"科目代码"相应的栏目内，否则，无法评分。

2. 书写用笔：**黑色或蓝色钢笔、签字笔或圆珠笔；**

   填涂答题卡用笔：**黑色 2B 铅笔。**

3. 必须用书写用笔将工作单位、姓名、准考证号填写在答题卡和试卷相应的栏目内。

4. 本试卷由 60 题组成，每题 2 分，满分 120 分，本试卷全部为单项选择题，每小题的四个备选项中只有一个正确答案，错选、多选、不选均不得分。

5. 考生作答时，必须按**题号在答题卡上**将相应试题所选选项对应的**字母用 2B 铅笔涂黑。**

6. 在答题卡上书写与题意无关的语言，或在答题卡上作标记的，均按违纪试卷处理。

7. 考试结束时，由监考人员当面将试卷、答题卡一并收回。

8. 草稿纸由各地统一配发，考后收回。

单项选择题（共 60 题，每题 2 分，每题的备选项中，只有一个最符合题意。）

1. 某河流的集水面积为 $600km^2$，其多年平均径流总量 5 亿 m^3，其多年平均流量为：

   A. $15.85m^3/s$
   B. $80m^3/s$
   C. $200m^3/s$
   D. $240m^3/s$

2. 关于小循环，下列叙述正确的是：

   A. 小循环是指海洋蒸发的水汽凝结后形成降水又直接降落在海洋上
   B. 小循环是指海洋蒸发的水汽降到大陆后又流归到海洋与陆地之间水文循环
   C. 小循环是指随着大气环流运行的大气内部水循环
   D. 小循环是指地表水与地下水之间的转换与循环

3. 偏态系数 $C_s > 0$ 说明随机变量：

   A. 出现大于均值的机会比出现小于均值的机会多
   B. 出现大于均值的机会比出现小于均值的机会少
   C. 出现大于均值的机会和出现小于均值的机会相等
   D. 出现小于均值的机会为零

4. 保证率 $P = 80\%$ 的设计枯水是指：

   A. 小于等于此流量的每隔 5 年可能发生一次
   B. 大于等于此流量的每隔 5 年可能发生一次
   C. 小于等于此流量的每隔 12.5 年可能发生一次
   D. 大于等于此流量的每隔 12.5 年可能发生一次

5. 关于相关系数与回归系数，下列说法正确的是：

   A. X 倚 Y 的相关系数等于 Y 倚 X 的相关系数
   B. X 倚 Y 的回归系数等于 Y 倚 X 的回归系数
   C. X 倚 Y 的回归系数与 Y 倚 X 的回归系数成倒数关系
   D. X 倚 Y 的相关系数与 Y 倚 X 的相关系数成倒数关系

6. 水文分析中，X 倚 Y 的回归系数是 2.0，Y 倚 X 的回归系数是 0.32，X 与 Y 的相关系数为：

   A. 0.64
   B. 0.8
   C. 0.66
   D. 0.42

7. 根据等流时线法，净雨历时时间与流域汇流时间相同时，洪峰流量由下列哪项组成？

    A. 部分流域面积上的全部净雨

    B. 全部流域面积上的部分净雨

    C. 部分流域面积上的部分净雨

    D. 全部流域面积上的全部净雨

8. 某承压水源地分布面积为 $30km^2$，含水层厚度为 $40m$，给水度为 0.2，越留面为 $3000m^2$，含水层的释水系数为 0.1，承压水的压力水头高度为 $50m$，该水源的弹性存储量为：

    A. $80 \times 10^8 m^3$

    B. $1.5 \times 10^8 m^3$

    C. $85 \times 10^8 m^3$

    D. $75 \times 10^8 m^3$

9. 下列不完全属于地下水补充方式的是：

    A. 大气降水的补给、凝结水的补给、人工补给

    B. 地表水的补给、含水层之间的补给、人工补给

    C. 大气降水的补给、人工补给、江河水的补给

    D. 大气降水的补给、人工补给、固态水的补给

10. 河谷冲积物孔隙水的一般特征为：

    A. 沉积的冲积物分选性差，磨圆度高

    B. 沉积的冲积物分选性好，磨圆度低

    C. 沉积的冲积物孔隙度较大，透水性强

    D. 沉积的冲积物孔隙度小，透水性弱

11. 某地区一承压完整井，井半径为 $0.21m$，影响半径为 $300m$，过滤器长度 $35.82m$，含水层厚度 $36.42m$，抽水试验结果为：$S_1 = 1m$，$Q_1 = 4500m^3/d$；$S_2 = 1.75m$，$Q_2 = 7850m^3/d$；$S_3 = 2.5m$，$Q_3 = 11250m^3/d$，则渗流系数 K 为：

    A. $125.53m/d$

    B. $175.25m/d$

    C. $142.65m/d$

    D. $198.45m/d$

12. 某潜水水源分布面积 F 为 $7.5km^2$，该地年降水量 P 为 $456mm$，降水入渗系数 a 为 0.6，该水源地的年降水入渗补给量为：

    A. $2.05 \times 10^6 m^3/a$

    B. $0.6 \times 10^6 m^3/a$

    C. $0.9 \times 10^6 m^3/a$

    D. $0.8 \times 10^6 m^3/a$

13. 菌落计数常用的细菌培养基为：

    A. 液体培养基   B. 空气培养基

    C. 固体培养基   D. 半固体培养基

14. 以光作为能源，有机物作为碳源和供氢体的微生物类型为：

    A. 光能自养型   B. 光能异养型

    C. 化能自养型   D. 化能异养型

15. 反应底物浓度与酶促反应速度之间的关系是：

    A. 米门公式   B. 欧式公式

    C. 饱和学说   D. 平衡学说

16. 下列不是电子传递体系组成部分的是：

    A. 细胞色素   B. NAD

    C. FAD   D. 乙酰辅酶 A

17. 细菌生长曲线的四个时期中，生长速率最快的是：

    A. 缓慢期   B. 对数期

    C. 稳定期   D. 衰亡期

18. 通过温和噬菌体进行遗传物质转移从而使受体细胞发生变异的方式称为：

    A. 转导   B. 突变

    C. 转化   D. 结合

19. 蓝藻属于：

    A. 原核微生物   B. 真核微生物

    C. 非细胞生物   D. 高等生物

20. 病毒区别于其他生物的特点，下列说法不正确的是：

    A. 无独立的代谢能力   B. 非细胞结构

    C. 二分裂生殖   D. 寄生活体细胞

21. 下列关于对水加氯消毒的说法，正确的是：

    A. pH 越低，HClO 越多，消毒效果越好

    B. pH 越低，HClO 越少，消毒效果越好

    C. pH 越高，HClO 越多，消毒效果越好

    D. pH 越高，HClO 越少，消毒效果越好

22. 在好氧生物滤池的不同高度（不同层次），微生物分布不同，主要是因为：

A. 光照不同
B. 营养不同
C. 温度不同
D. 溶解度不同

23. 下列与牛顿内摩擦定律直接有关的因素是：

A. 剪应力和压强
B. 剪应力和剪切变形速度梯度
C. 剪应力和剪切变形
D. 剪应力和流速

24. 图示两个相同高度容器 B 和 C，内装相同溶液，其活塞的面积相等，当分别在两个活塞上加相等的压力时，两个容器内底部压强：

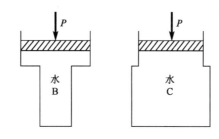

A. B 容器底部压强大于 C 容器底部压强

B. 两容器底部压强相等

C. B 容器底部压强小于 C 容器底部压强

D. 两容器底部压力相等

25. 图示为装有文丘里管的倾斜管路，通过的流量保持不变，文丘里管的入口部与汞压差连接，其读数为 h_m，当管路水平放置时，其读数值：

A. 变大

B. 变小

C. 不变

D. 上述均不正确

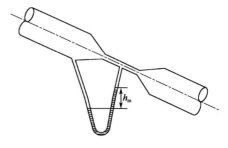

26. 圆管层流，直径 $d = 20mm$，平流管中心流速是0.8m/s，管中流量是：

A. $1.26 \times 10^{-4} m^3/s$
B. $1.56 \times 10^{-4} m^3/s$
C. $2.52 \times 10^{-4} m^3/s$
D. $2.56 \times 10^{-4} m^3/s$

27. 图示两个装水的容器 A 和 B，A 容器的液面压强 $p_1 = 9800$Pa，B 容器的液面压强 $p_2 = 19600$Pa，A 液面比 B 液面高 0.50m，容器底部有一直径 $d = 20$mm 的孔口，设两容器中的液面恒定，总水头损失不计，孔口流量系数 $\mu = 0.62$，计算小孔口自由出流的流量为：

A. $2.66 \times 10^{-4} \text{m}^3/\text{s}$

B. $2.79 \times 10^{-4} \text{m}^3/\text{s}$

C. $6.09 \times 10^{-4} \text{m}^3/\text{s}$

D. $6.79 \times 10^{-4} \text{m}^3/\text{s}$

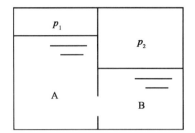

28. 底坡、边壁材料相同的渠道，若过水断面积相同时，明渠均匀流过水断面的平均流速在下述哪种渠道中最大？

A. 半圆形渠道   B. 正方形渠道

C. 宽深比为 3 的矩形渠道   D. 等边三角形渠道

29. 下面流动中，不可能存在的是：

A. 缓坡上的非均匀急流   B. 平坡上的均匀缓流

C. 陡坡上的非均匀缓流   D. 逆坡上的非均匀急流

30. 当三角形薄壁堰的作用水头增加 6% 后，流量将增加：

A. 10%   B. 13%

C. 15%   D. 21%

31. 离心泵叶轮常采用哪种形式？

A. 前弯式   B. 后弯式

C. 径向式   D. 轴向式

32. 水泵装置的工况点即平衡工况点是：

A. 水泵静扬程与水泵特性曲线的交点

B. 水泵流量最大的点

C. 离心泵性能曲线与管道系统性能曲线的交点

D. 泵功率最小的点

33. 对于 SH 型离心泵，计算比转数时，流量应采用：

A. 和水泵设计流量相同   B. 1/2 的水泵设计流量

C. 1/3 的水泵设计流量相同   D. 1/4 的水泵设计流量

34. 水泵叶径的相似定律，运动相似的条件是：

A. 两个叶轮主要过流部分相对应的尺寸成一定比例

B. 两个叶轮主要过流部分所有的对应角相等

C. 两个叶轮上水流的速度方向一致，大小互成比例

D. 两个叶轮对应点上水流同名速度方向一致，大小互成比例

35. 水泵吸水管压力的变化可用下列能量方程表示：

$$\frac{p_a}{\rho_g} - \frac{p_k}{\rho_g} = \left(H_{ss} + \frac{v_1^2}{2g} + \sum h_s\right) + \frac{C_0^2 - v_1^2}{2g} + \lambda \frac{W_0^2}{2g}$$

公式中 $\frac{C_0^2 - v_1^2}{2g}$ 表示：

A. 流速水头差   B. 流速水头

C. 吸水管中的水头损失   D. 富余水头

36. 关于允许吸上真空高度 H_s 与离心泵的性能关系说法正确的是：

A. 允许吸上真空高度越小，水泵吸水性能越好

B. 允许吸上真空高度越大，水泵吸水性能越好

C. 允许吸上真空高度与水泵的性能无关

D. 允许吸上真空高度与水泵的性能关系不明确

37. 村镇水厂和只供生活用水的小型水厂电力负荷属于：

A. 一级   B. 二级

C. 三级   D. 四级

38. 当电动机容量大于 55kW 时，相邻两个水泵机组基础之间的距离不小于：

A.1.2m   B.1.8m

C.2.0m   D.2.5m

39. 下面属于空气动力性噪声声源的是：

A. 变压器   B. 电动机

C. 轴承摩擦   D. 鼓风机

40. 一般小型污水泵站（最高日污水量在 5000m³ 以下），设置的工作机组有几套？

A.1~2   B.2~3

C.3~4   D.4~5

41. 污水泵房集水池容积，如水泵机组为自动控制时，每小时污水泵的开启次数最多为：

A. 3 次

B. 6 次

C. 9 次

D. 12 次

42. 使用螺旋泵时，可以取消下述哪种其他类型污水泵常采用的配件？

A. 集水池

B. 压水装置

C. 吸水装置

D. 吸水喇叭口

43. 对含油和有机物的水样，采样瓶应采用：

A. PVC 塑料瓶

B. 不锈钢瓶

C. 矿泉水瓶

D. 玻璃瓶

44. 下列试验方法中，不能发现并消除系统误差的操作是：

A. 做对照试验

B. 进行空白试验

C. 增加测定次数

D. 仪器校正

45. 下面属于共轭酸碱对的是：

A. H_3PO_4 和 PO_4^{3-}

B. H_3PO_4 与 HPO_4^{2-}

C. $H_2PO_4^-$ 与 PO_4^{3-}

D. $H_2PO_4^-$ 与 HPO_4^{2-}

46. 用盐酸滴定混合碱，以 ln1 为指示剂，滴定至变色，继以 ln2 为指示剂，滴定至变色。这两种指示剂是：

A. ln1 为酚酞，颜色由红变无色

B. ln1 为酚酞，颜色由无色变红

C. ln1 为甲基橙，颜色由橙黄变黄

D. ln1 为甲基橙，颜色由红变黄色

47. 对于络合滴定，下面关于酸效应系数正确的是：

A. $\lg \alpha_{Y(H)} \leq \lg K_{MY} - 8$

B. $\lg \alpha_{Y(H)} \geq \lg K_{MY} - 8$

C. $\lg \alpha_{Y(H)} \leq \lg K'_{MY} - 8$

D. $\lg \alpha_{Y(H)} \geq \lg K'_{MY} - 8$

48. 下面问题中最适合用 EDTA 滴定方法测定的是：

A. 海水里的 Cl^- 浓度

B. 水样的硬度

C. 污水的化学耗氧量

D. 味精的含量

49. 间接碘量法中，加入淀粉指示剂的适宜时间是：

A. 滴定开始前

B. 滴定至溶液呈浅黄色时

C. 滴定开始后

D. 滴定至溶液红棕色退去，变为无色时

50. 以草酸钠标准溶液标定待测高锰酸钾溶液时，滴定速度先慢后快的原因是 Mn^{2+} 有：

A. 诱导作用   B. 受诱作用

C. 自催化作用   D. 协同作用

51. 当一束红色光透过绿色溶液时，透过的光将呈现：

A. 绿色光   B. 白色光

C. 强度不变的红色光   D. 强度明显减弱的红色光

52. 测定水样中 F^- 的含量时，需加入总离子强度调节缓冲溶液，其不包含的成分是：

A. NaCl   B. NH$_4$Cl

C. NaAc   D. HAc

53. 下面属于偶然误差特性的是：

A. 误差的绝对值不会超过一定限值

B. 误差全为正值

C. 误差全为负值

D. 绝对值大的误差概率较小

54. 极坐标法测量的内容是：

A. 测水平角、水平距离   B. 测水平角、高程

C. 测竖直角、水平距离   D. 测竖直角、水平角

55. 野外地形地图测绘时，测长方形建筑物时至少要测量几个墙角点？

A. 1个   B. 2个

C. 3个   D. 4个

56. 绘制地形图时，除地物、地貌要绘出以外，还应精确标注：

A. 原点的高程   B. 数据精度

C. 坐标网格   D. 计算公式

57. 使用电子全站仪测设长度时，应注意正确设置气温、气压以及：

    A. 仪器高
                B. 目标高

    C. 棱镜常数
             D. 后视方向

58. 建设单位甲把施工任务承包给施工单位乙，乙把桩基分包给专业施工单位丙，丙把劳务作业分包给丁。丙的管理人员失误造成质量事故由谁承担责任？

    A. 乙和丙承担连带责任
      B. 乙单位

    C. 丙单位
             D. 乙单位、丙单位和丁单位

59. 基础建设项目的审批中，项目立项后：

    A. 先审批建设项目的环境影响报告书，后审批项目设计任务书

    B. 先审批建设项目的设计任务书，后审批项目环境影响报告书

    C. 建设项目的环境评估报告书和项目设计任务书可以同时审批

    D. 建设项目的环境评估报告书和项目设计任务书审批先后顺序无关

60. 报批乡镇规划草案审批前，应该：

    A. 征求领导的意见
      B. 征求部分群众的意见

    C. 公示
              D. 保密

2013 年度全国勘察设计注册公用设备工程师（给水排水）执业资格考试基础考试（下）试题解析及参考答案

1. 解 本题考查径流量与流量的关系。

$$Q = W/T = 5 \times 10^8 \div 365 \div 24 \div 3600 = 15.85 \text{m}^3/\text{s}$$

答案：A

2. 解 由海洋蒸发的水汽降到大陆后又流回海洋的循环，称为大循环；海洋蒸发的水汽凝结后形成降水又直接降落在海洋上或者陆地上的降水在没有流回海洋之前，又蒸发到空中去的这些局部循环，称为小循环。

答案：A

3. 解 偏态系数用来反映系列在均值两边的对称特征，$C_s = 0$ 说明正离差和负离差相等，此系列为对称系列，为正态分布；$C_s > 0$ 说明小于均值的数出现的次数多；$C_s < 0$ 说明大于均值的数出现的次数多。

答案：B

4. 解 枯水流量大于设计流量的概率为保证率 P，保证率 $P = 80\%$ 的设计枯水意思是小于等于这样的枯水平均 5 年（20%）可能发生一次。

答案：A

5. 解 X 倚 Y 和 Y 倚 X 的相关系数相等；X 倚 Y 和 Y 倚 X 的回归系数不相等，也不一定互为倒数。

答案：A

6. 解 $\frac{C(x,y)}{C(x,x)} = 2.0$，$\frac{C(y,x)}{C(y,y)} = 0.32$

$r = \frac{C(x,y)}{\sqrt{C(x,x) \times C(y,y)}}$，则 $r^2 = \frac{C(x,y) \times C(x,y)}{C(x,x) \times C(y,y)} = 0.64$，得 $r = 0.8$。

答案：B

7. 解 集流了全流域面积上全部径流的径流量最大。

答案：D

8. 解 考查弹性存储量的计算。

$$W_{弹} = \mu_e FH = 0.1 \times 30 \times 10^6 \times 50 = 1.5 \times 10^8 \text{m}^3$$

答案：B

9. 解 地下水补给来源：大气降水入渗、地表水入渗、凝结水入渗、其他含水层或含水系统越流补给和人工补给。

答案：D

10.解 河谷冲积物孔隙度大，透水性强。

答案：C

11.解

$$Q = \frac{1.366K(H^2 - h^2)}{\lg(R/r_0)}$$

式中，H为含水层厚度，h为水位降落后的厚度$(h = H - S)$，R为影响半径，r_0为井半径。

代入计算得，$K_1 = 144.67$，$K_2 = 145.73$，$K_3 = 147.75$。

答案：C

12.解 $Q = aPF = 0.6 \times 0.456 \times 7.5 \times 10^6 = 2.05 \times 10^6 \, \text{m}^3/\text{a}$

其中，a为降水入渗系数，P为降雨量（m/a），F为含水层分布面积（m²）。

答案：A

13.解 根据物理状态可将培养基分为固体培养基、半固体培养基和液体培养基三种。固体培养基用于微生物的分离、鉴定、活菌计数等。半固体培养基主要用于微生物的运动、趋化性研究、厌氧菌的培养等。液体培养基常用于大规模的工业生产以及实验室微生物代谢等机理的研究。把单个或少量细菌接种到固体培养基中，其迅速生长繁殖，形成肉眼可见的细菌群落，称为菌落。

答案：C

14.解 光能异养型微生物：不能以二氧化碳作为主要或唯一碳源，而需以有机物作为供氢体，利用光能来合成细胞物质。

答案：B

15.解 酶促反应速率与反应底物浓度之间关系用米门公式来表示，是研究酶反应动力学的一个最基本公式。

答案：A

16.解 以下是两条典型呼吸链示意图，乙酰辅酶 A 不属于电子传递体系组成部分。

题 16 解图

答案：D

17.解 对数期特点：细菌数呈指数增长，极少有细菌死亡；世代时间最短；生长速度最快。

答案：B

18. 解 （1）转化是活的受体细胞吸收供体细胞释放的 DNA 片段，受体细胞获得供体细胞的部分遗传性状。受体细胞必须处于感受态（细胞处于易接受外源 DNA 转化时的生理状态）才能被转化。

（2）接合是遗传物质通过细胞与细胞的直接接触而进行的转移和重组。接合重组细菌必须直接接触，实际上是通过性菌毛进行的，接合后质粒（F、R 因子，降解质粒等）复制到受体细胞。

（3）转导是遗传物质通过病毒的携带而转移的基因重组。

答案：A

19. 解 蓝藻又称蓝细菌，属于原核微生物。其他藻类大多为真核微生物。

答案：A

20. 解 病毒的繁殖必须到宿主细胞内，利用宿主细胞提供的原料和场所进行繁殖，并非二分裂生殖。

答案：C

21. 解 水中的 pH 值较小时，主要是 HClO，pH 值高时，主要是 ClO⁻。起消毒作用的是 HClO 中性分子，所以酸性环境消毒效果好。

答案：A

22. 解 滤池的不同高度，微生物种类不同。滤床上层，污水中有机物浓度较高，种属较低级以细菌为主，生物膜量较多，有机物去除速率较高。随着滤床深度增加，微生物从低级趋向高级，种类逐渐增多，生物膜量从多到少。故滤池内不同高度（不同层次）的生物膜所得到的营养（有机物的组分和浓度）不同，致使不同高度微生物种群和数量不同。

答案：B

23. 解 牛顿内摩擦定律表达式为 $\tau = \mu du/dy$，即剪应力与剪切变形速度梯度有关。

答案：B

24. 解 本题中两个容器活塞上施加的压力相同，活塞面积相同，因此水面处压强相同，容器高度相同，可知容器内底部压强也是相同的。底部面积不同，底部压力也不同。

答案：B

25. 解 通过文丘里管的流量保持不变，两断面的测压管水头差保持不变，h_m 保持不变。

答案：C

26. 解 圆管层流平均流速为管中心流速的 1/2，则

$$Q = vA = v\frac{\pi d^2}{4} = 0.4 \times \frac{3.14 \times 0.02^2}{4} = 1.26 \times 10^{-4} \text{m}^3/\text{s}$$

答案：A

27. 解　$Q = \mu A \sqrt{2gH}$，$H = \dfrac{p_2}{\rho g} - \left(0.5 + \dfrac{p_1}{\rho g}\right) = 0.5\text{m}$，计算可得流量为 $6.09 \times 10^{-4}\text{m}^3/\text{s}$。

答案：C

28. 解　水力最优断面：使过水能力不变的情况下，断面积最小，或者断面积一定的情况下，某种断面形状通过的流量最大。面积小流量大是水力最优断面条件。从明渠均匀流公式 $Q = AC\sqrt{Ri} = \dfrac{1}{n}AR^{\frac{2}{3}}i^{\frac{1}{2}}$ 可知，当 A、n、i 一定时，要使流量最大，则水力半径最小，也就是湿周最小。

答案：A

29. 解　明渠非均匀流是不等深、不等速流动，而均匀流沿程减少的位能等于沿程水头损失，只能发生在顺坡上。

答案：B

30. 解　三角形薄壁堰的计算公式为 $Q = \dfrac{4}{5}m_0 \tan\dfrac{\theta}{2}\sqrt{2}H^{5/2}$

其中，m_0 为计入流速水头的流量系数，H 为自顶点算起的堰上水头，θ 为三角形堰的夹角，常采用 $90°$。（本题未给出作用水头的高度）

当 $\theta = 90°$，$H = 0.05 \sim 0.25\text{m}$ 时，由实验得出 $m_0 = 0.395$，$Q = 1.4H^{5/2}$。因此当作用水头增加 6% 后，流量将增加 $\dfrac{1.4(1.06H)^{5/2}}{1.4H^{5/2}} - 1 = 15.68\% \approx 16\%$。

当 $\theta = 90°$，$H = 0.25 \sim 0.55\text{m}$ 时，另有经验公式 $Q = 1.343H^{2.47}$。因此，当作用水头增加 6% 后，流量将增加 $\dfrac{1.343(1.06H)^{2.47}}{1.343H^{2.47}} - 1 = 15.48\% \approx 15\%$。

答案：C

31. 解　实际工程中离心泵的叶轮，大部分是后弯式叶片。后弯式叶片的流道比较平缓，弯度小，叶槽内水力损失较小，有利于提高泵的效率。

答案：B

32. 解　水泵性能曲线与管道系统特性曲线的交点，即为离心泵装置的工况点。

答案：C

33. 解　SH 型离心泵是双吸式，故流量采用 $Q/2$。

答案：B

34. 解　运动相似的条件是：两叶轮对应点上水流的同名速度方向一致，大小互成比例。也即在相应点上水流的速度三角形相似。

答案：D

35. 解

$$\frac{p_a}{\rho g} - \frac{p_k}{\rho g} = \left(H_{ss} + \frac{v_1^2}{2g} + \sum h_s\right) + \frac{C_0^2 - v_1^2}{2g} + \lambda \frac{W_0^2}{2g}$$

该式的含义：吸水池水面上的压头$\left(\frac{p_a}{\rho g}\right)$和泵壳内最低压头$\left(\frac{p_k}{\rho g}\right)$之差用来支付把液体提升$H_{ss}$高度，克服吸水管中水头损失$\left(\sum h_s\right)$，产生流速水头$\left(\frac{v_1^2}{2g}\right)$、流速水头差$\left(\frac{C_0^2 - v_1^2}{2g}\right)$和供应叶片背面$K$点压力下降值$\left(\lambda \frac{W_0^2}{2g}\right)$。

答案：A

36. 解 允许吸上真空高度H_s值越大，说明泵的吸水性能越好，或者说，抗气蚀性能越好。

答案：B

37. 解 一般的给水排水工程或村镇水厂均属于三级负荷。三级负荷对供电无特殊要求。

答案：C

38. 解 相邻两个机组及机组至墙壁间的净距：电动机容量不大于55kW时，不小于1.0m；电动机容量大于55kW时，不小于1.2m。

答案：A

39. 解 空气动力性噪声是由于气体振动产生的，当气体中有了涡流或发生了压力突变时，引起气体的扰动，就产生空气动力性噪声。例如通风机、鼓风机、空气压缩机等产生的噪声。

答案：D

40. 解 一般小型排水泵站（最高日污水量在5000m³以下），设1~2套机组；大型排水泵站（最高日污水量超过15000m³），设3~4套机组。

答案：A

41. 解 水泵机组为自动控制时，每小时开动水泵不得超过6次。

答案：B

42. 解 螺旋泵不需要设置集水井以及封闭管道，可直接安装在下水道内工作。

答案：A

43. 解 采样瓶一般可用玻璃瓶或者聚乙烯塑料瓶，瓶口必须能用盖或塞紧紧密封。当测定水样中油类或其他有机物时，使用玻璃瓶为宜，这是因为塑料会吸附有机物；当测定水中微量金属离子时，用塑料瓶为宜，这是因为玻璃会吸附金属离子；若测定二氧化硅时，应用塑料瓶而不能用玻璃瓶，因为玻璃瓶含有二氧化硅成分；水样为碱性水样时，不能使用玻璃瓶。

答案：D

44. 解 减少系统误差：①校准仪器；②做空白试验；③做对照试验；④对分析结果校正。对于选项 C，增加测定次数。同一水样，多做几次取平均值，可减少随机误差。测定次数越多，平均值越接近真值。一般，要求平行测定 2~4 次。

答案：C

45. 解 某酸失去一个质子而形成的碱，称为该酸的共轭碱；而后者获得一个质子后，就成为该碱的共轭酸。由得失一个质子而发生共轭关系的一对酸碱，称为共轭酸碱对。当酸碱反应达到平衡时，共轭酸碱必同时存在。以 HA 表示酸的化学式：HA（酸）→A^-（碱）+H^+。HA 是 A^- 的共轭酸，A^- 是 HA 的共轭碱，HA/A^- 为共轭酸碱对。

答案：D

46. 解 强酸滴定混合碱，先以酚酞为指示剂，再加入甲基橙指示剂。$\ln 1$ 为酚酞，由红变无色，$\ln 2$ 为甲基橙，由黄变红。

答案：A

47. 解 由 $\lg K'_{MY} \geq 8$ 得：

$$\lg K_{MY} - \lg \alpha_{Y(H)} \geq 8$$

即

$$\lg \alpha_{Y(H)} \leq \lg K_{MY} - 8$$

$$\lg \alpha_{Y(H)} = \lg K_{MY} - 8 \rightarrow 最小\ pH$$

答案：A

48. 解 EDTA 滴定法适合监测水样中的金属离子，测量水样的硬度即检测水样中的 Ca^{2+}、Mg^{2+}。

答案：B

49. 解 在碘量法中，先以 $Na_2S_2O_3$ 标准溶液滴定至浅黄色（大部分 I_2 已作用），再加入淀粉指示剂，然后继续滴定至蓝色刚好消失。

答案：B

50. 解 草酸溶液与高锰酸钾溶液反应生成了 Mn^{2+}，Mn^{2+} 作为该反应的催化剂，可加快化学反应速率。因此随着反应的进行，反应速度加快，滴定速度就需先慢后快。

答案：C

51. 解 绿色溶液只能反射与其本身相同颜色的光，而其他颜色的光都被吸收。因此一束红光透过绿色溶液时，红光被吸收，显示绿色光。

答案：A

52. 解 采用的 TISAB 中含有 0.1mol/L NaCl，0.75mol/L NaAc，0.25mol/L HAc，0.001mol/L 柠檬酸钠。

答案：B

53. 解　偶然误差具有以下特性：

（1）在一定观测条件下的有限次观测中，偶然误差的绝对值不会超过一定的限值。

（2）绝对值较小的误差出现的频率大，绝对值较大的误差出现的频率小。

（3）绝对值相等的正、负误差具有大致相等的频率。

（4）当观测次数无限增大时，偶然误差的理论平均值趋近于零，即偶然误差具有抵偿性。

答案：A

54. 解　极坐标法就是根据待求点坐标和测站坐标算出方位角和距离。

答案：A

55. 解　地形测绘中，当需要测定矩形建筑的4个墙角点时，如果已测定了对角线两个墙角点的坐标，然后再测量建筑的长或宽，即可利用公式计算其他两个墙角点的坐标值。

答案：B

56. 解　地形图上的每个点位需要的三个基本要素：方位、距离和高程，同时这三个基本要素还必须有起始方向、坐标原点和高程零点作依据。

答案：A

57. 解　距离测量：

（1）设置棱镜常数。

测距前需将棱镜常数输入仪器中，仪器会自动对所测距离进行改正。

（2）设置大气改正值或气温、气压值

光在大气中的传播速度会随大气的温度和气压而变化，15℃和 760mmHg 是仪器设置的一个标准值，此时的大气改正为 0ppm。实测时，可输入温度和气压值，全站仪会自动计算大气改正值（也可直接输入大气改正值），并对测距结果进行改正。

（3）量仪器高、棱镜高并输入全站仪。

（4）距离测量：照准目标棱镜中心，按测距键，距离测量开始，测距完成时显示斜距、平距、高差。

应注意，有些型号的全站仪在距离测量时不能设定仪器高和棱镜高，显示的高差值是全站仪横轴中心与棱镜中心的高差。

补充相关知识点：坐标测量。

（1）设定测站点的三维坐标。

（2）设定后视点的坐标或设定后视方向的水平度盘读数为其方位角。当设定后视点的坐标时，全站仪会自动计算后视方向的方位角，并设定后视方向的水平度盘读数为其方位角。

（3）设置棱镜常数。

（4）设置大气改正值或气温、气压值。

（5）量仪器高、棱镜高并输入全站仪。

（6）照准目标棱镜，按坐标测量键，全站仪开始测距并计算显示测点的三维坐标。

答案：C

58. 解 见《中华人民共和国建筑法》。

第六十七条 承包单位将承包的工程转包的，或者违反本法规定进行分包的，责令改正，没收违法所得，并处罚款，可以责令停业整顿，降低资质等级；情节严重的，吊销资质证书。承包单位有前款规定的违法行为的，对因转包工程或者违法分包的工程不符合规定的质量标准造成的损失，与接受转包或者分包的单位承担连带赔偿责任。

答案：A

59. 解 见《中华人民共和国环境保护法》（2015年1月1日起施行）。

第十三条 建设污染环境的项目，必须遵守国家有关建设项目环境保护管理的规定。

建设项目的环境影响报告书，必须对建设项目产生的污染和对环境的影响做出评价，规定防治措施，经项目主管部门预审并依照规定的程序报环境环保行政主管部门批准。环境影响报告书经批准后，计划部门方可批准建设项目设计任务书。

答案：A

60. 解 见《中华人民共和国城乡规划法》。

第二十六条 城乡规划报送审批前，组织编制机关应当依法将城乡规划草案予以公告，并采取论证会、听证会或者其他方式征求专家和公众的意见。公告的时间不得少于三十日。

组织编制机关应当充分考虑专家和公众的意见，并在报送审批的材料中附具意见采纳情况及理由。

答案：C

2014 年度全国勘察设计注册公用设备工程师

（给水排水）执业资格考试试卷

基础考试
（下）

二〇一四年九月

应考人员注意事项

1. 本试卷科目代码为"2"，考生务必将此代码填涂在答题卡"科目代码"相应的栏目内，否则，无法评分。

2. 书写用笔：**黑色或蓝色钢笔、签字笔或圆珠笔**；

   填涂答题卡用笔：**黑色 2B 铅笔。**

3. 必须用书写用笔将工作单位、姓名、准考证号填写在答题卡和试卷相应的栏目内。

4. 本试卷由 60 题组成，每题 2 分，满分 120 分，本试卷全部为单项选择题，每小题的四个备选项中只有一个正确答案，错选、多选、不选均不得分。

5. 考生作答时，必须按**题号在答题卡上**将相应试题所选选项对应的**字母用 2B 铅笔涂黑。**

6. 在答题卡上书写与题意无关的语言，或在答题卡上作标记的，均按违纪试卷处理。

7. 考试结束时，由监考人员当面将试卷、答题卡一并收回。

8. 草稿纸由各地统一配发，考后收回。

单项选择题（共 60 题，每题 2 分。每题的备选项中只有一个最符合题意。）

1. 流域面积 12600km²，多年平均降水 650mm，多年平均流量 80m³/s，则多年平均径流系数为：

   A. 0.41　　　　　　　　　　　　　　B. 0.31

   C. 0.51　　　　　　　　　　　　　　D. 0.21

2. 关于水量平衡，下列说法错误的是：

   A. 任一地区、任一时段水量平衡，蓄水量的变化量＝进入流域的水量－输出的水量

   B. 陆地水量平衡，陆地蓄水变化量＝降雨量－蒸发量－径流量

   C. 海洋水量平衡，海洋蓄水变化量＝降雨量－蒸发量－径流量

   D. 海洋水量平衡，海洋蓄水变化量＝降雨量＋径流量－蒸发量

3. 偏态系数 $C_s = 0$，说明随机变量：

   A. 出现大于均值的机会比出现小于均值的机会多

   B. 出现大于均值的机会比出现小于均值的机会少

   C. 出现大于均值的机会与出现小于均值的机会相等

   D. 出现小于均值的机会为 0

4. 洪水"三要素"指：

   A. 洪峰流量、洪水总量、洪水过程线

   B. 洪水历时、洪峰流量、洪水总量

   C. 洪水历时、洪水总量、洪水过程线

   D. 洪峰流量、洪水历时、洪水过程线

5. 在设计年径流量的分析计算中，把短系列资料延展成长系列资料的目的是：

   A. 增加系列的可靠性

   B. 增加系列的一致性

   C. 增加系列的代表性

   D. 考虑安全

6. 我国降雨量和径流量的 C_v 分布大致是：

   A. 南方大、北方小　　　　　　　　　B. 内陆大、沿海小

   C. 平原大、山区小　　　　　　　　　D. 东方大、西方小

7. 某一历史洪水从发生年份以来为最大，则该特大洪水的重现期是：

A. 重现期 = 发生年份 − 设计年份

B. 重现期 = 发生年份 − 设计年份 + 1

C. 重现期 = 设计年份 − 发生年份 + 1

D. 重现期 = 设计年份 − 发生年份 − 1

8. 某一区域地下河总出口流量为4m³/s，该地下河径流区域面积为1000km²，则该地下河的径流模数为：

A. $4m^3/(s \cdot km^2)$ B. $0.4m^3/(s \cdot km^2)$

C. $0.04m^3/(s \cdot km^2)$ D. $0.004m^3/(s \cdot km^2)$

9. 下列不属于地下水排泄方式的是：

A. 泉水排泄   B. 向地表水排泄

C. 凝结水排泄   D. 蒸发排泄

10. 下列不属于河谷冲积层特点的是：

A. 水位埋藏深   B. 含水层透水性好

C. 水交替积极   D. 水质良好

11. 两观测井A、B相距1000m，水位差为1m，实际水流平均速度为0.025m/d，空隙率为$n = 0.2$，请问A、B之间地下水的渗透系数是：

A. 5m/d   B. 0.005m/d

C. 2.5m/d   D. 3m/d

12. 某水源地面积$A = 20km^2$，潜水层平均给水度$\mu = 0.1$，其年侧向入流量为$1 \times 10^6 m^3$，年侧向出流量为$0.8 \times 10^6 m^3$，年垂直补给量为$0.5 \times 10^6 m^3$，年内地下水位允许变幅$\Delta h = 6m$，则计算区的允许开采量应为：

A. $11.3 \times 10^6 m^3$ B. $12.7 \times 10^6 m^3$

C. $12.3 \times 10^6 m^3$ D. $11.7 \times 10^6 m^3$

13. 以氧化有机物获得能源、以有机物为碳源的微生物的营养类型是：

A. 光能有机物营养   B. 化能有机物营养

C. 光能无机物营养   D. 化能无机物营养

14. 酶的反应中心是：

    A. 结合中心　　　　　　　　　　　B. 催化中心

    C. 酶促中心　　　　　　　　　　　D. 活性中心

15. 好氧呼吸过程中电子和氢最终传递的物质是：

    A. 有机物　　　　　　　　　　　　B. 氧分子

    C. 含氧有机物　　　　　　　　　　D. 有机酸

16. 关于胸腺嘧啶和胞嘧啶，下列说法不正确的是：

    A. 不可能同时出现在 RNA 中

    B. 碱基是由腺嘌呤、鸟嘌呤、尿嘧啶、胞嘧啶中的一种所组成的

    C. 可以同时存在于 RNA 中

    D. 可能同时出现在 DNA 中

17. 关于乙醇消毒说法正确的是：

    A. 是氧化剂，杀死微生物

    B. 是脱水剂，杀死微生物

    C. 浓度越大，消毒效果越好

    D. 碳原子多的醇类大多具有消毒性，所以多用于消毒剂

18. 下列细菌是丝状菌的是：

    A. 球衣细菌　　　　　　　　　　　B. 枯草杆菌

    C. 芽孢杆菌　　　　　　　　　　　D. 假单胞菌

19. 能进行酒精发酵的微生物是：

    A. 酵母菌　　　　　　　　　　　　B. 霉菌

    C. 放线菌　　　　　　　　　　　　D. 蓝细菌

20. 水中轮虫数量越多，表明水质状况：

    A. 溶解氧越高，水质越差

    B. 溶解氧越高，水质越好

    C. 溶解氧越低，水质越好

    D. 溶解氧越低，水质越差

21. 发酵法测定大肠菌群实验中，pH = 4时，溶液颜色由：

　　A. 红色变黄色　　　　　　　　　　B. 红色变蓝色

　　C. 黄色变红色　　　　　　　　　　D. 黄色变蓝色

22. 在污水处理中引起污泥膨胀的是：

　　A. 细菌　　　　　　　　　　　　　B. 酵母菌

　　C. 丝状微生物　　　　　　　　　　D. 原生动物

23. 随温度升高，液体黏性将：

　　A. 升高　　　　　　　　　　　　　B. 降低

　　C. 不变　　　　　　　　　　　　　D. 可能升高或降低

24. 图示 A、B 两点均位于封闭水箱的静水中，用 U 型汞压差计连接两点，如果出现液面高差Δh_m，则下列描述正确的是：

　　A. $\Delta h_m = \dfrac{p_A - p_B}{\gamma_{Hg}}$

　　B. $\Delta h_m = \dfrac{p_A - p_B}{\gamma_{Hg} - \gamma_{H_2O}}$

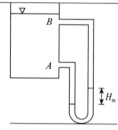

　　C. $\Delta h_m = 0$

　　D. 上述都不对

25. 理想液体流经管道突然放大断面时，其测压管水头线：

　　A. 只可能上升

　　B. 只可能下降

　　C. 只可能水平

　　D. 可能升高或降低，或水平

26. 长度 1000m，管道直径$d = 200$mm，流量$Q = 90$L/s，水力坡度$J = 0.46$，管道的沿程阻力系数λ值为：

　　A. 0.0219　　　　　　　　　　　　B. 0.00219

　　C. 0.219　　　　　　　　　　　　D. 2.19

27. 如图所示，要使 1 点与 2 点的流量一样，则下游水面应设置在：

　　A. A面

　　B. B面

　　C. C面

　　D. 都可以

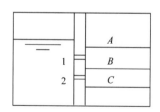

28. 在无压圆管均匀流中，其他条件保持不变，下列结论正确的是：

    A. 流量随设计充满度增大而增大

    B. 流速随设计充满度增大而增大

    C. 流量随水力坡度增大而增大

    D. 以上三种说法都对

29. 流量一定，渠道断面的形状、尺寸和粗糙系数一定时，随底坡的增大，临界水深将：

    A. 不变   B. 减少

    C. 增大   D. 不确定

30. 小桥孔径水力计算时，若是淹没出流，则桥孔内的水深为：

    A. 大于临界水深   B. 大于桥下游水深

    C. 小于临界水深   D. 小于桥下游水深

31. 离心泵启动时，出水管：

    A. 全部开闸

    B. 全部闭闸

    C. 把闸开到1/2处启动

    D. 部分闭闸

32. 泵的效率包括容积效率、水力效率和：

    A. 传动效率   B. 电机效率

    C. 泵轴效率   D. 机械效率

33. 多级泵（三级）在计算比转数时采用的扬程是：

    A. 总扬程的1/3

    B. 总扬程的1/6

    C. 总扬程的3倍

    D. 总扬程的6倍

34. 两台相同的泵并联，流量与单台泵运行时相比：

    A. 并联后总流量比单台泵流量增大2倍

    B. 并联后总流量是单台泵的一半

    C. 并联后总流量等于单台泵流量

    D. 并联后总流量大于单台泵流量

35. 比转数高（大于150）的离心泵发生气蚀现象，$Q\text{-}H$曲线将：

    A. 突然下降   B. 突然上升

    C. 逐渐下降   D. 逐渐上升

36. 气蚀余量H_{sv}的计算可表示为$H_{sv} = h_a - h_{va} \pm |H_{ss}| - \sum h_s$，其中$H_{ss}$表示：

    A. 流速差   B. 安装高度

    C. 静扬程   D. 压水高度

37. 混流泵的作用力为：

    A. 离心力   B. 升力

    C. 离心力和升力   D. 速度与压力的变化

38. 水泵机组纵排布置时，其管道间距不小于：

    A. 0.5m   B. 0.7m

    C. 1.0m   D. 1.2m

39. 下列可用于消除空气动力性的措施是：

    A. 吸音   B. 消声

    C. 隔音   D. 隔震

40. 设置中途泵站的目的是：

    A. 避免长途输水的排水干管埋设太深

    B. 降低排水干管埋设坡度

    C. 在排水管道中途接纳污水

    D. 将工业企业处理后的污水送到污水处理厂

41. 污水泵吸水管道的流速不宜小于：

    A. 0.4m/s   B. 0.7m/s

    C. 1.2m/s   D. 1.6m/s

42. 雨水泵站的出水管道需要安装：

    A. 水垂消除器   B. 拍门

    C. 闸阀   D. 溢流管

43. 下列说法中，错误的是：

A. 绝对误差是测量值与真实值之差

B. 偏差是指测量值与平均值之差

C. 总体均值就是真值

D. 相对标准偏差又称为变异系数

44. 下列数据中，有相同有效数字位数的是：

A. $pH = 0.75$、$pK_a = 5.18$、$\ln y = 12.67$

B. 0.001、1.000、0.010

C. 0.75%、6.73%、53.56%

D. 1.00×10^3、10.0×10^3、0.10×10^4

45. 下列不是共轭酸碱对的是：

A. NH_4^+ 和 NH_3

B. H_3PO_4 和 $H_2PO_4^-$

C. $H_2PO_4^-$ 和 PO_4^-

D. HCO_3^- 和 CO_3^{2-}

46. 滴定中选择指示剂的原则是：

A. $K_a = K_{HIn}$

B. 指示剂的变色范围与等当点完全符合

C. 指示剂的变色范围应完全落入滴定的突越范围之内

D. 指示剂的变色范围全部或部分落入滴定的突越范围之内

47. EDTA 滴定金属离子 M，要求相对误差小于 0.1%，滴定条件需满足：

A. $c_M K_{MY} \geqslant 10^6$ 　　　　　　　　　B. $c_M K_{MY} \leqslant 10^6$

C. $c_M K'_{MY} \leqslant 10^6$ 　　　　　　　　　D. $c_M K'_{MY} \geqslant 10^6$

48. 用莫尔法测 Cl^-，控制 $pH = 4.0$，溶液滴定终点：

A. 不受影响

B. 提前到达

C. 推迟到达

D. 刚好等于化学计量点到达

49. 关于间接碘量法，以下说法错误的是：

A. 常用淀粉作指示剂

B. pH 值要合适，过高或过低都可能带来误差

C. 滴定前要先预热，增加反应速度

D. 加入过量 KI，生成 I_3^-，防止 I_2 挥发损失

50. 化学需氧量指的是在一定条件下，每升水中特定物质被氧化消耗的氧化剂的量，折算成 O_2 的毫克数表示，是水体中有机物污染的综合指标之一。特定物质是指：

A. 有机物

B. 氧化性物质

C. 还原性物质

D. 所有污染物

51. 甲物质的摩尔吸光系数 $\varepsilon_甲$ 大于乙物质的摩尔吸光系数 $\varepsilon_乙$，则说明：

A. 甲物质溶液的浓度大

B. 光通过甲物质溶液的光程大

C. 测定甲物质的灵敏度高

D. 测定乙物质的灵敏度高

52. 测定溶液 pH 值时，常需要标准 pH 溶液定容，下列溶液中，并不适合作为标准 pH 缓冲溶液的是：

A. pH = 7.00 的高纯水

B. pH = 4.00 的邻苯二甲酸氢钾溶液（0.05mol/L）

C. pH = 6.86 的磷酸盐缓冲溶液

D. pH = 9.18 的硼砂溶液（0.01mol/L）

53. 下列描述是偶然误差的特性的是：

A. 偶然误差又称为随机误差，是可以避免的

B. 偶然误差是可以测定的

C. 偶然误差的数值大小、正负出现的机会均等

D. 偶然误差是可以通过校正的方法予以消除的

54. 下列关于容许闭合差与折角关系的说法，正确的是：

A. 无关，导线越长，容许闭合差越小

B. 无关，导线越长，容许闭合差越大

C. 有关，折角越多，容许闭合差越小

D. 有关，折角越多，容许闭合差越大

55. 野外地形图测绘时，对于圆形蓄水池，应至少观测其圆周上的点位数是：

A. 1

B. 2

C. 3

D. 4

56. 比例尺 1：1000 地形图上，量得 A 至 B 两点间的图上水平长度为 213.4mm，高差为+6.4m，则 A 至 B 两点间的坡度为：

A. 3%

B. 6%

C. −5%

D. 15%

57. 利用高程为 $H_A = 25.245$mm 的水准点 A，测设 B 点高程为 26.164m，仪器在 A、B 两点中间时，在 A 尺上读数为 1.526m，则 B 尺上读数应为：

A. 1.526m

B. 0.919m

C. −0.919m

D. 0.607m

58. 下列说法不正确的是：

A. 建设工程实行施工总承包的，由总承包单位对施工现场的安全生产负总责

B. 总承包单位应当自行完成建设工程主体结构的施工

C. 总承包单位和分包单位对分包工程的安全生产承担连带责任

D. 分包工程出现生产安全事故的，由总承包单位承担主要责任

59. 在环境保护严格地区，企业的排污量大大超过规定值，应如何处理？

A. 立即拆除

B. 限期搬迁

C. 停业关闭

D. 经济罚款

60. 我国城乡规划的原则不包含：

A. 城乡统筹

B. 公平、公正、公开

C. 关注民生

D. 可持续发展

2014年度全国勘察设计注册公用设备工程师（给水排水）
执业资格考试基础考试（下）试题解析及参考答案

1. 解 已知：流域面积$F = 12600km^2$，平均流量$\overline{Q} = 80m^3/s$，$T = 365 \times 24 \times 3600s$，平均降水$\overline{P} = 650mm$。

代入径流深度计算公式：

$$\overline{R} = \frac{\overline{Q}T}{1000F} = \frac{80 \times 365 \times 24 \times 3600}{1000 \times 12600} = 200.229$$

则平均径流系数为：

$$\overline{\alpha} = \frac{\overline{R}}{\overline{P}} = \frac{200.229}{650} = 0.31$$

答案：B

2. 解 对于任一"闭合"流域，其在给定时段内输入的水量与输出的水量之差，必等于区域内蓄水量的变化，这就是流域水量平衡。

多年平均的海洋水量平衡方程为：蒸发量 ＝ 降水量 ＋ 径流量

多年平均的陆地水量平衡方程为：降水量 ＝ 径流量 ＋ 蒸发量

答案：C

3. 解 该题已连续两年考到。偏态系数用来反映系列在均值两边的对称特性。$C_s = 0$说明正离差和负离差相等，此系列为对称系列，为正态分布；$C_s > 0$说明小于均值的数出现的次数多；$C_s < 0$说明大于均值的数出现的次数多。

答案：C

4. 解 洪水"三要素"为洪峰流量、洪水过程线和洪水总量。

答案：A

5. 解 资料的可靠性，是指在资料收集时，应对原始资料进行复核，对测验精度、整编成果做出评价，并对资料中精度不高、写错、伪造等部分进行修正，以保证分析成果的正确性。

所谓资料的一致性，就是要求所使用的资料系列必须是同一类型或在同一条件下产生的，不能把不同性质的水文资料混在一起统计。

对于水文频率计算而言，代表性是样本相对于总体来说的，即样本的统计特征值与总体的统计特征值相比，误差越小，代表性越高。但是水文现象的总体是无法通盘了解的，只能大致认为，一般资料系列越长，丰平枯水段齐全，其代表性越高。而增加资料系列长度的手段有插补延长、增加历时资料、坚持长期观测三种。

答案：C

6. 解　我国降雨量和径流量的C_v分布，大致是南方小、北方大，沿海小、内陆大，平原小、山区大。

答案：B

7. 解　洪水重现期：

$$N = T_2 - T_1 + 1$$

这个公式是用来计算首项特大洪水重现期的。其中，T_2为实测连续系列最近的年份，又称为设计年份；T_1为调查或考证到的最远的年份。

答案：C

8. 解　径流模数M是指单位流域面积上平均产生的流量，单位为$L/(s \cdot km^2)$。

根据题目已知，出口流量为$4m^3/s$，区域面积为$1000km^2$，则：

$$M = \frac{出口流量}{区域面积} = \frac{4}{1000} = 0.004m^3/(s \cdot km^2)$$

答案：D

9. 解　地下水的排泄方式主要有：①溢流地表成泉；②向地表水泄流；③土面蒸发及植物蒸腾；④人工排泄。

答案：C

10. 解　河谷冲积平原中的地下水，含水层颗粒较粗大，沿江河呈条带状规律分布，与地表水的水力联系密切，补给充分，水循环条件好，水质较好，开采技术条件好，一般可构成良好的地下水水源地。

答案：A

11. 解　已知：$l = 1000m$，$\Delta h = 1m$，$v_实 = 0.025m/d$，$n = 0.2$。则：

$$i = 1/1000m，v_渗透 = v_实 n = 0.005m/d$$

根据达西公式$v_渗透 = ki$，可得$k = v_渗透/i = 5m/d$

答案：A

12. 解　允许开采量是指通过技术经济合理的取水构筑物，在整个开采期内出水量不会减少、动水位不超过设计要求、水质和水温变化在允许的范围内、不影响已建水源地正常开采、不发生危害性环境地质现象等前提下，单位时间内从该水文地质单元或取水地段开采含水层中可以取得的水量，可以用水均衡方程计算如下：

$$Q_开 = Q_补 + Q_排 + \mu F \frac{\Delta h}{\Delta t} = 1 \times 10^6 + 0.5 \times 10^6 - 0.8 \times 10^6 + 0.1 \times 20 \times 10^6 \times \frac{6}{1}$$

$$= 12.7 \times 10^6 m^3$$

答案：B

13. 解　根据微生物需要的主要营养元素，即能源和碳源的不同而划分的类型，包括光能自养型、化能自养型、光能异养型和化能异养型。其中，利用有机物作为生长所需的碳源和能源，来合成自身物质的，属于化能异养型。大部分细菌都是这种营养方式，如原生动物、后生动物、放线菌等。

答案：B

14. 解 酶能够高效专一地催化反应，其活性中心起到至关重要的作用。酶的活性中心是指酶蛋白肽链中由少数几个氨基酸残基组成的，具有一定空间构象的与催化作用密切相关的区域。

答案：D

15. 解 好氧呼吸是一种最普遍又最重要的生物氧化产能方式。基质脱氢后，脱下的氢经完整的呼吸链传递，最终被外源氧分子接受，产生水和能量。

答案：B

16. 解 DNA 是由四种脱氧核苷酸构成的，分别为腺膘呤脱氧核苷酸（dAMP），胸腺嘧啶脱氧核苷酸（dTMP），胞嘧啶脱氧核苷酸（dCMP），鸟嘌呤脱氧核苷酸（dGMP）。RNA 的碱基主要有 4 种，即 A（腺膘呤）、G（鸟嘌呤）、C（胞嘧啶）、U（尿嘧啶）。所以胸腺嘧啶不可能存在于 RNA 中。

答案：C

17. 解 乙醇之所以可以消毒是因为其可以吸收细菌蛋白的水分，使其菌体蛋白脱水、凝固变性而达到消毒目的。高浓度（95%）酒精渗透入菌体蛋白迅速凝固形成坚固的菌膜，影响酒精渗透菌体，而降低了消毒效果，所以不能用于消毒。另外，醇类消毒剂中最常用的是乙醇和异丙醇，而不是碳原子越多越好。

答案：B

18. 解 细菌按照其基本形态分为球菌、杆菌、螺旋菌（包括弧菌）和丝状菌四类。

丝状体是丝状菌分类的特征，有铁细菌（如浮游球衣菌、泉发菌属及纤发菌属），丝状硫细菌（如发硫菌属、贝日阿托氏菌属、透明颤菌属、亮发菌属等）多种丝状菌。

杆状细菌，即杆状或类似杆状的细菌，细胞形态较复杂，有短杆状、棒杆状、梭状、月亮状、分枝状、腐生或寄生，如大肠杆菌、枯草杆菌等。

芽孢杆菌，细菌的一科，能形成芽孢（内生孢子）的杆菌或球菌。

假单胞菌为直或稍弯的革兰氏阴性杆菌，是无核细菌，以极生鞭毛运动，不形成芽孢，化能有机营养，严格好氧，呼吸代谢，从不发酵。

答案：A

19. 解 酵母菌营专性或兼性好氧生活，发酵型酵母在缺氧时通过将糖类转化成二氧化碳和乙醇来获取能量。在酿酒过程中，乙醇被保留下来；在蒸馒头过程中，二氧化碳将面团发起，而乙醇挥发掉。在有氧的环境中，酵母菌将葡萄糖转化成水和二氧化碳。

答案： A

20. 解 轮虫的出现是水处理效果好的标志，以50~1000个/mL为宜。水中轮虫数较多，表示水体中溶解氧越多，水质相对较好。

答案： B

21. 解 培养基中含有溴甲酚紫，遇酸变黄。大肠杆菌在发酵的过程中会产酸产气，使培养基呈现酸性，从而使溶液的颜色由红变黄。

答案： A

22. 解 在活性污泥法的运行过程中，有时会出现污泥结构松散，沉降性能不好，甚至溢出池外的现象，称为污泥膨胀。正常情况下，絮体沉降性能好，丝状菌和絮体保持平衡，出水水质良好。如果丝状菌大量繁殖，则会出现污泥膨胀。

答案： C

23. 解 黏性可以用黏度μ来度量，温度升高时，液体的μ值减小，而气体的μ值反而增大。当温度由15℃增至50℃时，水的μ值约减小一半。

答案： B

24. 解 依据压差计的测定规律：

$$\left(z_A + \frac{p_A}{\gamma}\right) - \left(z_B + \frac{p_B}{\gamma}\right) = \left(\frac{\gamma_B}{\gamma} - 1\right)\Delta h_m$$

$$\Delta h_m = \frac{\left(z_A + \frac{p_A}{\gamma}\right) - \left(z_B + \frac{p_B}{\gamma}\right)}{\frac{\gamma_B}{\gamma} - 1}$$

另根据静压力基本公式，A、B两点之间有$p_A = p_B + \gamma(z_B - z_A)$，则$\Delta h_m = 0$。

答案： C

25. 解 在理想不可压缩液体恒定元流中，各断面总水头相等，单位重量的总能量保持不变。因此，在理想液体中是不考虑水头损失这一项的。根据$z_A + \frac{p_A}{\gamma} + \frac{v_A^2}{2g} = z_B + \frac{p_B}{\gamma} + \frac{v_B^2}{2g}$，当理想液体流经管道放大断面时，流速$v_B$降低，因此测压管水头线增大。

答案： A

26. 解 单位长度上的水头损失称为总水头线坡度，以J表示。已知管道长度$L = 1000\text{m}$，$d = 200\text{mm} = 0.2\text{m}$，$J = 0.46$，$Q = 90\text{L/s}$，因此全程水头损失为：

$$h_f = J \times L = 0.46 \times 1000 = 460 = \lambda \times \frac{L}{d} \times \frac{v^2}{2g} = \lambda \times \frac{1000}{0.2} \times \frac{v^2}{2 \times 9.8}$$

$$v = \frac{4Q}{\pi d^2} = \frac{4 \times 90}{3.14 \times 0.2^2} = 2.867\text{m/s}$$

代入上式，得：$\lambda = 0.219$

答案： C

27. 解 薄壁小孔口恒定自由出流的流量计算公式为：

$$Q = \mu A \sqrt{2gH_0}$$

其中，μ为孔口流量系数；A为孔口断面面积；H_0为作用水头，自由出流中为上游水面至孔口形心的深度。

薄壁小孔口恒定淹没出流的流量计算公式为：

$$Q = \mu A \sqrt{2gH}$$

其中，H为上下游的水面高度。

为了使1点与2点的流量相同，则其水头必须相同，因此下游水面应该设置在A面，1点和2点此时均为淹没出流。

答案： A

28. 解 根据无压圆管均匀流$\overline{Q}$、$\overline{v}$以及$\overline{\alpha}$的关系曲线图可知，无压圆管的最大流量和最大流速，均不发生于满管流时，因此选项A、B错误。

依据流量公式$Q = K\sqrt{J}$，其中J为明渠均匀流的水力坡度，K为常数，可知明渠均匀流流量与水力坡度成正比，选项C正确。

答案： C

29. 解 根据临界水深计算公式，当断面形状和尺寸一定时，临界水深h_k应只是流量的函数，即流量一定时，临界水深不变，与底坡无关。

答案： A

30. 解 可将水流流过小桥的流动现象看成右侧宽顶堰流过程，当为淹没出流时，桥孔内水深大于临界水深，为缓流，此时桥孔内水深近似等于桥下游水深。当为自由出流时，桥下水深小于临界水深。

答案： A

31. 解 离心泵启动时要求水泵腔体灌满水，出水管阀门要求关闭。启动后，当水泵压水管路上的压力表显示值为水泵零流量空转扬程时，表示泵已上压，可逐渐打开压水管上的阀门，此时，真空表读数逐渐增加，压力表数值逐渐下降。

答案： B

32. 解 水泵效率是指水泵的有效功率与轴功率之比的百分数，它标志着水泵能量转换的有效程度，是水泵的重要技术经济指标，用η表示。水泵轴功率不可能全部传递给输出的液体，其中必有一部分能量损失。水泵内能量损失可分为三部分，即水力损失、容积损失和机械损失，可分别用水力效率、容积效率和机械效率来度量。

答案： D

33. 解 比转数计算公式为：

$$n_s = \frac{3.65n\sqrt{Q}}{H^{\frac{3}{4}}}$$

式中，Q、H分别为水泵效率最高时的单吸流量和单级扬程。

当水泵为多级水泵时，H应为每级叶轮的扬程，即三级泵在计算比转数时采用的扬程为总扬程的1/3。

答案： A

34. 解 两台水泵并联后，由并联的特性曲线可知，并联后的总流量大于单台泵的流量，但小于两台泵单独运行时的流量之和。

答案： D

35. 解 气蚀对不同类型泵的影响是不同的。对于比转数较低的泵（如$n_s < 100$），因泵叶片流槽狭长，很容易被气泡所阻塞，出现气蚀后，Q-H、Q-η曲线迅速下落；对比转数较高的泵（如$n_s > 150$），因泵叶片流槽宽，不易被气泡阻塞，所以Q-H、Q-η曲线先是逐渐下降，过了一段时间后才开始脱落。

答案： C

36. 解 H_{ss}为吸水地形高度，又称为水泵安装高度。

答案： B

37. 解 混流泵的性能介于离心泵和轴流泵之间，混流泵的作用为离心力和升力。

答案： C

38. 解 水泵机组纵向排列时，管道之间的距离应大于0.7m，以保证工作人员能较为方便地通过。

答案： B

39. 解 消声器是安装在空气动力设备（如鼓风机、空压机）的气流通道上或进、排气系统中的降低噪声的装置。消声器能够阻挡声波的传播，允许气流通过，是控制噪声的有效工具。

答案： B

40. 解 在管道系统中，往往需要把低处的污水向上提升，这就需设置泵站。设在管道系统中途的泵站称为中途泵站，设在管道系统终点的泵站称为终点泵站。

当重力流排水管道埋深过大，施工运行困难时，需要提升污水，使下流的管道埋深减小，就需要设立中途泵站。

终点泵站就是将整个城镇污水或工业企业的污水抽送到污水处理厂或将处理后的污水进行农田灌溉或直接排入水体。

答案： A

41. 解 污水泵吸水管道的设计流速一般采用 1.0~1.5m/s，并不得低于 0.7m/s，以免管道内产生沉淀。当吸水管道很短时，设计流速可提高到 2.0~2.5m/s。

答案： B

42. 解 雨水泵站的出流设施一般包括出流井、出流管、超越管（溢流管）、排水口四个部分。出流井中设有各泵出口的拍门，雨水经出流井、出流管和排水口排入天然水体。拍门可以防止水流倒灌进入泵站。

答案： B

43. 解 误差分为绝对误差和相对误差，绝对误差是测量值和真实值之差，相对误差是绝对误差在真值中所占的百分率，选项 A 正确。

绝对偏差指个别测定值与多次测定平均值之差，简称偏差，选项 B 正确。

相对标准偏差又叫标准偏差系数、变异系数、变动系数等，由标准偏差除以相应的平均值乘 100% 所得值，可在检验检测工作中分析结果的精密度，选项 D 正确。

总体均值又叫做总体的数学期望，或简称期望，是描述随机变量取值平均状况的数字特征，认为其接近真值，但不是真值，故选项 C 错误。

答案： C

44. 解 有效数字是在分析工作中实际测量到的数字，除最后一位是可疑的外，其余的数字都是确定的。它反映了数量的大小，也反映了测量的精密程度。

pH 及对数值计算，有效数字按小数点后的位数保留，故选项 A 正确。

在数学中，有效数字位数是指在一个数中，从第一位非零的数字开始，到最后一位数字为止，在数字中间和最后的零都算在内。

选项 B，0.001 的有效数字位数是 1 位，1.000 的有效数字位数是 4 位，0.010 的有效数字位数是 2 位。

选项 C，百分号只代表单位，不是有效数字，因此 0.75% 的有效数字位数是 2 位，6.73% 的有效数字位数是 3 位，53.56% 的有效数字位数是 4 位。

选项 D，乘号后的幂次不是有效数字，只是单位值，故 1.00×10^3 的有效数字位数是 3 位，10.0×10^2 的有效数字位数是 3 位，0.10×10^4 的有效数字位数是 2 位。

答案： A

45. 解 酸（HB）给出一个质子（H^+）而形成碱（B^-），碱（B^-）接受一个质子（H^+）便成为酸（HB）；此时碱（B^-）称为酸（HB）的共轭碱，酸（HB）称为碱（B^-）的共轭酸。这种因质子得失而互相转变的一对酸碱称为共轭酸碱对。酸、碱既可是中性分子，也可是正、负离子，酸较其共轭碱多一个质子（H^+）。

选项 A、B、D 的酸均比碱多一个 H^+，为共轭酸碱对；而选项 C 中 $H_2PO_4^-$ 比 PO_4^- 多两个 H^+，故不是共轭酸碱对。

答案：C

46.解　酸碱滴定时一般只需要指示剂的变色范围全部或者部分落入滴定的突越范围内即可，不需要理论变色点与等当点完全符合。指示剂的变色范围与 K_{HIn} 的关系是：$pH = pK_{min} \pm 1$，而酸碱滴定反应的突越范围与 K_a 的关系却与指示剂的变色范围不同。

答案：D

47.解　在络合滴定中，ΔpM 表示终点观测的不确定性，至少取 ΔpM 为 0.2；用 TE% 表示允许滴定的终点误差，当 TE% $= \pm 0.1$ 时，有以下规律：$\lg(c_{M,sp}K'_{MY}) \geqslant 6$，即 $c_{M,sp}K'_{MY} \geqslant 10^6$，其中 $c_{M,sp}$ 为计量点时金属离子的浓度，K'_{MY} 是络合物的条件稳定常数。

答案：D

48.解　莫尔法测 Cl^-，以 K_2CrO_4 为指示剂，用 $AgNO_3$ 标准溶液滴定，根据分步沉淀原理，首先生成 $AgCl$ 白色沉淀，当达到计量点时，水中 Cl^- 已被全部滴定完毕，稍过量的 Ag^+ 便与 CrO_4^{2-} 生成砖红色 Ag_2CrO_2 沉淀，而指示滴定终点。根据 $AgNO_3$ 标准溶液的浓度和用量，便可求得水中 Cl^- 的含量。

在中性或弱碱性溶液中，$pH = 6.5\sim10.5$。

$$2CrO_4^- + 2H^+ = Cr_2O_7^{2-} + H_2O$$

当 pH 值偏低，呈酸性时，平衡向右移动，$[CrO_4^{2-}]$ 减少，导致滴定终点拖后而引起滴定误差较大（正误差）。当 pH 值增大，呈碱性时，Ag^+ 将生成 Ag_2O 沉淀。

答案：C

49.解　间接碘量法利用 $Na_2S_2O_3$ 标准溶液间接滴定 KI 被氧化并定量析出的 I_2，求出氧化性物质含量的方法。

间接碘量法以淀粉作为指示剂，当蓝色消失时为滴定终点。

碘量法必须在中性或者弱酸性溶液中进行，在酸性、碱性溶液中，均会发生副反应。

I_2 的挥发和 I^- 被空气中的 O_2 氧化成 I_2 是碘量法产生误差的主要原因。所以，溶液中含 4%KI，I_2 与 I^- 生成 I_3^-，可减少 I_2 的挥发。

在酸性溶液中 I^- 缓慢地被空气中的 O_2 氧化成 I_2，反应速度随 $[H^+]$ 的增加而加快，且日光照射、微量 NO_2^-、Cu^{2+} 等都能催化此氧化反应，所以滴定前不可以预热。

答案：C

50.解　化学需氧量指在一定条件下，一定体积水样中有机物（还原性物质）被 $K_2Cr_2O_7$ 氧化，所消耗 $K_2Cr_2O_7$ 的量，以 mgO_2/L 表示。COD 是水体中有机物污染的综合指标之一。

答案：C

51. 解 摩尔吸光系数ε是吸收物质在一定波长和溶剂条件下的特征常数。当温度和波长等条件一定时，ε仅与吸收物质的本性有关，而与其浓度c和光程长度b无关；可作为定性鉴定的参数；同一吸收物质在不同波长下的ε值是不同的，ε越大，表明该物质对某波长的光的吸收能力越强，用光度法测定该物质的灵敏度就越高，ε代表测定方法的灵敏度。

答案：C

52. 解 由弱酸及其共轭碱或弱碱及其共轭酸〔即弱酸和它的盐（如 HAc-NaAc）、弱碱和它的盐（如 NH₃·H₂O-NH₄Cl）、多元弱酸的酸式盐及其对应的次级盐（如 NaH₂PO₄-Na₂HPO₄）〕所组成的溶液，能抵抗外加少量强酸、强碱而使本身溶液 pH 值基本保持不变，这种对酸和碱具有缓冲作用的溶液称为缓冲溶液。

答案：A

53. 解 在相同的观测条件下，对某量进行n次观测，如果误差出现的大小和符号均不一定，则称这种误差为偶然误差，又称为随机误差或不定误差。其产生的原因是分析过程中种种不稳定随机因素的影响，如室温、相对湿度和气压等环境条件的不稳定，分析人员操作的微小差异以及仪器的不稳定等。例如，用经纬仪测角时的照准误差，钢尺量距时的读数误差等，都属于偶然误差。

测量实践证明，偶然误差具有以下特性：

①在一定观测条件下，偶然误差的绝对值不会超过一定的限值；

②绝对值小的误差比绝对值大的误差出现的机会多；

③绝对值相等的正、负误差出现的机会相同；

④偶然误差的算术平均值，随着观测次数的无限增加而趋向于零。

答案：C

54. 解 不同等级导线的角度闭合差公式不同，但无论哪一级别的导线闭合差公式中，闭合差的大小都与折角的个数有关，且都与$\sqrt{n}$成正比，所以折角越多，容许闭合差越大。

答案：D

55. 解 由不在同一条直线上的三点确定一个圆可知，对于圆形储水池，应至少观测其圆周上的 3 点点位。

答案：C

56. 解 设地面两点的水平距离为D，高差是h，则高差与水平距离之比称为坡度，用i表示，代入数据得：

$$i = \frac{h}{dM} = \frac{6.4}{0.2134 \times 1000} = 0.03 = 3\%$$

式中，d为两点间图上长度（m），M为地形图比例尺分母。

答案：A

57. 解　$H_i = H_A + a = 25.245 + 1.526 = 26.771\text{m}$

$b = H_i - H_B = 26.771 - 26.164 = 0.607\text{m}$

答案：D

58. 解　依据《建设工程安全生产管理条例》，建设工程实行施工总承包的，由总承包单位对施工现场的安全生产负总责。总承包单位应当自行完成建设工程主体结构的施工。总承包单位依法将建设工程分包给其他单位的，分包合同中应当明确各自的安全生产方面的权利、义务。总承包单位和分包单位对分包工程的安全生产承担连带责任。

分包单位应当服从总承包单位的安全生产管理，分包单位不服从管理导致生产安全事故的，由分包单位承担主要责任。

答案：D

59. 解　依据《中华人民共和国环境保护法》（自2015年1月1日起施行）第六十条，企业事业单位和其他生产经营者超过污染物排放标准或者超过重点污染物排放总量控制指标排放污染物的，县级以上人民政府环境保护主管部门可以责令其采取限制生产、停产整治等措施；情节严重的，报经有批准权的人民政府批准，责令停业、关闭。

答案：C

60. 解　《中华人民共和国城乡规划法》第一条规定，为了加强城乡规划管理，协调城乡空间布局，改善人居环境，促进城乡经济社会全面协调可持续发展，制定本法。第四条规定，制定和实施城乡规划，应当遵循城乡统筹、合理布局、节约土地、集约发展和先规划后建设的原则，改善生态环境，促进资源、能源节约和综合利用，保护耕地等自然资源和历史文化遗产，保持地方特色、民族特色和传统风貌，防止污染和其他公害，并符合区域人口发展、国防建设、防灾减灾和公共卫生、公共安全的需要。

答案：B

2016 年度全国勘察设计注册公用设备工程师

（给水排水）执业资格考试试卷

基础考试
（下）

二〇一六年九月

应考人员注意事项

1. 本试卷科目代码为"2"，考生务必将此代码填涂在答题卡"科目代码"相应的栏目内，否则，无法评分。

2. 书写用笔：**黑色或蓝色钢笔、签字笔或圆珠笔**；

   填涂答题卡用笔：**黑色 2B 铅笔**。

3. 必须用书写用笔将工作单位、姓名、准考证号填写在答题卡和试卷相应的栏目内。

4. 本试卷由 60 题组成，每题 2 分，满分 120 分，本试卷全部为单项选择题，每小题的四个备选项中只有一个正确答案，错选、多选、不选均不得分。

5. 考生作答时，必须按**题号在答题卡上**将相应试题所选选项对应的**字母用 2B 铅笔涂黑**。

6. 在答题卡上书写与题意无关的语言，或在答题卡上作标记的，均按违纪试卷处理。

7. 考试结束时，由监考人员当面将试卷、答题卡一并收回。

8. 草稿纸由各地统一配发，考后收回。

单项选择题（共 60 题，每题 2 分，每题的备选项中，只有一个最符合题意。）

1. 在水文现象中，大洪水出现的机会比中小洪水出现机会小，其频率密度曲线为：

   A. 负偏   B. 对称

   C. 正偏   D. 双曲函数曲线

2. 全球每年参加水文循环的水约有：

   A. 57.7 万 km^3 B. 5.77 万 km^3

   C. 577 万 km^3 D. 57770 万 km^3

3. 变差系数 C_v 越大，说明随机变量 X：

   A. 系列分布越离散   B. 系列分布越集中

   C. 系列水平越高   D. 不一定

4. 水工建筑物的防洪标准又可以分为设计标准和校核标准：

   A. 设计标准必然大于校核标准

   B. 校核标准必然大于设计标准

   C. 两标准大小一致

   D. 两标准对于不同的建筑物大小不定

5. 一次暴雨洪水的地面净雨深与地面径流深的关系是：

   A. 前者大于后者   B. 前者小于后者

   C. 前者等于后者   D. 两者可能相等或不等

6. 在等流时线法中，当净雨历时小于流域汇流时间时，洪峰流量是由：

   A. 部分流域面积上的全部净雨所形成

   B. 全部流域面积上的部分净雨所形成

   C. 部分流域面积上的部分净雨所形成

   D. 全部流域面积上的全部净雨所形成

7. 水文统计的任务是研究和分析水文随机现象的：

   A. 必然变化特性   B. 自然变化特性

   C. 统计变化特性   D. 可能变化特性

8. 某岩溶地区地下河系总出口流量为4m³/s，该区地下水汇水总补给面积为1000km³，某地段补给面积为60km³，则该地段地下径流量为：

A. 0.024m³/s

B. 2.4m³/s

C. 0.24m³/s

D. 24m³/s

9. 潜水等水位线由密变疏，间距加大，说明：

A. 颗粒结构由粗变细，透水性由差变好

B. 颗粒结构由细变粗，透水性由差变好

C. 颗粒结构由粗变细，透水性由好变差

D. 颗粒结构由细变粗，透水性由好变差

10. 关于沙漠地区的地下水，下列描述错误的是：

A. 山前倾斜平原边缘沙漠地区的地下水，水位埋置较深，水质较好

B. 古河道中的地下水，由于古河道中岩性较粗，径流交替条件较差

C. 大沙漠腹地的沙丘地区地下水，其补给主要为地下径流和凝结水

D. 沙漠地区的地下水，是人畜生活和工农业建设的宝贵资源

11. 有一承压完整井位于砂砾石含水层中，抽水量$Q = 1256$m³/d，已知含水层的导水系数$T = 100$m²/d，释水系数$\mu = 6.94 \times 10^{-4}$，则抽水100min时距井40m处的降深可表示为：

A. $2W(0.0399)$m

B. $W(0.0399)$m

C. $2W(0.399)$m

D. $W(0.399)$m

12. 某水源地面积为20km³，潜水含水层平均给水度为0.1，其年侧向入流量为1×10^6m³，年侧向出流量为0.8×10^6m³，年垂直补给量为0.5×10^6m³，该水源地的年可开采量为12.7×10^6m³，则年内地下水位允许变幅为：

A. 7m

B. 4m

C. 8m

D. 6m

13. 下列哪一种不属于细菌的基本形态？

A. 球状

B. 杆状

C. 螺旋状

D. 三角状

14. 细菌的命名法规定细菌名称的两个组成部分是：

A. 科名和属名

B. 属名和种名

C. 科名和种名

D. 种名和亚种名

15. 微生物细胞能量的主要来源是：

A. 含氮物质   B. 无机盐

C. 水   D. 含碳物质

16. 下列辅酶中，能在脱氢酶中被发现的是：

A. 辅酶 A   B. 生物素

C. ATP   D. NAD

17. 具有杀菌作用的光线的波长是：

A. 500nm   B. 700nm

C. 350nm   D. 260nm

18. 转化过程中，受体菌从供体菌处吸收的是：

A. 供体菌的 DNA 片段   B. 供体菌的全部蛋白质

C. 供体菌的全部 DNA   D. 供体菌的蛋白质片段

19. 所有藻类的共同特点是：

A. 能进行光合作用   B. 原核细胞

C. 不具有细胞壁   D. 单细胞

20. 病毒没有细胞结构，组成其外壳和内芯的物质分别是：

A. 核酸和蛋白质   B. 蛋白质和磷脂

C. 蛋白质和核酸   D. 核酸和磷脂

21. 下列细菌中，不属于水中常见的病原微生物有：

A. 大肠杆菌   B. 伤寒杆菌

C. 痢疾杆菌   D. 霍乱弧菌

22. 反硝化作用需要的条件有：

A. 好氧，有机物，硝酸盐   B. 缺氧，有机物，硝酸盐

C. 好氧，阳光，硝酸盐   D. 缺氧，阳光，硝酸盐

23. 关于液体，下列说法正确的是：

A. 不能承受拉力，也不能承受压力

B. 不能承受拉力，但能承受压力

C. 能承受拉力，但不能承受压力

D. 能承受拉力，也能承受压力

24. 水箱形状如图所示，底部有 4 个支座，水的密度$\rho = 1000kg/m^3$，底面上的总压力P和 4 个支座的支座反力F分别为：

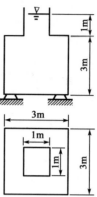

    A. $P = 352.4kN$，$F = 352.4kN$

    B. $P = 352.4kN$，$F = 274.4kN$

    C. $P = 274.4kN$，$F = 274.4kN$

    D. $P = 274.4kN$，$F = 352.4kN$

25. 一管流，A、B 两断面的数值分别为：$z_A = 1m$，$z_B = 5m$，$p_A = 80kPa$，$p_B = 50kPa$，$v_A = 1m/s$，$v_B = 4m/s$，判别管流流动方向的依据是：

    A. $z_A < z_B$；所以从 B 流向 A

    B. $p_A > p_B$；所以从 A 流向 B

    C. $v_B < v_A$；所以从 A 流向 B

    D. $z_A + \frac{p_A}{\gamma} + \frac{v_A^2}{2g} < z_B + \frac{p_B}{\gamma} + \frac{v_B^2}{2g}$；所以从 B 流向 A

26. 如图所示，油管直径为 75mm，已知油的密度是$901kg/m^3$，运动黏度为$0.9cm^2/s$。在管轴位置安放连接水银压差计的皮托管，水银面高差$h_p = 20mm$，则通过的油流量Q为：

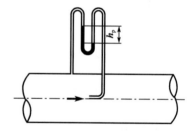

    A. $1.04 \times 10^{-3} m^3/s$

    B. $5.19 \times 10^{-3} m^3/s$

    C. $1.04 \times 10^{-2} m^3/s$

    D. $5.19 \times 10^{-4} m^3/s$

27. 在水力计算中，所谓的长管是指：

    A. 管道的物理长度很长   B. 沿程水头损失可以忽略

    C. 局部水头损失可以忽略   D. 局部水头损失和流速水头可以忽略

28. 有三条矩形渠道，其A、n和i均相同，但b和h各不相同，已知$b_1 = 4m$，$h_1 = 1.5m$，$b_2 = 2m$，$h_2 = 3m$，$b_3 = 3.0m$，$h_3 = 2.0m$，比较这三条渠道流量的大小：

    A. $Q_1 > Q_2 > Q_3$ B. $Q_1 < Q_2 < Q_3$

    C. $Q_1 > Q_2 = Q_3$ D. $Q_1 = Q_3 > Q_2$

29. 宽浅的矩形断面渠道，随流量的增大，临界底坡将：

A. 不变　　　　　　　　　　　　　　　B. 减小

C. 增大　　　　　　　　　　　　　　　D. 不定

30. 宽顶堰形成淹没出流的充分条件是：

A. $h_s > 0$　　　　　　　　　　　　B. $h_s > 0.8H_0$

C. $h_s > 0.5H_0$　　　　　　　　　D. $h_s < h_2$（h_2为临界水深）

31. 水泵的总扬程$H = H_{ST} + \sum h$，其中H_{ST}为：

A. 总扬程　　　　　　　　　　　　　B. 吸水扬程

C. 静扬程　　　　　　　　　　　　　D. 压水扬程

32. 水泵的总效率是 3 个局部效率的乘积，它们分别是机械效率、容积效率和：

A. 水力效率　　　　　　　　　　　　B. 电机效率

C. 泵轴效率　　　　　　　　　　　　D. 传动效率

33. 比转数$n_s = 3.65 \dfrac{n\sqrt{Q}}{H^{\frac{3}{4}}}$，$Q$以$m^3/s$计，$H$以 m 计。已知 12Sh-13 型水泵$Q = 220L/s$，$H = 32.2m$，$n = 1450r/min$，比转数是：

A. 68　　　　　　　　　　　　　　　B. 129

C. 184　　　　　　　　　　　　　　　D. 288

34. 根据相似定律，水泵转速变化时，水泵流量随转速变化的关系是：

A. 流量不变　　　　　　　　　　　　B. 一次方关系

C. 二次方关系　　　　　　　　　　　D. 三次方关系

35. 水泵吸水管压力的变化可用下列能量方程表示：

$$\frac{p_a}{\rho g} - \frac{p_k}{\rho g} = \left(H_{ss} + \frac{v_1^2}{2g} + \sum h_s \right) + \frac{C_0^2 - v_1^2}{2g} + \lambda \frac{W_0^2}{2g}$$

公式中$\dfrac{C_0^2 - v_1^2}{2g} + \lambda \dfrac{W_0^2}{2g}$表示：

A. 气蚀余量　　　　　　　　　　　　B. 真空表安装点的压头下降值

C. 吸水管中的水头损失　　　　　　　D. 泵壳进口内部的压力下降值

36. 总气蚀余量的计算公式为：$H_{SV} = h_a - h_{va} - \sum h_s \pm |H_{ss}|$，设吸水井水面大气压为 10m，汽化压力为 0.75m，吸水管水头损失为 2.1m，吸水井水面高于泵 2m 时，气蚀余量为：

A. 5.15m　　　　　　　　　　　　　B. 6.65m

C. 8m　　　　　　　　　　　　　　　D. 9.15m

37. 大城市水厂的电力负荷等级为：

    A. 一级负荷   B. 二级负荷

    C. 三级负荷   D. 四级负荷

38. 给水泵站设有三台自灌充水水泵时，如采用合并吸水管，其数目不得小于：

    A. 一条   B. 两条

    C. 三条   D. 与工作泵数量相同

39. 机械性噪声来源于：

    A. 变压器   B. 空压机

    C. 轴承振动   D. 鼓风机

40. 给水泵房一般应设备用水泵，备用泵的型号应相当于工作泵中的：

    A. 小泵   B. 任意泵

    C. 中泵   D. 大泵

41. 污水泵房集水池宜装置冲泥和清泥等设施，抽送含有焦油等类的生产线应有：

    A. 隔油设施   B. 加热设施

    C. 中和设施   D. 过滤设施

42. 叶轮切削抛物线上的各点：

    A. 效率不同，切削前后实际工况也不相似

    B. 效率相同，切削前后实际工况也相似

    C. 效率不同，但切削前后实际工况相似

    D. 效率相同，但切削前后实际工况不相似

43. 要测定水样中的微量金属，采样时应选用：

    A. PVC 塑料瓶   B. 不锈钢瓶

    C. 玻璃瓶   D. 棕色玻璃瓶

44. 下列说法中，错误的是：

    A. 绝对误差是测定值与真实值之差

    B. 偏差是测定值与平均值之差

    C. 标准偏差是测定结果准确度的标志

    D. 相对标准偏差又称为变异系数

45. 已知下列各物质在水溶液中的 K_a：①$K_{HCN} = 6.2 \times 10^{-10}$；②$K_{HS} = 7.1 \times 10^{-15}$，$K_{H_2S} = 1.3 \times 10^{-7}$；③$K_{HF} = 3.5 \times 10^{-4}$；④$K_{HAc} = 1.8 \times 10^{-5}$。其中碱性最强的物质是：

A. CN^-

B. S^{2-}

C. F^-

D. Ac^-

46. 用下列四种不同浓度的 NaOH 标准溶液：①1.000mol/L；②0.5000mol/L；③0.1000mol/L；④0.01000mol/L滴定相应浓度的 HCl 标准溶液，得到滴定曲线，其中滴定突跃最宽，可供选择的指示剂最多的是：

A. ①

B. ②

C. ③

D. ④

47. 当络合物的稳定常数符合下列哪种情况时，才可以用于络合滴定（$c_M = 10^{-2}\text{mol} \cdot L^{-1}$）？

A. $\lg K_a > 6$

B. $\lg K_a = 8$

C. $\lg K_a < 8$

D. $\lg K_a > 8$

48. Mohr 法不能用于 I^- 的测定，主要是因为：

A. AgI 的溶解度太小

B. AgI 的沉淀速度太大

C. AgI 的吸附能力太强

D. 没有合适的指示剂

49. 碘量法中，包含的一个基本步骤是：

A. 用 I_2 标准溶液滴定至淀粉指示剂变为蓝色

B. 加入过量 KI 与待测的氧化性物质生成 I_2

C. 加热含有 I_2 的溶液，使其挥发

D. 加入硫酸确保溶液具有足够的酸度

50. 用 $Na_2C_2O_4$ 标定 $KMnO_4$ 时，控制溶液的酸性使用：

A. HAc

B. HCl

C. HNO_3

D. H_2SO_4

51. 满足比尔定律的有色溶液稀释时，其最大吸收峰的波长位置：

A. 不移动，但高峰值降低

B. 不移动，但高峰值增大

C. 向长波方向移动

D. 向短波方向移动

52. 测定水中 F^- 含量时，加入总离子强度调节缓冲溶液，其中 NaCl 的作用是：

A. 控制溶液的 pH 在一定范围内

B. 使溶液的离子强度保持一定值

C. 掩蔽 Al^{3+}、Fe^{3+} 干扰离子

D. 加快响应时间

53. 水准测量时，水准尺立尺倾斜时水平视线读数会：

A. 看不清   B. 变小

C. 变大   D. 不变

54. 闭合水准路线闭合差的限差值和水准路线的长度：

A. 无关，和高差大小有关

B. 无关，和仪器好坏有关

C. 有关，水准路线的长度越长限差越大

D. 有关，水准路线的长度越长限差越小

55. 测绘平面图时，观测仪器架设的点位是：

A. 水准点   B. 墙角点

C. 水文点   D. 导线点

56. 要标出某山区出水口的汇水区域，其汇水边界在地形图上应沿：

A. 公路线   B. 山谷线

C. 山脊线   D. 山脚线

57. 欲放样 B 点的设计高程 $H_B = 6.000m$，已知水准点高程 $H_A = 3.545m$，水准尺后视 A 点水平读数 $a = 2.817m$，放样 B 点设计高程的前视读数：

A. $b = 3.545m$ B. $b = 1.555m$

C. $b = 2.362m$ D. $b = 0.362m$

58. 下列说法正确的是：

A. 设计单位在设计选用主要材料设备时可以指定生产供应商

B. 设计单位在设计选用主要材料设备时不得指定生产供应商

C. 给排水管线的安装不属于建筑工程保修范围

D. 供冷系统的安装不属于建筑工程的保修范围

59. 验收建设项目中防治污染设施的部门是：

    A. 地方省级环境保护行政主管部门

    B. 建设单位的环境保护行政主管部门

    C. 该建设项目的监理单位

    D. 原审批环境影响报告书的环境保护行政主管部门

60. 城镇近期建设规划的年限一般为：

    A. 两年   B. 五年

    C. 十年   D. 二十年

2016 年度全国勘察设计注册公用设备工程师（给水排水）
执业资格考试基础考试（下）试题解析及参考答案

1. 解　大洪水出现的次数小，但其偏差系数大，导致频率密度曲线正偏。

答案：C

2. 解　全球每年约有 577000km³ 的水参加水文循环。

答案：A

3. 解　变差系数 C_v 对频率曲线的影响：

（1）当 $C_v = 0$ 时，随机变量的取值都等于均值，频率曲线为 $K = 1$ 的一条水平线；

（2）C_v 越大，随机变量相对于均值越离散，频率曲线越偏离水平线；

（3）随着 C_v 的增大，频率曲线的偏离程度也随之增大。

答案：A

4. 解　防洪设计标准，是指当发生小于或等于该标准洪水时，应保证防护对象的安全或防洪设施的正常运行。

防洪校核标准，是指遇该标准相应的洪水时，需采取非常运用措施，在保障主要防护对象和主要建筑物安全的前提下，允许次要建筑物局部或不同程度的损坏，次要防护对象受到一定的损失。

一般来说，校核标准必然大于设计标准。

答案：B

5. 解　一次暴雨洪水的地面净雨深与地面径流深相等，因此净雨就是径流，径流就是净雨，二者完全是一回事。

答案：C

6. 解　按等流时线原理，当净雨历时大于流域汇流时间时，洪峰流量是由全部流域面积上的部分净雨所形成。当净雨历时小于流域汇流时间时，洪峰流量是由部分流域面积上的全部净雨所形成。

答案：A

7. 解　水文统计的任务就是研究和分析水文随机现象的统计变化特性，并以此为基础对水文现象未来可能的长期变化作出在概率意义下的定量预估，以满足工程规划、设计、施工以及运营期间的需要。

答案：C

8. 解　岩溶地区地下径流流入补给量：$Q' = M \times F$

其中，地下水径流模数 $M = \dfrac{\text{地下暗河总出口流量}}{\text{地下河系总补给面积}} \text{m}^3/(\text{s} \cdot \text{km}^2)$

将题中所给数据代入可得该地段地下径流量为0.24m³/s。

答案：C

9.解　潜水自透水性较弱的岩层流入透水性强的岩层时，潜水面坡度由陡变缓，等水位线由密变疏；相反，潜水面坡度便由缓变陡，等水位线由疏变密。潜水含水层岩性均匀，当流量一定时，含水层薄的地方水面坡度变陡，含水层厚的地方水面坡度变缓，相应的等水位线便密集或稀疏。

答案：B

10.解　沙漠中地下水的分布为山前倾斜平原边缘沙漠中的地下水、古河道中的地下水、沙漠腹地的沙丘潜水、沙丘下伏承压水。

山前倾斜平原边缘沙漠中的地下水特征：气候干旱，对地表水形成不利。冰雪融化补给地表水，没有冰雪时，雨季洪流渗入补给地下水；水位埋藏较深受蒸发影响不大，水量一般相对丰富，水质较好。

古河道中的地下水特征：古河道中岩性较粗，径流交替条件较好，常有较丰富的淡水；地下水埋藏较浅，水质好，为主要供水水源。

大沙漠腹地的沙丘潜水特征：补给主要依靠地下水径流或者凝结水；潜水埋藏随沙丘的大小和形状而异，高大沙丘下的潜水埋藏深，小沙丘下埋藏较浅；水质不好，大多是具有苦咸味的高矿化水。

沙丘下伏承压水特征：分布于新生界内陆盆地的古冲积平原和古河湖平原；水量丰富，水质基本满足供水要求。

答案：B

11.解　由泰斯公式$S = \frac{Q}{4\pi T} W\left(\frac{r^2\mu}{4Tt}\right)$，可得：

$$降深 S = \frac{1256}{4\pi \times 100} W\left(\frac{40^2 \times 6.94 \times 10^{-4}}{\frac{100}{4 \times 100 \times \frac{24}{60}}}\right) = W(0.03997)\text{m}$$

答案：B

12.解　由水量均衡法：

允许开采量=含水层侧向流入量−含水层侧向流出量+垂直方向上含水层的补给量+

地下水储存量的变化量

也即：

$$Q_\text{K} = (Q_\text{t} - Q_\text{c}) + W + \mu F \frac{\Delta h}{\Delta t}$$

$$12.7 \times 10^6 = (1 - 0.8) \times 10^6 + 0.5 \times 10^6 + 0.1 \times 20 \times 10^6 \times \frac{\Delta h}{1}$$

得$\Delta h = 6$

答案：D

13.解 细菌的基本形态有：

（1）球状：包括单球菌、双球菌、四联球菌、八叠球菌、葡萄球菌、链球菌等。

（2）杆状：包括短杆状、棒杆状、梭状、月亮状、分枝状等。

（3）螺旋状：可分为弧菌（螺旋不满一环）和螺菌（螺旋满2~6环，小的坚硬的螺旋状细菌）。

答案：D

14.解 细菌的命名依据"国际细菌命名法规"的规定，学名用拉丁文，遵循"双名法"，即每一种细菌的拉丁文名称由属名和种名两部分构成。

答案：B

15.解 C元素构成细胞及代谢产物的骨架，也是大多数微生物代谢所需的能量来源。

答案：D

16.解 脱氢酶的辅酶有TPP、FMN、FAD、NAD和NADP。其中TPP（焦磷酸硫胺素）是α-酮酸氧化脱氢酶系的辅酶；FMN（黄素单核苷酸）和FAD（黄素腺嘌呤二核苷酸）是黄酶（黄素蛋白）的辅酶，作为呼吸链的组成成分，与糖、脂和氨基酸的代谢密切有关；NAD（烟酰胺腺嘌呤二核苷酸）和NADP（烟酰胺腺嘌呤二核苷酸磷酸）是脱氢酶的主要构成辅基，由VB_3即维生素PP（烟酸）转化来的。

答案：D

17.解 紫外线波长在200~300nm时有杀菌能力，这个波长范围低于可见光谱。

答案：D

18.解 转化是指来自于供体菌游离的DNA片段直接进入并整合入受体菌基因组中，使受体菌获得部分新的遗传性状的过程。

答案：A

19.解 所有藻类在功能上都能进行光合作用、释放氧气；藻类中的蓝藻门及原绿藻门为原核藻类，绿藻门、裸藻门、硅藻门等为真核藻类；红藻类的细胞壁分为内外两层，内层为纤维类物质，外层为藻胶质，隐藻、裸藻和大多数金藻则没有细胞壁；绿藻门中有单细胞绿藻，也有多细胞绿藻。

答案：A

20.解 病毒的结构非常简单，没有细胞结构，由蛋白质的外壳和内部的遗传物质组成。

答案：C

21.解 水中常见的病原微生物一般有沙门氏菌、志贺氏菌（痢疾杆菌）、霍乱弧菌、大肠杆菌、肠道病毒、甲型肝炎病毒、戊型肝炎病毒、呼肠孤病毒及轮状病毒、兰氏贾第鞭毛虫、隐孢子虫等。

答案：B

22. 解 反硝化是指细菌将硝酸盐中的氮通过一系列中间产物还原为氮气的生物化学过程。反硝化菌在无氧条件下，以将硝酸盐为电子受体完成呼吸作用以获得能量。这一过程是硝酸盐呼吸的两种途径之一，另一种途径是硝酸异化还原成铵盐（DNRA）。反硝化细菌大多属于异养细菌，在其生长过程中需要外加碳源。

答案：B

23. 解 液体静止时不能承受拉力和剪切力，但却能承受压力。

答案：B

24. 解 总压力：$P_z = A \cdot p = 4\rho g \times 3 \times 3 = 353\text{kN}$

支座反力：$R = W_{水} + W_{水箱} = W_{水箱} + \rho g A$

$$= W_{水箱} + \rho g(1 \times 1 \times 1 + 3 \times 3 \times 3)$$

$$= 274.6 + W_{水箱}$$

答案：B

25. 解 A 点：$z_A + \dfrac{p_A}{\gamma} + \dfrac{v_A^2}{2g} = 9.2$

B 点：$z_B + \dfrac{p_B}{\gamma} + \dfrac{v_B^2}{2g} = 10.9$

管流从 B 流向 A。

答案：D

26. 解 由毕托管原理：

轴线流速 $v_1 = \sqrt{\dfrac{2g\rho H_g - \rho}{\rho}} \cdot h = 2.35\text{m/s}$

轴线处的雷诺数 $\text{Re} = \dfrac{v_1 d}{\nu} = 1959 < 2000$，流态为层流

断面平均流速 $v_2 = \dfrac{v_1}{2} = 1.175\text{m/s}$

流量 $Q = \dfrac{\pi}{4} d^2 v_2 = 5.19 \times 10^{-3}\text{m}^3/\text{s}$

答案：B

27. 解 长管是指水头损失以沿程损失为主，局部损失和流速水头都可忽略不计的管道。

答案：D

28. 解 由明渠均匀流公式 $Q = AC\sqrt{Ri} = \dfrac{1}{n}AR^{\frac{2}{3}}i^{\frac{1}{2}}$ 知，当 A、n、i 一定时，水力半径最小，即湿周最小时流量最大。

矩形明渠的湿周计算公式为：$\chi = b + 2h$，其中 b 为渠底宽度，h 为有效水深；

将题中所给数据代入可得：$\chi_1 = 7\text{m}$，$\chi_2 = 8\text{m}$，$\chi_3 = 7\text{m}$；$\chi_1 = \chi_3 < \chi_2$

所以 $Q_1 = Q_3 > Q_2$。

答案：D

29. 解 根据渠道临界水深计算公式：

$$\frac{A^3}{B} = \frac{\alpha Q^2}{g}$$ ①

式中 $\alpha \approx 1$，$\frac{(h_{cr}B)^3}{B} = \frac{Q^2}{g}$，$h_{cr} = \sqrt[3]{\frac{Q^2}{B^2 g}}$ 随流量增加临界水深是增加的。

根据谢才公式：

$$Q = AC\sqrt{Ri} = \frac{1}{n}\left(\frac{A}{\chi}\right)^{1/6} A\sqrt{\frac{A}{\chi}i}$$ ②

②式与①式联立，消掉 Q，临界底坡公式为：

$$i_{cr} = \frac{g}{B} \times \frac{\chi}{C^2} = \frac{gn^2}{B} \frac{2h_{cr}+B}{[h_{cr}B/(2h_{cr}+B)]^{1/3}}$$

宽浅渠道，认为 $B \gg h_{cr}$，$2h_{cr}+B \approx B$，上式简化为 $i_{cr} = \frac{g}{B} \times \frac{\chi}{C^2} = \frac{gn^2}{h_{cr}^{1/3}}$，临界底坡随流量增加而减小。

答案：B

30. 解 当堰下游水位升高到影响宽顶堰的溢流能力时，就成为淹没出流。试验表明：当 $h_s > 0.8H_0$ 时，即可形成淹没出流。

答案：B

31. 解 $H = H_{ST} + \sum h$，即高位水池与吸水池测压管自由水面之间的高差值。其中，H_{ST} 为水泵的静扬程（mH_2O）；$\sum h$ 为水泵装置管路中水头损失之总和（mH_2O）。

答案：C

32. 解 通常情况下，离心泵内的容积损失 η_v、水力损失 η_h 和机械损失 η_m 是构成水泵效率的主要因素，即水泵的总效率 η 为 3 个局部效率的乘积：

$$\eta = \eta_v \cdot \eta_h \cdot \eta_m$$

答案：A

33. 解 由于是双吸式水泵，流量应取 $Q/2 = 110L/s$，代入公式得 $n = 129$。

答案：C

34. 解 把相似定律应用到不同转速运行的同一台叶片泵，流量、扬程、功率与转速之间的比例关系为：

$$Q_1/Q_2 = n_1/n_2$$

$$H_1/H_2 = (n_1/n_2)^2$$

$$N_1/N_2 = (n_1/n_2)^3$$

答案：B

35. 解

$$\frac{p_a}{\rho g} - \frac{p_k}{\rho g} = \left(H_{ss} + \frac{v_1^2}{2g} + \sum h_s\right) + \frac{C_0^2 - v_1^2}{2g} + \lambda \frac{W_0^2}{2g}$$

该式左侧表示水泵吸水管中能量余裕值，右侧$\left(H_{ss} + \frac{v_1^2}{2g} + \sum h_s\right)$表示泵壳进口外部的压力下降值，$\frac{C_0^2 - v_1^2}{2g} + \lambda \frac{W_0^2}{2g}$为泵壳进口内部的压力下降值，其中$H_{ss}$代表液体提升高度，$\sum h_s$为吸水管中的水头损失，流速水头及产生流速水头的差值分别为$\frac{v_1^2}{2g}$与$\frac{C_0^2 - v_1^2}{2g}$，叶片背面足点压力下降值$\lambda \frac{W_0^2}{2g}$。

答案：D

36. 解 $H_{SV} = h_a - h_{va} - \sum h_s \pm |H_{ss}|$中：

$h_a = p_a/\gamma$为吸水井表面的大气压力（mH$_2$O）；

$h_{va} = p_{va}/\gamma$为该水温下的汽化压力（mH$_2$O）；

$\sum h_s$为吸水管水头损失之和（mH$_2$O）；

H_{ss}为水泵吸水地形高度，即安装高度（m）。

水泵的安装高度H_{ss}是吸水井水面的测压管高度与泵轴的高差。当水面的测压管高度低于泵轴时，水泵为抽吸式工作情况，$|H_{ss}|$值前取"－"号；当水面的测压管高度高于泵轴时，水泵为自灌式工作情况，$|H_{ss}|$值前取"＋"号。

因此，$H_{SV} = h_a - h_{va} - \sum h_s \pm |H_{ss}| = 10 - 0.75 - 2.1 + 2 = 9.15\text{m}$

答案：D

37. 解 根据对用电可靠性的要求，大中城市中自来水厂的泵站电力负荷等级应按一级负荷考虑。

答案：A

38. 解 给水泵站设有三台或三台以上自灌充水水泵时，如采用合并吸水管，其数目不得小于两条。

答案：B

39. 解 机械噪声按声源的不同可分为三类。

（1）空气动力性噪声：由气体振动产生，如通风机、压缩机、发动机、喷气式飞机和火箭等产生的噪声。

（2）机械性噪声：由固体振动产生，如齿轮、轴承和壳体等振动产生的噪声。

（3）电磁性噪声：由电磁振动产生，如电动机、发电机和变压器等产生的噪声。

答案：C

40. 解 给水泵房需根据供水对象对供水可靠性的要求选用一定数量的备用泵，以满足事故情况下的用水要求。在不允许减少供水量(如冶金工厂的高炉与平炉车间的供水)的情况下应有两套备用机组；允许短时间内减少供水量的情况下备用泵只保证供应事故用水量；允许短时间内中断供水时可只设一台备用泵。城市给水系统中的泵站一般也只设一台备用泵。通常备用泵的型号和泵站中间最大的工作泵相同，称为"以大备小"。当泵站内机组较多时，也可以增设一台备用泵，对增设备用泵而言，其型号允许和最常运行的工作泵相同。

答案：D

41. 解 基础题。

答案：A

42. 解 沿外径切削离心泵或混流泵的叶轮，从而调整了水泵的工作点，改变了水泵的性能曲线，称为切削调节。水泵叶轮外径切削以后，其流量、扬程、功率都要发生变化，这些变化规律与外径的关系，称为切削相似定律。为保证叶轮切削后水泵仍处于高效范围，应将叶轮的切削量控制在一定的范围内，则切削后水泵的效率可视为不变，即仅显示于流量、扬程、功率与叶轮直径的关系。

答案：D

43. 解 微量的铜、铅、锌、镉、锰、铁、钴、镍、铬（三价铬和六价铬）、钒、钨、锶、钡、铍、银、铷、铬、汞、硒等元素，它们在水体中以各种复杂的形态存在。当水样保存在容器中时，由于容器壁的吸附等因素，而引起这些离子的损失，是严重的。为此，需要检测这些离子时，应用聚乙烯塑料瓶或硬质玻璃瓶采集水样 1~2L，立即加入 1:1 硝酸 5~10mL（若需测定镭、铀、钍时，可增取水样 1L 和补加 5mL 的 1:1 硝酸），若水样混浊，应先过滤后，再酸化，以石蜡密封瓶口，速送实验室分析，最多不得超过 10 天，实验室收到样品后，必须在 10 天内分析完毕。

答案：A

44. 解 绝对误差是测定值与真实值之差；偏差是测定值与平均值之差；标准偏差反映数值相对于平均值的离散程度；相对标准偏差又称为变异系数，常用相对标准偏差表示分析结果的精密度，即多次重复测定结果之间的离散程度。

答案：C

45. 解 根据公式 $K_a \cdot K_b = [H^+][OH^-] = K_W = 1.0 \times 10^{-14}(25℃)$，计算 K_b 比较。

对于 S^{2-}：$HS^- \rightleftharpoons H^- + S^{2-}$（二元弱酸 H_2S 的二级解离），其共轭酸为 HS^-，计算 K_{b2} 比较，$K_{a1} \cdot K_{b2} = K_{a2} \cdot K_{b1} = K_W$。

答案：B

46. 解 在化学计量点前后 $\pm 0.1\%$（滴定分析允许误差）范围内，溶液参数将发生急剧变化，这种参数（如酸碱滴定中的 pH）的突然改变就是滴定突跃，突跃所在的范围称为突跃范围。突跃的大小受滴定剂浓度（c）和酸（或碱）的解离常数影响。c 越大，突跃越大；解离常数越大，突跃越大。

答案：A

47. 解 络合物的稳定性是以络合物的稳定常数来表示的，不同的络合物有其一定的稳定常数。络合物的稳定常数是络合滴定中分析问题的主要依据，从络合物的稳定常数大小可以判断络合反应完成的程度和它是否可以用于滴定分析。一般来说，络合物的稳定常数$\lg K_a > 8$的情况下才可用于络合滴定。

答案： D

48. 解 Mohr 法不能用于碘化物中碘的测定，主要因为 AgI 的吸附能力太强。

答案： C

49. 解 碘量法分为直接碘量法及间接碘量法。直接碘量法即待测液和碘反应，当碘稍过量时，淀粉和碘反应显蓝色，这就是反应终点。间接碘量法即加入定量的碘化钾、溴试剂等，生成碘单质，加淀粉显蓝色，然后加入硫代硫酸钠与碘反应，滴定终点为蓝色消失。该题不能确定是直接碘量法还是间接碘量法，但间接碘量法中要避免 I_2 挥发，碘量法一般加入盐酸来保持酸度，C、D 项错误；A 项是直接碘量法的基本步骤，B 项则是间接碘量法的基本步骤。

答案： 无

50. 解 用 $Na_2C_2O_4$ 标定 $KMnO_4$ 时，酸度控制在 0.5~1mol/L。酸度过低，$KMnO_4$ 易分解为 MnO_2；酸度过高，$Na_2C_2O_4$ 易分解。加 H_2SO_4 调节酸生成 Mn^{2+}，反应快，无色，颜色变化明显，容易确定终点。

答案： D

51. 解 朗博-比尔定律即当一束平行单色光垂直通过某一均匀非散射的吸光物质时，其吸光度A与吸光物质的浓度c及吸收层厚度d成正比。

$$A = \lg\left(\frac{I_0}{I}\right) = \lg\left(\frac{1}{T}\right) = kcd$$

式中：I_0，I——分别为入射光及通过样品后的透射光强度；

   A——吸光度；

   c——样品浓度；

   d——光程，即盛放溶液的液槽的透光厚度；

   k——光被吸收的比例系数；

   T——透射比，即透射光强度与入射光强度之比。

当浓度采用摩尔浓度时，k为摩尔吸收系数。它与吸收物质的性质及入射光的波长λ有关。

由上式可得：

（1）在最大吸收波长处，有色化合物的浓度减小，吸光度测定值也减小；

（2）有色化合物的浓度改变，吸光度也改变，但最大吸收波长不变；

（3）有色化合物的浓度不变，不在最大吸收波长处要比在最大吸收波长处的吸光度测定值减小。

答案： A

52. 解　TISAB 是测定水样中氟离子含量所用的总离子强度缓冲液，通常有两类：一是 TISAB I 液，主要成分是柠檬酸三钠，适用于干扰物质浓度高的水样；二是 TISAB II 液，由氯化钠、柠檬酸三钠、冰乙酸组成，pH 在 5.0~5.5 之间，适用于干扰物质少、清洁的水样。其中，氯化钠是为了提高离子强度；柠檬酸钠是为了掩蔽一些干扰离子；冰乙酸和氢氧化钠形成缓冲溶液，维持体系 pH 值稳定。

答案：B

53. 解　水准尺倾斜（不论是前倾还是后倾），都会导致水平视线读数变大。

答案：A

54. 解　高差闭合差：$f_h = \sum h - (H_{始} - H_{终})$

在平坦地区，$f_{h容} = \pm 40\sqrt{L}$，L 为以 km 为单位的水准路线长度；

在山地，1km 水准测量的站数超过 16 站时，$f_{h容} = \pm 12\sqrt{n}$。

答案：C

55. 解　测绘选点原则：

（1）相邻导线点之间通视良好，便于角度和距离测量；

（2）点位选于适于安置仪器、视野宽广和便于保存之处；

（3）点位分布均匀，便于控制整个测区和进行细部测量。

答案：D

56. 解　汇水面积的边界是由一系列的山脊线和道路、堤坝连接而成的。

答案：C

57. 解　由 $H_A = 3.545m$，A 尺上读数为 2.817m 可知视线高为：$3.545 + 2.817 = 6.362m$。已知 B 点高程为 $H_B = 6.000m$，则 B 点水准尺读数为：$6.362 - 6 = 0.362m$。

答案：D

58. 解　见《建设工程质量管理条例》。

第二十二条　设计单位在设计文件中选用的建筑材料、建筑构配件和设备，应当注明其规格、型号、性能等技术指标，其质量要求必须符合国家规定的标准。

除有特殊要求的建筑材料、专用设备、工艺生产线等外，设计单位不得指定生产厂、供应商。

见《中华人民共和国建筑法》。

第六十二条　建筑工程实行质量保修制度。

建筑工程的保修范围应当包括地基基础工程、主体结构工程、屋面防水工程和其他土建工程，以及电气管线、上下水管线的安装工程，供热、供冷系统工程等项目；保修的期限应当按照保证建筑物合理寿命年限内正常使用，维护使用者合法权益的原则确定。具体的保修范围和最低保修期限由国务院规定。

答案：B

59. 解　依据旧版《中华人民共和国环境保护法》：建设项目中防治污染的设施，必须经原审批环境影响评价文件的环境保护行政主管部门验收合格后，该建设项目方可投入生产或者使用。（注：2015年1月1日起施行的新环境保护法中取消了该条款）

答案：D

60. 解　根据我国城市总体规划的相关要求，城市总体规划的期限一般为20年，其中近期建设规划期限一般为5年。而建制镇总体规划的期限可以为10~20年，近期建设规划可以为3~5年。

答案：B

2017 年度全国勘察设计注册公用设备工程师

（给水排水）执业资格考试试卷

基础考试
（下）

二〇一七年九月

应考人员注意事项

1. 本试卷科目代码为"2"，考生务必将此代码填涂在答题卡"科目代码"相应的栏目内，否则，无法评分。

2. 书写用笔：**黑色或蓝色钢笔、签字笔或圆珠笔**；

   填涂答题卡用笔：**黑色 2B 铅笔**。

3. 必须用书写用笔将工作单位、姓名、准考证号填写在答题卡和试卷相应的栏目内。

4. 本试卷由 60 题组成，每题 2 分，满分 120 分，本试卷全部为单项选择题，每小题的四个备选项中只有一个正确答案，错选、多选、不选均不得分。

5. 考生作答时，必须按**题号在答题卡上**将相应试题所选选项对应的**字母用 2B 铅笔涂黑**。

6. 在答题卡上书写与题意无关的语言，或在答题卡上作标记的，均按违纪试卷处理。

7. 考试结束时，由监考人员当面将试卷、答题卡一并收回。

8. 草稿纸由各地统一配发，考后收回。

单项选择题（共 60 题，每题 2 分，每题的备选项中，只有一个最符合题意。）

1. 在水文频率计算中，我国一般选配皮尔逊Ⅲ型曲线，这是因为：

   A. 已从理论上证明它符合水文统计规律

   B. 已制成该线型的ϕ值表供查用，使用方便

   C. 已制成该线型的K_p值表供查用，使用方便

   D. 经验表明，该线型能与我国大多数地区水文变量的频率分布配合良好

2. 下列属于不稳定的水位流量关系曲线处理方法的是：

   A. 断流水位法　　　　　　　　　　　B. 河网汇流法

   C. 连时序法　　　　　　　　　　　　D. 坡地汇流法

3. 某水文站控制面积为 680km²，多年年平均径流模数为 20L/(s·km²)，则换算为年径流深约为：

   A. 315.4mm　　　　　　　　　　　　B. 630.7mm

   C. 102.3mm　　　　　　　　　　　　D. 560.3mm

4. 在洪峰、洪量的频率计算中，关于选样方法错误的是：

   A. 可采用年最大值法

   B. 采用固定时段选取年最大值

   C. 每年只选一个最大洪峰流量

   D. 可采用固定时段最大值

5. 用适线法进行水文频率计算，当发现初定的理论频率曲线上下部位于经验频率点据之下，中部位于经验频率点据之上时，调整理论频率曲线应：

   A. 加大离势系数C_v　　　　　　　　B. 加大偏态系数C_s

   C. 减小偏态系数C_s　　　　　　　　D. 加大均值$\bar{x}$

6. 某河某站有 24 年实测径流资料，选择线型为皮尔逊 Ⅲ 型，经频率计算已求得年径流深均值为 667mm，$C_v = 0.32$，$C_s = 2C_v$，则 $P = 90\%$ 的设计年径流深为：

ϕ值表

C_s \ $P(\%)$	1	10	50	90	99
0.64	2.78	1.33	−0.11	−1.19	−1.85
0.70	2.82	1.33	−0.12	−1.18	−1.81

   A. 563mm　　　　　　　　　　　　　B. 413mm

   C. 234mm　　　　　　　　　　　　　D. 123mm

7. 当前我国人均水资源占有量约为：

A. 1700m³
B. 2300m³

C. 3200m³
D. 7100m³

8. 某地区有 5 个雨量站，各区代表面积及各雨量站的降雨量如表所示，则用算术平均法计算出本地区平均降雨量为：

某地区雨量站所在多边形面积及降雨量表

雨量站	A	B	C	D	E
多边形面积(km²)	78	92	95	80	85
降雨量(mm)	35	42	23	19	29

A. 39.6mm
B. 29.7mm

C. 29.5mm
D. 39.5mm

9. 松散岩石的给水度与容水度越接近，说明：

A. 岩石颗粒越细
B. 岩石颗粒不变

C. 岩石颗粒越粗
D. 岩石颗粒粗细不一定

10. 与山区丘陵区单斜岩层地区的富水程度无关的因素有：

A. 岩性组合关系

B. 补给区较大的出露面积

C. 倾斜较缓的含水层富水性较好

D. 背斜构造的倾没端

11. 一承压含水层厚度为 100m，渗透系数为 10m/d，其完整井半径为 1m，井中水位为 120m，观测井水位为 125m，两井相距 100m，则该井稳定的日出水量为：

A. 3410.9m³
B. 4514.8m³

C. 6821.8m³
D. 3658.7m³

12. 下列不属于评价地下水允许开采量的方法是：

A. 越流补给法
B. 水量平衡法

C. 开采试验法
D. 降落漏斗法

13. 细胞（质）膜成分中不包括哪一种成分？

A. 蛋白质
B. 核酸

C. 糖类
D. 脂类

14. 下列物质中，不属于细菌的内含物的是：

    A. 异染颗粒   B. 淀粉粒

    C. 葡萄糖   D. 聚 - β 羟基丁酸

15. 以氧化无机物获得能量，二氧化碳作为碳源，还原态无机物作为供氢体的微生物称为：

    A. 光能异养型微生物   B. 光能自养型微生物

    C. 化能异养型微生物   D. 化能自养型微生物

16. 酶能提高反应速度的原因是：

    A. 酶能降低活化能   B. 酶能提高活化能

    C. 酶能增加分子所含能量   D. 酶能减少分子所含能量

17. 下列描述中，不正确的是：

    A. 高温会使微生物死亡   B. 微生物需要适宜的 pH 值

    C. 低温下微生物不能存活   D. 缺水会使微生物进入休眠状态

18. 在低渗溶液中，微生物细胞会发生的变化是：

    A. 维持平衡   B. 失去水分

    C. 吸收水分   D. 不一定

19. 下列物质中，不属于微生物遗传物质的是：

    A. DNA   B. RNA

    C. 脱氧核糖核酸   D. 蛋白质

20. 在水处理初期，水中主要的原生动物种类是：

    A. 纤毛虫   B. 钟虫

    C. 鞭毛虫   D. 等枝虫

21. 地衣中藻类与真菌的关系是：

    A. 共生关系   B. 互生关系

    C. 拮抗关系   D. 寄生关系

22. 下列表述中，不正确的是：

    A. 纤维素在酶的作用下被水解为纤维二糖，进而转化成葡萄糖

    B. 半纤维素在酶的作用下被水解成单糖和糖醛酸

    C. 淀粉在水解酶的作用下最终被水解为葡萄糖

    D. 脂肪在水解酶的作用下被水解为葡萄糖

23. 如图所示满足等压面的是：

A. $A-A$面

B. $B-B$面

C. $C-C$面

D. 都不是

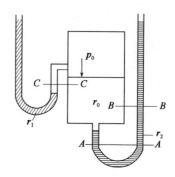

24. 用 U 形水银比压计测量水管内 A、B 两点的压强差，A、B 两点的高差为 $h_1 = 0.4m$，水银面的高差为 $h_2 = 0.2m$，水的密度 $\rho = 1000kg/m^3$，水银的密度 $\rho = 13600kg/m^3$，则 A、B 两点的压强差为：

A. 20.78kPa

B. 22.74kPa

C. 24.70kPa

D. 26.62kPa

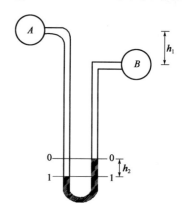

25. 如图所示，一等直径水管，$A-A$ 为过流断面，$B-B$ 为水平面，1、2、3、4 为面上各点，各点的运动参数的关系为：

A. $z_3 + \dfrac{p_3}{\rho g} = z_4 + \dfrac{p_4}{\rho g}$

B. $p_3 = p_4$

C. $z_1 + \dfrac{p_1}{\rho g} = z_2 + \dfrac{p_2}{\rho g}$

D. $p_1 = p_2$

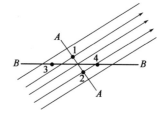

26. 有一断面为矩形的管道，已知长和宽分别为 100mm 和 50mm，如水的运动黏度是 $1.57 \times 10^{-6} m^2/s$，通过的流量 $Q = 8.0L/s$，空气温度 $t = 30℃$，判别该流体的流动状态是：

A. 急流

B. 缓流

C. 层流

D. 紊流

27. 圆柱形外伸管嘴的正常工作条件是：

A. $H_0 \geqslant 9m$，$l = (3\sim4)d$

B. $H_0 \leqslant 9m$，$l = (3\sim4)d$

C. $H_0 \geqslant 9m$，$l > (3\sim4)d$

D. $H_0 \leqslant 9m$，$l < (3\sim4)d$

28. 坡度、边壁材料相同的渠道,当过水面积相等时,明渠均匀流过水断面的平均流速在哪种渠道中最大?

    A. 半圆形渠道   B. 正方形渠道

    C. 宽深比为 3 的矩形渠道   D. 等边三角形渠道

29. 矩形断面的明渠发生临界流状态时,断面比能与临界水深的关系是:

    A. $E_s = h_k$ B. $E_s = \frac{2}{3}h_k$

    C. $E_s = \frac{3}{2}h_k$ D. $E_s = 2h_k$

30. 实用堰应符合:

    A. $\frac{\delta}{H} \leqslant 0.67$ B. $0.67 < \frac{\delta}{H} \leqslant 2.5$

    C. $2.5 < \frac{\delta}{H} \leqslant 10$ D. $\frac{\delta}{H} > 0.67$

31. 水泵总扬程中,包括静扬程和:

    A. 叶轮的水头损失   B. 吸水管水头损失

    C. 管路总水头损失   D. 压水管水头损失

32. Sh 型泵是:

    A. 射流泵   B. 单级单吸离心泵

    C. 混流泵   D. 单级双吸离心泵

33. 比转数 $n_s = \frac{3.65n\sqrt{Q}}{H^{\frac{3}{4}}}$,一单级单吸泵,流量 $Q = 45\text{m}^3/\text{h}$,扬程 $H = 33.5\text{m}$,转速 $n = 2900\text{r/min}$,比转数为:

    A. 106   B. 90

    C. 85   D. 60

34. 叶轮相似定律中的比例律之一是:

    A. $\frac{Q_1}{Q_2} = \frac{n_1}{n_2}$ B. $\frac{H_1}{H_2} = \left(\frac{n_1}{n_2}\right)^3$

    C. $\frac{Q_1}{Q_2} = \left(\frac{n_1}{n_2}\right)^2$ D. $\frac{N_1}{N_2} = \left(\frac{n_1}{n_2}\right)^2$

35. 水泵吸水管中压力的变化可用下述能量方程式表示:

$$\frac{p_a}{\rho g} - \frac{p_k}{\rho g} = \left(H_{ss} + \frac{v_1^2}{2g} + \sum h_s\right) + \frac{C_0^2 - v_1^2}{2g} + \lambda \frac{W_0^2}{2g}$$

式中 $H_{ss} + \frac{v_1^2}{2g} + \sum h_s$ 表示:

    A. 泵壳进口外部的压力下降值   B. 液体提升高度

    C. 吸水管水头损失   D. 压水管水头损失

36. 总气蚀余量的计算公式为 $H_{sv} = h_a - h_{va} - \sum h_s \pm |H_{ss}|$，设吸水井水面大气压为 10m，汽化压力为 0.75m，吸水管水头损失为 2.1m，吸收井水面低于泵轴 2.5m 时，气蚀余量为：

A.4.65m   B.6.15m   C.9.65m   D.11.15m

37. 有两个独立电源供电，按生产需要与允许停电时间，采用双电源自动或手动切换的接线成双电源对多台一级用电设备分组同时供电的属于：

A. 一级负荷的供电方式   B. 二级负荷的供电方式

C. 三级负荷的供电方式   D. 四级负荷的供电方式

38. 水泵压水管的设计流速，当 $D < 250mm$ 时，一般应在：

A. 0.8~1.0m/s   B. 1.2~1.6m/s

C. 1.5~2.0m/s   D. 1.5~2.5m/s

39. 电磁性噪声来源于：

A. 变压器   B. 空压机

C. 轴承振动   D. 鼓风机

40. 按泵站在排水系统中的作用，可分为终点泵站和：

A. 总泵站   B. 污泥泵站

C. 中途泵站   D. 循环泵站

41. 雨水泵站集水池进水口流速一般不超过：

A.0.5m/s   B.0.7m/s

C.1.0m/s   D.1.5m/s

42. 螺旋泵的转速一般采用：

A. 20~90r/min   B. 720~950r/min

C. 950~1450r/min   D. 1450~2900r/min

43. 在滴定分析法中测定出现的下列情况属于系统误差的是：

A. 试样未经充分混匀   B. 滴定管的读数读错

C. 滴定时有液滴溅出   D. 砝码未经校正

44. 由计算器算得 $(12.25 \times 1.1155)/(1.25 \times 0.2500)$ 的结果为 43.7276，按有效数字运算规则应记录为：

A. 43.728   B. 43.7

C. 43.73   D. 43.7276

45. $H_2PO_4^-$ 的共轭酸是:

A. H_3PO_4

B. HPO_4^{2-}

C. PO_4^-

D. OH^-

46. 用 $C_{HCl} = 0.1000\text{mol/L}$ 的标准溶液滴定① $K_b = 10^{-2}$、② $K_b = 10^{-3}$、③ $K_b = 10^{-4}$、④ $K_b = 10^{-5}$ 的弱碱,得到四条滴定曲线,其中滴定突跃最小的是:

A. ①

B. ②

C. ③

D. ④

47. 对 EDTA 滴定法中所用的金属离子指示剂,需要它与被测离子形成的配合物条件稳定常数 K'_{MIn} 应:

A. $> K'_{MY}$

B. $= K'_{MY}$

C. $< K'_{MY}$

D. $\geqslant 10^6$

48. 在间接碘量法中,加入淀粉指示剂的适宜时间应该是:

A. 滴定开始前

B. 滴定至溶液呈浅黄色时

C. 在标准溶液滴定近 50%时

D. 滴定至溶液红棕色退去,变为无色时

49. 用于标定 $KMnO_4$ 溶液的合适的基准物质为:

A. 邻苯二甲酸氢钾

B. $CaCO_3$

C. $NaCl$

D. $Na_2C_2O_4$

50. 下列方法中适用于测定水的总硬度的是:

A. 高锰酸钾滴定法

B. 沉淀滴定法

C. EDTA 滴定法

D. 气相色谱法

51. 在分光光度法中,有关摩尔吸收系数说法错误的是:

A. 摩尔吸收系数是通过测量吸光度值,再经过计算而求得

B. 摩尔吸收系数与试样浓度无关

C. 在最小吸收波长处,摩尔吸收系数值最小,测定的灵敏度较低

D. 在最大吸收波长处,摩尔吸收系数值最大,测定的灵敏度较高

52. 测定水中 F^- 的含量时，需加入总离子强度调节缓冲溶液，下列不属于其主要作用的是：

A. 控制溶液的 pH 值在一定范围内

B. 使溶液的离了强度保持一定量

C. 隐蔽 Fe^{3+}、Al^{3+} 干扰离子

D. 加快反应时间

53. 设观测 1 次的中误差为 m_x，重复观察 n 次所得平均值的中误差是：

A. $\pm\dfrac{m_x}{\sqrt{n}}$ B. $\pm m_x \times n$

C. $\pm\dfrac{m_x}{n}$ D. $\pm m_x \times \sqrt{n}$

54. 已知 A 点，$H_A = 3.228$m，水准仪器后视 A 点水平读数 $a = 1.518$m，放样 B 点的前视水平读数为 $b = 1.310$m，则 B 点的高程测量结果为：

A. $H_B = 3.436$m B. $H_B = 3.020$m

C. $H_B = 0.400$m D. $H_B = 6.056$m

55. 采用全站仪野外测地形图时，仪器后视定向目标应该是：

A. 水准点 B. 楼房墙角点

C. 太阳中心 D. 导线点

56. 大比例尺地形图上的坐标格网线间距为图上长度：

A. 10cm B. 1cm

C. 15cm D. 20cm

57. 高烟囱倾斜的检测方法可选择采用：

A. 视距测量 B. 流体静力测量

C. 导线测量 D. 经纬仪投测

58. 下列说法中正确的是：

A. 土地使用权的出让是以土地所有权和使用权的分离为基础

B. 土地使用权的出让主体可以是个人

C. 土地使用权的出让中土地使用者必须支付土地使用权出让金

D. 土地使用权的出让合同的标的是国有土地所有权

59. 某单位在当地环境保护行政主管部门行使现场环境检查时弄虚作假,则有关部门应该采取的措施是:

A. 对直接责任人员予以行政处分

B. 对该单位处以罚款

C. 责令该单位停产整顿

D. 对相关负责人员追究法律责任

60. 下列说法中正确的是:

A. 国有土地使用权出让合同是使用国有规划土地的必备文件

B. 城乡规划主管部门有权修改国有土地使用权出让合同中的某些条款

C. 国有土地使用权出让合同应由建设单位与地方人民政府土地主管部门签订

D. 在国有土地使用权出让合同中,土地用途是出让合同的重要内容

2017 年度全国勘察设计注册公用设备工程师（给水排水）执业资格考试基础考试（下）试题解析及参考答案

1. 解　因皮尔逊Ⅲ型曲线能与我国大多数地区水文变量的频率分布配合良好，所以我国一般选配皮尔逊Ⅲ型曲线进行水文频率计算。

答案：D

2. 解　不稳定的水位流量关系曲线的处理方法常用的有临时曲线法和连时序法。当测流次数较多时，能控制水位流量关系变化的转折点时，多采用连时序法。

答案：C

3. 解　径流深度公式 $R = \dfrac{W}{1000F}$

已知 $W = QT$（其中 $T = 365 \times 24 \times 3600\text{s}$），$M = \dfrac{1000Q}{F}$

可得 $R = \dfrac{QT}{1000F} = \dfrac{MF \times 10^{-3}}{1000F} = 630.7\text{mm}$

答案：B

4. 解　我国采用年最大值法选样，即从资料中逐年选取一个最大流量和固定时段的最大洪水总量，组成洪峰流量和洪量系列；对于洪峰选样，选取年最大值；对于洪量选样，选取固定时段年最大值。

答案：C

5. 解　当均值 $\overline{x}$、偏态系数 C_s 不变时，增大离势系数 C_v，随机变量相对于均值越离散，频率曲线变得越来越陡。

答案：A

6. 解　经查 ϕ 值表，当 $C_v = 0.32$，$C_s = 0.64$ 时，$\phi_{90\%} = -1.19$
$$\overline{x}_p = \overline{x}(1 + \phi_{90\%}C_v)$$
$$= 667 \times [1 + (-1.19) \times 0.32] = 413\text{mm}$$

答案：B

7. 解　当前我国人均水资源占有量约为 2300m³。

答案：B

8. 解　利用算术平均法可得：
$$\overline{P} = \frac{\sum\limits_{i=1}^{5} F_i \cdot P_i}{\sum\limits_{i=1}^{5} F_i} = \frac{78 \times 35 + 92 \times 42 + 95 \times 23 + 80 \times 19 + 85 \times 29}{78 + 92 + 95 + 80 + 85} = 29.68\text{mm}$$

答案：B

9. 解 粗颗粒松散岩土和具有大裂隙的坚硬岩石，岩土空隙中的结合水与毛细水很少，其持水性差，持水度小，给水度几乎等于容水度。

答案：C

10. 解 单斜岩层地区富水程度的影响因素有岩性组合关系、含水层在补给区应有较大的出露面积、倾角较缓的含水层富水性较好。

背斜构造地区的一个重要的富水部位是倾没端。

答案：D

11. 解 将数据代入承压完整井的出水量公式计算得：

$$Q = 2.73K\frac{Ms}{\lg\frac{R}{r_0}} = 2.73 \times 10 \times \frac{100 \times (125-120)}{\lg\frac{100}{1}} = 6825\text{m}^3$$

答案：C

12. 解 越流补给法为地下水补给来源的一种方式，其他选项为评价地下水允许开采量的方法。

答案：A

13. 解 细胞（质）膜的主要成分有蛋白质、脂类、糖类，主要成分为蛋白质。

答案：B

14. 解 常见细菌的内含物颗粒有异染颗粒、硫粒、淀粉粒、聚-β 羟基丁酸盐等。

答案：C

15. 解 化能自养型微生物：利用氧化无机物获得能量，并利用 CO_2 作为碳源来合成有机物质，供细胞所用。

答案：D

16. 解 酶的催化作用的本质是降低化学反应的活化能。

答案：A

17. 解 低温下，细菌代谢活动减弱，处于休眠状态，维持生命而不繁殖。

答案：C

18. 解 在低渗透压溶液中，细胞吸收水分，容易膨胀，甚至胀裂。

答案：C

19. 解 DNA 也称为脱氧核糖核酸，RNA 也称为核糖核酸。核酸是生物的遗传物质，分为 DNA 和 RNA。

答案：D

20. 解 在水处理初期，水中主要以鞭毛虫和肉足虫为主。

答案：C

21. 解 两种不同种的生物，不能单独生活并形成一定的分工，只能相互依赖彼此取得一定的利益，这种关系叫作共生关系，地衣是藻类与真菌所形成的一种共生体，藻类利用光合作用合成有机物，为自身和真菌提供营养，真菌同时从基质中吸收水分和无机盐为二者提供营养。

答案：A

22. 解 脂肪在水解酶的作用下，被水解为甘油和脂肪酸，甘油和脂肪酸在有氧条件下，被彻底分解或合成微生物细胞物质，在厌氧条件下，脂肪酸被分解为简单的酸。

答案：D

23. 解 A-A面为同一介质，其他面不是同一介质。

答案：A

24. 解 由等压面 1-1 可得：

左侧：$p_1 = p_A + \gamma_水 z_A + \gamma_水 h_2$

右侧：$p_1 = p_B + \gamma_水 z_B + \gamma_{水银} h_2$

故 $p_A - p_B = \gamma_水(z_B - z_A) + h_2(\gamma_{水银} - \gamma_水)$

$\qquad = 1000 \times 9.8 \times (-0.4) + 0.2 \times 9.8 \times (13600 - 1000) = 20776 \text{Pa} = 20.776 \text{kPa}$

答案：A

25. 解 均匀流过水断面上的动水压强分布规律与静水压强分布规律相同，即在同一过水断面上各点的测压管水头为一常数。图中过水断面 A-A 上的点 1、2 的测压管水头相等，即 $z_1 + \dfrac{p_1}{\rho g} = z_2 + \dfrac{p_2}{\rho g}$。

答案：C

26. 解 对于非圆管的运动，雷诺数 $\text{Re} = \dfrac{vR}{\nu}$，其中 v 是流速，R 是水力半径，ν 是运动黏性系数（即题目中的"运动黏度"）。

其中：$R = \dfrac{A}{\chi} = \dfrac{ab}{a+2b} = \dfrac{0.1 \times 0.05}{0.1 + 2 \times 0.05} = \dfrac{1}{40} \text{m}$

$v = \dfrac{Q}{ab} = \dfrac{8 \times 10^{-3}}{0.1 \times 0.05} = 1.6 \text{m/s}$（$a$、$b$ 分别为矩形管道的长和宽）

雷诺数 $\text{Re} = \dfrac{vR}{\nu} = \dfrac{1.6 \times 1/40}{1.57 \times 10^{-6}} = 25477 > 575$，故为紊流。

答案：D

27. 解 圆柱形外伸嘴管的正常工作条件：①作用水头 $H_0 \leqslant 9\text{m}$；②管嘴长度 $l = (3\sim4)d$。

答案：B

28. 解 根据明渠均匀流的公式，$v = C\sqrt{RJ} = C\sqrt{Ri}$，$R = \dfrac{A}{\chi}$。其中，$C$ 为谢才系数，R 为水力半径，

i为渠道底坡，χ为湿周，A为过水断面面积。当A一定时，湿周χ越小，其平均流速v越大，故选A。

答案：A

29. 解 矩形断面明渠中，发生临界流时断面比能是临界水深的1.5倍。

答案：C

30. 解 实用堰的比值范围是：$0.67 < \dfrac{\delta}{H} \leqslant 2.5$。

答案：B

31. 解 水泵总扬程可以用管路中的总水头损失和扬升液体高度（静扬程）来计算。

答案：C

32. 解 Sh 型泵为单级双吸离心泵。

答案：D

33. 解 比转数为：

$$n_s = \frac{3.65n\sqrt{Q}}{H^{\frac{3}{4}}} = \frac{3.65 \times 2900 \times \sqrt{45 \times \dfrac{1}{3600}}}{33.5^{\frac{3}{4}}} \approx 85$$

答案：C

34. 解 比例律应用于不同转速运行的同一台叶片泵。

$$\frac{Q_1}{Q_2} = \frac{n_1}{n_2}; \quad \frac{H_1}{H_2} = \left(\frac{n_1}{n_2}\right)^2; \quad \frac{N_1}{N_2} = \left(\frac{n_1}{n_2}\right)^3$$

答案：A

35. 解

$$\frac{p_a}{\rho g} - \frac{p_k}{\rho g} = \left(H_{ss} + \frac{v_1^2}{2g} + \sum h_s\right) + \frac{C_0^2 - v_1^2}{2g} + \lambda \frac{W_0^2}{2g}$$

该式的含义为吸水池水面上的压头$\dfrac{p_a}{\rho g}$和泵壳内最低压头$\dfrac{p_k}{\rho g}$之差来支付：把液体提升H_{ss}高度，克服吸水管中水头损失$\left(\sum h_s\right)$、产生流速水头$\left(\dfrac{v_1^2}{2g}\right)$、流速水头差$\left(\dfrac{C_0^2 - v_1^2}{2g}\right)$和供应叶片背面$K$点压力下降值$\left(\lambda \dfrac{W_0^2}{2g}\right)$。

而$H_{ss} + \dfrac{v_1^2}{2g} + \sum h_s$反映了泵壳进口外部的压力下降值，反映了真空表安装点的实际压头下降值。

备注：参考《泵与泵站》（第五版）P79。

答案：A

36. 解 $H_{sv} = h_a - h_{va} - \sum h_s \pm |H_{ss}| = 10 - 0.75 - 2.1 - 2.5 = 4.65\text{m}$

答案：A

37. 解 基本概念。

答案：A

38. 解　水泵压水管的设计流速,当$D < 250mm$时,为1.5~2.0m/s;当$D \geqslant 250mm$时,为2.0~2.5m/s。

答案:C

39. 解　电磁性噪声是由于电机的空气隙中交变力相互作用而产生的,由电磁振动产生,如电动机、发电机和变压器等产生的噪声。

答案:A

40. 解　排水泵站按其在排水系统中的作用,可分为终点泵站(总泵站)和中途泵站(区域泵站)。

答案:C

41. 解　集水池进水口流速要尽可能地缓慢,一般不超过0.7m/s。

答案:B

42. 解　螺旋泵的转速n一般在20~90r/min之间。

答案:A

43. 解　系统误差包括方法误差、仪器和试剂误差、操作误差,其中砝码未经校正属于仪器本身不够精确。

答案:D

44. 解　在乘除法中,它们的积或商的有效数字位数,应与参加运算的数字中有效数字位数最少的那个数字相同;同时采用四舍六入五成双的原则,式中1.25的有效数字位数最少(三位),因此结果取三位有效数字。

答案:B

45. 解　H_3PO_4和$H_2PO_4^-$互为共轭关系,$H_3PO_4 \Longrightarrow H^+ + H_2PO_4^-$。

答案:A

46. 解　滴定突跃的范围大小受滴定剂浓度和酸(碱)的解离常数影响,K_b越大,滴定突跃范围越大。

答案:D

47. 解　指示剂络合物MIn的稳定性小于EDTA络合物MY的稳定性,即$K'_{MIn} < K'_{MY}$。

答案:C

48. 解　在碘量法中,先以$Na_2S_2O_3$标准溶液滴定至浅黄色(大部分I_2已作用),再加入淀粉指示剂,然后继续滴定至蓝色刚好消失。

答案:B

49. 解　$KMnO_4$溶液常用$H_2C_2O_4$、$Na_2C_2O_4$来标定。

答案:D

50. 解 水的总硬度的测定，目前常采用 EDTA 配位滴定法。

答案：C

51. 解 摩尔吸收系数与入射光波长、溶液的性质有关。

答案：B

52. 解 测定水中 F^- 的含量时，加入总离子强度调节缓冲溶液的主要作用有：①调节溶液中离子的强度；②控制溶液的 pH 值在一定范围内；③隐蔽 Fe^{3+}、Al^{3+} 等干扰离子。

答案：D

53. 解 基础知识，需要牢记。

答案：A

54. 解 $H_B = H_A + a - b = 3.228 + 1.518 - 1.310 = 3.436m$

答案：A

55. 解 测地形图时，首先要布设导线网，然后根据导线点施测碎部点数据，因此，仪器后视定向目标应该是上一个导线点。

答案：D

56. 解 大比例尺地形图上一般采用 $10cm \times 10cm$ 正方形组成的坐标格网。

答案：A

57. 解 可采用经纬仪投测的方法进行高烟囱倾斜检测。

答案：D

58. 解 国有土地使用权出让，就是土地使用权从所有权分离的过程。国有土地使用权的出让方只能是市、县人民政府的土地管理部门，其他任何单位、个人不能实施土地出让行为。

通过出让方式取得土地使用权，必须签订土地使用权出让合同，在支付全部的土地使用权出让金以后，依照有关规定办理土地登记，领取土地使用权证书，方可取得土地使用权；而以划拨方式取得的土地使用权总的来说是无偿的，即使是通过征收程序所支付的征地拆迁补偿费用，也是对被征地单位在土地上的原始投入及其生活安置的补偿，并未支付土地使用权的购买费用。

招标出让土地使用权的合同中是出让国有土地使用权，而不是国有土地所有权。

答案：A

59. 解 见《中华人民共和国环境保护法》（2015 年 1 月 1 日起施行）。

第三十五条 违反本法规定，有下列行为之一的，环境保护行政主管部门或者其他依照法律规定行使环境监督管理权的部门可以根据不同情节，给予警告或者处以罚款：

（1）拒绝环境保护行政主管部门或者其他依照法律规定行使环境监督管理权的部门现场检查或者在被检查时弄虚作假的；

（2）拒报或者谎报国务院环境保护行政主管部门规定的有关污染物排放申请事项的；

（3）不按国家规定缴纳超标准排污费的；

（4）引进不符合我国环境保护规定要求的技术和设备的；

（5）将产生严重污染的生产设备转移给没有污染防治能力的单位使用的。

答案：B

60. 解　见《中华人民共和国城镇国有土地使用权出让和转让暂行条例》。

第五十八条　土地使用者需要改变土地使用权出让合同规定的土地用途时，应征得出让方同意，并经过土地管理部门和城市规划部门批准，依照本章的有关规定重新签订土地使用权出让合同，调整土地使用权出让金，并办理登记。

根据《城市房地产管理法》第 15 条第二款的规定，土地使用权出让合同由市、县人民政府土地管理部门与土地使用者签订。

土地用途是土地使用权出让合同的重要内容，在土地用途的认定和填写上，必须要明确：

（1）出让合同的土地用途并不是由出让方和受让方签订合同时临时约定的内容，而是在土地出让前由城市规划管理部门出具的规划条件确定的；

（2）合同中的土地用途虽不是双方当事人约定，但双方当事人必须共同遵守。

答案：D

注：48、50~52、59 原题缺失，此为模拟题。

2018 年度全国勘察设计注册公用设备工程师

（给水排水）执业资格考试试卷

基础考试
（下）

二〇一八年九月

应考人员注意事项

1. 本试卷科目代码为"2"，考生务必将此代码填涂在答题卡"科目代码"相应的栏目内，否则，无法评分。

2. 书写用笔：**黑色或蓝色钢笔、签字笔或圆珠笔；**

   填涂答题卡用笔：**黑色 2B 铅笔。**

3. 必须用书写用笔将工作单位、姓名、准考证号填写在答题卡和试卷相应的栏目内。

4. 本试卷由 60 题组成，每题 2 分，满分 120 分，本试卷全部为单项选择题，每小题的四个备选项中只有一个正确答案，错选、多选、不选均不得分。

5. 考生作答时，必须按**题号在答题卡上**将相应试题所选选项对应的**字母用 2B 铅笔涂黑。**

6. 在答题卡上书写与题意无关的语言，或在答题卡上作标记的，均按违纪试卷处理。

7. 考试结束时，由监考人员当面将试卷、答题卡一并收回。

8. 草稿纸由各地统一配发，考后收回。

单项选择题（共 60 题，每题 2 分，每题的备选项中，只有一个最符合题意。）

1. 径流模数是指：

 A. 单位流域面积上平均产生的流量

 B. 单位河流面积上平均产生的流量

 C. 径流总量平均分配在流域面积上得到的平均水层厚度

 D. 径流总量平均分配在河流面积上得到的平均水层厚度

2. 流域大小和形状会影响到年径流量，下列叙述错误的是：

 A. 流域面积大，地面和地下径流的调蓄能力强

 B. 大流域径流年际和年内差别比较大，径流变化比较大

 C. 流域形状狭长时，汇流时间长，相应径流过程较为平缓

 D. 支流呈扇形分布的河流，汇流时间短，相应径流过程线比较陡峭

3. 保证率 $P = 80\%$ 的设计枯水，是指：

 A. 小于或等于这样的枯水每隔 5 年必然会出现一次

 B. 大于或等于这样的枯水平均 5 年可能出现一次

 C. 小于或等于这样的枯水正好每隔 80 年出现一次

 D. 小于或等于这样的枯水平均 5 年可能出现一次

4. 关于特大洪水，下列叙述错误的是：

 A. 调查到的历史洪水一般就是特大洪水

 B. 一般洪水流量大于资料内平均洪水流量 2 倍时，就可考虑为特大洪水

 C. 大洪水可以发生在实测流量期间内，也可以发生在实测流量期间外

 D. 特大洪水的重现期一般是根据历史洪水发生的年代大致推估

5. 在等流时线法中，当净雨历时大于流域汇流时间时，洪峰流量是由：

 A. 部分流域面积上的全部净雨所形成

 B. 全部流域面积上的部分净雨所形成

 C. 部分流域面积上的部分净雨所形成

 D. 全部流域面积上的全部净雨所形成

6. 减少抽样误差的途径是：

 A. 增大样本容量 　　　　　　　　　　 B. 提高观测精度

 C. 改进测验仪器 　　　　　　　　　　 D. 提高资料的一致性

7. 在进行频率计算时，对于某一重现期的洪水流量，以：

A. 大于该径流流量的频率表示

B. 大于或等于该径流量的频率表示

C. 小于该径流量的频率表示

D. 小于或等于该径流量的频率表示

8. 某承压水源地分布面积为 $10km^2$，含水层厚度为 20m，给水度为 0.3，含水层的释水系数为 0.01。承压水的压力水头高为 50m，该水源地的容积储存量为：

A. 80×10^6

B. 60×10^6

C. 85×10^6

D. 75×10^6

9. 关于承压水，下列表述不正确的是：

A. 有稳定隔水顶板

B. 水体承受静水压力

C. 埋藏区与补给区一致

D. 稳定水位常常接近或高于地表

10. 关于河谷冲积层的地下水，下列叙述不正确的是：

A. 河谷冲积层中的地下水由于在河流上中游河谷及下游平原冲积层的岩性结构不同，其地下水的性质也有较大差别

B. 河谷冲积层中的地下水，水位埋藏较浅，开采后可以增加地表水的补给

C. 河谷冲积层构成了河谷地区地下水的主要裂隙含水层

D. 其地下水的补给主要来源于大气降水、河水和两岸的基岩裂隙水

11. 一潜水含水层厚度 125m，渗透系数为 5m/d，其完整井半径为 1m，井内动水位至含水层底板的距离为 120m，影响半径 100m，则该井稳定的日出水量为：

A. $3410m^3$

B. $4165m^3$

C. $6821m^3$

D. $3658m^3$

12. 关于地下水允许开采量，下列叙述错误的是：

A. 在水均衡方面，安全抽水量应大于或等于年平均补给量

B. 经济方面，抽水费用不应超过某一标准

C. 不能与有关水资源法律相抵触

D. 不应使该出水量引起水质恶化和地面沉降的公害

13. 细菌的繁殖方式有：

    A. 直接分裂   B. 接合生殖

    C. 孢子繁殖   D. 营养繁殖

14. 在普通琼脂培养基中，与细菌营养无关的成分是：

    A. 牛肉膏   B. 氯化钠

    C. 琼脂   D. 水

15. 酶可分为六大类，其中不包括：

    A. 水解酶   B. 合成酶

    C. 胞内酶   D. 异构酶

16. 反应酶催化反应速度与底物浓度之间的关系是：

    A. 米门氏公式   B. 欧氏公式

    C. 饱和学说   D. 平衡学说

17. 1mol 的葡萄糖被细菌好氧分解后可以获得的 ATP 摩尔数为：

    A. 28   B. 36

    C. 38   D. 40

18. 关于紫外线，下列说法不正确的是：

    A. 能干扰 DNA 的合成   B. 穿透力强

    C. 常用于空气、物品表面的消毒   D. 对眼和皮肤有损伤作用

19. 有关 DNA 和 RNA 的区别，下列说法中不正确的是：

    A. 两者皆可作为遗传物质   B. 两者所含糖不一样

    C. 两者所含碱基有差别   D. 两者所含磷酸不一样

20. 放线菌的菌丝体包括：

    A. 营养菌丝、气生菌丝和孢子丝

    B. 匍匐菌丝、气生菌丝

    C. 假菌丝、营养菌丝和孢子丝

    D. 假菌丝和气生菌丝

21. 能进行光合作用的微生物是：

    A. 酵母菌   B. 霉菌

    C. 放线菌   D. 蓝细菌

22. 水中有机物与细菌之间的关系是：

    A. 有机物越多，自养细菌越少

    B. 有机物越多，自养细菌越多

    C. 有机物越少，异养细菌越多

    D. 不一定

23. 水力学中，单位质量力是：

    A. 单位面积上的质量力   B. 单位体积上的质量力

    C. 单位质量上的质量力   D. 单位重量上的质量力

24. 垂直放置的矩形平板（宽度 $B = 1m$）挡水，水深 $h = 2m$，作用在该平板上的静水总压力 P 为：

    A. 19.6kN   B. 29.4kN

    C. 9.8kN   D. 14.7kN

25. 水平放置的渐扩管如图所示。若忽略水头损失，断面形心点的压强关系以下正确的是：

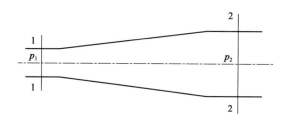

    A. $p_1 > p_2$ B. $p_1 = p_2$

    C. $p_1 < p_2$ D. 不能确定

26. 管道直径 $d = 200mm$，流量 $Q = 90L/s$，水力坡度 $J = 0.46$。管道的沿程阻力系数 λ 值为：

    A. 0.0219   B. 0.00219

    C. 0.219   D. 2.19

27. 长管并联管道中各并联管段的：

    A. 水头损失相等   B. 总能量损失相等

    C. 水力坡度相等   D. 通过的流量相等

28. 在无压圆管均匀流中，其他条件不变，通过最大流量时的充满度 $\frac{h}{d}$ 为：

    A. 0.81   B. 0.87

    C. 0.95   D. 1.0

29. 明渠恒定非均匀渐变流的基本微分方程涉及的是：

    A. 水深与流程的关系

    B. 流量与流程的关系

    C. 坡度与流程的关系

    D. 水深与宽度的关系

30. 小桥孔径的水力计算依据是：

    A. 明渠流的计算

    B. 宽顶堰最大理论流量

    C. 宽顶堰理论

    D. 上述都可以

31. 根据叶轮出水的水流方向，叶片式水泵分为离心泵、轴流泵和：

    A. 往复泵

    B. 混流泵

    C. 射流泵

    D. 螺旋泵

32. 水泵的总效率是 3 个局部效率的乘积，它们分别是水力效率、机械效率和：

    A. 传动效率

    B. 电机效率

    C. 泵轴效率

    D. 容积效率

33. 150S100 型离心泵在最高效率时，$Q = 170\text{m}^3/\text{h}$，$H = 100\text{m}$，$n = 2950\text{r/min}$，该水泵的比转数 n_s 是：

    A. 52

    B. 74

    C. 100

    D. 150

34. 绘制同型号的两台或多台水泵并联 Q-H 性能曲线时，应采用：

    A. 等扬程时各泵流量相加

    B. 等流量时各泵扬程相加

    C. 等扬程时各泵流量相减

    D. 等流量时各泵扬程相减

35. 水泵气蚀的最终结果是：

    A. 水泵有噪声、振动、扬程下降

    B. 气蚀、气穴区扩大

    C. 停止出水

    D. 水泵叶片出现蜂窝状

36. 衡量离心泵的吸水性能通常是用：

    A. 流速水头

    B. 水泵转速

    C. 允许吸上真空高度

    D. 吸水管水头损失

37. 有一台 250S-39A 型离心泵，流量 $Q = 116.5\text{L/s}$，水泵泵壳吸入口处的真空值 H_v 是 6.2m（水柱），水泵进水口直径为 250mm，吸水管总水头损失为 1.0m，水泵的安装高度是：

    A. 4.91m

    B. 5.49m

    C. 6.91m

    D. 7.49m

38. 混流泵的比转数n_s接近：

    A. 50~100   B. 200~350

    C. 350~500   D. 500~1200

39. 给水泵站供水流量为100L/s，用直径相同的两条吸水管吸水，吸水管设计流速为1.00m/s，直径是：

    A. 150mm   B. 250mm

    C. 300mm   D. 350mm

40. 水泵转速为$n = 1450$r/min，发生水锤时，水泵的逆转速度为$136\%n$，水泵最大反转数为：

    A. 522r/min   B. 1066r/min

    C. 1450r/min   D. 1972r/min

41. 排水泵房架空管道敷设时，不宜：

    A. 跨越电气设备   B. 跨越机组上方

    C. 穿越泵房空间   D. 跨越泵房门窗

42. 螺旋泵的安装倾角，一般认为最经济的是：

    A. 30°~ 40°   B. 40°~ 45°

    C. 45°~ 50°   D. 50°~ 60°

43. 下列有关误差的说法，错误的是：

    A. 误差通常分为系统误差和偶然误差

    B. 待测组分浓度的增大常导致测定结果误差增大

    C. 测定结果的偶然误差符合统计学规律

    D. 系统误差具有重复性、单向性、可测性的特点

44. 用25mL 移液管移出的溶液体积应记录为：

    A. 25mL   B. 25.0mL

    C. 25.00mL   D. 25.000mL

45. 共轭酸碱对的K_a和K_b的关系是：

    A. $K_a = K_b$ B. $K_a K_b = 1$

    C. $K_a / K_b = K_w$ D. $K_a \cdot K_b = K_w$

46. 用0.100mol/L NaOH 滴定0.1mol/L的甲酸（$pK_a = 3.74$），适用的指示剂为：

    A. 甲酸橙（$pK_a = 3.46$）   B. 百里酚兰（$pK_a = 1.65$）

    C. 甲基红（$pK_a = 5.00$）   D. 酚酞（$pK_a = 9.10$）

47. $K_{CaY} = 10^{10.69}$，当 pH = 9.0 时，$\lg \alpha_{Y(H)} = 1.29$，则 K'_{CaY} 等于：

    A. $10^{9.40}$ B. $10^{11.98}$

    C. $10^{10.69}$ D. $10^{1.29}$

48. 莫尔法测定水样中氯化钠含量时，最适宜的 pH 值为：

    A. 3.5~11.5   B. 6.5~10.5

    C. 小于 3   D. 大于 12

49. $CH_3OH + 6MnO_4^- + 8OH^- \Longrightarrow 6MnO_4^{2-} + CO_3^{2-} + 6H_2O$，此反应中 CH_3OH 是：

    A. 还原剂   B. 氧化剂

    C. 既是氧化剂又是还原剂   D. 溶剂

50. 用草酸钠标定 $KMnO_4$ 溶液时，采用的指示剂是：

    A. 二苯胺硫酸钠   B. $KMnO_4$

    C. 淀粉   D. 铬黑 T

51. 在可见分光光度法中，下列有关摩尔吸光系数正确的描述是：

    A. 摩尔吸光系数与波长无关，其大小取决于试样本身特性

    B. 摩尔吸光系数与波长、试样特性及浓度有关

    C. 在最大吸收波长处，摩尔吸光系数最小，测定的灵敏度最高

    D. 在最大吸收波长处，摩尔吸光系数最大，测定的灵敏度最高

52. 测定水中微量氟，最适合的方法是：

    A. 沉淀滴定法   B. 络合滴定法

    C. 离子选择电极法   D. 原子吸收法

53. 外界气温变化会对钢尺丈量的结果产生影响，减小其影响的方法是：

    A. 重复丈量取平均值   B. 进行温差影响改正

    C. 进行高差改正   D. 定线偏差改正

54. 已知 A 点坐标为（518m，228m），方向角 $\alpha_{AB} = 225°00'00''$，水平距离 $S_{AB} = 168m$，则计算 B 点坐标结果为：

    A.（339.206m，346.794m）   B.（399.206m，109.206m）

    C.（350m，228m）   D.（602m，312m）

55. 山区等高线测绘时必须采集的地貌特征包括山脊线、山谷线、山脚线、山头及：

A. 坟头处

B. 山洞口

C. 碉堡尖

D. 鞍部处

56. 等高线分为首曲线和：

A. 尾曲线

B. 圆曲线

C. 计曲线

D. 末曲线

57. 建筑工程平面控制点的常见布设网形有：

A. 圆形

B. 三角形

C. 长方形

D. 锯齿形

58. 下列有关土地使用权出让金的使用的说法中正确的是：

A. 土地使用权出让金的使用应由地方县级以上的人民政府规定

B. 土地使用权出让金的使用应由房地产开发部门规定

C. 土地使用权出让金的使用应由国务院规定

D. 土地使用权出让金的使用应由城乡规划部门规定

59. 某单位负责人因违反《中华人民共和国环境保护法》而导致人身伤亡，承担的法律责任是：

A. 予以行政处分

B. 追究法律责任

C. 追究刑事责任

D. 处以高额罚款

60. 某城乡规划主管部门在审定当地建设工程规划以后，应该：

A. 对设计方案保密

B. 公布设计方案的总平面图

C. 立即公开全部设计方案

D. 在五年以后，公开全部设计方案

2018 年度全国勘察设计注册公用设备工程师（给水排水）
执业资格考试基础考试（下）试题解析及参考答案

1. 答案： A

2. 解 流域面积大时，地面和地下径流的调蓄作用都强，地下水补给量大，流域内部各部分径流状况不易同步，使得大流域径流年际和年内差别较小，径流变化平缓。

答案： B

3. 解 枯水流量常用小于或等于设计流量的频率表示。频率 $p = 1 - P = 20\%, n \approx m/p = 1/0.2 = 5$，即小于或等于这样的枯水平均 5 年（20%）可能出现一次。

答案： D

4. 解 一般特大洪水流量 Q_N 与 n 年实测系列平均流量 Q_n 之比大于 3 时，Q_N 可以考虑作为特大洪水处理。

答案： B

5. 解 当净雨历时大于流域汇流时间时，洪峰流量是由全部流域面积上的部分净雨所组成的。

答案： B

6. 解 抽样误差是指由于抽样的随机性而带来的偶然的代表性误差，常通过增大样本容量来减小。

答案： A

7. 解 对于某一重现期的洪水流量，常以大于或等于该径流量的频率表示。

答案： B

8. 解 本题考查容积储存量的计算。
$$W_{容} = \mu F h_0 = 0.3 \times 10 \times 10^6 \times 20 = 6 \times 10^7 \text{m}^3$$

答案： B

9. 解 承压水的分布区和补给区不一致。因为承压水具有隔水顶板，因而大气降水及地表水不能处处补给它，故补给区常小于分布区。补给区往往处于承压区一侧，且位于地形较高的含水层出露的位置，排泄区位于地形较补给区低的位置。

答案： C

10. 解 河谷冲积层构成了河谷地区地下水的主要孔隙含水层。河谷冲积物孔隙水的一般特征表现为：含水层沿整个河谷呈条带状分布，宽广河谷则形成河谷平原，由于沉积的冲积物分选性较好，磨圆度高，孔隙度较大，透水性强，常形成相对均质的含水层，沿河流纵向延伸，而横向则受阶地或谷边限制。

答案：C

11. 解 代入潜水表布依公式计算得：

$$Q = 1.36K\frac{H^2 - h^2}{\lg\frac{R}{r}} = 1.36 \times 5 \times \frac{125^2 - 120^2}{\lg\frac{100}{1}} = 4165 \text{m}^3/\text{d}$$

答案：B

12. 解 在区域水量均衡法中，对地下水允许开采量进行评价时，可以将总补给量作为允许开采量，因此安全抽水量一般不应超过年平均补给量。

答案：A

13. 解 细菌繁殖的主要方式是裂殖，常见的是二分裂，即一个细胞分裂成两个细胞。除裂殖外，少数细菌进行出芽繁殖，另有少数进行有性繁殖。

答案：A

14. 解 琼脂的化学成分为聚半乳糖的硫酸脂，没有营养价值，在培养基中起凝固剂的作用。

答案：C

15. 解 根据酶促反应的性质来分，一共分为六大类：水解酶、氧化还原酶、转移酶、同分异构酶、裂解酶、合成酶。

根据酶存在的部分（即细胞内外的不同），分为胞外酶和胞内酶两类。

答案：C

16. 解 酶促反应速率与反应底物浓度之间的关系用米门氏公式来表示，是研究酶促反应动力学的一个基本公式。

答案：A

17. 解 1mol 葡萄糖被完全氧化分解，可产生 38 个 ATP。即第一阶段产生 2 个，第二阶段产生 2 个，第三阶段产生 34 个，所以共产生 38 个 ATP。

$$C_6H_{12}O_6 + 6H_2O + 6O_2 \xrightarrow{\text{酶}} 6CO_2 + 12H_2O + \text{大量 ATP(38ATP)}$$

答案：C

18. 解 紫外线的穿透能力很差，特别是 300nm 以下波长者，远不及可见光。在空气中，紫外线的穿透力受尘粒与温度的影响。

答案：B

19. 解 DNA 和 RNA 组成成分的区别在于，一是它们所含的戊糖不同，DNA 含有脱氧核糖，RNA 则含有核糖；二是嘧啶碱基，DNA 的嘧啶碱是胸腺嘧啶和胞嘧啶，RNA 是尿嘧啶和胞嘧啶。

答案：D

20. 解 放线菌的菌体由纤细的、长短不一的菌丝组成，菌丝分枝，为单细胞，在菌丝生长过程中，核物质不断复制分裂，然而细胞不形成横膈膜，也不分裂，而是无数分枝的菌丝组成细密的菌丝体。

菌丝体可分为三类：营养菌丝、气生菌丝、孢子丝。

答案：A

21. 解 蓝细菌是光合细菌中细胞最大的一类。蓝细菌的光合作用是依靠叶绿素 a、藻胆素和藻蓝素吸收光，将能量传递给光合系统，通过卡尔文循环固定二氧化碳，同时吸收水和无机盐合成有机物供自身营养，并放出氧气。

答案：D

22. 解 水中的有机物增多，即水中的有机碳源增多，异养菌必须利用有机碳源作为主要碳源来进行新陈代谢，成为优势菌种；而自养菌以无机碳源作为主要碳源，水中缺乏无机碳源，自养菌成为劣势菌种。

答案：A

23. 解 基础知识。单位质量所受到的质量力称为单位质量力。

答案：C

24. 解 本题考查静水总压力的计算方法：

$$P = bS = \frac{1}{2}\rho g h^2 b = \frac{1}{2} \times 1 \times 9.8 \times 2^2 \times 1 = 19.6 \text{kN}$$

答案：A

25. 解 在忽略水头损失的条件下，根据能量方程 $z_1 + \frac{p_1}{\rho g} + \frac{u_1^2}{2g} = z_2 + \frac{p_2}{\rho g} + \frac{u_2^2}{2g}$ 可知，流速小的地方测压管水头大，在水平管中测压管水头大的断面压强大，即 $p_1 < p_2$。

答案：C

26. 解 根据达西公式：$h_f = \lambda \frac{l}{d} \frac{v^2}{2g}$

水力坡度：$J = \frac{h_f}{l} = 0.46$

两式联立：$0.46l = \lambda \frac{l}{d} \frac{v^2}{2g}$

其中 $d = 200\text{mm} = 0.2\text{m}$，$v = \frac{Q}{A} = \frac{Q}{\pi \left(\frac{d}{2}\right)^2} = \frac{0.09}{0.0314} = 2.87 \text{m/s}$

解得 $\lambda = 0.219$

答案：C

27. 解 并联管道是指在两点之间并接两根以上管段的管道。其总流量是各分管段流量之和，各个分管段的首端和末端是相同的，那么这几个管段的水头损失都相等。

答案：A

28. 解 无压管道的均匀流具有这样的特性，即流量和流速达到最大值时，水流并没有充满整个过水断面，而是发生在满流之前。

当无压圆管的充满度 $\alpha = \dfrac{h}{d} = 0.95$ 时，管道通过的流量 $Q_{\max}$ 是满流时流量 Q_0 的 1.087 倍，其输水性能最优；当无压圆管的充满度 $\alpha = \dfrac{h}{d} = 0.81$ 时，管中流速 v 是满流时流速 v_0 的 1.16 倍，其过水断面平均流速最大。

答案：C

29. 解 明渠恒定非均匀渐变流的基本微分方程，表示的是水深沿程的变化关系，即水深 h 对流动距离 s 的微分方程。

答案：A

30. 解 小桥孔过流与宽顶堰溢流相似，可看作是有侧收缩的宽顶堰溢流。

答案：C

31. 解 根据叶轮出水的水流方向，可将叶片泵分为离心泵（径向流）、轴流泵（轴向流）、混流泵（斜向流）三种。

答案：B

32. 解 水泵的总效率是水力效率、机械效率和容积效率这 3 个局部效率的乘积。

答案：D

33. 解 150S100 型离心泵是双吸式离心泵，比转数 n_s 计算如下：

$$n_s = \frac{3.65n\sqrt{Q}}{H^{\frac{3}{4}}} = \frac{3.65 \times 2950 \times \sqrt{\dfrac{\frac{170}{2}}{3600}}}{100^{\frac{3}{4}}} = 52$$

答案：A

34. 解 同型号的两台（或多台）泵并联的总和流量，等于同一扬程下各台泵流量之和。

答案：A

35. 解 水泵气蚀的第一阶段表现在泵外部的轻微噪声、振动（频率可达 600~25000次/s）和泵扬程、功率开始有些下降。如果外界条件促使气蚀更加严重，气蚀区就会突然扩大，泵的 H、N、η 将到达临界值而急剧下降，最终停止出水。

答案：C

36. 解 水泵厂一般常用 H_s（允许吸上真空高度）来反映离心泵的吸水性能。

答案：C

37. 解 根据公式计算如下：

$$H_{ss} = H_v - \frac{v_0^2}{2g} - \sum h_s, \quad v_0 = \frac{Q}{A} = \frac{\frac{116.5}{1000}}{\pi \times \left(\frac{0.25}{2}\right)^2} \approx 2.38 \text{m/s}$$

解得 $H_{ss} \approx 4.91\text{m}$

答案：A

38. 解 离心泵的比转数 n_s 在 50~350 之间，混流泵的比转数 n_s 在 350~500 之间，轴流泵的比转数 n_s 在 500~1200 之间。

答案：C

39. 解 $A = \frac{Q}{v} = \frac{\frac{100}{1000}}{1} = 0.1\text{m}^2$，$D = 2\sqrt{\frac{A}{\frac{}{}}{\pi}} = 0.25\text{m}$

答案：B

40. 解 最大反转数 $n = 1450 \times 136\% = 1972\text{r/min}$

答案：D

41. 解 泵站内管道的布置不得妨碍泵站内的交通和检修工作，不允许把管道装设在电气设备的上空。

答案：A

42. 答案：A

43. 解 待测组分含量越高，相对误差越小。

答案：B

44. 解 移液管能准确测量溶液体积到 0.01mL，当用 25mL 移液管移取溶液时，应记录为 25.00mL。

答案：C

45. 答案：A

46. 解 甲酸的 $pK_a = 3.74$，属于一元有机弱酸。甲酸和 NaOH 反应产生的甲酸钠呈碱性，所以终点的指示剂须选择在碱性条件下变色的酚酞。如果选用选项 A、B、C 中的指示剂，则滴定终点会过早到达。

答案：D

47. 解 本题考查条件稳定常数的计算公式：$\lg K'_{MY} = \lg K_{MY} - \lg \alpha_{Y(H)}$

代入到题目中为 $\lg K'_{CaY} = \lg K_{CaY} - \lg \alpha_{Y(H)}$，计算得 $K'_{CaY} = 10^{9.40}$

答案：A

48. 解 本题考查莫尔法中溶液的 pH 值：在中性和弱碱性溶液中，pH = 6.5~10.5。

答案： B

49. 解 本题考查氧化还原反应中的氧化剂及还原剂的判断。判断反应中元素的化合价，如果元素化合价升高，则对应的物质为还原剂；如果元素的化合价降低，则对应的物质为氧化剂。

答案： A

50. 解 $KMnO_4$ 标准溶液的标定，$KMnO_4$ 可作为自身的指示剂，但当 $KMnO_4$ 的浓度为 0.002mol/L 时，应加入二苯胺磺酸钠等指示剂。

答案： B

51. 解 摩尔吸光系数 ε 是吸收物质在一定波长和溶剂条件下的特征常数。当温度和波长等条件一定时，ε 仅与吸收物质本身特性有关，而与其浓度和光程长度无关。同一吸收物质在不同波长下的 ε 值不同。ε 值越大，表明该物质对某波长的光吸收能力越强，用光度法测定该物质的灵敏度就越高。

答案： D

52. 解 离子选择电极法具有选择性好、灵敏度高等特点，适用于水中微量氟的测定。

答案： C

53. 解 钢尺量距时，需要进行修正的是尺长、温度、倾斜。

答案： B

54. 解 本题考查坐标方位角的正反算。

设 B 点的坐标为 (X, Y)，$\alpha_{AB} = 225°00'00''$，$\alpha_{BA} = \alpha_{AB} - 180° = 45°00'00''$，则

$$518 = X + S_{AB} \times \sin \alpha_{BA} = X + 168 \times \sin 45°$$
$$228 = Y + S_{AB} \times \cos \alpha_{BA} = Y + 168 \times \cos 45°$$

整理得：$X = 399.206\text{m}$，$Y = 109.206\text{m}$

答案： B

55. 解 山区等高线测绘时必须采集的地貌特征包括山脊线、山谷线、山脚线、山头及鞍部处。

答案： D

56. 解 地形图上常用 4 种类型的等高线为首曲线、计曲线、间曲线、助曲线。

答案： C

57. 解 由正方形或矩形格网组成的施工控制网称为建筑方格网，或称矩形网。矩形网是建筑场地常用的控制网形式之一，适用于按正方形或矩形布置的建筑群或大型、高层建筑的场地。

答案： C

58. 解 《中华人民共和国城市房地产管理法》第十五条规定，土地使用权出让，应当签订书面出

让合同。土地使用权出让合同由市、县人民政府土地管理部门与土地使用者签订。

答案：A

59. 解　根据《中华人民共和国环境保护法》第五章第四十三条：违反本法规定，造成重大环境污染事故，导致公私财产重大损失或者人身伤亡的严重后果的，对直接责任人员依法追究刑事责任。

答案：C

60. 解　根据《中华人民共和国城乡规划法》第四十条，对符合控制性详细规划和规划条件的，由城市、县人民政府城乡规划主管部门或者省、自治区、直辖市人民政府确定的镇人民政府核发建设工程规划许可证。城市、县人民政府城乡规划主管部门或者省、自治区、直辖市人民政府确定的镇人民政府应当依法将经审定的修建性详细规划、建设工程设计方案的总平面图予以公布。

答案：B

2019 年度全国勘察设计注册公用设备工程师

（给水排水）执业资格考试试卷

基础考试
（下）

二〇一九年九月

应考人员注意事项

1. 本试卷科目代码为"2"，考生务必将此代码填涂在答题卡"科目代码"相应的栏目内，否则，无法评分。

2. 书写用笔：**黑色或蓝色钢笔、签字笔或圆珠笔**；

   填涂答题卡用笔：**黑色 2B 铅笔。**

3. 必须用书写用笔将工作单位、姓名、准考证号填写在答题卡和试卷相应的栏目内。

4. 本试卷由 60 题组成，每题 2 分，满分 120 分，本试卷全部为单项选择题，每小题的四个备选项中只有一个正确答案，错选、多选、不选均不得分。

5. 考生作答时，必须按**题号在答题卡上**将相应试题所选选项对应的**字母用 2B 铅笔涂黑。**

6. 在答题卡上书写与题意无关的语言，或在答题卡上作标记的，均按违纪试卷处理。

7. 考试结束时，由监考人员当面将试卷、答题卡一并收回。

8. 草稿纸由各地统一配发，考后收回。

单项选择题（共 60 题，每题 2 分，每题的备选项中，只有一个最符合题意。）

1. 在某些流域中，如果大洪水出现的机会比中小洪水出现的机会多，则该流域及其密度曲线为：

   A. 负偏   B. 对称

   C. 正偏   D. 双曲函数曲线

2. 水位流量关系曲线的滴水延长常采用的方法是：

   A. 断流水位法   B. 临时曲线法

   C. 连时序法   D. 坡地汇流法

3. 甲乙两系列分布如下表：

甲系列	48	49	50	51	52	$\overline{X}_{甲} = 50$
乙系列	10	30	50	70	90	$\overline{X}_{乙} = 50$

   说明：

   A. 两者代表性一样好

   B. 乙系列代表性好

   C. 两者代表性无法比较

   D. 甲系列代表性好

4. 洪水资料是进行洪水频率计算的基础，是计算成果可靠性的关键，因此也必须进行三性的审查，下列不属于三性审查的是：

   A. 代表性   B. 一致性

   C. 必然性   D. 可靠性

5. 用适线法进行水文频率计算，当发现初定的理论频率曲线上部位于经验频率点据之下，下部位于经验频率点据之上时，调整理论频率曲线应：

   A. 加大均值 $\overline{X}$ B. 加大偏态系数 C_s

   C. 减小偏态系数 C_s D. 加大离差系数 C_v

6. 河流河段的纵比降是：

   A. 河流河长与两端河底高程之差的比值

   B. 河段沿坡度的长度与两端河底高程之差的比值

   C. 河段两端河底高程之差与河长的比值

   D. 河段两端河底高程之差与河段沿坡度长度的比值

7. 在进行频率计算时，对于某一重现期的枯水流量，以：

   A. 大于该径流流量的频率表示

   B. 大于和等于该径流流量的频率表示

   C. 小于该径流流量的频率表示

   D. 小于和等于该径流流量的频率表示

8. 某地区有 5 个雨量站，将各雨量站用虚线连接，各垂直平分线与流域边界线构成多边形的面积以及各雨量站的降雨量如附图所示。则用泰森多边形法计算出本地区平均降雨量为：

某地区雨量站所在多边形面积及其降雨量表

雨量站	A	B	C	D	E
多边形面积/km²	78	92	95	80	85
降雨量/mm	35	42	23	19	29

   A. 39.7mm

   B. 29.7mm

   C. 49.5mm

   D. 20.1mm

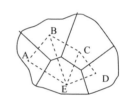

9. 潜水等水位线变疏，间距加大，说明：

   A. 含水层厚度增大   B. 含水层厚度减小

   C. 含水层厚度不变   D. 含水层厚度不一定

10. 关于沙漠地区的地下水，下列描述正确的是：

   A. 山前倾斜平原边缘沙漠中的地下水，水位埋藏较浅，水质较好

   B. 山前倾斜平原边缘沙漠中的地下水，受蒸发影响不大，水量丰富

   C. 古河道中的地下水，水位埋藏较深，水量丰富

   D. 古河道中的地下水，水位埋藏较深，水质较好

11. 有一承压完整井位于砂砾石含水层中，抽水量 $Q = 1256\text{m}^3/\text{d}$，已知含水层的导水系数 $T = 100\text{m}^2/\text{d}$，释水系数等于 6.94×10^{-4}，则抽水后 100min 时距井 400m 处的降深可表示为：

   A. $2W(3.99)\text{m}$ B. $W(3.99)\text{m}$

   C. $2W(0.399)\text{m}$ D. $W(0.399)\text{m}$

12. 评价调节型水源地允许开采量的最佳方法是：

   A. 资源平衡法   B. 补偿疏干法

   C. 开采试验法   D. 降落漏斗法

13. 在细菌的革兰氏染色中，阴性菌的染色结果是菌体为：

    A. 红色
                   B. 蓝色

    C. 黄色
                   D. 紫色

14. 下列结构中，属于细菌运动结构的是：

    A. 细胞膜
                   B. 芽孢

    C. 菌毛
                    D. 鞭毛

15. 硝化菌的营养类型属于：

    A. 光能无机营养型
            B. 光能有机营养型

    C. 化能无机营养型
            D. 化能有机营养型

16. 常用于解释酶与底物结合的主要机理是：

    A. 诱导契合模型
             B. 米门氏学说

    C. 中间反应学说
             D. 最佳反应条件学说

17. 下列各个呼吸类型中，能量利用效率最高的是：

    A. 发酵
                    B. 好氧呼吸

    C. 硝酸盐呼吸
               D. 硫酸盐呼吸

18. 利用紫外线消毒的缺点是：

    A. 不能杀死致病微生物

    B. 不能破坏微生物的遗传物质

    C. 穿透力弱

    D. 对人体无害

19. 引起水体水华的种类是：

    A. 红藻
                    B. 金藻

    C. 蓝藻
                    D. 褐藻

20. 水的臭氧消毒的主要缺点是：

    A. 会产生异味
             B. 没有余量

    C. 消毒效果不好
             D. 会产生"三致"物质

21. 水中检出有超过标准的大肠菌群数，表明：

A. 水中有过多的有机污染，不可饮用

B. 水中一定有病原微生物，不可饮用

C. 水中可能有病原微生物，不可饮用

D. 水中不一定有病原微生物，可以饮用

22. 活性污泥法与生物膜法的主要区别在于：

A. 对氧气的需求不同

B. 处理废水时有机物浓度不同

C. 微生物存在状态不同

D. 微生物种类不同

23. 流体静止时，不能承受：

A. 压力

B. 切力

C. 重力

D. 表面张力

24. 某球体直径 $d = 2$m，密度 $\rho = 1500$kg/m^3，如把它放入水中，则该球体所受到的浮力为：

A. 41.03kN

B. 61.54kN

C. 20.05kN

D. 4.19kN

25. 一管流，A、B 两断面的数值分别是：$z_A = 1$m，$z_B = 5$m，$p_A = 80$kPa，$p_B = 50$kPa，$v_A = 1$m/s，$v_B = 4$m/s。判别管流流动方向的依据是：

A. $z_A < z_B$，流向 A

B. $p_A < p_B$，流向 B

C. $v_A < v_B$，流向 B

D. $z_A + \dfrac{p_A}{\gamma} + \dfrac{v_A^2}{2g} < z_B + \dfrac{p_B}{\gamma} + \dfrac{v_B^2}{2g}$，流向 A

26. 如图所示，输水管道中设有阀门，已知管道直径为 50mm，通过流量为 3.34L/s，水银压差计读数 $\Delta h = 150$mm，水的密度 $\rho = 1000$kg/m^3，水银的密度 $\rho_{水银} = 13600$kg/m^3，沿程水头损失不计，则阀门的局部水头损失系数 ζ 为：

A. 12.8

B. 1.28

C. 13.8

D. 1.38

27. 如果有一船底穿孔后进水，则进水的过程和船的下沉过程属于：

    A. 变水头进水，沉速先慢后快

    B. 变水头进水，沉速先快后慢

    C. 恒定进水，沉速不变

    D. 变水头进水，沉速不变

28. 有一条长直的棱柱形渠道，梯形断面，如按水力最优断面设计，要求底宽 $b = 1.5m$，则该渠道的正常水深 h_0 为：

    A. 2.25m   B. 2.48m

    C. 1.0m   D. 2.88m

29. 底宽 4.0m 的矩形渠道上，通过流量 $Q = 50m^3/s$ 渠流的均匀流时，正常水深 $h_0 = 4m$。则渠中水流的流态为：

    A. 急流   B. 缓流

    C. 层流   D. 临界流

30. 下列符合宽顶堰堰流条件的是：

    A. $\frac{\delta}{H} > 10$ B. $\frac{\delta}{H} \leqslant 0.67$

    C. $0.67 < \frac{\delta}{H} \leqslant 2.5$ D. $2.5 < \frac{\delta}{H} \leqslant 10$

31. 水泵铭牌上标出的流量、扬程、轴功率及允许吸上真空高度是指水泵特性曲线上哪一点的值？

    A. 转速最高   B. 流量最大

    C. 扬程最高   D. 效率最高

32. 水泵装置在运行中，管道上所有闸门全开，那么水泵的特性曲线与管路的特性曲线相交的点就称为该装置的：

    A. 极限工况点   B. 平衡工况点

    C. 相对工况点   D. 联合工况点

33. 扬程高、流量小的叶片泵，在构造上应是：

    A. 加大叶轮进口直径和叶槽宽度，减小叶轮外径

    B. 减小叶轮进口直径和叶槽宽度，加大叶轮外径

    C. 加大叶轮进口直径，缩小叶槽宽度和叶轮外径

    D. 减小叶轮进口直径和叶轮外径，加大叶槽宽度

34. 两台同型号水泵在同水位、管路对称情况下，并联后工况点的流量和扬程与单台泵相比：

A. 流量和扬程都增加

B. 流量和扬程都不变

C. 扬程增加，流量不变

D. 流量增加，扬程不变

35. 叶轮相似定律中的第二相似定律是确定两台在相似工况下运行水泵的：

A. 流量之间的关系

B. 扬程之间的关系

C. 轴功率之间的关系

D. 效率之间的关系

36. 水泵吸水管中压力变化的能量方程式在气蚀时可表达为：$H_{sv} = h_a - h_{va} - \sum h_3 \pm |H_{s3}|$ 式中 H_{sv} 的含义是：

A. 静扬程

B. 安装高度

C. 总气蚀余量

D. 压水高度

37. 设吸水管中流速为0.5m/s，吸水管的水头损失为 0.75m。水泵最大安装高度为 2m，按最大安装高度公式 $H = H_v - \dfrac{v_1^2}{2g} - \sum h$，计算出的水泵允许吸上真空高度是：

A. 1.01m

B. 1.25m

C. 2.76m

D. 2.84m

38. 大多数中小型水厂的供电电压是：

A. 380V

B. 220V

C. 10kV

D. 35kV

39. 使水泵振动时不致传递到其他结构体而产生辐射噪声的防止措施是：

A. 吸音

B. 消音

C. 隔音

D. 隔振

40. 在给水排水过程中，使用较多的水泵是：

A. 转子泵

B. 往复泵

C. 离心泵

D. 气升泵

41. 污水泵站内最大一台泵的出水量为63L/s，则5min出水量的集水池容积为：

A. 12.6m³

B. 18.9m³

C. 37.8m³

D. 31.5m³

42. 雨水泵站集水池容积应大于最大一台泵多长时间的出水量？

A. 30s

B. 60s

C. 1min

D. 5min

43. 下列各项中，会造成偶然误差的是：

A. 使用未经校正的滴定管

B. 试剂纯度不够高

C. 天平砝码未校正

D. 称重时环境有振动干扰源

44. 欲测某水样中的 Ca^{2+} 含量，由五人分别进行测定，试样移取量皆为 10.0mL，五人报告测定结果如下，其中合理的是：

A. 5.086%

B. 5.1%

C. 5.09%

D. 5%

45. $H_2PO_4^-$ 的共轭碱是：

A. H_3PO_4

B. HPO_4^{2-}

C. PO_4^{3-}

D. OH^-

46. 用 $C_{HCl} = 0.1000mol/L$ 的标准溶液滴定①$K_b = 10^{-2}$、②$K_b = 10^{-3}$、③$K_b = 10^{-5}$、④$K_b = 10^{-7}$的弱碱溶液，得到四条滴定曲线，其中滴定突跃最长的是：

A. ①

B. ②

C. ③

D. ④

47. 下列方法中，适用于测定水硬度的是：

A. 碘量法

B. $K_2Cr_2O_7$ 法

C. EDTA 法

D. 酸碱滴定法

48. 下列方法中，最适用于测定海水中 Cl^- 的分析方法是：

A. $AgNO_3$ 沉淀电位滴定法

B. $KMnO_4$ 氧化还原滴定法

C. EDTA 络合滴定法

D. 目视比色法

49. 酸性 $KMnO_4$ 法测定化学耗氧量（高锰酸盐指数）时，用作控制酸度的酸应使用：

A. 盐酸   B. 硫酸

C. 硝酸   D. 磷酸

50. 测定 COD 的方法属于：

A. 直接滴定法   B. 反滴定法

C. 间接滴定法   D. 置换滴定法

51. 有甲、乙两份不同浓度的有色物质的溶液，甲溶液用 1.0cm 的吸收池测定，乙溶液用 2.0cm 的吸收池测定，结果在同一波长下测得的吸光度值相等，则它们的浓度关系是：

A. 甲溶液浓度是乙溶液浓度的 $\frac{1}{2}$ 倍   B. 甲溶液浓度等于乙溶液浓度

C. 甲溶液浓度是乙溶液浓度的 $\lg 2$ 倍   D. 甲溶液浓度是乙溶液浓度的 2 倍

52. 玻璃膜电极能用于测定溶液 pH 值是因为：

A. 在一定温度下，玻璃膜电极的膜电位与溶液 pH 值呈直线关系

B. 在一定温度下，玻璃膜电极的膜电位与溶液中的 H^+ 呈直线关系

C. 在一定温度下，玻璃膜电极的膜电位与溶液中的 $[H^+]$ 呈直线关系

D. 玻璃膜电极的膜电位与溶液 pH 值呈直线关系

53. 利用重复观测取平均值评定单个观测值中误差的公式是：

A. $m = \pm\sqrt{\dfrac{[vv]}{n-1}}$

B. $m = \pm\sqrt{\dfrac{[vv]}{n\times(n-1)}}$

C. $m = \pm\sqrt{[vv]}$

D. $m = \pm\dfrac{[vv]}{n}$

54. 已知坐标：$X_A = 500.00\text{m}$，$Y_A = 500.00\text{m}$，$X_B = 200.00\text{m}$，$Y_B = 800.00\text{m}$。则方位角 α_{AB} 为：

A. $\alpha_{AB} = 45°00'00''$ B. $\alpha_{AB} = 315°00'00''$

C. $\alpha_{AB} = 135°00'00''$ D. $\alpha_{AB} = 225°00'00''$

55. 大比例尺地形图绘制时，采用半比例符号表达的是：

    A. 旗杆   B. 水井

    C. 楼房   D. 围墙

56. 同一根等高线上的点具有相同的：

    A. 湿度   B. 坐标

    C. 高程   D. 气压

57. 建筑物沉降的观测方法可选择采用：

    A. 视距测量   B. 距离测量

    C. 导线测量   D. 水准测量

58. 某监理人员对不合格的工程按合格工程验收后造成了经济损失，则：

    A. 应撤销该责任人员的监理资质

    B. 应由该责任人员承担赔偿责任

    C. 应追究该责任人员的刑事责任

    D. 应给予该责任人员行政处分

59. 下列说法中正确的是：

    A. 建设项目中防治污染的设施，必须与主体工程同时投产使用

    B. 建设项目中防治污染的设施，必须先于主体工程投产使用

    C. 建设项目中防治污染的设施的启动时间，可以稍后于主体工程的投产时间

    D. 主体工程投产使用之后，经建设单位批准，建设项目中防治污染的设施可以拆除

60. 下列说法中正确的是：

    A. 需要报批的建设项目，当使用国有划拨土地时，报批前必须申请核发选址意见书

    B. 使用国有划拨土地的建设项目，应该向城乡规划主管部门提出建设用地规划许可申请

    C. 建设用地规划许可证由地方人民政府土地主管部门核发

    D. 不需要报批的建设项目，由地方人民政府土地主管部门核发选址意见书

2019 年度全国勘察设计注册公用设备工程师（给水排水）
执业资格考试基础考试（下）试题解析及参考答案

1. 解 偏态系数 $C_s < 0$，说明大于均值的数出现的次数多。

答案： A

2. 解 高水滴水延长方法通常是采用断流水位法。

答案： A

3. 解 由表可看出甲系列数据波动小，更接近于平均值，代表性较乙系列好。

答案： D

4. 解 资料的审查包括审查资料的可靠性、一致性和代表性。无"必然性"审查。

答案： C

5. 解 当均值 $\overline{X}$、偏态系数 C_s 不变时，加大离差系数 C_v，随机变量相对于均值越离散，频率曲线越陡。

答案： D

6. 解 河流（或某一河段）水面沿河流方向的高程差与相应的河流长度相比，称为纵比降。

答案： C

7. 解 枯水流量常用小于或等于径流流量的频率表示。

答案： D

8. 解 泰森多边形法，气候学家 A H Thiessen 提出了一种根据离散分布的气象站的降雨量，来计算平均降雨量的方法，即将所有相邻气象站连成三角形，作这些三角形各边的垂直平分线，将每个三角形的三条边的垂直平分线的交点（也就是外接圆的圆心）连接起来得到一个多边形。用这个多边形内所包含的一个唯一气象站的降雨强度来表示这个多边形区域内的降雨强度，并称这个多边形为泰森多边形。

采用泰森多边形法计算流域的平均降雨量，是以各雨量站之间连线的垂直平分线，将流域划分为若干多边形，然后以各个多边形的面积为权数，计算各站雨量的加权平均值，并将其作为流域的平均降雨量。具体计算如下：

$$P = \frac{\sum F_i - \sum P_i}{\sum F_i} = \frac{78 \times 35 + 92 \times 42 + 95 \times 23 + 80 \times 19 + 85 \times 29}{78 + 92 + 95 + 80 + 85} = 29.68\text{mm}$$

答案： B

9. 解 含水层厚度增大使水力坡度减小，即水位线变疏，间距加大。

答案： A

10. 解 沙漠地区山前倾斜平原水位埋层较深，故排除选项 A；古河道中的地下水水量丰富且水质较好但水位埋藏较浅，故排除选项 C 和选项 D。

答案：B

11. 解　根据地下水向井的非稳定流运动的泰斯公式，有降深 $S(r,t) = \frac{Q}{4\pi T}W(u)$

其中

$$u = \frac{\mu r^2}{4Tt} = \frac{6.94 \times 10^{-4} \times 400^2}{4 \times 100 \times \left(\dfrac{\frac{100}{24}}{60}\right)} = 3.99$$

$$\frac{Q}{4\pi T} = \frac{1256}{4 \times 3.14 \times 100} = 1$$

故 $S(r,t) = W(3.99)\text{m}$

答案：B

12. 解　对于调节型水源地，评价这类水源地的允许开采量的最佳方法是补偿疏干法；对于部分面积不大而厚度较大的含水层，可采用资源平衡法、开采试验法和降落漏斗法。

答案：B

13. 解　革兰氏染色法，是细菌学中广泛使用的一种重要的鉴别染色法，属于复染法。革兰氏染色法一般包括初染、媒染、脱色、复染等四个步骤。经染色后，阳性菌呈紫色，阴性菌呈红色，可以清楚地观察到细菌的形态、排列及某些结构特征，从而用以分类鉴定。

答案：A

14. 解　鞭毛是指长在某些细菌菌体上细长而弯曲的具有运动功能的蛋白质附属丝状物，属于细菌的运动结构。

答案：D

15. 解　化能无机营养型微生物是以无机物质作为能源，二氧化碳或碳酸盐作为碳源。硝化细菌以氨或亚硝酸盐作为能源，属于化能无机营养型微生物。

答案：C

16. 解　米门氏学说常用来解释酶促反应动力学，中间反应学说常用来解释酶促反应机理。

答案：A

17. 解　有氧呼吸的能量转换效率大约是 40.45%，1mol 的葡萄糖彻底氧化分解共释放能量 2870kJ，其中可使 1161kJ 的能量储存在 ATP（38mol）中。无氧呼吸的能量转换效率大约是 2.128%，1mol 的葡萄糖彻底氧化分解共释放能量 2870kJ，其中可使 61.08kJ 的能量储存在 ATP（2mol）中。发酵属于无氧呼吸。

答案：B

18. 解 紫外线的波长为200~275nm，穿透力较差。

答案：C

19. 解 水华是指由水体富营养化引起的水体中藻类大量繁殖引起的水面变色的现象。蓝藻是引起水华的主要微生物。

答案：C

20. 解 臭氧有很强的消毒杀菌作用，消毒效果好，无异味，不会产生有毒有害物质；但由于臭氧会很快分解为氧，所以对消毒后的物质无保护性余量。

答案：B

21. 解 大肠杆菌与水致传染病菌和病毒的生长环境相似，且大肠杆菌具有较易检出的特点，因此常用大肠杆菌群数作为判断水致传染病菌和病毒的间接检测指标。如果水中的大肠菌群数超过规定的指标，那么就可以认为这些水中可能含有水致传染病菌和病毒，不能饮用。

答案：C

22. 解 活性污泥法中的微生物呈悬浮状态，生物膜法中的微生物呈附着生长状态。两者的主要区别即为微生物存在状态不同。

答案：C

23. 解 在平衡条件下的流体不能承受剪切力和拉力，只能承受压力。

答案：B

24. 解 该球体密度大于水的密度，所以将该球放入水中其所受到的浮力等于该球所排开水体的重力。

$$F = \rho_{水}gV = 1000 \times 9.8 \times \frac{4}{3} \times \pi \times \left(\frac{2}{2}\right)^3 \approx 41.03\text{kN}$$

答案：A

25. 解 已知流体的总水头公式为：$z + \frac{p}{\gamma} + \frac{v^2}{2g}$，可分别列出$A$断面与$B$断面的总水头，得：$z_A + \frac{p_A}{\gamma} + \frac{v_A^2}{2g} < z_B + \frac{p_B}{\gamma} + \frac{v_B^2}{2g}$，可知$A$断面的总水头小于$B$断面的总水头，即流体由$B$流向$A$。

答案：D

26. 解 由公式$z_1 + \frac{p_1}{\rho g} + \frac{u_1^2}{2g} = z_2 + \frac{p_2}{\rho g} + \frac{u_2^2}{2g} + \zeta \frac{u_2^2}{2g}$

且$u = \frac{Q}{A} = \frac{3.34 \times 10^{-3}}{\frac{\pi \times 0.05^2}{4}} = 1.7\text{m/s}$

化简代入可得：$\left(\frac{p_1}{\rho g} + z_1\right) - \left(\frac{p_2}{\rho g} + z_2\right) = \zeta \frac{1.7^2}{2g}$

又因为$\rho g \left(\frac{p_1}{\rho g} + z_1\right) - \rho g \left(\frac{p_2}{\rho g} + z_2\right) = (\rho_{水银} - \rho)g\Delta h$

代入得$\left(\frac{p_1}{\rho g} + z_1\right) - \left(\frac{p_2}{\rho g} + z_2\right) = \frac{12600 \times 0.15}{1000} = 1.89\text{m}$

所以有$\zeta\dfrac{1.7^2}{2g}=1.89\text{m}$，解得$\zeta=12.81$

答案：A

27.解 因为船的内外压差不变，整个过程为孔口恒定淹没出流，所以船的沉速不变。

答案：C

28.解 梯形断面按水力最优断面设计时，水力半径等于水深的一半，即$R=h/2$。梯形断面的水力半径$R=\dfrac{h(b+mh)}{b+2h\sqrt{1+m^2}}$，则$\dfrac{h}{2}=\dfrac{h(b+mh)}{b+2h\sqrt{1+m^2}}$。本题没有给出边坡系数$m$，设$m=1.5$，解得$h=2.48\text{m}$。

答案：B

29.解 已知弗劳德数$\text{Fr}=\dfrac{v}{\sqrt{gh}}$，断面流速$v=\dfrac{Q}{A}$，代入数据可得$\text{Fr}<1$，所以渠中的水流状态为缓流。

答案：B

30.解 按$\dfrac{\delta}{H}$的比值范围可分为三种类型：薄壁堰（$\dfrac{\delta}{H}\leqslant 0.67$），实用堰（$0.67<\dfrac{\delta}{H}\leqslant 2.5$）、宽顶堰（$2.5<\dfrac{\delta}{H}\leqslant 10$）；明渠的$\dfrac{\delta}{H}>10$。

答案：D

31.解 水泵铭牌上标出的流量、扬程、轴功率及允许吸上真空高度是指水泵特性曲线上水泵效率最高时的值。

答案：D

32.解 某水泵在运行过程中，实际的出水量Q、扬程H等数值或其在该水泵性能曲线上的对应位置，称为该水泵装置的工况点。如果水泵装置在工作时，管道上的所有闸阀是全开着的，则该点就称为该装置的极限工况点。

答案：A

33.解 根据切削律，叶轮外径越大，转速越快，其扬程越大。

答案：B

34.解 两台同型号水泵在同水位的条件下并联后其流量和扬程都会增加，但不会成倍增加。

答案：A

35.解 第二相似定律反映在相似工况下运行的两台水泵扬程之间的关系。其公式为：

$$\frac{H}{H_{\text{m}}}=\lambda^2\left(\frac{n}{n_{\text{m}}}\right)^2$$

答案：B

36.解 由气蚀余量公式：$H_{\text{sv}}=h_{\text{a}}-h_{\text{va}}-\sum h_3\pm|H_{s3}|$，知$H_{\text{sv}}$表示总气蚀余量。

答案：C

37. 解 v_1 为水管中流速 0.5m/s，$\sum h$ 为吸水管的水头损失 0.75m，H 为水泵最大安装高度 2m，H_v 为水泵允许吸上真空高度，将数据代入公式，可得 H_v 为 2.76m。

答案：C

38. 解 电压等级有 380V、6kV、10kV、35kV 等几种。小型水厂（总功率小于 100kW）供电电压一般为 380V，中小型水厂供电电压一般为 10kV，大型水厂供电电压一般为 35kV。

答案：C

39. 解 为了防止水泵振动传递到其他结构，通常采用隔振的办法。

答案：D

40. 解 在给水排水过程中，大量使用的水泵是叶片式水泵，其中又以离心泵最为常用。

答案：C

41. 解 对于污水泵站，集水池容积一般采用不小于泵站中最大一台泵 5min 出水量的体积。因此，集水池容积为 $63 \times 10^{-3} \times 60 \times 5 m^3 = 18.9 m^3$。

答案：B

42. 解 雨水泵站集水池的容积，不应小于最大一台水泵 30s 的出水量。

答案：A

43. 解 偶然误差也称为随机误差和不定误差，是由于在测定过程中一系列有关因素微小的随机波动而形成的具有相互抵偿性的误差。其产生的原因是分析过程中种种不稳定随机因素的影响，如室温、相对湿度和气压等环境条件的不稳定，分析人员操作的微小差异以及仪器的不稳定等。随机误差的大小和正负都不固定，但多次测量就会发现，绝对值相同的正负随机误差出现的概率大致相等，因此它们之间常能互相抵消，所以可以通过增加平行测定的次数取平均值的办法减小随机误差。

答案：D

44. 解 题中取样 10.0mL 的有效数字为 3 位，所以合理的测量结果也应为 3 位有效数字，即选项 C 正确。

答案：C

45. 解 根据酸碱质子理论，酸给出质子变成其共轭碱，而碱得到质子变成其相应的共轭酸，即共轭碱比共轭酸少一个 H^-。

答案：B

46. 解 HCl 为强酸，强酸滴定弱碱时，滴定条件为 $c \times K_b \geqslant 10^{-8}$，$K_b$ 越大，滴定突跃就越长。选项 A 的 $K_b = 10^{-2}$（最大），所以滴定突跃最长。

答案：A

47. 解 测定水硬度用 EDTA 标准溶液滴定。碘量法用来测定水中的溶解氧量，$K_2Cr_2O_7$ 法用来测定水样的化学需氧量，酸碱滴定法用于测定水的碱度。

答案：C

48. 解 最适用于测定海水中 Cl^- 的方法是 $AgNO_3$ 沉淀电位滴定法，该法以氯电极为指示电极，用硝酸银标准溶液滴定。选项 B 可用来测定还原性物质，选项 C 可用来测定水硬度，选项 D 是用眼睛比较溶液颜色的深浅以测定物质含量的方法。

答案：A

49. 解 酸性高锰酸钾法控制 $[H^+]$ 时宜用硫酸。硝酸有氧化性，干扰滴定。盐酸中的氯离子有还原性，并且氯离子在酸性条件下也会被高锰酸根氧化。磷酸是弱酸，不利于对 $[H^+]$ 的控制。

答案：B

50. 解 测定 COD 的方法属于反滴定法。

答案：B

51. 解 吸光度 $A = \varepsilon bc$，其中 c 为溶液浓度，ε 为摩尔吸光系数，b 为液层厚度。在 A 一定的情况下，ε 相等，b 与 c 成反比。

答案：D

52. 解 25℃时，$\varphi_膜 = 0.059 \lg a_{H^+} = -0.059 pH$

答案：A

53. 解 观测值中误差为 $m_1 = \pm\sqrt{\dfrac{[vv]}{n-1}}$，而平均值中误差为观测值中误差的 $\dfrac{1}{\sqrt{n}}$，即 $m = \pm\sqrt{\dfrac{[vv]}{n\times(n-1)}}$。

答案：B

54. 解 先求出正切值 $\tan\alpha = \dfrac{Y_A - Y_B}{X_A - X_B} = \dfrac{500-800}{500-200} = -1$

这个值就是经过 A、B 两点的直线与 X 轴正方向（水平向右）的夹角正切值，由此求得该直线与 X 轴正方向夹角为 $135°00'00''$。

答案：C

55. 解 地物的长度可按比例尺缩绘，而宽度按规定尺寸绘出，这种符号称为半比例符号。用半比例符号表示的地物都是一些带状地物，如小路、通信线、管道、围墙、篱笆、铁丝网等。

答案：D

56. 解 等高线即地面上高程相等的相邻点所连成的闭合曲线。在同一条等高线上各点的高程相等。

答案：C

57. 解 沉降观测就是测高差，高程测量使用的测量方法是水准测量。

答案：D

58. 解 《中华人民共和国建筑法》第三十五条规定，工程监理单位不按照委托监理合同的约定履行监理义务，对应当监督检查的项目不检查或者不按照规定检查，给建设单位造成损失的，应当承担相应的赔偿责任。工程监理单位与承包单位串通，为承包单位谋取非法利益，给建设单位造成损失的，应当与承包单位承担连带赔偿责任。

答案：B

59. 解 应遵守"三同时"原则，即同时设计、同时施工、同时投产使用。

答案：A

60. 解 根据《中华人民共和国城乡规划法》：

第三十六条　按照国家规定需要有关部门批准或者核准的建设项目，以划拨方式提供国有土地使用权的，建设单位在报送有关部门批准或者核准前，应当向城乡规划主管部门申请核发选址意见书。前款规定以外的建设项目不需要申请核发选址意见书。

第三十七条　在城市、镇规划区内以划拨方式提供国有土地使用权的建设项目，经有关部门批准、核准、备案后，建设单位应当向城市、县人民政府城乡规划主管部门提出建设用地规划许可申请，由城市、县人民政府城乡规划主管部门依据控制性详细规划核定建设用地的位置、面积、允许建设的范围，核发建设用地规划许可证。建设单位在取得建设用地规划许可证后，方可向县级以上地方人民政府土地主管部门申请用地，经县级以上人民政府审批后，由土地主管部门划拨土地。

答案：B

2020 年度全国勘察设计注册公用设备工程师

（给水排水）执业资格考试试卷

基础考试
（下）

二〇二〇年九月

应考人员注意事项

1. 本试卷科目代码为"2"，考生务必将此代码填涂在答题卡"科目代码"相应的栏目内，否则，无法评分。

2. 书写用笔：**黑色或蓝色钢笔、签字笔或圆珠笔**；

   填涂答题卡用笔：**黑色 2B 铅笔**。

3. 必须用书写用笔将工作单位、姓名、准考证号填写在答题卡和试卷相应的栏目内。

4. 本试卷由 60 题组成，每题 2 分，满分 120 分，本试卷全部为单项选择题，每小题的四个备选项中只有一个正确答案，错选、多选、不选均不得分。

5. 考生作答时，必须按**题号在答题卡上**将相应试题所选选项对应的**字母用 2B 铅笔涂黑**。

6. 在答题卡上书写与题意无关的语言，或在答题卡上作标记的，均按违纪试卷处理。

7. 考试结束时，由监考人员当面将试卷、答题卡一并收回。

8. 草稿纸由各地统一配发，考后收回。

单项选择题（共 60 题，每题 2 分，每题的备选项中，只有一个最符合题意。）

1. 某水文站的水位流量关系曲线，当受洪水涨落影响时，则：

   A. 水位流量关系曲线上抬

   B. 水位流量关系曲线下降

   C. 水位流量关系曲线呈顺时针绳套状

   D. 水位流量关系曲线呈逆时针绳套状

2. 河流的径流模数是指：

   A. 单位时间段内一定面积上产生的平均流量

   B. 单位时间段内单位面积上产生的平均流量

   C. 一定时间段内单位面积上产生的平均流量

   D. 一定时间段内一定面积上产生的平均流量

3. 百年一遇的枯水，是指：

   A. 大于或等于这样的枯水每隔 100 年必然会出现一次

   B. 大于或等于这样的枯水平均 100 年必然会出现一次

   C. 小于或等于这样的枯水每隔 100 年必然会出现一次

   D. 小于或等于这样的枯水平均 100 年必然会出现一次

4. 某一历史洪水从调查考证最近年份以来为最大，则该特大洪水的重现期为：

   A. $N = $ 设计年份 − 发生年份 + 1

   B. $N = $ 设计年份 − 调查考证最近年份 + 1

   C. $N = $ 设计年份 − 发生年份 − 1

   D. $N = $ 设计年份 − 调查考证最近年份 − 1

5. 某河流断面枯水年平均流量23m³/s的频率为 90%，则其重现期为：

   A. 10 年   B. 20 年

   C. 80 年   D. 90 年

6. 闭合流域多年平均水量平衡方程为：

   A. 径流 = 降水 + 蒸发   B. 降水 = 径流 + 蒸发

   C. 蒸发 = 径流 − 降水   D. 径流 = 降水 − 蒸发

7. 在某一降雨重现期下，随着降雨历时的增大，暴雨强度将会：

A. 减小   B. 增大

C. 不变   D. 不一定

8. 下列不属于地下水储水空间的是：

A. 裂隙   B. 溶隙

C. 孔隙   D. 缝隙

9. 松散岩石颗粒越均匀，则：

A. 孔隙率越大   B. 孔隙率越小

C. 孔隙率不变   D. 不一定

10. 某潜水水源地分布面积为 $6000m^2$，年内地下水位变幅为 2m，含水层变幅内平均给水度为 0.3，该水源地的可变储水量为：

A. $3.6 \times 10^3 m^3$ B. $3.6 \times 10^5 m^3$

C. $4.0 \times 10^3 m^3$ D. $4.0 \times 10^5 m^3$

11. 下列不属于地下水储存形式的是：

A. 重力水   B. 矿物水

C. 纯净水   D. 气态水

12. 下列不属于承压水基本特点的是：

A. 没有自由表面

B. 受水文气象因素、人为因素及季节变化的影响较大

C. 分布区与补水区不一致

D. 水质类型多样

13. 在细菌革兰氏染色中，用于脱色的溶液是：

A. 结晶紫   B. 酒精

C. 番红   D. 碘液

14. 紫色无硫细菌的营养类型属于：

A. 光能无机营养类型   B. 光能有机营养类型

C. 化能无机营养类型   D. 化能有机营养类型

15. 下列各项中不是酶的催化特性的是：

    A. 酶容易失去活性   B. 酶能改变反应平衡点

    C. 酶的催化效率极高   D. 酶具有专一性

16. 细菌呼吸作用的本质是：

    A. 吸收二氧化碳，放出氧气   B. 氧化还原作用

    C. 吸收氧气，放出二氧化碳   D. 葡萄糖的分解

17. 在高渗溶液中，微生物细胞会发生的变化是：

    A. 维持平衡   B. 失去水分

    C. 吸收水分   D. 不一定

18. 紫外线对微生物造成损伤后，导致修复作用发生的因素是：

    A. 温度   B. 可见光

    C. 水分   D. 有机物

19. 病毒在繁殖过程中，下列不是其特点的是：

    A. 病毒需要侵入寄主细胞

    B. 病毒能自行复制与合成

    C. 病毒成熟后释放

    D. 病毒将蛋白质外壳留在细胞外

20. 下列不是原生动物在水处理中的作用的是：

    A. 指示作用   B. 促进絮凝作用

    C. 净化作用   D. 吸收作用

21. 《生活饮用水卫生标准》（GB 5749—2006）中，对菌落总数的规定是：

    A. 不超过100CFU/mL   B. 每毫升不超过 3 个

    C. 每升不得检出   D. 每 100mL 不得检出

22. 厌氧消化过程中，下列描述中不正确的是：

    A. 水解和发酵细菌都是严格厌氧细菌

    B. 甲烷生成主要来自乙酸转变成甲烷和 CO_2

    C. H_2 和 CO_2 能转化成甲烷

    D. 产甲烷菌是严格厌氧菌

23. 流体的切应力：

A. 当流体处于静止状态时，由于内聚力，可以产生

B. 当流体处于静止状态时不会产生

C. 仅仅取决于分子的动量交换

D. 仅仅取决于内聚力

24. 竖直放置的矩形平板挡水，宽 $b = 1m$，水深 $h = 3m$，该平板的静水总压力为：

A. 19.6kN

B. 29.4kN

C. 44.1kN

D. 14.8kN

25. 图示等直径弯管，水流通过弯管，从断面 $A \rightarrow B \rightarrow C$ 流出，断面平均流速关系是：

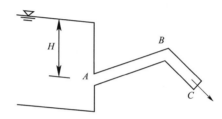

A. $v_B > v_A > v_C$

B. $v_B = v_A = v_C$

C. $v_B > v_A = v_C$

D. $v_B = v_A > v_C$

26. 圆管层流中，已知断面最大流速为2m/s，则过流断面的平均流速为：

A. 1.41m/s

B. 1m/s

C. 4m/s

D. 2m/s

27. 孔口出流的流量系数、流速系数、收缩系数从大到小的正确顺序为：

A. 流量系数、收缩系数、流速系数

B. 流量系数、流速系数、收缩系数

C. 流速系数、流量系数、收缩系数

D. 流速系数、收缩系数、流量系数

28. 矩形水力最优断面的宽深比是：

A. 0.5

B. 1.0

C. 2.0

D. 4.0

29. 在平坡棱柱形渠道中，断面比能（断面单位能）的变化情况是：

A. 沿程减少

B. 保持不变

C. 沿程增大

D. 各种可能都有

30. 自由式宽顶堰堰顶收缩断面的水深h_c与临界水深h_k相比，有：

A. $h_c > h_k$

B. $h_c = h_k$

C. $h_c < h_k$

D. 无法确定

31. 水泵是输送和提升液体的机器，可使液体获得：

A. 压力和速度

B. 动能或势能

C. 流动方向的变化

D. 静扬程

32. 应用动量矩定理来推导叶片式水泵的基本方程式时，除了液流为理想液体外，对叶轮的构造和液流性质所做的假设是：

A. 液流是恒定流；叶槽中液流均匀一致，叶轮同半径处液流的同名速度不相等

B. 液流是非恒定流；叶槽中液流均匀一致，叶轮同半径处液流的同名速度不相等

C. 液流是恒定流；叶槽中液流均匀一致，叶轮同半径处液流的同名速度相等

D. 液流是恒定流；叶槽中液流不均匀，叶轮同半径处液流的同名速度相等

33. 扬程低、流量大的叶片泵，为产生大流量，在水泵构造上应：

A. 加大叶轮进口直径和叶槽宽度，减小叶轮外径

B. 加大叶轮进口直径、叶槽宽度和叶轮外径

C. 加大叶轮进口直径，减小叶槽宽度和叶轮外径

D. 减小叶轮进口直径和叶轮的外径，加大叶槽宽度

34. 反映管路中流量Q与水头损失h之间关系的曲线称为管路特性曲线，可表示为：

A. $\sum h = SQ$

B. $\sum h = SQ^2$

C. $\sum h = S/Q^2$

D. $\sum h = S/Q$

35. 某离心泵转速$n_1 = 960 \text{r/min}$时，$(Q \sim H)_1$曲线上的工况点为$\alpha_1(H_1 = 38.2\text{m}, Q_1 = 42\text{L/s})$，转速由$n_1$调整到$n_2$后，其相似工况点为$\alpha_2(H_2 = 21.5\text{m}, Q_2 = 31.5\text{L/s})$，则$n_2$为：

A. 680r/min

B. 720r/min

C. 780r/min

D. 820r/min

36. 水泵吸水管中压力的变化可用下述能量方程式表示：

$$\frac{P_a}{\gamma} - \frac{P_K}{\gamma} = \left(H_{ss} + \sum h_s + \frac{v_1^2}{2g} \right) + \frac{C_0^2}{2g} - \frac{v_1^2}{2g} + \lambda \frac{W_0^2}{2g}$$

式中H_{ss}的含义是：

A. 流速水头差值

B. 安装高度

C. 静扬程

D. 压水高度

37. 水泵安装高度指的是：

    A. 水泵允许吸上真空高度   B. 泵轴至吸水池水面的高差

    C. 水泵气蚀余量   D. 静扬程加吸水管水头损失

38. 按在给水系统中的作用，给水泵站一般分为取水泵站、送水泵站、加压泵站和：

    A. 二级泵站   B. 中途泵站

    C. 循环泵站   D. 终点泵站

39. 突然停电将造成人身伤亡危险或重大设备损坏且长期难以修复，因而给国民经济带来重大损失的电力负荷属：

    A. 一级负荷   B. 二级负荷

    C. 三级负荷   D. 四级负荷

40. 电动机容量不大于 55kW 时，相邻两个水泵机组基础之间的净距应不小于：

    A. 0.5m   B. 0.8m

    C. 1.0m   D. 1.8m

41. 排水泵站按其排水性质，一般可分为污水（生活污水、生产污水）泵站、雨水泵站、合流泵站和：

    A. 中途泵站   B. 污泥泵站

    C. 终点泵站   D. 区域泵站

42. 下列为合建式圆形排水泵站的特点之一的是：

    A. 机组与附属设备布置容易   B. 结构受力条件好

    C. 工程造价较低   D. 通风条件好

43. 当你的水样分析结果被夸奖为准确度很高时，则意味着你的分析结果：

    A. 相对误差小   B. 标准偏差小

    C. 绝对偏差小   D. 相对偏差小

44. 一支滴定管的精度标示为 ± 0.01 mL，若要求滴定的相对误差小于 0.05%，则滴定时至少耗用滴定剂的体积为：

    A. 5mL   B. 10mL

    C. 20mL   D. 50mL

45. 已知下列各物质的K_b分别为①Ac^-(5.9×10^{-10})，②NH_2NH_2(3.0×10^{-8})，③NH_3(1.8×10^{-5})，④S^{2-}($K_{b1} = 1.14$，$K_{b2} = 7.7 \times 10^{-8}$)，其对应的共轭酸最强的是：

A. ①

B. ②

C. ③

D. ④

46. 用 HCl 标准溶液滴定某碱灰溶液，以酚酞作指示剂，消耗 HCl 标准溶液V_1mL，再用甲基橙作指示剂，消耗 HCL 标准溶液V_2mL，若$V_1 < V_2$，则碱灰的组成为：

A. NaOH

B. Na_2CO_3

C. $NaOH + Na_2CO_3$

D. $Na_2CO_3 + NaHCO_3$

47. 有关 EDTA 配位滴定中控制 pH 值的说法，下列正确的是：

A. pH 值越高，配位滴定反应就越完全

B. pH 值越小，EDTA 的酸效应越明显

C. 金属指示剂的使用范围与 pH 值无关

D. 只要滴定开始的 pH 值合适，就无须另加缓冲溶液

48. 莫尔法测定 Cl^-，所用标准溶液、pH 条件和选择的指示剂是：

A. $AgNO_3$，碱性，K_2CrO_4

B. $AgNO_3$，碱性，$K_2Cr_2O_7$

C. $AgNO_3$，中性或弱碱性，K_2CrO_4

D. KSCN，酸性，K_2CrO_4

49. 关于高锰酸钾标定的说法，下列错误的是：

A. 用草酸钠作基准物质

B. 为防止高锰酸钾分解，溶液要保持室温

C. 滴入第一滴时反应较慢，需充分摇动等颜色褪去

D. 无须另外加入指示剂

50. 用重铬酸钾标定硫代硫酸钠的反应方程式如下：

$$K_2Cr_2O_7 + 6KI + 14HCl = 8KCl + 2CrCl_3 + 7H_2O + 3I_2$$

$$2Na_2S_2O_3 + I_2 = Na_2S_4O_6 + NaI$$

则每消耗 1 个$K_2Cr_2O_7$相当于消耗$Na_2S_4O_6$的个数为：

A. 3 个

B. 4 个

C. 5 个

D. 6 个

51. 某符合比尔定律的有色溶液，当浓度为c时，其透光率为T_0；若浓度增大一倍，则溶液的透光率为：

A. $T_0/2$　　　　　　　　　　　　B. $2T_0$

C. T_0^2　　　　　　　　　　　　D. $-2\lg T_0$

52. 有关对离子选择性电极的选择性系数K_{ij}的描述，下列正确的是：

A. K_{ij}的值与溶液浓度无关

B. K_{ij}的值越小，表明电极的选择性越低

C. K_{ij}的值越小，表明电极的选择性越高

D. K_{ij}的值越大，表明电极的选择性越高

53. 水准测量时，水准尺尺面刻划误差对测量结果的影响属于：

A. 系统误差　　　　　　　　　　　B. 粗差

C. 偶然误差　　　　　　　　　　　D. 计算误差

54. 设国家高斯平面直角坐标系中方位角为$\alpha_{AB}=135°00'00''$，则该方位指向：

A. 东北方向　　　　　　　　　　　B. 西北方向

C. 东南方向　　　　　　　　　　　D. 西南方向

55. 地形图比例尺精度的实地长度，指的是将其按比例缩小到图上时，图上长度为：

A. 1mm　　　　　　　　　　　　　B. 0.1mm

C. 1cm　　　　　　　　　　　　　D. 1m

56. 山谷线称之为：

A. 等高线　　　　　　　　　　　　B. 计曲线

C. 汇水线　　　　　　　　　　　　D. 分水线

57. 经纬仪安置好后，上下转动望远镜可扫出一个：

A. 水准面　　　　　　　　　　　　B. 铅垂面

C. 大地水准面　　　　　　　　　　D. 椭球面

58. 某建设单位定于七月一日开工，那么该单位应该领取到施工许可证的日期是：

A. 当年七月一日之前

B. 当年六月一日到六月三十日之间

C. 当年五月一日之前

D. 当年四月一日到六月三十日之间

59. 下列说法正确的是：

    A. 国家污染排放标准是根据国际环境质量标准和国家经济技术条件指定的

    B. 国家污染排放标准是根据国家环境质量标准和国家经济技术条件指定的

    C. 国家污染排放标准是根据国际环境现状和国家经济技术条件指定的

    D. 国家污染排放标准是根据国家环境现状和国家经济技术条件指定的

60. 市政府组织编制的总体规划在报批之前，应该：

    A. 先由上一级人民代表大会常务委员会审议

    B. 先由本级人民代表大会常务委员会审议

    C. 先由上一级人民代表大会审议

    D. 先由本级人民代表大会审议

2020 年度全国勘察设计注册公用设备工程师（给水排水）执业资格考试基础考试（下）试题解析及参考答案

1. 解　根据受洪水涨落影响的水位流量 Z-Q 曲线（如解图所示），在受洪水涨落影响时，水位流量关系曲线呈逆时针绳套状。

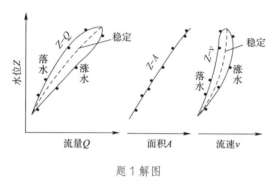

题 1 解图

答案：D

2. 解　流域出口断面流量与流域面积之比值称为径流模数，记为 M，以 $L/(s \cdot km^2)$ 计。即单位流域面积上平均产生的流量，平均流量是指某时段内流量的平均值。按公式 $M = \frac{1000Q}{F}$ 计算。

答案：C

3. 解　所谓百年一遇，不是恰好每隔 100 年就一定会遇上一次，而是指在相当长的时间内平均 100 年出现一次。概率统计中没有绝对的概念。枯水流量常采用不足概率 q，即以小于或等于该径流的概率来表示。

答案：D

4. 解　特大洪水重现期 N 的确定，一般是根据历史洪水发生的年代来大致推估。若该特大洪水为从发生年代至今的最大洪水，则 $N = $ 设计年份 $-$ 发生年份 $+ 1$。若该特大洪水为从调查考证的最远年份至今的最大洪水，则 $N = $ 设计年份 $-$ 调查考证期最远年份 $+ 1$。

答案：B

5. 解　重现期是指等于及大于（或等于及小于）一定量级的水文要素值出现一次的平均间隔年数。

对于洪峰流量：$T = \frac{1}{P}$；

对于枯水流量：$T = \frac{1}{1-P}$，即 $T = \frac{1}{1-0.9} = 10$ 年。

答案：A

6. 解　对于多年平均情况，闭合流域水量平衡方程为：降水 $=$ 径流 $+$ 蒸发。

答案：B

7. 解　暴雨强度公式：

$$q = \frac{167A_1(1 + C\lg T)}{(t + b)^n}$$

式中：q——设计暴雨强度；

T——设计重现期；

t——降雨历时；

A_1, C, b, n——地方参数

可知，在某一降雨重现期下，随着降雨历时 t 的增大，暴雨强度 q 将会减少。

答案：A

8. 解 将岩土中的空隙作为地下水储存场所与运动通道来研究时，可将空隙分为三大类，即松散岩土中的孔隙、坚硬岩石中的裂隙及可溶性岩石中的溶隙。

答案：D

9. 解 岩土孔隙度的大小主要取决于松散岩土颗粒的均匀性。自然条件下，松散岩土的颗粒分选性越差，即颗粒大小越悬殊，孔隙度越小。所以当松散岩土颗粒越均匀时，孔隙度越大。

答案：A

10. 解 可变储存量：

$$Q_{调} = \mu F \Delta H$$

式中：$Q_{调}$——可变储存量（m^3）；

μ——含水层变幅内平均给水度；

F——含水层分布面积（m^2）；

ΔH——地下水位变幅（m）。

代入数据，即 $Q_{调} = 0.3 \times 6000 \times 2 = 3600\text{m}^3$

答案：A

11. 解 地下水泛指存在于地表面以下的水体，储存形式可分为液态水（重力水）、气态水、固态水、结合水、毛细管水和矿物水等。

答案：C

12. 解 承压水的基本特点包括：

（1）承压性。有稳定的隔水顶板存在，没有自由水面，水体承受静水压力，与管道中的水流相似。

（2）分布区与补给区不一致。承压水由于有稳定的隔水顶板，含水层分布范围内能明显区分出补给区、承压区和排泄区三个部分。所以它的分布区与补给区是不一致的。

（3）受水文气象因素、人为因素及季节变化的影响较小。

（4）水质类型多样。承压水的水质从淡水到矿化度极高的卤水都有，可以说具备了地下水各种水

质类型。

答案： B

13. 解 细菌革兰氏染色的四个步骤分别为：结晶紫初染→碘液媒染→酒精脱色→番红或沙黄复染。

答案： B

14. 解 细菌营养类型通常以主要营养元素即碳源和能源的不同进行划分，可以分为光能自养型、化能自养型、光能异养型和化能异养型。紫色无硫细菌以光为能源，以有机物为碳源进行有机大分子合成。

答案： B

15. 解 酶的催化特性包括：

（1）只加快反应速度，而不改变反应平衡点，反应前后质量不变。

（2）反应的高度专一性，主要表现在一种酶只能催化某一种或某一类底物进行反应。

（3）反应条件温和。一般化学催化剂需要高温、高压、强酸或强碱等异常条件。酶反应只需常温、常压和近中性的水溶液就可催化反应的进行。

（4）对环境极为敏感。许多因素都能够影响酶的活性，使其失去活性或调节其活力。

（5）催化效率极高，比无机催化剂的催化效率高几千倍或几亿倍。

答案： B

16. 解 细菌呼吸作用的本质是氧化和还原的统一过程，在这个过程中伴随能量的产生。

答案： B

17. 解 任何两种浓度的溶液被半透膜隔开，均会产生渗透压。微生物细胞的细胞膜就是一层半透膜，故在其两边（细胞质与外环境）会产生渗透压。在等渗溶液中微生物细胞维持平衡；在低渗溶液中微生物细胞会吸收水分细胞，发生胀裂；在高渗溶液中微生物细胞会失去水分，发生质壁分离。

答案： B

18. 解 经紫外线照射过的微生物暴露于可见光下时，可以明显地降低其死亡率，导致修复作用发生。

答案： B

19. 解 病毒必须到宿主细胞中，才能够进行繁殖，繁殖过程有四步：

（1）吸附（病毒识别宿主细胞的特异受体，并吸附于细胞表面）；

（2）侵入与脱壳（病毒将核酸注入宿主细胞内，衣壳留在外面）；

（3）复制与合成（病毒利用宿主细胞的合成机构，合成自己的核酸和衣壳蛋白）；

（4）装配与释放（新合成的衣壳和核酸组装为成熟的病毒）。

答案： B

20. 解 原生动物的数量在废水处理中仅次于菌胶团中的细菌，具有重要作用：

（1）净化作用。原生动物可以无选择地吞食有机物颗粒和细菌、真菌等，因此直接或间接地去除了废水中有机物。

（2）促进絮凝作用。细菌形成的菌胶团是活性污泥絮凝的主要原因，但有些原生动物如钟虫，可以分泌黏性物质，与细菌凝聚在一起，促进絮凝，更加完善了二沉池的泥水分离作用。

（3）指示作用。①依据原生动物类群演替，判断水处理程度；②根据原生动物的种类，判断水处理的好坏；③根据形态变化，判断进水水质变化及运行中的问题。

答案：D

21. 解 《生活饮用水卫生标准》(GB 5747—2006)规定生活饮用水中菌落总数不超过100CFU/mL，总大肠菌、耐热大肠菌、大肠埃希氏菌均不得检出。

答案：A

22. 解 厌氧消化过程中，水解和发酵性细菌有专性厌氧的，也有兼性厌氧。甲烷(CH_4)的生成有两种主要途径：①将乙酸直接转变为CH_4和CO_2；②将H_2和CO_2转化为CH_4和H_2O。其中①为主要途径。产甲烷菌为专性厌氧菌（即严格厌氧菌）。

答案：A

23. 解 作用在静止流体单位面积上的表面力（应力）永远沿着作用面的内法线方向，因此流体在静止状态时不会产生切应力，选项A错误、选项B正确；根据牛顿内摩擦定律$\tau = \mu \dfrac{du}{dy}$，流体的切应力与流体的动力黏滞系数和流体的速度梯度有关，因此选项C、D错误。

答案：B

24. 解 （1）解析法

矩形竖直平面所受流体静压力$p = p_c A = \rho g h_c A$。其中，p_c为受压平面形心处压强；h_c为形心高度，$h_c = \dfrac{1}{2}h = 1.5m$；$A$为受压平面面积。

代入数据，$p = 1000 \times 9.8 \times 1.5 \times 3 = 44.1kN$

（2）图算法

绘出压强分布图，如解图所示，$p_0 = \rho g h = 1000 \times 9.8 \times 3 = 29.4kPa$。

总压力$p = bS = 1 \times \dfrac{1}{2} \times 29.4 \times 3 = 44.1kN$，其中$S$为压强分布图面积，$b$为受压面宽度。

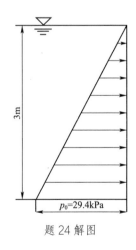

题24解图

答案：C

25. 解 根据不可压缩恒定总流连续性方程，可知$Q_A = Q_B = Q_C$；又因为题中为等直径弯管，即$A_A = A_B = A_C$。因此，$v_A = v_B = v_C$。

答案：B

26. 解 圆管内均匀层流断面流速分布为以管中心为轴的旋转抛物面，断面平均流速为最大流速的$\frac{1}{2}$，即1m/s。

答案：B

27. 解 孔口出流的流量系数约为0.62，流速系数约为0.97，收缩系数约为0.64。

答案：D

28. 解 矩形断面宽深比为2时，水力最优。梯形水力最优断面的水力半径为水深的一半。

答案：C

29. 解 断面单位能量是单位重力液体相对于通过该断面最低点的基准面的机械能，由断面单位势能h和断面单位动能$\frac{aQ^2}{2gA}$组成。单位重力流体的机械能是相对于沿程同一基准面的机械能，其值沿程减少。

答案：A

30. 解 如解图所示，堰上水头比值δ超过2.5时，由于堰顶上过流断面小于来流的过流断面，势能转化为动能，流速增加，并产生局部的水头损失。水面最大跌落处形成收缩断面水深$h_c = (0.8\sim0.92)h_k$，故$h_c < h_k$。

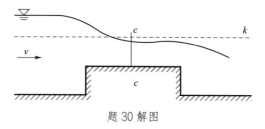

题30解图

答案：C

31. 解 水泵是输送和提升液体的机器，可将原动机的机械能转化为被输送液体的能量，使液体获得动能或势能。

答案：B

32. 解 应用动量矩定理来推导叶片式水泵的基本方程式时，做了以下三点假设：

（1）液流是恒定流；

（2）叶槽中液流均匀一致，叶轮同半径处液流的同名速度相等；

（3）液流为理想液体。

答案：C

33. 解 扬程低、流量大的泵为高比转数泵。要产生大流量，需加大叶轮进口直径及出口宽度，但因扬程低，则需要缩小叶轮的外径。

答案：A

34. 解 水头损失特性曲线：$\sum h = SQ^2$。

注意：管道系统特性曲线方程为$H = H_{ST} + SQ^2$，与管路特性曲线不同。

答案：B

35. 解 直接应用比例律，可以通过$\frac{Q_1}{Q_2} = \frac{n_1}{n_2}$或$\frac{H_1}{H_2} = \left(\frac{n_1}{n_2}\right)^2$计算，如应用流量比例关系$\frac{Q_1}{Q_2} = \frac{n_1}{n_2}$，即$\frac{42}{31.5} = \frac{960}{n_2}$，得$n_2 = 720\text{r/min}$。

答案：B

36. 解

$$\frac{P_a}{\gamma} - \frac{P_K}{\gamma} = \left(H_{ss} + \sum h_s + \frac{v_1^2}{2g}\right) + \frac{C_0^2}{2g} - \frac{v_1^2}{2g} + \lambda\frac{W_0^2}{2g}$$

式中：$\frac{P_a}{\gamma}$、$\frac{P_K}{\gamma}$——吸水池水面大气压和K点绝对压力；

$\quad\quad H_{ss}$——吸水地形高度，即安装高度；

$\quad\quad v_1$、C_0——水泵进口和叶轮进口O点流速；

$\quad\quad \lambda$——气穴系数，$\lambda = \frac{w_K^2}{w_0^2} - 1$；

$\quad\quad W_0$、W_K——叶轮进口O点和K点液体的相对流速。

答案：B

37. 解 水泵的安装高度也称为水泵的吸水地形高度，即自泵吸水井水面的测压管水面至泵站之间的垂直距离，如果吸水井是敞开的，则安装高度即为吸水泵与泵站之间的高差。

答案：B

38. 解 给水工程中，按泵站在给水系统中的作用可分为取水泵站（一级泵站）、送水泵站（二级泵站）、加压泵站及循环泵站四种。

答案：C

39. 解 一级负荷是指突然停电将造成人身伤亡危险或重大设备损坏且长期难以修复，因而给国民经济带来重大损失的电力负荷。

二级负荷是指突然停电产生大量废品、大量原材料报废或将发生主要设备破坏事故，但采用适当措施后能够避免的电力负荷。

三级负荷指所有不属一级及二级负荷的电力负荷。

答案：A

40. 解 根据《室外给水设计标准》（GB 50013—2018），在布置机组时，应遵照以下规定：相邻机组的基础之间应有一定宽度的过道，以便工作人员通行。相邻两个机组及机组至墙壁间的净距为：电动机容量不大于 55kW 时，净距应不小于 1.0m；电动机容量大于 55kW 时，净距不小于 1.2m。

答案：C

41. 解 排水泵站按其排水的性质，一般可分为污水（生活污水、生产污水）泵站、雨水泵站、合流泵站和污泥泵站。按其在排水系统中的作用，可分为中途泵站（或叫区域泵站）和终点泵站（又叫总泵站）。

答案：B

42. 解 合建式圆形排水泵站的优点：圆形结构，受力条件好，便于沉井法施工；易于水泵的启动，运行可靠性高；根据吸水井水位，易于实现自动控制。

缺点：机器间内机组布置较困难；站内交通不便；自然通风和采光不好；当泵房较深时，工人上、下不方便，且电机容易受潮。

答案：B

43. 解 准确度是指测定结果与真实值接近的程度。分析方法的准确度由系统误差和随机误差决定，可用绝对误差或相对误差表示。

答案：A

44. 解 精度是表示真实值与观测值的接近程度。滴定管的精度指的是滴定管的绝对误差。由相对误差定义可知，相对误差 $=\frac{绝对误差}{真实值}$，代入数据，得滴定剂体积 $>\frac{0.01}{0.05\%}=20\text{mL}$。

答案：C

45. 解 本题同 2007-45。亦可分析如下：共轭酸碱与 K_b 的关系为：K_b 越大，碱性越强；反之，K_b 越小，酸性越强。S^{2-} 的一级电离常数远大于二级电离常数，忽略 S^{2-} 二级电离的影响，主要对比 K_{b1} 与其他物质 K_b 的关系。所以共轭酸最强的是①，其 K_b 最小。

答案：A

46. 解 本题考查考生对碱度的理解。采用连续滴定法对水样碱度进行测定时，当 $V_1 > 0$，$V_2 = 0$ 时，水样中只有 OH^- 碱度；当 $V_1 > V_2$ 时，水样中有 OH^- 和 CO_3^{2-} 碱度；当 $V_1 = V_2$ 时，水样中只有 CO_3^{2-} 碱度；当 $V_1 < V_2$ 时，水样中有 CO_3^{2-} 和 HCO_3^- 碱度；当 $V_1 = 0$，$V_2 > 0$ 时，水样中只有 HCO_3^- 碱度。

答案：D

47. 解 EDTA 配位滴定反应 pH 值越高，酸效应越不明显。酸效应是指络合物参与主体反应能力降低的现象，与配位滴定反应的进行程度无关，所以选项 A 不正确。在滴定的 pH 值范围内，游离指示剂与其金属配合物之间有明显的颜色差别，应注意金属指示剂的适用 pH 值范围，可知选项 C 不正确。在测定水样总硬度和 Ca^{2+} 时，都需要控制 pH 值，即加入一定量缓冲溶液调节 pH 值分别至 10 和 12，所以选项 D 也不正确。

答案： B

48. 解 莫尔法测定水中 Cl^- 时，在 pH 为 6.5~10.5 的中性或弱碱性溶液中，加入 K_2CrO_4 为指示剂，用 $AgNO_3$ 标准溶液滴定。

答案： C

49. 解 高锰酸钾滴定反应需要在 75~85℃下进行，以提高反应速度。

答案： B

50. 解 本题考查氧化还原反应中转移电子数目。在第一个反应中，Cr 元素由+6 价降为+3 价，I 元素由−1 价升到 0 价，每消耗 1 个 $K_2Cr_2O_7$ 就转移 6 个电子；在第二个反应中，S 元素由+2 价升到+2.5 价，I 元素由 0 价降到−1 价，每消耗 1 个 $Na_2S_4O_6$ 就转移 2 个电子。两方程电子转移数相同，因此每消耗 1 个 $K_2Cr_2O_7$ 相当于消耗 3 个 $Na_2S_4O_6$。

答案： A

51. 解 吸光度 $A = kbc$，透光率 $T = \dfrac{I_t}{I_0}$

A 与 T 的关系：

$$A = \lg\frac{1}{T} = -\lg T$$

式中：k——吸光系数；

c——溶液浓度。

当溶液浓度 c 增大一倍时，吸光度 A 增大一倍。原本 $A = -\lg T_0$，现在 $2A = -\lg T_1$，得 $A = -\dfrac{1}{2}\lg T_1$，所以 $T_1 = T_0^2$。

答案： C

52. 解 K_{ij} 为离子选择性系数，通常 $K_{ij} < 1$，表示 i 离子选择电极对干扰离子 j 的响应的相对大小，用于估计干扰离子给测定带来的误差。K_{ij} 越小，表明电极的选择性越高。

答案： C

53. 解 系统误差：在相同观测条件下，对某量进行一系列的观测，若误差在符号、大小上表现出一致的倾向，即按一定规律变化或保持为常数，这种误差称为系统误差。钢尺的尺长不准、水准仪 i 角误差的影响等均属于系统误差。

偶然误差：在相同观测条件下，对某量进行一系列的观测，若误差出现的符号和大小均不一定，且从表面看没有任何规律性，这种误差称为偶然误差。读数误差、照准误差、对中误差等均属于偶然误差。

答案： C

54. 解 坐标方位角是平面直角坐标系中某一直线与坐标主轴（X轴）之间的夹角，从主轴起算，顺时针方向0°~360°，方位角90° < α_{AB} < 180°，故该方向指向东南方向。

答案：C

55. 解 地形图比例尺精度：在各种比例尺的地形图上0.1mm所代表的实地水平距离称为地形图比例尺精度。

答案：B

56. 解 汇水线是集水线。山谷最低点的连线称为"山谷线"或"集水线"。山脊线为流域的分水线，山谷线为河流的集水线。

答案：C

57. 解 为了精确地测量角度，当经纬仪整平后，望远镜视准轴绕水平轴上下转动时，其视线应能扫出一个竖直面（即铅垂面）。

答案：B

58. 解 《中华人民共和国建筑法》第七条规定，建筑工程开工前，建设单位应当按照国家有关规定向工程所在地县级以上人民政府建设行政主管部门申请领取施工许可证。

第九条规定，建设单位应当自领取施工许可证之日起三个月内开工。因故不能按期开工的，应当向发证机关申请延期；延期以两次为限，每次不超过三个月。既不开工又不申请延期或者超过延期时限的，施工许可证自行废止。

答案：D

59. 解 国务院环境保护行政主管部门制定国家环境质量标准，并根据此标准和国家经济技术条件制定国家污染物排放标准。

答案：B

60. 解 《中华人民共和国城乡规划法》第十六条规定，城市、县人民政府组织编制的总体规划，在报上一级人民政府审批前，应当先经本级人民代表大会常务委员会审议，常务委员会组成人员的审议意见交由本级人民政府研究处理。

答案：B

2021 年度全国勘察设计注册公用设备工程师

（给水排水）执业资格考试试卷

基础考试
（下）

二〇二一年十月

应考人员注意事项

1. 本试卷科目代码为"2"，考生务必将此代码填涂在答题卡"科目代码"相应的栏目内，否则，无法评分。

2. 书写用笔：**黑色或蓝色钢笔、签字笔或圆珠笔**；

   填涂答题卡用笔：**黑色 2B 铅笔**。

3. 必须用书写用笔将工作单位、姓名、准考证号填写在答题卡和试卷相应的栏目内。

4. 本试卷由 60 题组成，每题 2 分，满分 120 分，本试卷全部为单项选择题，每小题的四个备选项中只有一个正确答案，错选、多选、不选均不得分。

5. 考生作答时，必须按**题号在答题卡上**将相应试题所选选项对应的**字母用 2B 铅笔涂黑**。

6. 在答题卡上书写与题意无关的语言，或在答题卡上作标记的，均按违纪试卷处理。

7. 考试结束时，由监考人员当面将试卷、答题卡一并收回。

8. 草稿纸由各地统一配发，考后收回。

单项选择题(共 60 题，每题 2 分。每题的备选项中只有一个最符合题意。)

1. 形成径流的必要条件是：

   A. 降雨强度等于下渗强度

   B. 降雨强度小于下渗强度

   C. 降雨强度大于下渗强度

   D. 降雨强度小于或等于下渗强度

2. 描述河流中悬移质的情况时，常用的两个定量指标是含沙量和输沙率，下列两者关系正确的是：

   A. 输沙量 = 断面流量 × 含沙量

   B. 输沙量 = 断面流量/含沙量

   C. 输沙量 = 断面流量 × 含沙量 × 某一系数

   D. 以上都不对

3. 某水文站控制面积为 680km²，多年平均径流模数为 10L/(s·km²)，则换算成年径流深约为：

   A. 315.4mm   B. 587.5mm

   C. 463.8mm   D. 408.5mm

4. 目前全国水位统一采用的基准面是：

   A. 大沽基面   B. 吴淞基面

   C. 珠江基面   D. 黄海基面

5. 当流域汇流历时大于净雨历时，洪峰流量是由：

   A. 全部流域面积上的全部净雨所组成

   B. 部分流域面积上的全部净雨所组成

   C. 全部流域面积上的部分净雨所组成

   D. 以上均不对

6. 按照地下水的地理条件，地下水可分为：

   A. 包气带水、潜水、承压水

   B. 孔隙水、空隙水、流动水

   C. 包气带水、浅层水、深层水

   D. 潜水、承压水、空隙水

7. 从供水的角度来看，良好的含水层应具有的特性是：

A. 具有容纳重力水的空隙

B. 具有储存和聚集地下水的有利地质条件

C. 有良好的补给源

D. 以上条件均是

8. 潜水含水层的地下水流动方向是：

A. 从等水位线密集区向等水位线稀疏区流动

B. 从地形坡度大的地方向地形坡度小的地方流动

C. 从地形高的地方向地形低的地方流动

D. 以上均不是

9. 裘布依（Dupuit）公式可用于：

A. 完整井的非稳定运动

B. 完整井的稳定运动

C. 非完整井的稳定运动

D. 非完整井的非稳定运动

10. 在一承压含水层中有一抽水井，井半径0.1m，出水量为1256m²/d，在抽水过程中水位始终在下降。已知含水层的导压系数为100m²/min，导水系数为100m²/d，问抽水 90min 后距离抽水井 3m 处的水位降深是：

（提示：用泰勒公式的简化形式计算）

A. 7.7m   B. 14.5m

C. 15.4m   D. 3.4m

11. 河流与地下水的补给关系沿着河流纵剖面而有所变化，在河谷中下游平原区，河流水与地下水的关系是：

A. 河流水补给地下水

B. 河流水排泄地下水

C. 雨季河流水补给地下水，旱季地下水补给河流水

D. 无水力联系

12. 地下水调节储存量是指：

    A. 含水层最低水位以下的容积储存量

    B. 含水量最低水位和最高水位之间的容积储存量

    C. 含水量最高水位以下的容积储存量

    D. 含水层在地下水周期补给的条件下暂时可动用的储存量

13. 革兰氏染色法中的阴性菌呈：

    A. 绿色　　　　　　　　　　　　B. 蓝色

    C. 紫色　　　　　　　　　　　　D. 红色

14. 细菌的基本结构包括两部分，一部分是细胞壁，另一部分是：

    A. 细胞膜　　　　　　　　　　　B. 细胞质

    C. 核质和内含物　　　　　　　　D. 原生质体

15. 细菌的细胞膜的主要成分是：

    A. 糖类　　　　　　　　　　　　B. 蛋白质

    C. 脂肪　　　　　　　　　　　　D. 核酸

16. 细菌吸收营养物质最主要的方式是：

    A. 单纯扩散　　　　　　　　　　B. 促进扩散

    C. 主动输送　　　　　　　　　　D. 基因转位

17. 好氧呼吸最终的电子受体是：

    A. 化合态氧　　　　　　　　　　B. 氧以外的其他物质

    C. H_2　　　　　　　　　　　　D. O_2

18. 藻类是一种低等植物，它属于：

    A. 光能异养微生物

    B. 化能异养微生物

    C. 光能自养微生物

    D. 化能自养微生物

19. 关于噬菌体的特点，下列说法不正确的是：

    A. 噬菌体的寄生性具有高度的专一性

    B. 噬菌体的体积微小，需用电子显微镜观察

    C. 由核酸和蛋白质组成

    D. 某些大肠杆菌噬菌体，如 F-RNA 噬菌体与肠道病毒具有类似的特点，不能作为水中病原微生物的指示生物

20. 下列不属于水中病原细菌的是：

    A. 伤寒杆菌
    B. 大肠杆菌

    C. 霍乱弧菌
    D. 痢疾杆菌

21. 关于菌落总数的测定方法，下列说法正确的是：

    A. 在 27℃ 温度下培养 24h

    B. 在 37℃ 温度下培养 12h

    C. 在 27℃ 温度下培养 12h

    D. 在 37℃ 温度下培养 24h

22. 下列关于污水生物处理食物链的说法，正确的是：

    A. 悬浮生长反应器系统中的营养水平及食物链比附着生长反应器系统多或长

    B. 悬浮生长反应器系统中的营养水平及食物链与附着生长反应器系统一样

    C. 悬浮生长反应器系统中的营养水平及食物链比附着生长反应器系统少或短

    D. 悬浮生长反应器系统与附着生长反应器系统中的营养水平及食物链随工艺条件而变化

23. 金属压力表的读数值是：

    A. 绝对压强
    B. 相对压强

    C. 绝对压强与当地大气压之和
    D. 相对压强与当地大气压之和

24. 下列有关均匀流的说法，正确的是：

    A. 当地加速度为零

    B. 迁移加速度为零

    C. 向心加速度为零

    D. 总加速度为零

25. 宽顶堰溢流需满足的条件是：

A. $\dfrac{\delta}{H} < 0.67$

B. $0.67 < \dfrac{\delta}{H} < 2.5$

C. $2.5 < \dfrac{\delta}{H} < 10$

D. $\dfrac{\delta}{H} > 10$

26. 对于圆管层流，实测管轴上的流速为0.4m/s，则断面平均流速为：

A. 0.4m/s

B. 0.32m/s

C. 0.2m/s

D. 0.8m/s

27. 水在垂直管内由上向下流动，相距的两断面间，测压管水头差为h，两断面沿程水头损失为h_f，则两者关系正确的是：

A. $h_f = h$

B. $h_f = h + l$

C. $h_f = l - h$

D. $h_f = h - l$

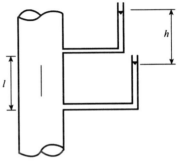

28. 矩形断面明渠均匀流，随流量的增大，临界底坡i_c将：

A. 增大

B. 减小

C. 不变

D. 不确定

29. 工厂供水系统，用水塔向A、B、C三处供水，管道均为串联铸铁管，已知流量$q_c = 10L/s$，$q_B = 5L/s$，$q_A = 10L/s$，各段管长$l_1 = 350m$，$l_2 = 450m$，$l_3 = 100m$，各段直径$d_1 = 200mm$，$d_2 = 150mm$，$d_3 = 100mm$，各段比阻$a_1 = 9.30s^2/m^6$，$a_2 = 43.0s^2/m^6$，$a_3 = 375s^2/m^6$，整个场地位于同一水平面，则水塔所需水头为：

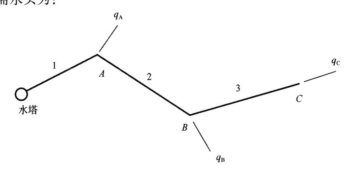

A. 12.42m

B. 9.23m

C. 10.14m

D. 8.67m

30. 在沙壤土地带开挖一条梯形断面渠道，底宽 $b = 2.0\text{m}$，边坡系数 $m = 1.5$，粗糙系数 $n = 0.025$，底坡 $i = 0.0006$，若水深 $h = 0.8\text{m}$，则此渠道的流量为：

    A. $1.63\text{m}^3/\text{s}$ B. $1.34\text{m}^3/\text{s}$

    C. $1.26\text{m}^3/\text{s}$ D. $1.98\text{m}^3/\text{s}$

31. 水泵叶轮相似定律（扬程相似定律）可描述为：

    A. $\dfrac{H}{H_m} = \left(\dfrac{D_2}{D_{2m}}\right)\left(\dfrac{n_1}{n_m}\right)$ B. $\dfrac{H}{H_m} = \left(\dfrac{D_2}{D_{2m}}\right)^2\left(\dfrac{n_1}{n_m}\right)$

    C. $\dfrac{H}{H_m} = \left(\dfrac{D_2}{D_{2m}}\right)^3\left(\dfrac{n_1}{n_m}\right)^2$ D. $\dfrac{H}{H_m} = \left(\dfrac{D_2}{D_{2m}}\right)^2\left(\dfrac{n_1}{n_m}\right)^2$

32. 适用于低扬程、大流量的水泵为：

    A. 叶片泵和容积泵   B. 离心泵和轴流泵

    C. 离心泵和混流泵   D. 混流泵和轴流泵

33. 水泵允许吸上真空高度反映的是：

    A. 水泵吸水地形高度   B. 叶轮进口真空度

    C. 离心泵的吸水性能   D. 水泵进水口真空度

34. 为避免水泵发生气蚀，可采取的有效措施是：

    A. 降低扬程   B. 增加流量

    C. 降低水泵安装高度   D. 增大轴功率

35. 水泵实际流量与扬程的乘积是水泵的：

    A. 轴功率   B. 有效功率

    C. 额定功率   D. 总功率

36. 水泵实测特性曲线是在转速恒定条件下，其他性能参数的变化曲线，这些曲线的自变量是：

    A. 扬程   B. 效率

    C. 轴功率   D. 流量

37. 下列为现代停泵水锤的主要防护措施之一是：

    A. 泵出口安装普通止回阀

    B. 泵出口不装止回阀

    C. 泵出口安装压力传感器

    D. 泵出口安装缓闭止回阀

38. 水泵额定工况点为：

    A. 扬程最高时工况点

    B. 流量最高时工况点

    C. 效率最高时工况点

    D. 轴功率最高时工况点

39. 给水泵站内经常启闭且大于及等于 DN300mm 的阀门不宜采用：

    A. 电动   B. 手动

    C. 气动   D. 液动

40. 污水泵房集水池容积，应不小于最大一台污水泵的：

    A. 30min 的出水量

    B. 5min 的出水量

    C. 20min 的出水量

    D. 2min 的出水量

41. 已知某单级单吸水式水泵 $n_1 = 2960$ r/min，$Q = 42$ L/s，$H = 25$ m，则其比转速 n_s 为：

    A. 60   B. 80

    C. 200   D. 500

42. 当水泵压水池水位下降时，水泵工况点会向流量：

    A. 减少的方向运动

    B. 不变的方向运动

    C. 增大的方向运动

    D. 不确定的方向运动

43. 测定水样的总氮，水样用硫酸酸化至 pH 值小于 2，则水样最长保存时间是：

    A. 6h   B. 12h

    C. 24h   D. 36h

44. 下列情况属于过失误差的是：

A. 仪器本身不够精确

B. 某一分析方法本身不够完善

C. 人眼观测滴定终点前后颜色变化时，有细微差异

D. 水样的丢失或玷污

45. 下列物质的水溶液呈碱性的是：

A. 0.10mol/L $NaHCO_3$ 溶液

B. 0.10mol/L NH_4Ac 溶液

C. 0.10mol/L HCN 溶液

D. 0.10mol/L $NaCl$ 溶液

46. 关于影响络合滴定突跃的主要因素，下列说法正确的是：

A. 络合物条件稳定常数小，被滴定金属离子的浓度越小，滴定突跃越大

B. 络合物条件稳定常数大，被滴定金属离子的浓度越小，滴定突跃越大

C. 络合物条件稳定常数小，被滴定金属离子的浓度越大，滴定突跃越大

D. 络合物条件稳定常数大，被滴定金属离子的浓度越大，滴定突跃越大

47. 待测水样中含铵盐且$pH \approx 9$时，用莫尔法测定水中Cl^-，则分析结果将：

A. 偏低   B. 偏高

C. 无影响   D. 无法测定

48. 下列属于可逆氧化还原电对的是：

A. $S_4O_6^{2-}/S_2O_3^{2-}$ B. $Cr_2O_7^{2-}/Cr^{3+}$

C. MnO_4^-/Mn^{2+} D. I_2/I^-

49. 采用碘量法测定水中溶解氧时，下列说法不正确的是：

A. 碘量法测溶解氧，适用于清洁的地面水和地下水

B. 水样中有有机物等氧化还原性物质时将影响测定结果

C. 水样中干扰物质较多，色度又高时，不宜采用碘量法测定溶解氧

D. 当水样中$NO_2^- > 0.05mg/L$，$Fe^{2+} < 1mg/L$时，NO_2^-不影响测定

50. 有甲乙两个不同浓度的同一有色物质的水样，在同一波长进行光度法测定。当甲水样用 1cm 的比色皿、乙水样用 2cm 的比色皿时，测定的吸光度值相等，则它们的浓度关系正确的是：

A. 甲是乙的1/2

B. 甲是乙的1/4

C. 乙是甲的1/2

D. 乙是甲的1/4

51. 关于比色法和分光光度法的共同特点，下列说法不正确的是：

A. 灵敏度高

B. 准确度较高

C. 应用广泛

D. 操作复杂

52. 玻璃电极使用时，需要浸泡至少：

A. 12h

B. 24h

C. 36h

D. 48h

53. 三、四等水准测量，采取"后—前—前—后"的观测顺序，可减弱的误差影响为：

A. 仪器下沉误差

B. 水准尺下沉误差

C. 仪器与水准尺下沉误差

D. 水准尺的零点差

54. 在相同的观测条件下对某量进行了n次等精度观测，观测值的中误差为m，则算术平均值的中误差M为：

A. $M = m \times n$

B. $M = \sqrt{n} \times m$

C. $M = m/\sqrt{n}$

D. $M = m/\sqrt{n-1}$

55. 绘制地形图时，为计算高程方便而加粗的等高线是：

A. 首曲线

B. 计曲线

C. 间曲线

D. 助曲线

56. 三角高程测量时，采用对向观测，可消除：

A. 竖盘指标差

B. 地球曲率的影响

C. 大气折光的影响

D. 地球曲率和大气折光的影响

57. 1：1000 地形图的比例尺精度为：

A. 0.01m

B. 0.1m

C. 1m

D. 10m

58. 下列不属于注册工程师义务的是：

A. 保证执业工作的质量，并在其负责的技术文件上签字

B. 保守在执业中知悉的商业技术秘密

C. 应对不同的设计单位负责

D. 应按规定接受继续教育

59. 监理单位与项目业主的关系是：

A. 雇佣与被雇佣关系

B. 监理单位是项目业主的代理人

C. 监理单位是业主的代表

D. 平等主体间的委托与被委托关系

60. 招标代理机构若违反《中华人民共和国招标投标法》，损害他人合法利益，应对其进行处罚，下列有关处罚的说法不正确的是：

A. 处 5 万元以上 25 万元以下的罚款

B. 有违法所得的，应没收违法所得

C. 情节严重的，暂停甚至取消招标代理资格

D. 对单位直接负责人处单位罚款 10%以上 15%以下的罚款

2021 年度全国勘察设计注册公用设备工程师（给水排水）执业资格考试基础考试（下）试题解析及参考答案

1. 解 在流域中从降水到水流汇集于流域出口断面的整个物理过程称为径流形成过程。主要有四个阶段，即降雨阶段、流域蓄渗阶段、坡面漫流阶段、河槽集流阶段。其中，由于降雨强度超过下渗强度而产生地表径流称为超渗产流。

答案：C

2. 解 描述河流中悬移质的情况，常用的两个定量指标是输沙量和含沙量。单位时间流过河流某断面的干沙质量，称为输沙量，用 Q_s 表示，单位为 kg/s。单位体积内所含干沙的质量，称为含沙量，用 C_s 表示，单位为 kg/m^3。断面输沙量是通过断面上含沙量测验配合断面流量测量来推求的，即 $Q_s = QC_s$（Q 为断面流量）。

答案：A

3. 解 径流深计算公式为：

$$R = \frac{W}{1000F} = \frac{QT}{1000F}$$

其中，$T = 365 \times 24 \times 3600s$，$Q$ 可由径流模数公式计算：$M = 1000Q/F$

代入可得：

$$R = \frac{QT}{1000F} = \frac{MFT}{1000 \times 1000F} = \frac{MT}{10^6} = \frac{10 \times 365 \times 24 \times 3600}{10^6} = 315.4mm$$

答案：A

4. 解 对于水位，我国统一采用青岛附近的黄海海平面为标准基面。由于历史原因，各地仍有沿用以往的大沽基面、吴淞基面等。

答案：D

5. 解 净雨历时 t_c(产流历时)为大于或等于入渗强度的降雨强度所对应的降雨历时。流域汇流时间 τ_m 为流域最远一点流至出口断面所经历的时间。

按等流时线原理，净雨历时、汇流时间与洪峰流量存在以下关系：

当 $t_c < \tau_m$ 时，洪峰流量是由部分流域面积上的全部净雨所组成；

当 $t_c = \tau_m$ 时，洪峰流量是由全部流域面积上的全部净雨所组成；

当 $t_c > \tau_m$ 时，洪峰流量是由全部流域面积上的部分净雨所组成。

答案：B

6. 解 根据地下水的埋藏条件，地下水可分为包气带水、潜水、承压水。在包气带中储存的水称为包气带水，饱水带中的水分为潜水和承压水。

答案： A

7. 解 地下水的运动和聚集，必须具有一定的岩性和构造条件。储存有地下水的透水岩层，称为含水层。空隙少而小的致密岩层是相对不透水岩层（渗透系数小于 0.001m/d），称为隔水层。对于含水层而言：①岩层必须具有能容纳重力水的空隙。岩石的空隙越大，数量越多，连通性越好，储存和通过的重力水就越多，就越有利于形成含水层，如砂砾层等。②必须具有储存和聚集地下水的地质条件。一个含水层的形成必须要有透水层和不透水层组合在一起，才能形成含水地质结构。③必须具有补给水源。若缺乏补给水源，即使该岩层具有很好的空隙空间和储水结构，也不能形成良好的含水层。

答案： D

8. 解 潜水指地面以下，第一个稳定隔水层以上具有自由水面的水。潜水在重力作用下总是由潜水位高的地方向潜水位低的地方径流（见解图）。在地形低洼处以泉的形式排泄出地表或泄流到地表水体中，在潜水面埋藏深度较小时也可能通过蒸发的形式排泄到大气中。

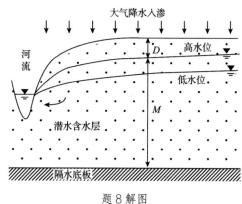

题 8 解图

答案： C

9. 解 裘布依（Dupuit）公式：

$$Q = 1.336 \frac{k(2H_0 - S_w)S_w}{\lg \frac{R}{r_w}}$$

其可应用于完整井的稳定运动。

裘布依（Dupuit）公式是地下水流向井内的平面流稳定运动公式。该公式是法国水力学家裘布依（Jules Dupuit，1804～1866)在达西定律的基础上导出的。

裘布依推导公式时的假定条件是：

①含水层是均质、各向同性、等厚、水平的。

②地下水为层流，符合达西定律，地下水运动处于稳定状态。

③静水位是水平的，抽水井具有圆柱形定水头补给边界。

④对于承压水，顶底板是完全隔水的；对于潜水，井边水力坡度不大于 1/4，底板完全隔水。

完整井是指贯穿整个含水层，在全部含水层厚度上都安装有过滤器并能全断面进水的井。

非完整井是井筒没有穿透最下含水层的整个厚度，井底坐落在含水层上。井筒坐落在潜水层上的叫潜水非完整井，坐落在承压水层上的叫承压非完整井。

一般对深层取水，或者含水层厚度较大的采用非完整井。

答案：B

10. 解 根据泰斯公式可得：

$$S = \frac{Q}{4\pi T} W(u), \quad u = \frac{\mu_e r^2}{4Tt}$$

将泰勒公式简化后其近似表达式：

$$S \approx \frac{Q}{4\pi T} \ln \frac{2.25Tt}{r^2 \mu_e}, \quad \propto = \frac{T}{\mu_e}$$

代入数据可得：

$$S = \frac{1256}{4 \times 3.14 \times 100} \ln \frac{2.25 \times 100 \times 60 \times 24 \times 1.5/24}{3^2} = 7.72\text{m}$$

答案：A

11. 解 河流对地下水的补给，主要取决于河流水位与地下水位的相对关系。雨季河流水补给地下水，旱季地下水补给河流水。

答案：C

12. 解 地下水是埋藏在地表以下岩石（包括土层）的空隙（包括孔隙、裂隙和空洞等）中的各种状态的水。通过四大地下水储量的概念来表示某一个地区的地下水量的丰富程度，即静储量、调节储量、动储量和开采储量。

动储量为通过含水层某一横断面上的地下水天然流量。

静储量为一般指储存于地下水最低水位以下含水层中的重力水的体积。

可采储量为地下水技术可能、经济合理的可开采量。

调节储量为地下水年变动带以内地下水的体积，指储存于潜水水位变动带（即年最高水位与最低水位之间或多年变动带）中重力水的体积，亦即全部疏干该带后所能获得的地下水的数量。它与水文、气象因素密切相关，其数值等于潜水位变动带的含水层体积乘以给水度。

答案：B

13. 解 在革兰氏染色过程中，经过结晶紫液初染和碘液媒染后，在细胞的细胞壁内可形成不溶于水的结晶紫与碘的复合物CVI。G⁻细菌中，乙醇很容易穿透富脂的外膜，且细胞壁内层肽聚糖含量低，无法阻止溶剂通过，因此细胞褪成无色。此时，经沙黄等红色染料复染，使G⁻细菌呈现红色。

答案：D

14. 解 细胞的基本结构是所有细菌均具有的结构。由细胞外向细胞内分别为细胞壁、原生质体（由细胞膜、细胞质、核质、内含物组成）构成。

答案： D

15. 解 细胞膜是一层紧贴细胞壁内侧，包围着细胞质的半透性薄膜。其组成包括蛋白质、脂质、糖类，其主要成分是蛋白质（约占 70%）。

答案： B

16. 解 细菌吸收营养物质最主要的方式是主动运输。主动运输最大的特点是存在能量消耗并且需要载体蛋白的参与，因此可逆浓度梯度进行。绝大部分的营养物质都是通过主动运输被细胞吸收进而进入细胞内部。

答案： C

17. 解 好氧呼吸是一种最普遍又最重要的生物氧化产能方式。基质脱氢后，脱下的氢经过完整的电子呼吸链传递，最后与电子受体氧气反应，产生水和能量。其中，整个过程可简化为电子供体通过载体（电子呼吸链）将电子传递给电子受体（O_2）。

答案： D

18. 解 根据微生物需要的主要营养元素，即能源和碳源的不同而划分的类型，包括光能自养、化能自养、光能异养和化能异养四种营养类型。

（1）光能自养型：以光为能源，CO_2 为唯一或主要碳源，通过光合作用来合成细胞所需的有机物质，如蓝藻。

（2）化能自养型：利用氧化无机物的化学能作为能源，并利用 CO_2 等来合成有机物质，供细胞所用，如硝化细菌、硫细菌、铁细菌等。

（3）光能异养型：不能以 CO_2 作为主要或唯一碳源，而需以有机物作为供氢体，利用光能来合成细胞物质，如红螺菌。

（4）化能异养型：利用有机物作为生长所需的碳源和能源，来合成自身物质，大部分细菌都是这种营养方式，如原生动物、后生动物、放线菌等。

答案： C

19. 解 噬菌体是以原核生物为宿主的病毒，其特点为：一般只由核酸（DNA 或 RNA）和蛋白质外壳构成；具有大分子的属性，在细胞外不表现生命特征；不具备独立代谢的能力，没有完整的酶系统和独立代谢系统，必须寄生在活细胞内；体积较小，必须用电子显微镜观察。

答案： D

20. 解 能引起疾病的微生物称致病性微生物（或病原微生物），包括细菌、病毒和原生动物等。水中细菌有很多，但大部分不是病原菌。常见的病原菌有伤寒杆菌、痢疾杆菌、霍乱弧菌、军团菌等。

答案：B

21. 解　菌落总数的测定，即将一定量水样接种到营养琼脂培养基中，在37℃培养24h后，数出菌落数，再根据接种的水样数量算出每毫升所含菌数。菌落总数能反映水被污染的程度。

答案：D

22. 解　附着生长的生物膜内食物链比悬浮生长的活性污泥法的食物链长。在生物膜处理系统中：①相对安静稳定的环境；②SRT相对较长；③线虫类、轮虫类等微型生物出现的频率较高；④藻类甚至昆虫类也会出现；⑤生物膜上的生物类型广泛、种属繁多、食物链长且复杂。

答案：C

23. 解　金属压力表的读数值是相对压强。相对压强：以当时当地大气压强为基准点计算的压强，又称为计示压强。

答案：B

24. 解　根据欧拉法：

$$\vec{u}=\vec{u}(x,y,z,t)\qquad \vec{a}=\frac{\mathrm{d}\vec{u}}{\mathrm{d}t}=\frac{\partial\vec{u}}{\partial t}+u_x\frac{\partial\vec{u}}{\partial x}+u_y\frac{\partial\vec{u}}{\partial y}+u_z\frac{\partial\vec{u}}{\partial z}$$

$$u_x=u_x(x,y,z,t)\qquad a_x=\frac{\mathrm{d}u_x}{\mathrm{d}t}=\frac{\partial u_x}{\partial t}+u_x\frac{\partial u_x}{\partial x}+u_y\frac{\partial u_x}{\partial y}+u_z\frac{\partial u_x}{\partial z}$$

$$u_y=u_y(x,y,z,t)\qquad a_y=\frac{\mathrm{d}u_y}{\mathrm{d}t}=\frac{\partial u_y}{\partial t}+u_x\frac{\partial u_y}{\partial x}+u_y\frac{\partial u_y}{\partial y}+u_z\frac{\partial u_y}{\partial z}$$

$$u_z=u_z(x,y,z,t)\qquad a_z=\frac{\mathrm{d}u_z}{\mathrm{d}t}=\frac{\partial u_z}{\partial t}+u_x\frac{\partial u_z}{\partial x}+u_y\frac{\partial u_z}{\partial y}+u_z\frac{\partial u_z}{\partial z}$$

$\vec{a}$，a_x，a_y，a_z称为总加速度；

$\dfrac{\partial\vec{u}}{\partial t}$，$\dfrac{\partial u_x}{\partial t}$，$\dfrac{\partial u_y}{\partial t}$，$\dfrac{\partial u_z}{\partial t}$称为时变加速度，也叫当地加速度；

$u_x\dfrac{\partial\vec{u}}{\partial x}+u_y\dfrac{\partial\vec{u}}{\partial y}+u_z\dfrac{\partial\vec{u}}{\partial z}$，$u_x\dfrac{\partial u_x}{\partial x}+u_y\dfrac{\partial u_x}{\partial y}+u_z\dfrac{\partial u_x}{\partial z}$，$u_x\dfrac{\partial u_y}{\partial x}+u_y\dfrac{\partial u_y}{\partial y}+u_z\dfrac{\partial u_y}{\partial z}$，$u_x\dfrac{\partial u_z}{\partial x}+u_y\dfrac{\partial u_z}{\partial y}+u_z\dfrac{\partial u_z}{\partial z}$称为位变加速度，也叫迁移加速度。

总加速度＝时变加速度（当地加速度）＋位变加速度（迁移加速度）

流线是相互平行直线的流动称为均匀流，流速值是常数。假设流向为x方向，则$u_y=0$，$u_z=0$。又根据均匀流的性质，$\dfrac{\partial u_x}{\partial x}=0$。则各方向的位变加速度均为零，即总的位变加速度为零。故选项B（位变加速度为零）是正确的。

"流线是相互平行直线的流动"和"位变加速度为零的流动"两种描述是等价的。也常把"位变加速度为零的流动"直接作为均匀流的定义。

由于当地加速度（时变）不一定为零，所以总加速度不一定为零。

答案：B

25. 解 薄壁堰的堰顶厚度与堰上水头的比值范围：$\frac{\delta}{H} \leqslant 0.67$；实用堰的堰顶厚度与堰上水头的比值范围：$0.67 \leqslant \frac{\delta}{H} \leqslant 2.5$；宽顶堰的堰顶厚度与堰上水头的比值范围：$2.5 \leqslant \frac{\delta}{H} \leqslant 10$。

答案：C

26. 解 根据圆管层流时运动方程，可得：

$$u = -\frac{\Delta P}{4\mu L}(R^2 - r^2)$$

当 $r = 0$ 时有最大流速 $u_{\max}$，且 $u_{\max} = \frac{\Delta P}{4\mu L}R^2$，则平均流速为：

$$\bar{u} = \frac{Q}{A} = \frac{\Delta P d^2}{32\mu L} = \frac{\Delta P}{8\mu L}R^2 = \frac{1}{2}u_{\max} = \frac{1}{2} \times 0.4 = 0.2\,\text{m/s}$$

答案：C

27. 解 根据两断面列出伯努利方程。

$$z_1 + \frac{p_1}{\rho g} + \frac{v_1^2}{2g} = z_2 + \frac{p_2}{\rho g} + \frac{v_2^2}{2g} + h_f$$

$$h_f = z_1 - z_2 + \frac{p_1 - p_2}{\rho g} = h$$

答案：A

28. 解 明渠均匀流对应的水深称为正常水深，以 h_0 表示。根据明渠均匀流的基本公式 $Q_v = AC\sqrt{Ri}$，在断面形状、尺寸和壁面粗糙一定，流量也一定的棱柱形渠道中，正常水深 h_0 的大小只取决于渠道的底坡 i。不同的底坡 i 对应的正常水深 h_0，i 越大，h_0 越小，反之亦然。

若正常水深正好等于该流量下的临界水深，相应的渠道底坡称为临界底坡。临界底坡用 i_c 表示，$i = i_c$ 时，$h_0 = h_c$。

按上述定义，渠道底坡为临界底坡时，明渠中的水深同时满足均匀流基本公式和临界水深公式，即

$$Q_v = A_c C_c \sqrt{R_c i_c}$$

$$\frac{\alpha Q_v^2}{g} = \frac{A_c^3}{B_c}$$

联立解得

$$i_c = \frac{Q_v^2}{A_c^2 C_c^2 R_c} = \frac{g A_c}{\alpha C_c^2 R_c B_c} = \frac{g}{\alpha C_c^2}\frac{\chi_c}{B_c}$$

将 $C = \frac{1}{n}R^{\frac{1}{6}}$，代入上述公式，得

$$i_c = \frac{n^2 g}{\alpha B_c}\sqrt[3]{\frac{\chi_c^4}{A_c}} = \frac{n^2 g}{\alpha B_c}\sqrt[3]{\frac{(b + 2h)^4}{bh}}$$

由 $h_c = \sqrt[3]{\frac{\alpha Q^3}{gB^2}}$ 可知，当 Q 增大时矩形断面临界水深增大，故分析所得 i_c 也随之增大。

答案：A

29. 解 由直径不同的管段连接起来的管道，称为串联管道。其满足节点流量平衡：

$$Q_i = Q_{i+1} + q_i$$

式中，q_i 为第 i 段管道末尾与第 $i+1$ 段管路连接节点处的泻流量。

所以，对于本题，各段管的流量为：

$$Q_1 = q_A + q_B + q_C = 10 + 5 + 10 = 25 \text{L/s} = 0.025 \text{m}^3/\text{s}$$

$$Q_2 = q_B + q_C = 5 + 10 = 15 \text{L/s} = 0.015 \text{m}^3/\text{s}$$

$$Q_3 = q_C = 10 = 10 \text{L/s} = 0.01 \text{m}^3/\text{s}$$

依据水头损失计算公式：$H = alQ^2$，则水塔所需水头为：

$$H = H_1 + H_2 + H_3 = a_1 l_1 Q_1^2 + a l_2 Q_2^2 + a_3 l_3 Q_3^2$$
$$= 9.30 \times 350 \times 0.025^2 + 43 \times 450 \times 0.015^2 + 375 \times 100 \times 0.01^2 = 10.14 \text{m}$$

答案：C

30. 解 根据明渠均匀流公式计算。

$$Q = Av = AC\sqrt{Ri} = \frac{1}{n} A R^{\frac{2}{3}} i^{\frac{1}{2}} = \frac{i^{\frac{1}{2}}}{n} \frac{A^{\frac{5}{3}}}{\chi^{\frac{2}{3}}} = \frac{[(b+mh)h]^{\frac{5}{3}} i^{\frac{1}{2}}}{n \times (b + 2h\sqrt{1+m^2})^{\frac{2}{3}}}$$

$$= \frac{[(2 + 1.5 \times 0.8) \times 0.8]^{\frac{5}{3}} \times 0.0006^{\frac{1}{2}}}{0.025 \times (2 + 2 \times 0.8 \times \sqrt{1 + 1.5^2})^{\frac{2}{3}}} = 1.63 \text{m}^3/\text{s}$$

答案：A

31. 解 泵叶轮的相似定律是基于几何相似和运动相似的，凡是两台泵能满足几何相似和运动相似的条件，称为工况相似泵。

几何相似的条件是：两叶轮主要过流部分一切相对应的尺寸成一定比例，所有的对应角相等。

运动相似的条件是：两叶轮对应点上水流的同名速度方向一致、大小互成比例，也即在相应点上水流的速度三角形相似。

叶轮相似定律有三个方面：

①第一相似定律——确定两台在相似工况下运行泵的流量之间的关系

$$\frac{Q}{Q_m} = \lambda^3 \frac{n}{n_m}$$

②第二相似定律——确定两台在相似工况下运行泵的扬程之间的关系

$$\frac{H}{H_m} = \lambda^2 \left(\frac{n}{n_m}\right)^2$$

③第三相似定律——确定两台在相似工况下运行泵的轴功率之间的关系

$$\frac{N}{N_m} = \lambda^5 \left(\frac{n}{n_m}\right)^3$$

答案：D

32. 解 叶片泵叶轮的形状、尺寸、性能和效率都随比转数而变。混流泵和轴流泵属于高比转数叶片泵，特点是扬程低、流量大。

答案：D

33. 解 水泵允许吸上真空高度是指在标准状况下（水温20℃，表面压力为一个标准大气压）运转时，水泵所允许的最大吸上真空高度，反映离心泵的吸水性能。允许吸上真空高度越大，说明泵的吸水性能越好。

答案：C

34. 解 气蚀是否发生，取决于 NPSHa（装置气蚀余量）与 NPSHr（必须气蚀余量）的关系。使 NPSHa > NPSHr，防止发生气蚀的措施如下：

① 降低水泵安装高度；

② 减小吸入损失，为此可以设法增加管径，尽量减小管路长度、弯头和附件等；

③ 防止长时间在大流量下运行；

④ 在同样转速和流量下，采用双吸泵，因减小进口流速，泵不易发生气蚀；

⑤ 水泵发生气蚀时，应把流量减小或降速运行。

答案：C

35. 解 单位时间内流过泵的液体从泵那里得到的能量叫做有效功率，以字母 N_u 表示，泵的有效功率为：$N_u = \rho g Q H$

由于泵不可能将原动机输入的功率完全传递给液体，在泵内部有损失，这个损失通常就以效率 η 来衡量。泵的效率为：$\eta = N_u / N$

由此求得泵的轴功率：$N = N_u / \eta = \rho g Q H / \eta$

答案：B

36. 解 在离心泵的六个基本性能参数中，通常选定转速（n）作为常量，然后列出扬程（H）、轴功率（N）、效率（η）以及允许吸上真空高度（H_s）等随流量（Q）而变化的函数关系式，例如：

当 $n = \mathrm{const}$ 时，$H = f(Q)$；$N = F(Q)$；$H_s = \varphi(Q)$；$\eta = \phi(Q)$

答案：D

37. 解 停泵水锤的主要防护措施包括：

（1）防止水柱分离的措施

① 主要从管路布置上考虑，即输水管线布置时尽量避免驼峰或坡度剧变；

② 如果由于地形条件所限，不能变更管路布置，则可以考虑在管路的适当地点设置调压塔，也即采取补气稳压装置。

（2）防止升压过高的措施

① 设置水锤消除器；

② 设空气缸；

③ 采用缓闭阀；

④ 取消止回阀。

答案：D

38. 解 在水泵特性曲线 Q-H 上，相应于效率最高值的(Q_0, H_0)点的各参数，即为泵铭牌上所列出的各数据，它将是该泵最经济工作的一个点。

答案：C

39. 解 DN300mm 以上的阀门，因为承受高压，所以启闭都比较困难。且由于阀门需要经常启闭，所以需要采用自动控制，应采用电动、气动和液动驱动。手动驱动不能准确把握启闭时刻，且耗费人力较大。

答案：B

40. 解 全昼夜运行的大型污水泵站，集水池容积是根据工作泵机组停车时启动备用机组所需的时间来计算的。一般可采用不小于泵站中最大一台泵 5min 的出水量。

对于小型污水泵站，由于夜间的流入量不大，通常在夜间停止运行。在这种情况下，必须使集水池容积能够满足储存夜间流入量的要求。

答案：B

41. 解 将数据代入比转速计算公式，可得：

$$n_s = \frac{3.65 n\sqrt{Q}}{H^{\frac{3}{4}}} = \frac{3.65 \times 2960 \times \sqrt{42 \times 10^{-3}}}{25^{\frac{3}{4}}} = 198.04$$

答案：C

42. 解 由工况点图解法的原理可知，当水泵压水池水位下降时，静扬程加大，管道系统特性曲线上移，与水泵特性曲线的交点（即工况点）位置将向出水量减小的方向移动。

答案：A

43. 解 根据水样保存要求：①抑制微生物作用；②减缓化合物或配合物的水解、解离及氧化还原作用；③减少组分的挥发和吸附损失。测定总氮水样保存温度为 4℃；保存剂为 H_2SO_4，至 pH = 2；可保存时间为 24h。

答案：C

44. 解 过失误差指由于分析人员主观上责任心不强、粗心大意或违反操作规程等原因造成的误差，它是可以避免的。所以只有选项 D 符合要求。选项 A、B、C 都属于系统误差。

答案： D

45. 解 水溶液呈碱性主要有三类：

第一类是强碱，如 $Ca(OH)_2$、$NaOH$ 等，在水中全部解离成 OH^-；

第二类是弱碱，如 NH_3、$C_6H_5NH_2$ 等，在水中部分解离成 OH^-；

第三类是强碱弱酸盐，如 Na_2CO_3、$NaHCO_3$ 等，在水中部分解离产生 OH^-。

答案： A

46. 解 在络合滴定中，随着 EDTA 滴定剂的不断加入，被滴定金属离子的浓度不断减少，以被测金属离子浓度的负对数 pM（$pM = -lg[M]$）对加入滴定剂体积作图，可得络合滴定曲线。

影响滴定突跃的主要因素：

①络合物的条件稳定常数：K'_{MY} 越大，滴定突跃越大；

②被滴定金属离子的浓度：c_M 越大，滴定突跃越大。

答案： D

47. 解 莫尔法是以铬酸钾 K_2CrO_4 为指示剂的银量法。测定水中 Cl^- 时，加入 K_2CrO_4 为指示剂，以 $AgNO_3$ 标准溶液滴定，根据分步沉淀原理，首先生成 $AgCl$ 白色沉淀；当达到计量点时，水中 Cl^- 已被全部滴定完毕，稍过量的 Ag^+ 便与 CrO_4^- 生成砖红色沉淀，而指示滴定终点。

如有 NH_4^+ 存在，且在碱性条件下，转化为 NH_3，Ag^+ 与 NH_3 反应形成配离子 $Ag(NH_3)_2^+$，会使消耗的溶液过多，从而分析结果偏高。

答案： B

48. 解 在氧化还原反应的任一瞬间能迅速建立平衡，其实际电势与能斯特公式计算值基本相符的电对，称之为可逆电对。不可逆电对则在氧化还原反应中不能建立真正的平衡，且实际电势与理论电势相差较大。常见的可逆电对有三价铁/二价铁、碘单质/碘负离子等。

答案： D

49. 解 碘量法需要用淀粉作为指示剂，而在 I_2 和淀粉反应会有蓝色出现，在不清洁的水中蓝色变化不明显；水中如有氧化还原性物质，如 Fe^{2+}、Fe^{3+}、S^{2-}、NO_2^-、SO_3^{2-}、Cl_2 等，将影响测定结果，必须采用膜电极法或修正的碘量法；对于含 NO_2^- 的水样，可采用叠氮化钠修正法，即在浓硫酸溶解沉淀物之前，在水中加入数滴 5%NaN_3 溶液，或在配制碱性 KI 溶液时，把碱性 KI 和 1%溶液同时加入，然后加入浓硫酸。

答案： D

50. 解 根据朗伯-比耳定律，当一束平行的单色光通过均匀溶液时，溶液的吸光度与溶液浓度（c）

和液层厚度（b）的乘积成正比，是吸光光度法定量分析的依据。其数学表达式为：$A = kbc$。所以，可知乙的浓度是甲的1/2。

答案：C

51. 解 比色法一般分为目视比色法和光电比色法，光电比色法的优点：①仪器代替人眼，消除主观误差，提高准确度；②采用滤光片和参比溶液消除干扰，提高选择性。

分光光度法特点：①采用棱镜或光栅等分光器将复合光变为单色光，可获得纯度较高的单色光，进一步提高了准确度和灵敏度。②扩大了测量的范围，测量范围由可见光区扩展到紫外光区和红外光区。

答案：D

52. 解 玻璃电极中内参比电极的电位是恒定的，与待测溶液的 pH 无关。玻璃电极之所以能测定溶液的 pH，是由于玻璃膜产生的膜电位与待测溶液 pH 有关。

玻璃电极在使用前必须在水溶液中浸泡 24h，使玻璃膜的外表面形成水合硅胶层，由于内参比溶液的作用，玻璃的内表面同样也形成了水和硅胶层。

答案：B

53. 解 三、四等水准测量除用于国家高程控制网的加密外，在小地区用作建立首级高程控制网。三、四等水准点的高程点应从附近的一、二等水准点引测，一般用双面水准尺，为减弱仪器下沉的影响，在每一测站上应按"后—前—前—后"或"前—后—后—前"的观测顺序进行测量。

答案：A

54. 解 算数平均值x与测量值L之差v，称为改正数。

观测值的中误差$m = \pm\sqrt{\dfrac{[vv]}{n-1}}$

其中，$[vv] = v_1^2 + v_2^2 + \cdots + v_n^2$

算术平均值的中误差：$M = \pm\sqrt{\dfrac{[vv]}{n\times(n-1)}}$

所以$M = \dfrac{m}{\sqrt{n}}$

答案：C

55. 解 ①首曲线：在同一幅地形图上，按规定的基本等高距描绘的等高线称为首曲线，也称基本等高线。首曲线用 0.15mm 的细实线描绘。

②计曲线：凡是高程能被 5 倍基本等高距整除的等高线称为计曲线，也称加粗等高线。计曲线要加粗描绘并注记高程。计曲线用 0.3mm 粗实线绘出。

③间曲线：为了显示首曲线不能表示出的局部地貌，按1/2基本等高距描绘的等高线称为间曲线，也称半距等高线。间曲线用 0.15mm 的细长虚线表示。

④助曲线：用间曲线还不能表示出的局部地貌，按1/4基本等高距描绘的等高线称为助曲线。助曲线用 0.15mm 的细短虚线表示。

答案：B

56. 解　当地形高低起伏较大，不便于进行水准测量时，可采用三角高度测量的方法。当用三角高度测量方法测定平面控制点的高程时，应组成闭合或附和的三角高程路线。每条边均要进行对向观测，以消除地球曲率和大气折光的影响。

答案：D

57. 解　比例尺精度，即相当于图上 0.1mm 的实地水平距离。

$$精度 = 0.1\text{mm} \times M$$

式中，M 为比例尺分母。

所以本题比例尺精度为 $0.1\text{mm} \times 1000 = 0.1\text{m}$。

答案：B

58. 解　注册工程师义务主要包括：

① 遵守法律、法规和有关管理规定；

② 保证执业活动成果的质量，并承担相应责任；

③ 接受继续教育，努力提高执业水准；

④ 不得涂改、出租、出借或者以其他形式非法转让注册证书或者执业印章；

⑤ 不得同时在两个或两个以上单位受聘或者执业；

⑥ 执行工程建设标准规范；

⑦ 在本人执业活动所形成的勘察、设计文件上签字，加盖执业印章；

⑧ 保守在执业中知悉的国家秘密和他人的商业、技术秘密；

⑨ 在本专业规定的执业范围和聘用单位业务范围内从事执业活动；

⑩ 协助注册管理机构完成相关工作。

答案：C

59. 解　业主聘用监理单位对工程建设进行管理，具体管理内容由监理合同确定，如单纯施工、方案设计、施工、保修阶段监理等。监理单位主要是依据国家关于项目建设和质量管理的有关规定对项目整个建设过程进行监督管理，属于事中监管。

答案：D

60. 解　根据《中华人民共和国招标投标法》第五章法律责任第五十条，招标代理机构违反本法规定，泄露应当保密的与招标投标活动有关的情况和资料的，或者与招标人、投标人串通损害国家利益、社会公共利益或者他人合法权益的，处五万元以上二十五万元以下的罚款，对单位直接负责的主管人员和其他直接责任人员处单位罚款数额百分之五以上百分之十以下的罚款；有违法所得的，并处没收违法所得；情节严重的，禁止其一年至二年内代理依法必须进行招标的项目并予以公告，直至由工商行政管理机关吊销营业执照；构成犯罪的，依法追究刑事责任。给他人造成损失的，依法承担赔偿责任。

答案：D

注册公用设备工程师（给水排水）执业资格考试
专业基础考试大纲

十二、水文学和水文地质

12.1 水文学概念

　　河川径流　泥沙测算　流域水量平衡

12.2 洪、枯径流

　　设计枯水流量和水位　设计洪水流量和水位

12.3 降水资料收集

　　暴雨公式　洪峰流量

12.4 地下水储存

　　地质构造　地下水形成　地下水储存　地下水循环

12.5 地下水运动

　　地下水流向井稳定运动　地下水流向井不稳定运动

12.6 地下水分布特征

　　河谷冲积层地下水　沙漠地区地下水　山区丘陵区地下水

12.7 地下水资源评价

　　储量计算　开采量评价

十三、水处理微生物学

13.1 细菌的形态和结构

　　细菌的形态　细胞结构　生理功能　生长繁殖　命名

13.2 细菌生理特征

　　营养类型划分　影响酶活力因素　细菌的呼吸类型　细菌生长

13.3 其他微生物

　　铁细菌　硫细菌　球衣细菌　酵母菌　藻类　原生动物　后生动物　病毒　噬菌体　微生物在水处理中的作用

13.4 水的卫生细菌学

　　水中的细菌分布　水中病原细菌　水中微生物控制方法　水中病毒检验

13.5 废水生物处理

污染物降解　污染物转化　有机物分解　废水生物处理　水体污染监测

十四、水力学

14.1　水静力学
静水压力　阿基米德原理　潜、浮物体平衡与稳定

14.2　水动力学理论
伯努利方程　总水头线　测压管水头线

14.3　水流阻力和水头损失
沿程阻力系数的变化　局部水头损失　绕流阻力

14.4　孔口、管嘴出流和有压管路
孔口（或管嘴）的变水头出流　短管水力计算　长管水力计算　管网水力计算基础

14.5　明渠均匀流
最优断面和允许流速　水力计算

14.6　明渠非均匀流
临界水深　缓流　急流　临界流　渐变流微分方程

14.7　堰流
薄壁堰　实用断面堰　宽顶堰　小桥孔径水力计算　消力池

十五、水泵及水泵站

15.1　叶片式水泵
离心泵的工作原理　离心泵的基本方程式　性能曲线　比转数（n_s）　定速运行工况　管道系统特性曲线　水箱出流工况点　并联运行　串联运行　调速运行　吸水管中压力变化　气穴和气蚀　气蚀余量　安装高度　混流泵

15.2　给水泵站
泵站分类　泵站供配电　水泵机组布置　吸水管路与压水管路　泵站水锤　泵站噪声

15.3　排水泵站
排水泵站分类　构造特点　水泵选择　集水池容积　水泵机组布置　雨水泵站　合流泵站　螺旋泵污水泵站

十六、水分析化学

16.1　水分析化学过程的质量保证
水样的保存和预处理　水分析结果的误差　数据处理

16.2　酸碱滴定法
酸碱平衡　酸碱滴定　水的碱度与酸度

16.3　络合滴定法
络合平衡　络合滴定　硬度测定

16.4 沉淀滴定法

沉淀滴定原理　莫尔法测定水中氯离子沉淀滴定

16.5 氧化还原滴定法

氧化还原反应原理　指示剂滴定　高锰酸钾法滴定　重铬钾法滴定　碘量法滴定　高锰酸
钾指数　COD　BOD_5　总需氧量（TOD）　总有机碳（TOC）

16.6 吸收光谱法

吸收光谱原理　比色法　分光光度法

16.7 电化学分析法

电位分析法　直接电位分析法　电位滴定法

十七、工程测量

17.1 测量误差基本知识

测量误差分类与特点　评定精度　观测值精度评定　误差传播定律

17.2 控制测量

平面控制网定位与定向　导线测量　交会定点　高程控制测量

17.3 地形图测绘

地形图基本知识　地物平面图测绘　等高线地形图测绘

17.4 地形图的应用

建筑设计中的地形图应用　城市规划中的地形图应用

17.5 建筑工程测量

建筑工程控制测量　施工放样测量　建筑安装测量　建筑工程变形观测

十八、职业法规

18.1 我国有关基本建设、建筑、城市规划、环保、房地产方面的法律规范

18.2 工程设计人员的职业道德与行为准则

注册公用设备工程师（给水排水）执业资格考试
专业基础试题配置说明

水文学和水文地质	12 题
水处理微生物学	10 题
水力学	8 题
水泵及水泵站	12 题
水分析化学	10 题
工程测量	5 题
职业法规	3 题

注：试卷题目数量合计 60 题，每题 2 分，满分为 120 分。考试时间为 4 小时。